KB002102

Cepheid

세페이드

2F 물리학 (상)

개정2판

★★★★★

세페이드 시리즈의 구성

이제 편안하게 과학공부를 즐길 수 있습니다.

1F
중등과학 기초
물리학 · 화학 (초5~6)

2F
중등과학 완성
물 · 화 · 생 · 지 (중1~2)

3F
고등과학 Ⅰ
물 · 화 · 생 · 지 (중2~1)

4F
고등과학 Ⅱ
물 · 화 · 생 · 지 (중3~고1)

5F
실전 문제 풀이
물 · 화 · 생 · 지 (중3~고1)

세페이드
모의고사

세페이드
고등 통합과학

세페이드
고등학교 물리학 Ⅰ

http://cafe.naver.com/creativeini

세페이드

2F 물리학 (상)

개정2판

창의력과학의 대표 브랜드

과학 학습의 지평을 넓히다!

단계별 과학 학습

창의력과학 세페이드 시리즈!

Structure

단원별 내용 구성

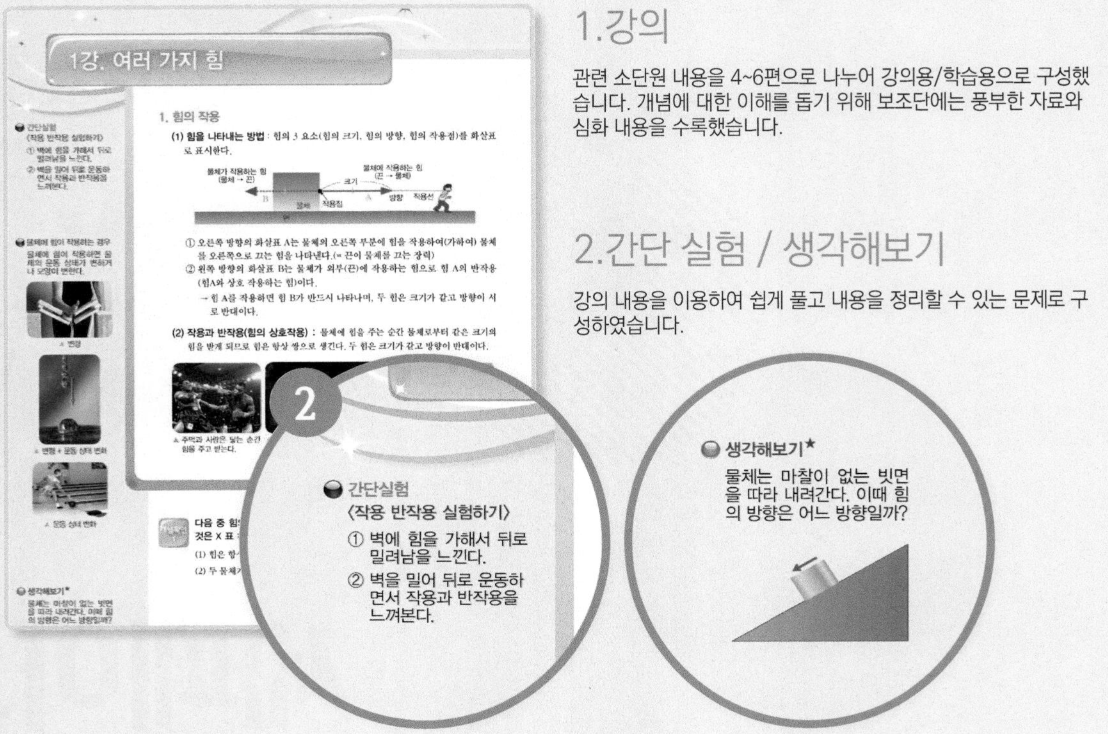

1.강의

관련 소단원 내용을 4~6편으로 나누어 강의용/학습용으로 구성했습니다. 개념에 대한 이해를 돕기 위해 보조단에는 풍부한 자료와 심화 내용을 수록했습니다.

2.간단 실험 / 생각해보기

강의 내용을 이용하여 쉽게 풀고 내용을 정리할 수 있는 문제로 구성하였습니다.

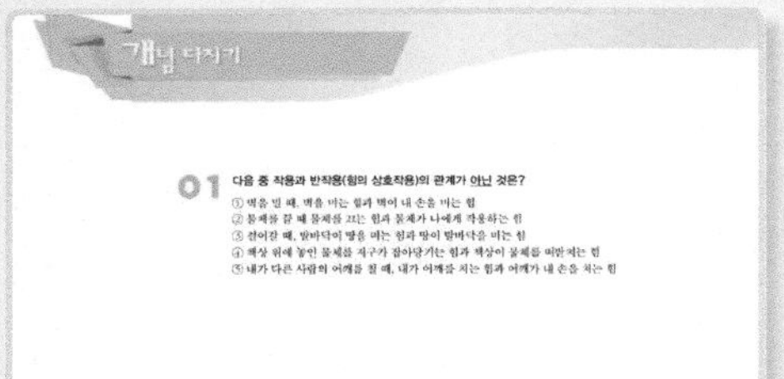

3.개념확인, 확인+, 개념다지기

강의 내용을 이용하여 쉽게 풀고 내용을 정리할 수 있는 문제로 구성하였습니다.

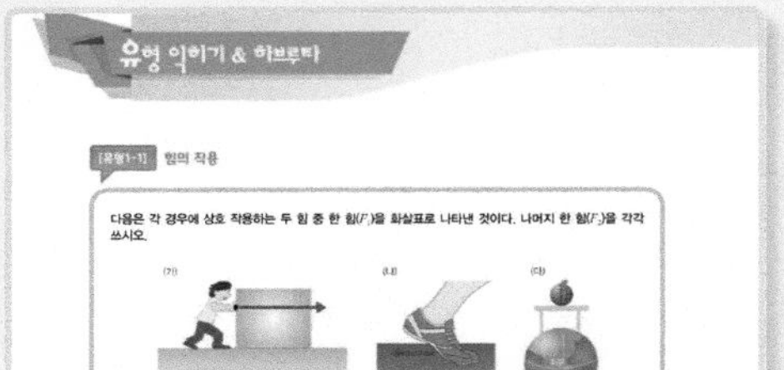

4. 유형 익히기 & 하브루타

관련 소단원 내용을 유형별로 나누어서 각 유형별로 대표 문제와 연습 문제를 제시하였습니다.

단계별 학습으로 가장 효과적인 자기주도학습이 가능합니다. 새로운 문제에 도전해 보세요!

창의력 & 토론마당

5.창의력 & 토론 마당

관련 소단원 내용에 관련된 창의력 문제를 풍부하게 제시하여 창의력을 향상시킴과 동시에 질문을 자연스럽게 이끌어 낼 수 있도록 하였고, 관련 주제에 대한 토론이 가능하도록 하였습니다.

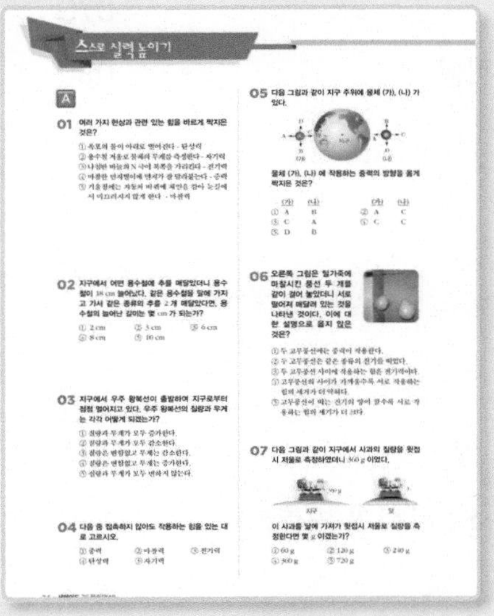
스스로 실력 높이기

6.스스로 실력 높이기

학습한 내용에 대한 복습 문제를 오답문제와 같이 충분한 양을 제공하였습니다. 연장 학습이 가능할 것입니다.

5강 Project 1 - 논구술

중력이 없는 세상

7.Project

대단원이 마무리될 때마다 충분한 읽기자료를 제공하여 서술형/논술형 문제에 답하도록 하였고, 단원의 주요 실험을 할 수 있도록 하였습니다. 융합형 문제가 같이 제시되므로 STEAM 활동이 가능할 것입니다.

CONTENTS | 목차

2F 물리학(상)

2F 물리학(하)

IV 전기와 자기

V 파동과 빛

VI 열 에너지

I

힘과 운동

물체에 힘을 주면 어떤 운동을 할까?

1강. 여러 가지 힘

1. 힘의 작용

(1) 힘을 나타내는 방법 : 힘의 3 요소(힘의 크기, 힘의 방향, 힘의 작용점)를 화살표로 표시한다.

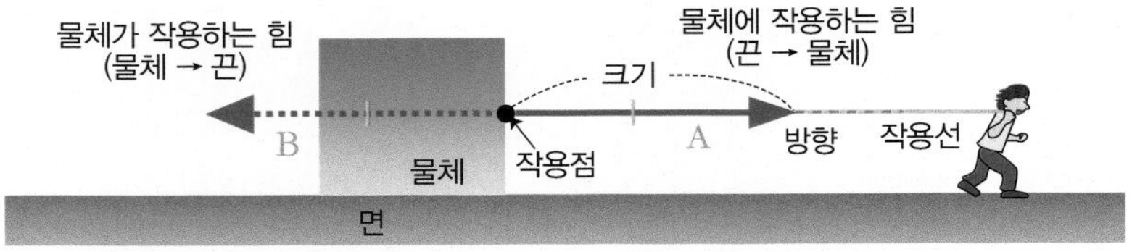

① 오른쪽 방향의 화살표 A는 물체의 오른쪽 부분에 힘을 작용하여(가하여) 물체를 오른쪽으로 끄는 힘을 나타낸다.(= 끈이 물체를 끄는 장력)

② 왼쪽 방향의 화살표 B는 물체가 외부(끈)에 작용하는 힘으로 힘 A의 반작용(힘A와 상호 작용하는 힘)이다.

→ 힘 A를 작용하면 힘 B가 반드시 나타나며, 두 힘은 크기가 같고 방향이 서로 반대이다.

(2) 작용과 반작용(힘의 상호작용) : 물체에 힘을 주는 순간 물체로부터 같은 크기의 힘을 받게 되므로 힘은 항상 쌍으로 생긴다. 두 힘은 크기가 같고 방향이 반대이다.

▲ 주먹과 사람은 닿는 순간 힘을 주고 받는다.

▲ 가스가 지면에 아래로 누르는 힘을 작용하는 순간 지면은 가스를 위로 밀어 올린다.

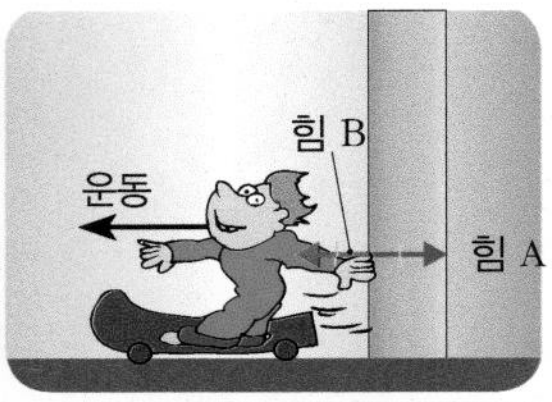

▲ 사람이 벽을 오른쪽으로 밀면(힘 A), 그 순간 사람은 벽으로부터 힘을 받아(힘 B) 왼쪽으로 운동하게 된다.

간단실험

〈작용 반작용 실험하기〉

① 벽에 힘을 가해서 뒤로 밀려남을 느낀다.

② 벽을 밀어 뒤로 운동하면서 작용과 반작용을 느껴본다.

물체에 힘이 작용하는 경우

물체에 힘이 작용하면 물체의 운동 상태가 변하거나 모양이 변한다.

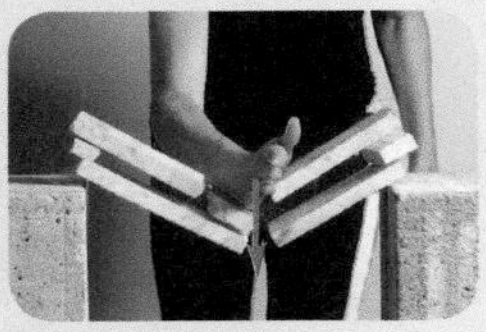

▲ 변형

▲ 변형 + 운동 상태 변화

▲ 운동 상태 변화

개념확인 1 다음 중 힘의 상호 작용에 관해서 설명한 것 중 옳은 것은 O 표, 옳지 않은 것은 X 표 하시오.

(1) 힘은 항상 쌍으로 작용한다. ( )

(2) 두 물체가 접촉하여 서로 미는 두 힘은 상호 작용하는 힘이다. ( )

생각해보기★

물체는 마찰이 없는 빗면을 따라 내려간다. 이때 힘의 방향은 어느 방향일까?

확인 +1 다음 중 힘의 효과에 대한 예가 아닌 것을 고르면?

① 사과가 나무에서 떨어졌다.

② 고무풍선을 눌러 찌그러뜨린다.

③ 테니스공을 라켓으로 힘껏 친다.

④ 날아오는 야구공을 방망이로 세게 쳤다.

⑤ 힘을 주어 바위를 밀었는데 이동하지 않았다.

2. 접촉하지 않아도 작용하는 힘

(1) 중력 : 지구 상의 물체가 지구에 의하여 받는 인력(무게)을 말한다. 즉, 질량을 가진 물체가 받는 중력이 무게이다. 이때 중력의 방향은 지구 중심 방향이다.

구분	무게	질량
뜻	지구(또는 달 등)에서의 중력의 크기	물체의 고유한 양
단위	N, kgf(킬로그램중)	g, kg
특징	장소에 따라 변함	어디에서나 일정한 값을 가짐
무게와 질량의 관계	· 한 장소에서 측정한 물체의 무게는 질량에 비례한다. · 무게 = 9.8 × 질량	
달에서의 크기	지구에서의 무게 × $\frac{1}{6}$	지구에서와 같다.

(2) 전기력과 자기력

구분		전기력	자기력
정의		전기를 띤 물체 사이에 작용하는 힘	자석과 쇠붙이 또는 자석과 자석 사이에 작용하는 힘
방향	인력	다른 종류의 전기 사이에서 서로 당기는 힘 (두 힘의 크기는 같다.)	자석의 서로 다른 극 사이에서 서로 당기는 힘 (두 힘의 크기는 같다.)
	척력	같은 종류의 전기 사이에서 서로 밀어내는 힘 (두 힘의 크기는 같다.)	자석의 서로 같은 극 사이에서 서로 밀어내는 힘 (두 힘의 크기는 같다.)
크기		· 물체가 띤 전기의 양이 많을수록 크다. · 전기를 띤 두 물체 사이의 거리가 가까울수록 크다.	· 자석의 세기가 셀수록 크다. · 자석과 자석 사이의 거리가 가까울수록 크다.
이용		 ▲ 랩  ▲ 공기 청정기	 ▲ 자기 부상 열차  ▲ 라디오 스피커

정답 및 해설 02쪽

개념확인 2

다음 괄호 안에 알맞은 말을 쓰시오.

(1) 질량을 가진 물체를 지구가 잡아 당기는 힘을 ㉠ (　　　　)(이)라고 한다.

(2) 지구에서 물체의 무게는 달에서의 무게의 ㉡ (　　　　)배이다.

확인 + 2

다음 중 전기력에 대한 설명으로 옳지 <u>않은</u> 것은?

① 인력과 척력이 있다.
② 전기를 띤 모든 물체는 서로 잡아당긴다.
③ 떨어져 있는 두 물체 사이에도 힘이 작용한다.
④ 전기를 띤 물체 사이의 거리가 멀수록 힘이 약하다.
⑤ 서로 다른 종류의 전기를 띤 물체 사이에는 인력이 작용한다.

간단실험

거리에 따른 자기력 측정

① 많은 양의 핀과 말굽자석 1 개를 준비한다.
② 핀 근처에 자석을 접근시켜 보고 핀이 몇 개 붙었는지 세어 본다.
③ 핀 근처에 자석을 멀리 떨어뜨린 후 핀이 몇 개 붙었는지 세어 본다.

물체의 질량과 무게

질량을 m, 중력 가속도를 g라고 했을 경우 질량 m의 물체가 받는 중력(무게) 크기는 mg가 된다. (g의 크기는 보통 9.8 m/s^{2}이다.)

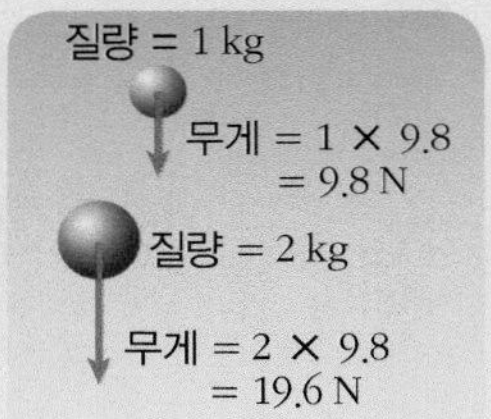

생각해보기★★

큰 자석과 작은 자석 사이에는 자기력이 작용한다. 큰 자석과 작은 자석이 서로 잡아당길 때 큰 자석이 잡아 당기는 힘과 작은 자석이 잡아당기는 힘 중 어느 것이 더 클까?

미니사전

자성 [磁 자석 性 성질] 물체가 갖고 있는 여러 가지 자기적인 성질

● 간단실험

탄성력의 크기 측정

① 아래 사진과 같이 스탠드에 용수철을 매달고 용수철의 끝점에 맞추어 자를 고정시킨다.

② 추의 개수를 1, 2, 3 개로 늘려가면서 용수철이 늘어난 길이를 관찰한다.

● 탄성 한계

용수철과 같은 탄성체를 지나치게 많이 당겼다가 놓으면 원래 모양으로 되돌아가지 않는다. 이는 탄성체가 원래 모양을 유지할 수 있는 힘의 한계인 탄성 한계를 벗어났기 때문이다.

● 생각해보기★★★

번지점프를 할 때 긴 줄이 우리 몸에 연결된다. 긴 줄의 탄성력이 없다면 어떤 일이 벌어질까?

미니사전

탄성 [彈 탄알 性 성질] 외부 힘에 의하여 변형을 일으킨 물체가 힘이 제거되었을 때 원래의 모양으로 되돌아가려는 성질

3. 접촉하여 작용하는 힘 – 탄성력

(1) **탄성력** : 탄성체가 변형되었을 때 원래의 상태로 되돌아가기 위해 외부에 가하는 힘(= 복원력)을 말한다.

(2) **탄성력의 크기와 방향** : 탄성체에 작용하는 외력(외부에서 작용하는 힘)과 크기는 같고 방향은 반대이다.

(3) **탄성력의 크기와 용수철이 늘어나거나 줄어든 길이의 관계**

탄성력의 크기(F) ∝ 용수철이 늘어나거나 줄어든 길이(x)

$\boldsymbol{F = kx}$ (k : 용수철 상수) : 후크의 법칙

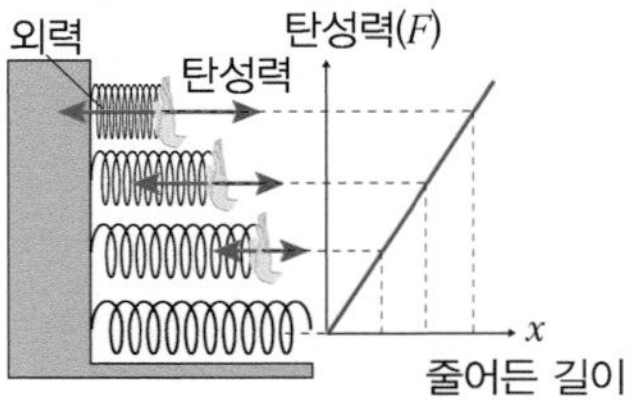

▲ 용수철을 압축시킬 때

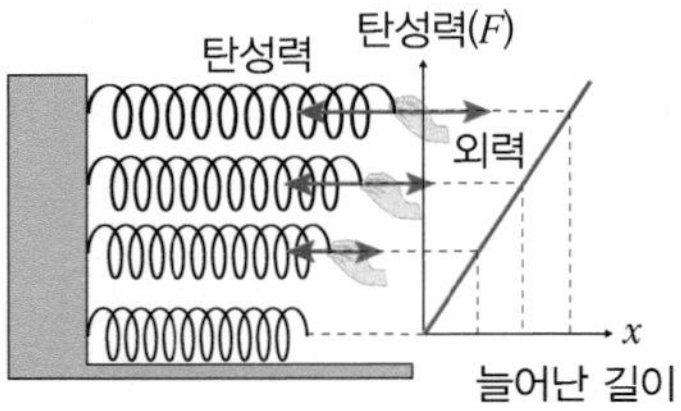

▲ 용수철을 잡아당길 때

(4) **물체를 매달았을 때 각 용수철의 늘어난 길이**

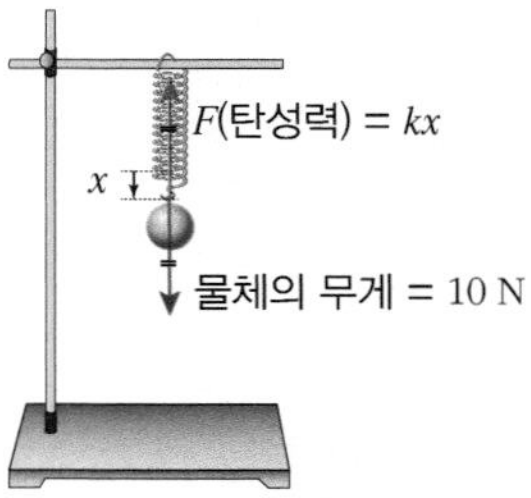

▲ 무게 10 N 의 물체에 의해 x 만큼 늘어났다. (탄성력의 크기 = 무게)

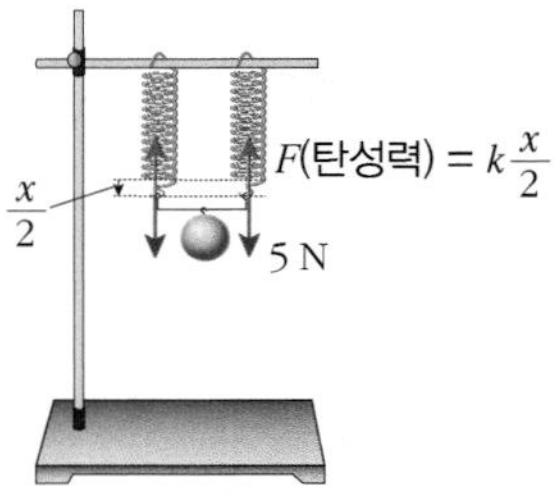

▲ 병렬 연결 : 용수철 1 개에 작용하는 힘은 5 N 이다.

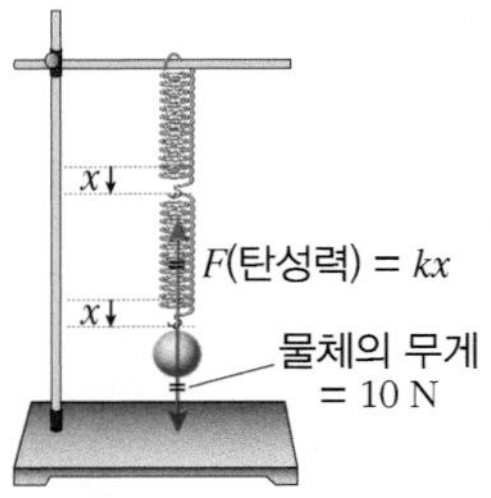

▲ 직렬 연결 : 두 용수철에 각각 5N 이 작용한다. 전체 늘어난 길이는 $2x$ 이다.

개념확인 3 **어떤 용수철을 10 N의 힘으로 당겼을 때 8 cm 늘어났다. 이 용수철을 15 N의 힘으로 당겼을 때 용수철이 늘어난 길이는 몇 cm인지 쓰시오.**

( ) cm

확인 + 3 **다음 중 탄성력에 대한 설명으로 옳지 않은 것은?**

① 접촉하지 않은 두 물체 사이에 발생한다.
② 탄성체의 변형이 클수록 힘의 크기가 커진다.
③ 변형된 물체가 원래 모양으로 되돌아가려는 힘이다.
④ 탄성력의 크기는 탄성체를 변형시킨 힘의 크기와 같다.
⑤ 탄성력은 탄성체를 변형시킨 힘과 반대 방향으로 작용한다.

4. 접촉하여 작용하는 힘 – 마찰력

(1) 마찰력의 방향

① 물체가 정지해 있을 때 : 마찰력의 방향은 작용하는 힘의 방향과 반대이다.

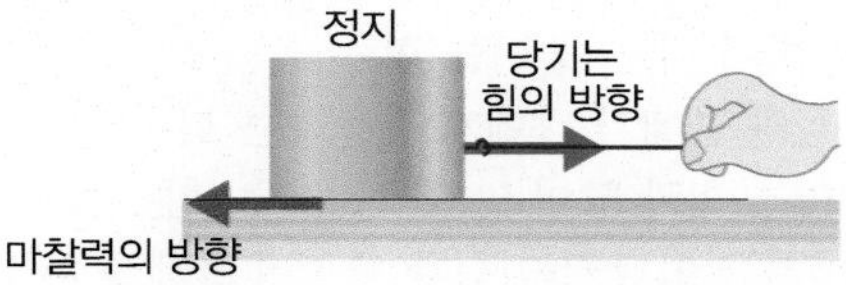

② 물체가 운동하고 있을 때 : 마찰력의 방향은 물체의 운동 방향과 반대이다.

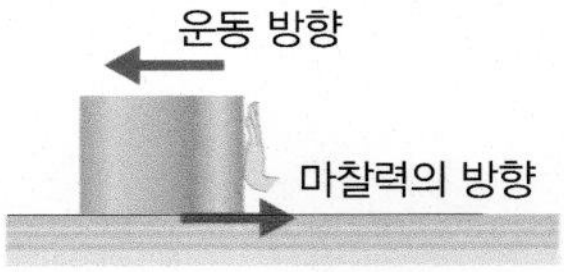

▲ 운동 방향으로 밀 때

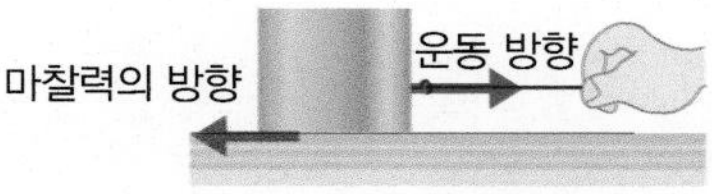

▲ 운동 방향으로 잡아 당길 때

(2) 면과 마찰력의 크기 비교 : 물체가 운동 상태이거나 정지 상태일 때 마찰력은 수직항력에 비례하고, 거친 면일수록 마찰력이 크다.

f (마찰력의 크기) = $\mu \times N$ (μ : 마찰계수 → 면이 거칠수록 커진다, N : 수직항력)

(가)	(나)	(다)	(라)
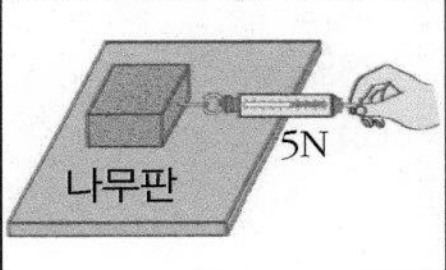	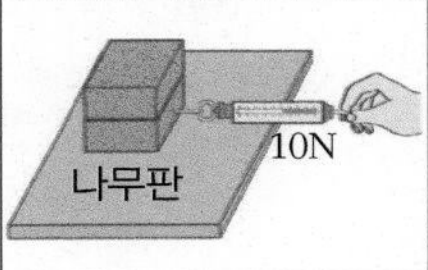	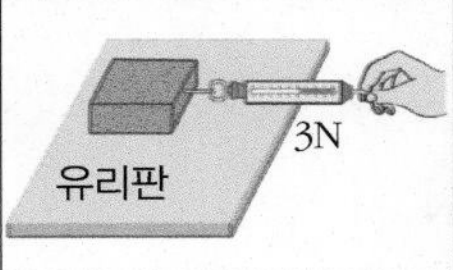	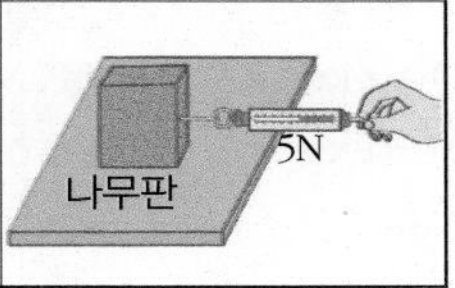

▲ 나무 도막이 움직이려고 하는 순간, 작용하는 힘의 크기와 마찰력의 크기는 같고, 서로 반대 방향이다.

① (가) < (나) : 무게가 무거울수록 마찰력이 크다.
② (가) > (다) : 접촉면이 거칠수록 마찰력이 크다.
③ (가) = (라) : 마찰력은 접촉면의 넓이와 관계없다.
→ 마찰력 크기를 비교하면 (나) > (가) = (라) > (다) 이다.

정답 및 해설 02쪽

개념확인 4 **다음 중 마찰력에 대한 설명으로 옳지 않은 것은?**

① 무게가 무거울수록 마찰력은 커진다.
② 접촉면이 거친 정도에 따라 크기가 달라진다.
③ 떨어져 있는 두 물체 사이에 작용하는 힘이다.
④ 아기 양말에 고무를 붙이는 것은 마찰력을 크게 하기 위함이다.
⑤ 물체가 정지해 있을 때는 잡아당기는 힘의 방향과 반대 방향이다.

확인 + 4 **다음 중 마찰력을 크게 하는 경우는 '크', 작게 하는 경우는 '작'이라고 쓰시오.**

(1) 빙판길에 모래를 뿌린다. ( )
(2) 자전거 체인에 기름을 칠한다. ( )
(3) 기계의 회전 부분에 윤활유를 바른다. ( )

간단실험
공의 재질에 따른 마찰력 알아보기.
① 축구공과 농구공을 준비한다.
② 축구공과 농구공을 같은 힘으로 동시에 굴려서 이동한 거리를 측정한다.
③ 축구공이 농구공보다 더 많이 이동했다면 어느 공에 작용한 마찰력이 더 큰 것일까?

마찰력의 크기를 조절하는 방법
① 마찰력을 크게 하는 방법
· 빙판길에 모래를 뿌린다.

▲ 빙판길 모래

· 아기 양말에 고무를 붙인다.

▲ 아기 양말

② 마찰력을 작게 하는 방법
· 창문 틀 사이에 바퀴를 설치한다.

▲ 창문틀 바퀴

· 기계의 회전 부분에 윤활유를 바른다.

▲ 윤활유

수직항력(N)
면이 물체를 연직 위로 떠받치는 힘으로, 수평면에서는 중력과 크기가 같다.

마찰계수(μ)
면의 거칠기를 나타내는 상수

미니사전
마찰 [摩 문지르다 擦 비비다] 한 물체가 다른 물체 위에서 운동하려 할 때 물체가 닿는 면에서 받는 저항

01 **다음 중 작용과 반작용(힘의 상호작용)의 관계가 아닌 것은?**

① 벽을 밀 때, 벽을 미는 힘과 벽이 내 손을 미는 힘
② 물체를 끌 때 물체를 끄는 힘과 물체가 나에게 작용하는 힘
③ 걸어갈 때, 발바닥이 땅을 미는 힘과 땅이 발바닥을 미는 힘
④ 책상 위에 놓인 물체를 지구가 잡아당기는 힘과 책상이 물체를 떠받치는 힘
⑤ 내가 다른 사람의 어깨를 칠 때, 내가 어깨를 치는 힘과 어깨가 내 손을 치는 힘

02 **지구에서 질량이 1 kg 인 물체에 작용하는 중력은 9.8 N 이다. 질량이 60 kg 인 물체를 달에 가져가면 질량과 무게는 각각 얼마가 되겠는가?**

	질량	무게		질량	무게
①	10 kg	98 N	②	10 kg	588 N
③	60 kg	60 N	④	60 kg	98 N
⑤	60 kg	294 N			

03 **다음 그림과 같이 자석 B 를 다른 자석 A 에 가까이 가져갔더니 자석 A 가 멀어졌다. 이에 대한 설명으로 옳은 것은?**

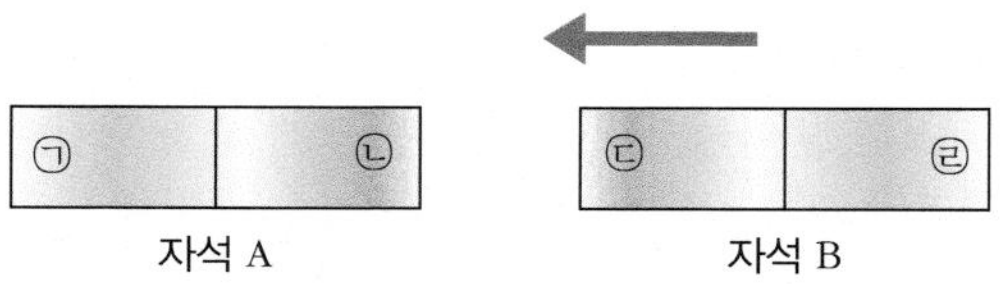

① ㉠ 과 ㉡ 은 서로 같은 극이다.
② ㉠ 과 ㉣ 은 서로 다른 극이다.
③ ㉡ 과 ㉢ 은 서로 같은 극이다.
④ ㉡ 과 ㉣ 사이에는 인력이 작용하지 않는다.
⑤ 자석 B 의 ㉢ 을 자석 A 의 ㉠ 쪽으로 가져가면 서로 밀어낸다.

정답 및 해설 02쪽

04

전기를 띤 5개의 도체구 A ~ E 를 매달았더니 다음 그림과 같이 되었다. A ~ E 중 서로 다른 전기를 띤 공끼리 바르게 짝지은 것은?

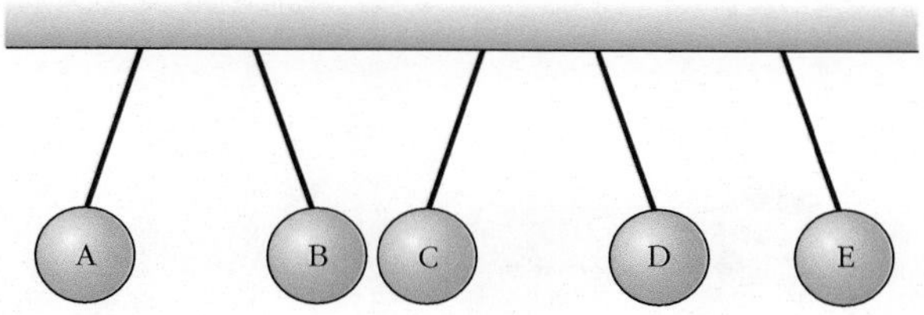

① A , B ② B , C ③ C , D
④ C , E ⑤ D , E

05

다음 그림과 같이 용수철을 잡아당겼다. 이때 손에 작용하는 탄성력의 방향은 어느 쪽인지 고르시오.

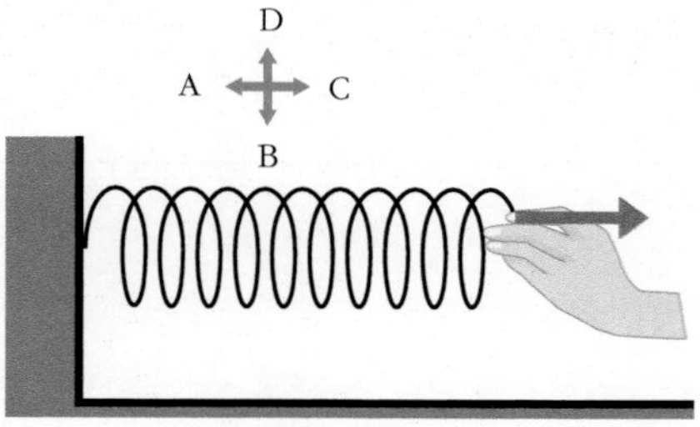

① A ② B ③ C ④ D ⑤ 없다.

06

우리 생활에서 마찰력이 커야 편리한 경우와 관련 있는 것을 〈보기〉에서 모두 고른 것은?

〈 보기 〉

ㄱ. 빙판길에 모래를 뿌린다.
ㄴ. 자동차 바퀴에 체인을 감는다.
ㄷ. 수영장 미끄럼틀에 물을 뿌린다.
ㄹ. 창문 틀 사이에 바퀴를 설치한다.
ㅁ. 기계의 회전 부분에 기름이나 윤활유를 바른다.
ㅂ. 산에 오를 때 바닥이 울퉁불퉁한 등산화를 신는다.

① ㄱ, ㄴ, ㄹ ② ㄱ, ㄴ ,ㅁ ③ ㄱ, ㄴ, ㅂ
④ ㄴ, ㄷ, ㄹ ⑤ ㄷ, ㄹ, ㅁ

유형 익히기 & 하브루타

[유형1-1] 힘의 작용

다음은 각 경우에 상호 작용하는 두 힘 중 한 힘(F_1)을 화살표로 나타낸 것이다. 나머지 한 힘(F_2)을 각각 쓰시오.

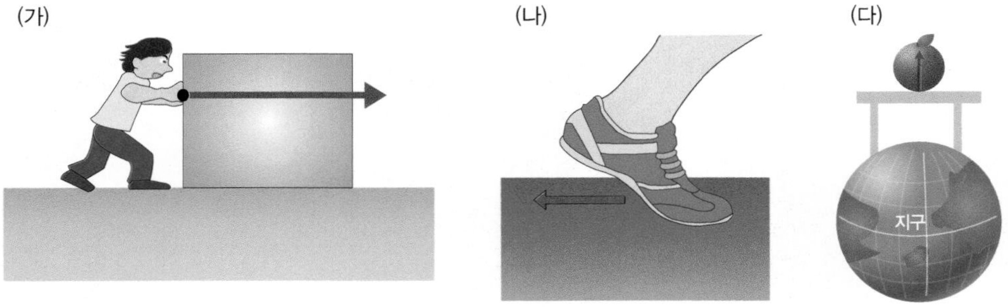

	(가)	(나)	(다)
F_1	사람이 물체를 미는 힘	발이 땅을 미는 힘	책상이 사과를 떠받치는 힘
F_2	(　　　　　　)	(　　　　　　)	(　　　　　　)

Tip!

01 다음 그림 중 (가) 의 화살표는 북쪽 방향의 10 N 의 힘을 나타낸 것이라고 할 때, 그림 (나) 의 화살표가 나타내는 힘의 방향과 크기가 바르게 짝지어진 것은?

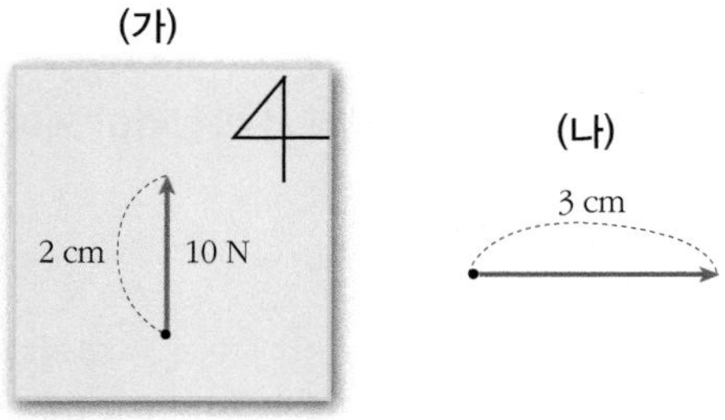

① 동쪽, 15N　② 서쪽, 15N　③ 동쪽, 3N
④ 서쪽, 3N　⑤ 동쪽, 20N

02 다음 중 힘의 3 요소와 힘의 표시에 대한 설명으로 옳지 <u>않은</u> 것은?

① 화살표의 연장선을 작용선이라 한다.
② 힘의 3 요소는 크기, 방향, 작용선이다.
③ 힘의 화살표의 시작점이 힘의 작용점이다.
④ 화살표의 길이는 힘의 크기에 비례하여 그린다.
⑤ 힘은 크기와 방향을 가지므로 화살표로 표시한다.

정답 및 해설 02쪽

[유형1-2] 접촉하지 않아도 작용하는 힘

다음 그림과 같이 지구 주위에 어떤 물체가 있다. 이 물체에 작용하는 중력에 대한 설명으로 옳지 <u>않은</u> 것은?

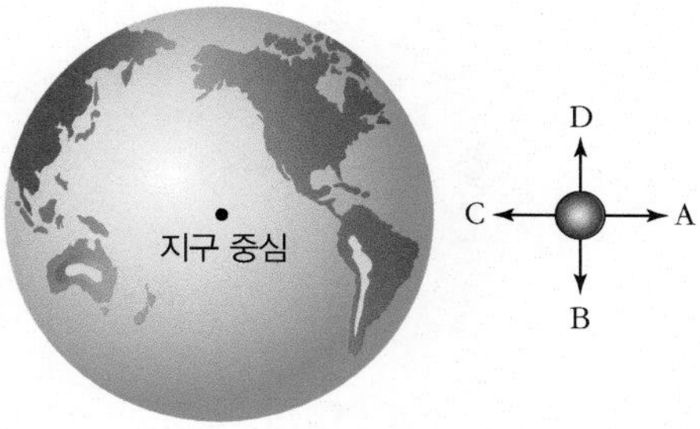

① 물체에 작용하는 중력의 방향은 B 이다.
② 지구와 떨어져 있어도 중력이 작용한다.
③ 중력은 지구와 물체 사이에 작용하는 당기는 힘이다.
④ 지구에서 멀어질수록 중력의 크기는 점점 약해진다.
⑤ 물체에 작용하는 중력의 크기는 무게와 같고, 용수철 저울로 측정이 가능하다.

03

오른쪽 그림과 같이 농구공을 비스듬히 위로 던져 올렸더니 농구공이 운동하여 다시 아래로 떨어졌다. 이 때 A, B, C 지점에서 작용하는 중력의 방향을 바르게 나타낸 것은?

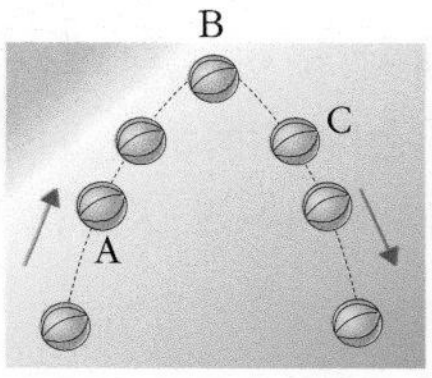

	A	B	C
①	→	↑	→
②	↓	↓	↑
③	→	↓	↓
④	↓	↓	↓
⑤	↓	↓	→

04

오른쪽 그림과 같이 실에 자석 A 를 매달고 다른 자석 B 를 가까이 가져 갔더니 자석 A 가 끌려왔다. 이에 대한 설명으로 옳은 것은?

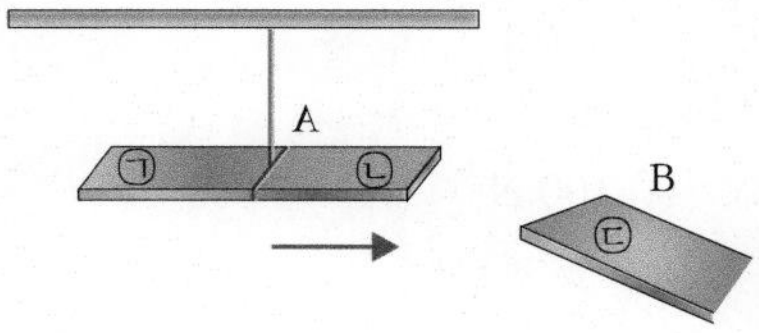

① ㉠ 과 ㉡ 은 서로 같은 극이다.
② ㉠ 과 ㉢ 은 서로 다른 극이다.
③ ㉡ 과 ㉢ 은 서로 다른 극이다.
④ ㉠ 과 ㉢ 사이에는 인력이 작용한다.
⑤ 자석 B 의 ㉢ 을 자석 A 의 ㉠ 쪽으로 가져가면 서로 잡아당긴다.

Tip!

유형 익히기 & 하브루타

[유형1-3] 접촉해야 작용하는 힘 - 탄성력

다음 그림과 같이 용수철에 화살표 방향으로 힘이 작용할 때 손에 작용하는 용수철의 탄성력의 방향을 각각 쓰시오. (단, 방향은 아래와 같이 ①, ②, ③, ④ 로 정한다.)

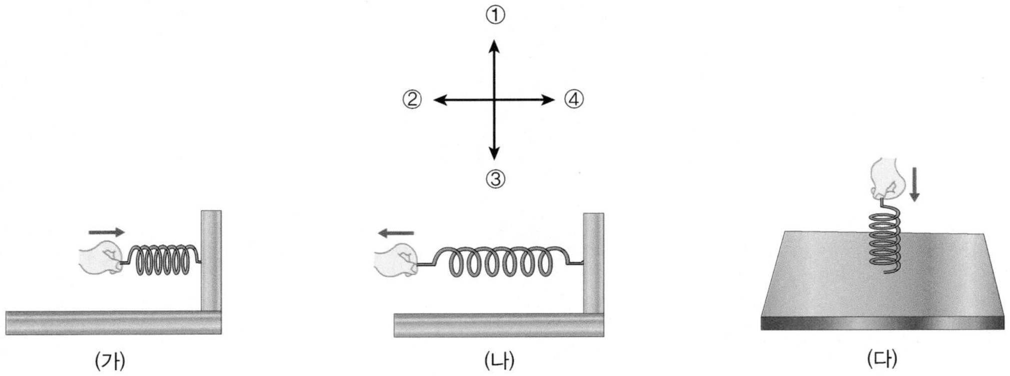

(가) : (　　　)　　(나) : (　　　)　　(다) : (　　　)

05 다음 그림은 용수철에 50 N 의 힘을 주어 당기는 모습이다. 이때 손에 작용하는 탄성력의 크기와 방향을 바르게 짝지은 것은?

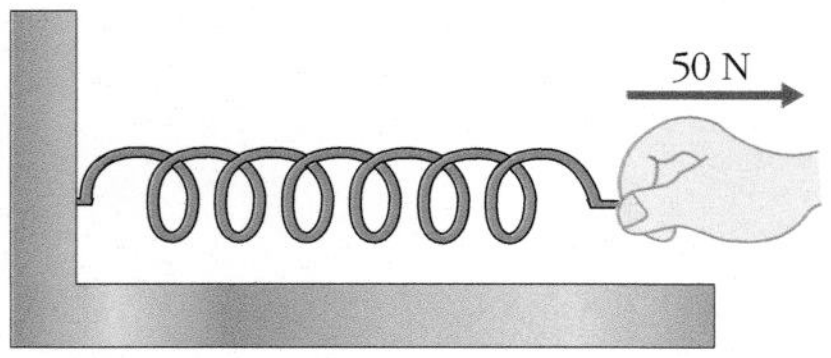

크기	방향	크기	방향
① 50 N	→	② 50 N	←
③ 100 N	→	④ 100 N	←
⑤ 150 N	→		

06 다음 그림은 같은 용수철에 질량이 서로 다른 물체를 매달은 모습을 나타낸 것이다. A 와 B 에 각각 작용하는 탄성력이 큰 것은 어느 것인지 A 와 B 중에 선택하시오.

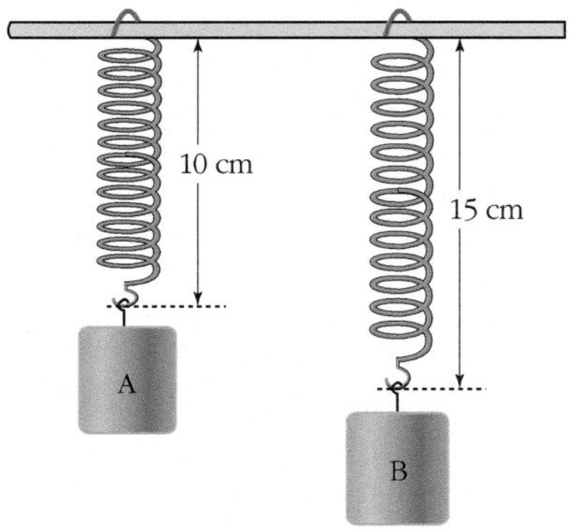

(　　　)

정답 및 해설 02쪽

[유형1-4] 접촉해야 작용하는 힘 - 마찰력

다음 그림처럼 빗면에 물체가 정지한 상태로 있을 때 물체에 작용하는 각 힘 A ~ E 에 대한 설명으로 옳지 않은 것은?

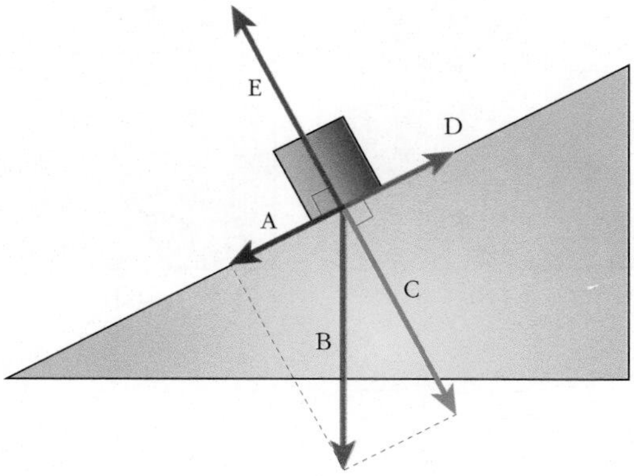

① 힘 B 는 물체의 무게이다.
② 힘 A 와 C 는 물체의 무게 때문에 생긴다.
③ 힘 D 는 물체가 빗면에 작용하는 마찰력이다.
④ 힘 C 는 물체가 빗면을 수직으로 누르는 힘이다.
⑤ 힘 E 는 빗면에 수직 방향이며, 빗면이 물체에 작용하는 수직항력이다.

07 위 그림의 나무 도막에 한 개의 나무 도막을 더 올려 놓아도 물체는 정지해 있었다면 힘 D 와 E 의 크기는 각각 어떻게 되겠는가?

① D 만 커진다.
② E 만 커진다.
③ D 와 E 의 크기가 모두 커진다.
④ D 와 E 의 크기가 모두 작아진다.
⑤ D 와 E 의 크기는 변함 없다.

08 다음 중 마찰력에 대한 설명으로 옳은 것은?

① 마찰력은 무게가 무거울수록 커진다.
② 마찰력은 접촉면이 매끄러울수록 커진다.
③ 마찰력은 운동 방향과 같은 방향으로 작용한다.
④ 물체에 작용한 힘의 방향과 마찰력의 방향은 항상 반대이다.
⑤ 물체를 밀었으나 물체가 움직이지 않으면 마찰력의 크기는 0이다.

Tip!

창의력 & 토론마당

01 다음 그림과 같이 나일론 스타킹과 털가죽을 준비(가)하고, 털가죽으로 나일론 스타킹을 같은 방향으로 반복해서 문질렀더니(나) 나일론 스타킹이 다리 모양으로 부풀었다(다). 그 이유를 설명하시오.

(가)

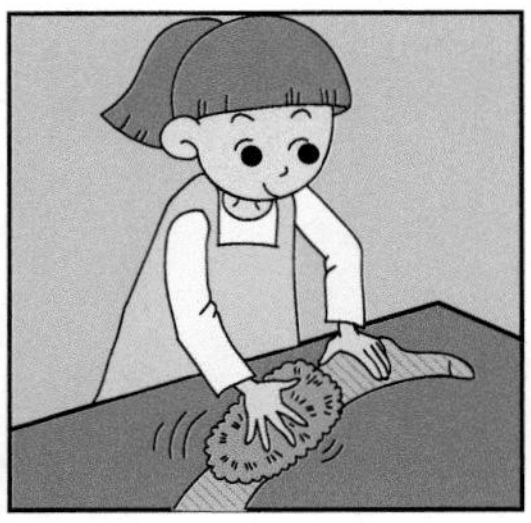
(나)

(다)

02 높은 산 위의 마을에서 물건을 사서 바닷가 근처에 있는 마을에 파는 장사꾼이 있다. 장사꾼은 그림과 같은 (가) 저울과 (나) 저울 중 어느 저울을 사용해야 이익을 취할 수 있는지 쓰고, 그 이유를 설명하시오.

(가)

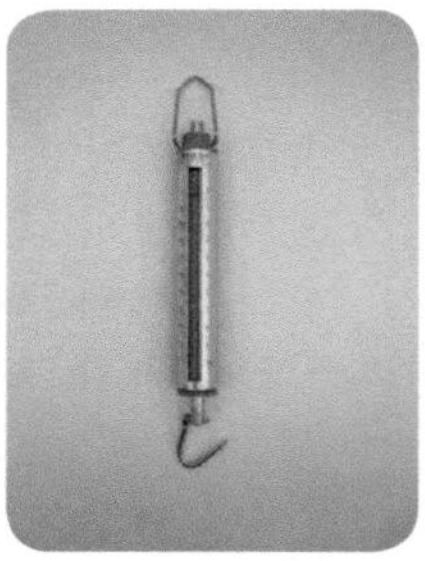
(나)

정답 및 해설 03쪽

03

원형 고리 자석 A, B, C 3 개를 막대에 끼워 놓아두었더니 그림과 같은 모양을 이루며 정지한 상태를 유지했다. 물음에 답하시오. (단, 자석 C 는 밑면에 밀착되어 있으며 a, b, c 는 각각 자석 A, B, C 의 윗면을 뜻한다.)

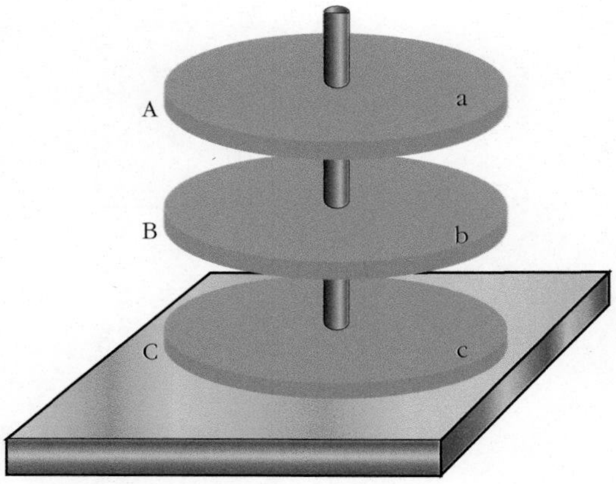

(1) 자석 A 의 a 부분이 N 극이라면 자석 B 의 b 부분과 자석 C 의 c 부분은 N 극일까? S 극일까?

(2) 현 상태에서 자석 A 와 B 사이에 작용하는 자기력이 5 N, 자석 A 와 C 사이에 작용하는 자기력이 1 N, 자석 B 와 C 사이에 작용하는 자기력이 7 N 이라면 자석 A 와 B 의 무게는 각각 몇 N 일까?

04 여러 천체의 중력가속도가 다음 표와 같을 때 물음에 답하시오. (단, 무게는 질량과 중력 가속도의 곱이다.)

천체	중력 가속도
지구	9.8
화성	3.7
금성	8.8
달	1.6

(1) 금성에서 질량 7 kg 의 물체의 무게를 잰다면 몇 N인가?

(2) 질량이 같은 물체를 고무줄에 매달았을 때 지구에서 12 cm 늘어났다면 달에서는 몇 cm 늘어나겠는가?

(3) 같은 높이에서 질량이 같은 물체를 놓았을 때 물체가 가장 늦게 떨어지는 천체는?

정답 및 해설 04쪽

05

5 N 의 추를 매달면 2 cm 가 늘어나는 용수철 A, B, C 3 개를 그림과 같이 연결하여 맨 밑에 무게 10 N 의 추를 매달았다.

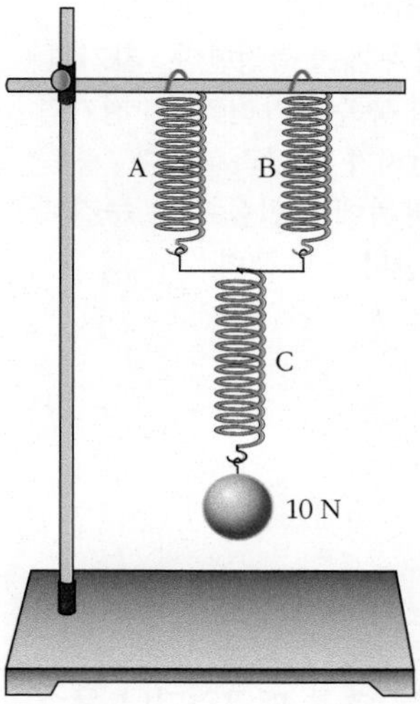

용수철은 매우 가벼운 재질로 되어 있어 자체의 무게를 거의 0 이라고 놓을 수 있다면, 용수철 A, B, C 의 늘어난 길이는 각각 몇 cm 이겠는가?

스스로 실력 높이기

A

01 여러 가지 현상과 관련 있는 힘을 바르게 짝지은 것은?

① 폭포의 물이 아래로 떨어진다 - 탄성력
② 용수철 저울로 물체의 무게를 측정한다 - 자기력
③ 나침반 바늘의 N 극이 북쪽을 가리킨다 - 전기력
④ 마찰한 먼지떨이에 먼지가 잘 달라붙는다 - 중력
⑤ 겨울철에는 자동차 바퀴에 체인을 감아 눈길에서 미끄러지지 않게 한다 - 마찰력

02 지구에서 어떤 용수철에 추를 매달았더니 용수철이 18 cm 늘어났다. 같은 용수철을 달에 가지고 가서 같은 종류의 추를 2 개 매달았다면, 용수철의 늘어난 길이는 몇 cm 가 되는가?

① 2 cm　② 3 cm　③ 6 cm
④ 8 cm　⑤ 10 cm

03 지구에서 우주 왕복선이 출발하여 지구로부터 점점 멀어지고 있다. 우주 왕복선의 질량과 무게는 각각 어떻게 되겠는가?

① 질량과 무게가 모두 증가한다.
② 질량과 무게가 모두 감소한다.
③ 질량은 변함없고 무게는 감소한다.
④ 질량은 변함없고 무게는 증가한다.
⑤ 질량과 무게가 모두 변하지 않는다.

04 다음 중 접촉하지 않아도 작용하는 힘을 있는 대로 고르시오.

① 중력　② 마찰력　③ 전기력
④ 탄성력　⑤ 자기력

05 다음 그림과 같이 지구 주위에 물체 (가), (나) 가 있다.

물체 (가), (나) 에 작용하는 중력의 방향을 옳게 짝지은 것은?

	(가)	(나)
①	A	B
②	A	C
③	C	A
④	C	C
⑤	D	B

06 오른쪽 그림은 털가죽에 마찰시킨 풍선 두 개를 같이 걸어 놓았더니 서로 떨어져 매달려 있는 것을 나타낸 것이다. 이에 대한 설명으로 옳지 <u>않은</u> 것은?

① 두 고무풍선에는 중력이 작용한다.
② 두 고무풍선은 같은 종류의 전기를 띠었다.
③ 두 고무풍선 사이에 작용하는 힘은 전기력이다.
④ 고무풍선의 사이가 가까울수록 서로 작용하는 힘의 세기가 더 약하다.
⑤ 고무풍선이 띠는 전기의 양이 클수록 서로 작용하는 힘의 세기가 더 크다.

07 다음 그림과 같이 지구에서 사과의 질량을 윗접시 저울로 측정하였더니 360 g 이었다.

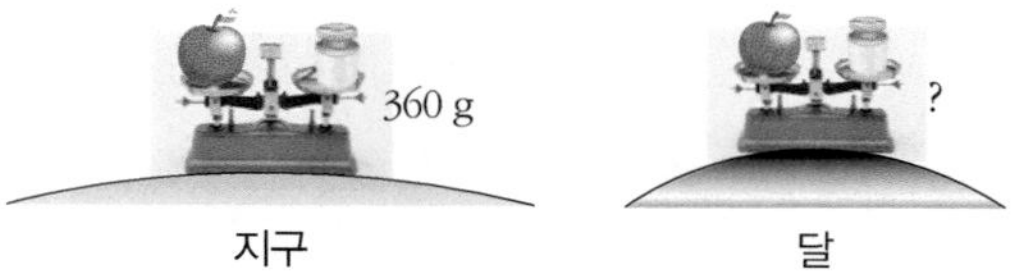

이 사과를 달에 가져가 윗접시 저울로 질량을 측정한다면 몇 g 이겠는가?

① 60 g　② 120 g　③ 240 g
④ 360 g　⑤ 720 g

정답 및 해설 04쪽

08 오른쪽 그림은 스카이다이빙을 하는 모습이다. 이때 스카이다이버의 아래 방향으로 작용하는 힘의 특징으로 옳지 않은 것은?

① 인력만 존재한다.
② 다른 행성에도 존재한다.
③ 지구가 물체를 끌어당기는 힘이다.
④ 수평면에 수직 방향으로 작용한다.
⑤ 장소에 상관없이 힘의 크기가 같다.

09 오른쪽 그림과 같이 용수철에 질량 2 kg 인 추를 매달았다. 이에 대한 설명으로 옳은 것을 모두 고르면? (2 개)

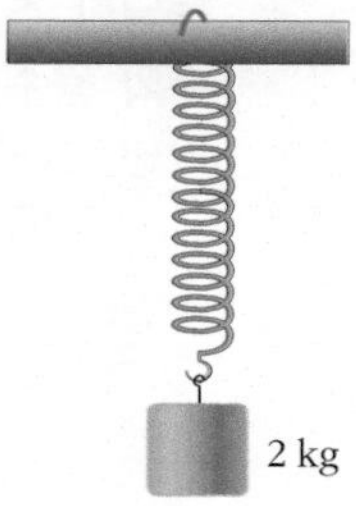

① 달에 가져가면 용수철이 덜 늘어난다.
② 탄성력의 크기는 용수철에 매단 추의 무게와 같다.
③ 용수철을 위쪽으로 밀어 압축시키면 탄성력이 없어진다.
④ 추가 정지해 있으면 추에 작용하는 중력의 크기는 0 이다.
⑤ 추에 작용하는 탄성력의 방향은 아래쪽이며, 탄성력의 크기는 약 19.6 N 이다.

10 다음 그림과 같이 동일한 나무도막을 바닥에 놓고 끌었을 때 가장 움직이기 어려운 것은? (A, B, C 는 같은 면이고, D 는 거친 면이다.)

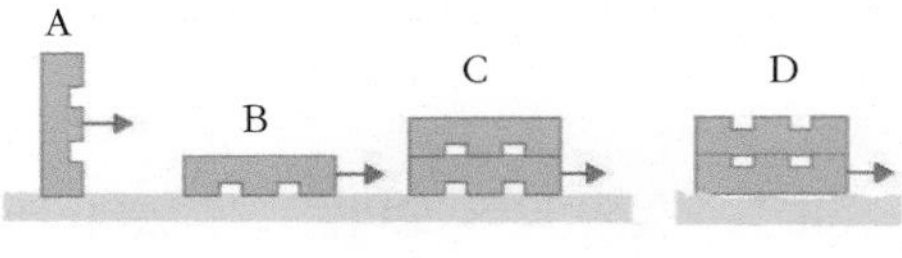

① A ② B ③ C
④ D ⑤ C , D

B

[11~12] 오른쪽 그림은 쇠구슬을 용수철에 매단 상태에서 쇠구슬의 아래 쪽에 센 자석을 두었더니 용수철이 더욱 늘어난 모습을 나타낸 것이다.

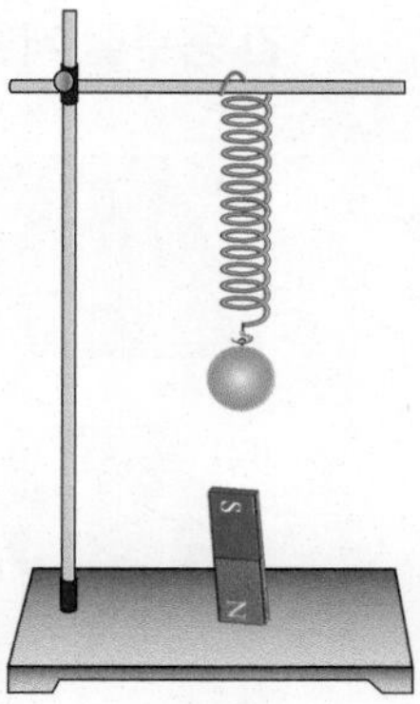

11 이때 쇠구슬에 작용한 힘을 모두 나열한 것은?

① 중력, 자기력 ② 중력, 전기력, 자기력
③ 중력, 탄성력 ④ 중력, 자기력, 탄성력
⑤ 탄성력, 마찰력, 자기력

12 쇠구슬과 자석 사이에 상호 작용하는 두 힘을 바르게 나열한 것은?

① 쇠구슬에 작용하는 중력과 자석에 작용하는 중력
② 쇠구슬에 작용하는 탄성력과 자석에 작용하는 중력
③ 쇠구슬에 작용하는 탄성력과 자석이 잡아당기는 자기력
④ 쇠구슬의 중력과 자석이 쇠구슬을 잡아당기는 자기력
⑤ 쇠구슬이 자석을 잡아당기는 자기력과 자석이 쇠구슬을 잡아당기는 자기력

13 다음 중 중력, 전기력, 자기력에 공통적으로 해당하는 설명만을 〈보기〉에서 있는 대로 고른 것은?

〈 보기 〉
ㄱ. 거리가 멀수록 힘이 약해진다.
ㄴ. 인력과 척력이 모두 존재한다.
ㄷ. 물체를 잡아당기는 힘만 존재한다.
ㄹ. 서로 떨어져 있는 물체 사이에서도 작용한다.

① ㄱ, ㄴ ② ㄱ, ㄷ ③ ㄱ, ㄹ
④ ㄴ, ㄷ ⑤ ㄱ, ㄷ, ㄹ

스스로 실력 높이기

[14~16] 다음 그림과 같이 접촉면의 면적과 무게, 접촉면의 거친 정도를 달리하여 나무 도막을 서서히 잡아당기면서 나무 도막이 움직이는 순간 용수철 저울의 눈금을 읽었다.

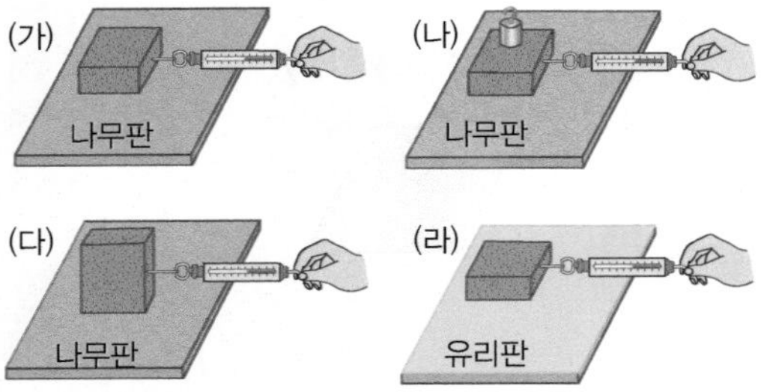

14 용수철 저울의 눈금이 가장 크게 나오는 것은 어느 것인가?

① (가)　② (나)　③ (다)
④ (라)　⑤ (가), (다)

15 위의 실험을 통해서 알 수 있는 것을 〈보기〉 에서 모두 고른 것은?

〈 보기 〉
ㄱ. 접촉면이 넓을수록 마찰력이 커진다.
ㄴ. 접촉면이 거칠수록 마찰력이 커진다.
ㄷ. 면을 누르는 힘이 클수록 마찰력이 커진다.

① ㄱ　② ㄴ　③ ㄱ, ㄴ
④ ㄴ, ㄷ　⑤ ㄱ, ㄴ, ㄷ

16 (가) ~ (라) 를 비교했을 때 (라) 와 같이 마찰력이 작용하는 현상을 이용한 경우를 모두 고른 것은?

〈 보기 〉
ㄱ. 미닫이문　ㄴ. 성냥불
ㄷ. 물미끄럼틀　ㄹ. 스노우체인

① ㄱ, ㄴ　② ㄱ, ㄷ　③ ㄱ, ㄹ
④ ㄴ, ㄷ　⑤ ㄴ, ㄹ

[17~18] 다음 그림과 같이 용수철에 추를 매달았을 때 매단 추의 무게와 용수철의 늘어난 길이의 관계가 표와 같았다.

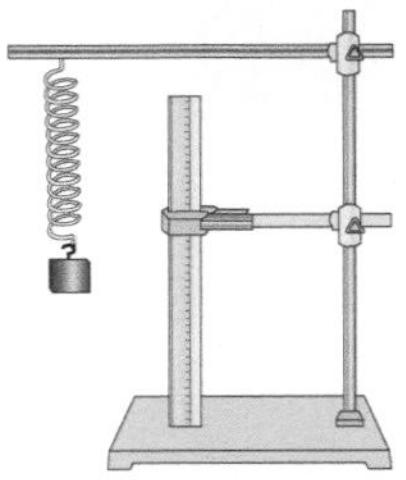

추의 무게 (N)	용수철의 길이 (cm)
0	10
2	12
4	14
6	16

17 동일한 추 여러 개로 실험을 할 때 매단 추의 개수와 용수철의 늘어난 길이의 관계를 바르게 나타낸 그래프는?

①
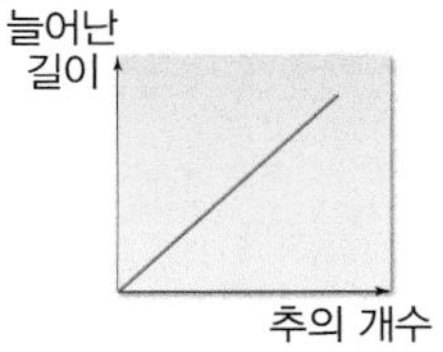

②
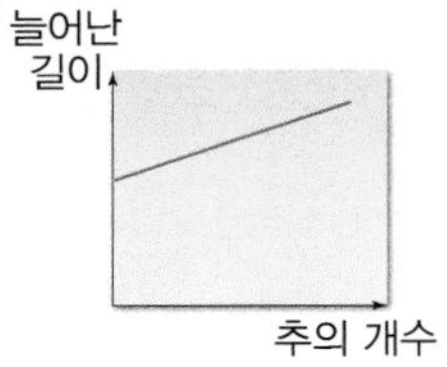

③
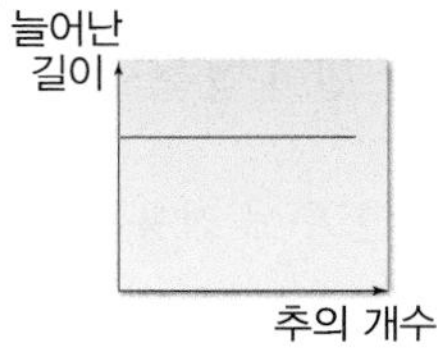

④
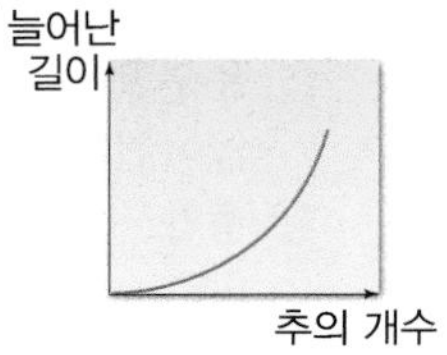

⑤
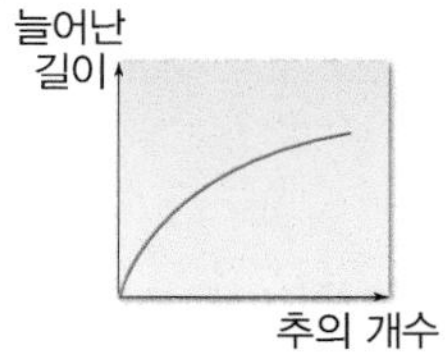

18 이 용수철에 나무 도막을 매달았더니 용수철의 길이가 18 cm 가 되었다. 이 나무 도막의 무게는 몇 N 인가?

(　　　　) N

정답 및 해설 04쪽

[19~20] 다음 그림과 같이 무게가 각각 3 N 인 원형 자석 A, B 를 막대에 끼웠더니 자석 A가 공중에 떠 있는 상태가 되었다.

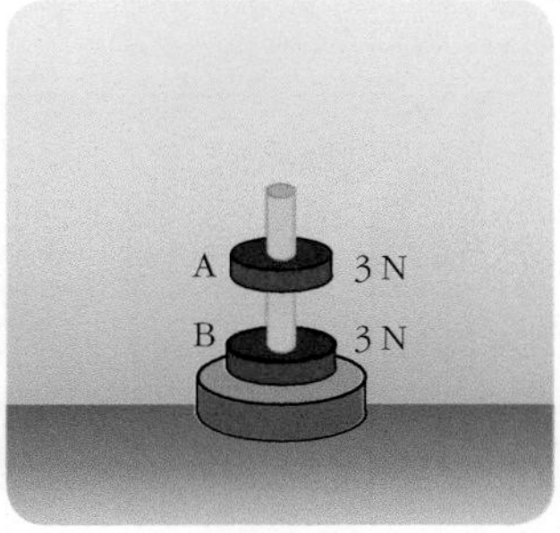

19 자석 A에 작용하는 자기력의 크기는 몇 N 인가?

( ) N

20 자석 A 의 윗면이 N 극을 띨 때, 자석 B 의 아랫면은 어떤 극을 띠게 될 것이며 이때 자석 B 에 작용하는 중력의 방향과 자기력의 방향이 같을까? 혹은 다를까?

	극	방향		(가)	(나)
①	S	다르다.	②	N	같다.
③	N	다르다.	④	N	모른다.
⑤	S	같다.			

C

21 다음 그림은 서로 다른 용수철에 질량이 다른 추를 매달았을 때 용수철의 늘어난 모습을 각각 나타낸 것이다. 용수철의 탄성력이 가장 큰 것은?

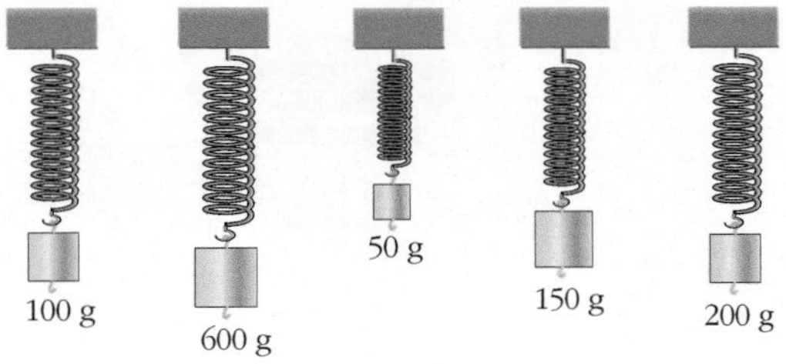

22 다음 그림과 같이 빗면 위에 막대자석을 두고, 앞에서 봤을 때 쇠구슬의 오른쪽으로 자기력을 작용하게 한 후 쇠 구슬을 굴렸다. 이에 대한 설명으로 옳지 않은 것은?

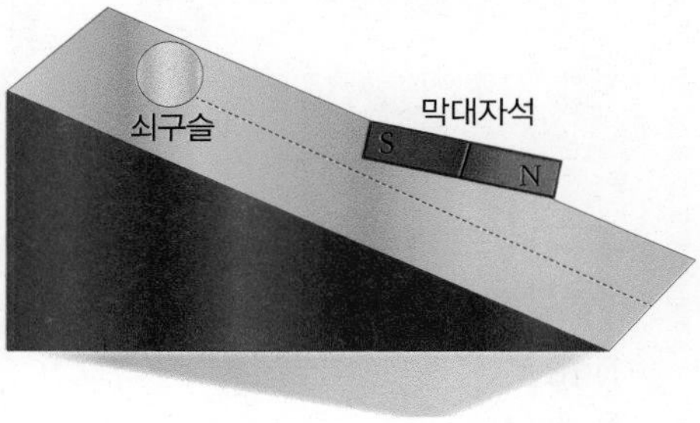

① 자석에 의해 쇠 구슬의 운동 방향이 바뀐다.
② 자석의 세기가 약할수록 운동 방향의 변화가 작다.
③ 쇠 구슬의 질량이 클수록 운동 방향의 변화가 크다.
④ 쇠 구슬의 속력이 빠를수록 운동 방향의 변화가 작다.
⑤ 쇠 구슬의 진행 방향에서 자석이 멀수록 운동 방향의 변화가 작다.

23 다음 그림과 같이 장치하고 나무 도막을 빗면을 따라 빗면 아래 방향으로 잡아 당겨 운동시켰다. 이때 나무 도막에 연결된 용수철이 늘어난 상태였다면 나무 도막에 작용하는 중력, 탄성력, 마찰력의 방향을 바르게 짝지은 것은?

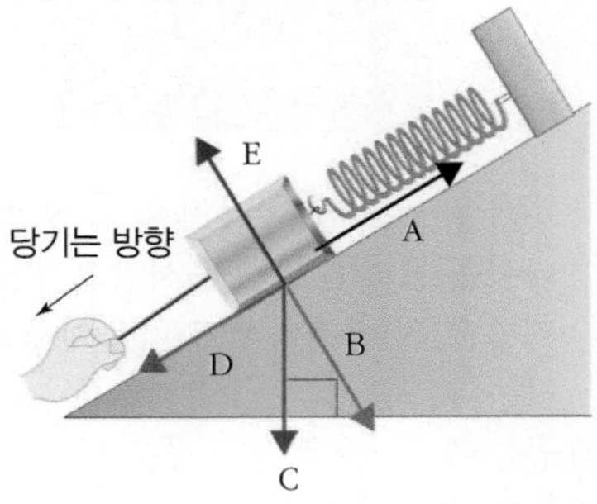

	중력	탄성력	마찰력		중력	탄성력	마찰력
①	A	B	C	②	B	A	A
③	B	D	A	④	C	A	A
⑤	C	D	D				

24 다음 그림과 같이 무게가 200 N인 나무 도막을 30 N 의 힘으로 당기고 있다.

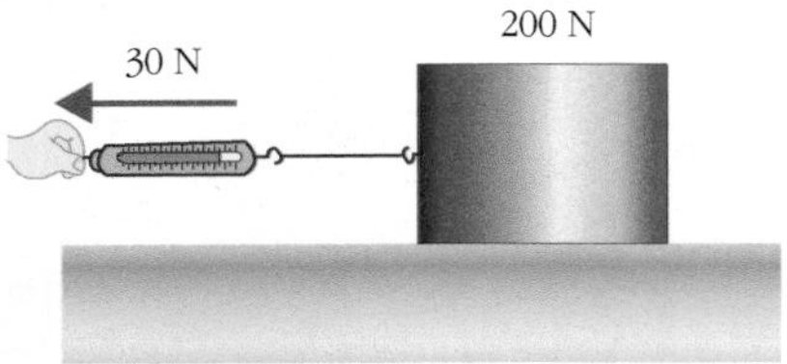

이 나무 도막이 움직이지 않을 때 나무 도막에 작용하는 마찰력의 크기는?

① 10 N ② 15 N ③ 30 N
④ 100 N ⑤ 200 N

25 다음 그림은 우주 정거장 안에서의 생활을 나타낸 것이다. 지구 주위를 돌고 있는 우주 정거장 안에서는 중력을 거의 느끼지 못하는 상태를 경험할 수 있다. 우주 정거장 안에서 일어날 수 있는 모습을 바르게 나타낸 것을 모두 고르시오. (3 개)

① 촛불을 켜도 계속 타지 않고 금방 꺼진다.
② 나사를 돌리면 돌리는 사람은 반대로 돌아간다.
③ 체중계 위에 올라서도 저울의 눈금이 움직이지 않는다.
④ 공중에 뜬 채로 농구공을 던지면 던진 사람은 공과 같은 속력으로 밀려난다.
⑤ 공중에 볼펜을 두고 한쪽 끝을 수직으로 살짝 치면 볼펜이 제자리에서 회전한다.

26 다음 그림은 번지점프를 하여 낙하하고 있는 사람의 모습이다. 떨어지면서 이 사람에게 작용하는 중력과 탄성력의 크기 및 방향 변화를 서술하시오.

27 어떤 산악인이 높은 산의 꼭대기를 향해 등반하고 있다. 산악인이 산꼭대기로 올라갈수록 산악인의 질량과 몸무게는 어떻게 변하는지 서술하시오.

28 다음 그림과 같이 자동차를 도색할 때 페인트는 (-) 전기, 자동차 차체는 (+) 전기를 띠게 한다. 이와 같이 페인트와 차체에 전기를 띠게 할 때 이로운 점을 서술하시오.

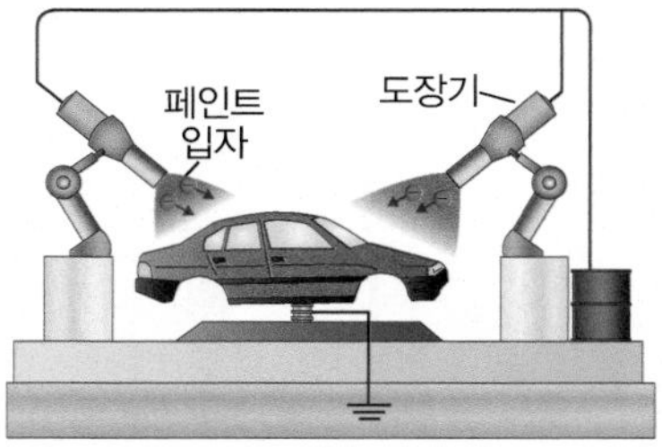

정답 및 해설 04쪽

29 다음 그림과 같이 같은 크기의 힘으로 음료수 병을 왼쪽 방향으로 밀었더니 (가)는 미끄러지고, (나)는 넘어졌다. 이와 같이 힘의 효과가 다르게 나타나는 이유를 힘의 3 요소와 관련지어 서술하시오.

30 다음 그림과 같이 활시위를 당기면 원래 모양으로 되돌아가려는 탄성력에 의해 화살이 날아간다. 이때 활시위를 더 많이 당겼다가 놓을수록 화살은 더 멀리 날아간다. 그 이유를 서술하시오.

창의력 서술

31 다음 〈보기〉는 중력과 관련된 틀린 설명들이다. 각각에 대하여 옳지 않은 이유를 서술하시오.

〈 보기 〉

ㄱ. 진공 상태와 무중력 상태는 동일하다.
ㄴ. 중력은 무조건 아래 방향으로 작용한다.
ㄷ. 지구의 어느 장소에서나 같은 질량을 가진 물체에 작용하는 중력은 같다.

32 다음 그림은 다양한 동계 올림픽 종목들이다.

일반인들은 빙판 위에 서있는 것 조차 힘이 든다. 하지만 얼음판 위에서 빠른 속도로 달리는 스피드 스케이팅 선수들, 얼음판을 미끄러지듯 자유롭게 날아다니는 피겨스케이팅 선수들은 얼음판의 작은 마찰력을 이용하여 자신들의 기량을 마음껏 발휘한다. 그렇다면 동계 올림픽 종목들은 무조건 마찰력이 작을수록 좋은 것일까? 자신의 생각을 서술하시오.

2강. 힘의 합성과 평형

1. 나란한 두 힘의 합성

(1) 같은 방향의 두 힘

① 합력의 방향 : 두 힘의 방향

② 합력의 크기 : 두 힘의 크기를 더한 값

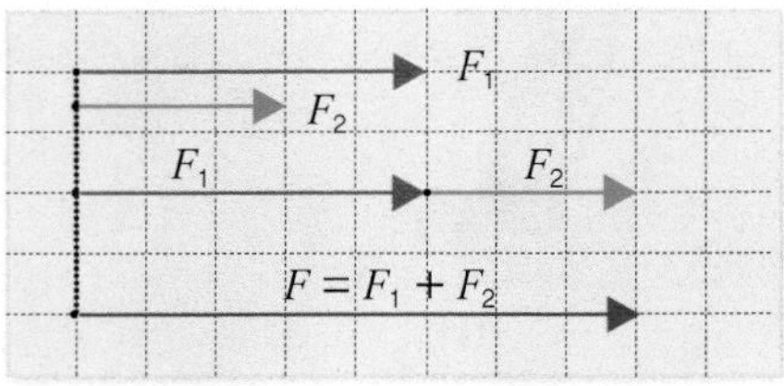

i) 같은 방향으로 두 힘 F_1, F_2 가 작용하고 있다.

ii) 두 힘을 같은 직선 위에 차례대로 이동시킨다.

iii) 두 힘 F_1, F_2 의 크기를 더하면 합력의 크기를 구할 수 있다. → $F = F_1 + F_2$

(2) 반대 방향의 두 힘

① 합력의 방향 : 두 힘 중 큰 힘의 방향

② 합력의 크기 : 두 힘 중 큰 힘에서 작은 힘을 뺀 값

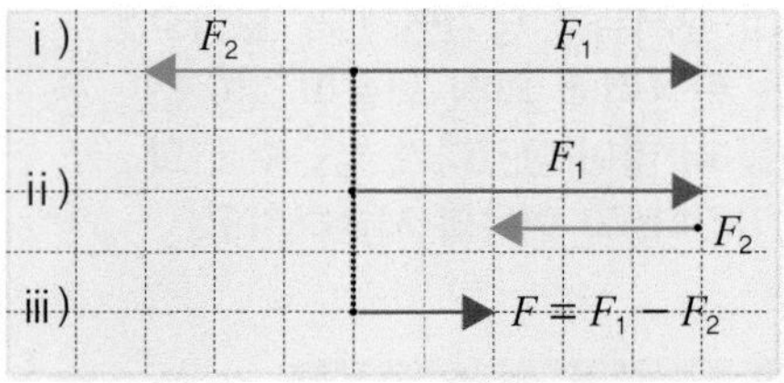

i) 반대 방향으로 두 힘 F_1, F_2 가 작용하고 있다.

ii) 작은 힘을 큰 힘의 위치로 이동시킨다.

iii) 두 힘 F_1, F_2 의 크기 차를 구하면 합력의 크기를 구할 수 있다. → $F = F_1 - F_2$
(단, $F_1 \geq F_2$)

● 알짜힘
물체에 작용하는 모든 힘들의 합력

● 알짜힘의 효과

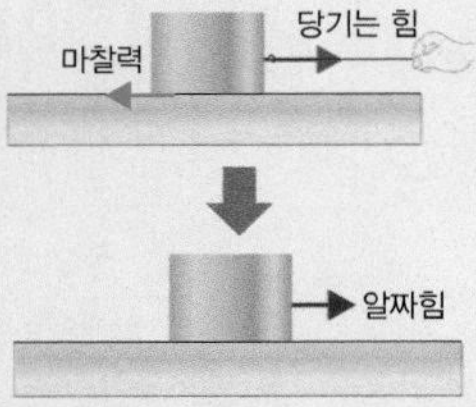

알짜힘은 당기는 힘과 마찰력이 동시에 작용하는 효과를 낸다.

● 같은 방향으로 작용하는 두 힘의 예
물체를 앞에서 당기는 힘과 뒤에서 미는 힘

● 반대 방향으로 작용하는 두 힘의 예
물체를 반대 방향으로 당기는 두 사람의 힘

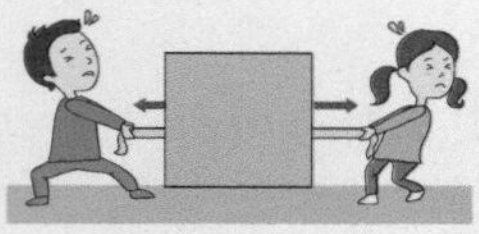

개념확인 1 **합력에 대한 설명으로 옳은 것은 O 표, 옳지 않은 것은 X 표 하시오.**

(1) 물체가 받는 모든 힘들의 합력을 알짜힘이라고 한다. (   )

(2) 한 물체에 작용하는 여러 힘과 같은 효과를 내는 하나의 힘이다. (   )

확인+1 **오른쪽 그림과 같이 마찰이 없는 수평면 위에 놓인 상자를 A 는 30 N 의 힘으로 밀고, B 는 20 N 의 힘으로 당기고 있다. 상자에 작용하는 합력의 크기는 몇 N 인가?**

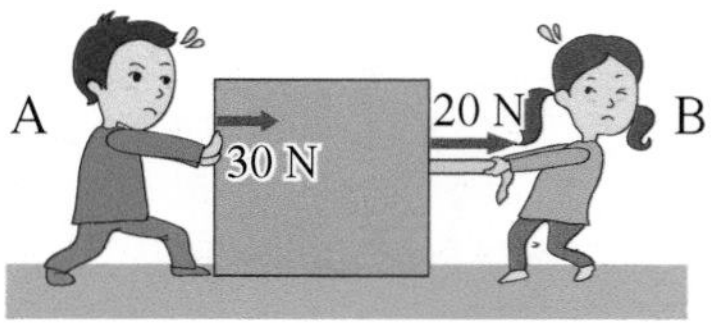

(   ) N

미니사전
합력 [合 더하다 力 힘] 둘 이상의 힘과 효과가 같은 하나의 힘

2. 나란하지 않은 두 힘의 합성 I

(1) 평행사변형법 : 한 물체에 두 힘(F_1, F_2)이 동시에 작용할 때 두 힘을 이웃한 두 변으로 하는 평행사변형을 그리면, 평행사변형의 대각선이 두 힘의 합력(F)을 나타낸다.
($F = F_1 + F_2$)

① 합력의 방향 : 평행사변형의 대각선 방향
② 합력의 크기 : 평행사변형의 대각선 길이

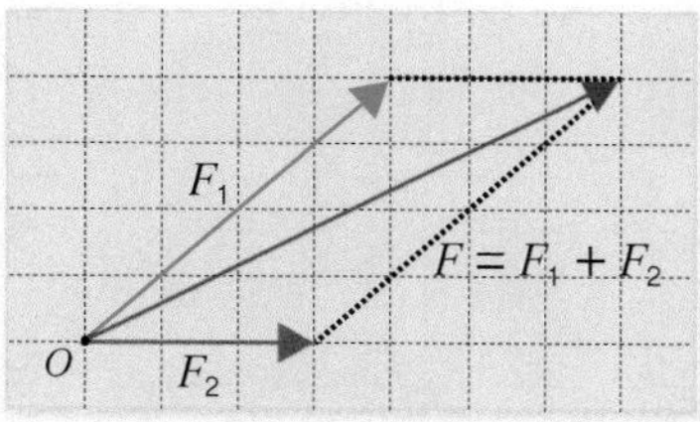

(2) 나란하지 않은 두 힘의 합력 구하는 법

〈 두 힘 F_1과 F_2의 합력을 구하는 순서 〉

(1) F_1 과 F_2 를 이웃한 두 변으로 하는 평행사변형을 그린다.

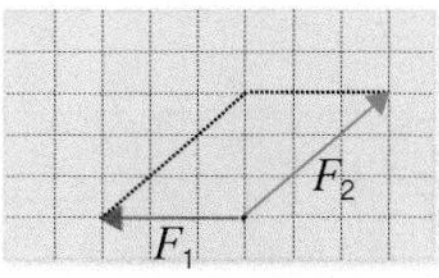

(2) 대각선을 긋고, 대각선의 칸 수를 세어 합력의 크기를 구한다.

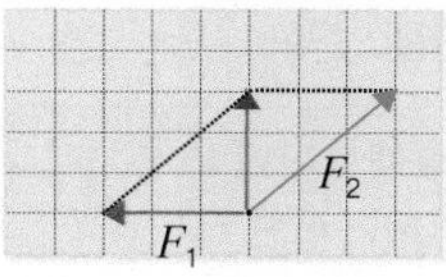

(3) 삼각형법 : 합력을 구하려는 두 힘의 화살표의 머리와 꼬리를 이어 붙이고 시작점과 끝점을 화살표로 연결하면 그 화살표가 두 힘의 합력을 나타낸다.
($F = F_1 + F_2$)

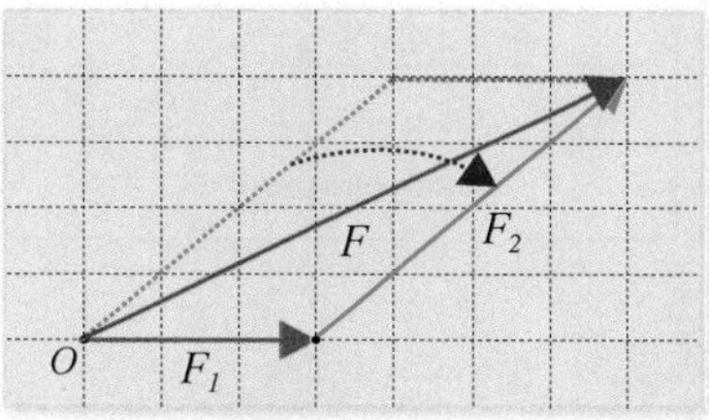

세 힘의 합성

한 점에 작용하는 세 힘 (F_1, F_2, F_3)의 합력을 구할 때는 세 힘 중 두 힘 (F_1, F_2)의 합력을 먼저 구한 후 나머지 한 힘(F_3)과의 합력을 구한다.

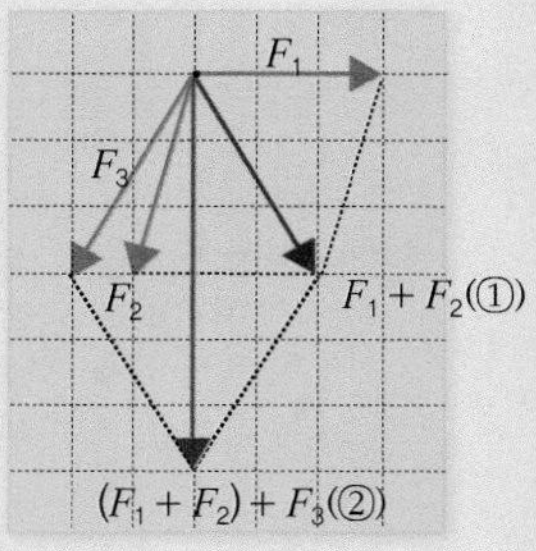

정답 및 해설 06쪽

개념확인 2 **다음은 두 힘의 합력을 구하는 방법에 대한 설명이다. (　　) 안에 공통으로 들어갈 말을 쓰시오.**

나란하지 않은 두 힘의 합력은 두 힘을 이웃한 두 변으로 하는 평행사변형의 (　　)을 그려 구한다. 이때 두 힘의 합력의 크기는 평행사변형의 (　　)의 길이와 같고, 합력의 방향은 평행사변형의 (　　)의 방향과 같다.

(　　　　　)

확인 + 2 **오른쪽 그림과 같이 한 점 O 에 두 힘 F_1, F_2 가 작용하고 있다. 두 힘의 합력의 크기를 구하시오. (단, 모눈종이 눈금 한 칸은 1 N 을 나타낸다.)**

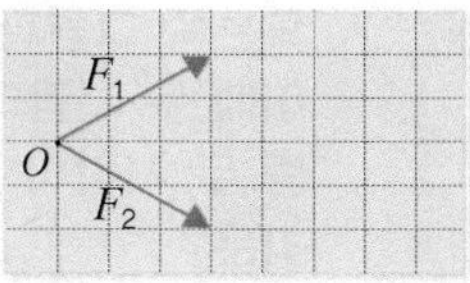

(　　　　　) N

생각해보기★

힘의 합성을 실생활에 이용한 예를 한 가지 이상 적어 보자.

미니사전

평행사변형 [平 평평하다 行 다니다 四 넷 邊 가 形 형상] 마주보는 두 쌍의 변이 서로 평행인 사각형

🔘 간단실험
두 힘이 이루는 각에 따른 힘의 합력 측정하기

① 다음 그림과 같이 양팔을 벌린 후에 철봉에 매달리는 경우를 생각해 본다.
② 양팔의 각도를 줄인 다음에 다시 철봉에 매달리는 경우를 생각해 본다.
③ 두 경우 양팔에 작용하는 힘이 어느 경우가 더 클지 예상해 본다.

🔘 크기가 같은 두 힘이 이루는 각이 120°일 경우
합력의 크기는 작용한 힘의 크기와 같다.

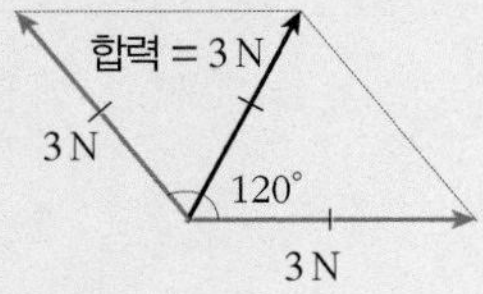

🔘 생각해보기★★
무거운 상자를 두 사람이 같이 들 때 최대한 멀리 떨어져서 들어올리는 것이 힘이 적게 들까? 아니면 가까이서 들어올리는 것이 힘이 적게 들까?

미니사전
범위 [範 본보기 圍 둘레] 테두리가 정해진 구역

3. 나란하지 않은 두 힘의 합성 II

(1) 두 힘이 이루는 각과 합력의 크기 : 두 힘이 이루는 각이 커질수록 합력의 크기는 작아진다.

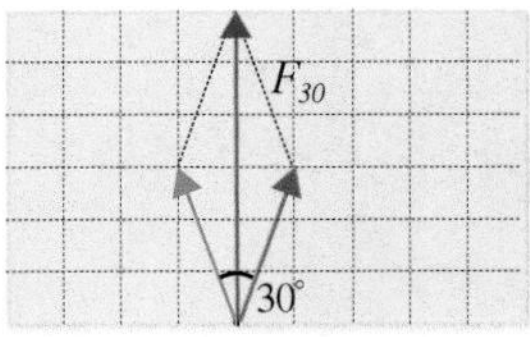

▲ 두 힘이 이루는 각 : 30°

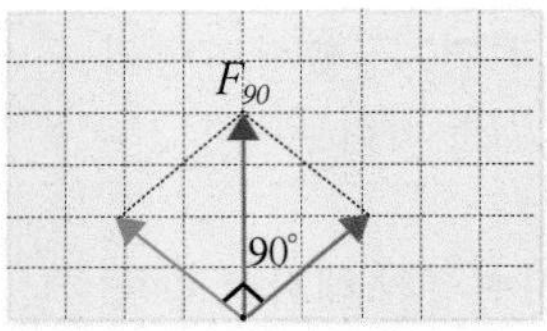

▲ 두 힘이 이루는 각 : 90°

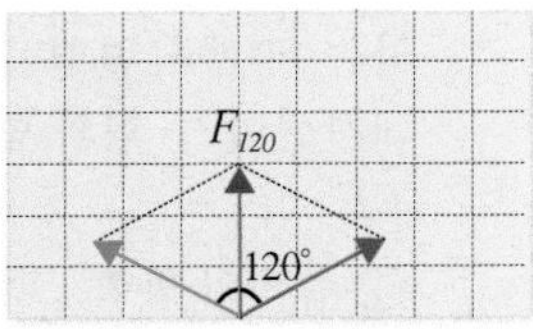

▲ 두 힘이 이루는 각 : 120°

두 힘이 이루는 각이 커질수록 평행사변형의 대각선 길이가 짧아진다.
→ 합력의 크기가 작아진다.($F_{30} > F_{90} > F_{120}$)

(2) 두 힘의 합력의 범위 : 두 힘의 방향이 반대일 때 최소이고, 두 힘의 방향이 같을 때 최대이다.

두 힘의 방향이 반대일 때 : 합력(F)는 $F_1 - F_2$	두 힘의 방향이 같을 때 : 합력(F)는 $F_1 + F_2$	결론
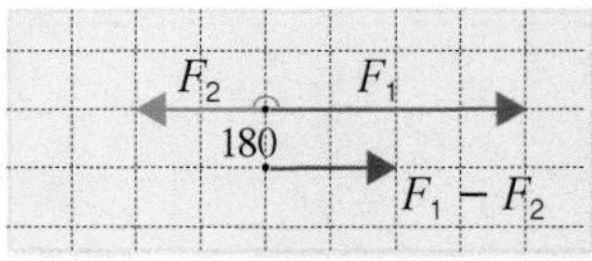 ▲ 합력의 최솟값	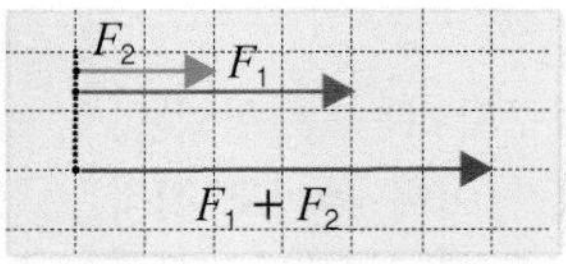 ▲ 합력의 최댓값	$F_1 - F_2 \leq$ 합력 $\leq F_1 + F_2$ (단, $F_1 \geq F_2$)

개념확인 3 한 물체에 2 N 과 4 N 의 두 힘이 동시에 작용할 때 합력의 범위를 구하려고 한다. A 와 B 에 들어갈 알맞은 말을 쓰시오.

(A) N ≤ 합력 ≤ (B) N

A : (   ) N
B : (   ) N

확인+3 오른쪽 그림과 같이 두 사람이 물체를 함께 들고 있다. 이때 두 사람의 힘 사이에 이루는 각을 θ 라 할때 다음 중 두 사람이 가장 큰 힘이 들 때 두 힘 사이에 이루는 각은?

① 10 °　② 12 °　③ 14 °　④ 20 °　⑤ 30 °

4. 힘의 평형

(1) 힘의 평형 : 한 물체에 여러 힘이 작용하였으나 물체의 운동 상태가 변하지 않을 때(합력이 0 일 때) 여러 힘들은 그 물체에 대하여 힘의 평형을 이루었다고 한다.

(2) 두 힘의 평형 조건 : 물체가 정지해 있거나 등속 직선 운동을 할 때에는 힘의 평형 상태이다.

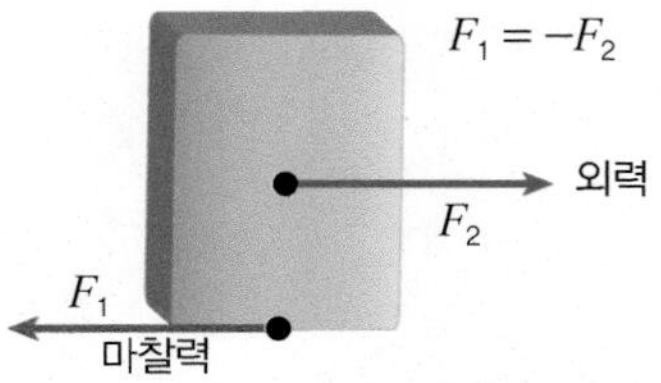

▲ 물체에 힘을 작용했지만 정지해 있을 때의 힘의 평형

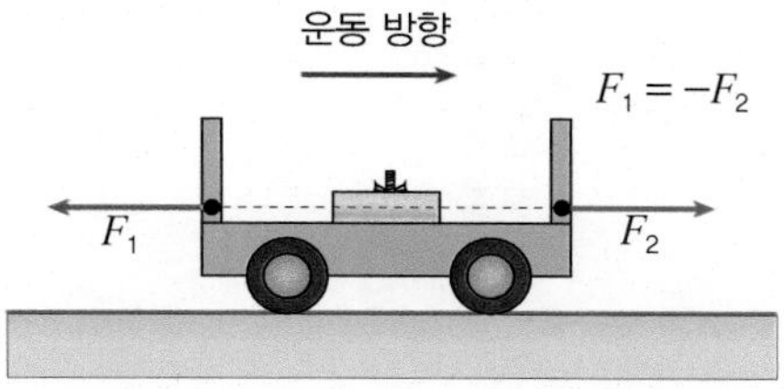

▲ 물체에 힘을 작용했지만 등속으로 운동할 때의 힘의 평형

(3) 작용 반작용과 힘의 평형

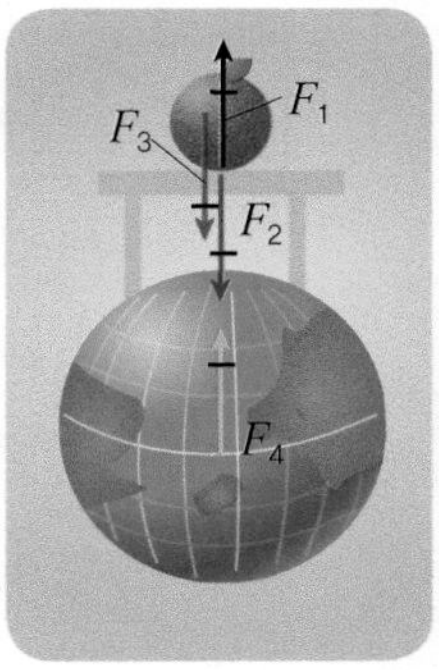

F_1 : 책상 면이 사과를 떠받치는 힘
F_2 : 사과가 책상을 누르는 힘
F_3 : 지구가 사과를 당기는 힘(중력)
F_4 : 사과가 지구를 당기는 힘(중력)

	관계	작용점	힘의 크기	방향
작용 반작용	F_1 과 F_2 F_3 과 F_4	작용점이 서로 다른 물체에 있다.	같다	반대
힘의 평형	F_1 과 F_3	작용점이 같은 작용선상에 있다.	같다	반대

● 간단실험

힘의 평형 실험하기

그림과 같이 책상 위에 머그컵을 올려놓고 머그컵에 작용하는 힘의 평형을 설명해 본다.

● 두 힘이 평형을 이루는 예

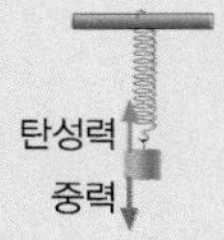

▲ 용수철에 매달린 추

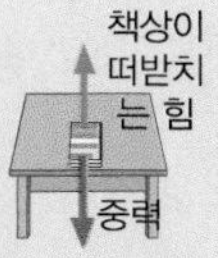

▲ 책상 위에 놓인 책

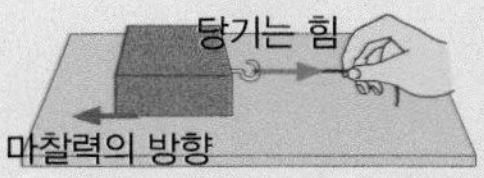

▲ 끌어도 움직이지 않는 물체

정답 및 해설 06쪽

개념확인 4 **다음은 평형을 이루는 두 힘에 대한 설명이다. 옳은 것은 O 표, 옳지 않은 것은 X 표 하시오.**

(1) 두 힘의 크기가 같다. ( )

(2) 두 힘이 서로 수직이다. ( )

(3) 두 힘의 방향이 반대이다. ( )

확인 + 4 **오른쪽 그림과 같이 상자에 두 힘 F_1, F_2 가 작용하여 힘의 평형을 이루고 있다. 이때 상자의 무게는 몇 N 인가?(단, 모눈종이 눈금 한 칸은 2N 이다.)**

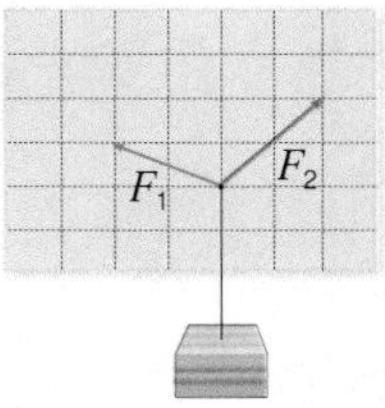

( ) N

● 세 힘의 평형 조건

두 힘의 합력이 나머지 한 힘과 크기가 같고 방향이 반대이며, 같은 작용선상에 있어야 한다. ($F=F_3$)

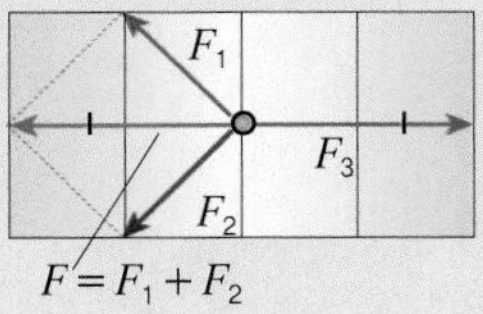

미니사전

평형 [平 평평하다 衡 저울] 어느 쪽으로도 기울어지않고 수평으로 유지되고 있는 상태

개념 다지기

01 오른쪽 그림과 같이 매끄러운 면 위의 한 물체에 두 힘이 동시에 작용할 때 합력의 크기와 방향은?

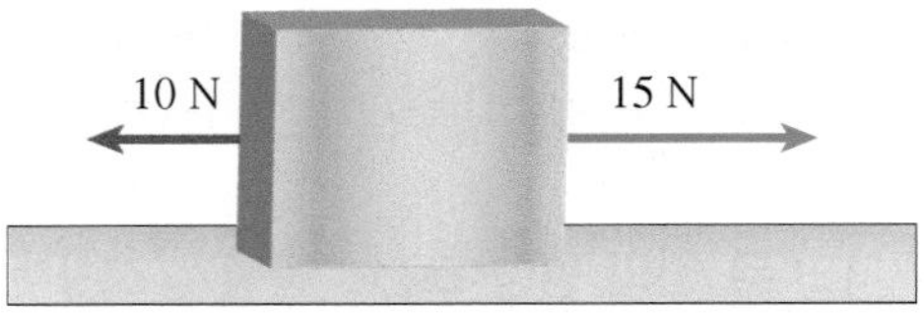

	크기	방향
①	5 N	오른쪽
②	5 N	왼쪽
③	10 N	오른쪽
④	10 N	왼쪽
⑤	15 N	오른쪽

02 오른쪽 그림과 같이 세 힘이 한 점 O 에 작용할 때, 세 힘의 합력의 크기는? (단, 모눈종이 눈금 한 칸은 5 N 을 나타낸다.)

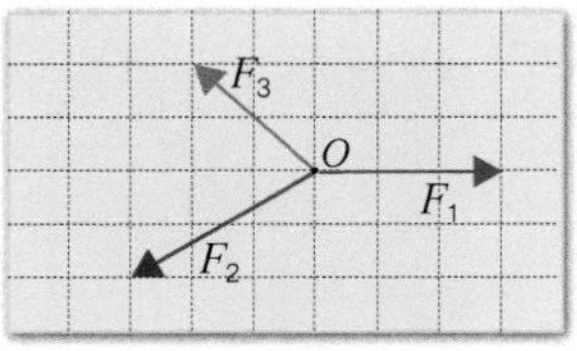

① 5 N ② 10 N ③ 15 N ④ 20 N ⑤ 30 N

03 다음 〈보기〉는 같은 크기의 두 힘의 작용하는 세 가지 경우를 나타낸 것이다. 이 중 합력의 크기가 가장 작은 경우는?

〈 보기 〉

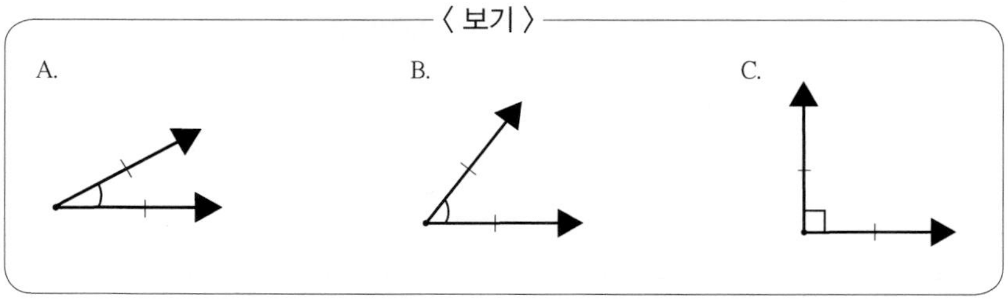

( )

정답 및 해설 07쪽

04 다음 그림과 같이 책상 위에 놓인 막대자석 A 에 다른 막대자석 B 를 가까이 하였지만 막대자석 A 는 움직이지 않았다. 막대자석 A 에 작용하는 마찰력이 20 N 일 때, 막대자석 B 가 A 에 작용하는 자기력은 몇 N 인가?

막대자석 A　　　　막대자석 B

① 10 N　　② 20 N　　③ 30 N　　④ 40 N　　⑤ 50 N

05 오른쪽 그림과 같이 용수철에 매달린 추가 정지해 있다. 이 추에 작용하는 중력과 평형을 이루는 힘과 그 힘의 방향으로 옳은 것은?

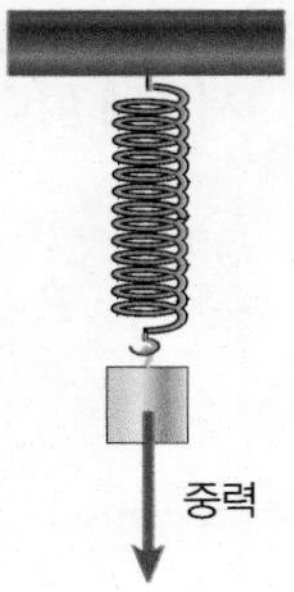

① 탄성력, 윗방향　　② 자기력, 윗방향　　③ 마찰력, 윗방향
④ 탄성력, 아랫방향　　⑤ 마찰력, 아랫방향

06 다음 그림은 지면 위에 물체가 놓여 있을 때 작용하고 있는 여러 가지 힘들을 나타낸 것이다. 이 힘 중 작용 · 반작용(상호 작용)의 관계에 있는 힘의 쌍과 평형 관계에 있는 힘의 쌍을 고르시오.

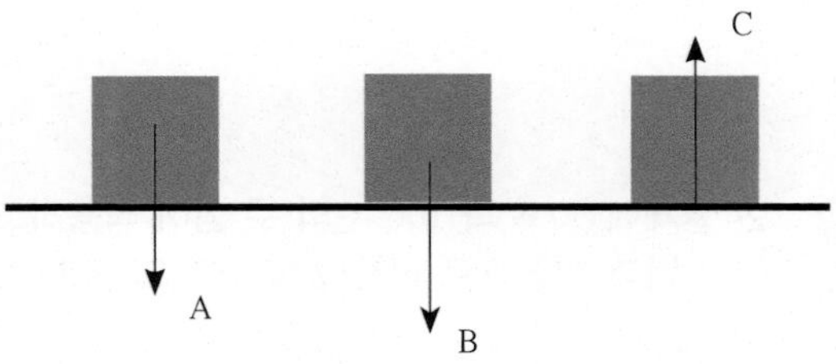

A : 지구가 물체를 잡아당기는 힘
B : 물체가 지면을 누르는 힘
C : 지면이 물체를 떠받치는 힘

(1) 작용 · 반작용(상호 작용) 관계의 두 힘 :
(2) 평형 관계의 두 힘

유형 익히기 & 하브루타

[유형2-1] 나란한 두 힘의 합성

그림 (가) 는 용수철저울 한 개에 물체를 매단 모습이고, 그림 (나) 는 (가) 와 동일한 용수철저울 두 개를 나란하게 연결하고 동일한 물체를 매단 모습이다.

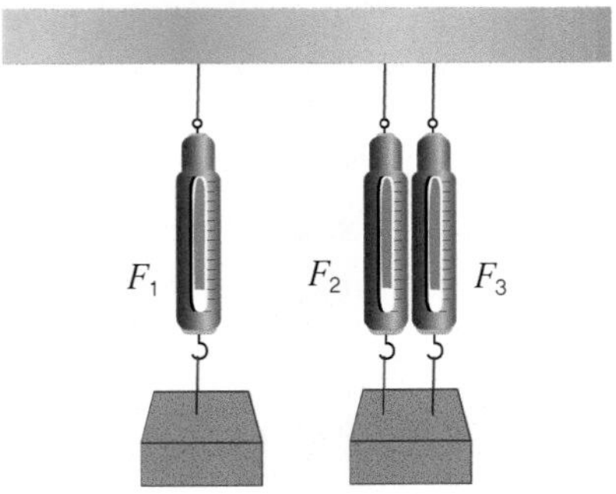

(가) (나)

저울에 나타난 힘 F_1, F_2, F_3 사이의 관계를 바르게 나타낸 것은?

① $F_1 = F_2 = F_3$　② $F_1 = F_2 + F_3$　③ $F_1 = F_2 < F_3$
④ $F_1 > F_2 > F_3$　⑤ $F_1 < F_2 < F_3$

Tip!

01 다음 그림과 같이 마찰이 없는 수평면 위에 놓인 물체에 세 힘이 작용하고 있다. 이때 물체에 작용하는 합력의 크기는?

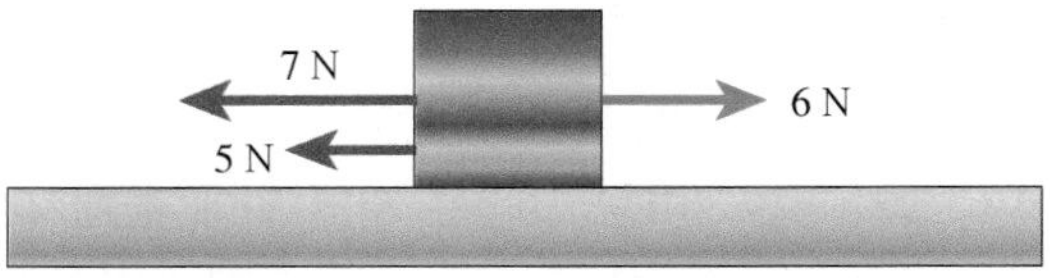

① 3 N　② 5 N　③ 6 N　④ 10 N　⑤ 12 N

02 한 물체에 50 N 과 100 N 의 두 힘이 작용하고 있다. 같은 방향으로 작용할 때와 반대 방향으로 작용할 때 합력의 크기는 각각 몇 N 인가?

	같은 방향	반대방향
①	150 N	50 N
②	150 N	150 N
③	200 N	100 N
④	200 N	200 N
⑤	200 N	300 N

정답 및 해설 07쪽

[유형2-2] 나란하지 않은 두 힘의 합성 I

나란하지 않은 두 힘 F_1, F_2 의 합력 F 를 구하는 방법으로 옳은 것을 모두 고르시오.(2 개)

①
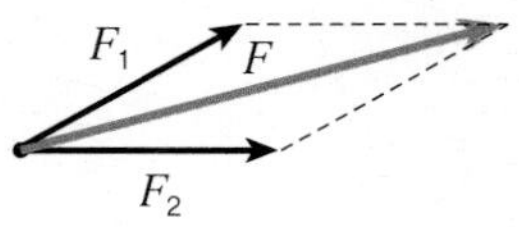

②
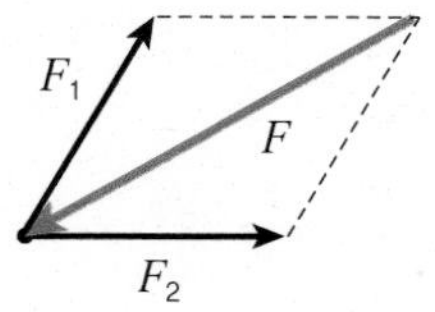

③
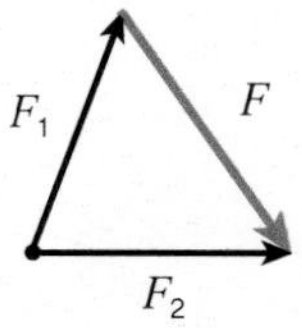

④
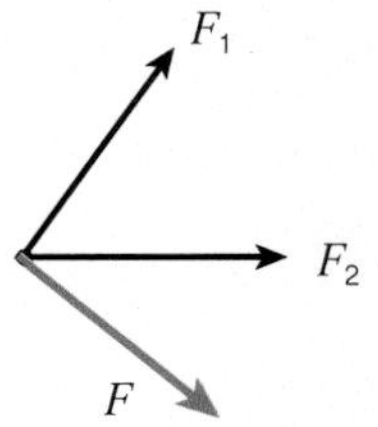

⑤
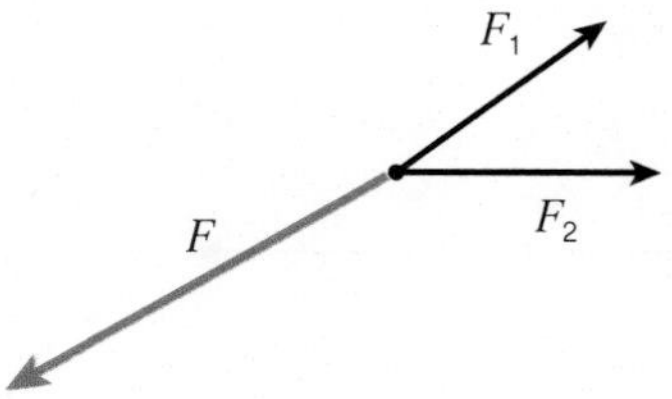

⑥
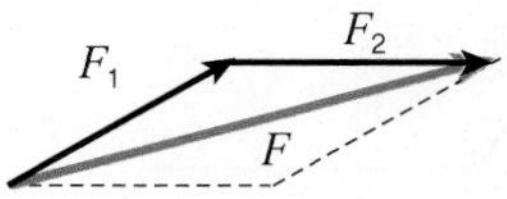

03 다음 그림은 한 물체에 같은 크기의 두 힘 F_1, F_2 가 작용하는 모습이다. 모눈종이의 한 눈금이 2 N 일 때 합력의 크기 및 방향을 구하면?

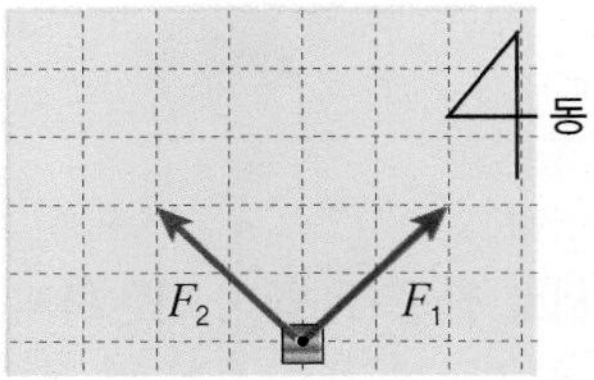

① 동쪽으로 4 N ② 서쪽으로 6 N
③ 북쪽으로 4 N ④ 북쪽으로 6 N
⑤ 북쪽으로 8 N

04 다음 그림과 같이 한 점에 세 힘 F_1, F_2, F_3 가 동시에 작용하고 있다. 이 세 힘의 합력으로 옳은 것은? (단, 눈금 한 칸의 길이는 2 N 의 힘을 나타낸다.)

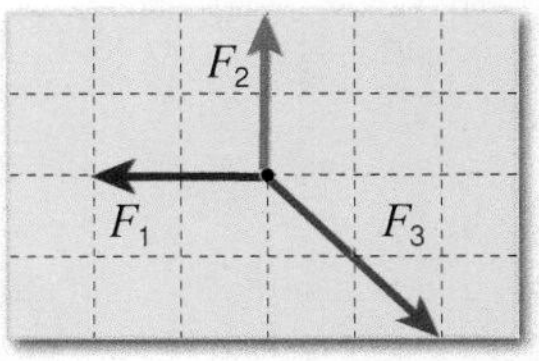

① 0 N ② 5 N ③ 10 N
④ 15 N ⑤ 20 N

[유형2-3] 나란하지 않은 두 힘의 합성 II

다음과 같이 크기가 서로 같은 두 힘이 한 점에 작용하고 있을 때 합력의 크기가 가장 큰 것은? (그림의 각 힘들은 모두 크기가 같다.)

①
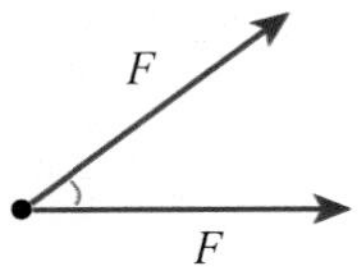

②
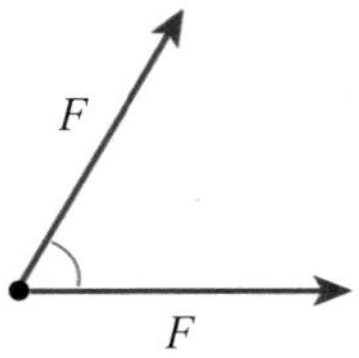

③
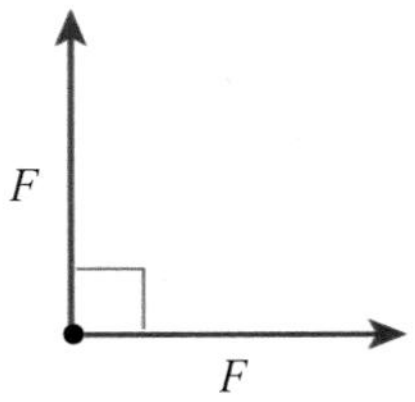

④
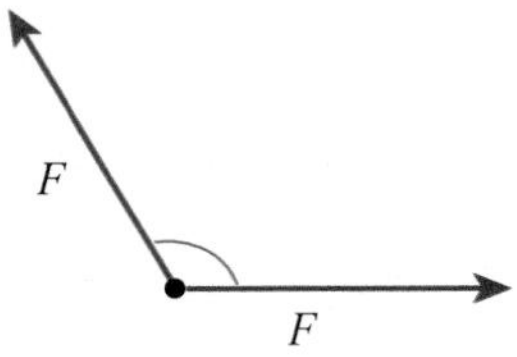

⑤
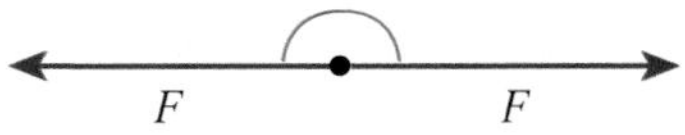

Tip!

05 다음 그림은 무게가 같은 책을 두 사람이 드는 두 가지 경우이다. A 와 B 경우 중에서 한 사람이 작용해야 할 힘이 적은 경우는 어느 것인가?

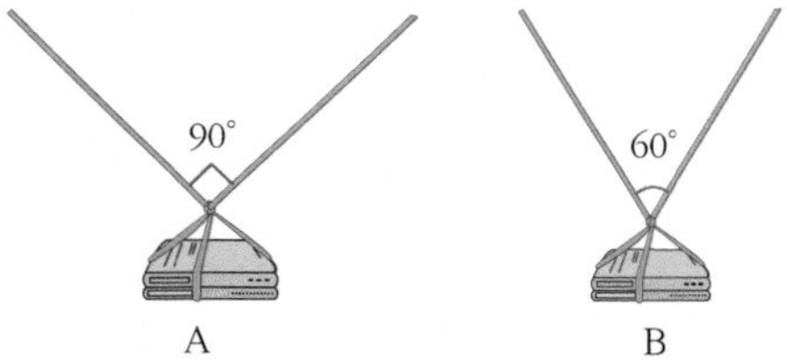

(　　　　　)

06 다음 그림은 한 점에 크기가 서로 같은 두 힘이 나란하지 않은 방향으로 동시에 작용하는 경우를 나타낸 것이다. (가) ~ (다) 의 합력의 크기를 바르게 비교한 것은?

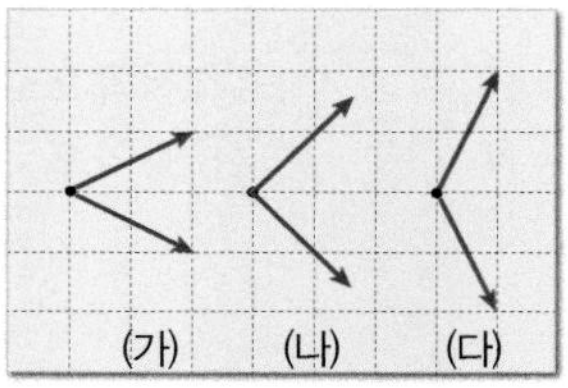

① (가) = (나) = (다)　② (가) > (나) > (다)　③ (가) > (다) >(나)
④ (나) > (다) > (가)　⑤ (다) > (나) > (가)

정답 및 해설 07쪽

[유형2-4] 힘의 평형

다음 그림과 같이 나무 도막에 수평 방향으로 10 N 의 힘을 주어 당겼더니 나무 도막이 움직이지 않았다. 이에 대한 설명으로 옳지 않은 것은?

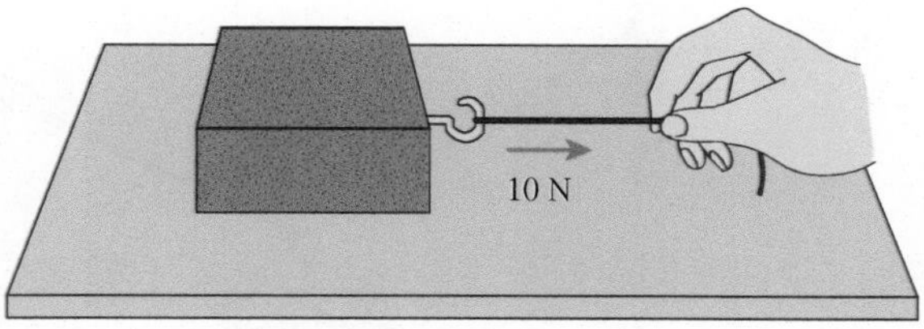

① 나무 도막에 작용하는 알짜힘은 0 이다.
② 나무 도막에 작용하는 힘은 평형을 이루고 있다.
③ 나무 도막에 작용하는 마찰력의 크기는 10 N 이다.
④ 나무 도막에 작용하는 마찰력의 방향은 오른쪽이다.
⑤ 나무 도막에 작용하는 중력과 평형을 이루는 힘은 바닥이 나무를 떠받치는 힘이다.

07 다음 그림은 용수철에 쇠공을 매달아 놓고 자석으로 당겨서 정지한 모습을 나타낸 것이다. 이때 공에 작용하는 평형을 이루는 세 힘은?

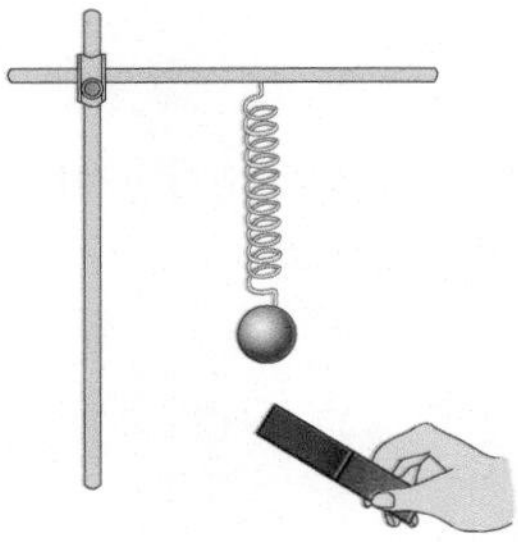

① 전기력, 자기력, 중력
② 자기력, 탄성력, 마찰력
③ 중력, 마찰력, 전기력
④ 자기력, 중력, 탄성력
⑤ 자기력, 전기력, 마찰력

08 다음 그림과 같이 마찰이 없는 수평면 상에 놓인 수레를 지은이와 은지가 서로 반대 방향으로 잡아당기고 있지만 수레는 움직이지 않았다. 이때 수레에 작용하는 힘에 대한 설명 중 옳은 것을 모두 고른 것은?

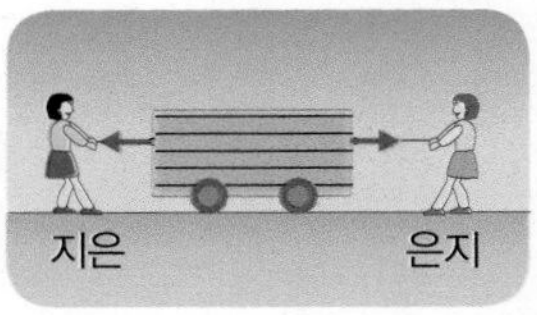

(가) 수레는 정지해 있으므로 수레에 작용하는 합력은 0 이다.
(나) 두 힘의 합력이 0 이므로 은지가 수레를 잡아당기는 힘과 지은이가 수레를 잡아당기는 힘은 크기가 같고 방향은 반대이다.
(다) 두 힘은 작용 · 반작용의 관계에 있다.

① (가) ② (나) ③ (다)
④ (가), (나) ⑤ (가), (다)

01 다음 그림과 같이 줄로 책을 묶은 후 한쪽 줄은 기둥에 매고, 다른 쪽 줄은 반대 방향으로 잡아 당겼다. 물음에 답하시오.

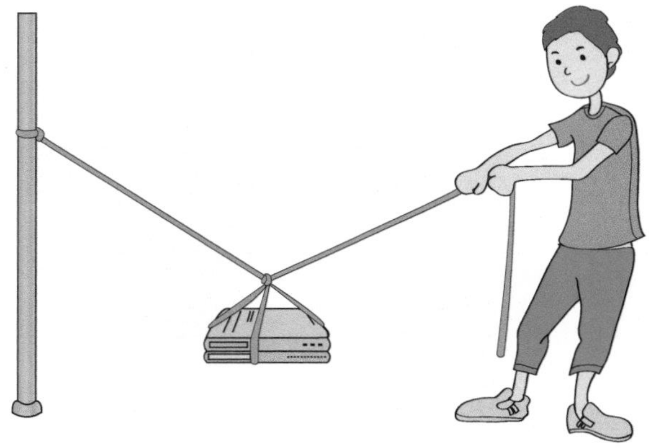

(1) 줄을 당겨 책을 들어 올릴수록 줄이 당기는 힘이 어떻게 변하는지 쓰고, 그 이유를 설명하시오.

(2) 줄을 당겨 수평이 되게 만들 수 있는지 쓰고, 그렇게 생각한 이유를 설명하시오.

정답 및 해설 08쪽

02 그래프 (가) 는 길이 10 cm 의 고무줄에 물체를 매달았을 때 고무줄의 늘어난 길이와 물체의 무게 사이의 관계이다. 물음에 답하시오. (고무줄의 무게와 마찰은 무시한다.)

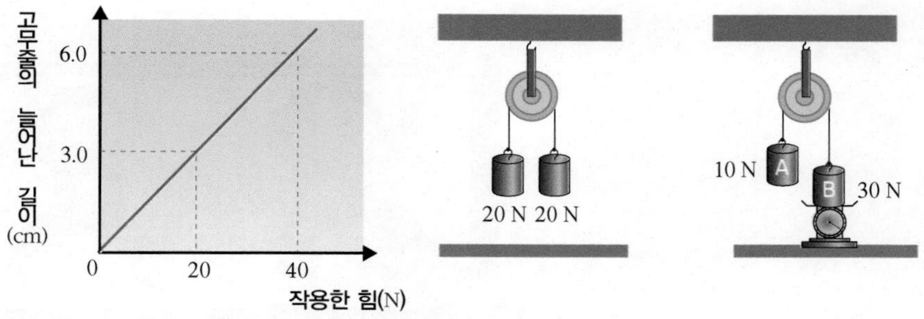

(가) (나) (다)

(1) 그림 (나) 와 같이 고정도르래 양쪽에 무게가 20 N 인 두 물체를 10 cm 의 고무줄로 연결하여 매달았을 때 고무줄의 전체 길이는 몇 cm 가 되겠는가?

(2) 그림 (다) 와 같이 고정도르래의 왼쪽에 무게 10 N 의 물체 A 와 오른쪽에 무게 30 N 의 물체 B 를 길이 10 cm 의 고무줄에 연결하여 매달고 물체 B 에는 저울을 받쳐 놓았다. 이때 고무줄의 늘어난 길이와 저울의 눈금을 각각 구하시오.

03 다음 그림과 같이 학생 A 는 팔을 넓게 하여 철봉에 매달려 있고, 학생 B 는 팔을 좁게 하여 철봉에 매달려 있다. 학생 A 와 B 중에서 누가 더 오랫동안 매달려 있을 수 있는지 쓰고, 그 이유를 설명하시오. (단, 학생 A 와 B 의 몸무게는 같다.)

정답 및 해설 08쪽

04 다음은 '말과 마차의 역설'이다.

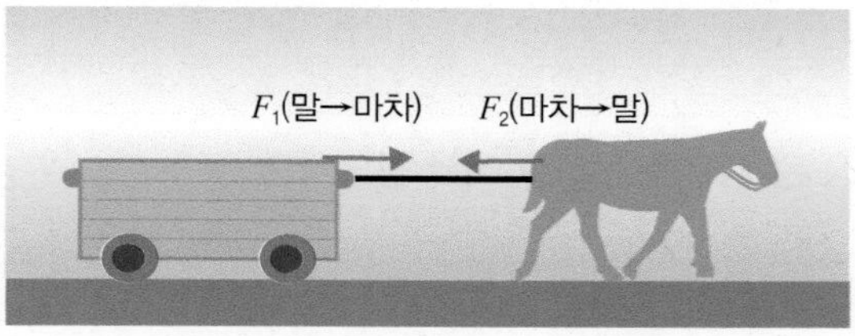

말이 마차를 끌면 힘의 상호 작용(작용 · 반작용)에 의해 마차도 말을 잡아 당긴다. 상호 작용(작용 · 반작용)하는 두 힘의 방향은 반대이고 크기가 같으므로 힘의 평형 상태이고 알짜힘이 0 이 되어 마차는 앞으로 나갈 수 없다.

(1) 위의 내용 중 옳지 않은 부분을 찾고, 옳지 않은 이유를 설명하시오.

(2) 마차에 작용하는 힘을 찾아서 말과 마차가 앞으로 나갈 수 있는 이유를 설명하시오.

A

01 크기가 같은 두 힘이 한 점에 동시에 작용할 때 두 힘이 이루는 각이 〈보기〉 와 같았다.

〈 보기 〉

0° 90° 120° 180°

합력이 가장 큰 경우를 〈보기〉 에서 찾으시오.

( )°

02 다음 그림은 반대 방향으로 작용하는 두 힘 F_1, F_2 의 합력을 구하는 과정을 화살표로 나타낸 것이다. 이에 대한 설명으로 옳은 것을 〈보기〉 에서 모두 고른 것은?

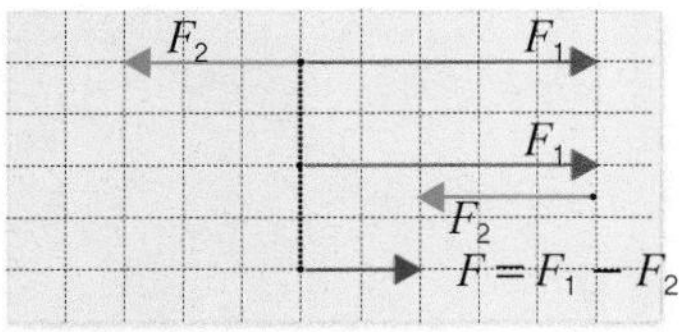

〈 보기 〉

ㄱ. 합력의 방향은 큰 힘의 방향과 같다.
ㄴ. 두 힘의 크기 차가 클수록 합력은 커진다.
ㄷ. 합력의 크기는 큰 힘에서 작은 힘을 뺀 값이다.

① ㄱ ② ㄴ ③ ㄱ, ㄴ
④ ㄴ, ㄷ ⑤ ㄱ, ㄴ, ㄷ

03 그림과 같이 수레를 뒤에서 400 N 으로 밀고, 앞에서 400 N 으로 당기면서 등속으로 움직이고 있다. 이 수레가 받는 힘의 합력으로 옳은 것은?

① 0 ② 앞으로 400 N
③ 앞으로 800 N ④ 뒤로 400 N
⑤ 뒤로 800 N

04 다음 그림은 매끄러운 면에서 물체가 F_1, F_2 두 힘을 받는 모습이다. 물체가 움직이지 않게 하려면 힘 F_3 를 어떻게 해야 하는가? (단, 모눈종이 눈금 한 칸은 2 N 이다.)

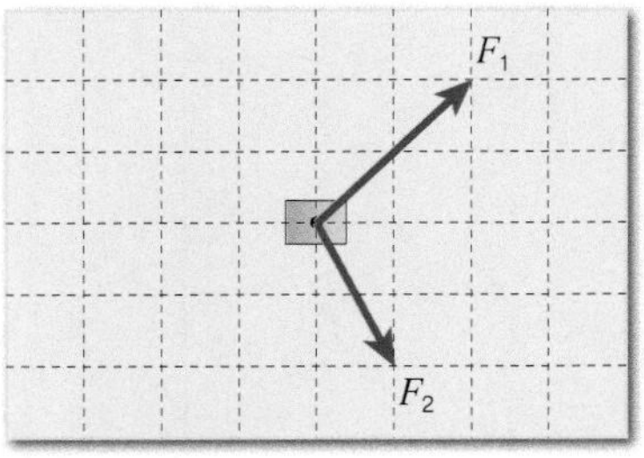

① 4 N 의 힘을 왼쪽으로 가한다.
② 6 N 의 힘을 왼쪽으로 가한다.
③ 4 N 의 힘을 오른쪽으로 가한다.
④ 6 N 의 힘을 오른쪽으로 가한다.
⑤ 8 N 의 힘을 오른쪽으로 가한다.

05 다음 그림과 같이 금속판 양쪽에 두 개의 막대자석을 놓았다. 금속판에는 왼쪽으로 20 N, 오른쪽으로 40 N 의 힘이 작용하지만 움직이지 않고 있다. 이때 금속판에 작용하는 마찰력의 크기와 방향은?

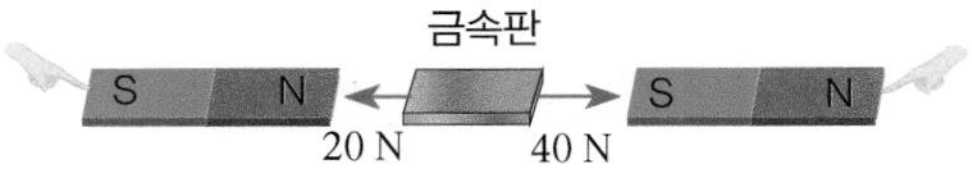

	크기	방향		크기	방향
①	20 N	왼쪽	②	20 N	오른쪽
③	25 N	왼쪽	④	25 N	오른쪽
⑤	30 N	오른쪽			

06 오른쪽 그림은 추를 매단 용수철이 원래보다 14 cm 늘어난 모습을 나타낸 것이다. 정지한 추에 작용하는 힘에 대한 설명으로 옳은 것은? (단, 용수철은 2 N 의 힘을 받으면 1 cm 가 늘어난다.)

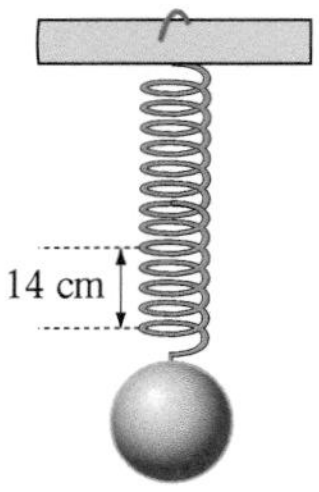

① 추의 무게는 14 N 이다.
② 중력이 작용하지 않는다.
③ 탄성력의 크기는 14 N 이다.
④ 추에 작용하는 힘의 합력은 0 이다.
⑤ 중력과 탄성력의 방향은 같은 방향이다.

정답 및 해설 08쪽

07 다음 그림과 같이 어떤 물체에 나란하지 않은 두 힘 F_1, F_2 가 동시에 작용하여 물체를 들고 있다. 두 힘의 합력의 크기 (가)와 물체의 무게 (나)를 바르게 짝지은 것은? (단, 눈금 한 칸의 길이는 5N의 힘을 나타낸다.)

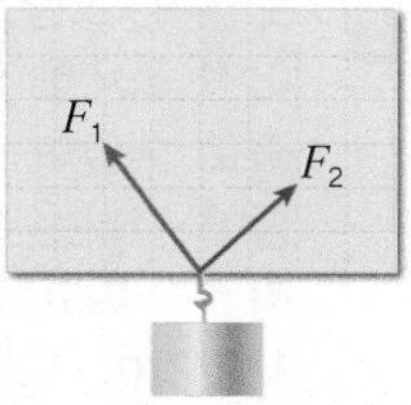

	(가)	(나)		(가)	(나)
①	20 N	20 N	②	20 N	25 N
③	25 N	25 N	④	25 N	30 N
⑤	30 N	30 N			

08 힘의 평형을 이루는 두 힘이 아닌 것은?

① 용수철에 매단 물체가 정지해 있을 때 물체에 작용하는 중력과 용수철의 탄성력
② 책상 위에 꽃병이 놓여 있을 때, 책상이 꽃병을 떠받치는 힘과 꽃병에 작용하는 중력
③ 바닥에 놓인 물체를 밀지만 움직이지 않을 때 물체를 미는 힘과 물체와 바닥 사이의 마찰력
④ 천장의 조명등에 줄이 매달려 있을 때 조명등에 작용하는 중력과 조명등을 당기는 힘
⑤ 얼음판 위에서 스케이트를 신고 친구를 밀었을 때 친구가 나를 미는 힘과 내가 친구를 미는 힘

09 다음 그림과 같이 어떤 물체에 10 N 의 힘이 왼쪽으로, 7 N 의 힘이 오른쪽으로 작용하고 있다. 이때 물체가 움직이지 않고 정지해 있다면, 물체에 작용하는 마찰력의 방향과 크기는?

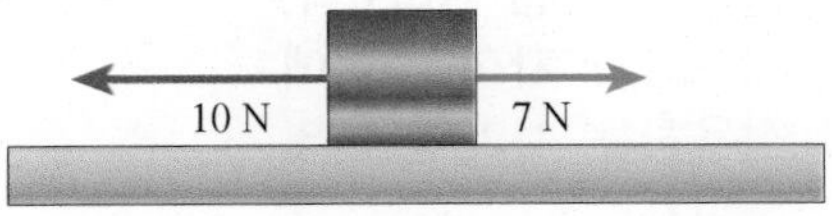

① 오른쪽으로 3 N ② 왼쪽으로 3 N
③ 오른쪽으로 7 N ④ 왼쪽으로 7 N
⑤ 왼쪽으로 10 N

10 오른쪽 그림과 같이 떠있는 지구본이 있다. 지구본 위에는 자석이 있고, 지구본은 금속으로 이루어져 있다. 이에 대한 설명으로 옳은 것을 <보기>에서 모두 고른 것은?

〈 보기 〉
ㄱ. 지구본에 작용하는 알짜힘은 0 이다.
ㄴ. 지구본에 작용하는 힘은 중력과 자기력이다.
ㄷ. 자기력의 방향은 중력과 같은 방향이다.

① ㄱ ② ㄴ ③ ㄱ, ㄴ
④ ㄴ, ㄷ ⑤ ㄱ, ㄴ, ㄷ

B

11 한 물체에 다음 그림과 같이 여러 힘이 작용할 때 평형을 이루지 않는 경우는? (단 작용하는 힘의 크기는 모두 같다.)

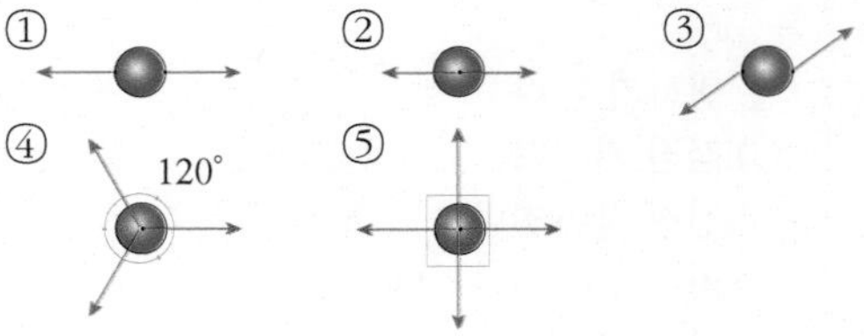

12 7 N 의 추를 매달면 2 cm 가 늘어나는 용수철 두 개를 오른쪽 그림과 같이 연결하여 추 A 를 매달았더니 두 용수철 모두 4 cm 가 늘어났다. 추 A 의 무게는 몇 N 인가?

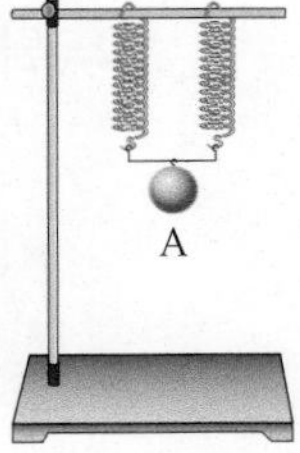

① 7 N ② 14 N ③ 28 N
④ 35 N ⑤ 42 N

13 다음 그림은 한 점에 작용하는 여러 힘들을 모눈종이에 나타낸 것이다. 이에 대한 설명으로 옳지 않은 것은?

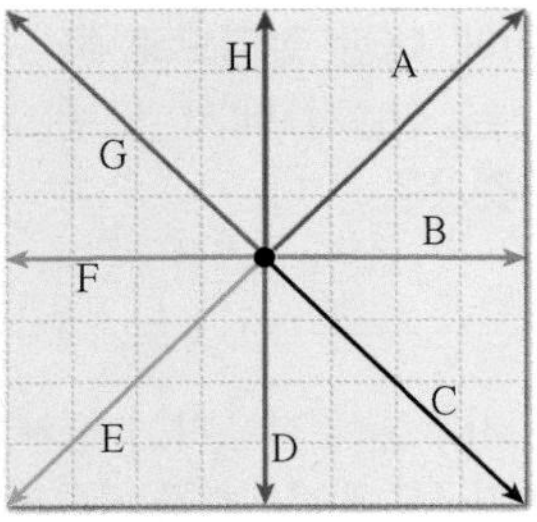

① A 와 E 의 합력의 크기는 0 이다.
② B 와 D 의 합력과 G 는 평형을 이룬다.
③ C 와 F 의 합력과 평형을 이루는 힘은 B 와 H 의 합력이다.
④ H 와 E 의 합력이 40 N 이라면, 모눈종이의 한 눈금은 10 N 에 해당한다.
⑤ A 와 G 의 합력의 크기는 D 의 크기의 2 배이다.

14 오른쪽 그림과 같이 두 사람이 물체를 위로 들어 올리고 있다. 물체가 위로 올라옴에 따라 두 사람이 줄에 작용하는 힘의 크기 변화로 옳은 것은?

① 변화가 없다.
② 점점 커진다.
③ 점점 작아진다.
④ 커지다가 작아진다.
⑤ 작아지다가 커진다.

15 다음 그림과 같이 같은 종류의 물체를 두 사람이 잡아당겨 목표 지점까지 빨리 이동시키는 팀이 이기는 게임을 하고 있다. 이때 각각의 사람이 잡아당기는 힘의 크기는 같다고 가정했을 때 어느 팀이 이길 것인가?

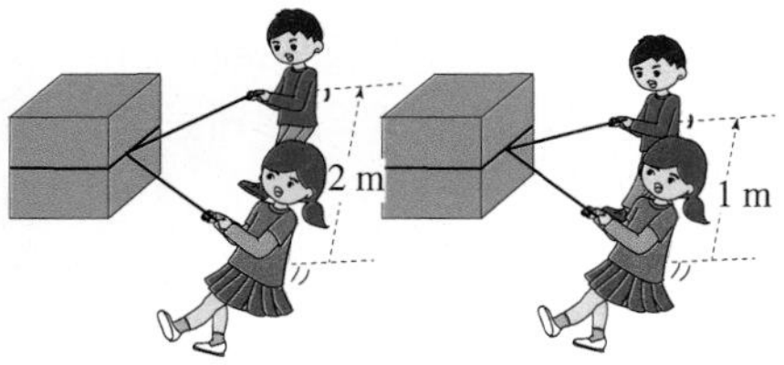

〈A 팀〉 〈B 팀〉

( )팀

16 오른쪽 그림과 같이 어떤 물체를 벽에 두 줄로 매달아 놓았다. 줄에 걸리는 힘이 각각 7 N 이고, 두 줄의 사잇각이 120°일 때 물체의 무게는 몇 N인가?

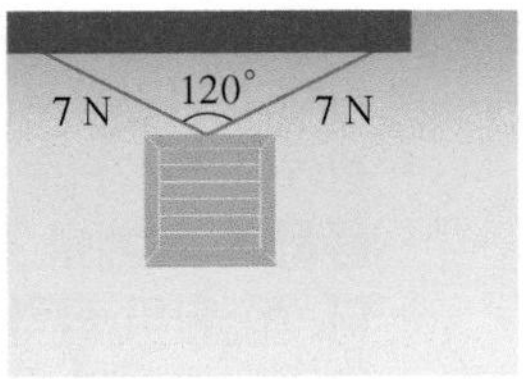

① 7 N ② 14 N ③ 28 N
④ 35 N ⑤ 42 N

17 소방관이 호스로 물을 내뿜을 때는 몸을 앞으로 숙여서 호스를 꽉 잡는다. 그 이유를 바르게 설명한 것은?

① 호스가 무겁기 때문이다.
② 물이 호스를 뒤로 밀기 때문이다.
③ 몸이 물에 젖지 않게 하기 위해서이다.
④ 위에서 떨어지는 불똥이 위험해서이다.
⑤ 물의 방향을 쉽게 조절하기 위해서이다.

18 오른쪽 그림과 같이 무게가 5 N 인 쇠구슬을 용수철저울에 매달고, 쇠구슬에 자석을 가까이 했더니 평형이 된 상태에서 용수철저울의 눈금이 15 N 을 가리켰다. 쇠구슬과 자석 사이에 작용하는 자기력은 몇 N 인가?

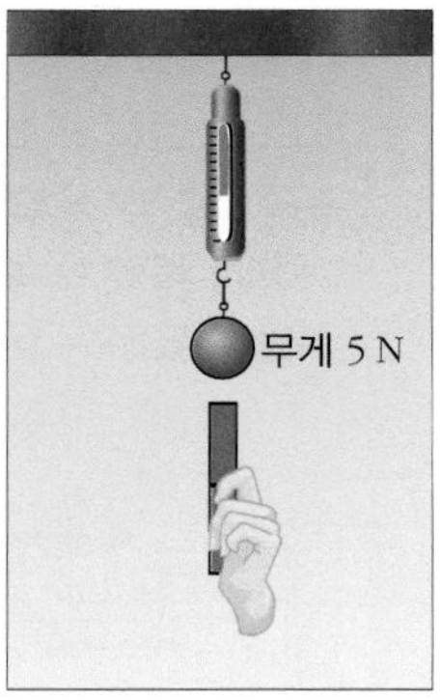

① 5 N ② 10 N ③ 15 N
④ 20 N ⑤ 25 N

정답 및 해설 08쪽

19 5 N 의 추를 매달면 2 cm 가 늘어나는 용수철 두 개를 오른쪽 그림과 같이 연결하여 5 N 의 추를 매달았다. 이때 용수철 A 와 용수철 B 의 늘어난 길이를 바르게 짝지은 것은? (용수철 자체의 무게는 무시한다.)

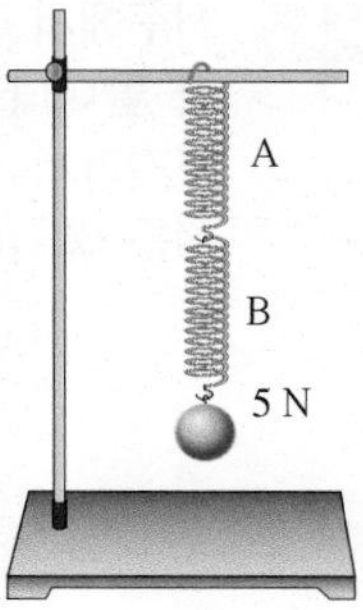

	A	B		A	B
①	1 cm	1 cm	②	1 cm	2 cm
③	2 cm	1 cm	④	2 cm	2 cm
⑤	4 cm	4 cm			

20 다음 그림과 같이 네 힘이 한 점에 동시에 작용하고 있다. 네 힘 중 임의로 두 힘을 합성할 때 합력의 크기가 가장 큰 경우는? (+ 는 합성을 의미함)

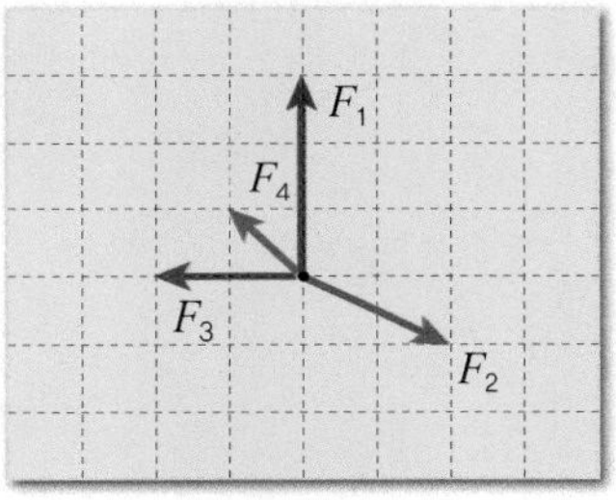

① $F_1 + F_2$　② $F_1 + F_3$　③ $F_1 + F_4$
④ $F_2 + F_3$　⑤ $F_3 + F_4$

C

21 지은이는 사람이 땅 위에서 걸어가는 과정을 다음과 같은 단계로 생각하였다. 지은이가 잘못 생각한 단계를 고르시오.

> 1 단계 : 사람이 발로 땅을 민다.
> 2 단계 : 땅도 반작용으로 사람의 발을 민다.
> 3 단계 : 발과 땅이 서로 작용하는 힘은 크기가 같고 방향이 반대이므로 합력이 0 이다.
> 4 단계 : 합력이 0 이므로 사람은 앞으로 걸어갈 수 없다.

① 1 단계　② 2 단계　③ 1 단계, 2 단계
④ 2 단계, 3 단계　⑤ 3 단계, 4 단계

22 다음 그림은 책상에 쇠구슬을 놓고 손으로 누르고 있는 모습이다. 쇠구슬과 손가락 사이에 작용하는 힘 A, B 와 책상면과 쇠구슬 사이에 작용하는 힘 C 와 D, 쇠구슬의 중력 E 등 5 개의 힘에 관해서 설명한 것 중 옳은 것을 모두 고르시오.

① 힘 A 와 힘 B 는 평형을 이루는 힘이다.
② 힘 A 와 힘 D 는 평형을 이루는 힘이다.
③ 힘 C 와 힘 B 는 작용 반작용 관계에 있다.
④ 힘 C 와 힘 D 는 작용 반작용 관계에 있다.
⑤ 힘 A 와 힘 D, 힘 E 는 평형을 이루는 세 힘이다.

23 길이가 10 cm 인 용수철을 잡아당기면서 늘어난 길이를 측정했더니 왼쪽 그래프 (가) 와 같이 나타났다. 같은 용수철에 무게 80 N 의 물체를 매달아 그림 (나) 와 같이 책상면에 닿게 하였더니 용수철 길이가 16 cm 였다면 책상면이 물체를 떠받치는 힘은 몇 N 인가?

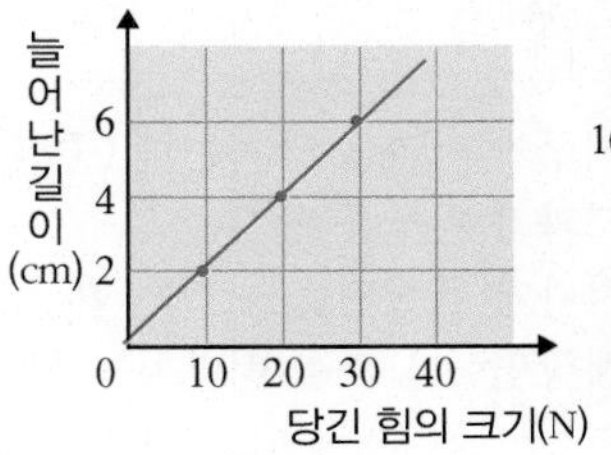

(가)

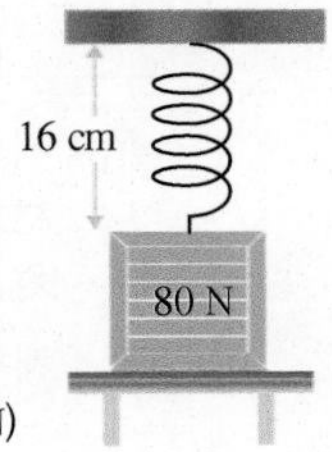

(나)

(　　　　　) N

24 다음 그림은 마찰이 없는 면 위에서 한 물체에 5 개의 힘이 동시에 작용하고 있는 모습이다. 이때 물체는 어느 방향으로 운동하는가?

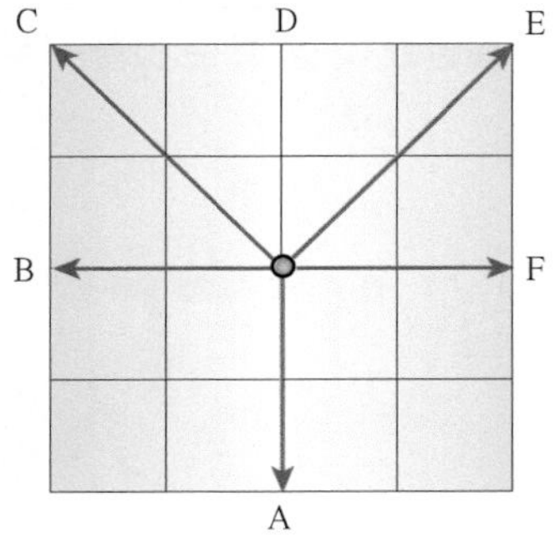

① A　② B　③ C
④ D　⑤ E

25 다음 그림은 책상면에 놓인 사과와 관련된 힘을 간단하게 나타낸 것이다. 이에 대한 설명으로 옳은 것을 모두 고르시오.(단, 지구, 책상, 사과의 크기가 다소 과장되게 나타나 있으며, 힘은 각 물체의 무게 중심에 작용한다. (2 개)

F_1 : 지구가 사과를 당기는 힘(중력)
F_2 : 사과가 지구를 당기는 힘
F_3 : 사과가 책상면을 누르는 힘
F_4 : 책상면이 사과를 떠받치는 힘

① 힘의 크기는 모두 같다.
② $F_1 + F_3 = F_4$ 가 성립한다.
③ F_1 과 평형을 이루는 힘은 F_2 이다.
④ F_3 와 상호 작용하는 힘은 F_4 이다.

26 지구에서 질량이 10 kg 인 물체를 매달면 12 cm 가 늘어나는 용수철이 있다. 이 용수철을 달에 가져가서 질량 20 kg 의 물체를 매달면 이 용수철은 몇 cm 가 늘어나겠는지 설명해 보시오.

27 다음 그림은 앞으로 나아가려는 개를 사람이 뒤에서 잡아당기고 있지만, 개의 힘이 사람보다 세기 때문에 개가 가는 방향으로 사람이 끌려가고 있는 모습을 나타낸 것이다. 이러한 현상이 나타나는 이유를 힘의 합력과 관련지어 설명하시오.

28 다음 그림과 같이 줄에 매달려 있는 무게가 17 N 인 물체에 힘 F 를 오른쪽으로 가하여 연직선과 물체를 연결한 끝이 연직선과 30° 를 이루게 하였다. 이때 O 점을 중심으로 세 힘은 평형 상태에 있다. 세 힘의 평형과 제시된 직각 삼각형의 길이의 관계를 이용하여 힘 F 의 크기를 구하시오. (단, $\sqrt{3}$ 은 1.7 로 계산한다.)

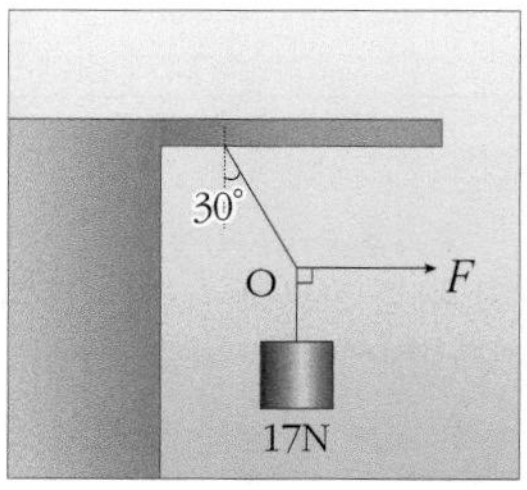

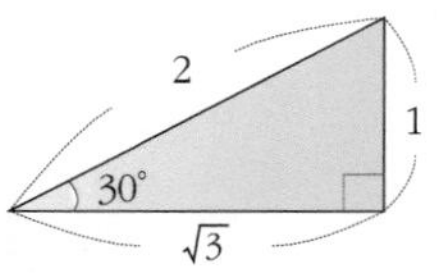

정답 및 해설 08쪽

29 다음 그림은 고무줄을 양손으로 잡아당기고 있는 것을 나타낸 것이다. 물음에 답하시오.

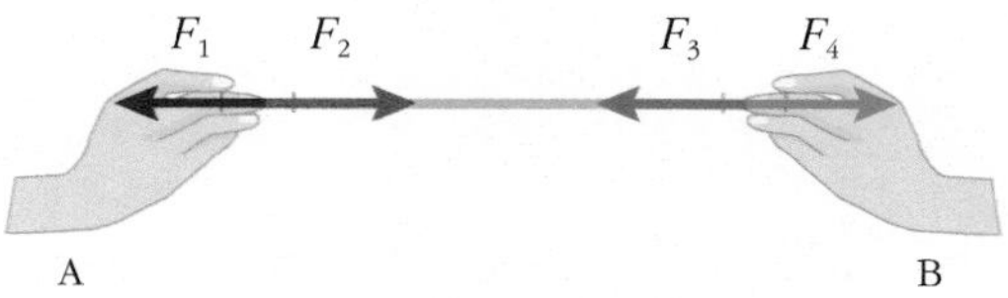

(1) 다음 설명에 해당하는 힘을 각각 그림에 나타난 힘 F_1 ~ F_4 중 골라 쓰시오.

㉠ 손 A 가 고무줄을 당기는 힘	( )
㉡ 고무줄이 손 A 를 잡아 당기는 힘	( )
㉢ 고무줄이 손 B 를 잡아 당기는 힘	( )
㉣ 손 B 가 고무줄을 당기는 힘	( )

(2) 고무줄에 대해 평형 관계의 두 힘을 모두 고르시오.

( )

(3) 작용 · 반작용 관계의 두 힘을 모두 고르시오.

( )

30 다음 그림과 같이 탁자 위에 사과가 놓여 있는 상태에서 힘을 표시하였다.

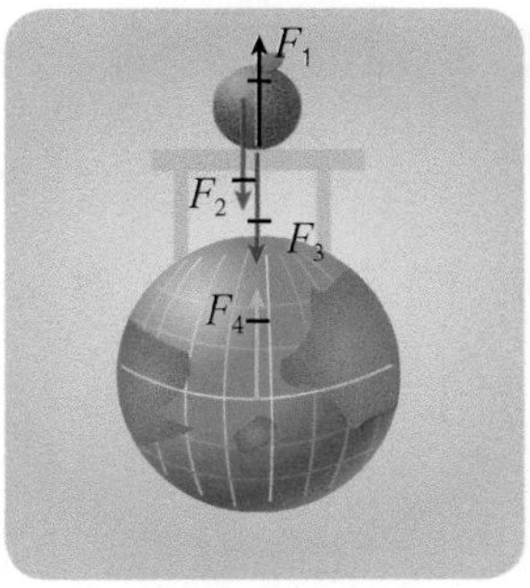

(1) F_1 은 어떤 힘을 표시한 것인지 설명하시오.

(2) F_2 와 작용 반작용의 관계에 있는 힘은 어떤 힘인가?

창의력 서술

31 다음 그림은 큰 배를 이동시킬 때 작은 예인선 두 척을 큰 배에 연결하여 끌고 가고 있는 것을 나타낸 것이다.

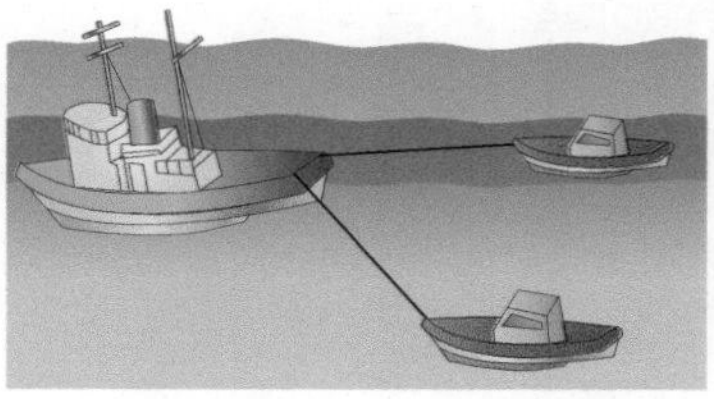

이때 큰 배가 두 예인선이 각각 끌어당기는 힘의 방향이 아닌 앞으로 움직이는 이유를 설명하시오.

32 오른쪽 그림과 같이 용수철에 추를 매달았더니 잠시 후, 용수철이 늘어난 채로 가만히 매달려 있었다. 이때 추에 작용하는 힘을 쓰고, 추가 정지한 상태로 가만히 매달려 있는 이유를 서술하시오.

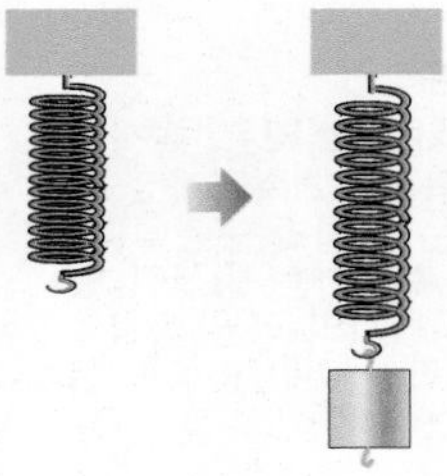

3강. 힘이 작용하지 않을 때의 운동

1. 운동의 표현

(1) 물체의 위치

① 물체의 위치 정하기 : 기준점, 거리, 방향을 모두 포함시켜야 한다.

→ 집(물체)은 병원(기준점)에서 서쪽(방향)으로 500 m(거리) 떨어진 곳에 있다.

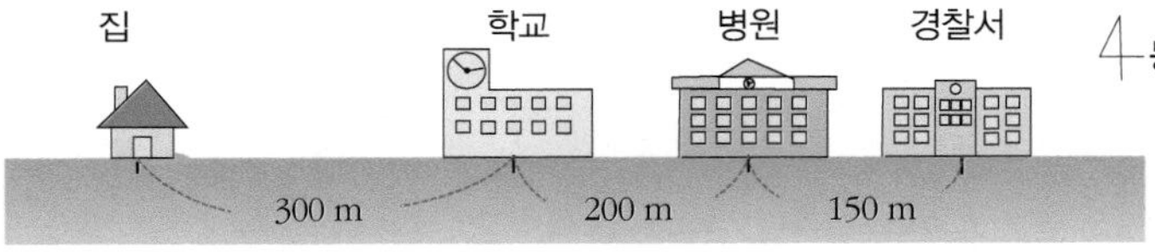

▲ 위치 정하기

② 이동 거리 : 실제 이동한 거리를 의미한다.

(2) 속력

① 의미 : 물체가 단위 시간 동안 이동한 거리(물체의 빠르기)

② 계산 방법

$$\text{속력} = \frac{\text{이동 거리}(s)}{\text{걸린 시간}(t)}$$

③ 단위 : m/s, km/h 등

(3) 평균 속력

① 의미 : 운동 중 속력이 변할 때 전체 이동 거리를 전체 시간으로 나눈 값

② 계산 방법

$$\text{평균 속력} = \frac{\text{전체 이동 거리}}{\text{전체 걸린 시간}}$$

③ 단위 : m/s, km/h 등

단위 환산

36 km/h : 1 시간(3600 초) 동안 36 km를 가는 것이므로

$$\frac{36000\ \text{m}}{3600\ \text{s}} = 10\ \text{m/s}$$

순간 속력

순간의 속력(빠르기)으로, 일상 생활에서는 순간 속력이 계속 변한다. (자동차 속력계의 눈금)

▲ 자동차의 속력계

등속 직선 운동은 순간 순간의 속력이 같은 운동을 뜻한다.(이론적으로만 가능하다)

생각해보기★

자동차의 속력을 측정할 때 자동차의 속력계로 측정하는 방법과 구간을 정해서 측정하는 방식이 있다. 자동차의 평균 속력을 구할 때는 어떤 방식을 이용하는 걸까?

개념확인 1 길을 모르는 사람에게 우리 집의 위치를 알려 주려고 할 때 필요한 세 가지 요소는 무엇인지 쓰시오.

(, ,)

확인 +1 다음 물음에 답하시오.

(1) 100 m 를 달리는 데 20 초가 걸린 지은이의 속력은 몇 m/s 인지 구하시오.

( ) m/s

(2) 2 m/s 의 속력으로 10 초 동안 운동했을 때 이동 거리는 몇 m 인지 구하시오.

( ) m

(3) 500 m 를 10 m/s 의 속력으로 이동하는 데 걸린 시간은 몇 초인지 구하시오.

( ) 초

미니사전

단위 시간 [單 홑 位 자리 -시간] 시간에 따른 어떤 물리량을 계산할 때 기준이 되는 시간

2. 속력을 측정하는 방법

(1) 다중 섬광 장치

① 원리 : 운동하는 물체를 일정한 시간 간격으로 사진을 연속적으로 찍어 위치를 기록하는 장치

② 다중 섬광 장치에 나타난 운동 분석하기

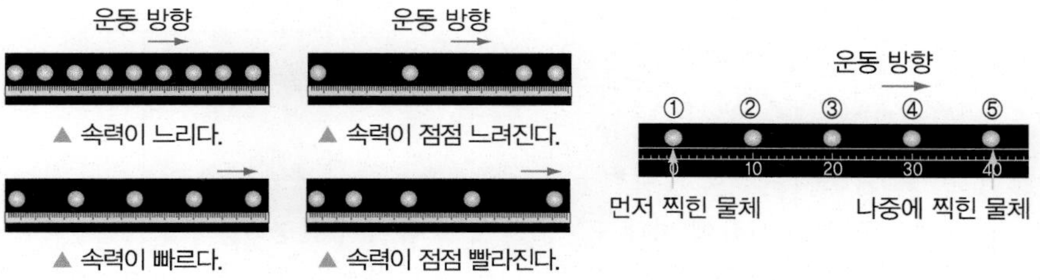

(2) 시간기록계

① 원리 : 운동하는 물체와 연결된 종이 테이프에 일정한 시간 간격마다 타점을 찍어 타점이 찍힌 모양으로 운동을 기록하는 장치

② 시간기록계에 기록된 운동 분석하기

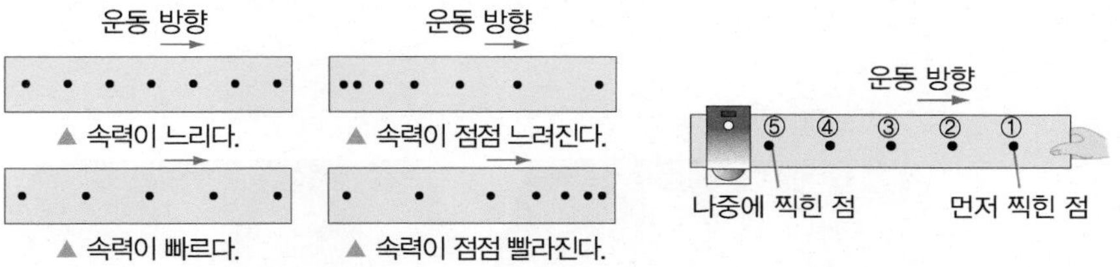

간단실험

시간기록계를 이용한 속력 구하기

① 사진과 같이 수레에 종이 테이프를 연결한다.

② 수레를 움직여 본다.

③ 기록된 타점을 이용하여 평균 속력을 구한다.

종이 테이프의 타점 분석

① 시간기록계가 1 초에 60 타점을 찍는다면 1 타점을 찍는데 걸리는 시간은 $\frac{1}{60}$ 초이다.

② 6 타점을 찍는 데 걸리는 시간은 $\frac{1}{60}$ 초 $\times 6 = 0.1$ 초이다.

③ A 와 B 구간에서 물체의 속력은 $\frac{\text{A~B 거리}}{0.1\text{s}}$ 이다.

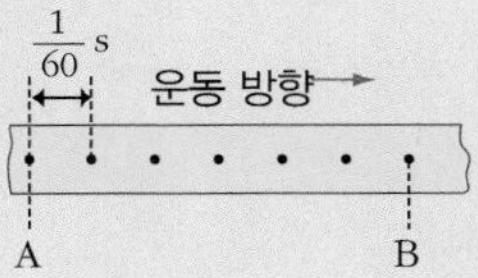

정답 및 해설 10쪽

개념확인 2

1 초에 60 타점이 찍히는 시간기록계로 물체의 운동을 기록하였더니 오른쪽 그림과 같았다. A 와 B 사이의 거리가 7 cm 일 때, 이 물체의 평균 속력은 몇 m/s 인지 구하시오.

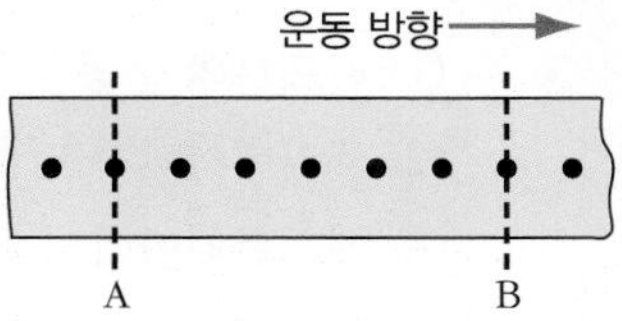

( ) m/s

생각해보기★★

순간 속력을 측정하는 기구는 무엇이 있을까?

확인 +2

다음 그림은 실험대 위에서 운동하는 공의 운동을 0.1 초 간격으로 찍은 다중 섬광 사진이다. 공의 속력은 몇 m/s 인가? (사진의 거리 단위는 cm 이다.)

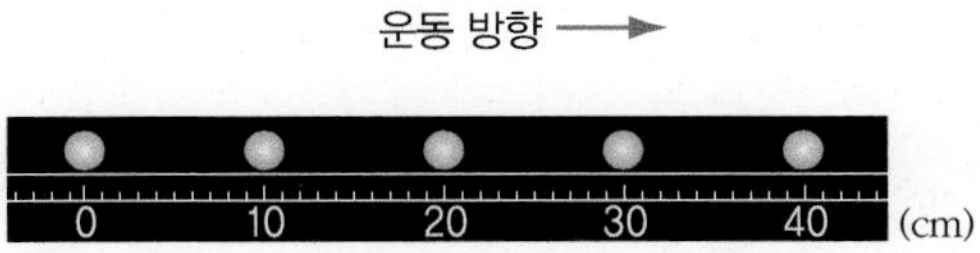

( ) m/s

미니사전

속력 [速 빠르다 力 힘] 단위 시간 동안 이동한 거리로, 물체의 빠르기 이다

● 등속 직선 운동 종이 테이프

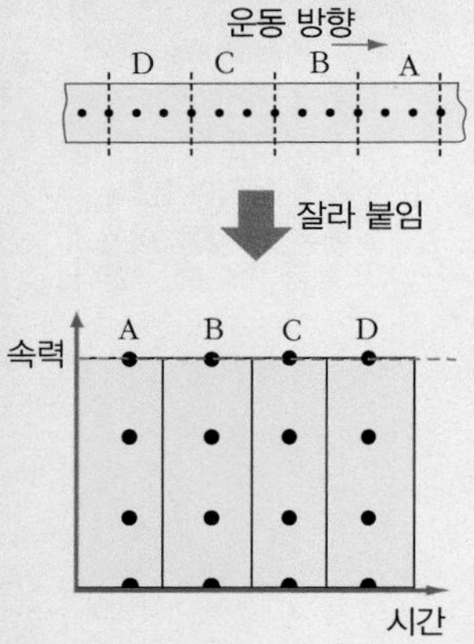

· 타점 간격이 일정하다.
· 잘라 붙인 종이 테이프의 길이는 속력이며 각 구간 모두 같다.

3. 등속 직선 운동

(1) 등속 직선 운동 : 속력과 운동 방향이 변하지 않는 운동

(2) 등속 직선 운동의 표현 : 이동거리 = 속력 × 시간 ($s = vt$)

시간–이동 거리 그래프	시간 – 속력 그래프
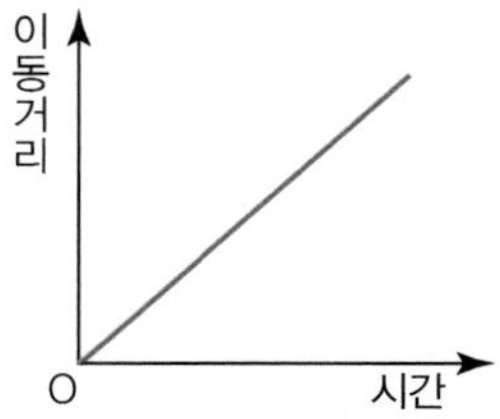	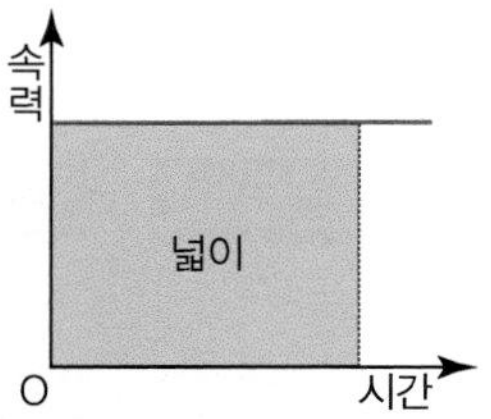
· 이동 거리는 시간에 비례 · 기울기 = $\frac{\text{이동거리}}{\text{걸린 시간}}$ = 속력 ∴ 기울기 일정 → 속력 일정	· 속력이 일정 · 넓이 = 속력 × 시간 = 이동 거리 ∴ 넓이는 시간에 비례하여 증가하므로 이동 거리도 시간에 비례하여 증가

(3) 힘과 등속 직선 운동과의 관계

① 운동하는 물체에 힘이 작용하지 않으면 물체는 등속 직선 운동을 한다.
② 운동하는 물체에 힘이 작용하더라도 알짜힘이 0 이면 물체는 등속 직선 운동을 한다.

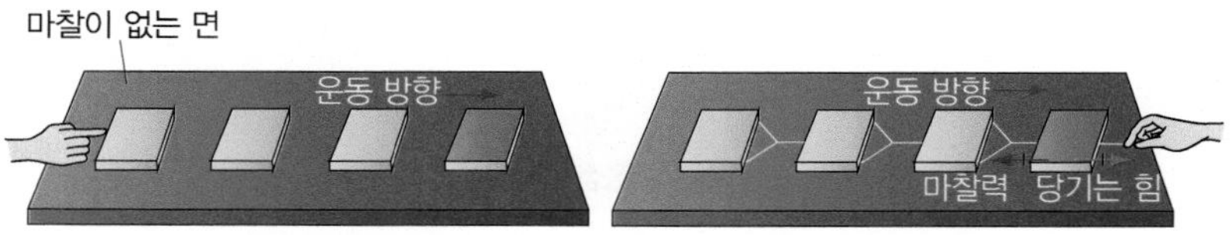

▲ ① 힘이 작용하지 않을 때　　▲ ② 알짜힘이 0일 때

● 생각해보기★★★
우주 공간에서 엔진을 끈 우주선의 운동도 등속 직선 운동일까?

개념확인 3 등속 직선 운동에 해당하는 것은 O 표, 해당하지 않는 것은 X 표 하시오.

(1) 리프트의 운동 ( )
(2) 엘리베이터가 멈출 때의 운동 ( )
(3) 에스컬레이터의 운동 ( )
(4) 컨베이어 벨트의 운동 ( )

확인 + 3 오른쪽 그래프는 물체의 속력을 시간에 따라 나타낸 것이다. 색칠한 부분이 의미하는 것은 무엇인지 쓰시오.

( )

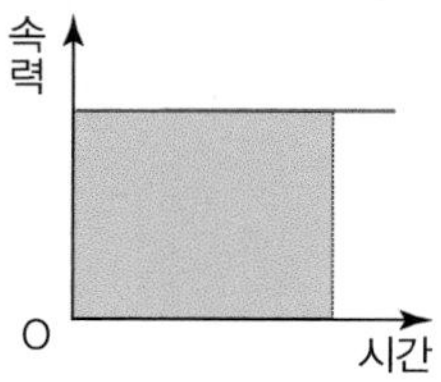

미니사전
등속 [等 같다 速 빠르다] 빠르기가 일정한 운동

4. 관성

(1) 갈릴레이의 사고 실험 : 힘이 작용하지 않을 때 물체는 등속 직선 운동을 한다.

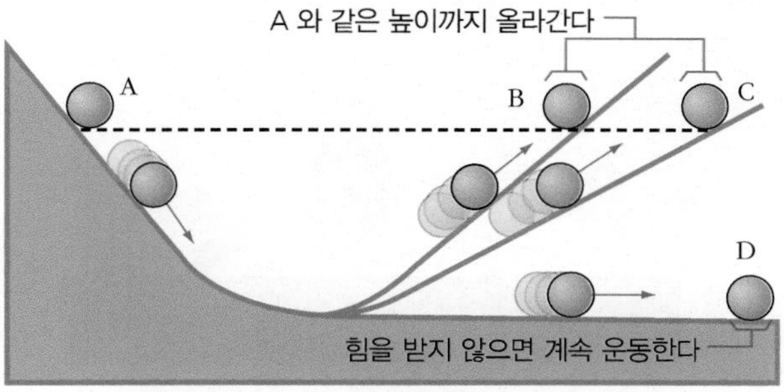

▲ 갈릴레이의 사고 실험

> 가정 : 면에 마찰이 없음
> - A 점에서 공을 미끄러뜨리면 경사면을 달리하더라도 처음과 같은 높이인 B 점, 혹은 C 점까지 올라갈 것이다.
> - D 와 같이 수평한 면 위에서 운동하게 된다면 등속 직선 운동을 하며 계속 굴러갈 것이다.

(2) 관성 : 물체가 외부로부터 힘을 받지 않을 때 처음의 운동 상태를 계속 유지하려는 성질이다.

① 정지해 있는 물체가 힘을 받지 않으면 : 정지 상태를 계속 유지한다.
② 운동하고 있는 물체가 힘을 받지 않으면 : 등속 직선 운동한다.

(3) 관성의 크기 : 물체의 질량이 클수록 관성이 크다.

→ 정지해 있는 작은 배보다 커다란 여객선을 출발시키는데 훨씬 더 큰 힘이 필요하다.

간단실험

관성의 크기 실험하기
① 두루마리 휴지를 준비한다.
② 휴지를 천천히 잡아당긴다.
③ 휴지를 재빨리 잡아당겨 끊어 본다.

정지 관성 : 정지 상태를 유지하려는 관성

▲ 급출발 중인 차

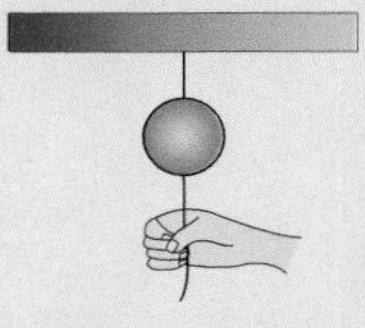

▲ 아래쪽 끈 잡아 당기기
: 줄을 갑자기 잡아당기면 아래쪽 끈이 끊어진다.

운동 관성 : 운동 상태를 유지하려는 관성

▲ 급정지 중인 버스

▲ 돌부리에 걸려 넘어짐

정답 및 해설 10쪽

개념확인 4 **관성에 대한 설명으로 옳은 것은 O 표, 옳지 않은 것은 X 표를 하시오.**

(1) 질량이 클수록 관성이 작다. ( )
(2) 관성이 클수록 물체의 운동 상태를 변화시키기 쉽다. ( )
(3) 관성은 외부에서 힘이 작용하지 않을 때 물체가 처음의 운동 상태를 유지하려는 성질이다. ( )

확인 + 4 **같은 속력으로 운동하더라도 기차는 자동차보다 쉽게 정지하지 못하고, 큰 배는 작은 배보다 방향을 바로 바꾸기 어렵다. 이러한 현상은 관성이 물체의 무엇과 관련있기 때문인 지 쓰시오.**

( )

미니사전

사고 실험 [思 생각하다 高 곰곰이 생각하다 - 실험] 실험 도구 없이 생각으로만 결과를 예측하는 실험

개념 다지기

01 **그림과 같이 동서로 곧게 뻗은 도로 위에 사람, 나무, 자동차가 위치해 있다. 다음 중 각각의 위치를 말한 것 중 옳은 것은?**

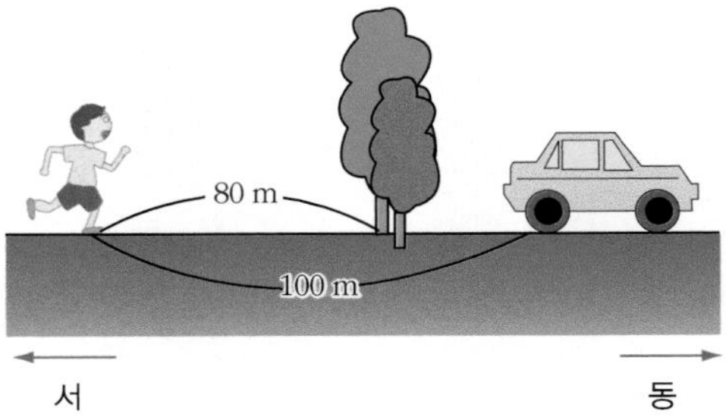

① 나무는 사람의 동쪽에 있다.
② 나무는 자동차로부터 20 m 떨어져 있다.
③ 나무로부터 80 m 떨어진 지점에 사람이 있다.
④ 자동차는 나무로부터 동쪽으로 20 m 되는 지점에 있다.
⑤ 사람은 자동차로부터 동쪽으로 100 m 되는 지점에 있다.

02 **속력이 가장 빠른 경우는?**

① 1 초에 5 m 를 달리는 사람
② 1 분에 120 m 를 달리는 기차
③ 1 분에 60 m 를 달리는 오토바이
④ 1 시간에 36 km 를 달리는 자동차
⑤ 1 초에 100 cm 를 운동하는 스케이터

03 **자동차가 주행 거리계의 숫자판이 2000 km 일 때 출발하여 1 시간 30 분 동안 달려 숫자판이 2105 km 일 때 정지하였다. 1 시간 30 분 동안 자동차의 평균 속력은 몇 km/h 인가?**

① 50 km/h ② 60 km/h ③ 70 km/h
④ 80 km/h ⑤ 90 km/h

정답 및 해설 11쪽

04

다음 그림은 마찰이 없는 수평면 위에서 운동하는 물체의 모습을 일정한 시간 간격으로 찍은 다중 섬광 사진이다. 이 물체의 운동에 대한 설명으로 옳지 않은 것은?

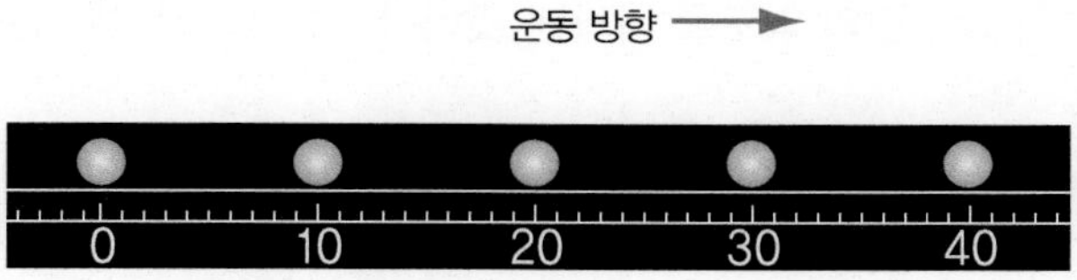

① 속력과 방향이 일정한 운동이다.
② 물체에 작용하는 알짜힘은 0 이다.
③ 속력은 시간에 관계없이 일정하다.
④ 이동 거리는 시간에 관계없이 일정하다.
⑤ 시간 - 이동 거리 그래프는 원점을 지나는 기울어진 직선 모양이다.

05

등속 직선 운동을 나타내는 그래프로 옳은 것을 〈보기〉 에서 모두 고른 것은?

〈 보기 〉

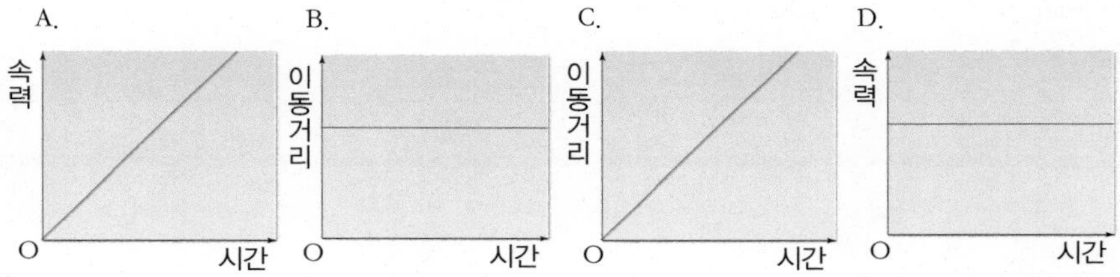

① A, B ② A, C ③ B, C ④ B, D ⑤ C, D

06

다음 그림은 마찰이 없는 레일에서 쇠 구슬을 굴리는 갈릴레이 사고 실험을 나타낸 것이다. 이에 대한 설명으로 옳은 것을 〈보기〉 에서 모두 고른 것은?

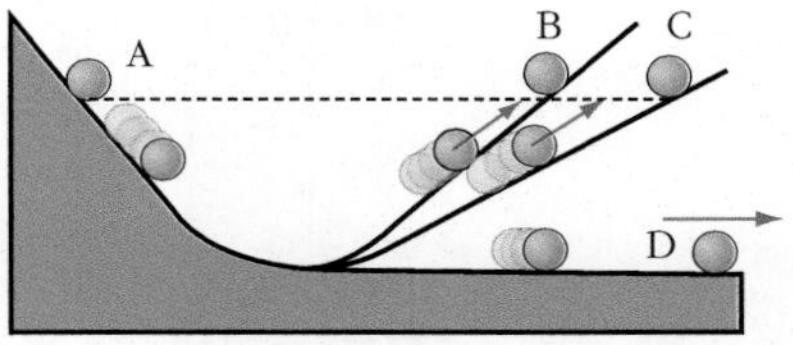

〈 보기 〉

ㄱ. 레일의 A 점에서 쇠구슬을 놓으면 쇠구슬은 A 점의 높이만큼 반대편으로 올라간다.
ㄴ. D 와 같이 수평으로 운동하게 되면 쇠구슬은 속력이 빨라지는 운동을 할 것이다.
ㄷ. 이 실험을 통해 관성을 설명할 수 있다.

① ㄱ ② ㄱ, ㄴ ③ ㄱ, ㄷ ④ ㄴ, ㄷ ⑤ ㄱ, ㄴ, ㄷ

유형 익히기 & 하브루타

[유형3-1] 운동의 표현

다음 그림은 학교 주변의 약도를 나타낸 것이다. 학교의 위치를 정확하게 표현한 것은?

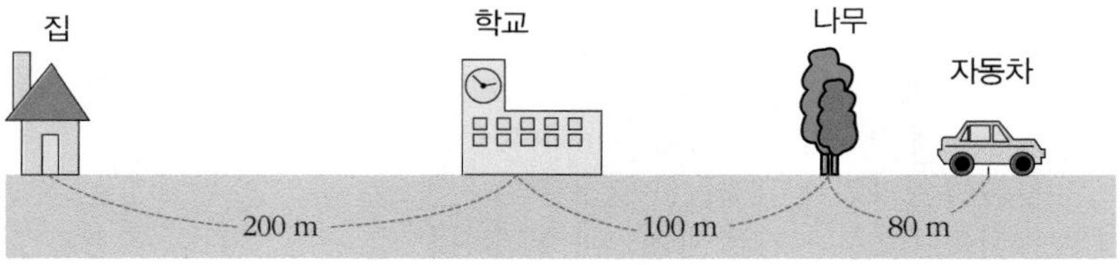

① 나무에서 동쪽에 있다.
② 나무보다 집에서 더 가깝다.
③ 자동차에서 100 m 거리에 있다.
④ 집에서 동쪽으로 200 m 거리에 있다.
⑤ 나무에서 동쪽으로 100 m 거리에 있다.

Tip!

01 다음 표는 어떤 자동차의 시간에 따른 이동 거리를 나타낸 것이다. 4시간 동안 자동차의 평균 속력은?

걸린 시간(h)	0	1	2	3	4
직선상 위치(km)	0	85	180	255	360

① 90 km/h　② 120 km/h　③ 150 km/h
④ 180 km/h　⑤ 360 km/h

02 오른쪽 그림에서 1 초에서 3 초 사이의 평균 속력은?

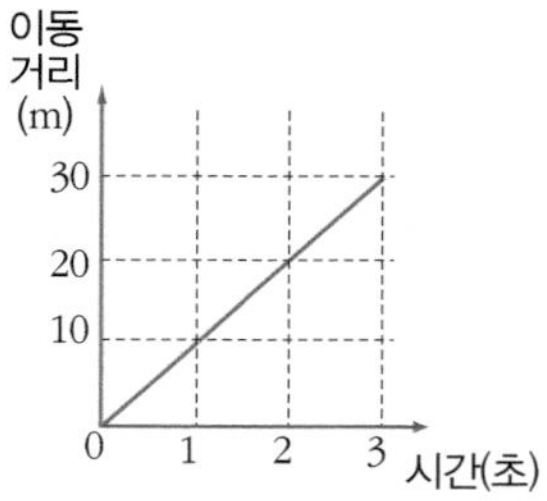

① 5 m/s　② 10 m/s　③ 15 m/s
④ 20 m/s　⑤ 25 m/s

정답 및 해설 **11쪽**

[유형3-2] 속력을 측정하는 방법

그림 (가) 와 (나) 는 1 초 동안 60 개의 타점을 찍는 시간기록계로 직선상을 운동하는 두 수레의 운동을 기록한 종이 테이프를 나타낸 것이다. 이에 대한 설명으로 옳은 것을 모두 고르면?(2 개)

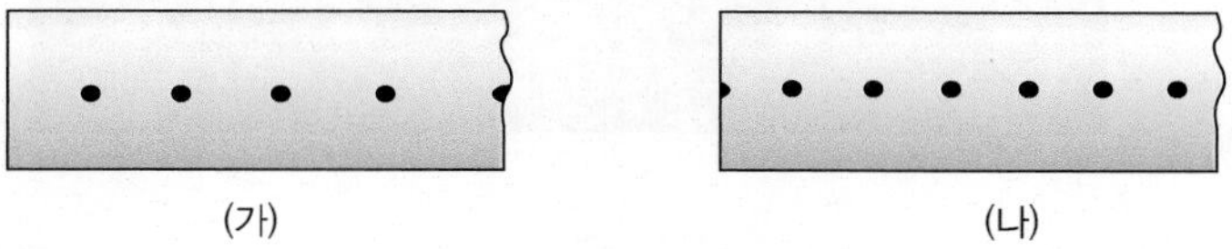

① (가) 는 (나) 보다 속력이 빠르다.
② 두 수레는 속력이 일정한 운동을 한다.
③ (나) 에 작용한 알짜힘은 (가) 보다 크다.
④ (나) 는 (가) 보다 타점 사이의 시간 간격이 더 길다.
⑤ 같은 시간 동안 이동 거리는 (나) 가 (가) 보다 크다.

03

다음 그림은 1 초에 60 타점을 찍는 시간기록계를 이용하여 어떤 물체의 운동을 기록한 종이 테이프를 나타낸 것이다. 표시된 구간에서 이 물체의 평균 속력은?

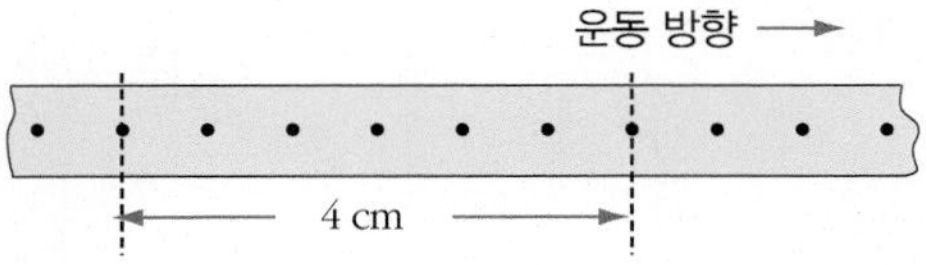

① 0.1 m/s ② 0.4 m/s ③ 1 m/s
④ 4 m/s ⑤ 40 m/s

04

오른쪽 그래프는 물체 A ~ D 의 시간에 따른 이동 거리를 나타낸 것이다. A ~ D 중 속력이 가장 빠른 것은?

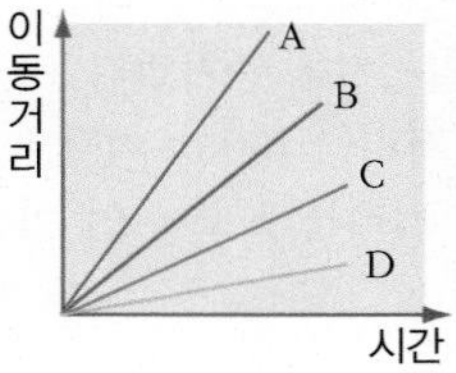

① A ② B ③ C
④ D ⑤ 모두 같다.

Tip!

유형 익히기 & 하브루타

[유형3-3] 등속 직선 운동

다음 그림은 수평면을 굴러가는 공의 운동을 1 초 간격으로 찍은 다중 섬광 사진이다. 이 공의 운동을 나타낸 그래프로 옳은 것을 모두 고르시오.(2 개)

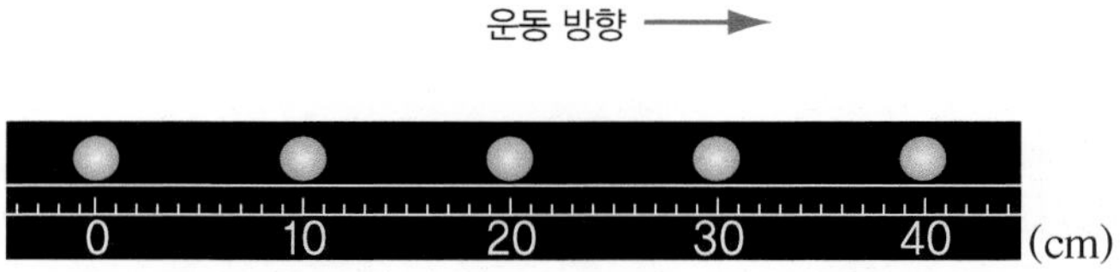

①
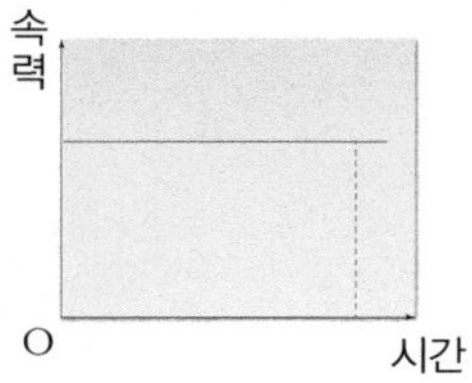

②
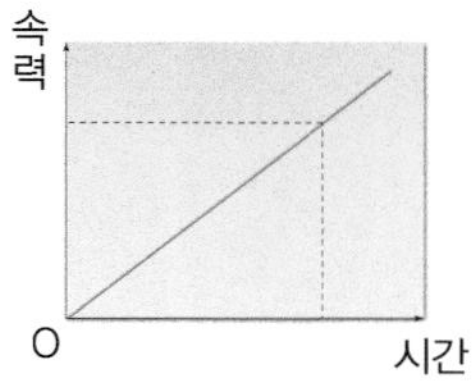

③
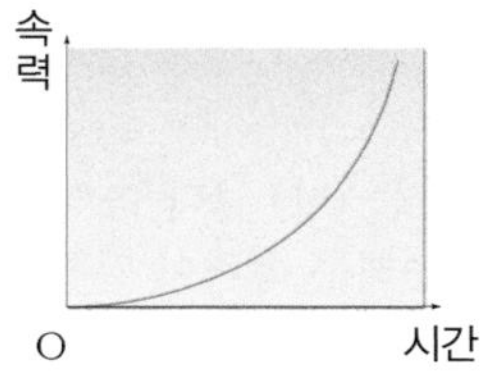

④
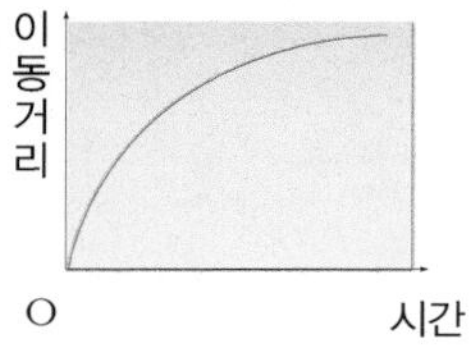

⑤
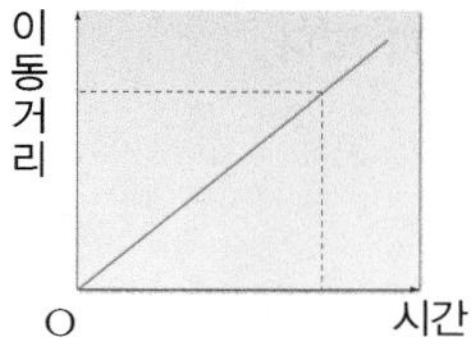

05 다음 그래프는 직선상에서 운동하는 어떤 물체의 시간에 따른 속력을 나타낸 것이다. 이에 대한 설명으로 옳지 않은 것은?

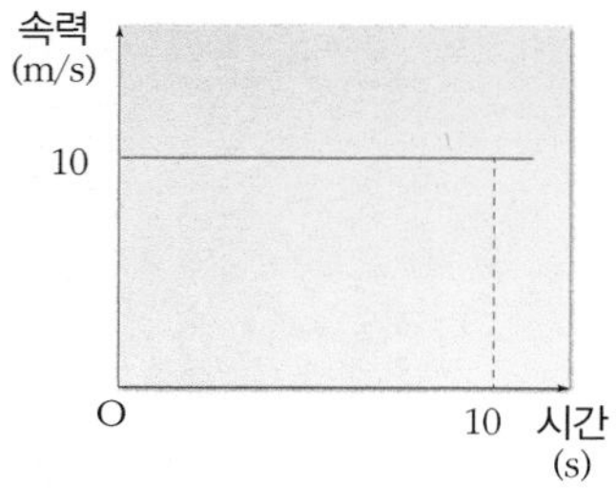

① 무빙워크는 이와 같은 운동을 한다.
② 이 물체에 작용하는 알짜힘은 0 이다.
③ 이 물체의 속력은 일정하게 증가한다.
④ 10 초 동안 이동한 거리는 100 m 이다.
⑤ 10 초 동안 이동한 거리는 5 초 동안 이동한 거리의 2 배이다.

06 다음 그래프는 두 물체 A, B 의 시간에 따른 이동 거리를 그래프로 나타낸 것이다. 다음 설명 중 옳은 것은?

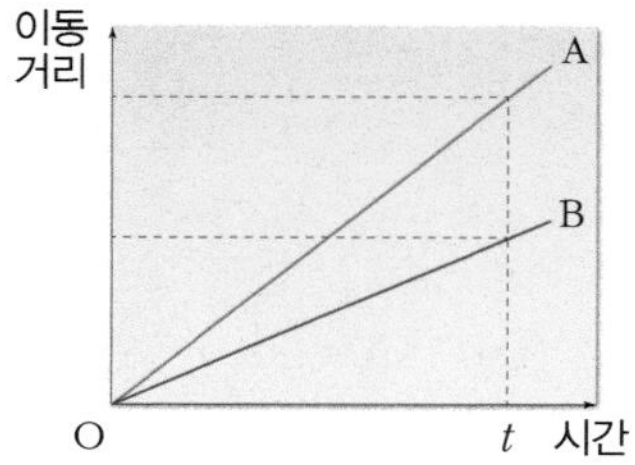

① 두 물체는 진공 속에서 떨어지고 있다.
② 물체 B 의 속력이 물체 A 의 속력보다 빠르다.
③ 출발 후 시간 t 까지의 이동 거리는 B 가 A 보다 길다.
④ A 와 B 는 속력이 일정하게 변하는 운동을 하고 있다.
⑤ 두 물체의 운동을 속력-시간 그래프로 나타내면 시간축과 평행한 직선 모양이다.

정답 및 해설 11쪽

[유형3-4] 관성

다음 그림과 같이 물이 담긴 U 자형 유리관을 수레 위에 고정하고 수레를 운동시켰더니 유리관의 물이 그림처럼 되었다. 이때 수레의 운동 상태에 대한 설명으로 옳은 것을 모두 고르시오.(2 개)

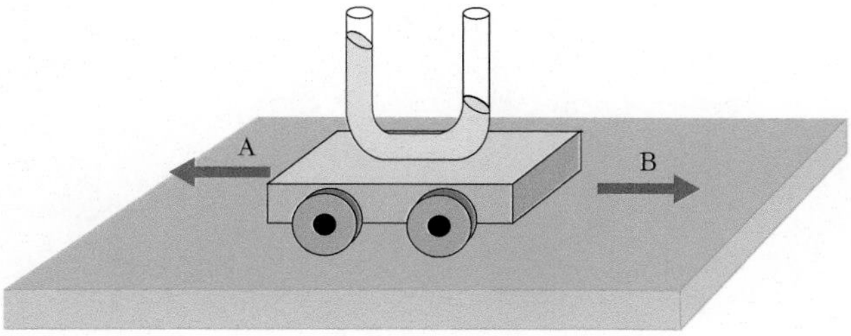

① 수레는 A 방향으로 등속으로 운동한다.
② 수레는 B 방향으로 등속으로 운동한다.
③ 수레는 A 방향으로 속력이 증가하는 운동을 한다.
④ 수레는 B 방향으로 속력이 증가하는 운동을 한다.
⑤ 수레는 A 방향으로 속력이 감소하는 운동을 한다.

07 다음 그림은 버스 안에 매달려 있는 버스 손잡이의 모습을 나타낸 것이다. 정지해 있던 버스가 화살표 방향으로 출발하여 일정한 속력으로 달리다가 멈출 때까지 손잡이의 모습을 순서대로 바르게 나열한 것은?

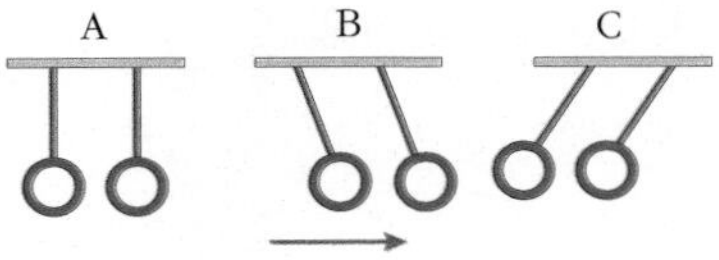

① A - B - C ② B - A - C ③ B - C - A
④ C - A - B ⑤ C - B - A

08 오른쪽으로 출발한 버스 내의 손잡이가 다음 그림과 같이 뒤쪽으로 기울어졌다. 이러한 결과에 대해 옳게 설명한 것을 모두 고르시오.(2 개)

① 손잡이는 운동 관성을 보인다.
② 손잡이는 정지 관성을 보인다.
③ 운동하던 물체가 갑자기 정지한다.
④ 버스가 일정한 속력으로 달린다.
⑤ 정지해 있던 물체가 갑자기 출발한다.

01 다음 그림은 휴지걸이에 걸려 있는 두루마리 휴지를 손으로 당기는 모습이다. 한 손으로 휴지를 가만히 당겼더니 휴지가 돌아가면서 끌려왔다.

(1) 다른 손을 사용하지 않고 한 손으로 휴지를 끊는 방법을 설명하시오.

(2) 두루마리에 휴지가 많이 남아 있는 경우와 적게 남아 있는 경우 한 손으로 휴지를 끊기가 쉬운 쪽은 어느 쪽인지 쓰고, 그 이유를 설명하시오.

정답 및 해설 12쪽

02

다음 그림과 같이 두 사람 A, B 가 서로 2 km 떨어진 상태에서 서로를 향하여 4 km/h 의 같은 속력으로 출발하였다. 이때 잠자리가 A의 머리에 앉아 있다가 두 사람이 출발함과 동시에 B 를 향해 12 km/h 의 속력으로 직선으로 날아가다가 B 를 만나는 즉시 방향을 바꿔 다시 A 를 향하여 같은 속력으로 날아가다가 A 를 만나면 다시 B 쪽으로 방향을 바꾸는 일을 계속하였다. (단, 모든 운동은 직선 운동이다.)

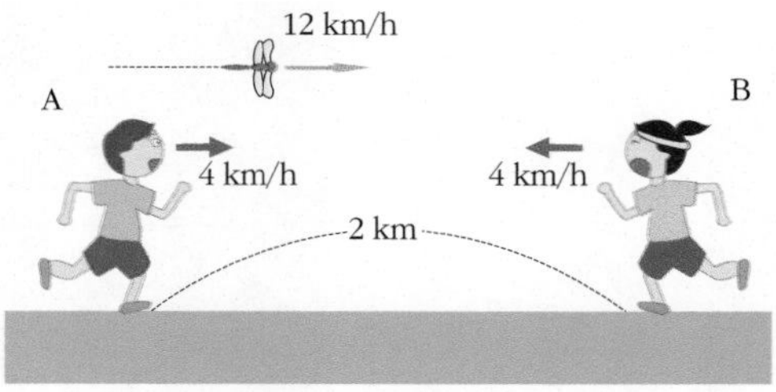

두 사람이 만날 때까지 잠자리가 날아 간 거리는 총 몇 km 인가?

03

공기도 물질이므로 관성을 가진다. 공기 중에 뜨는 물체는 공기보다 관성이 작고, 뜨지 않는 물체는 공기보다 관성이 크다. 다음 그림과 같이 자동차 바닥에 가벼운 실로 고무풍선을 매달고 자동차를 오른쪽으로 출발시키려고 한다. 출발 직후 고무풍선은 어떻게 되겠는지 서술하시오.

04 다음 그림과 같이 3 m/s 의 속력(속도의 크기)으로 흐르는 강물에서 배를 타고 16 m 떨어진 두 지점 A, B 를 왕복하려고 한다. 강물이 흐르지 않을 때 배의 속력이 5 m/s 이라면 두 지점을 왕복하는데 걸리는 시간을 구하시오

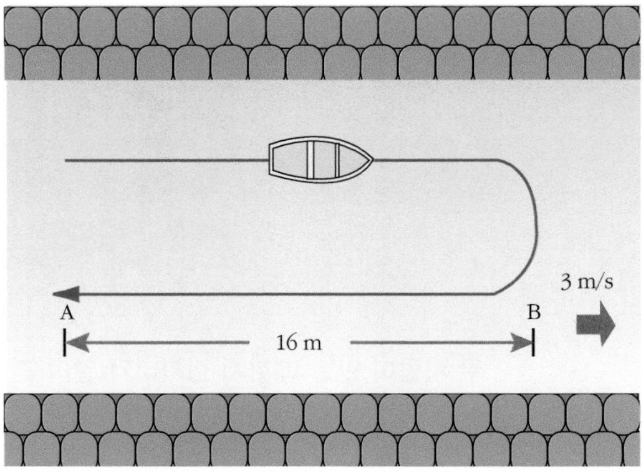

정답 및 해설 12쪽

05 **구간 단속은 구간의 시작과 끝 부분에 카메라를 설치하고 자동차가 두 카메라 사이를 지나가는 시간을 측정하여 과속 여부를 가려내는 단속 방법이다. 다음 그림은 구간 단속 지점 A 와 B 사이의 거리가 12 km 인 것을 나타내며, 이 구간의 제한 속력은 60 km/h 이다. 이에 대한 물음에 답하시오.**

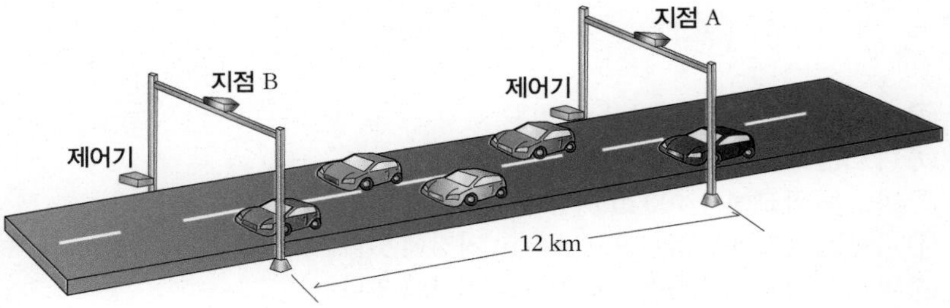

(1) 지점 A 와 B 사이를 지나가는 시간이 얼마 이하일 경우 과속 차량으로 설정해야 하는지 구하시오.

(2) 구간 단속이 지점 단속보다 과속 방지에 더 좋은 점이 무엇인지 설명하시오.

스스로 실력 높이기

A

01 다음 그림은 어느 지역의 약도를 나타낸 것이다. 마트의 위치를 가장 정확히 표현한 것은?

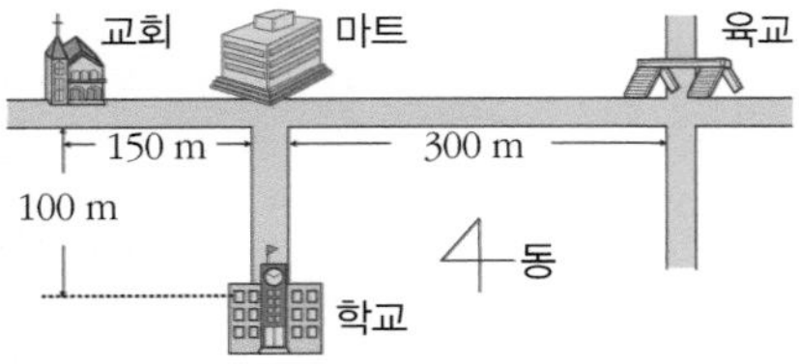

① 마트는 동쪽 150 m 지점에 있다.
② 마트는 교회에서 서쪽 방향에 있다.
③ 마트는 학교에서 100 m 지점에 있다.
④ 마트는 육교에서 동쪽으로 300 m 지점에 있다.
⑤ 마트는 학교에서 북쪽으로 100 m 지점에 있다.

02 서울에서 제주까지의 직선 거리는 약 450 km이다. 비행기가 오전 10 시 정각에 서울을 출발하여 오전 10 시 50 분에 제주에 도착하였다. 이 비행기의 평균속력은 몇 km/h 인가?

① 450 km/h ② 540 km/h ③ 620 km/h
④ 810 km/h ⑤ 900 km/h

03 철수네 집에서 학교까지 직선 거리는 2500 m 이다. 학교까지 직선도로를 따라 가는 길에 처음 1000 m 는 2 m/s 의 속력으로 갔으며 그 다음 1200 m 는 6 m/s 로, 마지막 남은 거리는 1 m/s 의 속력으로 갔다. 이때 철수가 학교까지 가는 평균 속력은 얼마인가?

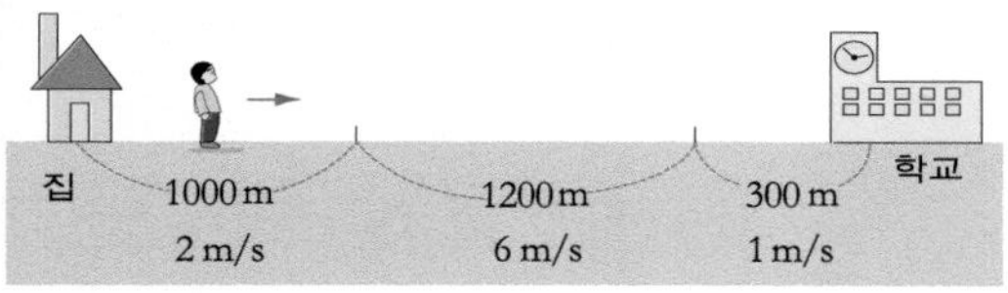

① 1.5 m/s ② 2 m/s ③ 2.5 m/s
④ 3 m/s ⑤ 4 m/s

04 다음 중 관성의 법칙과 관련된 것을 〈보기〉 에서 모두 고른 것은?

〈 보기 〉

ㄱ. 이불을 두드려 먼지를 털었다.
ㄴ. 커브를 돌 때 차 속에서 몸이 밖으로 쏠렸다.
ㄷ. 승강기를 타고 올라갈 때 몸무게가 무거워졌다.

① ㄱ ② ㄱ, ㄴ ③ ㄱ, ㄷ
④ ㄴ, ㄷ ⑤ ㄱ, ㄴ, ㄷ

05 어떤 자동차 안에서 쇠구슬을 실을 매어 천장에 매달았더니 구슬이 그림과 같이 오른쪽으로 기울어졌다. 현재 이 자동차의 운동 상태는 어떠한가?

① 자동차가 왼쪽 방향으로 천천히 가고 있다.
② 자동차가 왼쪽 방향으로 속력이 점점 느려진다.
③ 자동차가 왼쪽 방향으로 속력이 점점 빨라진다.
④ 자동차가 오른쪽 방향으로 속력이 점점 빨라진다.
⑤ 자동차가 오른쪽 방향으로 속력이 빠른 상태로 달리고 있다.

06 시간기록계의 타점 주기가 $\frac{1}{60}$ 초일 때 A ~ D 구간에서 수레의 평균 속력은 몇 m/s 인가?

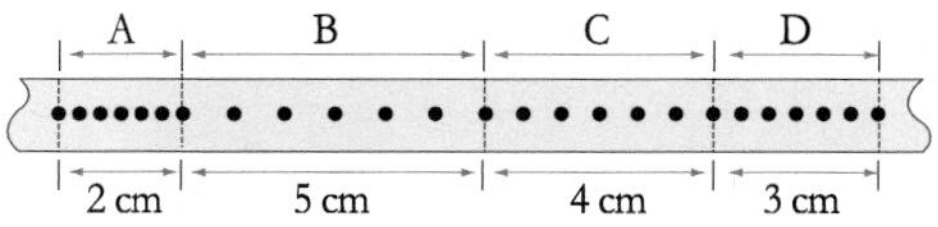

① 0.2 m/s ② 0.25 m/s ③ 0.3 m/s
④ 0.35 m/s ⑤ 0.4 m/s

정답 및 해설 12쪽

07 다음 중 〈보기〉 에서 속력이 빠른 순서대로 바르게 나열한 것은?

〈 보기 〉

ㄱ. 버스는 6 km 노선을 2 시간에 달린다.
ㄴ. 돌고래는 10 m 를 잠수하는데 5 초 걸린다.
ㄷ. 철수는 자전거로 2 km 를 30 분 걸려서 등교한다.

① ㄱ - ㄴ - ㄷ ② ㄱ - ㄷ - ㄴ
③ ㄴ - ㄱ - ㄷ ④ ㄴ - ㄷ - ㄱ
⑤ ㄷ - ㄴ - ㄱ

08 길이가 50 m 인 고속기차가 길이가 450 m 인 터널을 100 m/s 의 평균 속력으로 통과한다고 가정할 때, 기차가 다리를 완전히 통과하는 데 걸리는 시간은?

① 2.0 초 ② 4.0 초 ③ 4.5 초
④ 5.0 초 ⑤ 9.0 초

09 오른쪽 그림은 어떤 물체의 운동에 대한 (속력 – 시간) 그래프이다. 이 물체가 2 초에서 6 초 사이에 이동한 거리는?

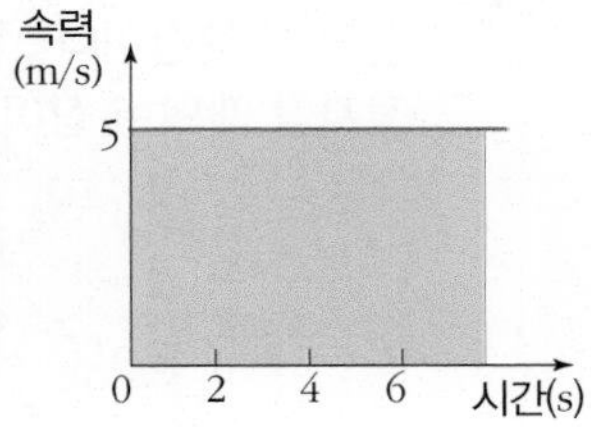

① 5 m ② 10 m ③ 15 m
④ 20 m ⑤ 25 m

10 다음 그림처럼 무거운 물체를 매달고 아래쪽으로 갑자기 당기면 아래의 실이 끊어진다. 그 이유를 바르게 설명한 것은?

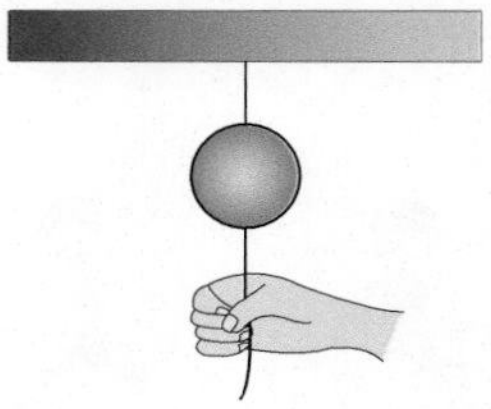

① 아래 방향의 중력 때문이다.
② 당기는 힘이 위쪽 실에는 작용하지 않기 때문이다.
③ 아래쪽 줄을 당겼으니 아래쪽 실이 끊어지는 것이 당연하다.
④ 추가 현재 정지해 있으므로 정지한 상태를 그대로 유지하려고 하기 때문이다.

B

11 일정한 속력으로 달리는 자전거와 자동차가 직선 도로 상의 두 지점을 통과하는 시간을 측정하였더니 자전거는 40 분이 걸리고, 20 m/s 로 달리는 자동차는 10 분이 걸렸다. 다음 물음에 답하시오.

(1) 두 지점 사이의 거리는 얼마인가?

① 10000 m ② 12000 m ③ 12500 m
④ 13000 m ⑤ 13500 m

(2) 자전거의 속력은 얼마인가?

① 5 m/s ② 10 m/s ③ 15 m/s
④ 20 m/s ⑤ 25 m/s

12 희성이와 철우가 같이 400 m 이어달리기를 한다. 직선 트랙에서 희성이가 200 m 를 10 m/s 로 뛴 후, 철우가 남은 200 m 를 8 m/s 로 달린다고 할 때, 결승에 도착하는데 걸리는 총 시간은 얼마인가?

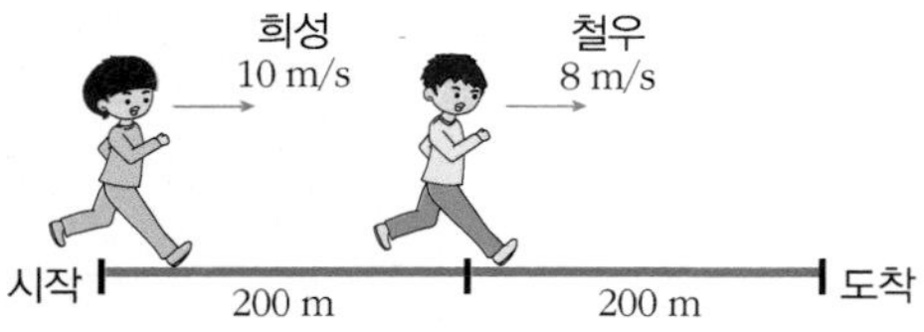

① 40 초 ② 45 초 ③ 50 초
④ 55 초 ⑤ 60 초

13 다음 표는 서울–부산 간 400 km 거리를 자동차로 이동하면서 각 시간대별로 이동한 거리를 나타낸 것이다. 이 자동차의 서울에서 부산까지의 평균 속력이 가장 빠른 구간은?

시간(h)	0	1	2	3	4
위치(km)	0	80	190	280	400

① 0~1 시간 ② 1~2 시간
③ 2~3 시간 ④ 3~4 시간
⑤ 1~3 시간

14 다음 그림은 물체 A, B, C 의 운동을 이동 거리와 시간의 그래프로 나타낸 것이다. 각 물체의 운동에 관한 설명 중 옳은 것은?

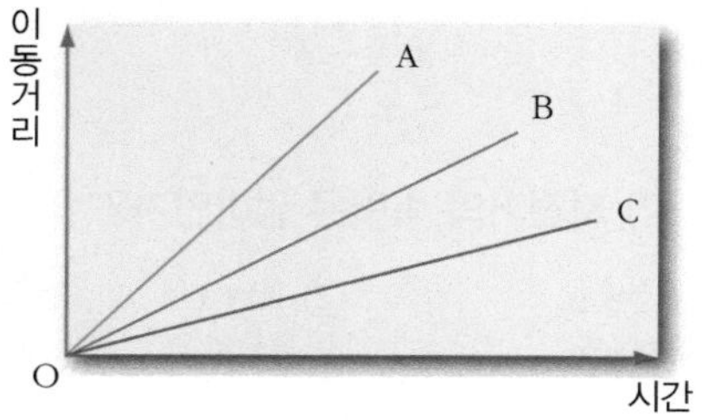

① 물체 C 의 속력이 가장 크다.
② 물체 A 와 B 의 속력은 0 이다.
③ 물체 C 의 이동 거리는 점점 증가한다.
④ 물체 A 의 속력이 물체 B 의 속력보다 작다.
⑤ 물체 A 와 물체 B 의 운동은 속력이 증가한다.

[15~16] 다음 그림은 갈릴레이 사고 실험을 나타낸 것이다.

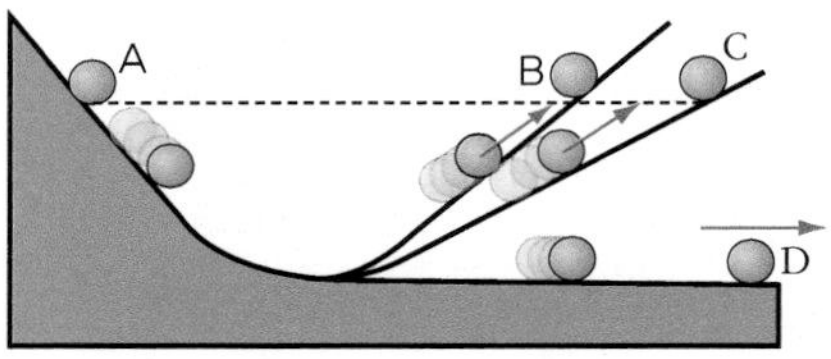

15 위 실험에 대한 설명으로 옳지 않은 것은?

① A, B, C 의 높이는 같다.
② 관성 현상을 설명한 것이다.
③ 수평면에서 운동하는 D 는 계속 운동한다.
④ 물체가 힘을 받을 때의 운동에 대한 설명이다.
⑤ 수평면이 아니면 빗면의 경사와 관계없이 같은 높이까지 올라간다.

16 위 실험에서의 물체의 운동과 같은 현상이라고 볼 수 없는 것은?

① 달리던 사람이 돌부리에 걸려 넘어졌다.
② 버스가 갑자기 정지하면 승객은 앞쪽으로 쏠린다.
③ 달리는 육상 선수가 결승선에서 그대로 정지할 수 없다.
④ 자루를 바닥에 쳐서 헐거워진 망치 머리를 단단하게 고정한다.
⑤ 식탁보를 갑자기 당겨서 식탁보 위의 물건을 그대로 둔 채 식탁보를 뺄 수 있다.

17 다음 그림은 운동하고 있는 열차 내에 매달린 손잡이의 모습이다. 열차가 출발할 때와, 열차가 정지할 때의 손잡이의 모습을 각각 고르시오.

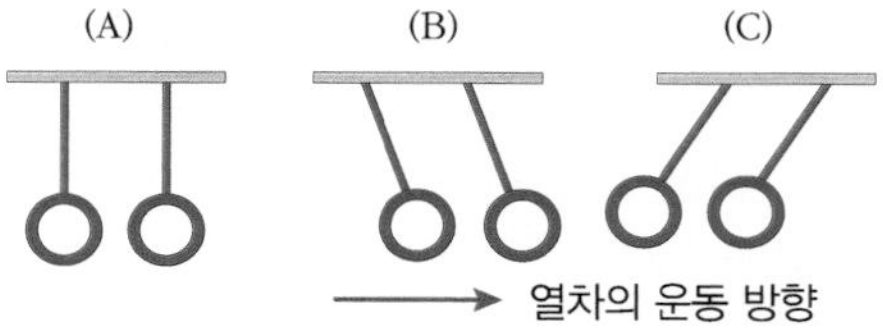

열차가 출발할 때 : (　　　　　　)
열차가 정지할 때 : (　　　　　　)

정답 및 해설 12쪽

18 오른쪽 그래프는 두 물체 A, B 의 시간에 따른 이동 거리를 나타낸 것이다. 다음 설명 중 옳지 <u>않은</u> 것은?

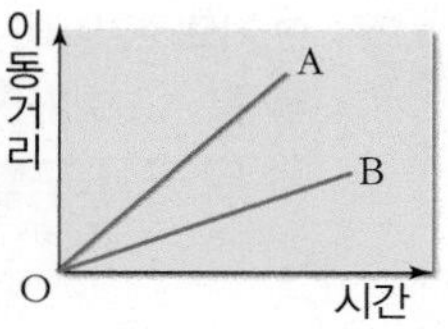

① A 의 속력이 B 의 속력보다 빠르다.
② A, B 모두 속력이 일정한 운동이다.
③ 같은 시간 동안 A 가 더 먼 거리를 이동한다.
④ (속력 - 시간) 그래프로 나타내면 A 의 기울기가 B 의 기울기보다 크다.
⑤ 이러한 운동의 예로는 스키 리프트, 컨베이어 벨트의 운동 등이 있다.

19 오른쪽 그림은 진동수가 50 Hz 인 시간기록계로 기록한 종이 테이프를 5 타점 간격으로 잘라서 차례대로 붙인 것이다. 이에 대한 설명 중 옳은 것을 〈보기〉 에서 모두 고른 것은?

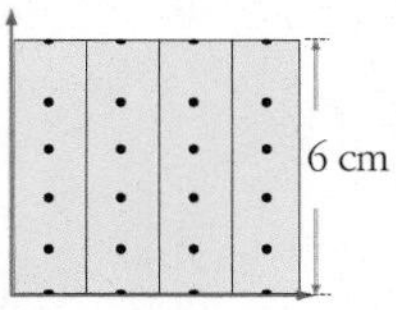

〈 보기 〉
ㄱ. 물체의 속력은 일정하다.
ㄴ. 그래프의 가로축은 시간을 나타낸다.
ㄷ. 그래프의 세로축은 이동 거리를 나타낸다.
ㄹ. 이 물체의 속력은 30 cm/s 이다.

① ㄱ, ㄴ ② ㄱ, ㄹ ③ ㄴ, ㄷ
④ ㄷ, ㄹ ⑤ ㄱ, ㄴ, ㄷ

20 그림은 시간기록계로 물체의 운동을 기록한 종이 테이프이다. 속력이 점점 빨라지는 운동을 나타내는 종이 테이프는? (단, 화살표는 운동 방향을 나타낸다.)

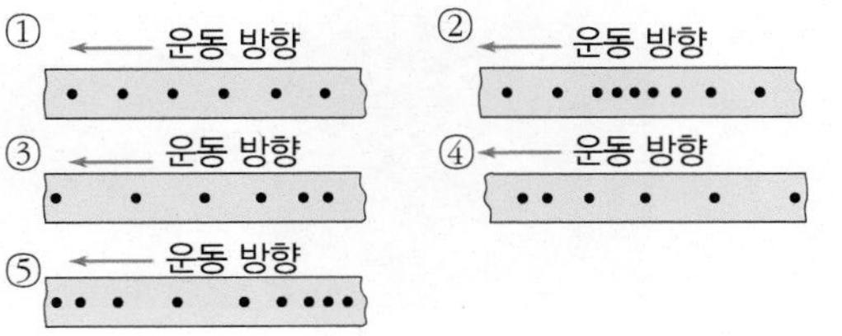

C

21 오른쪽 그림과 같이 물이 든 비이커를 수레 위에 올려놓고, 수레를 오른쪽 방향으로 출발시켰을 때 비커 속의 수면의 모양으로 옳은 것은?

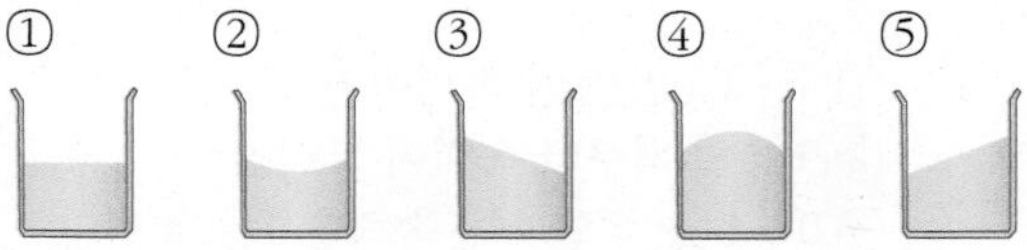

22 다음 그림은 두 자동차 A, B 가 직선 도로를 따라 100 km 를 이동하는 동안 시간에 따른 위치를 표시한 것이다. 이에 대한 설명 중 옳은 것은?

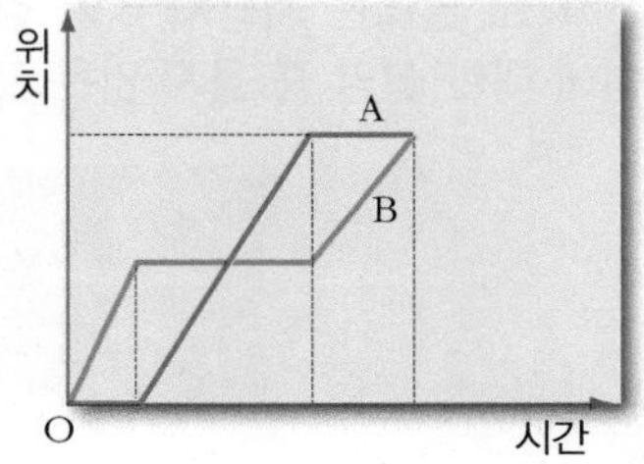

① 자동차 A, B 의 최종 도착 지점은 다르다.
② 자동차가 이동한 거리는 A 가 B 보다 크다.
③ 자동차 B 는 운동 도중에 한 번 정지하였다.
④ 100 km 를 이동할 때 걸린 시간은 B 가 더 짧다.
⑤ 자동차 A 가 먼저 출발하였고, 먼저 도착하였다.

23 서울에서 춘천까지 60 km/h 의 평균 속력으로 달려야 약속 시간에 도착할 수 있다. 길이 밀려 서울과 춘천의 중간 지점까지 40 km/h 의 평균 속력으로 달렸다면 나머지 거리는 얼마의 평균 속력으로 달려야 약속 시간에 맞춰서 춘천에 도착하겠는가?

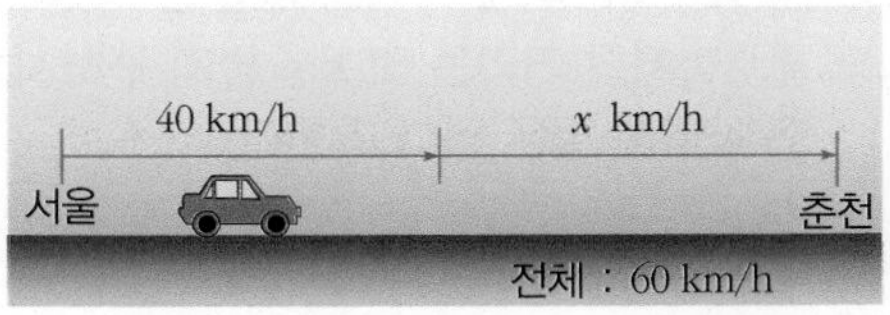

① 100 km/h ② 110 km/h ③ 120 km/h
④ 130 km/h ⑤ 140 km/h

24 다음은 어떤 물체의 운동을 시간–이동 거리 그래프로 나타낸 것이다. 이 물체의 운동에 대한 설명으로 옳은 것은?

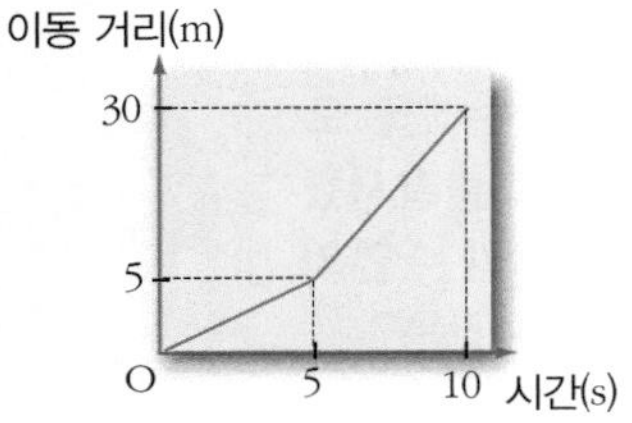

① 5 ~ 10 초 동안 속력이 변한다.
② 5 초일 때부터 속력이 느려진다.
③ 0 ~ 5 초 동안 평균속력은 1 m/s 이다.
④ 0 ~ 10 초 동안 평균속력은 2 m/s 이다.
⑤ 10 초 동안 일정한 속력으로 운동한다.

25 다음 그림과 같이 20 m/s 로 달리는 자동차 A 와 36 km/h 로 달리는 자동차 B 가 같은 위치에 있다. 이에 대한 설명 중 옳지 <u>않은</u> 것은?

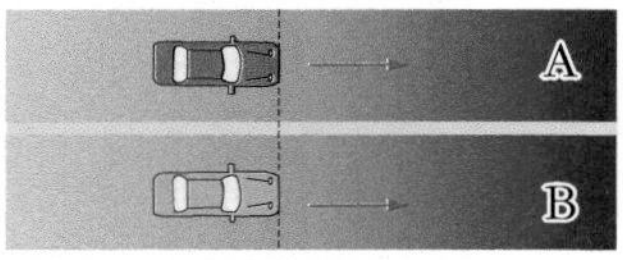

① 자동차 B 의 속력은 10 m/s 이다.
② 자동차 A 의 속력은 72 km/h 이다.
③ 자동차 A 가 자동차 B 보다 빠르다.
④ 1시간 동안 자동차 A 는 자동차 B 보다 18 km 더 간다.
⑤ 자동차 A 의 이동 거리는 매초마다 자동차 B의 이동 거리의 2 배이다.

26 자동차를 타고 서울을 출발하여 경주까지 갔다가 되돌아오는 데 8 시간이 걸렸다. 경주까지 갈 때에는 80 km/h 의 속력으로, 서울로 돌아올 때에는 120 km/h 의 속력으로 운전하였다. 서울에서 경주까지의 거리는 몇 km 인지 구하시오. (단, 도중에 멈춘 일은 없다고 한다.)

27 크기와 모양이 같고 질량이 각각 1 kg, 2 kg 인 두 공 A, B 가 있다. 무중력 상태인 우주정거장에서 두 공을 구별할 수 있는 방법을 서술하시오.

28 다음 그림은 운동하는 어떤 물체의 시간에 따른 이동 거리를 나타낸 그래프이다.

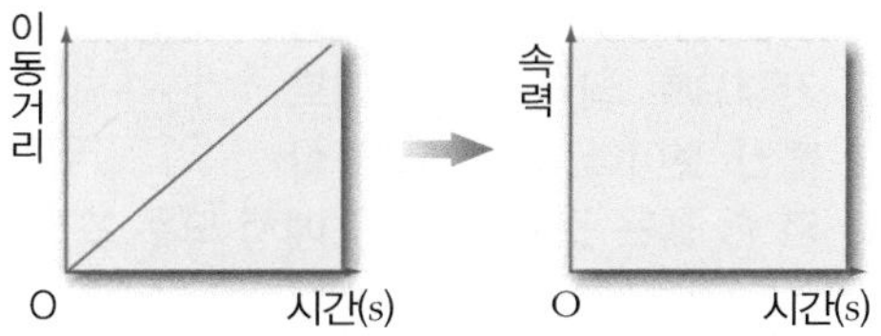

이 물체의 속력과 시간의 관계 그래프를 대략적으로 그리고, 이 물체의 운동을 서술하시오.

29 일정한 속력으로 운동하는 리프트가 산 아래에서 출발하여 산 위까지 이동하는 동안 전체 이동 거리를 어림할 수 있는 방법을 설명하시오. (단, 리프트는 직선 운동한다고 가정한다.)

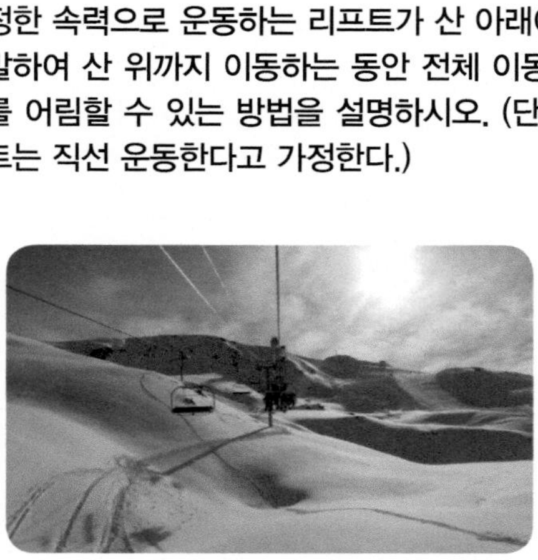

정답 및 해설 12쪽

30 다음 그림과 같이 육상 선수가 반지름이 400 m인 원형의 경기장을 달리고 있다. 출발점을 A로 하고, A→B→C→D 방향으로 트랙을 돌고 있다. 이 선수가 운동장의 한 바퀴를 돌아 다시 A의 위치에 돌아올 때까지 6 초가 걸렸다면 이동 거리, 평균 속력을 각각 구하시오. (단, 반지름 r 의 원의 둘레는 $2\pi \times r$ 이며, $\pi = 3$ 이다.)

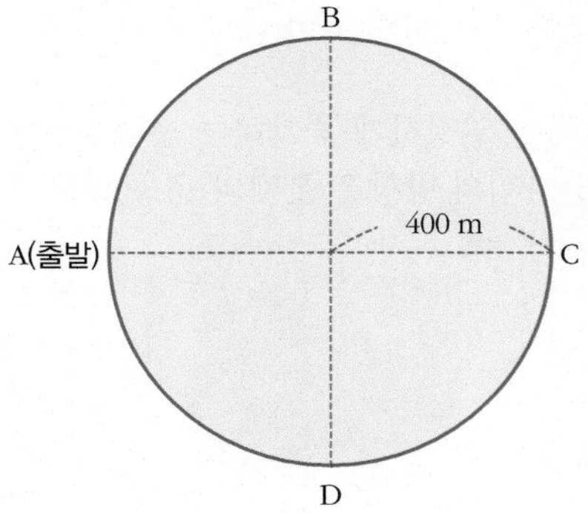

창의력 서술

31 자동차를 탈 때 안전띠는 필수이다. 하지만 기차나 지하철에는 안전띠가 없다. 그 이유에 대하여 관성을 이용하여 설명하시오.

32 그림 (가) 는 직선 상에서 운동하는 물체의 거리−시간 그래프이다. 이 물체가 정지 상태에서 출발하였을 때, 이 그래프를 보고 물체의 속력−시간 그래프 (나) 를 완성하고, 이 물체의 운동에 대하여 서술하시오.

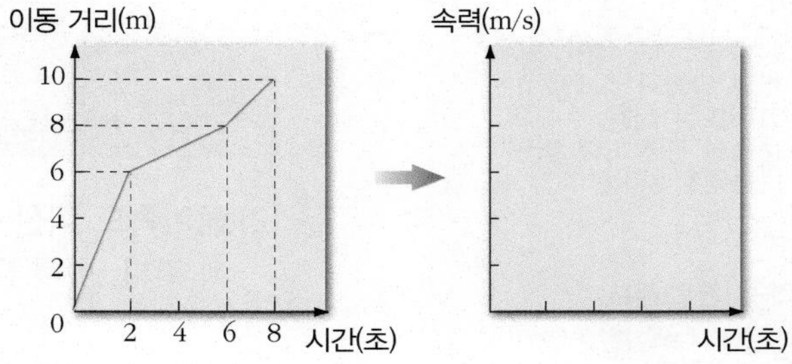

(가) (나)

4강. 힘이 작용할 때의 운동

1. 속력이 일정하게 변하는 운동

(1) 등가속도 직선 운동 : 속력이 일정하게 증가하거나 감소하는 직선 운동

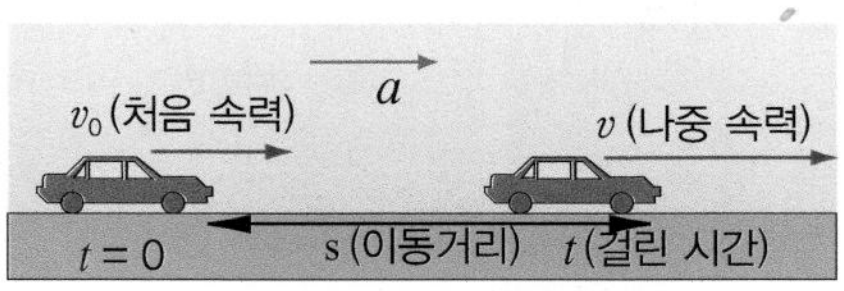

· 속도 변화량 = $v - v_0$

· 가속도(a) = $\frac{v - v_0}{t}$

· 이동 거리(s) = $v_0 t + \frac{1}{2}at^2$

(2) 등가속도 직선 운동 그래프 : 속력이 일정하게 증가하는 운동의 그래프는 다음과 같다. 이때 물체에 작용하는 알짜힘의 방향은 물체의 운동 방향과 같다.

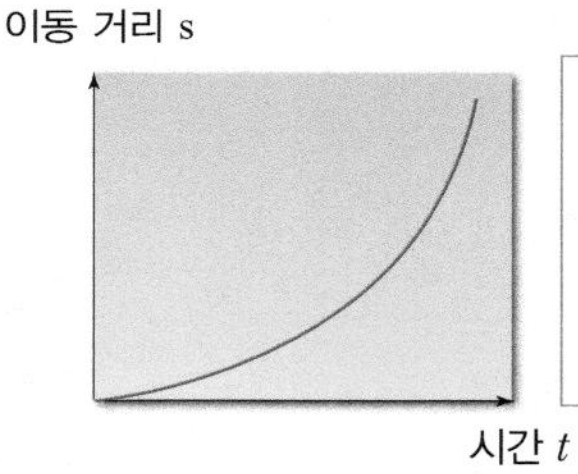

(s–t 그래프)
기울기가 점점 증가하는 그래프로, 접선의 기울기는 순간 속력

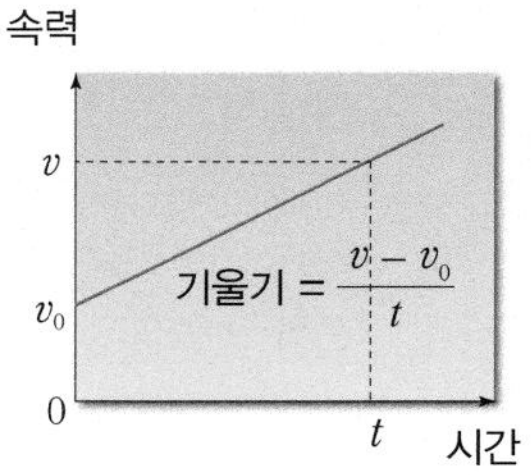

(v–t 그래프)
기울기가 일정한 그래프로, 그래프 아래 넓이는 이동 거리

(3) 시간기록계 운동의 분석 : 속력이 일정하게 변하는 운동을 시간기록계를 이용하여 분석하면, 속력이 점점 증가하고 있으므로 종이 테이프가 이루는 선의 기울기가 가속도가 된다.(시간 기록계 진동수 : 50 Hz)

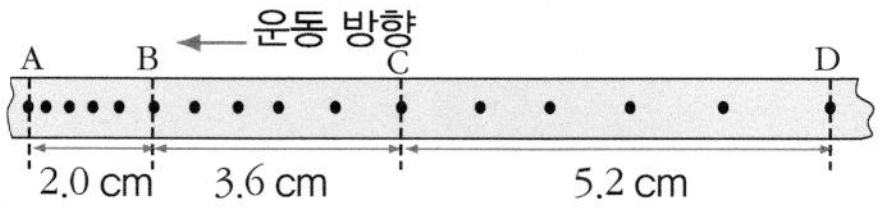

	(A~B 구간)	(B~C 구간)	(C~D 구간)
걸린 시간	0.1 초	0.1 초	0.1 초
이동 거리	2 cm	3.6 cm	5.2 cm
평균 속력	20 cm/s	36 cm/s	52 cm/s

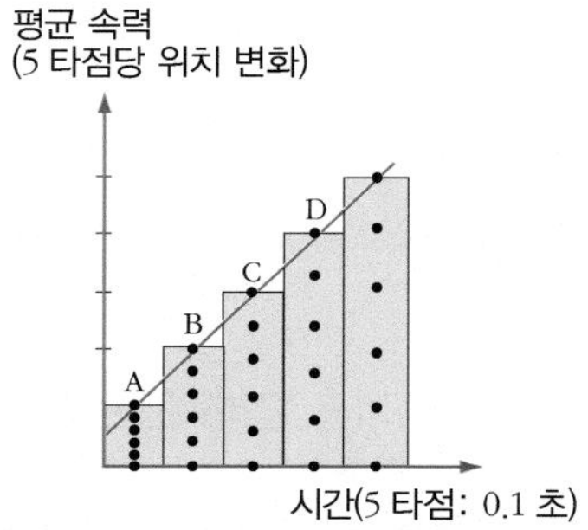

간단실험

경사면에서 수레 미끄러뜨리기

① 빗면과 수레를 준비한다.

② 빗면 위에서 수레를 미끄러뜨린 다음 수레의 운동을 관찰하여 어떤 운동인지 알아본다.

속력–시간 그래프

그래프에서 색칠한 부분이 이동 거리이다.

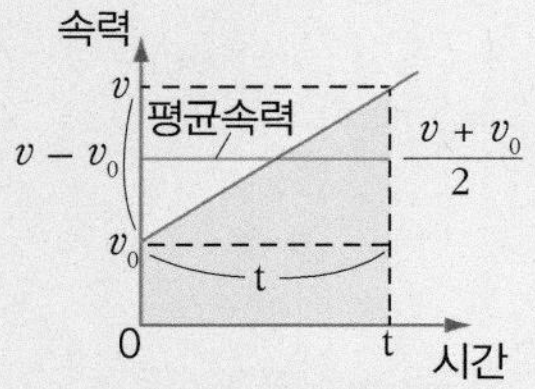

▲ 속력이 일정하게 증가

이동 거리
= 평균 속력 × 시간

속력이 일정하게 감소하는 운동의 그래프

물체에 작용하는 알짜힘의 방향이 물체의 운동 방향과 반대이다.

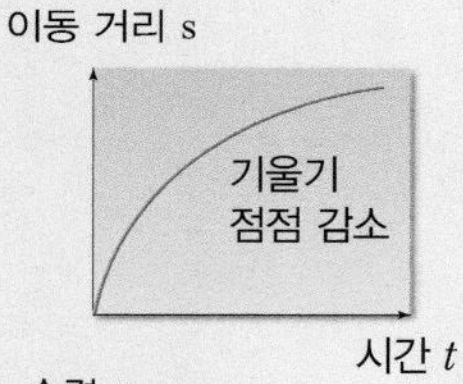

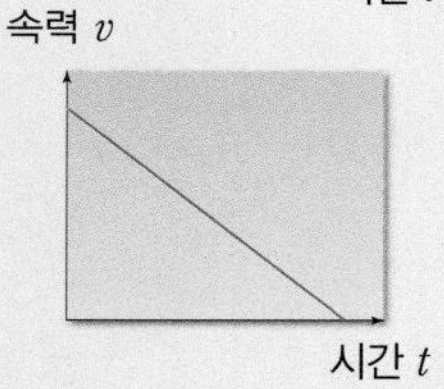

미니사전

가속도 [加 가하다 -속도] 속도 벡터가 단위시간 동안 얼마나 변했는지를 나타내는 벡터량

연직 [鉛 납 直 곧다] 납덩이를 실로 매달아 늘어뜨릴 때에 그 실이 수직을 이루는 상태

개념확인 1 **물체에 힘을 주어 끌면서 물체의 운동을 50 Hz 시간기록계로 기록하였더니 다음과 같았다. 물체의 가속도를 구하시오.**

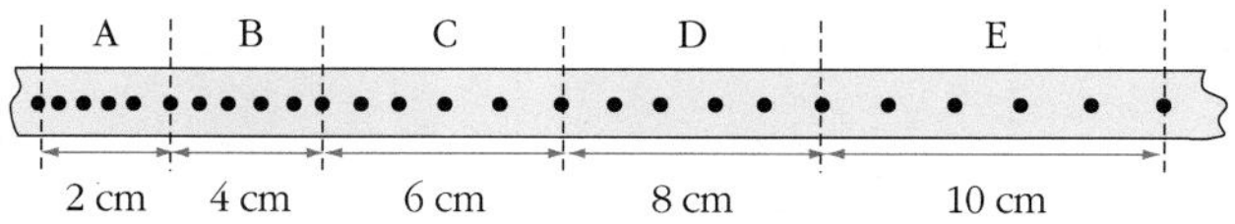

( ) m/s²

확인+1 **다음 중 속력이 일정하게 변하는 운동이 아닌 것은 ?**

① 연직 위로 던져 올린 공

② 나무에서 떨어지는 사과

③ 마찰이 없는 빗면을 따라 굴러 내려가는 공

④ 일정한 속력으로 올라가고 있는 엘리베이터

⑤ 일정한 세기로 브레이크를 밟으며 플랫폼(승강장)으로 들어오는 지하철

2. 속력이 일정하고 방향이 변하는 운동

(1) 등속 원운동 : 물체가 일정한 속력으로 원 궤도를 따라 운동하는 주기 운동

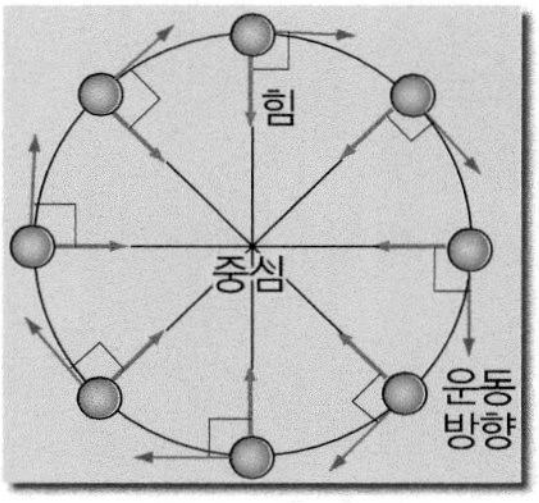

① 물체에 작용하는 힘의 방향 : 원의 중심 방향

② 운동 방향 : 원의 접선 방향이므로 매 순간 변한다.

→ 줄이 끊어지면 구심력이 작용하지 않으므로 물체는 원의 접선 방향으로 날아간다.

(2) 등속 원운동하는 물체가 받는 힘 (= 구심력)

등속 원운동하는 물체의 속력은 일정하다. 물체의 운동 방향과 수직으로 힘(구심력)이 작용하면 물체는 원운동을 한다.

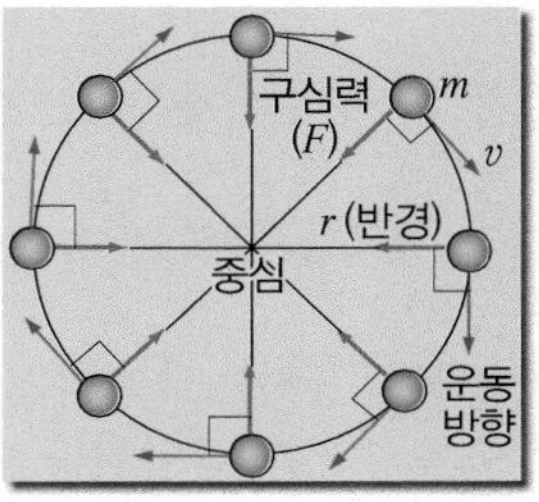

① 작용하는 힘 : 구심력(원의 중심 방향)

② 주기 : 물체가 원 궤도를 한 바퀴 도는 시간(초)

③ 진동수 : 1 초 동안의 회전수(단위 : Hz(헤르츠)

④ 물체의 속력 $= \dfrac{\text{이동 거리}}{\text{걸린 시간}} = \dfrac{\text{원둘레}}{\text{주기}}$

$= \text{원둘레} \times \text{진동수}$

⑤ 구심력의 크기 : 등속 원운동의 구심력은 물체의 질량이 클수록, 원운동의 반경이 작을수록 크다.

접선

곡선의 한 점에 닿은 직선

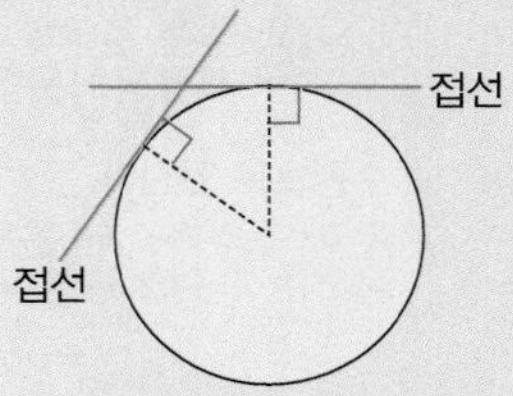

원주와 원주율

반지름 r 인 원둘레(원주)의 길이는 $2\pi \times r$ 이다.

π (파이) = 3.14 이다.

원형 파이프에서의 운동

원형 파이프를 빠져 나온 공은 빠져 나오는 순간의 운동 방향인 접선 방향으로 운동한다.

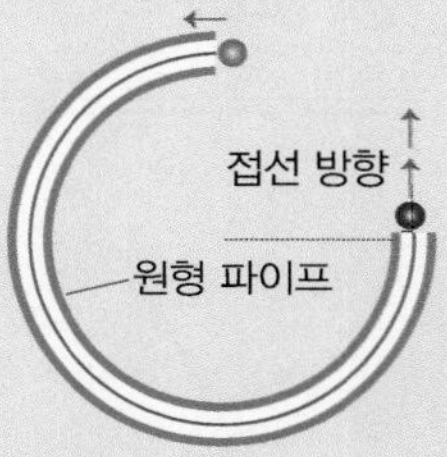

가속도와 힘과의 관계

질량 m 인 물체의 가속도가 a 일 때 물체에 작용하는 힘 F 는 ma 이다.(운동의 제 2 법칙)

정답 및 해설 14쪽

개념확인 2 **다음 중 괄호 안에 알맞은 말을 쓰시오.**

물체를 원운동시키는데 필요한 힘을 ㉠ (　　　　　　)이라 하며, 방향은 원의 ㉡ (　　　　　) 방향이다.

확인 + 2 **오른쪽 그림의 O 점은 반시계 방향으로 등속 원운동하는 물체의 어느 한 순간의 모습을 나타낸 것이다. O 점에서 물체에 작용하는 힘의 방향은 A, B, C, D 중 어느 방향인가?**

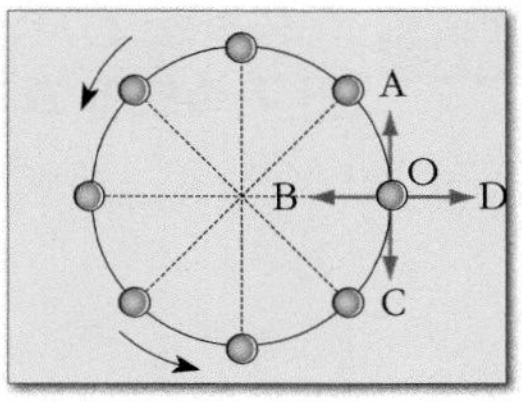

(　　　　　)

생각해보기★

반지름 r 인 원 주위를 속력 v 로 한 바퀴 도는 데 걸리는 시간을 T 라 하면 T 는 어떻게 구할까?

미니사전

구심력 [求 구하다 心 중심 力 힘] 원운동하는 물체에 원의 중심 방향으로 작용하는 힘

3. 속력과 방향이 동시에 변하는 운동

(1) 수평으로 던진 물체의 운동

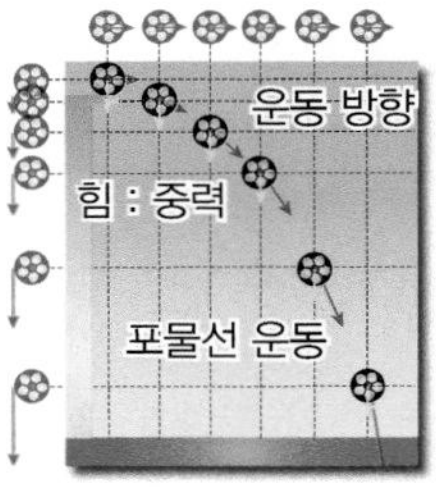

① 운동 방향 : 수평 방향에서 연직 방향으로 계속 변함
② 속력 : 점점 증가
③ 수평 방향 운동 : 등속도 운동
④ 연직 방향 운동 : 자유 낙하 운동
⑤ 작용하는 힘 : 중력(연직 아래 방향)

간단실험

포물선 운동 실험하기

① 두 개의 추를 준비해서 하나는 자유낙하운동을 시키고 다른 하나는 수평으로 던진다.
② 두 개의 추가 어떤 운동을 하는지 관찰해 본다.

(2) 비스듬히 위로 던진 물체의 운동

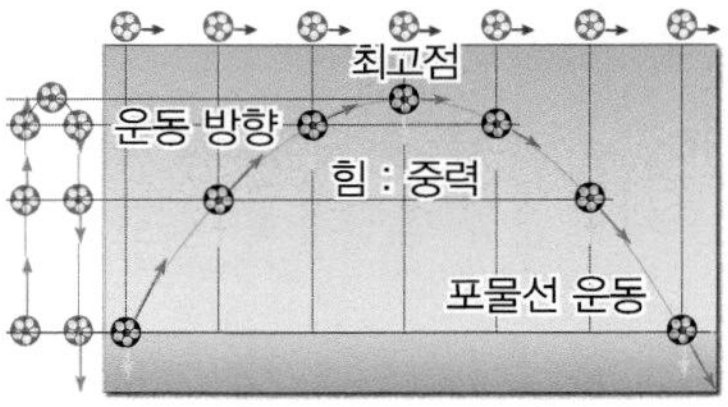

① 운동 방향 : 계속 변함
② 속력 : 최고점까지 감소, 최고점에서 최소, 최고점에서 내려올 때 다시 증가
③ 수평 방향 운동 : 등속도 운동
④ 연직 방향 운동 : 연직 상방 운동
⑤ 작용하는 힘 : 중력(연직 아래 방향)

장력

줄이 물체에 작용하는 힘으로 보통 T 로 표시함

진자에 작용하는 힘

중력, 줄의 장력, 구심력이 있고 장력은 구심력의 역할도 한다.

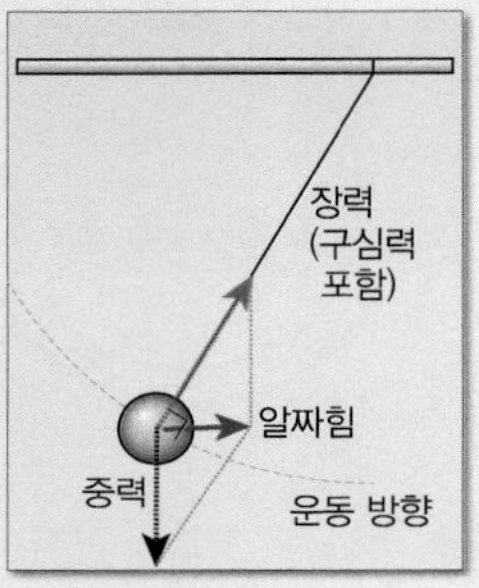

(3) 진자의 운동 : 매달린 물체가 일정한 시간 간격으로 두 점 사이를 왕복하는 운동

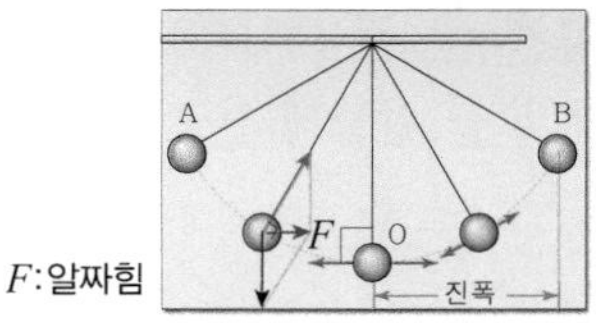

위치	A	O	B
진폭	최대	0	최대
속력	0	최대	0
힘(가속도)의 크기	최대	최소	최대

① 운동 방향 : 진자가 왕복 운동하는 호의 접선 방향이므로 계속 변함
② 주기 : 추가 한 번 왕복 운동하는데 걸리는 시간
· 진자의 길이가 길수록 주기가 길어진다.
· 진자의 주기는 진폭이나 추의 질량과 관계없다.
③ 추에 작용하는 힘 : 중력, 장력(끈의 방향), 구심력(원호의 중심 방향)

생각해보기★★

진자의 진폭이 커지면 주기가 길어질까?

개념확인 3 비스듬히 던져 올린 물체의 운동에 대한 설명으로 옳은 것은 O 표, 옳지 않은 것은 X 표를 하시오. (단, 공기의 저항은 무시한다.)

(1) 최고점에서 물체의 속력은 0이다. ( )
(2) 물체가 운동하는 동안 중력만 작용한다. ( )
(3) 물체가 올라가는 동안 속력이 점점 빨라진다. ( )

확인+3 오른쪽 그림은 진자가 A 점에서 O 점을 지나 B 점까지 운동하는 진자의 운동을 나타낸 것이다. 운동하는 동안 가속도의 크기가 최소인 지점은 어디인지 쓰시오.

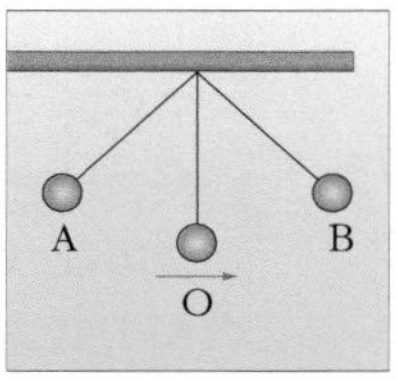

( )점

미니사전

주기 운동 [周돈다 期기약하다 - 운동] 진자의 운동이나 등속 원운동처럼 일정한 시간마다 같은 운동 상태를 되풀이하는 운동

4. 힘과 가속도의 법칙

(1) 힘의 방향에 따른 속력 변화

① 운동 방향으로 힘이 작용할 때 : 시간에 따라 물체의 속력이 증가한다.
② 운동 방향과 반대 방향으로 힘이 작용할 때 : 시간에 따라 물체의 속력이 감소한다.

(2) 힘의 크기와 질량에 따른 속력 변화

① 질량이 일정한 물체에 크기가 다른 힘을 가하는 경우

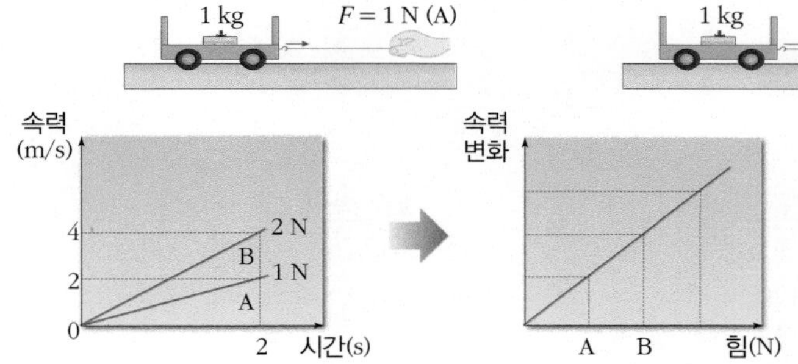

물체의 속력 변화 ∝ 힘의 크기(F)

② 물체에 가한 힘의 크기가 일정할 때, 물체의 질량이 다른 경우

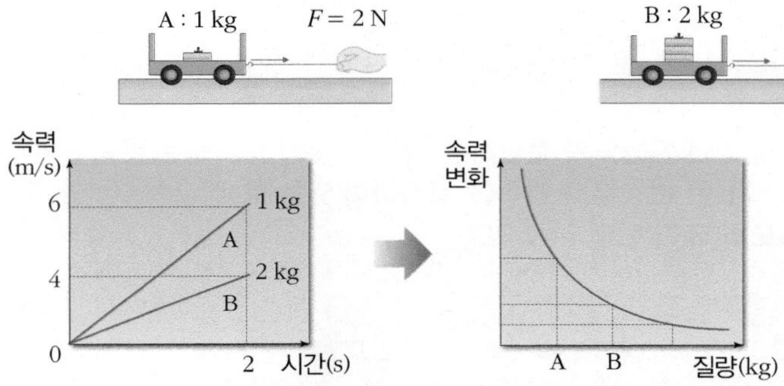

물체의 속력 변화 ∝ $\frac{1}{질량(m)}$

∴ 물체의 속력 변화는 힘의 크기(F)에 비례하고 질량(m)에 반비례한다.

힘이 작용하는 물체의 운동의 예
- 등가속도 운동 : 운동 방향 또는 운동 방향과 반대 방향으로 힘이 작용함
- 원운동 : 운동 방향과 수직으로 힘이 작용함
- 포물선 운동 : 운동 방향과 비스듬히 힘이 작용함

속력 변화와 가속도(a)
물체의 속력 변화량과 가속도(a)의 크기는 비례한다.

힘과 가속도(a)
$a = \frac{F}{m}$ 이므로 물체의 가속도(a)에 질량(m)을 곱하면 물체가 받는 힘 F가 된다.

$\boldsymbol{F = ma}$
[F(N), m(kg), a(m/s^2)]

정답 및 해설 14쪽

개념확인 4

다음 중 방향만 변하는 운동은 '방', 방향과 속력이 동시에 변하는 운동은 '동'라고 쓰시오.

(1) 놀이공원의 대관람차의 운동 ( )
(2) 비스듬히 차올린 축구공의 운동 ( )
(3) 지구 주위를 도는 인공위성의 운동 ( )

확인 + 4

질량이 10 kg 인 물체에 20 N 의 힘을 작용할 때 물체의 가속도를 구하시오.

( ) m/s^2

개념 다지기

01 다음 그림은 일정하게 속력이 감소하는 자동차의 속력을 시간에 따라 나타낸 것이다. 0 ~ 6 초 동안 자동차의 평균 속력과 이동 거리를 바르게 짝지은 것은?

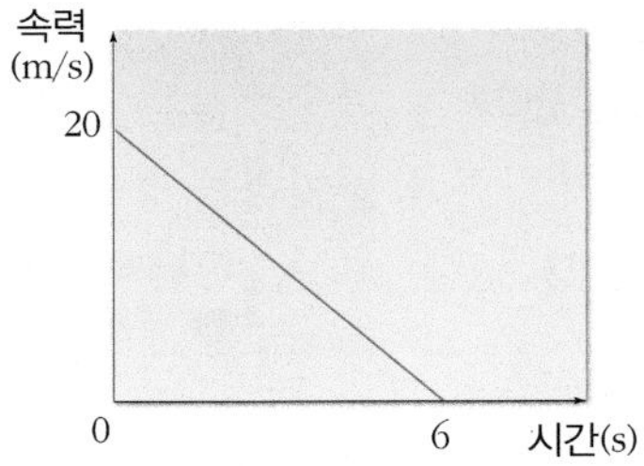

	평균 속력	이동 거리		평균 속력	이동 거리
①	5 m/s	30 m	②	10 m/s	60 m
③	10 m/s	120 m	④	20 m/s	60 m
⑤	10 m/s	150 m			

02 다음 그림과 같이 정지해 있던 자동차가 출발하여 속도가 점점 증가하는 운동을 한다. 자동차의 속도가 36 km/h 가 된 순간부터 가속을 시작하여 5 초 후에 시속 90 km/h 가 되었다. 5 초 동안의 가속도의 크기는 몇 m/s^2 인가?

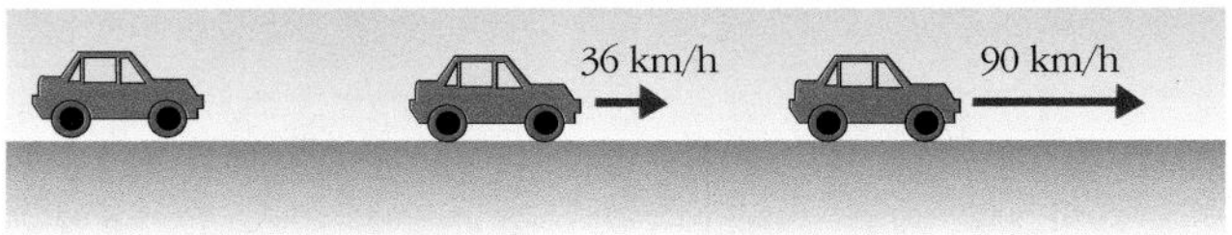

① 2 m/s^2　② 3 m/s^2　③ 4 m/s^2　④ 5 m/s^2　⑤ 6 m/s^2

03 물체 A 가 마찰이 없는 수평면 위에 정지해 있다. 이때 그림과 같이 물체 A 의 오른쪽 방향으로 일정한 힘을 가하면서 5 초 동안 이동시켰더니 속력이 증가하여 10 m/s 가 되었다. 이 물체 A 가 이동한 거리는 몇 m 인가?

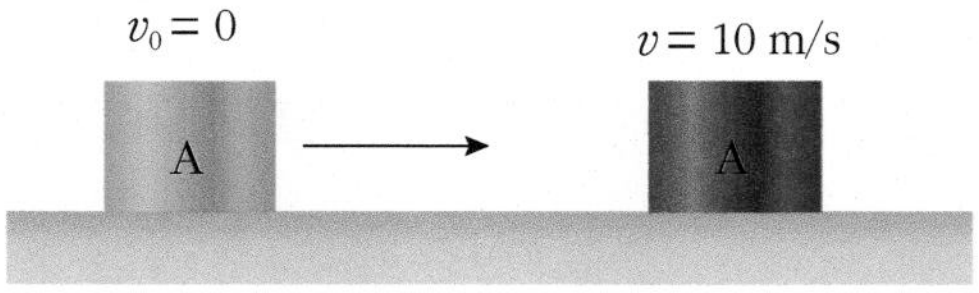

① 5 m　② 25 m　③ 50 m　④ 75 m　⑤ 100 m

정답 및 해설 15쪽

04 다음 그림과 같이 절벽 위에서 수평 방향으로 던진 물체가 P점에 왔을 때 물체의 운동 방향과 힘의 방향을 각각 기호로 쓰시오.(공기 저항은 무시한다.)

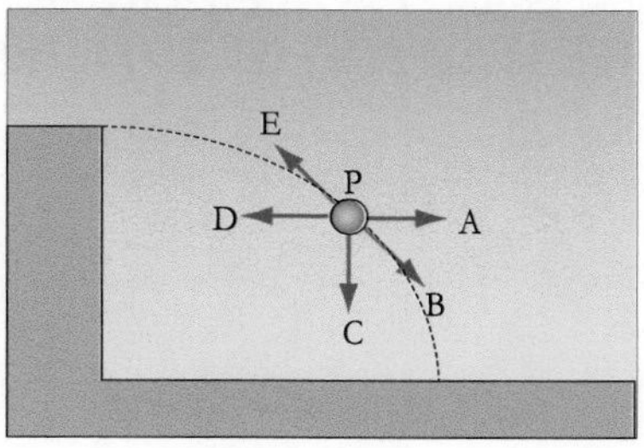

운동 방향 : (　　　), 힘의 방향 : (　　　)

05 다음 그림처럼 회전목마를 타고 있는 두 어린이의 운동에 대하여 바르게 설명한 것은?

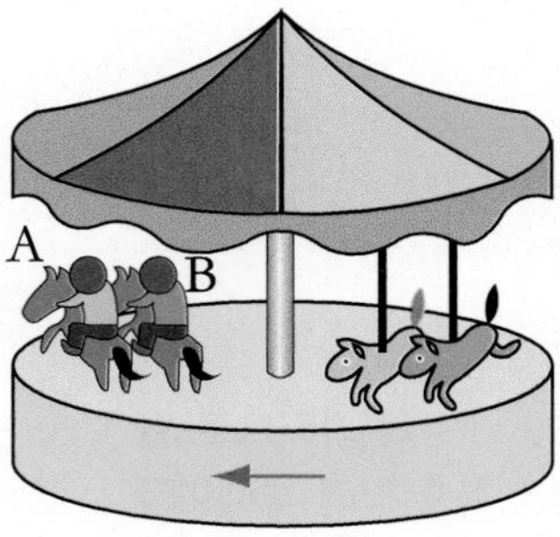

① 두 어린이는 같은 속력으로 회전하며 회전수가 같다.
② 어린이 A 는 어린이 B 보다 더 빨리 회전하고 회전수가 많다.
③ 어린이 A 는 어린이 B 보다 더 빨리 회전하지만 회전수는 같다.
④ 어린이 A 는 어린이 B 보다 더 느리게 회전하지만 회전수가 같다.
⑤ 어린이 A 와 B 는 같은 속도로 회전하지만 어린이 B의 회전수가 더 많다.

06 다음 그림처럼 물체에 힘을 가할 때 물체는 가속도 운동을 하게 된다. 물체의 가속도가 작은 순서대로 쓰시오.

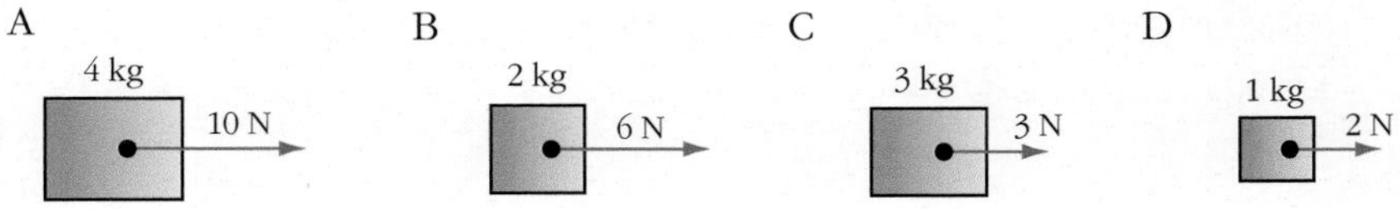

(　　) < (　　) < (　　) < (　　)

유형 익히기 & 하브루타

[유형4-1] 속력이 일정하게 변하는 운동

오른쪽 그림과 같이 실험 장치를 꾸민 후 시간기록계를 작동시키고 추를 낙하시켰다. 추의 운동을 그래프로 옳게 나타낸 것은? (단, 공기의 저항은 무시한다.)

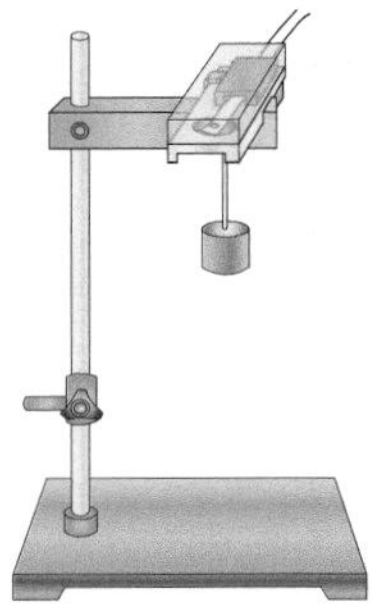

①
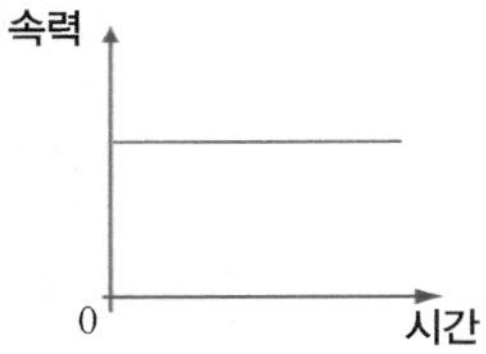

②
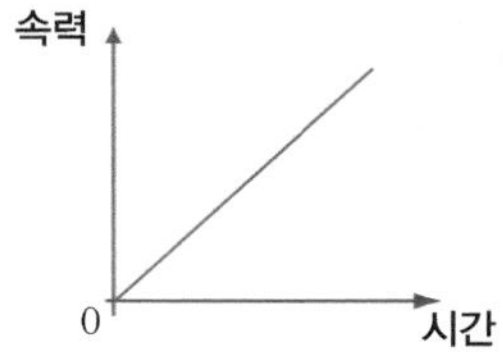

③
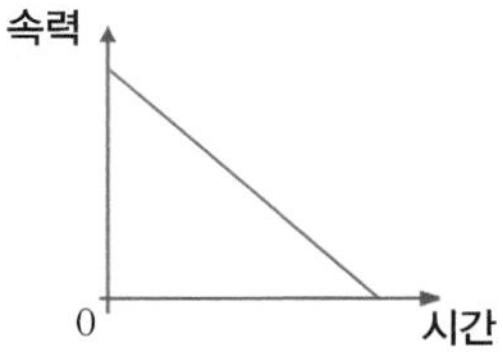

④
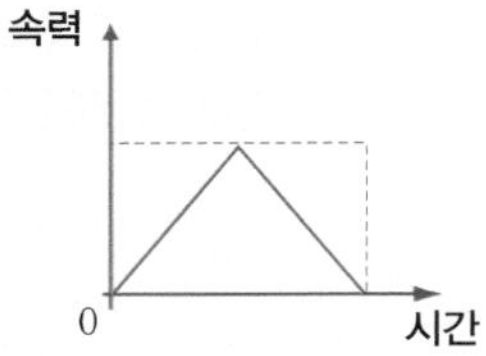

⑤
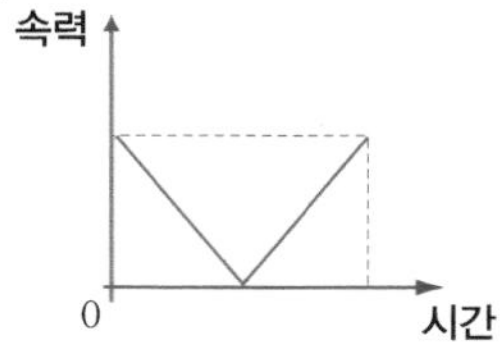

01 다음 그래프는 초속 20 m/s 의 속력으로 달려오던 자동차가 정지 신호를 보고 브레이크를 밟아 정지하는 데 까지의 운동을 나타낸 것이다. 이 물체가 정지하는 데 2 초가 걸렸다면 미끄러져 이동한 거리는 몇 m 인가?

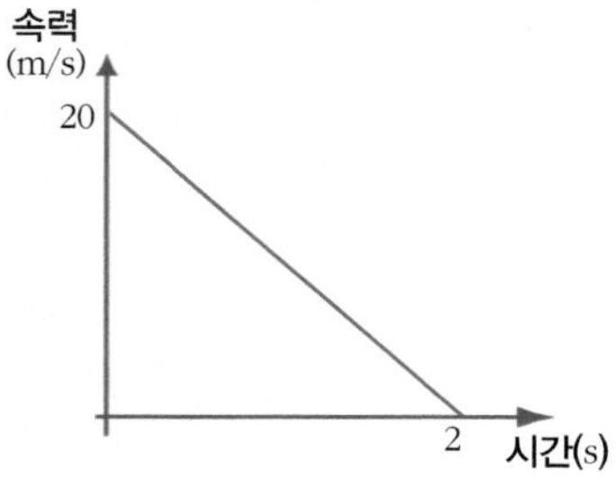

① 20 m ② 30 m ③ 40 m
④ 50 m ⑤ 60 m

02 다음 그래프는 물체 A 와 B 의 시간에 따른 속력을 나타낸 것이다. 이에 대한 설명으로 옳은 것은?

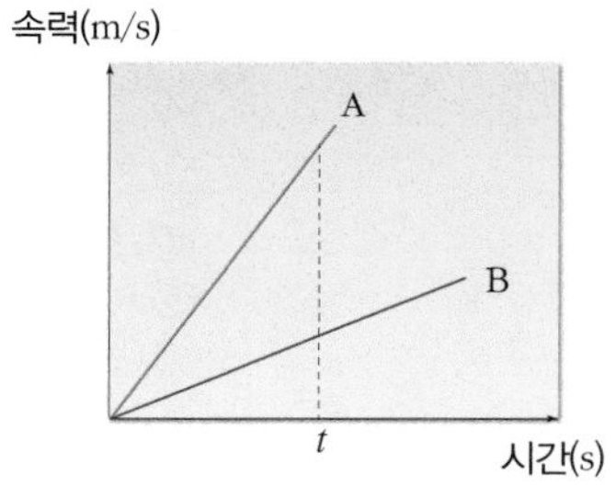

① 물체 B 의 가속도가 더 크다.
② 시각 t 에서 물체 B 의 속력이 A 보다 빠르다.
③ 같은 시간 동안 B 가 더 먼거리를 이동하였다.
④ 물체 A, B 에 작용하는 힘의 크기는 점점 커지고 있다.
⑤ 두 물체의 질량이 같다면 물체 A에 작용한 힘의 크기가 더 크다.

정답 및 해설 15쪽

[유형4-2] 속력이 일정하고 방향이 변하는 운동

다음 그림은 시계 반대 방향으로 등속 원운동을 하는 물체를 나타낸 것이다. 등속 원운동에 대한 설명 중 옳지 않은 것은?

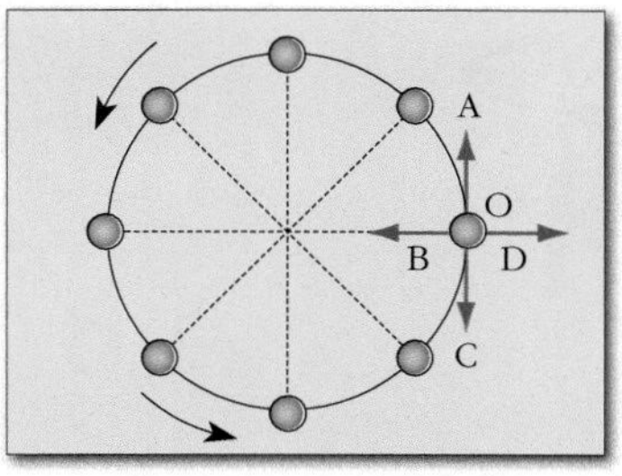

① 구심력의 방향과 물체의 운동 방향은 수직이다.
② 속력은 일정하고 운동 방향만 계속 변하는 운동이다.
③ O 점의 물체가 원운동을 하기 위해서는 B 방향의 구심력이 있어야 한다.
④ O 점의 물체에 작용하는 구심력이 없어지면 물체는 C 방향으로 날아간다.
⑤ 지구 주위를 도는 인공위성의 운동에서 구심력 역할을 하는 것은 지구 중력이다.

03 다음 그림과 같이 물체가 수평면 상에서 등속 원운동하고 있다. 물체가 받는 힘의 방향과 운동 방향 사이의 관계는?

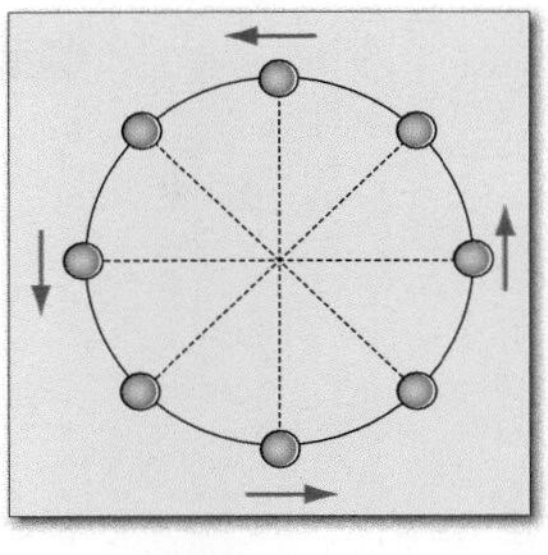

① 서로 같다.
② 서로 반대이다.
③ 60° 의 각을 이룬다.
④ 서로 수직이다.
⑤ 서로 관계없다.

04 다음 그림과 같이 머리 위에서 물체를 5 초 동안 10 회전시켰다. 이 운동의 주기는?

( ) 초

유형 익히기 & 하브루타

[유형4-3] 속력과 방향이 동시에 변하는 운동

그림 (가) 는 일정한 속력으로 물체를 회전시키는 모습이고 그림 (나) 는 진자의 운동 모습이다. 이 두 운동의 공통점은?

(가)

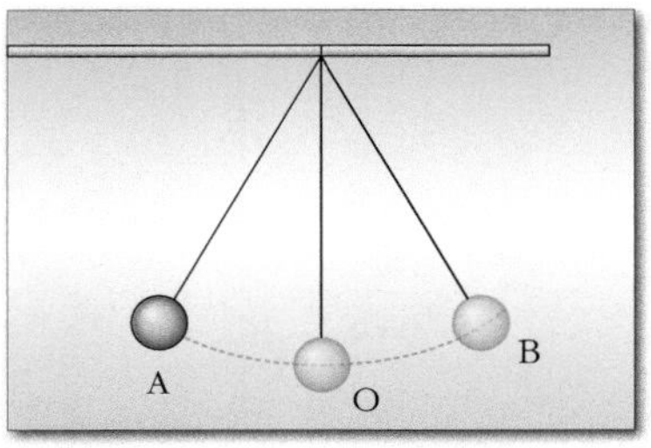

(나)

① 등속 원운동이다.
② 속력이 일정한 운동이다.
③ 속력과 방향이 변하는 운동이다.
④ 작용하는 힘의 크기가 점점 커지는 운동이다.
⑤ 물체에 작용하는 힘과 운동 방향이 나란하지 않는 운동이다.

Tip!

05 오른쪽 그림은 수평으로 던진 축구공의 운동을 나타낸 것이다. 공기 저항력은 매우 작다고 할 때 A, B, C 지점에서 물체에 작용하는 힘의 방향을 각각 바르게 짝지은 것은?

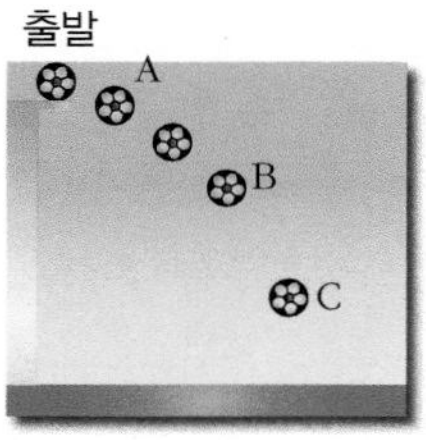

	A	B	C
①	↑	↓	↑
②	→	→	→
③	↓	↓	↓
④	→	↘	↓
⑤	↑	↑	↑

06 오른쪽 그림은 비스듬히 위로 던진 물체의 운동을 일정한 시간 간격으로 나타낸 것이다. 다음 중 이 물체가 운동하는 동안 일정하게 유지되는 것을 모두 고르시오.(2 개)

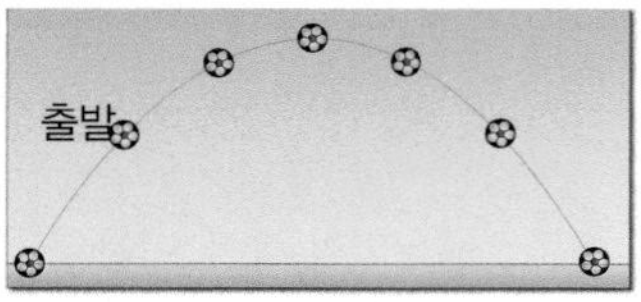

① 이동 거리　② 속력　③ 운동 방향
④ 물체에 작용하는 힘의 방향　⑤ 물체에 작용하는 힘의 크기

정답 및 해설 15쪽

[유형4-4] 힘과 가속도의 법칙

질량이 각각 1 kg 과 2 kg 인 두 물체를 진공 중에서 동시에 낙하시킬 때 두 물체의 속력-시간 그래프로 옳은 것은?

①
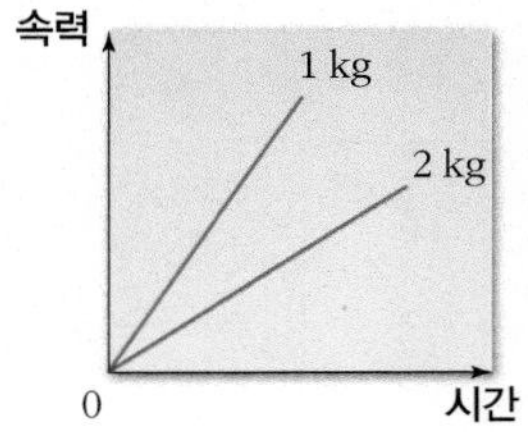

②
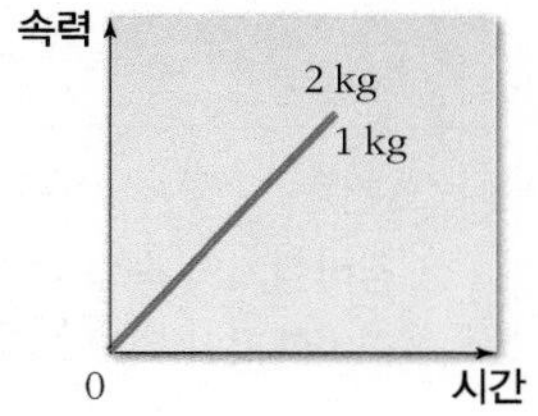

③
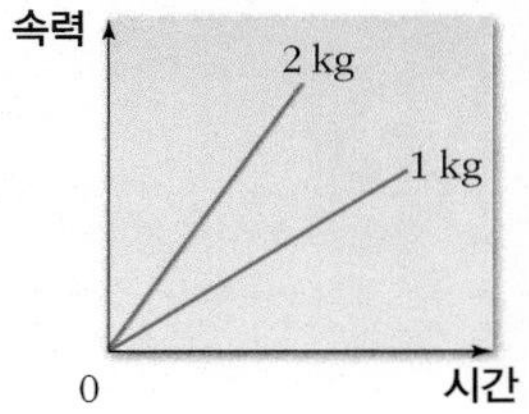

④
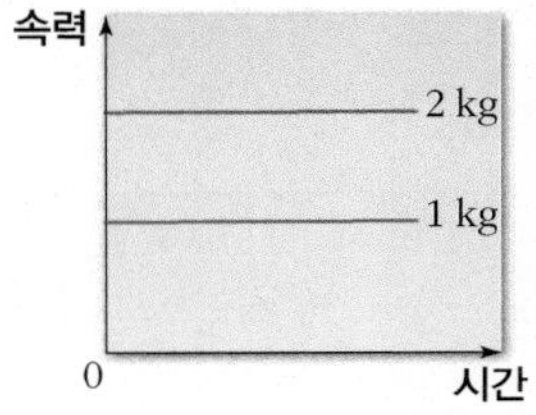

⑤
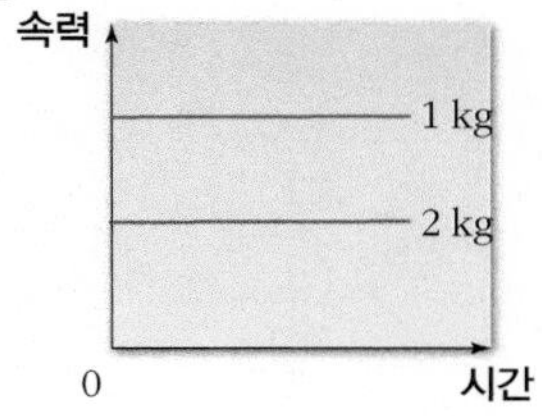

07 다음 중 물체의 가속도가 가장 큰 경우는?

① 질량 1 kg 인 물체에 2 N 의 힘이 작용할 때
② 질량 1 kg 인 물체에 4 N 의 힘이 작용할 때
③ 질량 2 kg 인 물체에 2 N 의 힘이 작용할 때
④ 질량 2 kg 인 물체에 4 N 의 힘이 작용할 때
⑤ 질량 4 kg 인 물체에 8 N 의 힘이 작용할 때

08 다음 그래프는 두 물체 A, B 의 시간에 따른 속력의 변화를 나타낸 것이다. 두 물체 A 와 B 에 작용하는 힘의 크기가 같을 때 두 물체의 질량의 비를 구하시오.

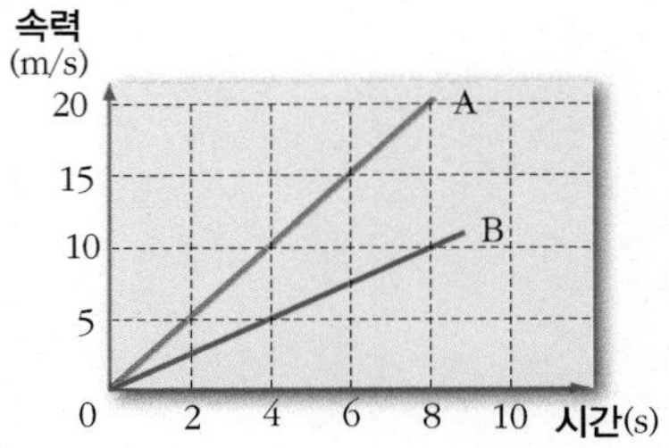

(:)

01

어떤 사람이 배로 여행하던 중 표류하다 무인도에 닿았다. 불을 피워 신호하였더니 지나가던 레저용 경비행기가 가까스로 그를 발견하고, 먹을 음식이 담긴 상자를 떨어뜨려 주려고 한다. 무인도를 향해서 일정한 속력으로 수평으로 날아가고 있는 경비행기에서 상자를 × 표 한 지점에 떨어지게 하려면 무인도 앞 수평으로 몇 m 지점에서 어떻게 놓아야 할까? 또 몇 초 만에 상자는 × 지점에 도달할까? 주어진 조건을 이용하여 각 물음에 답하시오.(단, 경비행기는 무인도 쪽으로 정면으로 날아와 × 표한 지점 바로 위를 지나가며, 공기의 영향은 무시한다.)

〈조건〉
- 경비행기의 속력 = 30 m/s
- 경비행기의 비행 높이 = 180 m
- 상자가 t 초 동안 낙하하는 거리(m) = $5t^2$
- 중력가속도 = 10 m/s^2

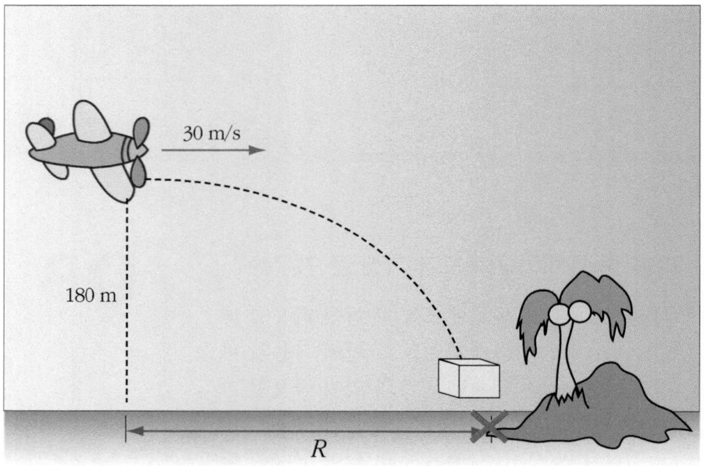

정답 및 해설 16쪽

02 다음 그림과 같이 바람이 불지 않는 맑은 날에 활시위를 잡아당겼다가 놓으면 탄성력에 의해 화살이 날아간다. 다음 물음에 답하시오. (단, 공기 저항은 무시한다.)

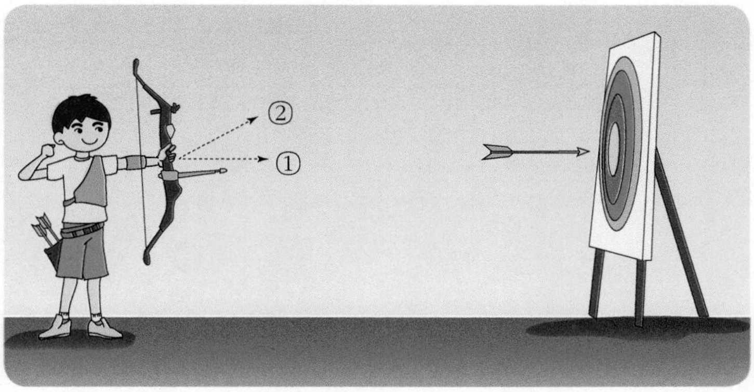

(1) 과녁의 정중앙을 맞추려면 ① 의 방향으로 쏘아야 할까? ② 의 방향으로 쏘아야 할까? 어느 방향으로 쏘아야 할지 번호를 쓰고, 그 이유를 설명하시오.

(2) BB 탄 권총으로 쏠 때 총알에 작용하는 힘은 활시위가 화살에 작용하는 힘과 같지만 BB 탄의 무게는 화살의 무게보다 가볍다. (1) 의 상황에서 활 대신에 BB 탄 권총을 이용 하여 과녁의 정중앙을 맞추려고 한다면 어느 방향으로 쏘아야 할까?

03 물체에 작용하는 힘과 운동 방향이 수직이면 물체는 빠르기가 변하지 않는 원운동을 한다. 이때 운동 방향에 수직으로 작용하는 힘을 구심력이라 한다.

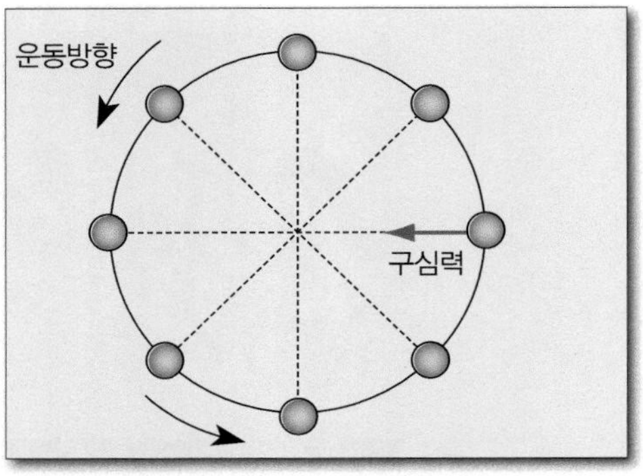

놀이공원에 가면 다음 그림과 같이 원운동을 하면서 즐기는 놀이기구가 있다. 물체가 원운동을 하기 위해서는 물체에 구심력이 작용해야 한다.

이 놀이기구에 매달려 원운동하는 사람에게 작용하는 힘의 종류를 모두 쓰고, 그 힘들을 합성하여 어떻게 구심력으로 작용하는지 아래 그림의 사람에 표시하시오.

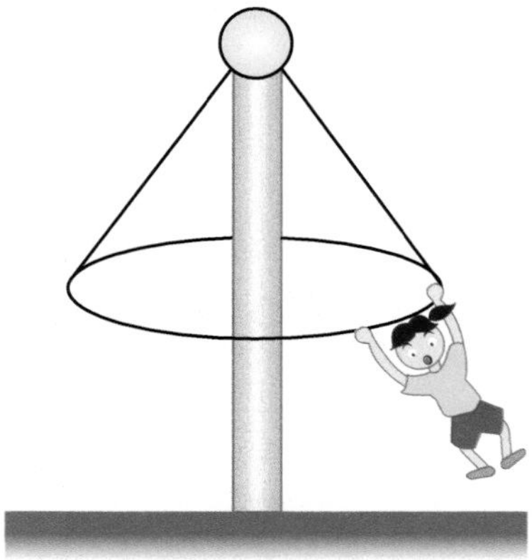

정답 및 해설 16쪽

04 **야구 투수인 류현진 선수는 시속 150 km/h 의 공을 던질 수 있다. 이것은 약 42 m/s 의 강속구이다. 투수가 공을 던질 때에는 팔을 뻗어 몸 뒤쪽에서부터 야구공에 힘을 가하여 4 m 를 이동하는 동안 가속 운동을 시켜서 몸 앞쪽에서 야구공을 놓을 때 최대의 속력이 되게 한다.**

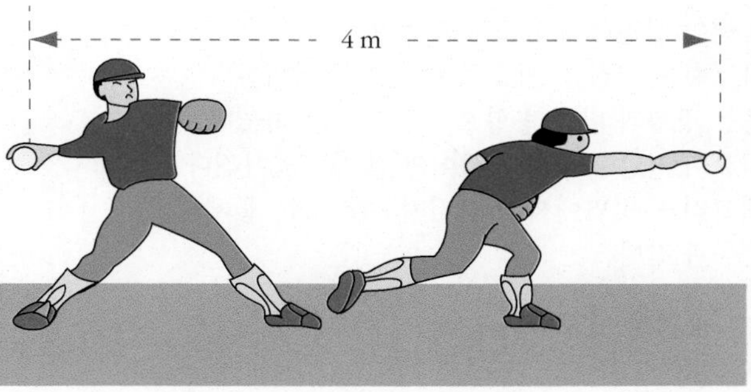

(1) 투구 동작 중 공의 평균 가속도를 구하시오.

(2) 야구공의 질량이 약 400 g 이라면 류현진 투수가 공에 가한 평균 힘은 얼마인가?

스스로 실력 높이기

A

01 오른쪽 그림은 시간기록계로 기록한 종이 테이프를 5 타점 간격으로 잘라서 차례대로 붙인 것이다. 이 그래프에 대한 설명으로 옳지 않은 것은?

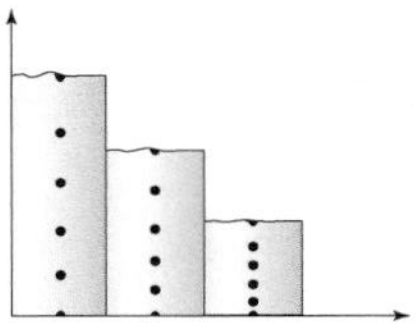

① 속력이 일정하게 감소하고 있다.
② 가로축은 시간을, 세로축은 속력을 의미한다.
③ 운동 방향과 반대 방향으로 힘이 작용하였다.
④ 시간이 지날수록 타점 사이의 간격은 좁아진다.
⑤ 매끄러운 빗면에서 미끄러져 내려오는 물체의 운동과 같다.

[02~03] 오른쪽 그림은 자동차 A, B 의 운동에 대한 속력-시간 그래프이다.

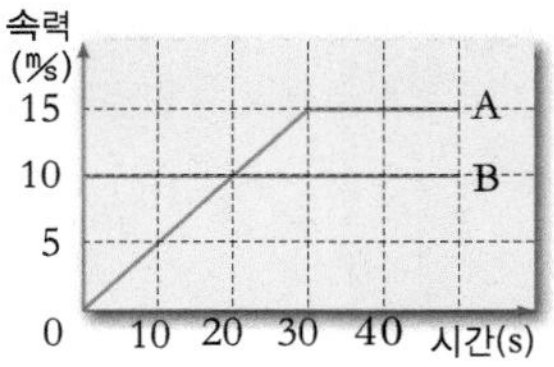

02 자동차 A 가 직선 운동을 시작하는 순간 일정한 속도로 다가오던 자동차 B 가 자동차 A 를 앞질러 나갔다. 두 자동차의 속력이 같아졌을 때, B 는 A 보다 몇 m 앞에 있는가?

① 50 m ② 100 m ③ 150 m
④ 200 m ⑤ 250 m

03 자동차 A 가 30 초 동안 달릴 때, 그 동안의 평균 속력은 몇 m/s 인가?

① 5.5 m/s ② 6.5 m/s ③ 7.5 m/s
④ 8.5 m/s ⑤ 9.5 m/s

04 오른쪽 그림은 어떤 물체의 운동을 기록한 종이 테이프를 3 타점 간격으로 잘라서 차례대로 붙인 것이다. 이와 같은 운동을 하는 물체는?

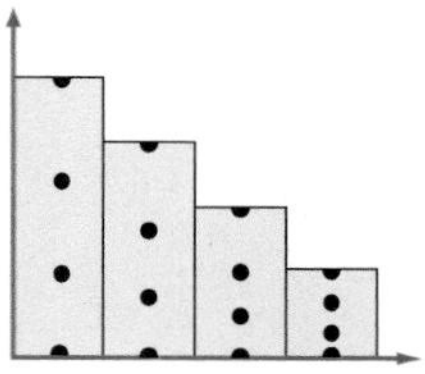

① 빗면을 내려가는 수레 ② 수평 방향으로 던진 공
③ 연직 위로 올라가는 공 ④ 추를 매단 진자
⑤ 낙하하는 물체

05 다음 그림과 같이 매끄러운 수평면 위에서 질량이 다른 두 물체 A, B 에 1 N 과 2 N 의 힘을 각각 작용하였다. 이때 두 물체의 가속도의 비 a_A : a_B 를 구하시오.

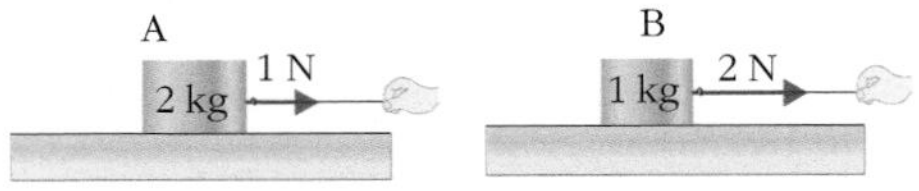

(:)

06 다음 그림과 같이 물체를 실에 묶어 수평면 상에서 시계 방향으로 돌리다가 O 점에 왔을 때 실을 놓으면 물체는 A ~ D 중 어디로 날아가겠는가?

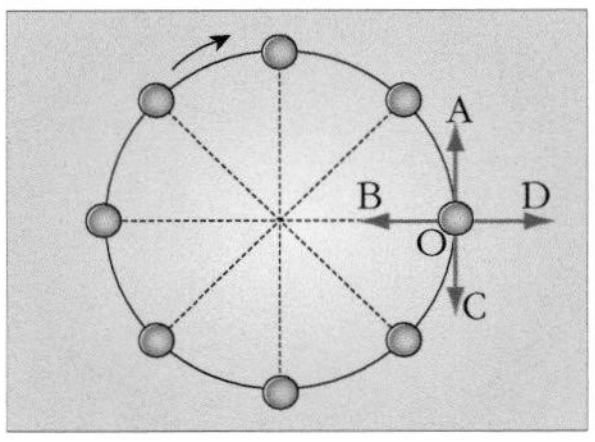

( )

07 오른쪽 그림은 연직 위로 던져 올린 공의 다중 섬광 사진이다. 이 공의 운동에 대해 옳게 설명한 것은?

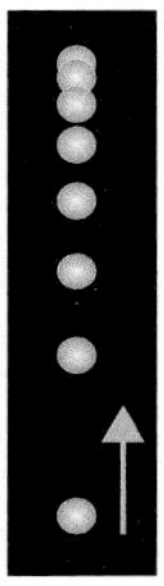

① 최고점에서 공의 속력은 0 이 아니다.
② 최고점에서 공에 작용하는 힘은 0 이다.
③ 공의 속력은 위로 올라갈수록 커진다.
④ 올라가는 동안 공의 운동 방향과 힘의 방향은 같다.
⑤ 운동 도중 공에 작용하는 힘의 방향은 연직 아래 방향이다.

08 오른쪽 그림은 빗면을 굴러 내려가는 공의 운동을 다중 섬광 사진으로 기록한 것이다. 이 공의 운동을 기록한 종이 테이프의 모양으로 옳은 것은?

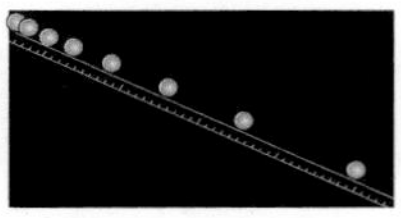

① 

② 

③ 

④ 

⑤ 

정답 및 해설 16쪽

09 오른쪽 그림은 자석을 면 위의 쇠구슬 운동 경로 옆에 두고 빗면 위에서 쇠구슬을 굴려 내리는 실험이다. 이때 쇠구슬의 운동 방향이 가장 크게 변하는 경우는?

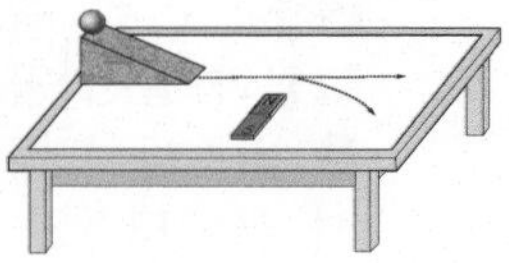

① 빗면의 높이를 낮춘다.
② 자석의 극을 바꾸어 본다.
③ 쇠구슬의 질량을 크게 한다.
④ 쇠구슬의 속력을 빠르게 한다.
⑤ 쇠구슬과 자석 사이의 거리를 멀게 한다.

10 다음 중 진동하는 추의 A 에서 B 까지 운동 상태를 기록한 종이 테이프로 가장 적당한 것은?

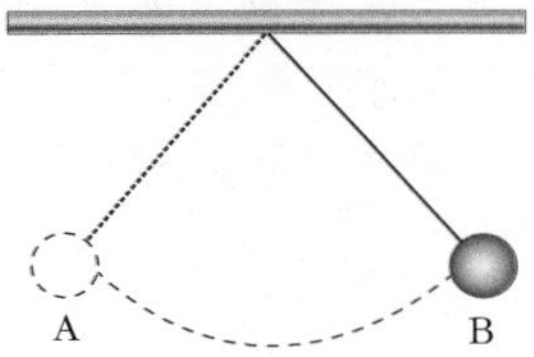

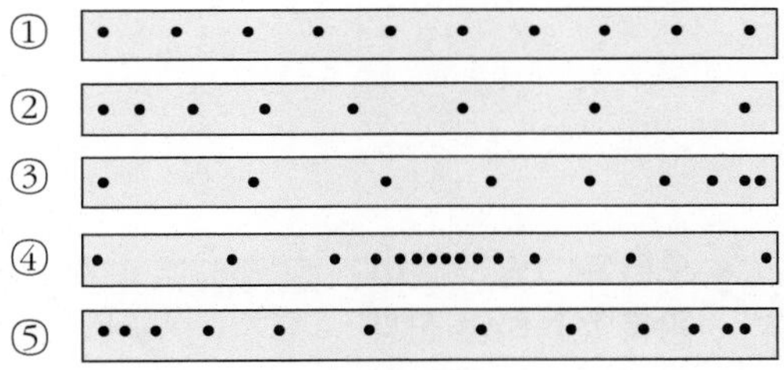

B

11 오른쪽 그림과 같이 건물 위에서 물체를 수평 방향으로 5 m/s 로 던졌더니 3 초 후에 지면에 닿았다. 공기의 저항은 매우 작다고 할 때 수평 도달 거리 d 는 몇 m 인가?

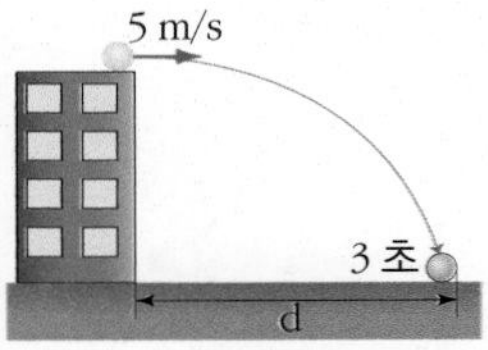

( ) m

12 다음 그림은 마찰이 없는 책상에서 운동하는 수레의 속력과 시간의 관계를 나타낸 그래프이다. 수레의 운동 방향과 같은 방향으로 힘이 작용하는 구간을 모두 고르면?(2 개)

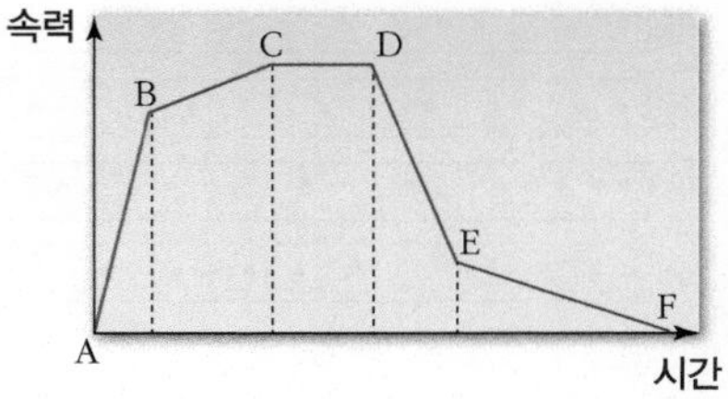

① AB 구간 ② BC 구간 ③ CD 구간
④ DE 구간 ⑤ EF 구간

13 다음 그림과 같이 수평면 위에 놓인 물체에 오른쪽으로 20 N 의 힘을 가해서 운동을 시키고 있다. 이때 수평면으로부터 5 N 의 마찰력이 작용하고 있다면 물체의 가속도를 현재의 2 배로 하기 위해서 얼마의 힘이 더 필요한가?

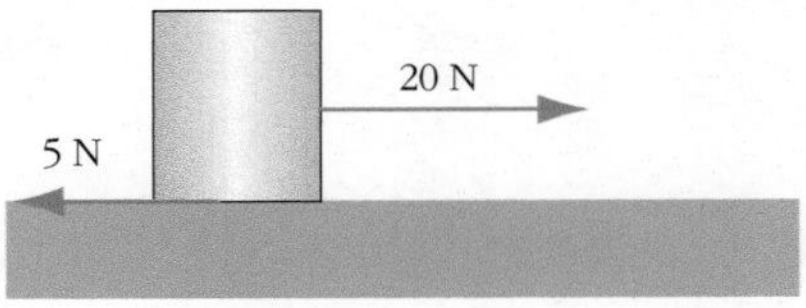

① 5 N ② 10 N ③ 15 N
④ 20 N ⑤ 25 N

14 마찰이 없는 매끄러운 면에 정지해 있는 질량이 2 kg 의 물체 A 에 10 N 의 힘을 가했더니 2 초 후 속력이 10 m/s 가 되었다. 같은 면에 정지해 있는 질량 4 kg 의 물체 B 에 20 N 의 힘을 가하면 2 초 후 속력이 몇 m/s 가 되겠는가?

① 2.5 m/s ② 5 m/s ③ 10 m/s
④ 20 m/s ⑤ 40 m/s

[15~16] 다음은 시간기록계를 이용하여 여러 가지 물체의 운동을 기록한 종이테이프이다.

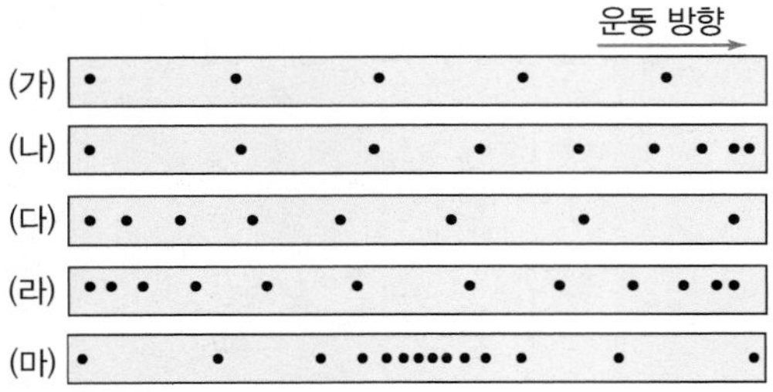

15 (가) ~ (마) 중에서, 운동 방향과 같은 방향으로 힘이 작용한 것을 고르시오.

( )

16 다음은 주기적으로 왕복 운동하는 공을 나타낸 것이다. 공이 A 에서 B 까지 운동하는 것을 나타낸 것은 (가) ~ (마) 중 어느 것인지 고르시오.

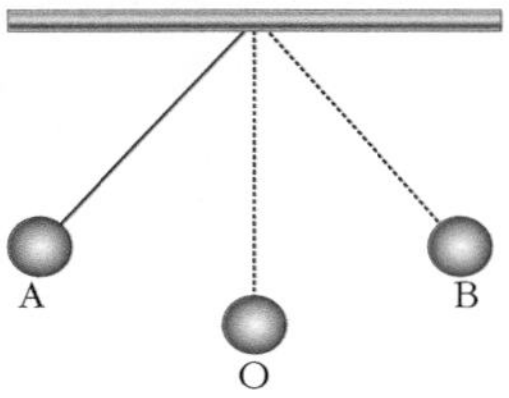

( )

17 다음 그래프는 어떤 놀이기구의 시간에 따른 속력의 변화를 나타낸 것이다. 이에 대한 설명으로 옳은 것은?

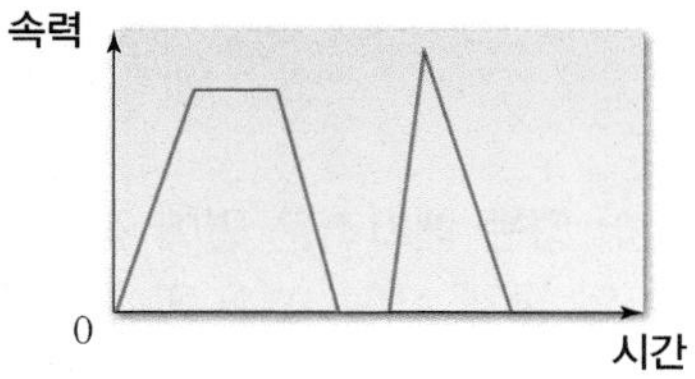

① 속력이 일정하게 증가한다.
② 속력이 일정한 지점도 있다.
③ 놀이 기구는 중간에 멈추지 않는다.
④ 시간이 지날수록 속력이 점점 빨라진다.
⑤ 놀이기구가 움직이는 방향도 알 수 있다.

[18~19] 오른쪽 그림과 같이 공을 비스듬히 던져 올렸다.(단, 공기의 영향은 무시한다.

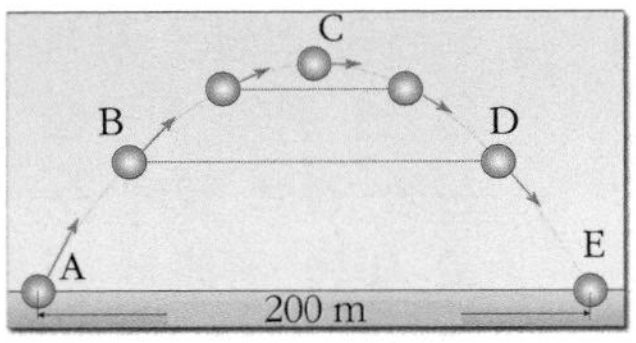

18 공의 운동에 관한 설명으로 옳지 <u>않은</u> 것은?

① B 점과 D 점의 속력은 같다.
② 수평 방향으로는 등속 운동을 한다.
③ 공의 속력과 운동 방향이 모두 변한다.
④ 공에 작용하고 있는 힘은 중력 밖에 없다.
⑤ C 점에서 작용하는 힘의 방향은 오른쪽이다.

19 A ~ E 사이의 거리가 200 m 이고, A 에서 출발한 물체가 5 초 후에 E 점에 떨어졌다면, 최고점 C 에서의 속력은 얼마라고 할 수 있는가?(단, 공기 저항은 매우 작아서 무시할 수 있다.)

① 30 m/s ② 40 m/s ③ 50 m/s
④ 60 m/s ⑤ 80 m/s

20 오른쪽 그림과 같이 왕복 운동하던 진자가 오른쪽 끝점인 B 지점에서 실이 끊어졌다. 이때 추의 운동을 나타낸 다중 섬광 사진은?

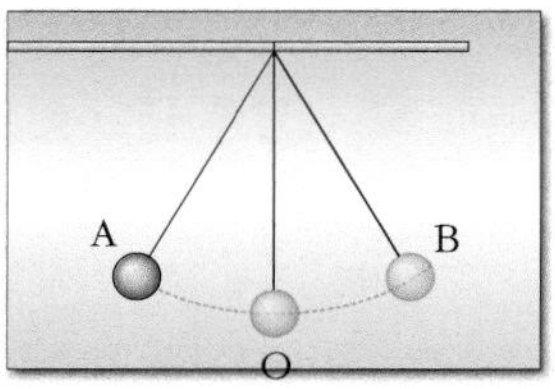

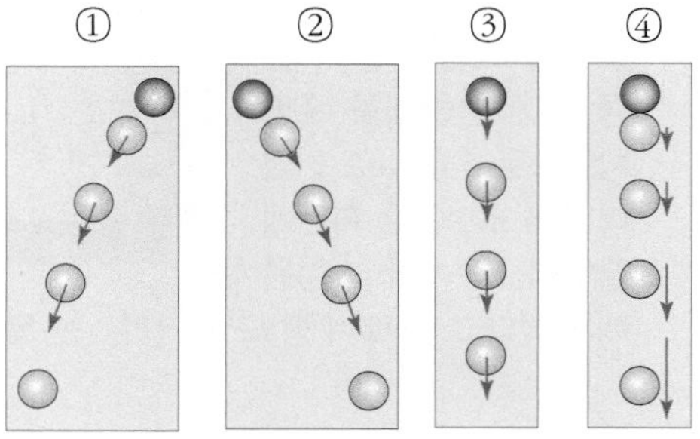

정답 및 해설 16쪽

C

21 오른쪽 그림은 같은 질량의 A, B, C 세 대의 자동차가 같은 직선 도로상에서 달리다가 멈추기 위해 브레이크를 밟았을 때, 자동차가 멈추기까지의 속력-시간의 그래프이다. 이에 대한 설명 중에서 옳은 것을 〈보기〉에서 모두 고르시오.

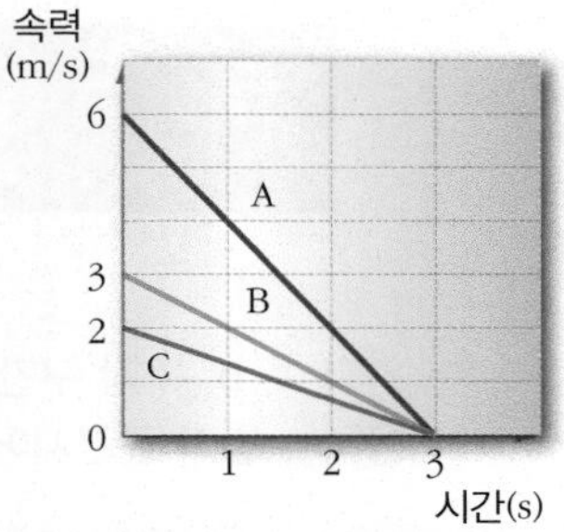

〈 보기 〉

ㄱ. C 의 브레이크 성능이 가장 좋다.
ㄴ. 자동차 A 의 미끄러진 거리가 가장 길다.
ㄷ. 자동차가 받는 마찰력의 크기는 A 가 가장 크다.
ㄹ. 자동차 A 와 B 의 멈출 때까지 미끄러진 거리의 비는 2 : 1 이다.

(　　　　　　　)

22 오른쪽 그림은 진공 중에서와 공기 중에서 쇠구슬과 깃털이 낙하하는 모습을 비교한 것이다. 이에 대한 설명 중에서 옳은 것을 〈보기〉에서 모두 고르시오.

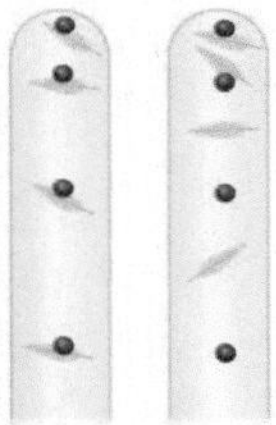

▲ 진공 중 ▲ 공기 중

〈 보기 〉

ㄱ. 공기 중에서는 공기 저항력을 받는다.
ㄴ. 진공 중에서는 아무런 힘이 작용하지 않는다.
ㄷ. 공기 중에서 쇠구슬이 먼저 떨어지는 이유는 깃털보다 쇠구슬에 더 큰 중력이 작용하기 때문이다.

(　　　　　　　)

23 다음 그림은 A 와 B 두 물체가 같은 위치에서 같은 방향으로 출발한 후 시간에 따른 속도의 변화를 나타낸 것이다.

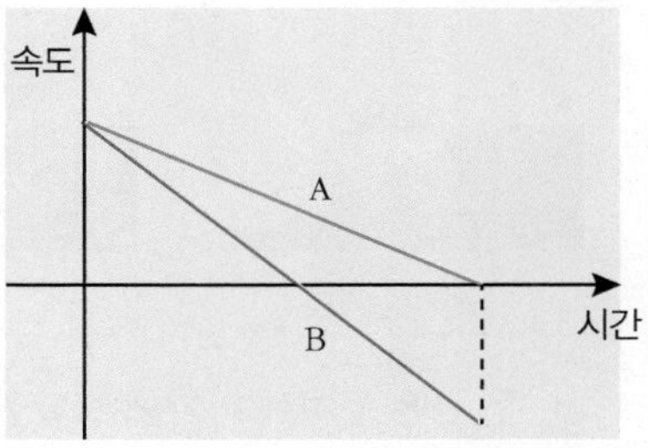

이 두 물체의 운동에 관하여 바르게 설명한 것을 모두 고르시오.(2 개)

① 두 물체 사이의 거리는 계속 멀어진다.
② 두 물체는 모두 힘을 받는 운동을 하였다.
③ 두 물체는 출발 이후 다시 한 번 만나게 된다.
④ 두 물체는 항상 같은 방향으로 움직이고 있다.
⑤ 두 물체가 출발점으로부터 가장 멀리 떨어진 거리는 같다.

24 질량 1 kg 의 물체가 마찰이 없는 수평면 위에서 10 m/s 의 속도로 등속 직선 운동을 하고 있다. 이 물체에 운동 방향으로 일정한 힘을 가하면서 5 m 를 운동시켰더니 속력이 증가하여 20 m/s 가 되었다. 이 물체의 운동 상태가 변하는 동안 작용한 힘의 크기는 몇 N 인가?

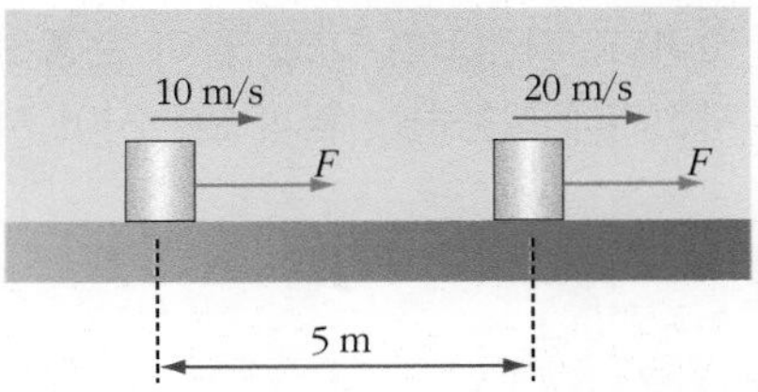

① 10 N　　② 20 N　　③ 30 N
④ 40 N　　⑤ 50 N

25 다음 그림처럼 기울기와 높이가 같은 마찰이 없는 빗면 위에서 질량이 다른 공을 동시에 놓았다. 두 공 A 와 B 의 운동에 대한 설명으로 옳은 것을 〈보기〉 에서 모두 고르시오.(2 개)

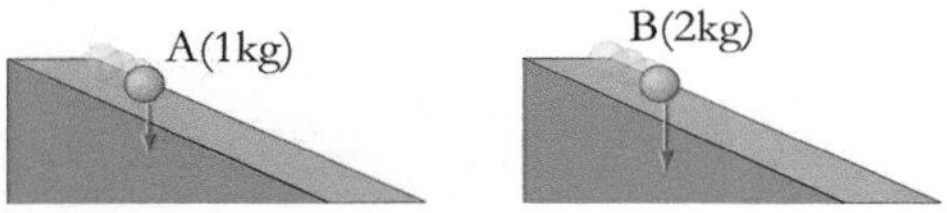

〈 보기 〉

ㄱ. 두 공은 동시에 바닥에 도달한다.
ㄴ. 두 공에 작용하는 힘은 일정하게 감소한다.
ㄷ. 언제나 공 B 의 속력이 A 의 속력보다 빠르다.
ㄹ. 두 공 모두 시간에 따라 속력이 일정한 비율로 증가한다.

26 오른쪽 그림은 진공 중에서 낙하하는 깃털의 운동을 나타낸 것이다. 자유 낙하하는 깃털의 속력 변화를 깃털에 작용하는 힘과 관련지어 서술하시오.

27 다음 그림은 달리던 자전거의 브레이크를 잡은 후의 운동 모습을 같은 시간 간격마다 나타낸 것이다. 자전거가 이와 같이 운동하는 이유를 자전거에 작용하는 힘과 관련지어 서술하시오.

28 다음 그림은 마찰이 없는 빗면과 평면에서의 물체의 다중 섬광 사진이다.

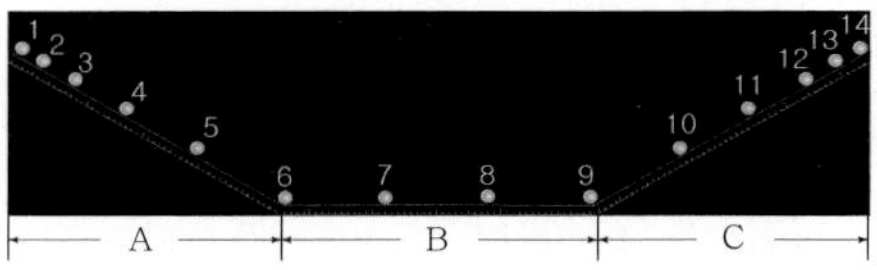

위의 A, B, C 각 구간의 물체의 운동을 물체에 작용하는 힘과 관련지어 간단히 서술하시오.

29 다음 그림은 놀이공원의 바이킹을 나타낸 것이다. 이 바이킹 운동의 속력과 방향 변화에 대하여 설명하시오.

정답 및 해설 16쪽

30 다음 그림처럼 물체 A, B 는 같은 높이에 있다. 물체 A 를 B 를 향하여 수평으로 던짐과 동시에 B 를 그 자리에서 가만히 놓았더니 두 물체의 운동 궤도는 그림과 같았다. C 점에서 A 와 B 가 부딪치게 되는데 그 이유를 서술하시오.

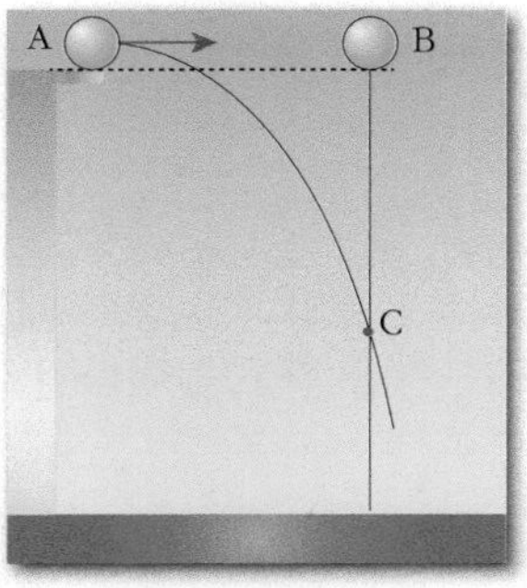

창의력 서술

31 오른쪽 그림과 같이 물이 담긴 물통을 끈에 매달아 진자 운동을 시켰다. 물음에 답하시오.

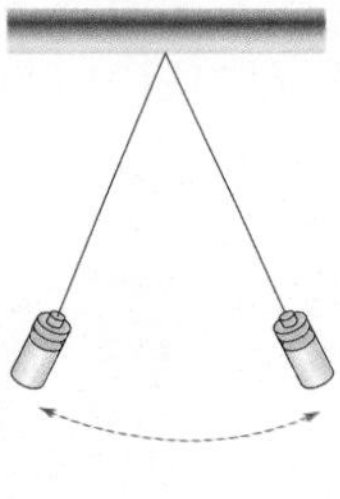

(1) 물통 속에 물을 넣고 진자 운동을 시키는 경우와 같은 부피의 식용유를 넣고 진자 운동을 시키는 경우 주기는 어떻게 달라질까? (단, 식용유의 밀도는 물보다 작다.)

(2) 물통에 구멍이 뚫려 있어 진자 운동을 하는 동안 물이 조금씩 흘러나온다면 물통의 진동 주기는 어떻게 변하겠는가?

32 다음 그림은 도로에 떨어진 기름 방울의 모습을 나타낸 것이다. 기름 방울이 떨어지기 시작한 O 점으로부터 S 지점까지의 거리는 180 m 이고, 자동차는 S 점을 지나면서부터 속력이 일정하게 증가하였다. 이때 S 점에서 T 점까지의 거리가 300 m 였다면, T 점에서 자동차의 속력을 구하고, 전체의 시간-속력 그래프를 완성하시오. (단, 자동차의 기름통에서 새는 기름은 2 초 간격으로 지면에 떨어진다.)

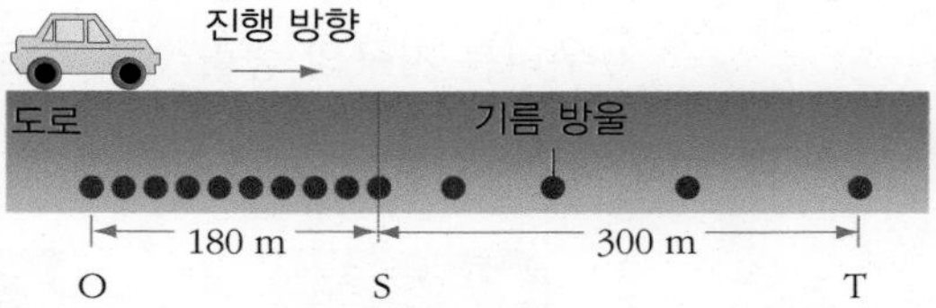

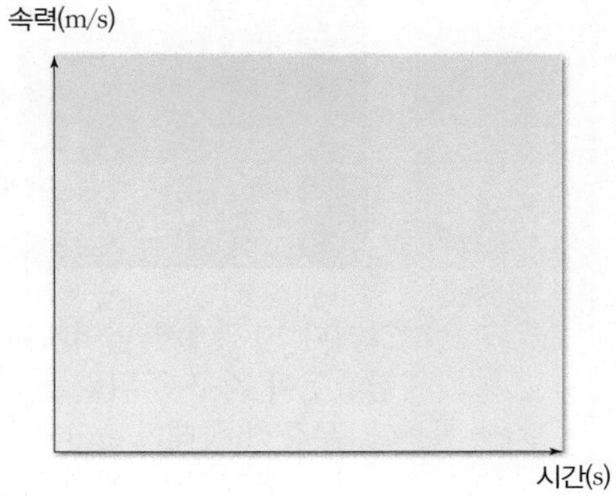

중력이 없는 세상

우리는 지구의 중력 안에 살고 있다. 지구가 잡아당기는 만유인력인 중력 때문에 물이 아래로 흐르고, 비가 내리고, 바람이 불며, 식물이 곧게 자라고, 땅을 딛고 걸어다닐 수 있다.

그러나 지구에서 멀어지면 무중력 상태가 된다. 우리나라 최초의 우주인인 이소연 박사가 경험했듯이 지구 주위를 돌고 있는 우주 정거장 안은 중력이 거의 작용하지 않는 무중력 상태이다. 무중력 상태(weightless condition)는 지구가 잡아 당기는 힘인 중력과 같은 크기의 다른 힘이 중력과 반대 방향으로 작용하여 중력을 느끼지 못하는 상태이다. 이 상태에서는 질량은 잴 수 있으나 무게를 잴 수 없고, 바닥과 발 사이의 마찰력이 없어 걸어 다닐 수 없는 등 일상생활과 다른 특이한 현상을 겪게 된다.

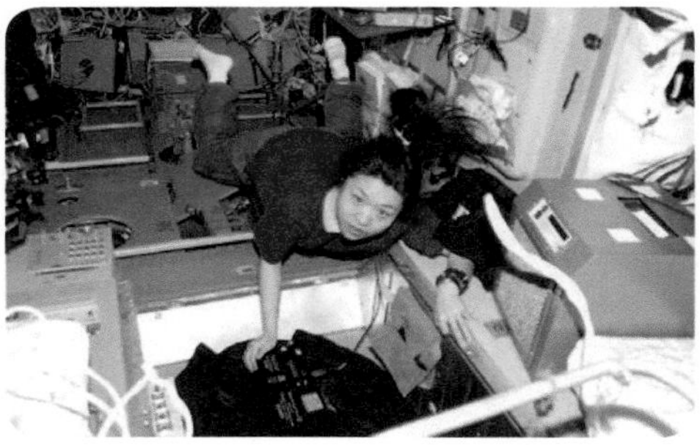

무중력 상태란 중력(만유인력)이 완전히 없어지는 상태는 아니므로 무중량 상태라고도 한다. 무게(중량)는 인력을 받고 있는 물체가 끌리거나 밀리는 힘의 크기이므로 인력이 없어지면 물체는 질량은 있어도 무게는 없는 상태가 된다. 또한 인력이 있어도 물체가 끌리거나 밀리지 않으면 역시 무게는 없어진다.

정답 및 해설 19쪽

그렇다면 지구 안의 우리는 무중력 상태를 경험할 수 없을까? 우리 생활 속에서도 무중력을 경험할 수 있는 경우가 많이 있다.

예를 들면 엘리베이터가 갑자기 내려갈 때 엘리베이터를 타고 있는 사람은 몸이 떠오르는 것 같은 느낌을 받는다. 엘리베이터가 자유 낙하한다고 가정한다. 엘리베이터라는 상자 속에서는 몸을 떠받치는 바닥도 상자와 함께 자유낙하하기 때문에 몸이 바닥을 누르려 해도 누를 수 없고, 몸을 바닥에서 떼려 해도, 몸이 상자와 함께 아래로 떨어지고 있기 때문에 몸은 상자 안에서 떠 있는 것과 같은 상태가 된다. 마찬가지로 공기의 저항이 없다면 자유 낙하하는 스카이다이버도 무중력 상태를 경험할 수 있다. 또 물속의 스쿠버 다이버도 중력과 같은 크기의 부력을 받고 있다면 무중력 상태를 경험할 수 있게 된다.

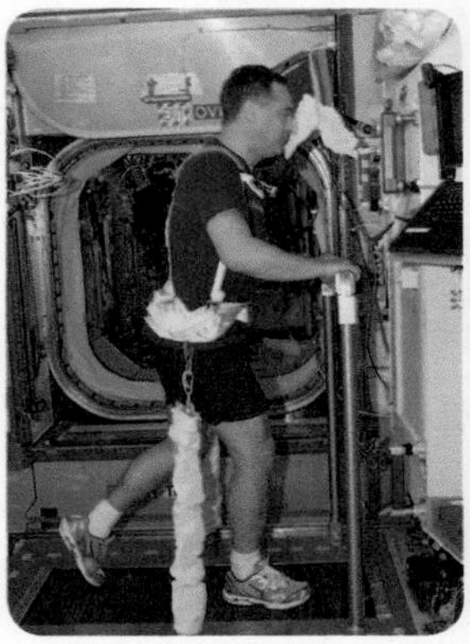

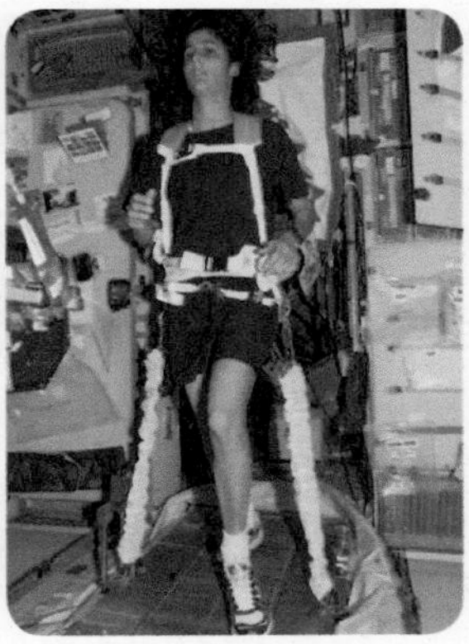

인공 위성이 지구 주위를 돌고 있을 때는 지구의 중력만큼 바깥쪽으로 원심력을 받게 되어 인공위성은 무중력 상태가 된다. 지구 중력과 반대 방향으로 작용하는 원심력으로 인하여 무중량 상태가 되지만 원심력에 의해서 중력(인력)이 없어져 버린 것은 아니다.

중력 안에 살고 있던 사람이 무중량 상태에 오랫동안 노출되면 어떤 일이 일어날까? 심장의 수축수가 줄고, 혈압이 내려가서 순환 장애를 일으키거나 뼈 속의 칼슘이 혈액 속에 용출되어 골다공증이 생기고, 호흡이 멎는 등의 악영향(우주병)이 일어난다. 또한 지구에서보다 물체들이 가벼워지기 때문에 물건을 들어올리거나 운동으로 생긴 몸의 근육이 점점 사라지게 된다. 따라서 우주정거장 안의 우주인들은 인공적으로 중력을 만들어서 의무적으로 운동을 하고 있다.

Q1 **지구 주위를 돌고 있는 우주정거장 안에서 인공적으로 중력을 만들거나 중력과 같은 효과를 낼 수 있는 방법은 무엇이 있을지 서술해 보시오.**

Project 1 - 탐구

[탐구-1] 진자의 주기에 영향을 주는 요인

준비물 스탠드, 고정 클램프, 추(100 g, 200 g), 실

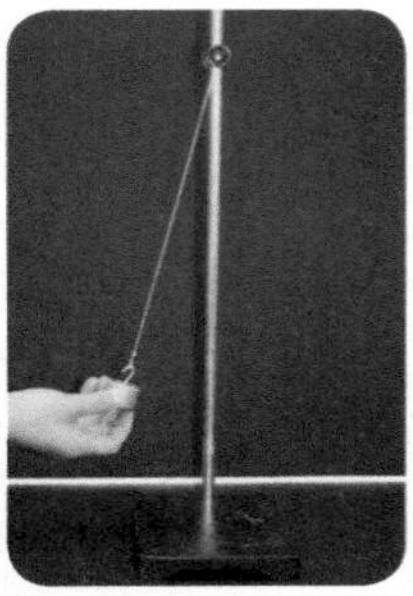

① 질량이 100 g 인 추를 30 cm 실에 묶어 진폭 15 cm 의 단진동 운동을 시키며 주기를 측정한다.

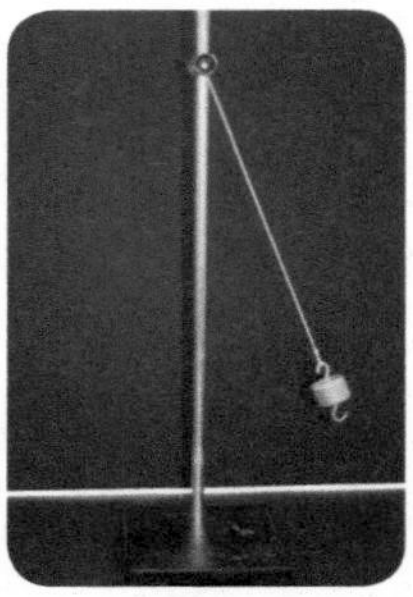

② ① 과 동일한 조건에서 추만 200 g 으로 바꾸어 단진동 운동을 시키며 주기를 측정한다.

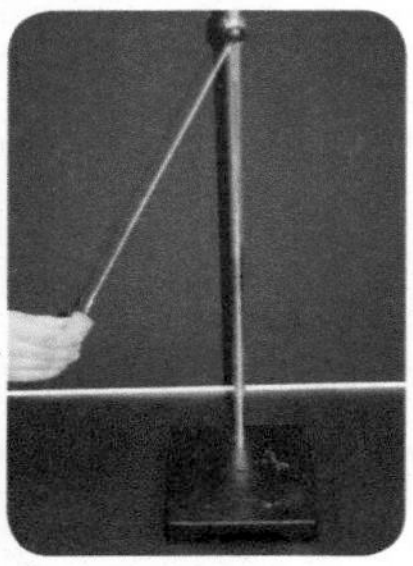

③ ① 과 동일한 상태에서 진폭을 30 cm 로 하여 단진동 운동을 시키며 주기를 측정한다.

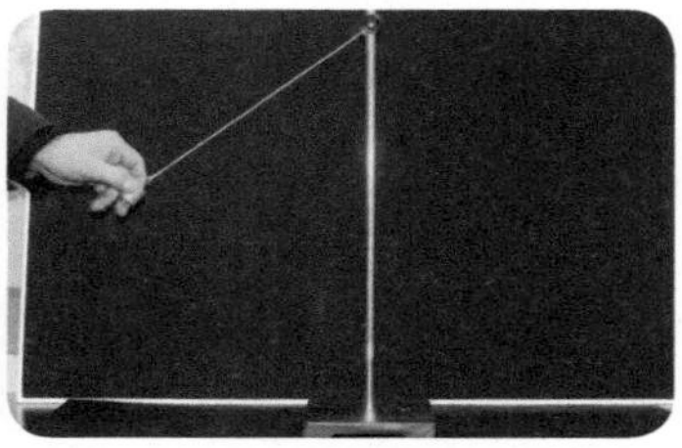

④ ① 의 상태에서 실의 길이만 15 cm 로 하여 질량 100 g 의 추를 달아 단진동 운동을 시키며 주기를 측정한다.

탐구 결과

실험의 결과를 표에 기록해 보자.

구분	①	②	③	④
추의 질량	100 g	200 g	100 g	100 g
실의 길이	30 cm	30 cm	30 cm	15 cm
진폭	15	15	30	15
주기				

정답 및 해설 19쪽

탐구 문제

1. 진자의 주기에 영향을 주지 않는 것은 (   ), (   )이다.

2. 진자의 주기에 영향을 주는 것은 무엇이며 그 관계를 적어 보자.

3. 진자의 주기가 0.1 초라면 진동수는 얼마인가?

푸코의 진자

1851 년 프랑스의 장 베르나르 레옹 푸코는 67 m 의 강철줄에 28 kg 의 쇠구슬을 매달아 판테옴의 돔에 진자를 설치한 후 기구를 이용하여 계속 진동시키면서 움직임을 관찰했다. 32 시간을 주기로 진자는 시계 방향으로 이동하면서 진동했다.

진자에 작용하는 힘은 중력과 장력뿐이므로 진자는 언제나 일정한 방향으로 흔들리게 된다. 그러나 지구 자전으로 바닥(지면)이 움직이기 때문에 바닥에 서서 바닥과 함께 움직이고 있는 우리 눈에는 푸코의 진자가 시계 방향으로 도는 것처럼 보이게 된다.

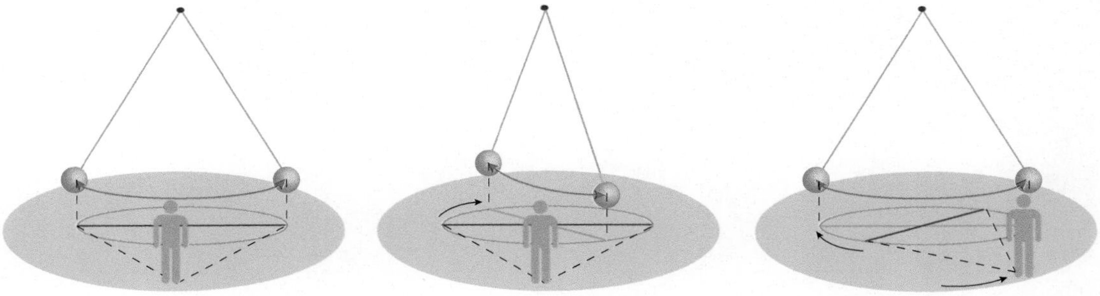

관측자 입장에서 본 진자의 움직임　　실제 진자와 관측자의 움직임

회전속도는 위도(자전축과의 각도)에 따라 달라지며 적도, 즉 위도 0° 에서는 푸코 진자가 회전하지 않는다. 남반구에서의 회전방향은 시계 반대 방향이다.

※판테옴 돔에 설치한 푸코 진자의 회전 속도의 크기는 얼마인지 구하시오.

[탐구-2] 관성력 측정하기

준비물 비커, 물, 카메라

① 비커에 물을 담고 회전시키면서 동영상을 찍는다.
② 동영상을 시간대 별로 캡처하여 사진을 정리한다.
③ 회전 방향을 반대로 하여 위의 과정을 반복한다.
④ 두 결과를 비교 분석한다.

탐구 결과

회전 방향에 따라 비커에 들어 있는 수면의 모습은 어떠한지 그리시오.

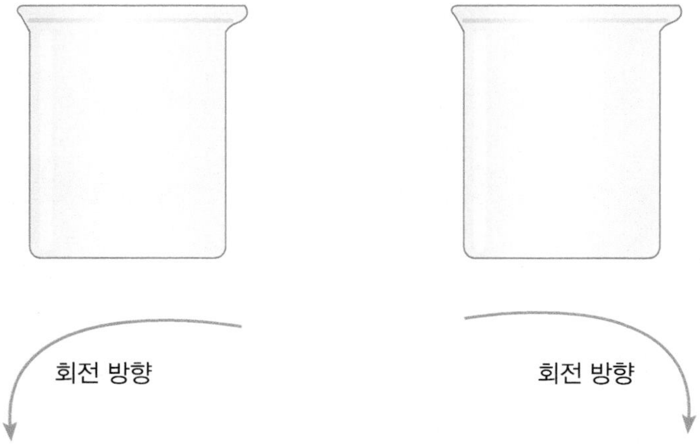

정답 및 해설 19쪽

탐구 문제

1. 다음 그림은 수면이 수평일 때와 회전하면서 수면이 기울어졌을 때 물방울들에 미치는 힘을 분석한 것이다. 화살표가 나타내는 힘과 크기를 다음 표에 알맞게 각각 쓰시오.(단, ●는 작은 물방울 하나이며 질량은 m이다.)

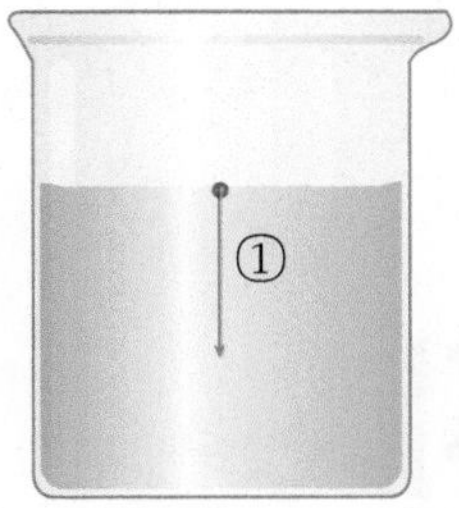

▲ 수면이 수평일 때

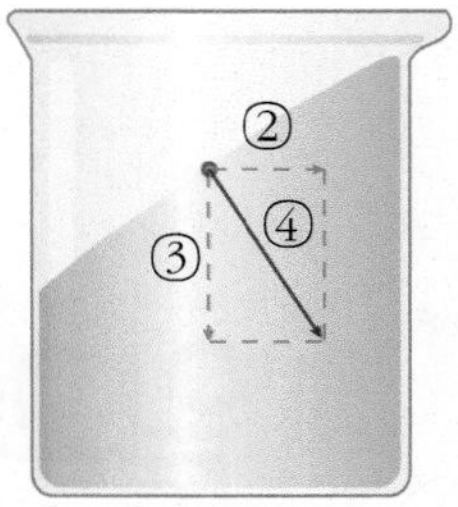

▲ 회전하면서 수면이 기울어졌을 때

구분	①	②	③	④
힘의 종류				
힘의 크기	mg			②와 ③의 합력

2. 회전 속도가 빨라지거나 느려지는 경우 수면의 기울어지는 정도는 어떻게 달라질지 예상하시오.

· 회전 속도가 빨라지는 경우 :

· 회전 속도가 느려지는 경우 :

3. 회전 속도는 변하지 않고 물의 양을 적게 하거나 늘리는 경우 수면의 기울어지는 정도는 어떻게 달라질지 예상하시오.

Ⅱ 일과 에너지

공부하는 것도 일을 하는 것일까?

6강. 일의 양

1. 일

(1) 과학에서의 일 : 물체에 힘을 작용하여 물체가 힘의 방향으로 이동했을 때 '일을 했다'고 한다.

(2) 일의 양

① 계산 : 일(W) = 힘(F) × 이동 거리(s)

② 단위 : J(줄), N · m(뉴턴미터)

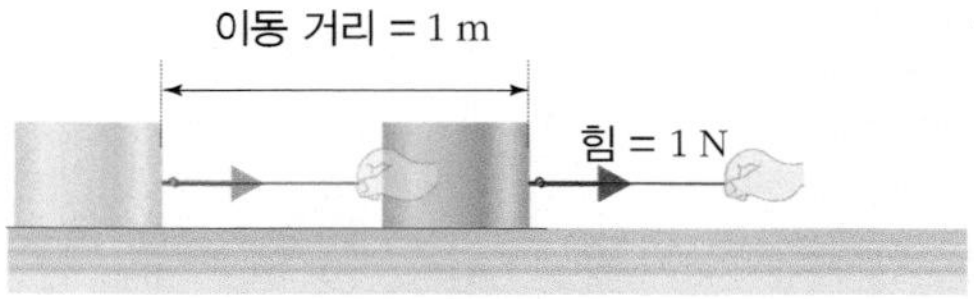

▲ 수평면에서 물체를 끌 때의 일

· 1 N 의 힘으로 물체를 1 m 끌어당길 때 한 일 :

1 N × 1 m = 1 N · m = 1 J

(3) 힘 – 이동 거리 그래프에서 일 : 힘 - 이동 거리 그래프에서 한 일의 양은 그래프 아래 넓이와 같다.

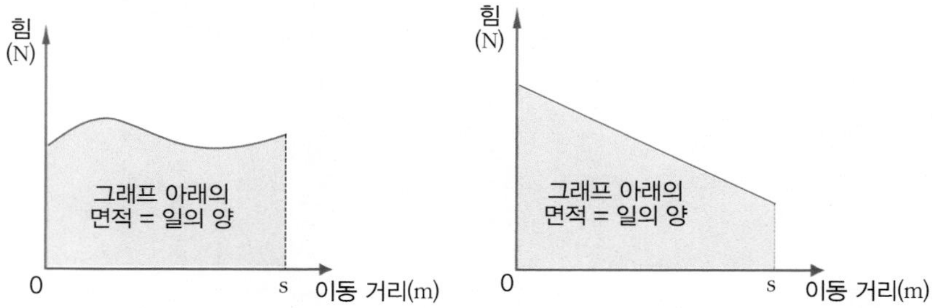

▲ 힘 – 이동 거리 그래프

● 일의 양이 0 인 경우
① 작용한 힘이 0
② 이동 거리가 0
③ 힘과 이동 방향이 수직

● 기호와 단위

	기호	단위
힘	F	N(뉴턴)
이동 거리	s	m
일	W	J(줄)

개념확인 1 **오른쪽 그림에서 그래프의 면적이 의미하는 것은 무엇인가?**

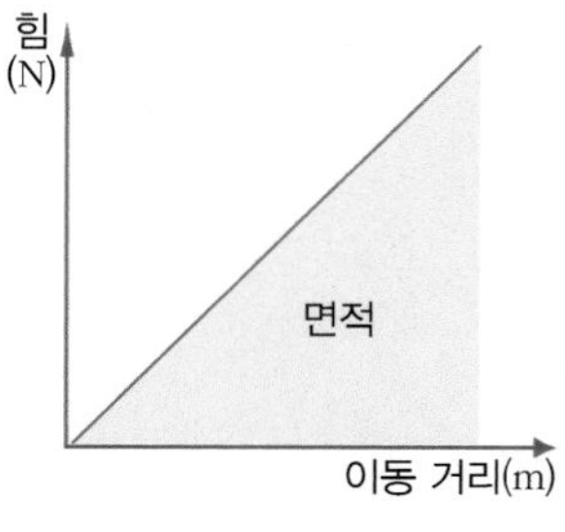

그래프의 면적 : (   )

● 생각해보기★
달과 지구에서 동일한 거칠기를 가진 면이 존재한다면 같은 물체를 달과 지구에서 일정한 속력을 유지하며 각각 수평 방향으로 같은 거리만큼 끌어당길 때의 일은 같을까?

확인 +1 **다음 중 과학에서 말하는 일을 한 것은?**

① 가방을 메고 언덕을 걸어 올라간다.
② 미끄러운 바닥에서 일정한 속력으로 의자를 끌어당겼다.
③ 책을 들고 앞으로 1 시간 동안 걸어간다.
④ 무거운 상자를 위로 든 채 가만히 있었다.
⑤ 인공 위성이 지구 주위를 등속 원운동한다.

2. 일의 양 비교

(1) 힘이 일정하게 작용하는 경우

① 힘을 10 N 으로 일정하게 유지하면서 물체를 3 m 이동시킨 경우

② 일(W)의 양 : 10 N × 3 m = 30 J

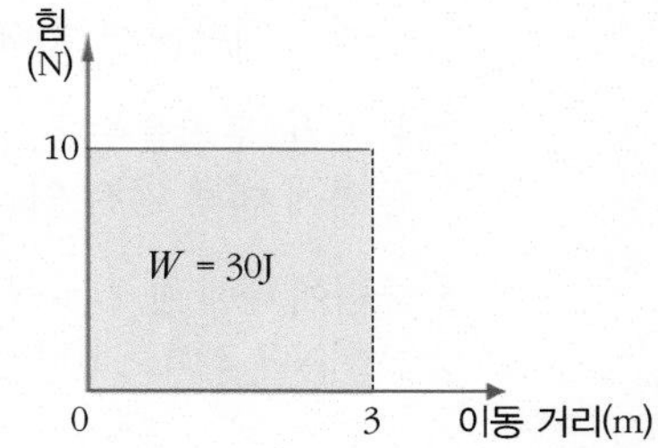

(2) 힘이 일정하지 않게 작용하는 경우

① 2 N 의 힘으로 2 m 를 이동시킨 후, 5 N 의 힘으로 4 m 를 이동시킨 경우

② 일(W)의 양 : $W = W_1 + W_2$

= 2 N × 2 m + 5 N × 4 m = 4 J + 20 J
= 24 J

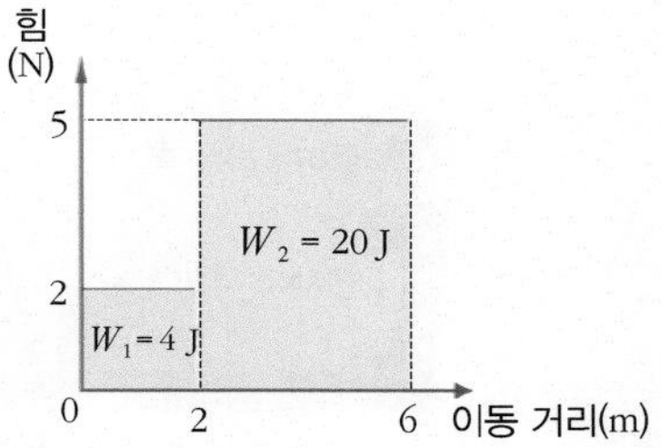

(3) 일의 양 비교

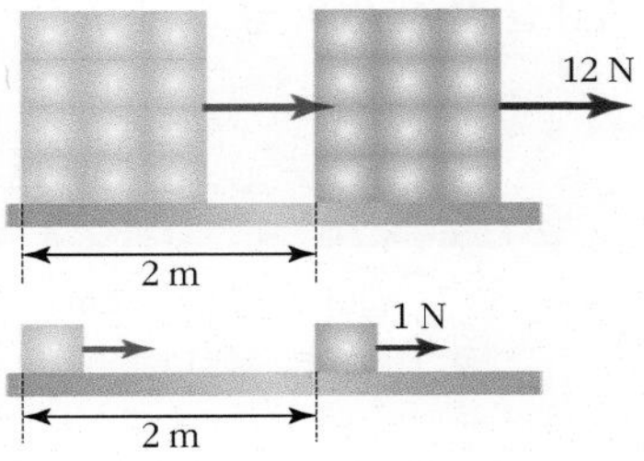

▲ 같은 거리를 이동시킬 때 더 많은 힘이 들수록 일의 양이 많다.

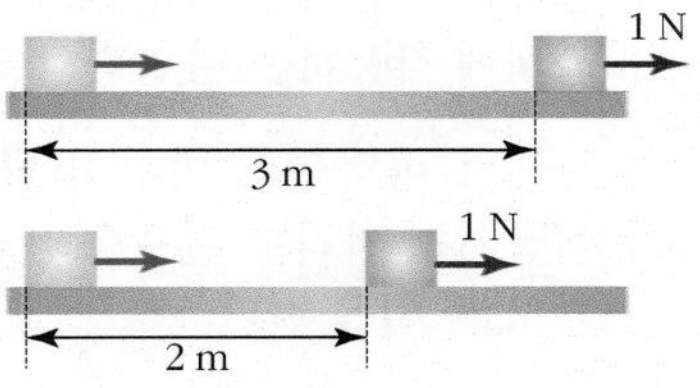

▲ 같은 힘으로 이동시킬 때 더 많은 거리를 이동할수록 일의 양이 많다.

간단실험

일의 양 비교

① 판자 위에서 나무 도막 1 개를 일정한 속력으로 끌어 본다.

② 같은 판자 위에서 나무 도막 2 개를 같은 거리만큼 끌어 본다.

③ 두 가지 경우에 한 일의 양을 비교해 본다.

정답 및 해설 19쪽

개념확인 2 다음 괄호 안에 들어갈 말을 〈보기〉에서 골라 순서대로 기호를 쓰시오.

> 같은 거리를 이동시킬 때 물체에 가하는 힘이 클수록 일의 양은 (　　). 또한 같은 힘으로 물체를 이동시킬 때 이동 거리가 길수록 일의 양이 (　　).

〈 보기 〉

ㄱ. 많다　　ㄴ. 적다　　ㄷ. 같다

확인 + 2 오른쪽 그래프와 같이 물체에 힘을 가하였다. 5 m 이동하는 동안 한 일의 양은?

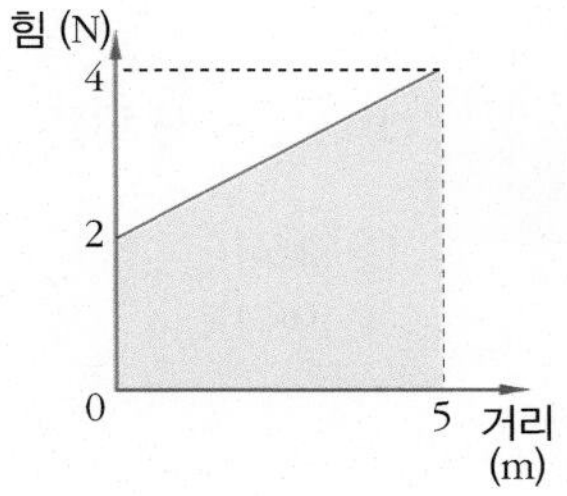

① 10 J　　② 15 J　　③ 20 J
④ 25 J　　⑤ 30 J

생각해보기★★

울퉁불퉁한 면과 매끈매끈한 면에서 같은 물체를 용수철 저울에 매달아 수평 방향으로 같은 힘으로 같은 거리만큼 끌어당길 때 두 경우의 일은 같을까?

3. 중력과 마찰력에 대한 일

(1) 중력에 대해 한 일 : 물체를 들어올릴 때 한 일의 양

① 물체에 작용하는 중력의 크기 = 물체의 무게

② 물체가 무거울수록, 들어올린 높이가 높을수록 중력에 대해 많은 일을 한다.

③ 중력에 대해 한 일 = 물체의 무게 × 들어올린 높이 = 5 N × 2 m = 10 J

④ 물체를 들고 계단을 올라갈 때의 일의 양은 '중력에 대해 한 일'과 같다.

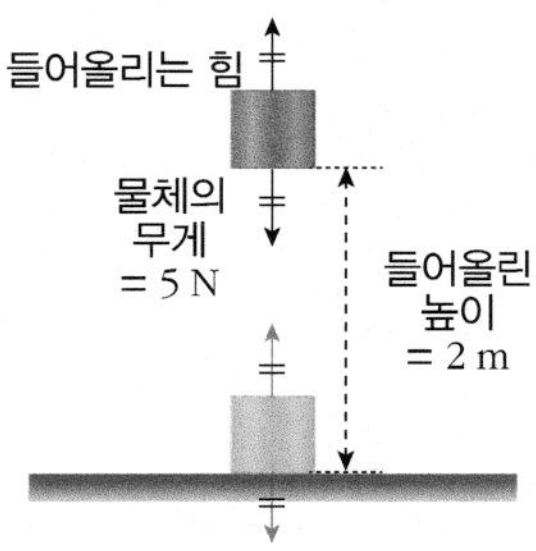

▲ 중력에 대한 일

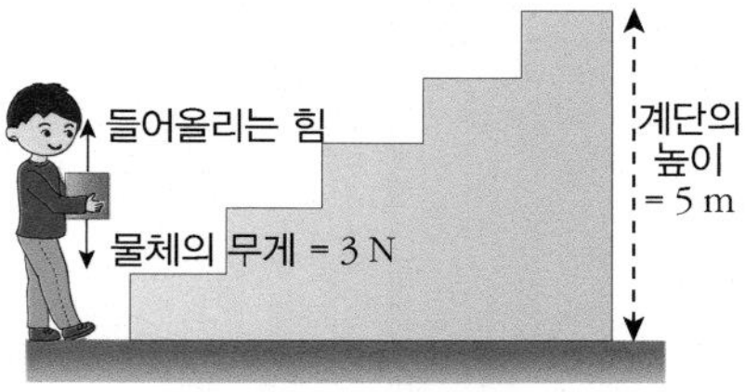

▲ 물체를 들고 계단을 오를 때의 일

〈물체를 들고 계단을 오를 때의 일〉

- 힘이 작용한 방향 : 중력과 반대 방향
- 힘의 방향으로의 이동 거리 : 계단의 높이
- 한 일의 양 : 3 N × 5 m = 15 J

(2) 마찰력에 대해 한 일 : 물체를 밀거나 끌어당길 때 한 일의 양

① 등속으로 물체를 당기는 힘의 크기 = 물체에 작용하는 마찰력의 크기

② 물체와 바닥면의 마찰이 클수록, 끌어당기는 거리가 길수록 마찰력에 대해 많은 일을 한다.

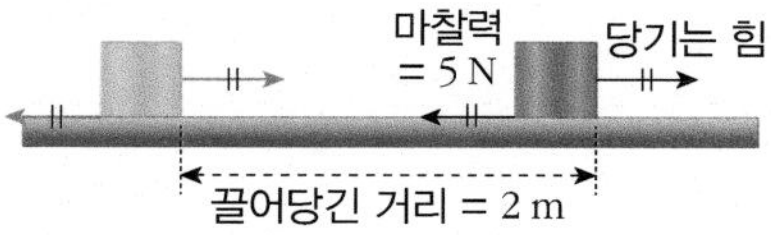

▲ 마찰력에 대한 일

③ 마찰력에 대해 한 일 = 물체와 바닥면 사이의 마찰력 × 끌어당긴 거리 = 5 N × 2 m = 10 J

등속도 운동일 때의 물체에 작용하는 힘
일정한 속력으로 물체를 들어올리거나 끌어당길 때에 물체에 작용하는 힘들의 합력은 0 이다.

물체의 무게
질량 1 kg 의 물체의 무게는 9.8 N 이다.

중력이 한 일
무게가 5 N 인 물체를 2 m 들어올릴 때 중력이 한 일 = 5 N × (-2 m) = −10 J (중력의 방향과 이동 방향이 반대)

마찰력의 크기
수평면의 마찰력은 물체의 무게가 무거울수록, 접촉면이 거칠수록 커진다.

생각해보기★★★
달과 지구에서 같은 물체를 같은 높이만큼 들어올리는 일을 할 때 일의 양은 서로 같을까?

개념확인 3 다음의 문장에서 괄호 안에 들어갈 말을 〈보기〉에서 찾아 쓰시오.

> 물체를 등속으로 끌어당길 때의 가한 힘의 크기는 ㉠ (　　　　)의 크기와 같으므로 이때 한 일은, '㉠ (　　　　) × 끌어당긴 거리'로 계산할 수 있다. 물체를 등속으로 들어올릴 때의 가한 힘의 크기는 ㉡ (　　　　)과(와) 같으므로 이때 한 일은 '㉡ (　　　　) × 들어올린 높이' 로 계산할 수 있다.

〈 보기 〉
질량　　마찰력　　무게　　탄성력

확인 + 3 10 kg 의 물체를 2 m 들어올릴 때 한 일은 얼마인가?

① 10 J　　② 20 J　　③ 9.8 J
④ 98 J　　⑤ 196 J

4. 일률

(1) 일률 : 일정 시간 동안 한 일의 양

① 계산 : $\text{일률}(P) = \dfrac{\text{한 일의 양}(W)}{\text{걸린 시간}(t)}$

② 단위 : W(와트), HP(마력) 등

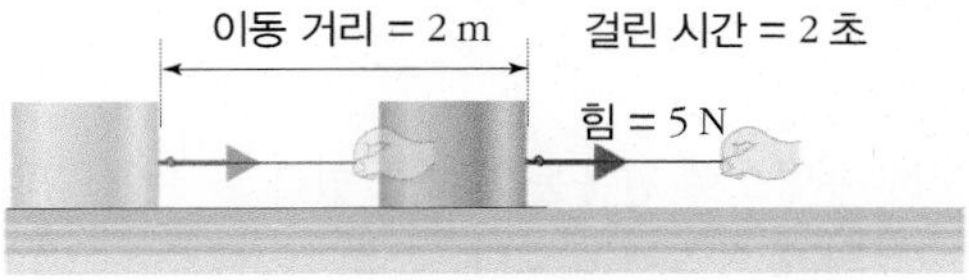

▲ 일률 구하기

· 5 N 의 힘으로 물체를 2 초 동안 2 m 끌어당길 때의 일률

= 5 N × 2 m ÷ 2 s = 10 J ÷ 2 s

= 5 J/s = 5 W

③ 일률과 일, 일률과 시간의 관계 : 일의 양이 많을수록, 시간이 적게 걸릴수록 일률은 크다. → 일률은 일의 양에 비례하고, 걸린 시간에 반비례한다.

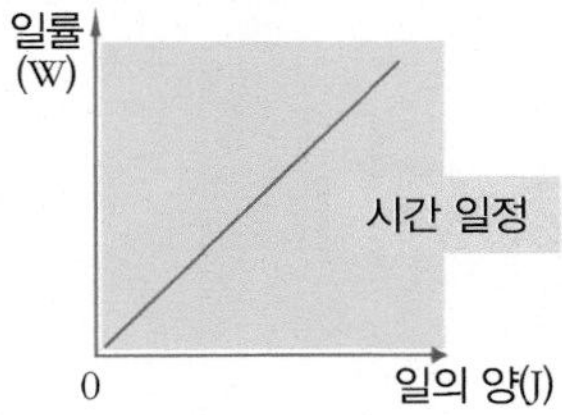

▲ 같은 시간 동안 일의 양이 많을수록 일률이 크다.

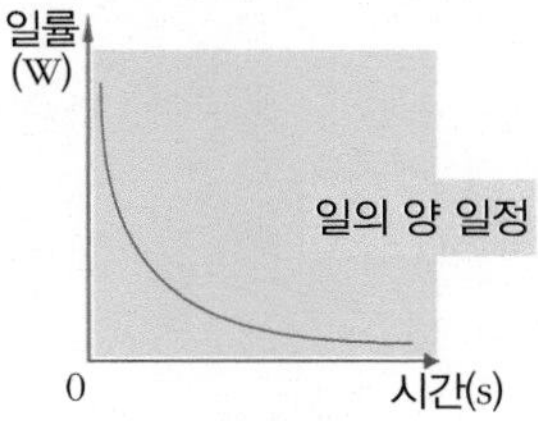

▲ 같은 양의 일을 하는 데 걸린 시간이 짧을수록 일률이 크다.

(2) 등속으로 운동하는 물체의 일률 : $P = F \times v$

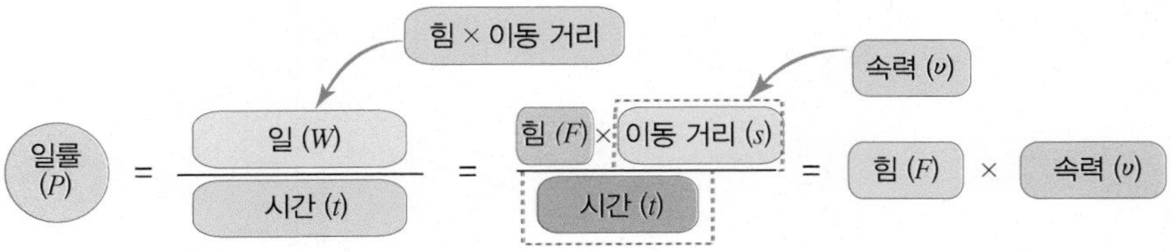

정답 및 해설 19쪽

개념확인 4 **다음 문장이 옳은 문장이 되도록 각각에 들어갈 알맞은 말을 고르시오.**

> 한 일의 양이 일정할 때 일률은 걸린 시간에 ㉠ (비례, 반비례)하고, 걸린 시간이 같을 때 한 일의 양은 일률에 ㉡ (비례, 반비례) 한다.

㉠ (　　　　　)　㉡ (　　　　　)

확인 + 4 **일률에 대한 설명으로 옳은 것은 O 표, 옳지 않은 것은 X 표 하시오.**

(1) 걸린 시간이 일정할 때 일률은 일의 양에 비례한다. (　　)

(2) 일률은 일의 효율을 나타내는 양이다. (　　)

(3) 일률의 단위로 J, W, HP 등을 사용한다. (　　)

(4) 일의 양이 같을 때 걸린 시간이 짧을수록 일률은 작다. (　　)

1 HP(1 마력)

말 한 마리의 일률로, 말은 보통 1 초 동안 무게 75 kgf 의 물체를 1 m 들어올리는 일률을 가진다고 한다.
1 HP = 746 W

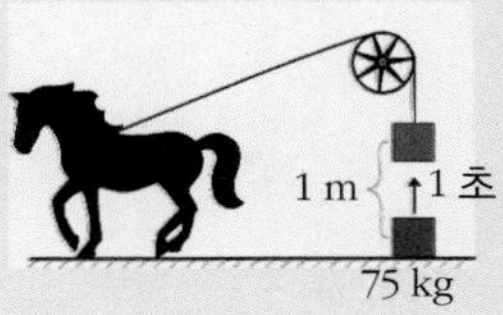

기호와 단위 2

	기호	단위
일률	P	W(와트)
일	W	J(줄)
시간	t	s(초)

생각해보기★★★★

전동기에 전지 2 개를 직렬과 병렬로 각각 연결하였을 때 일률은 서로 같을까?

개념 다지기

01

다음 〈보기〉 중 과학에서 말하는 일을 한 경우로만 짝지은 것은 무엇인가?

〈 보기 〉

㉠ 철봉에서 매달리기를 하였다.
㉡ 바닥에 있는 화분을 책상 위로 들어올렸다.
㉢ 지구 주위에 인공위성이 일정한 속력으로 원운동을 하고 있다.
㉣ 힘을 가해 칠판을 밀었으나 칠판이 움직이지 않았다.
㉤ 마찰이 없는 수평면에서 물체가 등속직선운동을 하고 있다.
㉥ 열심히 과학 공부를 하였다.

① ㉡　② ㉠, ㉤　③ ㉡, ㉥
④ ㉢, ㉣　⑤ ㉣, ㉤, ㉥

02

오른쪽 그래프는 물체에 작용하는 힘과 이동 거리의 관계를 나타낸 것이다. 물체를 5 m 이동시키는 동안 한 일의 양은 몇 J 인가?

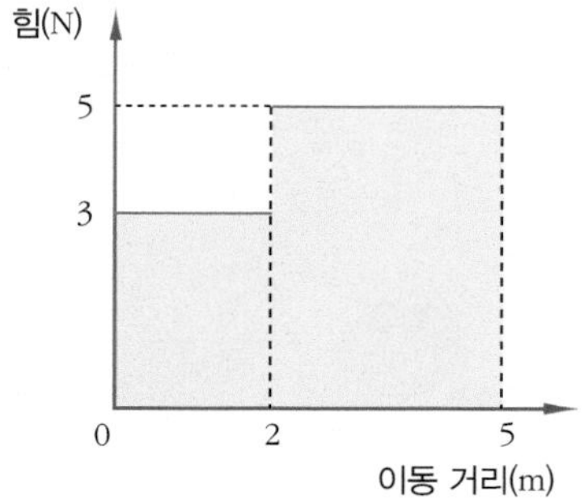

① 8 J　② 15 J　③ 20 J
④ 21 J　⑤ 31 J

03

바닥면에 놓여 있는 질량이 10 kg 인 상자를 1 m 들어 책상에 올려 놓았다. 이때 한 일의 양은 몇 J 인가?

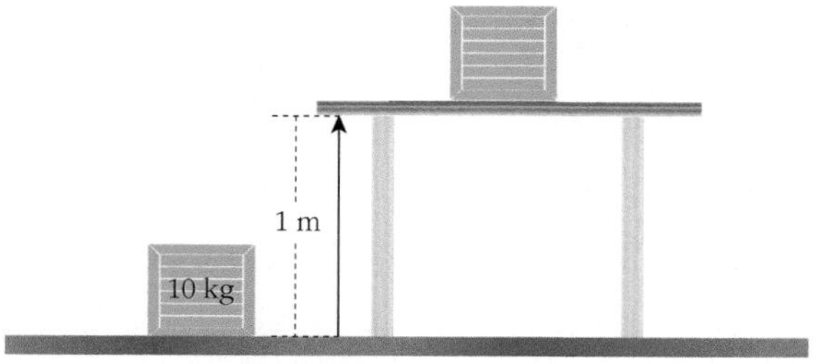

① 0 J　② 10 J　③ 49 J　④ 98 J　⑤ 196 J

정답 및 해설 20쪽

04 수평면 위에서 무게가 10 N 인 물체에 용수철 저울을 연결하여 천천히 당기면서 저울의 눈금을 측정하였더니 물체를 이동시키는 동안 6 N 을 나타내었다. 이 물체를 2 m 이동시켰을 때 마찰력에 대해 한 일은 몇 J인가?

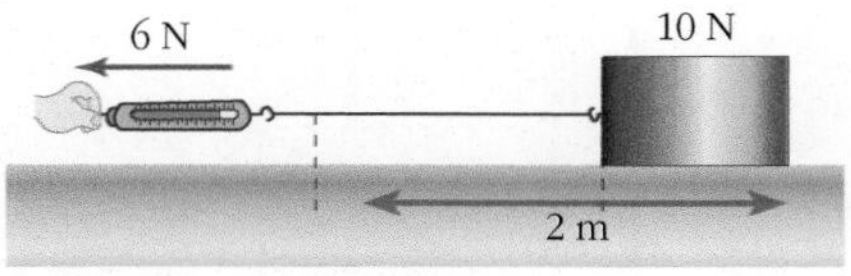

① 0.5 J ② 3 J ③ 5 J ④ 12 J ⑤ 20 J

05 지원이는 수평면에 놓여 있는 무게가 100 N 인 물체에 수평 방향으로 70 N 의 힘을 가하여 10 m 이동시키는 데 5 초가 걸렸다. 이때 지원이의 일률은 몇 W 인가?

① 20 W ② 60 W ③ 140 W
④ 200 W ⑤ 1000 W

06 무게가 500 N 인 물체를 실은 엘리베이터가 4 초 동안 2 m/s 의 일정한 속력으로 올라갔다. 이 엘리베이터의 일률과 한 일의 양으로 바르게 짝지은 것은?

	일률	일의 양		일률	일의 양
①	500 W	1000 J	②	1000 W	4000 J
③	1000 W	1000 J	④	2000 W	4000 J
⑤	2000 W	1000 J			

유형 익히기 & 하브루타

[유형6-1] 일

다음 그래프는 어떤 물체에 작용한 힘의 크기와 힘의 방향으로 물체가 이동한 거리를 그래프로 나타낸 것이다.

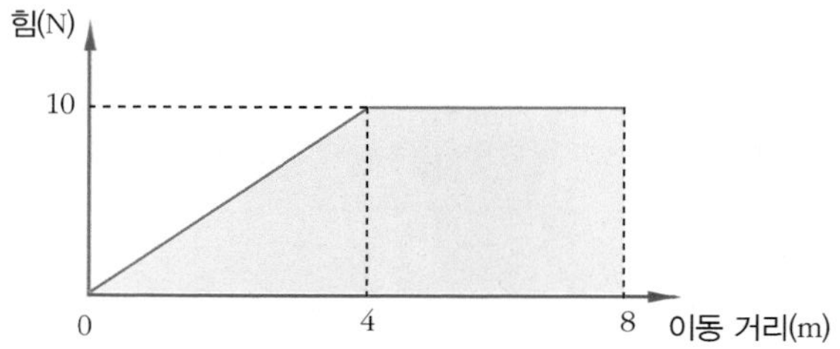

위의 그래프에 대한 설명으로 옳은 것을 〈보기〉 에서 모두 고른 것은?

〈 보기 〉

ㄱ. 물체를 8 m 이동시키는 동안 한 일의 양은 80 J 이다.
ㄴ. 그래프 아랫부분의 넓이는 한 일의 양을 나타낸다.
ㄷ. 힘의 크기가 변하는 구간에서 한 일의 양은 20 J 이다.

① ㄴ ② ㄱ, ㄴ ③ ㄱ, ㄷ ④ ㄴ, ㄷ ⑤ ㄱ, ㄴ, ㄷ

Tip!

01 다음 괄호 안에 공통으로 들어갈 말을 써 넣으시오.

일의 양은 힘과 힘의 방향으로의 (   )를 곱하여 구할 수 있고, 힘 – (   ) 그래프에서의 넓이로도 구할 수 있다.

02 다음은 일의 양을 계산하는 방법에 대한 설명이다. 옳은 것을 모두 고르시오.(2 개)

① 물체의 이동 거리가 없는 경우에는 한 일의 양이 0 이다.
② 일의 양은 작용한 힘의 크기와 수직인 방향으로 이동한 거리의 곱으로 나타낸다.
③ 1 J 은 1 kg 의 힘이 작용하여 힘의 방향으로 물체가 1 m 이동하였을 때 한 일의 양이다.
④ 물체를 천천히 들어올릴 때 한 일의 양은 물체의 질량과 들어올린 높이의 곱으로 나타낸다.
⑤ 수평면에서 물체를 등속으로 밀 때 한 일의 양은 마찰력의 크기와 이동 거리의 곱으로 나타낸다.

정답 및 해설 20쪽

[유형6-2] 일의 양 비교

다음 중 일을 가장 많이 한 경우를 나타낸 그래프는?

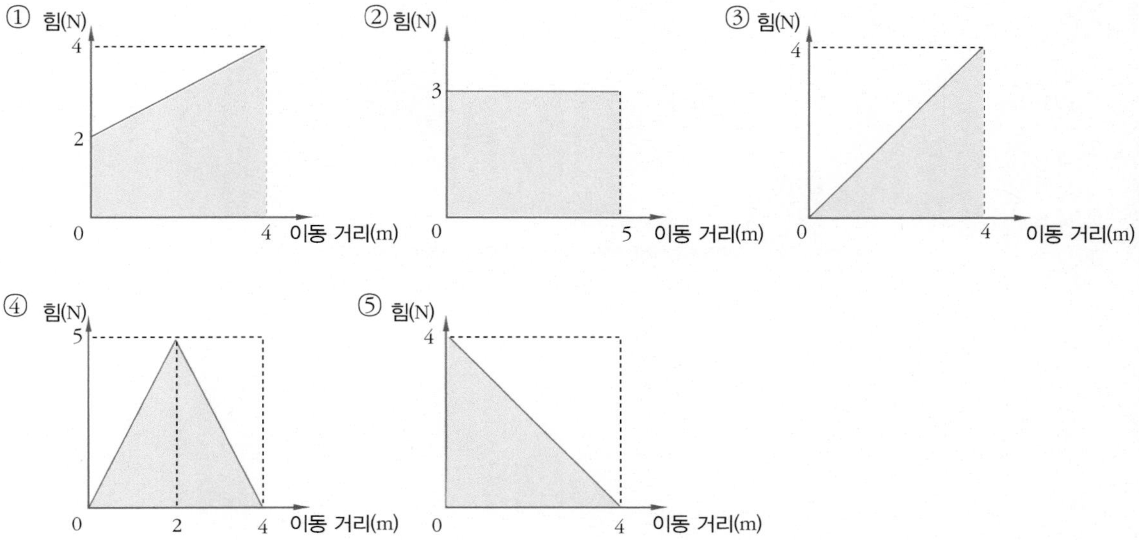

03 다음 중 일을 가장 많이 한 경우를 고르시오.

① 3 kg 의 물체를 3 시간 동안 들고 서 있었다.
② 5 kg 의 물체를 위로 50 cm 들고 3 m 앞으로 걸어갔다.
③ 무게 10 N 인 물체를 바닥에서 2 m 선반 위로 들어올렸다.
④ 10 kg 의 물체에 3 N 의 힘을 작용하여 힘의 방향으로 2 m 이동시켰다.
⑤ 20 kg 의 물체를 20 N 의 힘을 작용하여 힘의 방향으로 40 m 이동시켰다.

04 오른쪽 그래프는 질량이 3 kg 인 물체를 수평으로 끌어당기는 힘(N)과 힘의 방향으로 이동한 거리(m)의 관계를 나타낸 것이다. 이 그래프에 대한 해석으로 옳지 <u>않은</u> 것은?

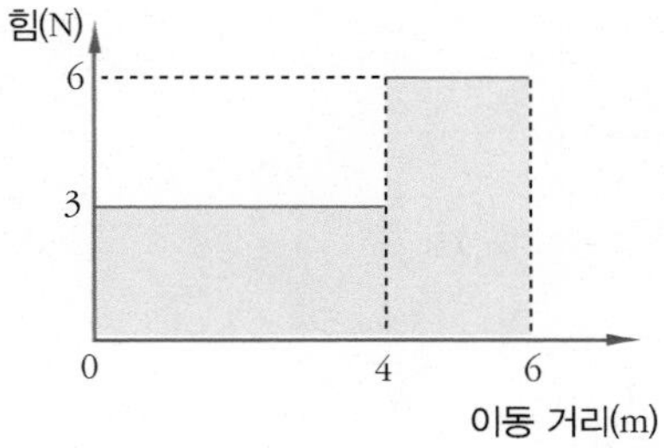

① 이 그래프에서의 면적은 일에 해당한다.
② 이 물체를 이동시키는 동안 힘이 일정하지 않았다.
③ 이 물체를 4 m 이동시키는 동안 힘이 계속 변하였다.
④ 6 m 를 이동시키는 동안 물체에 해준 일의 양은 24 J 이다.
⑤ 이동 거리가 0 ~ 4 m 까지 물체에 해준 일의 양과 4 ~ 6 m 까지 해준 일의 양은 같다.

Tip!

[유형6-3] 중력과 마찰력에 대한 일

다음 그림과 같이 무게가 10 N 인 물체를 수평면에서 등속으로 5 m 이동시킨 후 연직 방향으로 2 m 들어올렸다. 이때 한 일이 모두 200 J 이라면 수평면과 물체 사이의 마찰력은 몇 N인가?

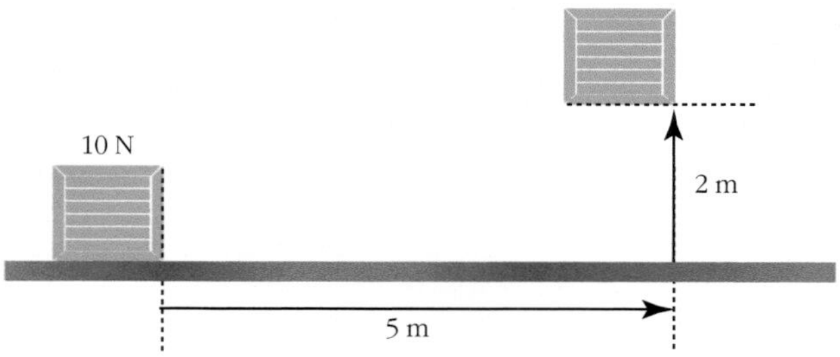

(　　　　　) N

05 질량이 5 kg 인 물체를 일정한 힘의 크기로 2 m 들어 올리는데 한 일의 양은 얼마인가?

① 10 J　② 49 J　③ 98 J
④ 196 J　⑤ 245 J

06 다음 그림과 같이 수평면 위에 놓여 있는 질량 2 kg 의 상자를 10 N 의 힘으로 끌어서 일정한 속력으로 4 m 이동시켰다. 이에 대한 설명으로 옳지 <u>않은</u> 것은?

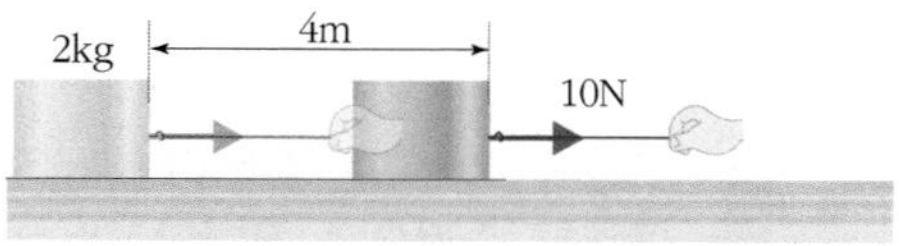

① 한 일의 양은 40 J 이다.
② 이동 거리가 2 배이면 마찰력도 2 배가 된다.
③ 마찰력의 방향은 이동 방향의 반대 방향이다.
④ 물체에 작용하는 마찰력의 크기는 10 N 이다.
⑤ 더 거친 수평면에서 실험한다면 10 N 보다 더 큰 힘을 주어야 한다.

정답 및 해설 20쪽

[유형6-4] 일률

다음은 몸무게가 500 N 으로 동일한 해주와 영주가 계단을 오르는 모습을 나타낸 그림이다. 계단 하나의 높이는 20 cm 이고, 모두 30 개의 계단을 올라가는 데 걸리는 시간을 나타낸 것이다. (단, 두 사람은 일정한 속력으로 계단을 오르고 있다.)

〈 보기 〉

ㄱ. 해주의 일률이 영주의 일률보다 50 W 더 크다.
ㄴ. 해주가 한 일의 양보다 영주가 한 일의 양이 많다.
ㄷ. 이 실험에서는 일률은 걸린 시간에 반비례한다.

이 실험에 대한 해석으로 옳은 것을 〈보기〉 에서 모두 고른 것은?

① ㄱ ② ㄷ ③ ㄱ, ㄴ ④ ㄱ, ㄷ ⑤ ㄴ, ㄷ

07 다음 그림과 같이 무게가 100 N 인 물체를 3 m/s 의 일정한 속력으로 들어올릴 때 일률은 몇 kW 인가?

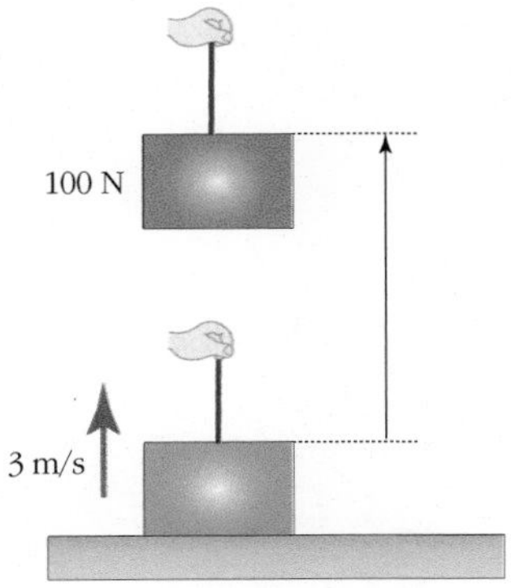

① 0.3 kW ② 1.2 kW ③ 300 kW
④ 1200 kW ⑤ 11760 kW

08 다음은 학생 A 와 B 가 같은 벽돌을 1 m 높이까지 들어올리는 데 한 일의 양과 시간을 나타낸 것이다. 이에 대한 설명으로 옳은 것은?

학생 A : 30 분에 벽돌 30 장을 들어올렸다.
학생 B : 1 시간에 벽돌 50 장을 들어올렸다.

① 두 사람의 일률은 같다.
② 두 사람이 한 일의 양은 같다.
③ 두 사람이 한 일의 양은 다르나 일률은 같다.
④ 학생 B 가 한 일의 양은 많으나 일률은 학생 A가 크다.
⑤ 학생 B 가 한 일의 양이 많으므로 일률도 학생 B 가 크다.

01 수평면 위에 놓여 있는 질량 2 kg 의 물체에 수평면과 30° 의 방향으로 20 N 의 힘을 가하여 20 m 를 끌고 갔다. 물체와 지면 사이의 운동 마찰 계수가 0.4 일 때, 다음 물음에 답하시오. (단, 중력 가속도 $g = 10\ m/s^2$ 이다.)

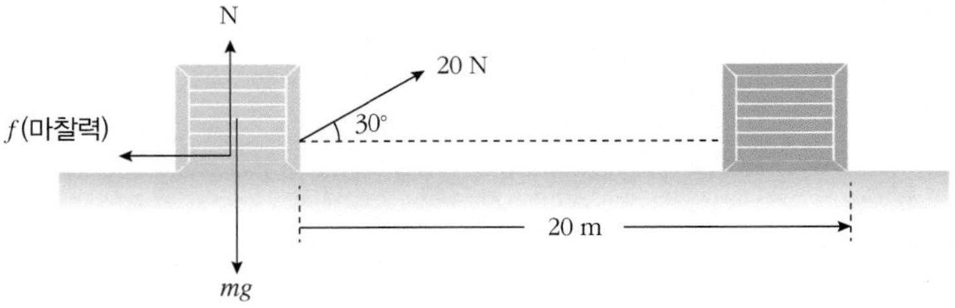

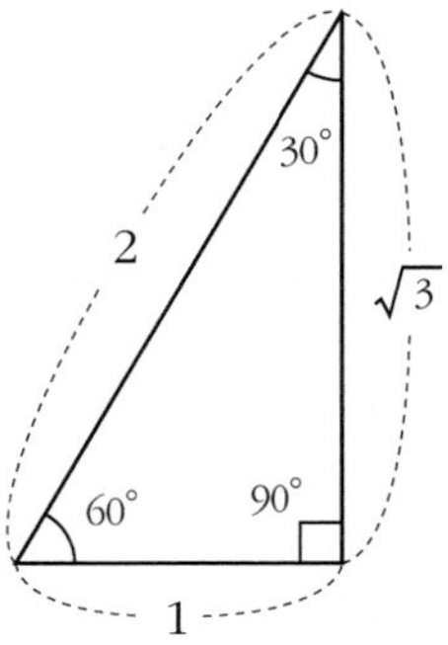

▲ 세 각이 30°, 60°, 90° 인 삼각형 변의 길이의 비율

(1) 이 힘이 물체에 한 일은 몇 J 인가?

(2) 물체가 지면으로부터 받는 수직 항력은 몇 N 인가?

(3) 물체에 작용하는 마찰력의 크기는 몇 N 인가? (단, 마찰력 = 마찰계수 × 수직항력이다.)

(4) 마찰력이 물체에 한 일은 몇 J 인가?

정답 및 해설 21쪽

02

다음 그림과 같이 길이가 6 m, 질량이 1 kg 인 밧줄의 절반이 책상면 위에 걸쳐져 있는 상태에서 밧줄과 책상면 사이에 작용하는 마찰력이 4 N 이었다. 이때 밧줄에 책상면과 수평 방향의 일정한 힘을 가하여 천천히 밧줄을 끌어올리자 밧줄과 책상면 사이의 마찰력은 일정하게 증가하였고, 책상면 위에 밧줄이 모두 올라왔을 때 밧줄과 책상면 사이의 마찰력은 8 N 이 되었다. 물음에 답하시오. (단, 밧줄의 밀도와 굵기는 균일하며, 질량 1 kg 에 작용하는 중력은 10 N 이다.)

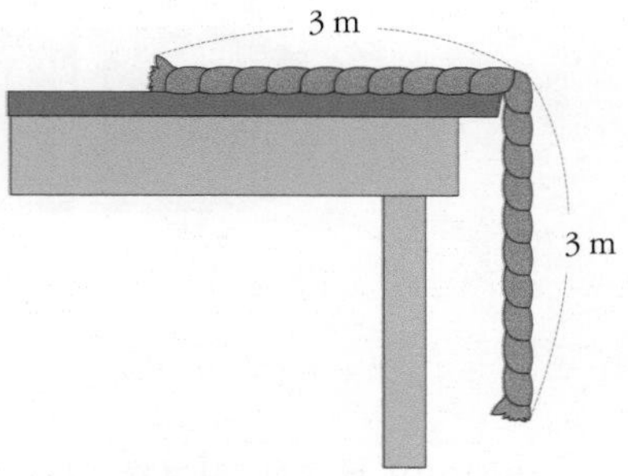

(1) 밧줄이 책상 위로 모두 끌려올 때까지 마찰력과 이동 거리 그래프를 완성하고, 밧줄이 책상 위로 모두 끌려올라올 때까지 마찰력에 대해서 한 일을 구하시오.

(2) 밧줄을 책상 위로 모두 끌어올리는 데 필요한 일은 몇 J 인가?

03

다음 그림은 수평면에서 0.5 m/s 의 일정한 속력으로 운행하고 있는 컨베이어 벨트이다. 이 컨베이어 벨트에 석탄이 1 분당 6 톤씩 떨어지고 있다.

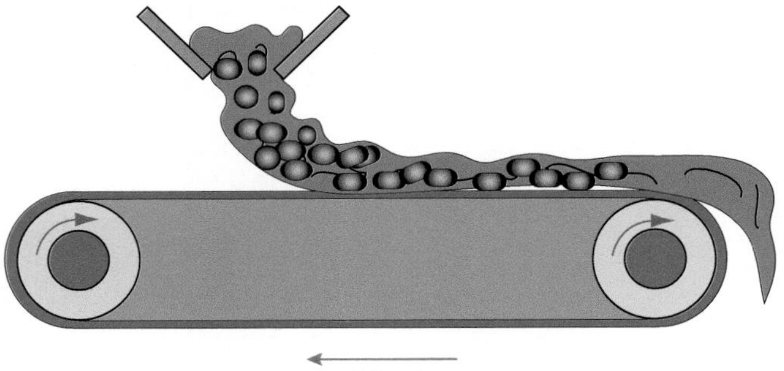

컨베이어 벨트에 떨어지면서 석탄은 수평 방향으로 힘을 받고 있고, 그 힘에 의해 석탄의 운동량이 변하고 있다. 이와 같이 물체가 운동을 하고 있을 때 운동의 효과를 나타내는 양을 운동량이라고 하며, 운동량과 운동량의 변화량은 다음과 같이 나타낸다.

- 물체의 운동량 = 물체의 질량(m) × 물체의 속도(v)
- 물체의 운동량이 변할 때 물체에 작용하는 힘 F, 힘 F 가 작용한 시간을 t 라고 할 때, 물체의 속도가 v_0 에서 v 로 증가하였을 때 운동량의 변화량은 다음과 같다.

$$F \times t = mv - mv_0$$

이를 참고로 하여 이 컨베이어 벨트가 석탄에 가하는 힘과 컨베이어 벨트의 일률을 구하시오.

정답 및 해설 21쪽

04 **수평면 위에 질량 5 kg 의 물체를 놓아두었다가 실로 묶어 연직 위 방향으로 잡아당겼더니 물체가 위로 끌려감에 따라 속력이 증가하여 높이 2 m 되는 지점에서 물체의 속력이 4 m/s 였다. (단, 중력 가속도 $g = 9.8\ m/s^2$ 이다.)**

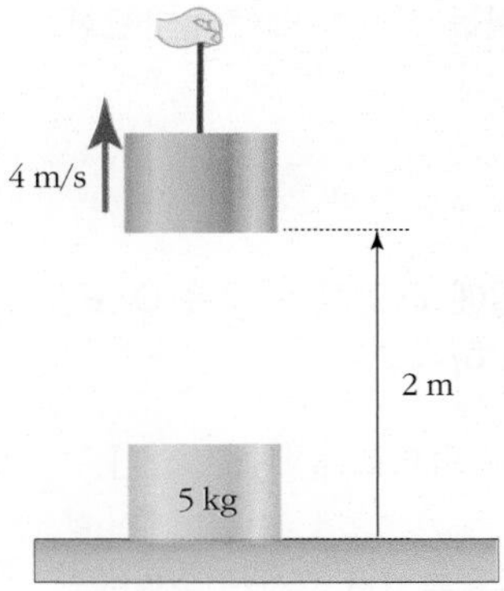

다음 중 이 현상에 대한 설명으로 옳은 것을 모두 고르시오.

① 물체가 올라가는 과정에서 중력이 한 일은 없다.
② 외부에서 물체에 작용한 힘은 연직 위 방향으로 69 N 이다.
③ 물체를 끌어올리기 위해서 외부에서 해준 일은 138 J 이다.
④ 물체가 위로 올라가는 과정에서 외부에서 236 J 의 일을 하였고 중력은 물체에 -98 J 의 일을 하였다.

스스로 실력 높이기

A

01 **다음 설명 중 한 일이 0 인 경우는 O 표, 그렇지 않은 경우에는 X 표 하시오.**

(1) 물체에 가한 힘이 0 인 경우 ( )

(2) 물체에 힘을 가했으나 움직이지 않는 경우 ( )

(3) 물체에 가한 힘과 이동 거리의 방향이 나란한 경우 ( )

02 **다음 중 과학에서의 일에 해당하는 것은 O 표, 그렇지 않은 것은 X 표 하시오.**

(1) 얼음판에서 일정한 속력으로 썰매를 밀었다. ( )

(2) 바닥에 떨어진 동전을 주워서 책상에 올렸다. ( )

(3) 나선 모양의 계단을 올라갔다. ( )

03 **일의 양을 비교한 것으로 옳은 것은 O 표, 그렇지 않은 것은 X 표 하시오.**

(1) 힘 – 이동 거리 그래프에서의 그래프 아래 넓이가 넓을수록 일을 많이 한 것이다. ( )

(2) 같은 방향으로 같은 거리만큼 간 경우 힘의 크기에 관계 없이 일의 양은 같다. ( )

(3) A, B 두 사람이 각각 질량이 같은 물체를 같은 높이까지 들어 올리는 경우, 한 일은 다를 수 있다. ( )

04 **다음 중 일을 더 많이 한 경우에 해당하는 것의 기호를 쓰시오.**

> A : 질량 1 kg 의 상자를 1 m 들어 올렸다.
> B : 상자에 3 N 의 힘을 가하여 수평 방향으로 일정한 속력으로 4 m 밀었다.

05 **다음과 같이 일을 한 경우 한 일의 양의 크기를 비교하여 부등호로 나타내시오.**

> A : 질량 1 kg 의 물체를 두 시간 동안 들고 있었다.
> B : 질량 2 kg 의 물체를 든 채로 2 m 이동했다.
> C : 질량 1 kg 의 물체를 1 cm 들어 올렸다.

06 **다음 빈 칸에 알맞은 말을 써 넣으시오.**

> 수평면에서 일정한 속력으로 물체를 끌어당길 때 물체를 끄는 힘의 크기는 ( )의 크기와 같다.

07 **다음의 일에 대한 설명으로 옳은 것은 O 표, 옳지 않은 것은 X 표 하시오.**

(1) 일의 단위는 J 이다. ( )

(2) 힘–이동 거리 그래프에서 한 일의 양은 그래프의 아래 넓이와 같다. ( )

(3) 힘이 일정하게 작용하지 않는 경우에 일의 양은 알 수 없다. ( )

08 **다음은 중력이나 마찰력에 대한 일에 대한 설명이다. 옳은 것은 O 표, 옳지 않은 것은 X 표 하시오.**

(1) 중력의 크기는 물체의 무게와 같다. ( )

(2) 물체를 등속으로 끄는 일을 할 때의 힘은 마찰력과 같은 크기와 방향을 갖는다. ( )

(3) 물체를 들어 올릴 때 높이 들어올릴수록 한 일의 양은 많다. ( )

정답 및 해설 22쪽

09 다음 빈 칸을 채우시오.

> 10 N 의 물체를 놓고 5 N 의 힘으로 5 m 끌었다면 한 일은 (　　　　) J 이다.

10 다음 빈 칸을 채우시오.

> 10 kg 의 물체를 2 m 들어 올리면 한 일은 (　　　) J 이다.

B

11 다음은 사람과 지게차가 무게 20 N 인 벽돌 100 개를 5 m 높이로 옮기는 모습이다. 이 일을 하는 데 사람은 600 초, 지게차는 10 초가 걸렸다. 이에 대해 옳은 것은 O 표, 옳지 않은 것은 X 표 하시오.

(1) 사람이 한 일이 지게차보다 더 적다. (　　)

(2) 1 초 동안 지게차가 한 일의 양이 사람이 한 일의 양보다 더 많다. (　　)

(3) 지게차의 일률은 1000 W 이다. (　　)

12 전동기 A, B, C 로 같은 양의 일을 하는 데 각각 10 초, 20 초, 30 초가 걸렸다. 각 전동기의 일률의 비 $P_A : P_B : P_C$ 는 얼마인가?

$P_A : P_B : P_C$ = (　　　:　　　:　　　)

13 어떤 기중기가 질량이 100 kg 인 화물을 4 m/s 의 속력으로 들어올리고 있다. 이 기중기의 일률은 몇 W 인가? (단, 중력가속도 $g = 9.8\ m/s^2$ 이다.)

(　　　　　　) W

14 다음 중 일의 양을 나타내는 단위를 모두 고르시오.(2 개)

① J　　② W　　③ N
④ m/s　　⑤ N · m

15 다음 중 과학에서 말하는 일을 한 경우가 아닌 것은?

① 장난감 블럭을 쌓았다.
② 우물에서 물을 퍼 올렸다.
③ 매일 아홉시까지 야근을 했다.
④ 청소기를 끌고 다니며 청소를 하였다.
⑤ 컴퓨터를 들고 2 층에서 3 층으로 이동했다.

16 다음 중 일률에 대한 설명으로 옳지 않은 것은?

① 1 W 는 1 초 동안 1 N 의 일을 할 때의 일률이다.
② 일의 양을 그 일을 하는 데 걸리는 시간으로 나눈 값이다.
③ 일률이 높다는 것은 효율적으로 일을 한다는 것을 의미한다.
④ 무게 30 N 의 상자를 높이 10 m 인 건물 옥상까지 올리는 데 5 분이 걸렸다면 일률은 1 W 이다.
⑤ 같은 깊이로 땅을 파는 데 사람은 4 시간, 굴삭기로는 10 분이 걸렸다면 굴삭기의 일률이 더 크다.

17 다음 〈보기〉 에서 한 일의 양을 바르게 비교한 것은 무엇인가?

〈 보기 〉

ㄱ. 질량이 20 kg 인 상자를 10 N 의 힘으로 끌어당겨 8 m 이동시켰다.
ㄴ. 질량이 10 kg 인 물체를 2 m 들어 올렸다.
ㄷ. 무게가 100 N 인 물체를 들고 8 m 걸어갔다.

① ㄱ > ㄴ > ㄷ ② ㄱ > ㄷ > ㄴ
③ ㄴ > ㄱ > ㄷ ④ ㄴ > ㄷ > ㄱ
⑤ ㄷ > ㄱ > ㄴ

18 수평면에서 정지해 있는 물체에 수평 방향으로 10N의 힘을 작용하면서 2m 이동시켰다. 물체가 이동하는 중 바닥면과 물체 사이에 작용한 마찰력이 5N이었다. 알짜힘이 물체에 해준 일의 양은 얼마인가?

① 5J ② 10J ③ 15J
④ 20J ⑤ 25J

[19~20] 다음 그림은 질량 3 kg 의 물체를 4 N 의 일정한 힘으로 미는 모습을 나타낸 것이다.

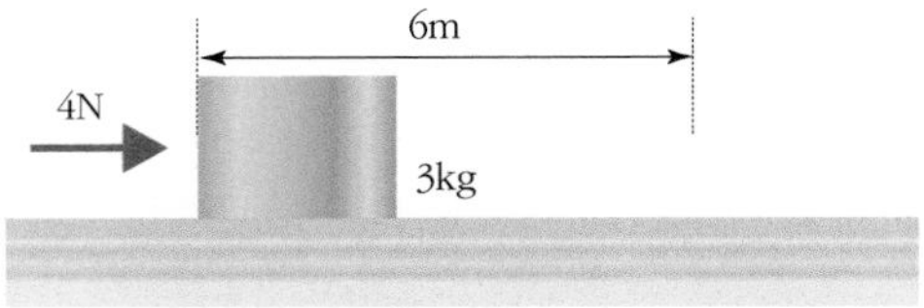

19 이 물체를 6 m 이동시킬 동안 한 일은 몇 J인가?

① 12 J ② 18 J ③ 24 J
④ 29.4 J ⑤ 176.4 J

20 이 물체를 수직으로 2 m 들어올리는 데 10 초가 걸렸다면 일률은 얼마인가? ($g = 9.8\ m/s^2$)

① 2.4 J ② 2.4 W ③ 5.88 J
④ 5.88 W ⑤ 6 W

C

21 다음은 사람과 기계가 일을 하는 상황을 나타낸 것이다.

(가) 윤희가 책상면에서 수평 방향으로 50 N의 힘을 작용하여 물체를 2 m 이동시키는 데 4 초가 걸렸다.
(나) 총 무게가 4000 N인 엘리베이터가 일정한 속력으로 12 m 올라가는 데 10 초 걸렸다.
(다) 사다리차가 2000 N의 일정한 힘으로 이삿짐을 10 m 밀어 올리는 데 5 초 걸렸다.

위의 자료에 대한 해석으로 옳은 것은 O 표, 옳지 않은 것은 X 표 하시오.

(1) 일률의 비는 (가) : (다) = 1 : 160 이다. ( )
(2) (나)는 (가)보다 일을 하는 데 시간이 더 걸렸으므로 일률이 작다. ( )
(3) 일을 가장 많이 한 것은 (다)이지만 (나)보다 일률은 작다. ( )

정답 및 해설 22쪽

22 다음 그림과 같은 계단에서 무게가 10 N 인 가방을 들고 A 지점에서 B 지점으로 올라간 후 수평으로 5 m 떨어진 C 지점까지 걸어갔다. 이때 한 일은 몇 J 인가?

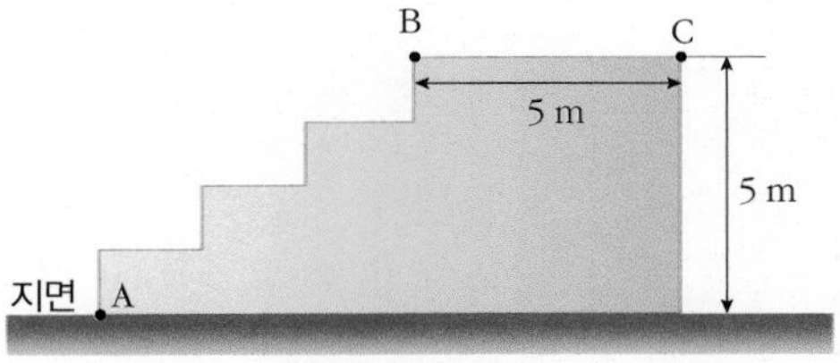

① 10 J ② 50 J ③ 100 J
④ 150 J ⑤ 250 J

23 다음 그림 (가) 와 같이 마찰이 없는 수평면 위에 놓인 나무 도막에 수평 방향과 60° 의 방향으로 힘 F 를 작용하여 10 m 이동시켰다. 이때 한 일이 50 J 이었다면 작용한 힘 F 의 크기는 얼마인가?

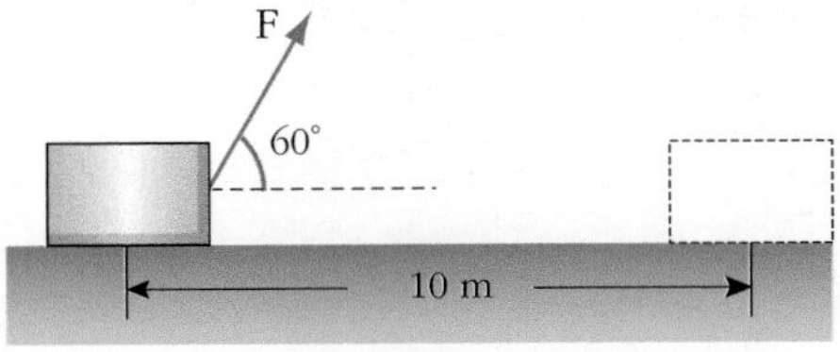

(가)

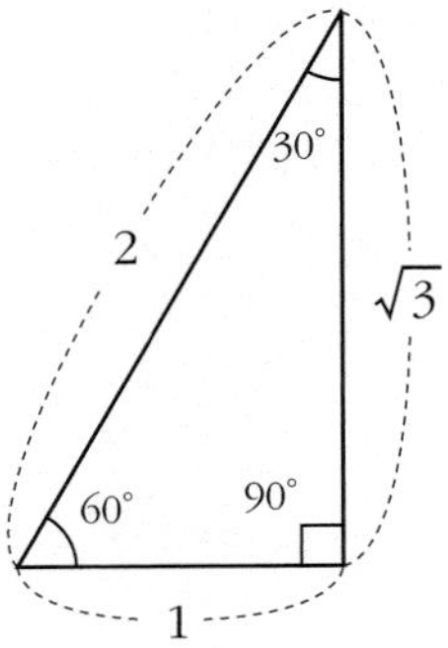

▲ 세 각이 30°, 60°, 90°인 삼각형 변의 길이의 비율

① 5 N ② 10 N ③ 15 N ④ 20 N ⑤ 25 N

24 그림처럼 사다리차를 이용하여 이삿짐을 빗면을 따라 5 m 높이로 옮기고 있다. 이삿짐을 옮길 때 필요한 힘은 빗면 방향으로 2000 N이고, 빗면의 길이는 10 m, 옮기는 데 걸리는 시간은 5 초이다.

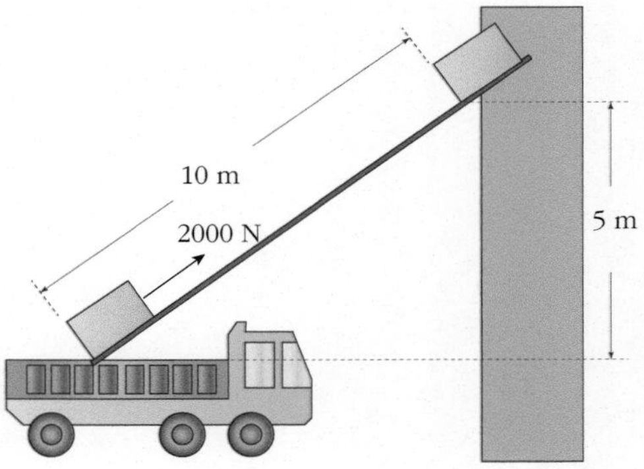

위의 자료에 대한 설명으로 옳은 것을 〈보기〉에서 모두 고른 것은?

〈 보기 〉

ㄱ. 사다리차가 한 일의 양은 20000 J 이다.
ㄴ. 사다리차의 일률은 4000 W 이다.
ㄷ. 이삿짐을 옮기는 데 4 초가 걸린다면 사다리차의 일률은 더 커진다.

① ㄴ ② ㄷ ③ ㄱ, ㄴ
④ ㄱ, ㄷ ⑤ ㄱ, ㄴ, ㄷ

25 다음 표는 세 종류의 양수기로 깊이가 다른 웅덩이에 고인 물을 각각 퍼 올렸을 때, 퍼 올린 물의 무게와 걸린 시간을 측정하여 기록한 것이다.

양수기	웅덩이 깊이(m)	물의 무게(N)	걸린 시간(초)
A	5	700	10
B	10	800	20
C	12	400	20

각 양수기의 일률을 바르게 비교한 것은?

① A 〉 B 〉 C ② A 〉 C 〉 B ③ B 〉 A 〉 C
④ B 〉 C 〉 A ⑤ C 〉 B 〉 A

26 일정한 속력으로 물체를 들어올릴 때 물체에 작용하는 힘들의 합력은 얼마인지 쓰고, 그 이유를 서술하시오.

27 다음 그림과 같이 무한이와 상상이가 각각 100 N 과 80 N 의 힘으로 교탁을 서로 마주 보고 밀고 있다. 이때 무한이가 미는 방향으로 교탁이 1 m 움직였다면 이들이 교탁에 한 일은 얼마인지 구하시오. (단, 교탁과 바닥 사이의 마찰은 무시한다.)

28 질량 20 kg 의 물체를 바닥에서 선반으로 올려놓는데 392 J 의 일을 하였다. 질량 1 kg 의 물체에 작용하는 중력은 9.8 N 이라고 할 때 선반의 높이는 얼마인지 구하시오.

29 일률과 일의 양, 일률과 걸린 시간의 관계에 대해 서술하시오.

정답 및 해설 22쪽

30 다음은 학생 A 와 B 가 같은 여러 장의 벽돌을 1 m 높이까지 들어올리는 데 한 일과 일을 한 시간을 나타낸 것이다. 이 두 학생의 한 일의 양과 일률을 비교하여 설명하시오.

학생 A : 30 분 동안 벽돌 30 장을 들어올렸다. 학생 B : 1 시간 동안 벽돌 60 장을 들어올렸다.

창의력 서술

31 다음 그림과 같이 마찰이 없는 수평면 상에서 질량이 1 kg 인 물체가 반지름이 1 m 인 원을 그리면서 등속 원운동을 하고 있다. 이때 물체에 작용하는 구심력이 10 N 이다. 이 물체가 반바퀴 회전 운동하는 동안 구심력이 한 일은 얼마인지 서술하시오.

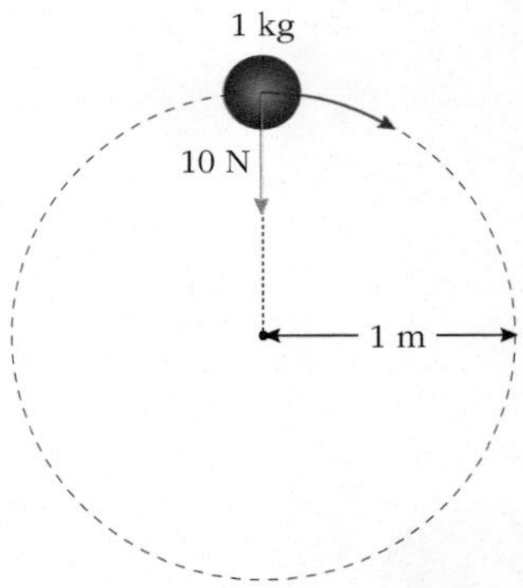

32 자동차는 엔진을 이용하여 움직이며, 이때 엔진에서 1 초 동안 화학 에너지를 운동 에너지로 바꿔 주는 양에는 한계가 있다. 즉, 자동차의 엔진이 낼 수 있는 최대 출력(일률)은 정해져 있다.
자동차 엔진의 출력 P 와 자동차가 낼 수 있는 힘 F, 자동차의 속력 v 사이에는 $P = Fv$ 의 관계가 있다. 언덕을 올라갈 때와 평지를 달릴 때 자동차가 낼 수 있는 속력에 대하여 서술하시오.

7강. 일의 원리

● 축바퀴

반지름이 다른 두 개의 바퀴를 동시에 돌려 힘의 이득을 얻는 장치

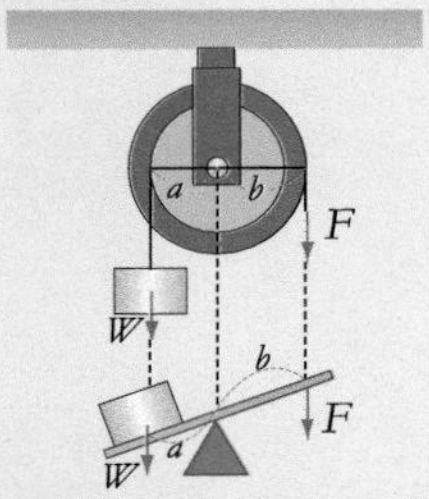

축바퀴를 사용할 때의 힘과 일은 지레와 유사하다

$F \times b = w \times a$

● 축바퀴의 이용

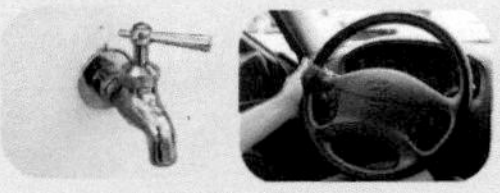

▲ 수도꼭지와 자동차 핸들

● 지레의 이용

▲ 1종 지레 : 가위

▲ 2종 지레 : 병따개

▲ 3종 지레 : 핀셋

미니사전

지레 막대와 받침대를 이용하여 물체를 들어올리는 도구

1. 지레

(1) 지레를 사용할 때의 힘과 일 : 무게 w 의 물체를 들기 위해 받침대를 놓고, 반대편에서 힘 F 로 눌러서 물체를 h 만큼 들어 올린다.

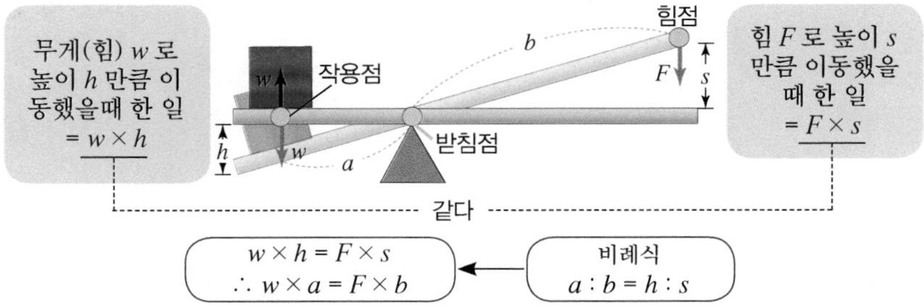

▲ 지레의 원리

① a 가 짧을수록 b 가 길수록 F 는 작아진다. ⇒ 힘의 이득

② a 가 짧을수록 b 가 길수록 s 는 길어진다. ⇒ 거리의 손해

③ 일의 양은 지레를 사용하기 전과 같다. [일(W) = 힘(F) × 거리(s)]

(2) 지레의 종류와 이용 : 힘점, 받침점, 작용점의 위치에 따라 3가지로 구분한다.

	1 종 지레	2 종 지레	3 종 지레
구조	받침점, 힘점, 작용점	받침점, 힘점, 작용점	받침점, 힘점, 작용점
특징	힘의 이득	힘의 이득	거리의 이득
예	가위, 시소, 펜치, 펌프, 양팔저울, 윗접시 저울	절단기, 병따개, 호두까개, 외바퀴 손수레	젓가락, 핀셋, 집게, 스테이플러, 낚싯대

개념확인 1 **그림과 같이 지레를 사용하여 무게가 100 N 인 물체를 50 cm 들어올릴 때, 누르는 힘 F 가 한 일의 양은?**

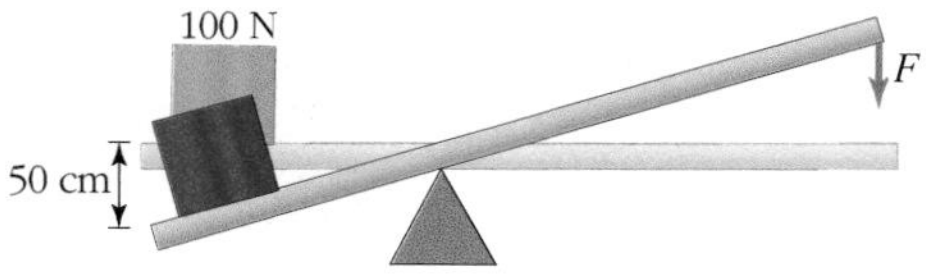

일의 양 : (　　　　　) J

확인 +1 **다음 〈보기〉 에서 지레의 원리를 이용한 예를 모두 고르시오.**

〈 보기 〉

㉠ 가위　㉡ 핀셋　㉢ 젓가락　㉣ 계단
㉤ 병따개　㉥ 엘리베이터　㉦ 장도리

2. 도르래

(1) 도르래를 사용할 때의 일 : 무게(w) × 올라간 높이(h)

	고정 도르래	움직 도르래
구조	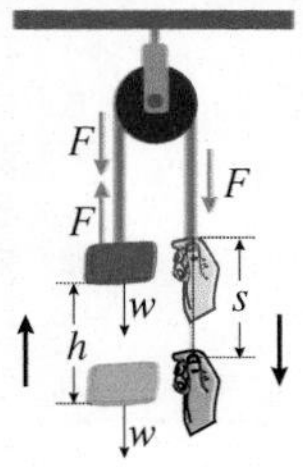	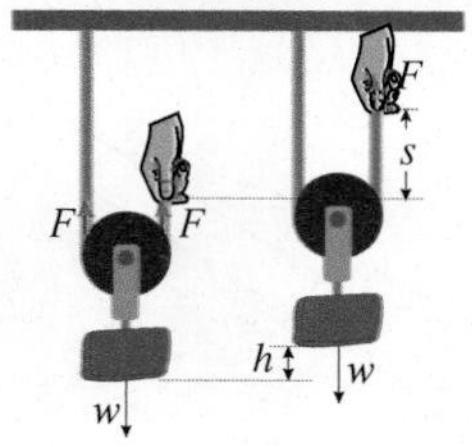
일	$F \times s = w \times h$	$F \times s = \frac{w}{2} \times 2h = w \times h$
효과	힘의 방향만 바꿔준다. (F 의 크기 = w)	힘은 반으로, 이동 거리는 두 배가 된다. (F 의 크기 = $\frac{w}{2}$)

(2) 복합 도르래 : 여러 개의 움직 도르래와 고정 도르래를 연결한 것

	하나의 줄로 연결	여러 줄로 연결
구조	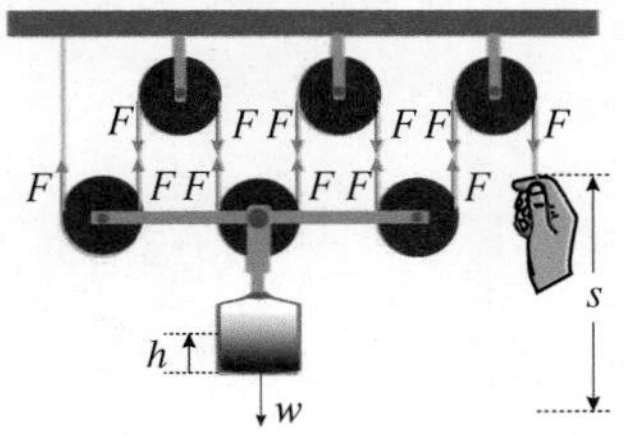 $6F = w$ $s = 6h$	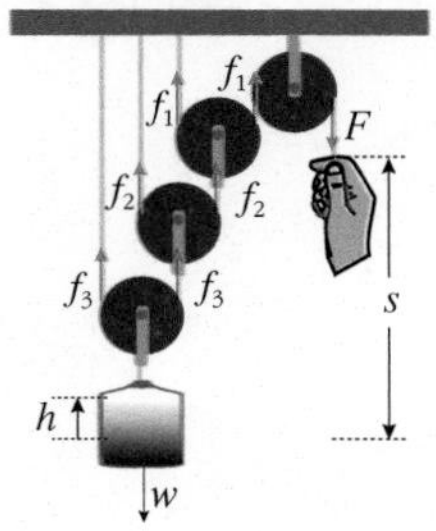 $F = f_1,\ 2f_1 = f_2,\ 2f_2 = f_3,\ 2f_3 = w$ $F = \frac{w}{8},\ s = 8h$
	일의 양 = 힘 × 이동 거리 이므로 한 일의 양은 같다.	

도르래를 사용할 때의 일

고정 도르래에서는 힘의 방향만 바꿔주고, 움직 도르래에서는 힘에서 이득, 거리에서 손해가 생기므로 일의 양은 도르래를 사용하기 전과 같다.

움직 도르래에서 끈의 길이

물체를 끈 2 개가 지탱하고 있으므로 물체가 h 만큼 올라가기 위해서는 전체 끈의 길이가 $2h$ 만큼 당겨져야 한다.

도르래의 이용

▲ 기중기 (움직)

▲ 국기 게양대 (고정)

정답 및 해설 24쪽

개념확인 2 다음 괄호 안에 들어갈 말을 써 넣으시오.

> 움직 도르래 하나를 사용하면 물체를 들어올리는 힘은 물체 무게의 ㉠ (　　　)배가 되고, 물체를 당긴 줄의 길이는 물체가 올라간 높이의 ㉡ (　　　)배가 된다.

㉠ (　　　)　　㉡ (　　　)

확인 +2 다음 괄호 안에 들어갈 말을 써 넣으시오.

> 고정 도르래를 잡아당길 때 드는 힘의 크기는 물체 무게와 ㉠ (　　　)고, 고정 도르래의 이점은 힘의 ㉡ (　　　)을 바꿔준다는 것이다.

㉠ (　　　)　　㉡ (　　　)

미니사전

도르래 힘의 방향을 바꾸거나 작은 힘으로 큰 힘을 내는 장치

3. 빗면

(1) 빗면을 사용할 때의 힘과 일 : 마찰이 없는 빗면을 따라 B 지점까지 물체를 끌어 올린다.

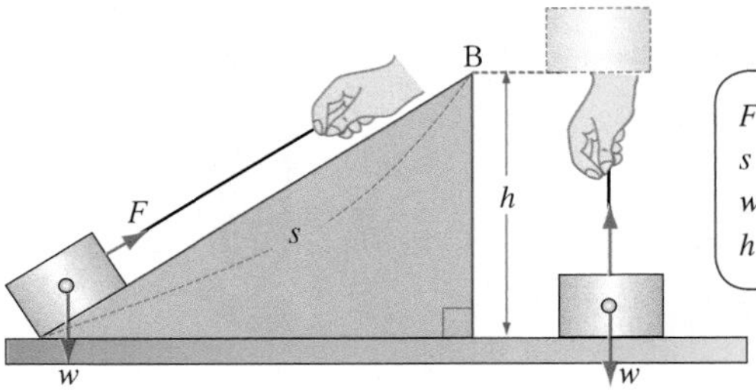

F : 빗면을 따라 물체를 끌어당기는 힘
s : 빗면을 따라 물체가 이동한 거리
w : 물체의 무게
h : 물체가 올라간 높이

① 빗면을 따라 물체를 끌어당길 때의 일 : $F \times s$
② 물체를 수직으로 들어올릴 때의 일 : $w \times h$
③ 물체의 나중 높이가 같으므로 한 일의 양도 같다 : $F \times s = w \times h$
④ 빗면으로 물체를 끌어올릴 때의 힘은 물체의 무게보다 작고, 이동 거리는 물체가 올라간 높이보다 길어진다.

(2) 빗면의 기울기와 힘 : 빗면의 기울기에 따라 힘과 이동 거리의 변화가 생긴다.

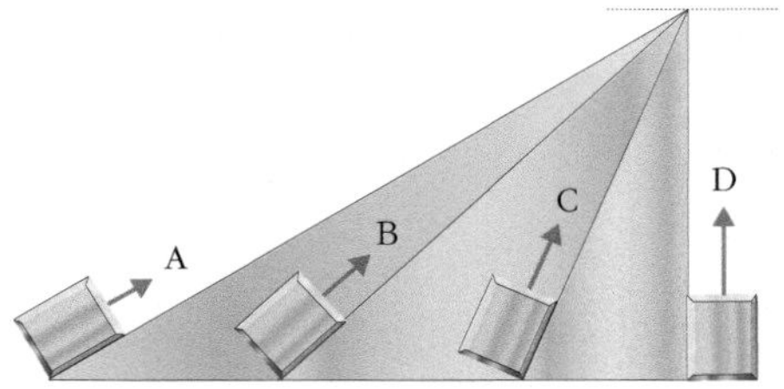

- 기울기 : A < B < C < D
- 이동 거리 : $s_A > s_B > s_C > s_D$
- 힘 : $F_A < F_B < F_C < F_D$
- 일 : $W_A = W_B = W_C = W_D$

① 빗면의 기울기가 작을수록 힘이 적게 들고, 이동 거리가 길어진다.
② 기울기가 작을수록 힘에서 이득, 이동 거리에서 손해가 생기므로 일의 양은 어느 경우나 같다.

간단실험
빗면의 경사

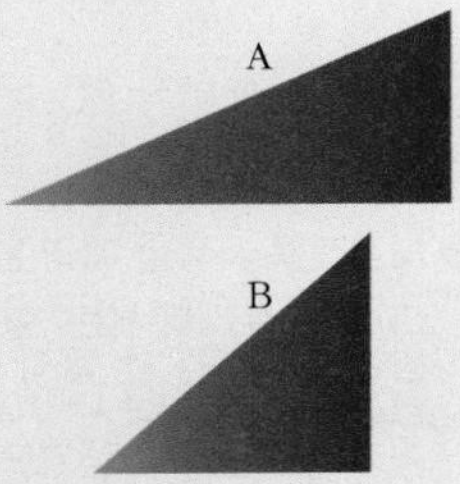

① 같은 높이의 다른 경사를 가진 경사면을 준비한다.
② 경사면을 따라 물체를 끌어 올릴 때 A 와 B 에서 물체를 끄는 힘, 이동 거리, 한 일의 양을 비교해 본다.

빗면의 이용
나사못, 비탈길, 계단, 사다리, 쐐기 등

빗면이 양쪽으로 있는 경우
두 물체가 양쪽 빗면에 매달려 정지해 있는 경우 줄에 매달린 물체가 서로 당기는 힘의 크기는 서로 같다.(F_1=F_2)

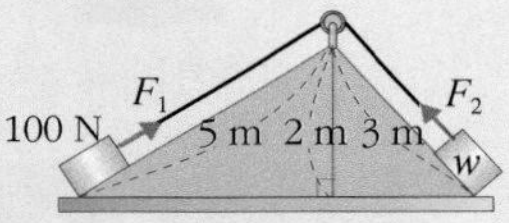

- $F_1 \times 5\text{ m} = 100\text{ N} \times 2\text{ m}$
  $\therefore F_1 = 40\text{ N}\ (=F_2)$
- $W_1 = W_2$(일의 원리)
- $F_2 \times 3\text{ m} = w \times 2\text{ m}$
  $\therefore 40\text{ N} \times 3\text{ m} = w \times 2\text{ m}$
  $\therefore w = 60\text{ N}$(반대편 빗면 위 물체의 무게)

생각해보기★
같은 높이의 산을 오를 때 암벽을 타고 올라가는 것과 완만한 길로 돌아가는 것 중 어느 쪽이 에너지가 많이 들까?

개념확인 3 오른쪽 그림과 같은 빗면에서 물체를 60 N 의 힘으로 끌어당길 때 물체의 무게는 몇 N 인가?

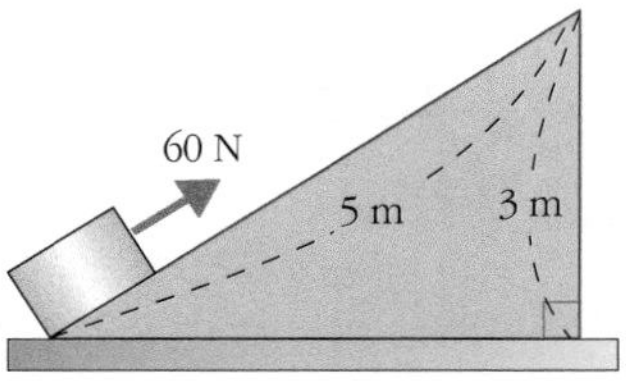

물체의 무게 : (　　　　) N

확인 + 3 오른쪽 그림과 같은 빗면 A, B, C 를 사용하여 같은 물체를 같은 높이까지 끌어올릴 때 필요한 힘의 크기를 비교한 것으로 옳은 것은?

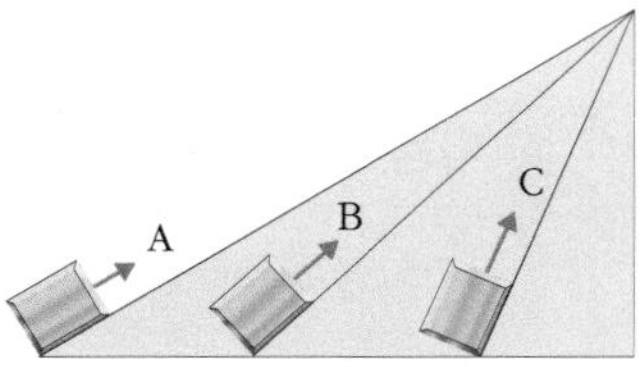

① A > B > C　　② A = B > C　　③ A < B = C
④ A< B < C　　⑤ A = B = C

4. 일의 원리

(1) 일의 원리 : 도구를 사용할 때와 사용하지 않을 때 한 일의 양은 같다.

	도구	힘의 크기	이동 거리	일의 양
지레	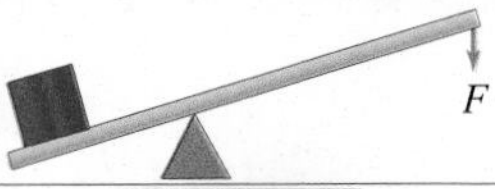	작아진다	길어진다	힘의 크기 × 이동거리 = 일의 양 → 변하지 않는다
고정 도르래	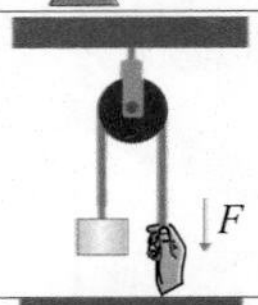	변하지 않는다	변하지 않는다	
움직 도르래	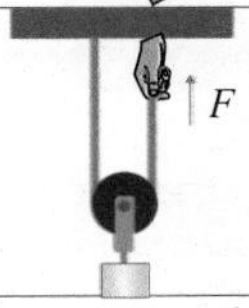	작아진다	길어진다	
빗면	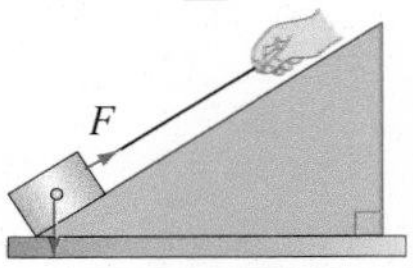	작아진다	길어진다	

(2) 도구를 사용하는 이유

도구	사용하는 이유
1 종 지레	힘의 방향을 바꿀 수 있고, 힘의 이득을 얻을 수 있다.
2 종 지레	힘의 이득을 얻을 수 있다.
3 종 지레	이동 거리의 이득을 얻을 수 있다.
고정 도르래	힘의 방향을 바꿀 수 있다.
움직 도르래	힘의 이득을 얻을 수 있다.
빗면	힘의 이득을 얻을 수 있다.

● 일의 원리가 적용되는 예

▲ 지레를 이용한 젓가락

▲ 도르래를 이용한 두레박

▲ 빗면을 이용한 나사못

정답 및 해설 24쪽

개념확인 4 **다음은 일의 원리에 대한 설명이다. 괄호 안에 들어갈 말을 써 넣으시오.**

> 도구를 사용하면 ㉠ (　　　)의 방향을 바꾸거나 ㉠ (　　　)의 이득을 볼 수 있지만, 도구를 사용할 때나 사용하지 않을 때나 한 ㉡ (　　　)의 양은 같다.

㉠ (　　　　)　㉡ (　　　　)

확인 + 4 **도구를 사용하는 이유에 대한 다음 설명으로 옳은 것은 O 표, 옳지 않은 것은 X 표 하시오.**

(1) 모든 지레는 힘의 이득을 얻을 수 있다. (　　)

(2) 고정 도르래는 힘의 방향을 바꿀 수 있다. (　　)

(3) 빗면을 이용하여 일을 하면 이동 거리의 이득을 얻는다. (　　)

● 생각해보기★★

조선 시대에 수원 화성을 쌓는 데 이용된 거중기는 도르래를 이용한 도구이다. 사람들이 거중기를 이용할 때 한 일은 돌이 받은 일의 양과 같을까?

개념 다지기

01 그림과 같이 물체를 들어 올릴 때, 지레를 누르는 힘은 몇 N 인가? (단, 지레의 무게와 마찰은 무시한다.)

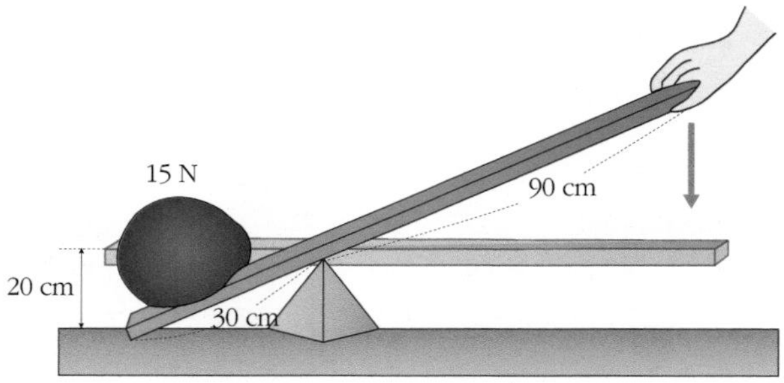

① 5 N ② 10 N ③ 15 N
④ 20 N ⑤ 25 N

02 그림과 같이 병따개를 이용하여 병뚜껑을 열려고 한다. 이에 대한 설명으로 옳은 것은?

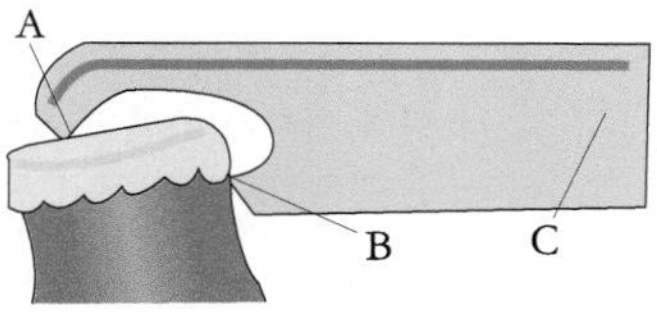

① A 는 작용점이고, B 는 받침점이다.
② A 와 C 에 작용하는 힘의 크기는 같다.
③ A 점에서 하는 일은 C 점에서 하는 일보다 크다.
④ B 에 작용하는 힘은 C 에 가하는 힘의 크기보다 크다.
⑤ B 에 작용하는 힘은 C 에서 가하는 힘의 크기보다 작다.

03 오른쪽 그림과 같은 도르래를 사용하여 무게가 100 N 인 물체를 매달았다. 물체를 2 m 들어 올릴 때 필요한 힘의 크기와 잡아당긴 줄의 길이를 바르게 비교한 것은? (단, 도르래와 줄의 무게 및 마찰은 무시한다.)

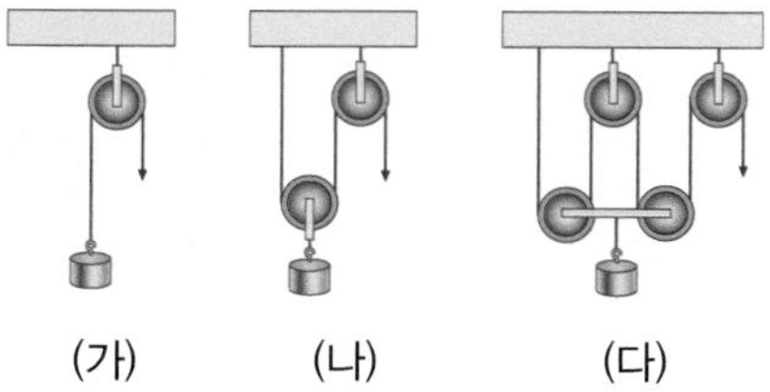

	힘의 크기	잡아당긴 줄의 길이
①	(가) = (나) = (다)	(가) = (나) = (다)
②	(가) > (나) > (다)	(가) = (나) = (다)
③	(가) > (나) > (다)	(다) > (나) > (가)
④	(나) > (가) > (다)	(가) > (나) > (다)
⑤	(가) < (나) < (다)	(다) > (나) > (가)

정답 및 해설 24쪽

04 그림과 같이 무게 100 N 의 물체를 빗면 방향으로 50 N 의 힘으로 2 m 높이로 끌어올릴 때, 빗면의 길이는 최소한 몇 m 인지 구하시오. (단, 모든 마찰은 무시한다.)

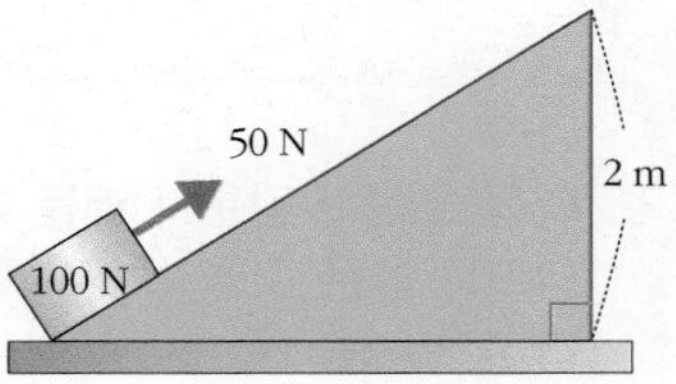

① 2 m ② 3 m ③ 4 m ④ 5 m ⑤ 6 m

05 다음 그림과 같은 빗면을 이용하여 A 지점에 있는 무게 200 N 의 물체를 전동기를 이용하여 2 m/s 의 일정한 속력으로 10 초 만에 B 지점까지 끌어 올렸다. 전동기가 한 일은 얼마인가? (단, 빗면의 마찰은 무시한다.)

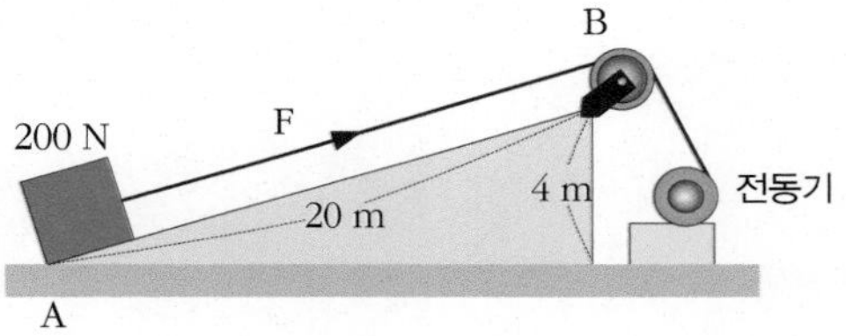

① 40 J ② 160 J ③ 200 J
④ 400 J ⑤ 800 J

06 고정 도르래, 움직 도르래, 지레, 빗면과 같은 도구를 이용하여 일을 할 때의 공통점에 대한 설명으로 옳은 것을 〈보기〉 에서 모두 고른 것은?

〈 보기 〉

ㄱ. 작은 힘으로 일을 할 수 있다.
ㄴ. 물체의 이동 거리가 짧아진다.
ㄷ. 도구의 종류에 관계 없이 한 일의 양은 같다.

① ㄱ ② ㄷ ③ ㄱ, ㄴ
④ ㄴ, ㄷ ⑤ ㄱ, ㄴ, ㄷ

유형 익히기 & 하브루타

[유형7-1] 지레

다음 그림과 같은 지레를 이용해 바위를 10 cm 들어올리는 데 300 N 의 힘이 들었다. 이 실험에 대한 설명으로 옳은 것을 〈보기〉 에서 모두 고른 것은? (단, 지레의 무게와 지레와 받침대 사이의 마찰은 무시한다.)

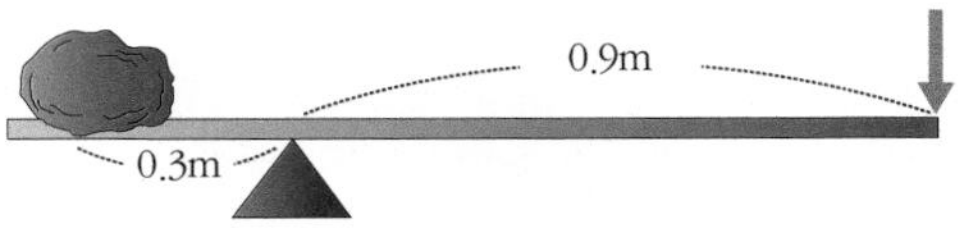

〈 보기 〉

ㄱ. 실제 바위의 무게는 100 N 이다.
ㄴ. 지레가 물체에 한 일의 양은 90 J 이다.
ㄷ. 사람이 지레에 한 일의 양과 지레가 물체에 한 일의 양은 같다.

① ㄱ ② ㄴ ③ ㄷ ④ ㄱ, ㄴ ⑤ ㄴ, ㄷ

01 다음 그림과 같이 지레의 한쪽에 무게가 200 N 인 물체를 올려놓고 힘을 작용하여 물체를 50 cm 만큼 들어올렸다. 이에 대한 설명으로 옳지 않은 것은?

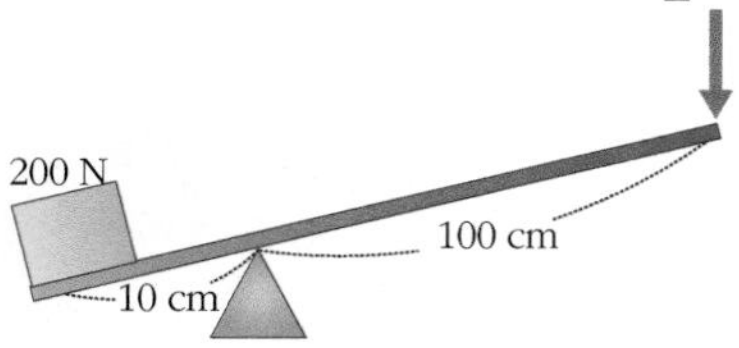

① 지레가 물체에 한 일의 양은 100 J 이다.
② 사람이 지레에 한 일의 양은 100 J 이다.
③ 지레를 사용하면 힘과 일의 이득이 있다.
④ 지레를 사용하여 물체를 들어올리는 데 필요한 힘은 20 N 이다.
⑤ 물체를 50 cm 만큼 들어올리기 위해서는 지레를 500 cm 눌러야 한다.

02 다음 그림과 같이 무게가 300 N 인 물체를 2 m 길이의 지레에 올려놓고 200 N의 힘을 주었더니 지레가 수평이 되었다. 지레의 받침점에서 작용점까지의 거리는 얼마인가? (단, 지레의 무게는 무시한다.)

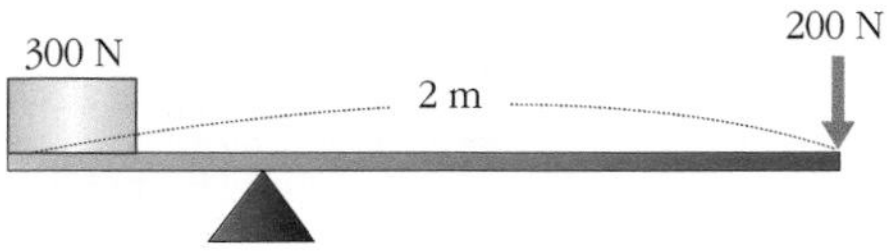

① 40 cm ② 80 cm ③ 120 cm
④ 140 cm ⑤ 150 cm

정답 및 해설 24쪽

[유형7-2] 도르래

그림 (가) ~ (다) 와 같이 도르래를 이용하여 200 N 의 추를 2 m 높이까지 들어 올렸다. (단, 도르래의 무게와 마찰은 무시한다.) 이에 대한 설명으로 옳은 것만을 〈보기〉 에서 있는대로 고른 것은?

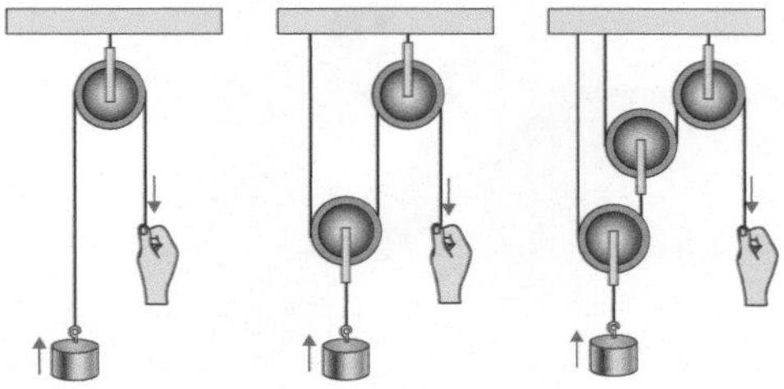
(가) (나) (다)

〈 보기 〉

ㄱ. (가) 는 힘의 이득이 있다.
ㄴ. 줄을 당기는 힘은 (다) 에서 50 N 으로 제일 작다.
ㄷ. (나) 에서 당기는 줄의 길이는 (가) 보다 4 배 더 길다.
ㄹ. (가), (나), (다) 모두 사람이 한 일의 양은 400 J 로 같다.

① ㄱ ② ㄱ, ㄷ ③ ㄴ, ㄹ ④ ㄱ, ㄷ, ㄹ ⑤ ㄴ, ㄷ, ㄹ

03

그림과 같은 도르래를 사용하여 무게가 200 N 인 물체를 4 m 들어 올리려고 한다. 물체를 들어 올리는데 필요한 힘과 당겨야 할 줄의 길이를 바르게 연결한 것은? (단, 도르래의 무게와 마찰은 무시한다.)

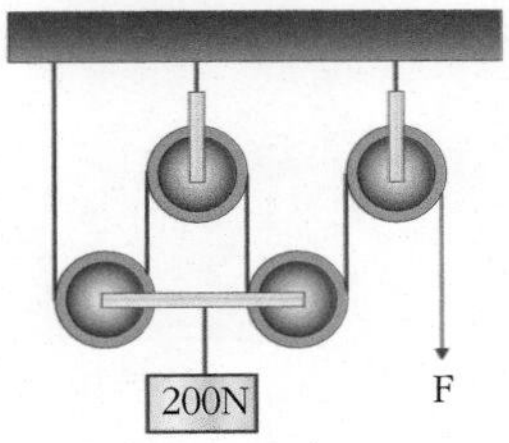

	필요한 힘(N)	줄의 길이(m)
①	20	20
②	40	10
③	50	16
④	100	20
⑤	200	25

04

그림과 같이 도르래를 여러 가지 방법으로 연결하여 질량이 같은 물체를 일정한 속력으로 들어 올렸다. 이때 용수철 저울의 눈금을 비교하시오.

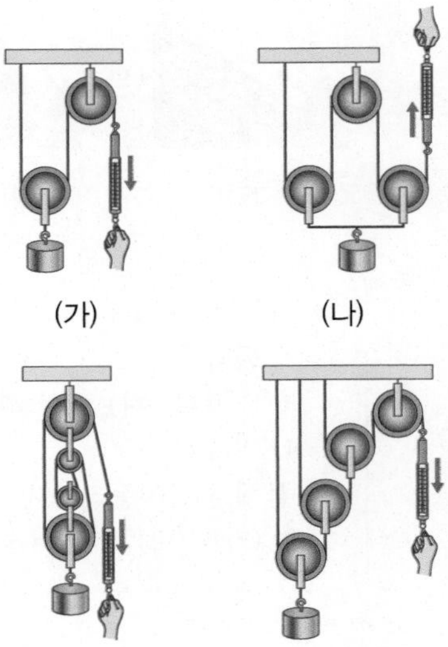
(가) (나)
(다) (라)

[유형7-3] 빗면

다음 그림은 마찰이 없는 빗면을 이용하여 무게 60 N 의 물체를 1 m 높이로 들어올리는 일을 하고 있는 모습이다.

이에 대한 설명으로 옳은 것을 〈보기〉 에서 모두 고른 것은?

〈 보기 〉

ㄱ. 빗면을 사용할 때 드는 힘의 크기는 60 N 보다 작다.
ㄴ. 빗면을 사용하여 일을 하면 일의 양이 줄어든다.
ㄷ. 빗면을 사용하여 일을 하면 물체의 이동 거리가 줄어든다.
ㄹ. 빗면의 길이가 3 m 이면 물체를 빗면 방향으로 미는 힘의 크기는 20 N 이다.

① ㄱ, ㄴ ② ㄱ, ㄹ ③ ㄴ, ㄷ ④ ㄴ, ㄹ ⑤ ㄷ, ㄹ

05 무게가 같은 물체를 다음 세 가지 방법으로 일정한 속력으로 같은 높이까지 끌어올렸다. 이에 대한 설명으로 옳은 것을 〈보기〉 에서 모두 고른 것은?

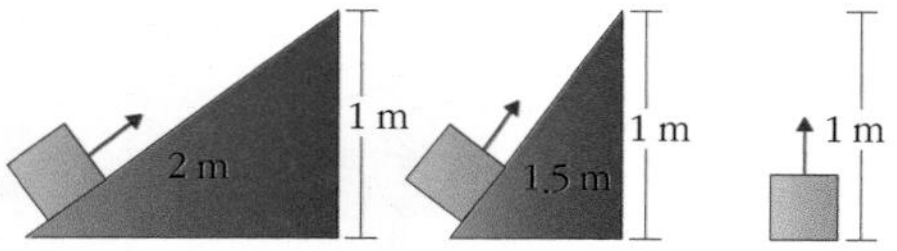

(가) (나) (다)

〈 보기 〉

ㄱ. (다) 에 비해 (가) 와 (나) 는 힘이 적게 든다.
ㄴ. (가) 보다 (나) 에서 해야 할 일의 양이 적다.
ㄷ. 물체를 들어올리는데 드는 힘의 크기는 (가) : (나) : (다) = 3 : 4 : 6 이다.

① ㄱ ② ㄷ ③ ㄱ, ㄴ
④ ㄱ, ㄷ ⑤ ㄴ, ㄷ

06 다음 그림과 같이 기울기가 서로 다른 마찰이 없는 빗면 A, B, C 를 각각 이용하여 물체를 꼭대기까지 끌어 올릴 때 한 일의 비 $W_A : W_B : W_C$ 는 얼마인가?

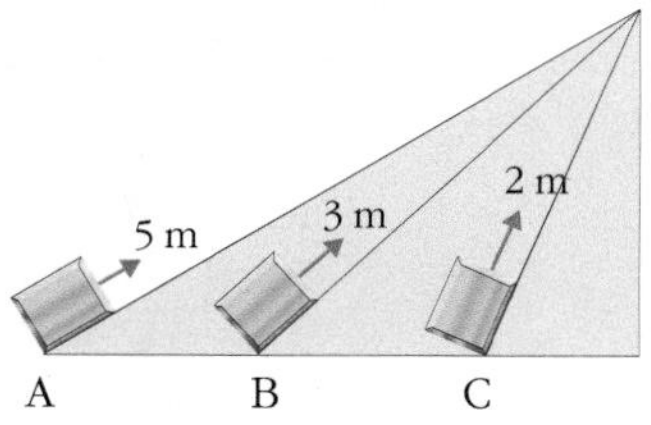

① 1 : 1 : 1 ② 5 : 3 : 2
③ 6 : 10 : 15 ④ 10 : 15 : 6
⑤ 15 : 10 : 6

정답 및 해설 24쪽

[유형7-4] 일의 원리

다음 그림은 여러 도구를 사용하여 일을 하는 경우를 나타낸 것이다.

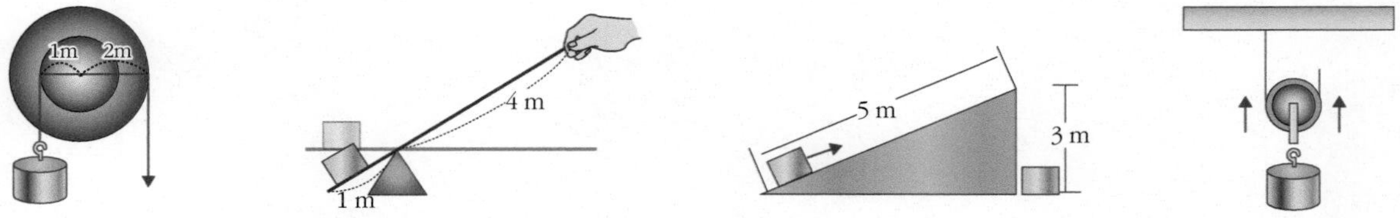

(가) (나) (다) (라)

물체의 무게는 모두 30 N 이고 물체가 올라간 높이는 모두 3 m 이다. 위의 도구 중 한 일의 양이 가장 많은 것은 어느 것인가? (단, 모든 도구에서 도구의 무게와 마찰은 무시한다.)

① (가) ② (나) ③ (다) ④ (라) ⑤ 모두 같다.

07 도구와 일에 대한 다음 설명 중 옳은 것은?

① 지레를 사용하면 한 일의 양이 줄어든다.
② 축바퀴를 사용하는 것은 일에 이득이 없다.
③ 빗면의 기울기가 커질수록 일의 양이 줄어든다.
④ 고정 도르래는 힘을 줄여 주지만 일의 양은 줄여 주지 않는다.
⑤ 지레는 받침점과 힘점 사이의 거리가 가까울수록 힘이 적게 든다.

08 다음의 도구들을 사용하여 같은 물체를 들어 올리는 일을 한다.

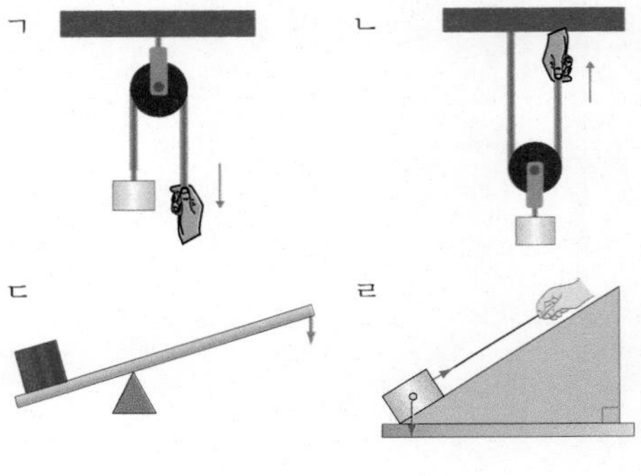

이 일에 대한 설명으로 옳은 것은?

① 이동 거리가 가장 큰 것은 ㄹ 이다.
② 한 일의 양이 가장 많은 것은 ㄷ 이다.
③ 힘의 방향을 바꿔주는 것은 ㄴ 이다.
④ 물체를 드는 힘이 가장 큰 것은 ㄱ 이다.
⑤ 이동 거리의 이득을 보는 것은 ㄴ 이다.

01 다음은 옛날 조상들이 쓰던 대저울과 회전축이 중심에 있지 않은 도르래의 모습을 나타낸 것이다. 이 도구들에 대한 설명 중 옳지 <u>않은</u> 것을 고르고, 그 이유를 서술하시오.

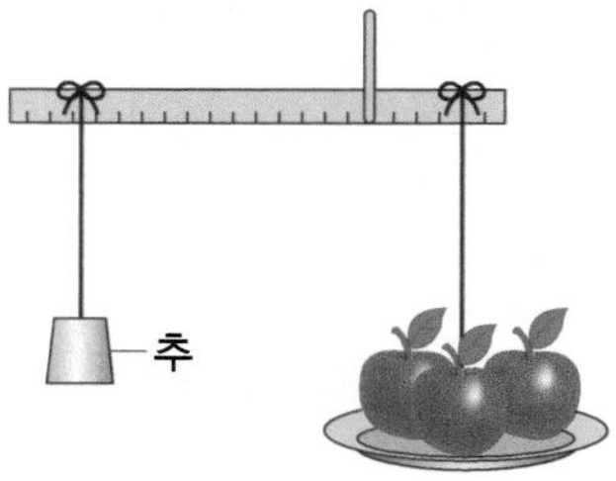

(가) 대저울

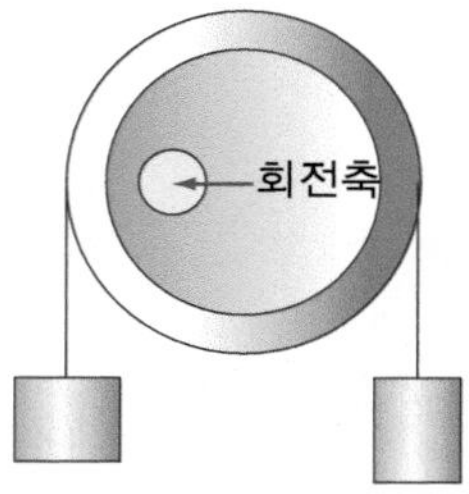

(나) 회전축이 중심에 있지 않은 도르래

〈 설명 〉

① (가) 에서 더 무거운 물체를 매달고 추와 평형을 이루려면 현재 매달린 물체의 위치보다 오른쪽에 매달아야 한다.
② (나) 에서 양쪽에 매단 물체가 평형을 이루기 위해서는 회전축의 먼 쪽에 매단 물체의 무게가 작아야 한다.
③ (가) 에서 손잡이가 달린 곳이 받침점이며, 받침점으로부터의 거리와 그곳에 매달린 물체의 무게는 반비례한다.
④ (나) 에서 질량이 똑같은 물체를 매달면 오른쪽 물체가 아래로 내려온다.
⑤ (가), (나) 모두 지레의 원리가 적용된 것이다.

정답 및 해설 25쪽

02 다음 그림과 같이 도르래 4 개를 이용하여 물체를 들어올리는 장치가 있다. 다음 물음에 답하시오. (단, 도르래의 무게와 마찰은 무시하고, 중력 가속도는 $9.8\ m/s^2$ 이다.)

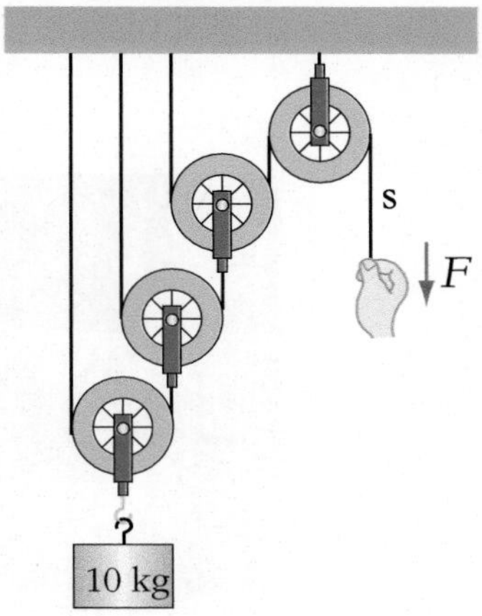

(1) 10 kg 의 물체를 끌어올리기 위한 최소한의 힘은 몇 N인가?

(2) 물체를 5 m 끌어올리는 데 5 초 걸렸을 때 도르래의 일률과 물체에 한 일률은 각각 몇 W 인가?

03 고인돌이란 말 그대로 '돌을 고였다' 하여 붙여진 이름으로, 청동기 시대의 대표적인 무덤 형식이다. 전세계에서 발견되고는 있지만 세계 고인돌의 40 % 이상이 우리 나라에서 발견되었다. 우리 나라 고인돌의 대부분은 지상이나 지하의 무덤방 위에 거대한 덮개돌을 얹어 만든 것이다. 덮개돌의 무게는 보통 10 톤 미만이지만 대형 고인돌의 경우 20 ~ 40 톤에 이르며, 100 톤 이상 되는 것도 있다고 한다.

▲ 강화도 오상리에 있는 고인돌

거대한 덮개돌을 얹는 것은 사람의 힘만으로는 불가능하였을 것이다. 청동기 시대의 석공이 되어 덮개돌을 이동시켜 무덤방 위에 얹을 수 있는 방법을 제시해 보시오.

정답 및 해설 26쪽

04 그림과 같이 빗면에 무게 100 N 의 물체를 놓고 도르래를 이용하여 끌어올리려고 한다. 물체와 빗면 사이의 마찰력이 20 N 이라 할 때 물체를 끌어올리기 위해 필요한 최소의 힘 F 는 얼마이겠는지 쓰시오. (단, 물체는 운동 상태이고, 도르래 및 끈의 무게와 도르래의 마찰은 무시한다.)

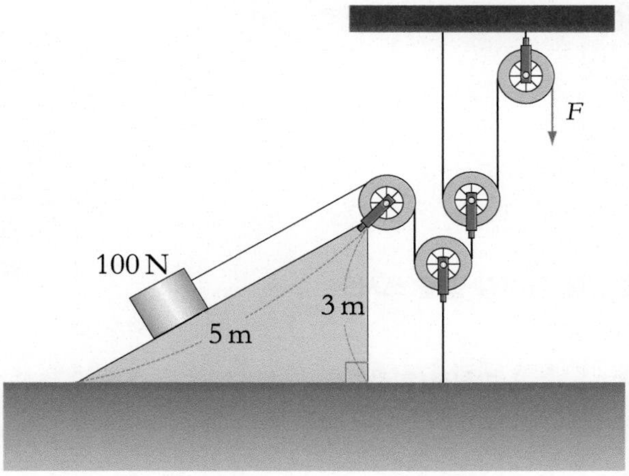

A

01 다음 중 일상 생활에서 지레를 이용한 도구에 해당하는 것은 O 표, 아닌 것은 X 표 하시오.

(1) 병따개 ( )
(2) 나사 ( )
(3) 젓가락 ( )

02 다음 괄호 안에 들어갈 말을 쓰시오.

지레는 ( ), 받침점, 힘점으로 구성된다.

03 다음 괄호 안에 알맞은 말을 〈보기〉 에서 골라 기호를 쓰시오.

무거운 물체를 높은 곳으로 옮길 때 빗면을 사용하는 이유는 물체의 무게보다 ( )힘으로 일을 할 수 있기 때문이다.

〈 보기 〉
㉠ 큰 ㉡ 작은

04 빗면에 대한 설명 중 옳은 것은 O 표, 옳지 않은 것은 X 표 하시오.

(1) 빗면은 거리의 이득을 준다. ( )
(2) 빗면을 이용하여 일을 하면 이동 거리가 길어진다. ( )
(3) 빗면을 이용할 때와 이용하지 않을 때의 일의 양은 같다. ( )

05 도르래에 대한 다음 설명 중 옳은 것은 O 표, 옳지 않은 것은 X 표 하시오.

(1) 고정 도르래는 힘의 방향을 바꿔준다. ( )
(2) 움직 도르래는 일의 이득을 준다. ( )
(3) 고정 도르래를 많이 연결하여 일을 할수록 힘이 적게 든다. ( )

06 다음 그림과 같이 움직 도르래 한 개에 10N 짜리 추를 매달고 20 cm 잡아당길 때 필요한 힘은 얼마인가? (단, 도르래의 무게는 무시한다.)

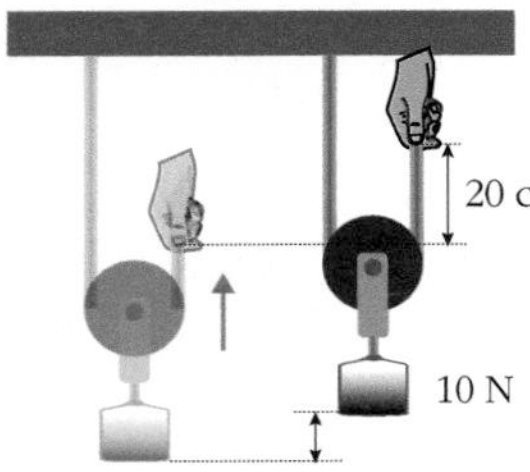

( ) N

07 다음 중 고정 도르래에 대한 설명에는 '고', 움직 도르래에 대한 설명에는 '움'이라고 쓰시오.

(1) 도르래를 사용하기 전과 같은 크기의 힘이 필요하다. ( )
(2) 도르래를 사용하여 물건을 들 때 더 많은 길이의 줄을 잡아 당겨야 한다. ( )

08 다음 중 도르래를 이용한 도구에는 O 표, 그렇지 않은 것에는 X 표 하시오.

(1) 두레박 ( )
(2) 자동차의 핸들 ( )
(3) 가위 ( )
(4) 국기게양대 ( )

정답 및 해설 26쪽

09 빗면에 대한 설명이다. 괄호 안에 들어갈 알맞은 말을 써 넣으시오.

> 빗면을 이용하여 일을 할 때 빗면의 경사가 작을수록 ㉠ (   )에 이득을 얻고, ㉡ (   ) 에서 손해를 본다.

㉠ (   ), ㉡ (   )

10 다음의 도구를 사용하여 일을 할 때 힘의 이득을 볼 수 있는 것을 <u>모두</u> 고르시오.

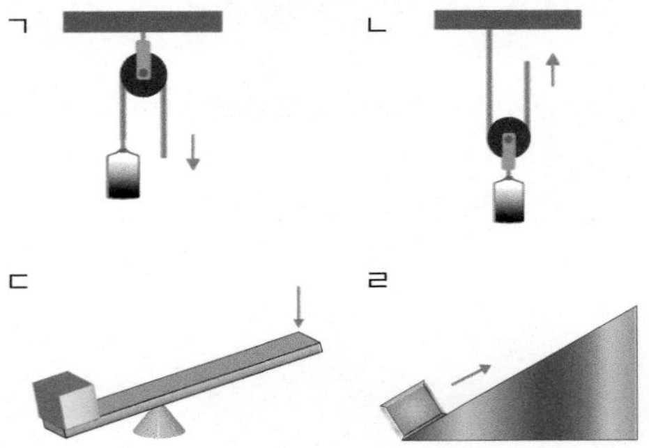

(   )

B

11 다음과 같이 마찰이 없는 빗면의 각도를 변화시키며 질량이 같은 물체를 O 점까지 끌어 올리는 실험을 하였다. 이에 대한 설명으로 옳은 것을 〈보기〉에서 모두 고른 것은?

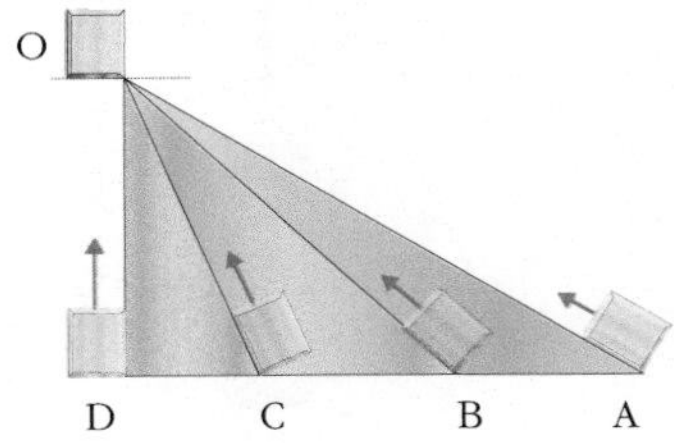

〈 보기 〉

ㄱ. 한 일의 양은 모두 같다.
ㄴ. A 가 가장 큰 힘이 든다.
ㄷ. D 에서의 힘의 크기는 물체 무게와 같다.

① ㄱ ② ㄴ ③ ㄷ
④ ㄱ, ㄴ ⑤ ㄱ, ㄷ

12 그림과 같이 지레를 사용하여 무게가 50 N 인 물체를 등속으로 들어 올리는데 20 N 의 힘이 들었고, 이때 한 일이 100 J 이었다면, 다음 설명 중 옳은 것은 무엇인가?

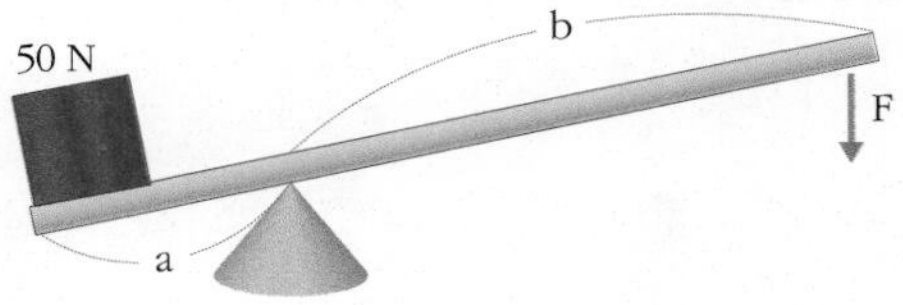

① a : b 의 길이의 비는 1 : 5 이다.
② 물체가 올라간 높이는 2 m 이다.
③ b 의 길이가 길수록 많은 힘이 든다.
④ 지레가 물체에 해준 일은 150 J 이다.
⑤ 지레를 이용하면 일을 적게 할 수 있다.

13 다음 그림과 같은 지레를 이용하여 물체를 20 cm 들어 올리는 일을 하였다. 이에 대한 설명으로 옳은 것을 <u>모두</u> 고르시오.(3 개)

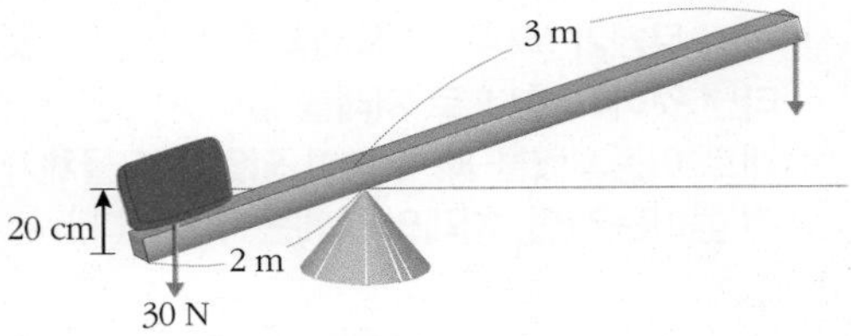

① 지레를 누르는 힘은 20 N 이다.
② 지레가 물체에 한 일의 양은 60 J 이다.
③ 지레를 눌러야 하는 길이는 30 cm 이다.
④ 이 그림의 지레는 가위, 펜치와 같은 1 종 지레이다.
⑤ 받침점을 힘점 방향으로 더 옮기면 힘이 더 적게 들 것이다.

14 몸무게가 각각 80 kgf, 60 kgf, 30 kgf 인 사람 A, B, C 가 그림처럼 시소놀이를 하고 있다. A 는 받침점으로부터 1.5 m 거리에 있고, B 는 A 반대편에 받침점으로부터 1.2 m 거리에 있다. 평형을 이루기 위하여 C 는 받침점으로부터 오른쪽으로 몇 m 거리에 앉아야 하는가?

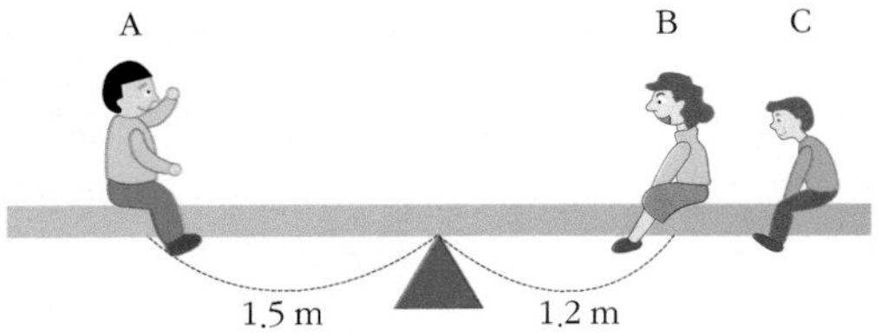

① 0.5 m ② 0.8 m ③ 1 m
④ 1.2 m ⑤ 1.6 m

15 다음 그림은 작용점과 받침점 사이의 거리가 2 m, 받침점과 힘점 사이의 거리가 3 m인 지레를 사용하여 무게가 600 N 인 물체를 들어 올리는 것을 나타낸 것이다. 힘 F 로 지레를 눌러 지레를 30 cm 아래로 이동시켰을 때 수평이 되었다면 물체가 올라간 높이는? (단, 지레의 무게는 무시한다.)

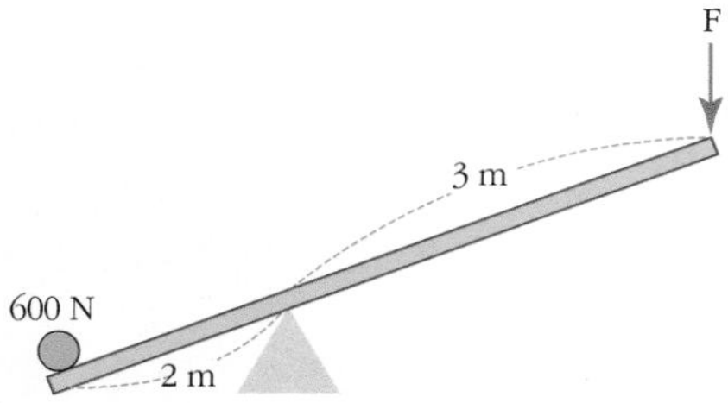

① 10 cm ② 20 cm ③ 30 cm
④ 40 cm ⑤ 50 cm

16 그림과 같이 도르래를 이용하여 무게가 10 N 인 물체를 1 m 들어 올리는 일을 할 때 설명으로 옳은 것은? (단, 도르래의 질량과 마찰은 무시한다.)

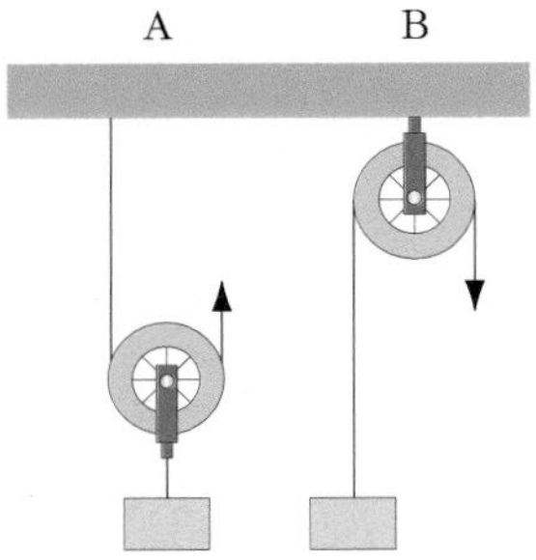

① A 도르래는 힘의 방향을 전환하기 위해 사용한다.
② B 도르래로 물체를 드는 데 필요한 힘은 5 N이다.
③ A 도르래로 물체를 드는 데 필요한 힘은 10 N 이다.
④ A 도르래와 B 도르래의 물체에 한 일의 양은 같다.
⑤ B 도르래로 물체를 1 m 들어 올리기 위해 사람은 2 m를 잡아당겨야 한다.

17 고정 도르래로 무게 50 N 인 물체를 들어 올리기 위해 아래 방향으로 줄을 3 m 당겼다. 설명이 옳지 <u>않은</u> 것은?

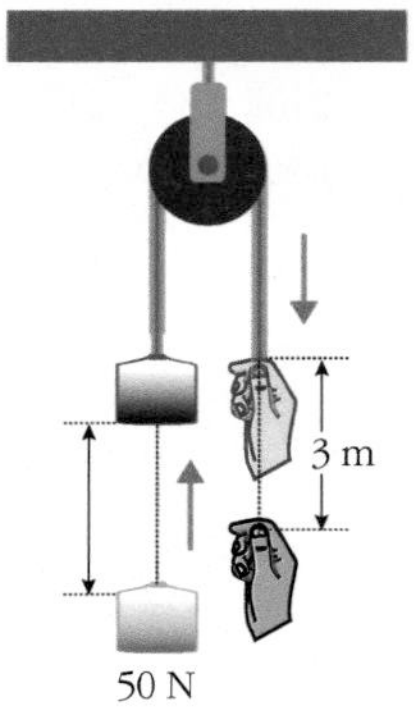

① 물체는 3 m 올라왔다.
② 힘은 25 N 이 필요하다.
③ 사람이 한 일은 150 J 이다.
④ 고정 도르래가 한 일은 150 J 이다.
⑤ 고정 도르래는 힘의 방향을 바꾼다.

정답 및 해설 26쪽

18 그림과 같이 빗면을 사용하여 무게가 각각 100 N 인 물체 A 와 B 를 바닥에서 3 m 높이까지 끌어 올렸다. 이에 대한 설명으로 옳지 않은 것은?

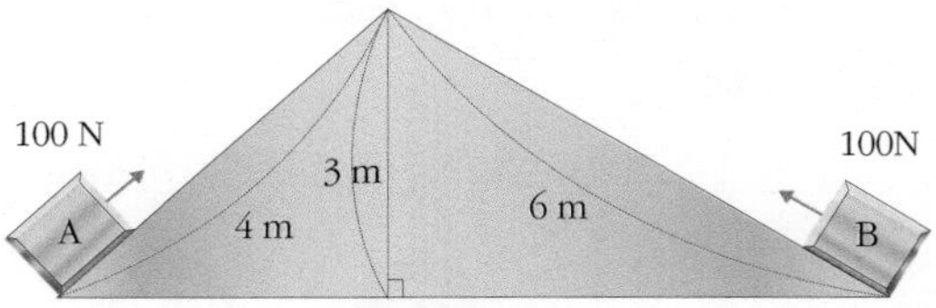

① A 를 끌어 올리는 데 드는 힘이 더 크다.
② A 를 끌어 올릴 때 한 일의 양은 300 J 이다.
③ A 보다 B 의 이동 거리가 길어 일의 양은 B 가 많다.
④ A 를 끌어 올릴 때 B 보다 힘은 많이 들지만 일의 양은 같다.
⑤ A 와 B 를 끌어 올리는 데 힘의 차이는 있으나 일의 양은 같다.

19 다음 그림과 같이 빗면을 이용하여 질량이 같은 물체를 끌어올릴 때의 설명으로 옳은 것을 모두 고르시오.(3 개)

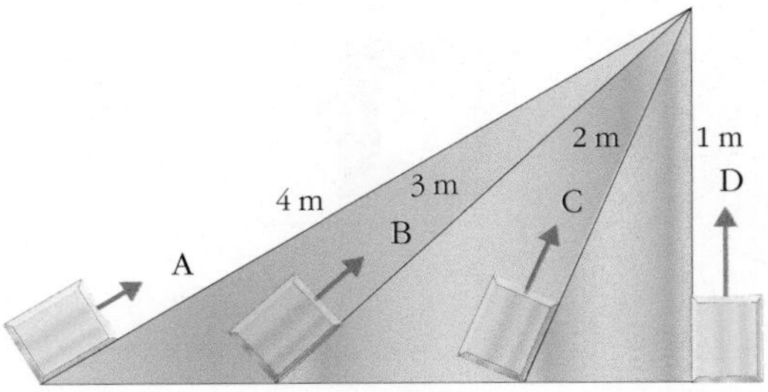

① 사람이 한 일의 양은 A = B = C = D 이다.
② 빗면을 이용한 도구의 예로 나사못, 계단 등이 있다.
③ C 로 물체를 드는 데 필요한 힘은 물체의 무게보다 크다.
④ C 로 물체를 끌어올리는 데 필요한 힘의 크기는 A 의 4 배이다.
⑤ 물체를 끌어올리는 데 필요한 힘의 크기는 A<B < C < D 이다.

20 다음 중 도구에 대한 설명으로 옳은 것을 모두 고르시오.(2 개)

① 움직 도르래를 사용하면 거리의 이득이 있다.
② 고정 도르래를 사용하면 힘의 방향을 바꿀 수 있다.
③ 지레의 원리를 사용한 도구로는 장도리, 병따개 등이 있다.
④ 가위와 같은 지레를 사용하면 힘이 적게 들기 때문에 한 일의 양도 줄어든다.
⑤ 지레로 물건을 들어 올릴 때 받침점에서 작용점까지의 길이가 짧을수록 지레를 누르는 힘의 크기는 커진다.

C

21 다음 그림의 (가), (나), (다) 와 같이 도르래를 이용하여 무게가 같은 물체를 같은 높이로 끌어 올릴 때 물체를 당기는 힘의 비 $F_1 : F_2 : F_3$ 는 얼마인가? (도르래와 줄의 무게 및 마찰 무시)

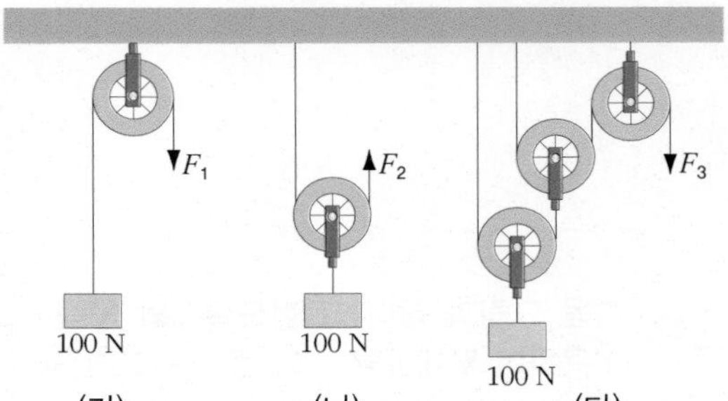

① 1 : 1 : 1 ② 6 : 3 : 2 ③ 1 : 2 : 4
④ 2 : 1 : 1 ⑤ 4 : 2 : 1

22 다음 그림과 같은 도르래를 이용하여 물체를 들어 올리는 데 드는 힘의 크기가 10 N 이었다. 이 물체의 무게는? (단, 도르래와 줄의 무게 및 마찰은 무시한다.)

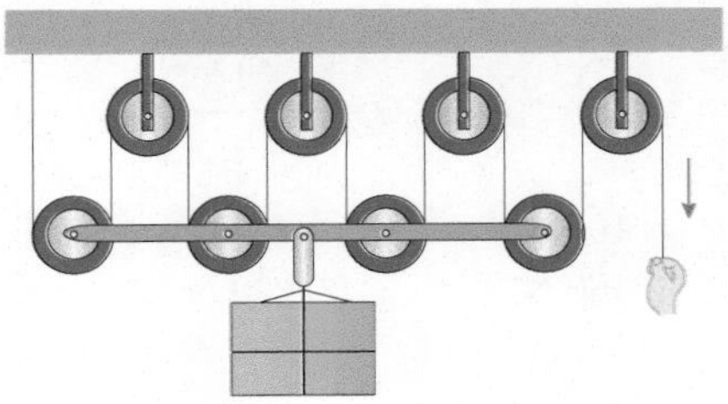

① 10 N ② 20 N ③ 40 N
④ 80 N ⑤ 160 N

23 다음 그림과 같이 빗면을 따라 질량 10 kg 의 물체를 A 에서 B 까지 끌어올리는데 10 초가 걸렸다. 이 전동기가 물체를 빗면을 따라 끌어올리기 위해서 가해야 할 최소한의 힘과 이때 전동기의 일률은 얼마인가? (단, 마찰은 무시하며, 중력가속도 $g = 10m/s^2$ 이다)

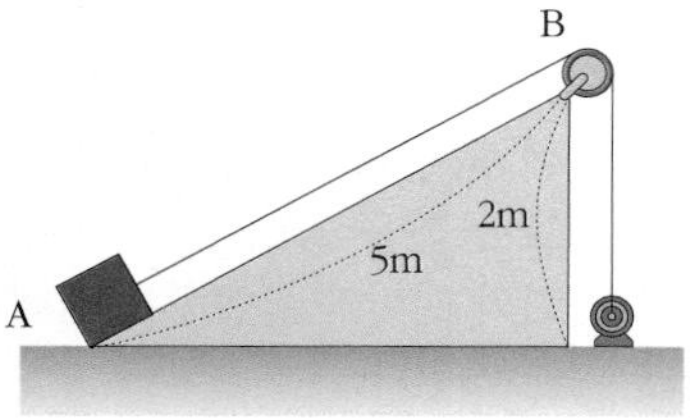

	힘(N)	일률(W)
①	40	20
②	20	20
③	40	40
④	40	98
⑤	20	98

24 다음 그림과 같이 고정 도르래와 움직 도르래를 이용하여 무게 450 N 의 물체를 끌어올리려고 한다. 움직도르래의 무게가 30 N 일 때 최소한 얼마의 힘을 가하면 물체를 끌어올릴 수 있겠는가? (단, 도르래의 마찰과 끈의 무게는 무시한다.)

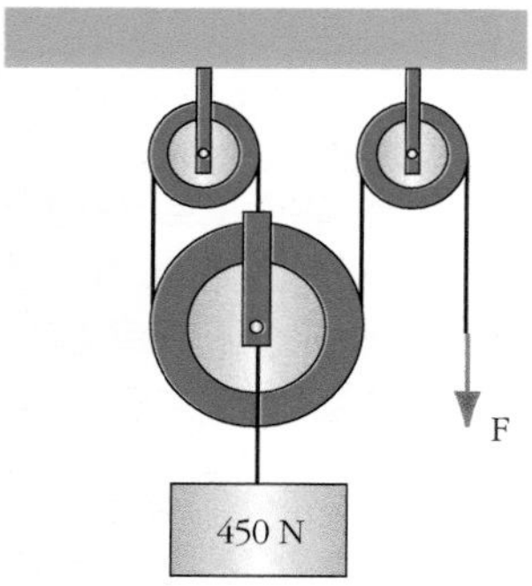

① 100 N ② 150 N ③ 160 N
④ 180 N ⑤ 200 N

25 다음 그림과 같이 움직도르래와 고정도르래를 사용하여 질량 100 kg 의 물체를 끌어올리려고 한다. 각 도르래의 질량은 모두 2 kg 이라고 할 때, 물체를 끌어올리기 위해 필요한 최소의 힘 F는 얼마이겠는가? (단, 중력가속도 $g = 10m/s^2$ 이다.)

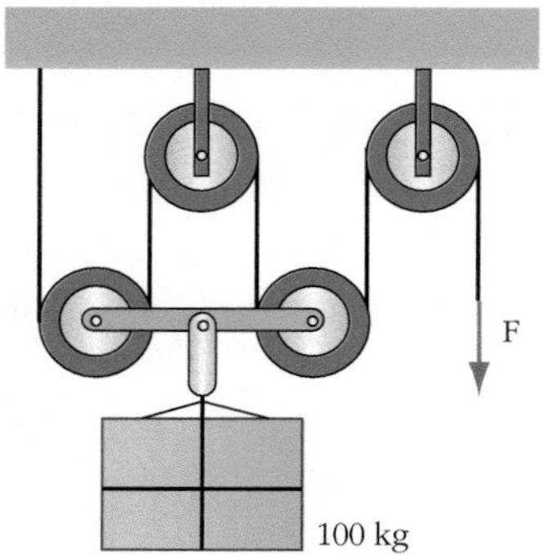

① 110 N ② 125 N ③ 160 N
④ 210 N ⑤ 260 N

26 a : b = 1 : 5 인 병따개를 이용하여 병뚜껑을 따려고 한다. 병뚜껑에 120 N 의 힘이 작용되도록 하기 위해 사람이 가해야 할 최소한의 힘은 얼마인지 계산 과정과 함께 서술하시오.

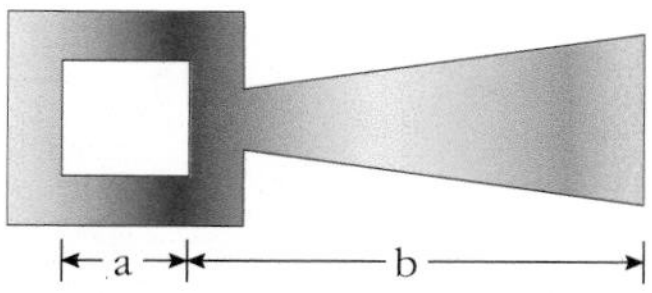

27 1 종 지레, 2 종 지레, 3 종 지레를 구분하는 기준을 쓰고, 각각의 특징을 서술하시오.

정답 및 해설 26쪽

28 고정 도르래와 움직 도르래를 사용할 때의 힘의 크기와 일의 양을 비교해서 서술하시오.

29 다음 그림과 같이 큰 바퀴와 작은 바퀴의 반지름의 비가 2 : 1 인 축바퀴를 이용하여 100 N 의 힘으로 물체를 20 cm 끌어올렸다. 물체의 무게는 얼마인지 계산 과정과 함께 서술하시오. (단, 모든 마찰은 무시한다.)

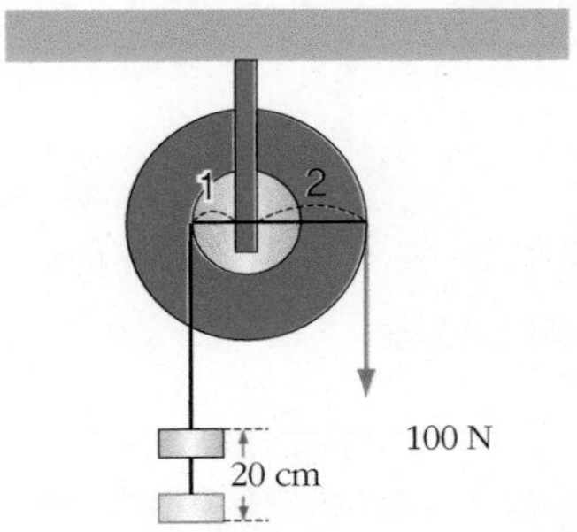

30 일의 원리를 설명하고, 도르래와 빗면을 이용하는 이유를 서술하시오.

창의력 서술

31 음식을 먹을 때에는 지레의 원리가 적용된다. 턱뼈와 머리뼈가 붙은 관자 놀이 부분이 받침점, 근육이 턱뼈에 붙은 부분이 힘점, 음식을 깨무는 곳이 작용점이 되는 지레이다. 이에 적용되는 지레의 종류를 쓰고, 어금니가 앞니보다 깨무는 힘이 더 큰 이유를 지레를 사용할 때의 힘과 일을 이용하여 설명하시오.

32 다음 그림은 회전축이 중심에 있지 않은 도르래를 나타낸 것이다.

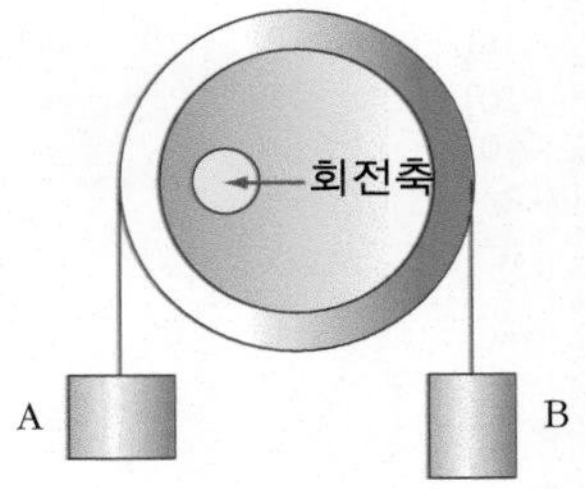

양쪽에 매단 물체가 평형을 이루기 위해서 무거운 물체는 A 와 B 중 어느 쪽에 매달아야 하는지 이유와 함께 쓰시오.

8강. 역학적 에너지

1. 운동 에너지

(1) 운동 에너지(E_k) : 운동하고 있는 물체가 가지는 에너지를 말한다.

① 계산 : $\frac{1}{2}$ × 질량 × (속력)^2 $E_k = \frac{1}{2}mv^2$

② 단위 : J(줄), N · m(뉴턴미터)

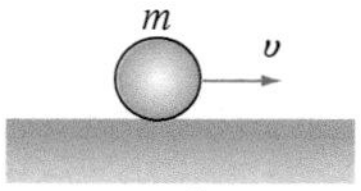

▲ 운동 에너지가 $\frac{1}{2}mv^2$ 인 물체

(2) 운동 에너지와 물체의 질량 및 속력 관계

운동 에너지와 질량	운동 에너지와 속력	운동 에너지와 (질량 × 속력^2)
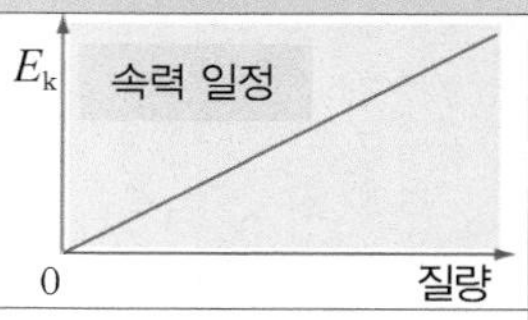	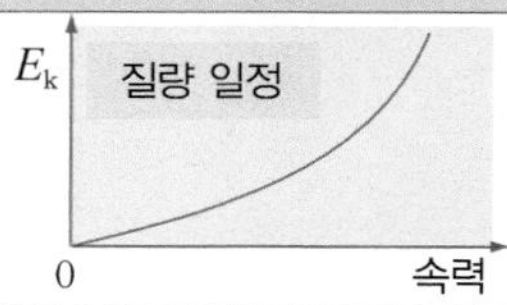	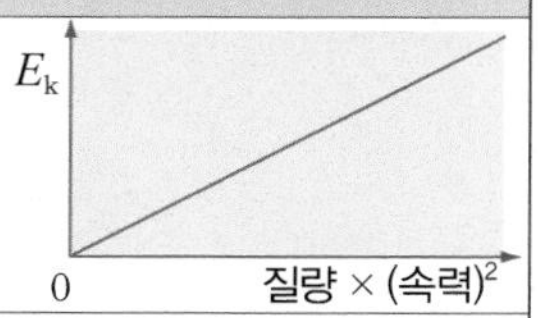
운동 에너지 ∝ 질량 $E_k \propto m$	운동 에너지 ∝ (속력)^2 $E_k \propto v^2$	운동 에너지 ∝ 질량 × (속력)^2 $E_k \propto mv^2$

(3) 운동 에너지와 일 전환 : 운동 에너지와 일은 서로 전환된다.

일 ↓ 운동 에너지	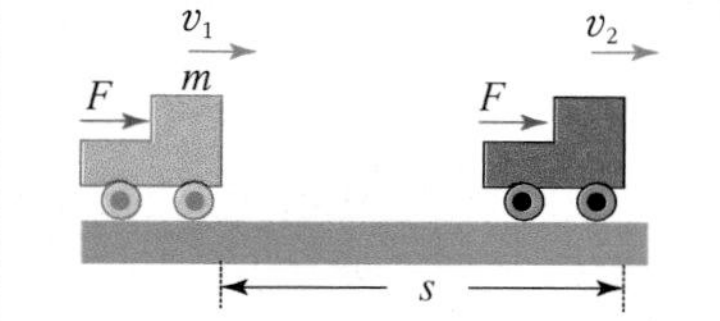	수레에 해 준 일의 양 = 수레의 운동 에너지 증가량 $\therefore F \times s = \frac{1}{2}m(v_2^2 - v_1^2)$
운동 에너지 ↓ 일	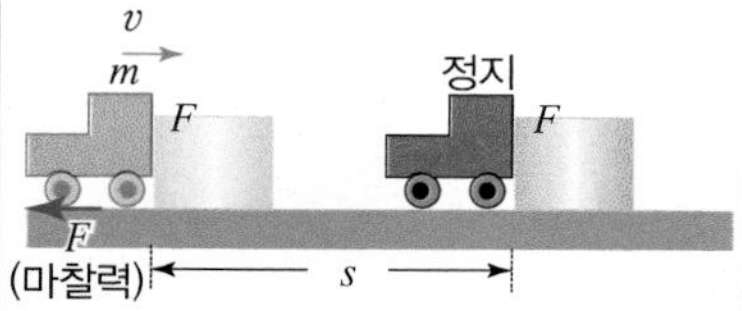	수레의 운동 에너지 감소량 = 수레가 나무 도막에 한 일 $\therefore \frac{1}{2}mv^2 - 0 = F \times s$

간단실험
나무 도막과 수레

① 정지해 있는 나무 도막에 운동하는 수레를 충돌시켜 나무 도막이 밀려난 거리를 측정한다.
② 수레의 속력을 빠르게 하여 같은 나무 도막에 충돌시켜 밀려난 거리를 측정한다.
③ 두 경우에 수레의 운동 에너지는 어떤 것이 큰지 예상해 본다.

생각해보기★
빠른 물체와 느린 물체가 벽을 향해 운동하다가 부딪쳤을 때, 벽이 더 많이 부서지는 것은 어느 쪽이며 어느 것이 운동 에너지를 더 많이 가질까?

개념확인 1

질량이 10 kg, 운동 에너지가 100 J 인 볼링공이 핀을 쓰러뜨리는 데 40 J 의 일을 했다. 핀을 쓰러뜨린 후 볼링공이 가진 운동 에너지는 몇 J 인가?

운동 에너지 : (   ) J

확인 + 1

질량이 2 kg 인 물체가 2 m/s 의 속력으로 운동할 때 이 물체가 가지는 운동 에너지는 몇 J 인지 구하시오.

운동 에너지 : (   ) J

2. 위치 에너지

(1) 중력에 의한 위치 에너지(E_p) : 기준면으로부터 높은 곳에 있는 물체가 가지고 있는 에너지를 말한다.

① 계산 : 9.8 × 질량 × 높이 $E_p = 9.8mh = mgh$

② 단위 : J(줄), N · m(뉴턴미터)

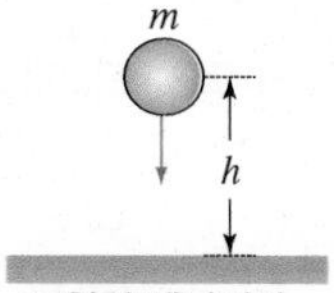

▲ 위치 에너지가 9.8*mh* 인 물체

(2) 위치 에너지와 물체의 질량 및 높이 관계

위치 에너지와 질량	위치 에너지와 높이	위치 에너지와 (질량 × 높이)
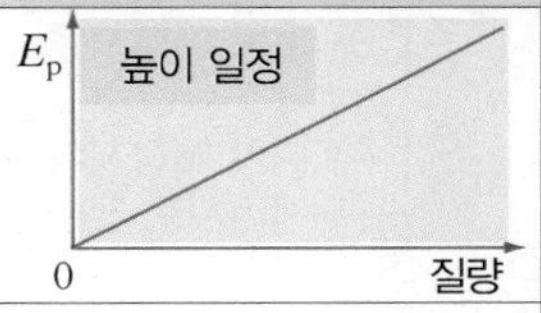	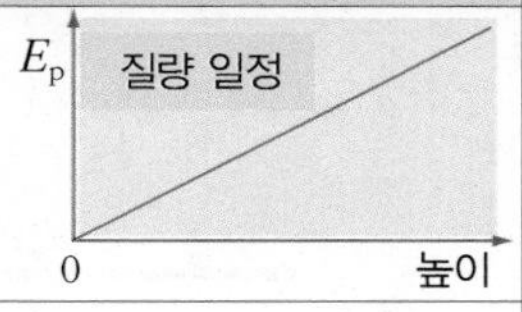	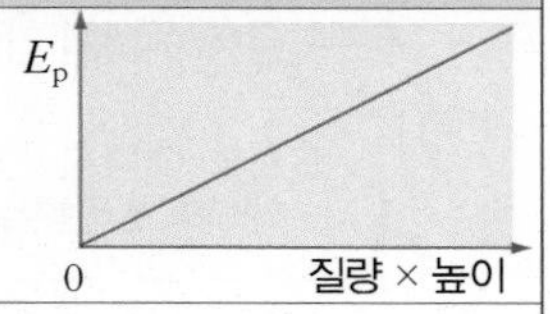
위치 에너지 ∝ 질량 $E_p \propto m$	위치 에너지 ∝ 높이 $E_p \propto h$	위치 에너지 ∝ 질량 × 높이 $E_k \propto mh$

(3) 위치 에너지와 일 전환

일 → 위치 에너지	위치 에너지 → 일
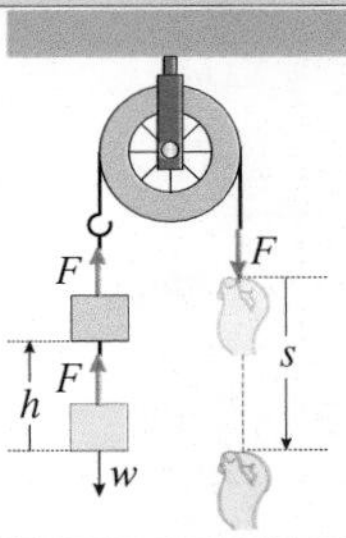	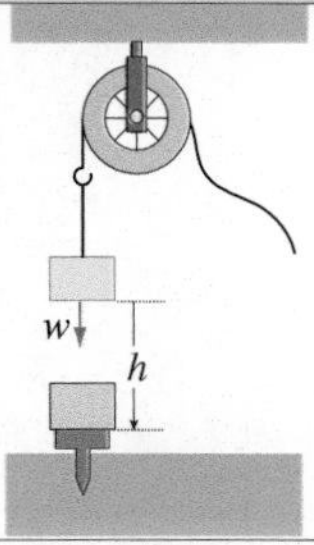
물체에 해준 일($F \times s$) = 물체의 위치 에너지 증가량 ($= wh = 9.8mh$)	물체의 위치 에너지 감소량 = 물체가 말뚝에 한 일 ($= wh = 9.8mh$)

간단실험
위치 에너지 확인

① 책 사이에 막대자를 끼우고 자 위로 물체를 떨어뜨린 후 자가 박힌 길이를 측정한다.
② 물체를 더 높은 높이에서 떨어뜨려 자의 박힌 길이를 측정한다.
③ 높이에 따른 위치 에너지의 크기를 예상해 본다.

탄성력에 의한 위치 에너지
탄성력은 변형된 길이에 비례하므로 용수철이 많이 늘어날수록 위치 에너지가 커진다.

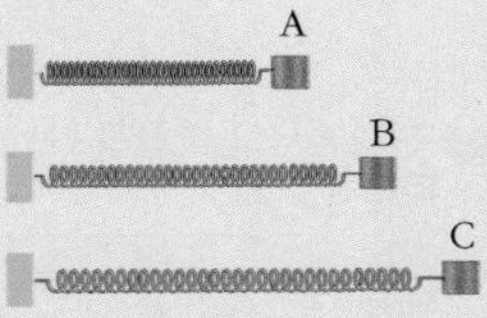

용수철의 탄성력에 의한 위치 에너지 크기 비교
→ A < B < C

정답 및 해설 28쪽

개념확인 2 **다음은 위치 에너지를 구하는 공식이다. 괄호에 들어갈 말을 순서대로 써넣으시오.**

위치 에너지(E_p) = 9.8 × (   ) × (   )

확인 +2 **지우는 질량이 10 kg 인 물체를 2 m 높이의 선반 위에 올려놓았다. 물체가 가지는 중력에 의한 위치 에너지를 구하시오.**

위치 에너지 : (   ) J

생각해보기★★
고무줄을 짧게 잡아 당겼다가 놓을 때와, 길게 잡아 당겼다가 놓을 때 어느 쪽 고무줄에 맞으면 더 아플까?

간단실험

역학적 에너지 전환 확인

① 높은 빗면에서 쇠구슬을 굴려 본다.

② 낮은 빗면에서 쇠구슬을 굴려 본다.

③ 두 경우에서 속력을 비교해 보고 높이에 따른 역학적 에너지에 대해 설명해 보자.

롤러코스터에서의 역학적 에너지 보존 (높이 A > 높이 C)

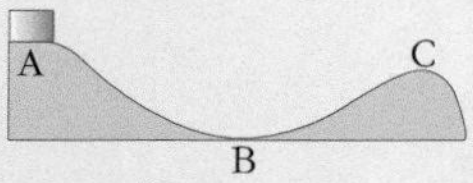

E_p	A>C>B
E_k	A<C<B
E	일정

진자에서의 역학적 에너지 보존

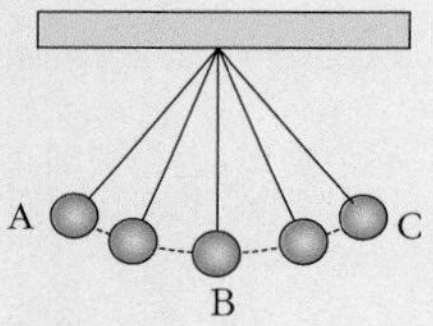

A	B	C
E_p최대	E_p최소	E_p최대
E_k최소	E_k최대	E_k최소
E 일정		
E_p →	E_k →	E_p

생각해보기★★★

공기의 저항이 있다면 올라갔다 내려오는 물체의 역학적 에너지는 보존될까?

3. 역학적 에너지 전환과 보존

(1) 역학적 에너지(E) : 위치 에너지와 운동 에너지의 합을 말한다.

(2) 역학적 에너지 전환 : 물체가 올라가거나 내려올 때 운동 에너지와 위치 에너지는 서로 전환된다.

〈물체가 올라갈 때〉

높이가 높아진다.
→ 위치 에너지 증가

속력이 느려진다.
→ 운동 에너지 감소

⇒ 운동 에너지가 위치 에너지로 전환된다.

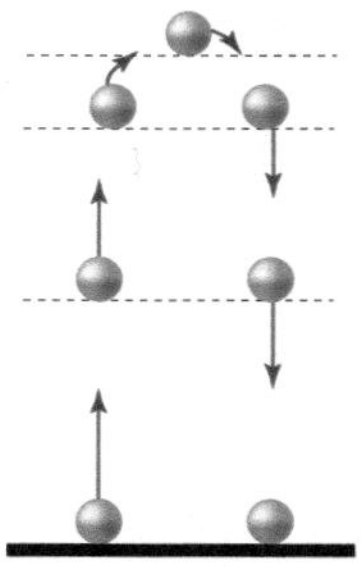

〈물체가 내려올 때〉

높이가 낮아진다.
→ 위치 에너지 감소

속력이 빨라진다.
→ 운동 에너지 증가

⇒ 위치 에너지가 운동 에너지로 전환된다.

▲ 올라갔다 내려오는 물체의 역학적 에너지 전환

(3) 역학적 에너지 보존 : 마찰이나 공기의 저항이 없을 경우 역학적 에너지는 보존된다.

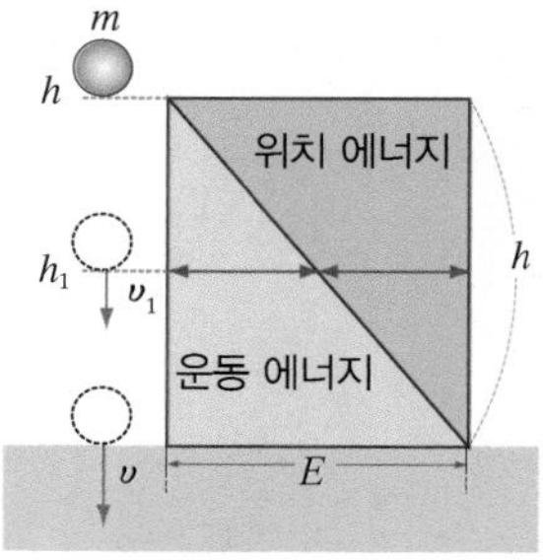

· 자유낙하하는 물체의 역학적 에너지 보존

높이	위치 에너지 (E_p)	운동 에너지 (E_k)	역학적 에너지 ($E = E_p + E_k$)
h	$9.8mh$	0	$9.8mh + 0 = E$
h_1	$9.8mh_1$	$\frac{1}{2}mv_1^2$	$9.8mh_1 + \frac{1}{2}mv_1^2 = E$
0	0	$\frac{1}{2}mv^2$	$0 + \frac{1}{2}mv^2 = E$

▲ 자유낙하 하는 물체의 역학적 에너지 보존($v_1 < v$)

역학적 에너지(E) = 위치 에너지(E_p) + 운동 에너지(E_k) : 일정

개념확인 3 오른쪽 그림과 같이 지면으로부터 10 m 높이에 질량 1 kg 인 물체가 정지해 있다. 이 물체의 운동 에너지와 위치 에너지는 각각 몇 J 인가?

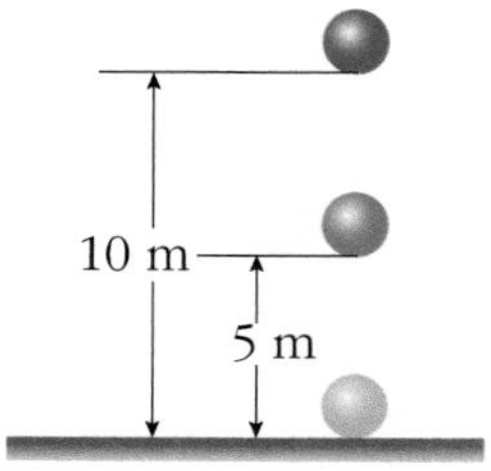

〈그림 A〉

운동 에너지 : (　　　　) J,　　위치 에너지 : (　　　　) J

확인 + 3 위 〈그림 A〉 처럼 10 m 높이에 있던 물체가 낙하하여 5 m 에 지점을 지나는 순간 운동 에너지는 몇 J 인가?

운동 에너지 : (　　　　) J

4. 에너지

(1) 에너지 전환과 보존

① 에너지 전환 : 에너지는 다른 형태로 전환될 수 있다.

예	에너지 전환	예	에너지 전환
형광등	전기 에너지 → 빛에너지	조력 발전	위치 에너지 → 전기 에너지
광합성	태양광 에너지 → 화학 에너지	풍력 발전	운동 에너지 → 전기 에너지
선풍기	전기 에너지 → 운동 에너지	수력 발전	위치 에너지 → 전기 에너지
다리미	전기 에너지 → 열에너지	화력 발전	열에너지 → 전기 에너지

② 에너지 보존 : 에너지가 전환될 때, 새로 생기거나 없어지지 않고 총량이 일정하게 보존된다.

· 마찰이나 저항이 있는 경우 : 역학적 에너지는 보존되지 않으며 일부가 열이나 소리 등의 사용할 수 없는 에너지로 전환된다.

· 에너지를 절약해야 하는 이유 : 에너지의 전환 과정에서 일부가 사용할 수 없는 형태의 에너지로 되며, 석탄이나 석유 등의 에너지원은 한정되어 있다.

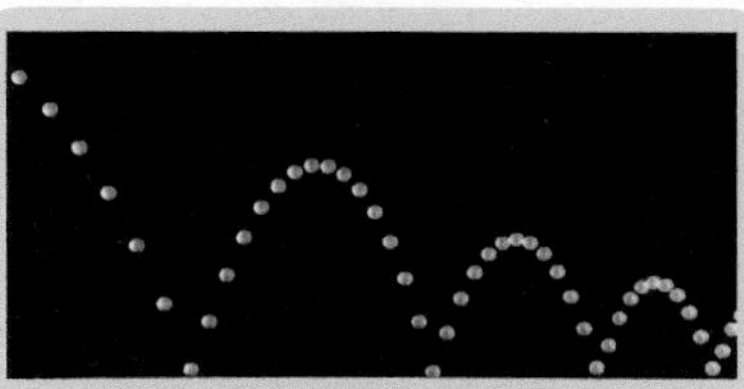

▲ 높은 곳에서 떨어뜨린 공은 바닥면에서 튀어오르는 높이가 점점 낮아지므로 역학적 에너지가 보존되지 않고 일부가 소리 에너지나 열 에너지로 전환된다.

(2) 신·재생 에너지 : 지속 가능하고 고갈되지 않는 에너지이며 환경 오염이 적다.

① 신에너지 : 새로운 에너지 전환 기술을 이용한 에너지
→ 연료 전지, 수소 에너지, 석탄 액화 · 가스화

② 재생 에너지 : 계속 써도 무한에 가깝도록 다시 공급되는 에너지
→ 태양광, 태양열, 풍력, 소수력, 지열, 해양, 폐기물, 바이오매스

화석 연료
석탄, 석유, 천연 가스와 같은 것들로, 사용 후 남는 물질들이 산성비, 호흡기 질환, 지구 온난화 등의 환경 문제를 일으키는 요인이 된다.

재생 가능 에너지
자연 상태에서 만들어져 고갈되지 않는 에너지를 말한다. 태양 에너지, 풍력, 수력, 생물 자원(바이오), 지열, 조력, 파도 에너지 등이 있다.

▲ 풍력 발전

▲ 지열 발전

정답 및 해설 28쪽

개념확인 4 다음 괄호 안에 알맞은 말을 써 넣어 문장을 완성하시오.

에너지가 다른 형태로 전환될 때 새로운 에너지가 생겨나거나 없어지는 것이 아니고, 다른 형태로 바뀌는 것이므로 총량은 일정하게 ( ) 된다.

확인 +4 신 · 재생 에너지에 대한 설명으로 옳은 것은 O 표, 옳지 않은 것은 X 표 하시오.

(1) 새로운 에너지 전환 기술을 이용한 에너지를 신에너지라고 한다. ( )
(2) 자원이 한정되어 있어 절약해야 한다. ( )
(3) 화석 연료에 비해 환경 오염이 적다. ( )

미니사전
연료 전지 [燃 타다 料 재료 電 번개 池 못] 수소와 산소를 반응시켜 전기를 얻는 전지
바이오매스 볏짚이나 사탕수수 등의 식물체와 가축 분뇨 및 사체 등을 포함하는 생물체를 말한다.

개념 다지기

01 질량 20 kg 의 물체를 바닥에서 선반으로 올려놓는데 392 J 의 일을 하였다. 질량 1 kg 의 물체에 작용하는 중력은 9.8 N 이라고 할 때 선반의 높이는 얼마인가?

① 1 m ② 2 m ③ 3 m ④ 4 m ⑤ 5 m

02 그림과 같이 질량이 10 kg 인 추를 4 m 높이에서 떨어뜨렸더니 말뚝이 10 cm 박혔다. 만일 질량이 20 kg 인 추를 2 m 높이에서 떨어뜨린다면 말뚝은 몇 cm 나 박히겠는가?

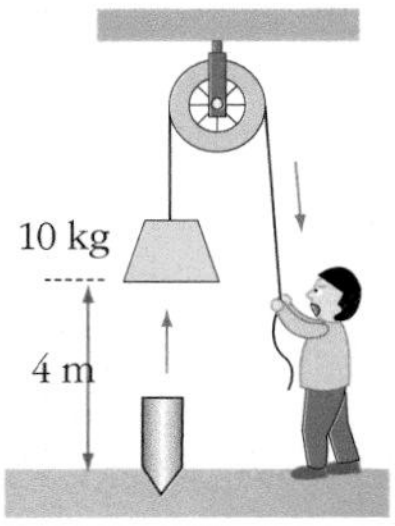

① 5 cm ② 10 cm ③ 15 cm ④ 20 cm ⑤ 30 cm

03 오른쪽 그림과 같이 지면으로부터 20 m 높이의 건물 옥상에서 무게 1 N 인 공을 가만히 놓아서 떨어뜨렸다. 공이 지면으로부터 5 m 높이를 지나는 순간의 공의 운동 에너지와 역학적 에너지를 바르게 짝지은 것은? (단, 공기의 저항은 무시한다.)

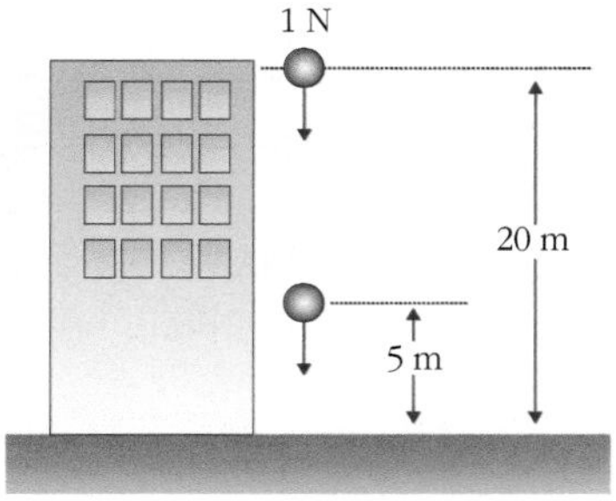

	운동 에너지	역학적 에너지
①	5 J	20 J
②	5 J	15 J
③	15 J	20 J
④	15 J	25 J
⑤	20 J	20 J

정답 및 해설 29쪽

04 그림과 같이 질량이 10 kg 인 추가 A 와 D 사이를 왕복 운동하고 있다. C 점을 지나는 순간의 운동 에너지를 구하시오. (단, 공기의 저항은 무시한다.)

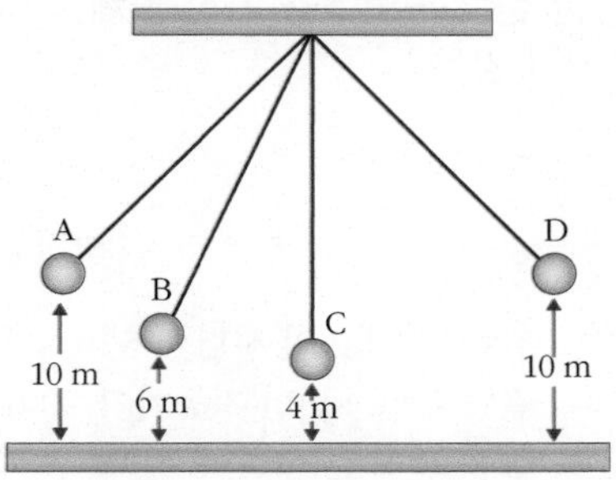

① 196 J ② 392 J ③ 588 J ④ 784 J ⑤ 980 J

05 수평면에 정지해 있는 질량 2 kg 인 물체에 수평 방향으로 100 J 의 일을 해 주었을 때 물체의 속력이 8 m/s 이었다. 이 물체와 수평면과의 마찰에 의해 발생한 열에너지는 몇 J 인가?

① 19 J ② 32 J ③ 36 J
④ 78 J ⑤ 98 J

06 다음 중 우리 주변에서 일어나는 에너지 전환으로 옳지 않은 것은 무엇인가?

① 촛불 : 화학 에너지 → 빛 에너지
② 화력 발전소 : 화학 에너지 → 전기 에너지
③ LED : 전기 에너지 → 빛 에너지
④ 전열기 : 열 에너지 → 전기 에너지
⑤ 태양 전지 : 빛 에너지 → 전기 에너지

유형 익히기 & 하브루타

[유형8-1] 운동 에너지

다음의 〈보기〉 는 다양한 질량과 속력을 가진 물체를 나열한 것이다. 운동 에너지가 작은 것부터 큰 것으로 순서대로 바르게 나열한 것은?

〈 보기 〉

ㄱ. 질량 100 kg 인 사람이 5 m/s 의 속력으로 움직인다.
ㄴ. 질량 1000 kg 인 자동차가 20 m/s 의 속력으로 움직인다.
ㄷ. 질량 10 g 인 총알이 700 m/s 의 속력으로 날아온다.

① ㄱ → ㄷ → ㄴ　② ㄴ → ㄱ → ㄷ　③ ㄴ → ㄷ → ㄱ
④ ㄷ → ㄱ → ㄴ　⑤ ㄷ → ㄴ → ㄱ

Tip!

01 승용차와 버스가 달리고 있다. 버스의 질량은 승용차의 5 배, 속력은 0.5 배이다. 승용차 : 버스의 운동 에너지의 비를 구하시오.

① 1 : 1　② 3 : 2　③ 3 : 4
④ 4 : 5　⑤ 5 : 4

02 질량이 4 kg 인 수레가 마찰이 없는 수평면 위에서 10 m/s 의 속력으로 운동하고 있다. 이 수레의 운동 방향으로 일을 해주었더니 수레의 속력이 12 m/s 가 되었다면, 수레에 해준 일은 얼마인가?

① 45 J　② 88 J　③ 120 J
④ 350 J　⑤ 400 J

정답 및 해설 29쪽

[유형8-2] 위치 에너지

그림과 같이 지면으로부터 3 m 높이의 교실 바닥에서 질량이 5 kg 인 물체를 2 m 높이로 들어올렸을 때 물체가 가진 위치 에너지에 대한 설명 중 옳은 것을 〈보기〉 에서 모두 고른 것은?

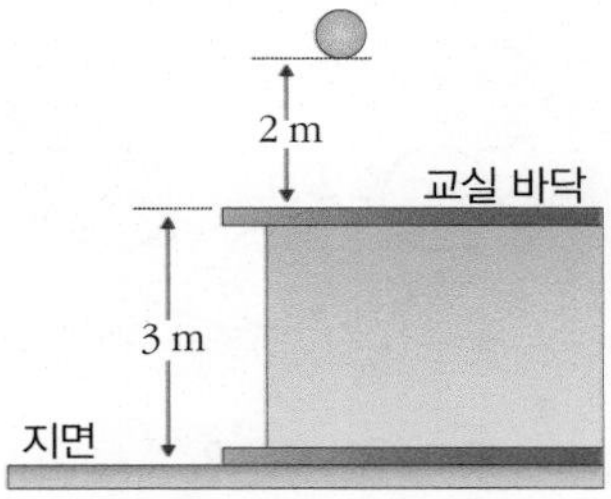

〈 보기 〉

ㄱ. 지면에 대한 물체의 위치 에너지는 10 J 이다.
ㄴ. 교실 바닥에 대한 물체의 위치 에너지는 98 J 이다.
ㄷ. 지면과 교실 바닥에 대한 물체의 위치 에너지의 비는 3 : 2 이다.

① ㄱ ② ㄴ ③ ㄱ, ㄷ
④ ㄴ, ㄷ ⑤ ㄱ, ㄴ, ㄷ

03 질량이 80 kg 인 다이빙 선수가 수면에서 5 m 높이에 있는 다이빙대 위에 서 있다. 이 선수가 수면에 대해 가지는 위치 에너지는 얼마인가?

① 392 J ② 400 J ③ 2940 J ④ 3920 J ⑤ 4000 J

Tip!

04 다음 표는 물체 A ~ E 의 질량과 높이를 나타낸 것이다. 위치 에너지가 가장 큰 물체는 어느 것인가?

실험	A	B	C	D	E
질량 (kg)	1	2	3	5	6
높이 (m)	10	12	11	8	6

① A ② B ③ C ④ D ⑤ E

[유형8-3] 역학적 에너지 전환과 보존

다음 그림과 같이 구슬이 A ~ E 사이를 왕복 운동하고 있다. (단, 공기의 저항과 구슬과 접촉면의 마찰은 무시하고, B 와 D 의 높이는 A 와 C 수직 높이의 중간이다.)

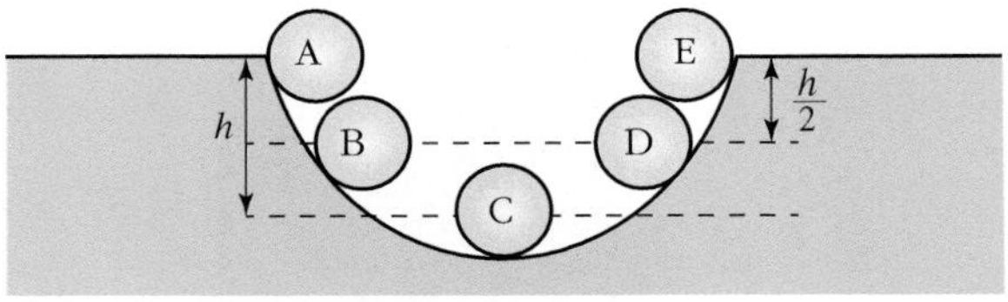

이에 대한 설명으로 옳은 것을 〈보기〉 에서 모두 고른 것은?

〈 보기 〉

ㄱ. 구슬의 역학적 에너지는 보존되지 않는다.
ㄴ. A 지점의 위치 에너지와 C 지점의 운동 에너지는 같다.
ㄷ. B 와 D 지점의 운동 에너지는 C 지점의 운동 에너지의 절반이다.
ㄹ. 구슬이 A 점에서 B 점으로 내려갈 때 감소한 운동 에너지는 증가한 위치 에너지와 같다.

① ㄱ, ㄴ ② ㄱ, ㄷ ③ ㄴ, ㄷ ④ ㄴ, ㄹ ⑤ ㄷ, ㄹ

05 다음 그림과 같이 질량이 4 kg 인 물체를 A 점에서 비스듬히 위로 10 m/s 의 속력으로 던져 올렸더니 5 m 높이 (B 지점)까지 올라갔다가 포물선을 그리며 떨어졌다. 최고점인 B 지점에서 이 물체의 운동 에너지를 구하시오. (단, 공기의 저항은 무시한다.)

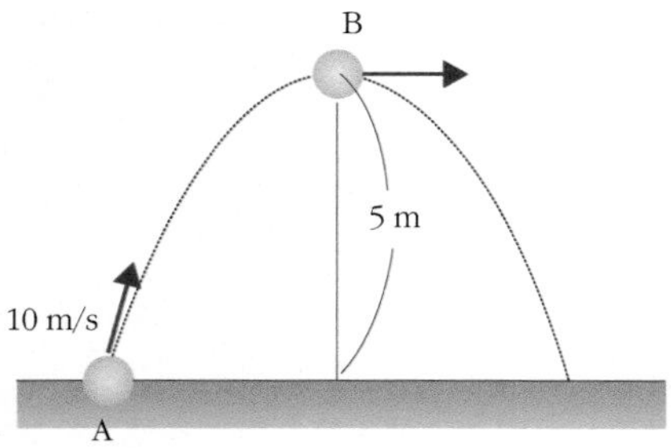

① 0 J ② 4 J ③ 49 J
④ 196 J ⑤ 200 J

06 질량이 m 인 물체가 높이 20 m 위치에서 자유 낙하하고 있다. 이에 대한 다음 설명 중 옳지 않은 것은? (단, 공기 저항과 마찰은 무시한다.)

① 지면에 닿는 순간, 위치 에너지는 0 이 된다.
② 지면에 닿는 순간의 속력은 질량에 따라 변하지 않는다.
③ 물체의 역학적 에너지는 최고점에서의 운동 에너지와 같다.
④ 높이 17 m 지점의 역학적 에너지를 구하면 $196m$ J이 된다.
⑤ 위치 에너지와 운동 에너지의 비율이 1 : 1 이 되는 순간은 10 m 지점이다.

정답 및 해설 29쪽

[유형8-4] 에너지

그림은 일정한 높이에서 공을 낙하시켰을 때 공이 튀어 오르는 모습을 나타낸 것이다.

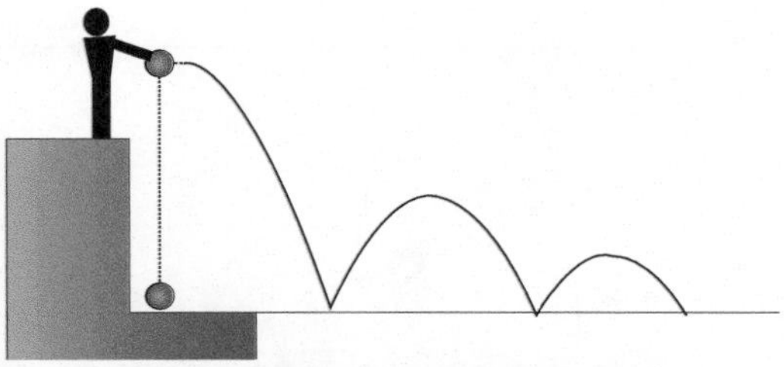

시간이 지날수록 공이 튀어 오르는 높이는 점점 낮아진다. 이에 대한 설명으로 옳은 것을 〈보기〉에서 모두 고른 것은?

〈 보기 〉

ㄱ. 공의 역학적 에너지는 보존된다.
ㄴ. 공이 운동하는 동안 역학적 에너지는 감소한다.
ㄷ. 공의 역학적 에너지는 점점 열과 소리 에너지 등으로 전환된다.
ㄹ. 공이 움직이는 동안 공기의 저항 및 바닥과의 마찰력이 존재하지 않는다.

① ㄱ, ㄴ　② ㄱ, ㄷ　③ ㄴ, ㄷ　④ ㄴ, ㄹ　⑤ ㄷ, ㄹ

07 다음 그림과 같은 장치로 추를 낙하시키면서 나무 도막과 충돌 후 나무 도막의 밀려난 거리를 측정하였다. 다음 중 나무 도막의 이동 거리가 커지는 경우가 아닌 것은?

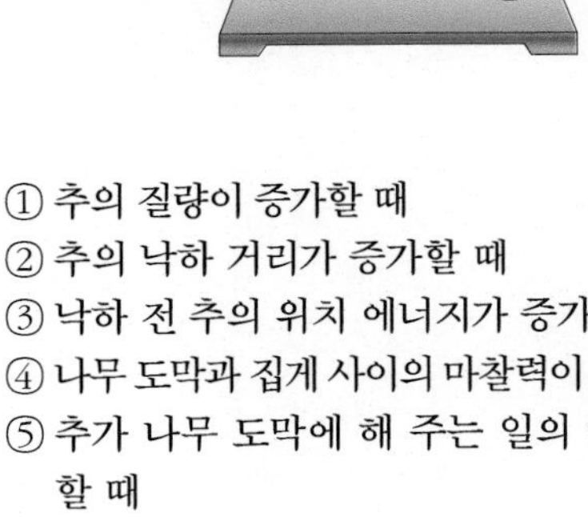

① 추의 질량이 증가할 때
② 추의 낙하 거리가 증가할 때
③ 낙하 전 추의 위치 에너지가 증가할 때
④ 나무 도막과 집게 사이의 마찰력이 증가할 때
⑤ 추가 나무 도막에 해 주는 일의 양이 증가할 때

08 공기의 저항을 받으며 낙하하는 물체의 에너지 전환에 대한 설명 중 옳은 것을 〈보기〉에서 모두 고른 것은?

〈 보기 〉

ㄱ. 위치 에너지가 감소한다.
ㄴ. 역학적 에너지는 보존된다.
ㄷ. 위치 에너지의 일부는 운동 에너지로 전환된다.
ㄹ. 물체와 공기의 마찰에 의해 열에너지가 발생한다.
ㅁ. 낙하하는 순간의 위치 에너지는 바닥에 닿을 때의 역학적 에너지와 같다.

① ㄱ, ㄴ　② ㄷ, ㅁ　③ ㄴ, ㄹ
④ ㄱ, ㄴ, ㅁ　⑤ ㄱ, ㄷ, ㄹ

창의력 & 토론마당

01 그림은 야구 선수가 친 볼이 파울이 되는 경우(A)와 홈런이 되는 경우(B)를 나타낸 것이다. 두 경우 볼은 모두 같은 높이까지 올라갔다가 내려왔다. 공기의 마찰은 무시할 때 다음의 설명 중 옳은 것을 모두 고르고, 이유를 서술하시오.

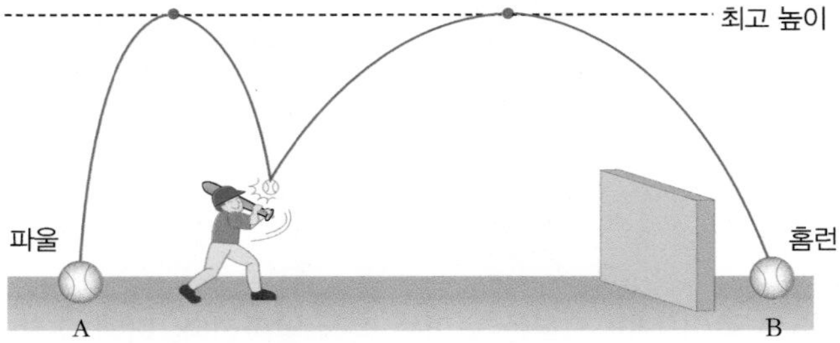

〈 설명 〉

① 공기의 마찰이 없으므로 두 경우 각각 역학적 에너지 보존 법칙이 성립한다.
② 야구공은 B 의 경우가 먼저 떨어진다.
③ 최고 높이에서 두 공의 속력은 0 으로 같다.
④ 배트를 떠나면 두 공에 작용하는 힘은 중력 밖에 없다.
⑤ 땅에 떨어지는 순간의 야구공의 속력은 두 경우 같다.

정답 및 해설 30쪽

02 다음은 역학적 에너지가 보존되지 않는 경우를 나타낸다. 놀이터에서 질량 30 kg 의 어린이가 미끄럼틀을 타고 내려오고 있다. 미끄럼틀의 맨 윗부분에서 정지 상태로 출발하여 미끄럼틀의 바닥에 도달하는 순간의 속력이 7 m/s 였고, 미끄럼틀의 높이는 5 m 이다. 마찰에 의해서 손실된 에너지가 전부 열로 바뀌었다고 가정할 때 발생한 에너지는 몇 cal 인지 계산 과정과 함께 서술하시오. (단, g = 9.8 m/s^{2}이고, 4.2 J = 1 cal이다.)

03 그림 (가) 와 같은 롤러코스터는 원의 천정에서 추락하는 일이 없도록 만들어져야 한다. 롤러코스터를 설계하는 데 필요한 속력을 구하기 위하여 다음 그림 (나) 가 주어졌다. 그림 (나) 는 물체가 원 모양의 레일을 따라 운동하고 있는 모습이다. 물체가 따라 도는 레일의 반지름은 r 이고, 물체는 레일에 고정되어 있지 않으며, 물체와 레일 사이의 마찰은 없다고 하자. 중력가속도는 g 라고 하고 다음 물음에 답해 보자.

(가)

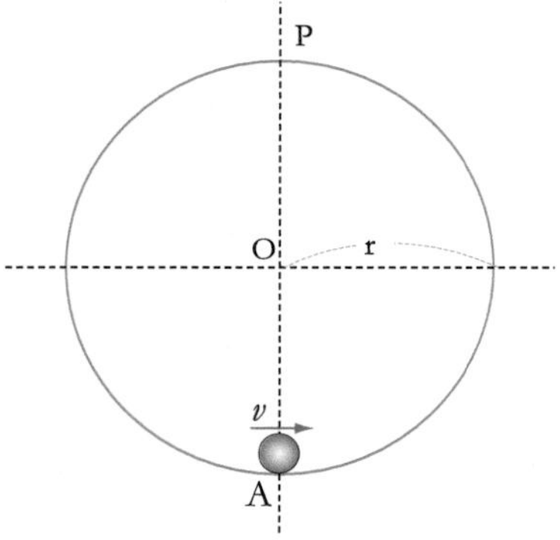

(나)

(1) 물체가 원 모양의 레일의 둘레를 따라 최고점인 P 까지 도달하기 위한 A 점에서의 최소 속력 v_1 을 구하시오.

(2) 물체가 A 점에서 최소 속력 v_1 으로 출발했을 때 최고점 P 에서 물체의 운동은 어떠하겠는가?

(3) 물체가 레일 둘레를 따라 돌기 위한 최고점 P 에서 물체에 작용하는 힘의 조건은 무엇인가?

(4) 물체가 레일 둘레를 따라 계속 돌기 위한 최하점 A 에서의 속력 v_2 를 구하시오.

정답 및 해설 30쪽

04 그림과 같이 마찰을 무시할 수 있는 도르래와 무게를 무시할 수 있는 실을 이용하여 그림과 같이 질량 $m_1 = 3\text{ kg}$ 의 물체와 질량 $m_2 = 5\text{ kg}$ 의 물체를 매달았다. 처음에 질량 3 kg 의 물체를 지면에 닿아 있도록 잡고 있다가 놓으면서 운동을 시킨다. 운동을 시작할 때 m_2 의 지면으로부터의 높이가 4 m 라고 할 때 에너지 보존 법칙을 이용하여 다음 물음에 답하시오. (단, $g = 10\text{ m/s}^2$ 이다.)

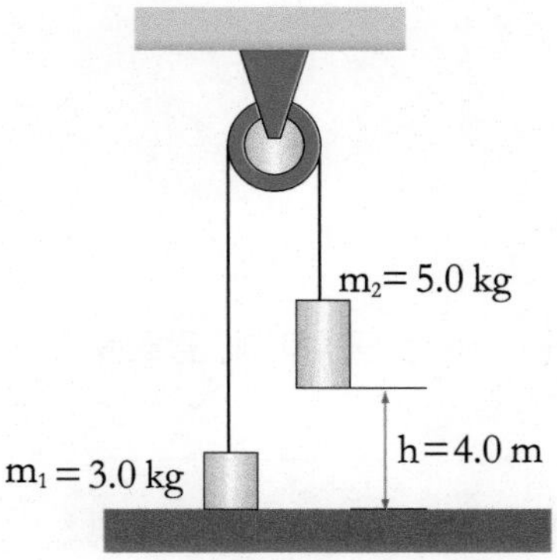

(1) m_2가 땅에 닿는 순간의 속력을 구하시오.

(2) m_2가 내려옴에 따라 m_1은 위로 올라간다. m_1의 지면으로부터의 최고 높이를 구하시오.

스스로 실력 높이기

A

01 다음 괄호에 공통으로 들어갈 말을 쓰시오.

> 일을 할 수 있는 능력을 (　　　　) 라고 하며, 물체에 해준 일은 (　　　　) 로 전환된다.

02 다음은 운동 에너지를 구하는 공식이다. 괄호를 채우시오.

> 운동 에너지 = $\frac{1}{2}$ × (　　　　) × (　　　　)^2

03 수평면에서 2 m/s 의 속력으로 운동하고 있는 질량 6 kg 의 수레에 36 J 의 에너지를 공급하였다. 이 수레의 속력은 몇 m/s 로 되겠는가?

(　　　　) m/s

04 다음은 무엇을 구하는 공식인지 쓰시오.

> 9.8 × 질량 × 기준면으로부터의 높이

05 다음 중 중력에 의한 위치 에너지를 이용한 것에는 '중', 탄성력에 의한 위치 에너지를 이용한 것에는 '탄' 이라고 쓰시오.

(1) 활시위를 당겨서 활을 쏘았다. (　　)
(2) 떨어지는 물로 물레방아를 돌렸다. (　　)
(3) 댐에서 떨어지는 물로 에너지를 얻는다.(　　)

06 질량 10 kg 의 물체를 천천히 들어 올리는데 490 J 의 일을 해주었다. 물체를 들어 올린 높이는 몇 m 인가? (단, g = 9.8 m/s^2 이다.)

① 5 m　② 6 m　③ 7 m　④ 8 m　⑤ 10 m

07 다음 괄호 안에 알맞은 말을 써 넣으시오.

> 공기의 저항이나 마찰이 없는 경우, 위로 던져진 물체는 위로 올라가면서 ㉠ (　　　　) 에너지가 ㉡ (　　　　) 에너지로 전환된다.

㉠ (　　　　), ㉡ (　　　　)

08 지면으로부터 10 m 높이에 정지해 있는 1 kg 의 공을 자유 낙하시켰더니 지면과 충돌한 후 8 m 높이까지 튀어 올랐다. 공이 잃은 에너지는 얼마인가? (단, g = 9.8 m/s^2 이다.)

① 9.8 J　② 19.6 J　③ 39.2 J　④ 78.4 J　⑤ 98 J

정답 및 해설 31쪽

09 그림과 같이 마찰이 없는 롤러코스터가 있다. A 점으로 부터 정지 상태에서 출발한 질량 1 kg 의 물체는 C점 에 도달하였을 때 얼마의 속력을 갖는가? (단, g = 9.8 m/s^2 이다.)

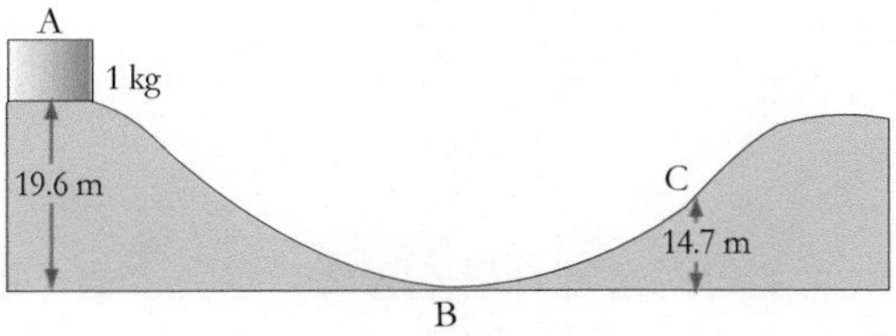

① 4.9 m/s　② 9.8 m/s　③ 14.7 m/s
④ 19.6 m/s　⑤ 24.5 m/s

10 다음의 기구들은 전기 에너지를 어떤 형태의 에너지로 전환하였는지 쓰시오.

(1) 다리미 :　(　　) 에너지
(2) 선풍기 :　(　　) 에너지
(3) 전구 :　(　　) 에너지

B

11 다음 〈보기〉 에서 운동 에너지(E_k)와 질량(m) 및 속력(v)의 관계를 바르게 나타낸 그래프를 모두 고른 것은?

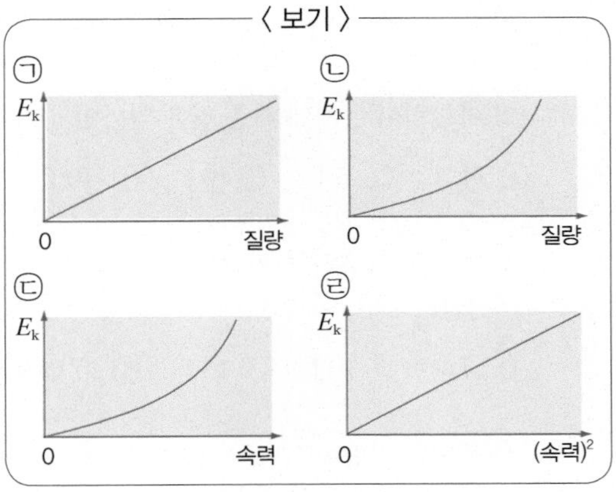

① ㉠　② ㉠, ㉡　③ ㉡, ㉢
④ ㉠, ㉢, ㉣　⑤ ㉡, ㉢, ㉣

12 마찰이 없는 수평면에서 5 m/s 의 속력으로 운동하고 있는 질량 4 kg 의 물체가 있다. 이 물체가 7.5 m 진행하는 동안 물체에 20N의 힘을 운동 방향으로 작용하였다.

(1) 물체의 운동 에너지는 몇 J 증가하였는가?

① 100J　② 120J　③ 150J　④ 250J　⑤ 500J

(2) 물체의 나중 속력은 얼마로 되었는가?

① 7.5m/s　② 10m/s　③ 20m/s
④ 36m/s　⑤ 75m/s

13 다음 그림과 같이 질량 2 kg 인 수레가 수평면상에서 3 m/s 의 속력으로 운동하고 있다. 이 수레가 나무 도막에 충돌한 후부터 정지할 때까지 나무 도막에 하는 일은 몇 J 인가?

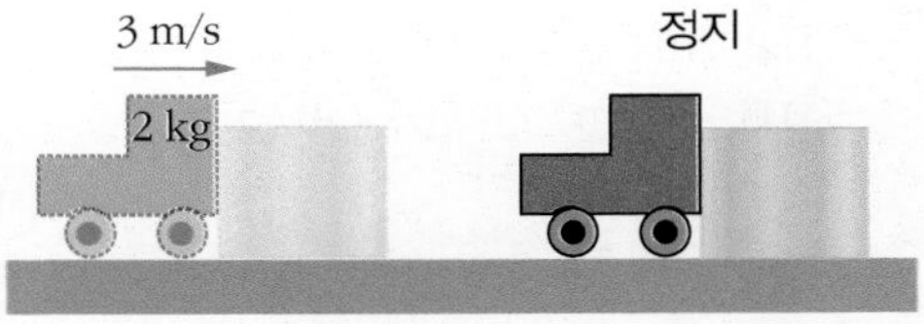

① 2J　② 3J　③ 6J
④ 9J　⑤ 18J

14 다음 그림과 같이 쇠구슬을 천천히 2 m 들어 올리면서 한 일이 20 J 이었다. 이 쇠구슬이 가지는 위치 에너지의 크기는?

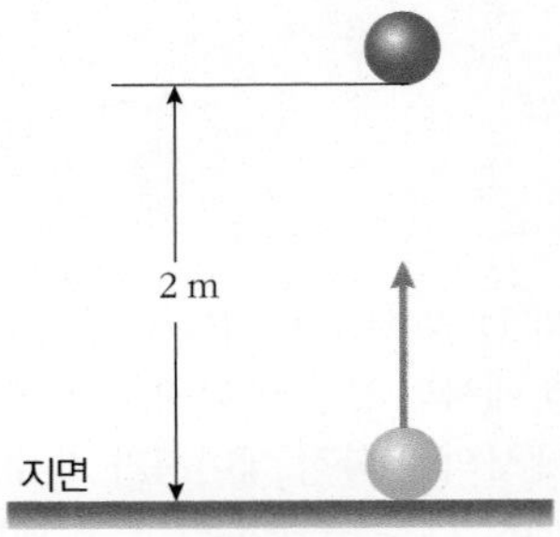

① 9.8 J　② 10 J　③ 18 J
④ 19.6 J　⑤ 20 J

15 그림과 같은 장치를 한 후, 표와 같이 추의 질량과 낙하 거리를 변화시키면서 나무 도막이 밀려 내려가는 거리를 측정하는 실험을 하였다.

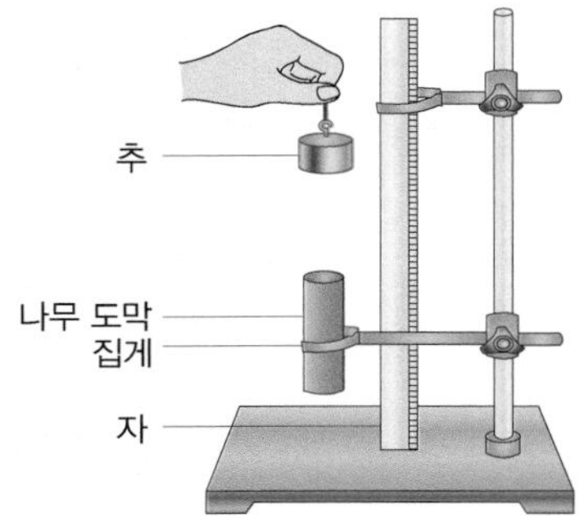

실험	A	B	C	D	E	F	G	H	I
추의 질량 (kg)	0.5	0.5	0.5	1.0	1.0	1.0	1.5	1.5	1.5
추의 낙하거리 (cm)	2	4	6	2	4	6	2	4	6

실험 A 에서 측정한 결과 나무 도막의 이동 거리가 5 cm 였을 때, 각각의 실험과 나무 도막의 이동 거리가 잘못 연결된 것은?

① B - 10 cm ② D - 10 cm ③ F - 30 cm
④ H - 30 cm ⑤ I - 40 cm

16 다음 그림은 일정한 속력으로 운동하던 물체가 레일을 따라 이동하는 모습을 나타낸 것이다. 각 지점에 대한 설명으로 옳지 <u>않은</u> 것은?(단, 물체와 접촉면과의 마찰력은 무시한다.)

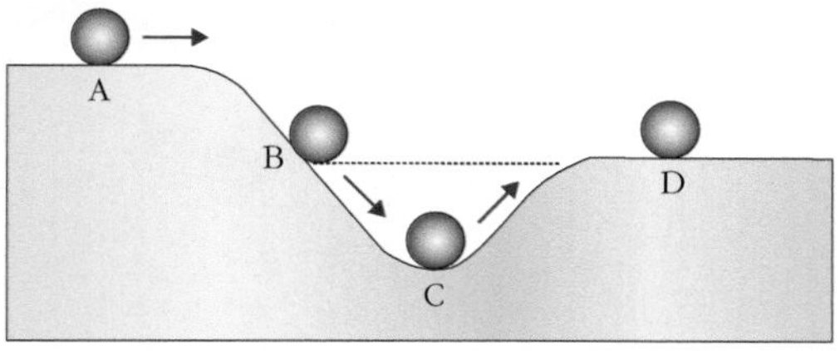

① B 와 D 의 위치 에너지는 같다.
② C 점에서의 운동 에너지는 최대이다.
③ A 에서의 역학적 에너지가 가장 크다.
④ C 에서 D 로 운동하면 운동 에너지가 위치 에너지로 전환된다.
⑤ A 에서 B 로 운동하면 위치 에너지가 운동 에너지로 전환된다.

17 아래 그림과 같이 A 와 C 사이를 왕복 운동하는 진자가 있다.

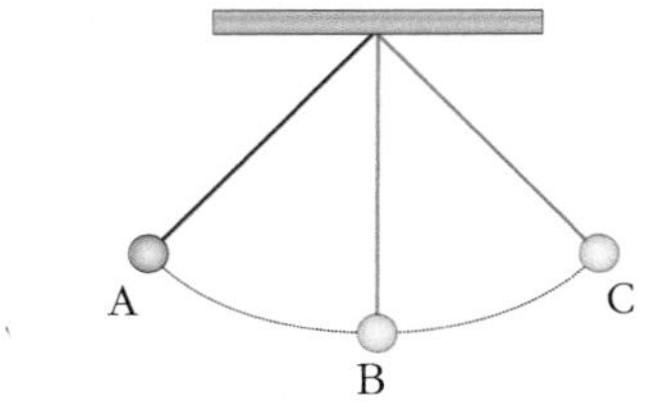

위의 운동에 대한 설명으로 옳은 것을 〈보기〉 에서 모두 고른 것은? (단, 기준면은 B 의 높이이며 공기의 저항은 무시한다.)

〈 보기 〉

ㄱ. A 점과 C 점에서 위치 에너지는 최대가 된다.
ㄴ. B 점에서 C 점으로 올라갈 때 위치 에너지가 운동 에너지로 전환된다.
ㄷ. A 점에서 B 점으로 내려올 때 역학적 에너지는 변화가 없다.
ㄹ. C 점에서 B 점으로 내려올 때 운동 에너지가 위치 에너지로 전환된다.

① ㄱ, ㄴ ② ㄱ, ㄷ ③ ㄴ, ㄷ
④ ㄴ, ㄹ ⑤ ㄷ, ㄹ

18 수평면에서 정지해 있는 물체에 수평 방향으로 10 N 의 힘을 작용하면서 2 m 이동시켰다. 물체가 이동하는 중 면으로부터 마찰력이 5 N 작용하였다. 다음 물음에 답하시오.

(1) 10 N 의 수평 방향의 힘이 한 일은 얼마인가?

① 5 J ② 10 J ③ 15 J ④ 20 J ⑤ 25 J

(2) 마찰력이 물체에 해준 일은 얼마인가?

① 5 J ② -5 J ③ 10 J ④ -10 J ⑤ 20 J

(3) 물체에 작용하는 알짜힘(합력)이 한 일은 얼마인가?

① 5 J ② 10 J ③ 15 J ④ 20 J ⑤ 25 J

(4) 물체의 질량이 5 kg 이었다면 2 m 를 이동한 후 물체의 속력은 얼마가 되는가?

① 1 m/s ② 2 m/s ③ 3 m/s ④ 4 m/s ⑤ 5 m/s

정답 및 해설 31쪽

19 수력 발전은 물의 위치 에너지를 이용한 발전이다. 만약 매초 $5\ m^3$ 의 물이 2 m 를 낙하하여 발전기를 돌렸을 때 얻어지는 전력은 몇 W 인가? 전체 에너지 중 10 % 가 전기 에너지로 전환되며, 중력 가속도 $g = 9.8\ m/s^2$, 물의 밀도는 $1\ g/cm^3$ 이다.

( ) W

20 다음은 여러 가지 에너지가 전환되는 예를 나타낸 것이다.

(가) 식물의 광합성
(나) 가스레인지로 물 끓이기
(다) 도로 위를 달리는 자동차
(라) 태양광 가로등

(가) ~ (라) 의 에너지의 전환을 바르게 설명한 것을 〈보기〉 에서 모두 고른 것은?

〈 보기 〉
ㄱ. (가) : 태양 에너지 → 화학 에너지
ㄴ. (나) : 운동 에너지 → 열에너지
ㄷ. (다) : 화학 에너지 → 운동 에너지
ㄹ. (라) : 태양 에너지 → 열 에너지

① ㄱ, ㄴ ② ㄱ, ㄷ ③ ㄴ, ㄷ
④ ㄴ, ㄹ ⑤ ㄷ, ㄹ

C

21 지면 위에 1 m 높이의 식탁이 있고, 식탁 윗면으로부터 2 m 높이에 질량 2 kg 인 전등이 달려 있다. 지면을 기준으로 한 전등의 위치 에너지는 식탁 윗면을 기준으로 한 위치 에너지의 몇 배인가?

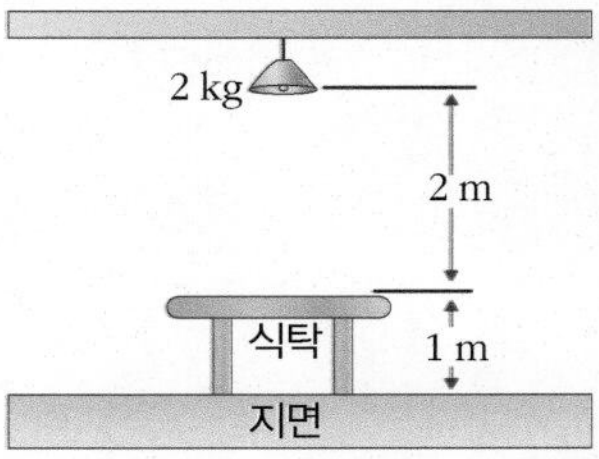

① 1 배 ② 2 배 ③ 3 배
④ $\frac{1}{2}$ 배 ⑤ $\frac{3}{2}$ 배

22 다음 그림은 어떤 물체의 속력과 운동 에너지의 관계를 그래프로 나타낸 것이다. 이 물체의 질량은 몇 kg 인가?

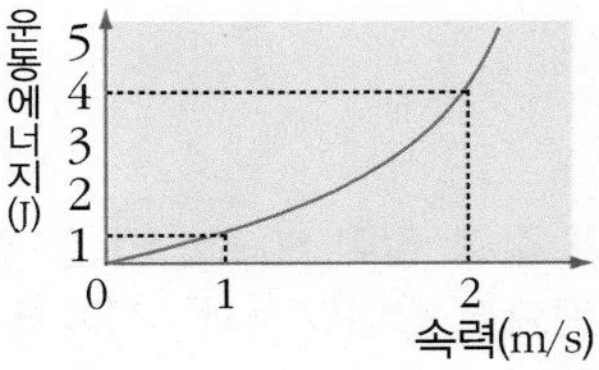

① 1 kg ② 2 kg ③ 4 kg
④ 8 kg ⑤ 16 kg

23 그림과 같이 질량 2 kg 의 공을 지면에서 14 m/s 의 속력으로 던져 올렸더니 공기의 저항이 있을 때 물체가 지면으로부터 9.5 m 높이만큼 올라갔다. 공기의 저항이 없다면 공은 지면으로부터 몇 m 높이까지 올라가겠는가?

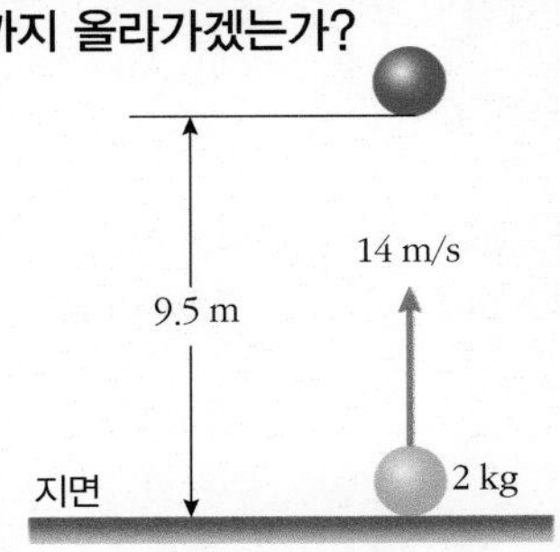

① 9 m ② 9.5 m ③ 10 m
④ 11 m ⑤ 12 m

24 그림과 같이 질량이 100 g 인 쇠구슬을 10 cm 높이에서 가만히 놓았더니 마찰이 없는 경사면을 굴러 내려와서 마찰면에서 2 N 의 마찰력을 받아 s 만큼 이동하여 정지하였다. 마찰면에서 이동한 거리(s)는?

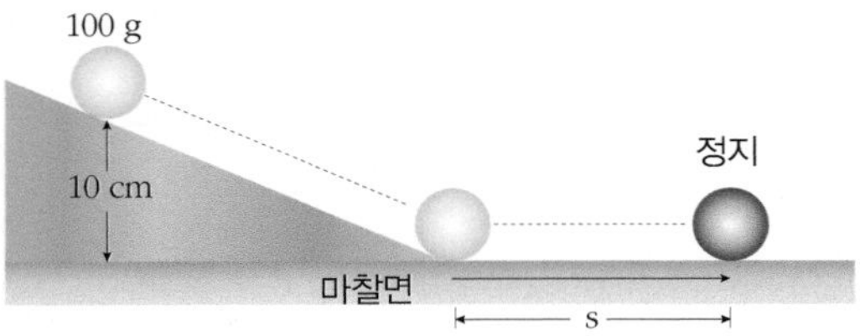

① 4.9 cm　② 9.8 cm　③ 100 cm
④ 4.9 m　⑤ 9.8 m

25 그림과 같이 길이 80 cm 인 실 끝에 공을 매달고 수평으로 잡아당겨서 P점에서 운동을 시키면 원호를 따라 운동하다가 연직선 상의 막대에 걸려 반지름 20 cm 의 원궤도를 그리며 돌아서 Q 점에 도달하게 된다. 공이 점 Q 에 도달했을 때의 속력은 얼마인가? (g = 9.8 m/s^2)

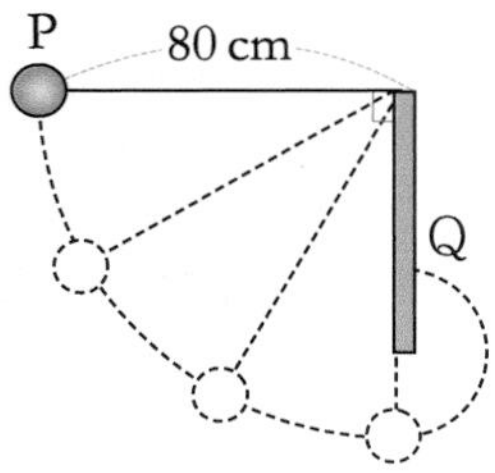

① 1 m/s　② 1.4 m/s　③ 1.96 m/s
④ 2.8 m/s　⑤ 3.92 m/s

26 높은 곳에서 가만히 공을 놓으면 공이 바닥에 부딪혔다가 다시 튕겨 오른다. 공이 바닥에 닿는 순간의 에너지 전환 과정이 다음과 같을 때, 다시 튕겨 오른 높이를 처음 정지해 있던 순간의 높이와 비교하고, 그 이유를 설명하시오.

위치 에너지 → 운동 에너지 + [소리 + 열] 에너지

27 수레의 운동을 기록한 종이 테이프이다. 이 종이 테이프에서 나타난 기록으로 보아 이 수레의 운동 에너지는 얼마인지 계산 과정과 함께 서술하시오. (단, 수레의 질량은 8 kg 이고, 시간기록계는 40 Hz 이다.)

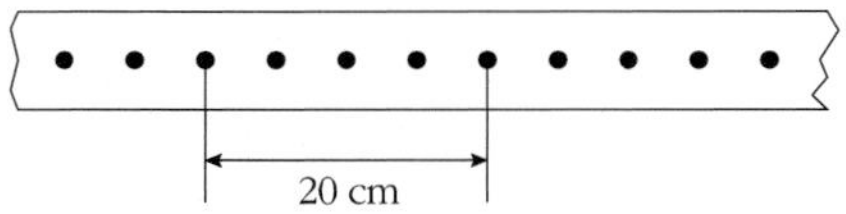

(　　　　) J

28 5 m 높이에서 질량 2 kg 의 물체를 수평 방향으로 4 m/s 의 속력으로 던졌을 때, 이 물체가 지면에 닿는 순간의 운동 에너지는 몇 J 인지 계산 과정과 함께 서술하시오.(단, 공기 저항은 무시한다.)

(　　　　) J

정답 및 해설 31쪽

29 다음 그림과 같이 질량 2 kg 인 물체를 A 점에서 던져 올렸다. 이 물체가 B 점을 1.4 m/s 의 속력으로 통과하였다면 이 물체는 B 점으로부터 얼마 더 올라가겠는가?(단, 공기와의 마찰은 무시)

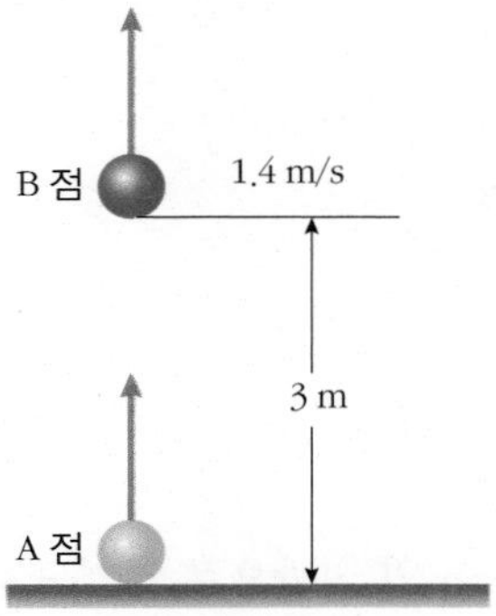

( ) m

30 신 · 재생 에너지의 장점에 대해 서술하시오.

창의력 서술

31 다음 그림은 용수철을 압축시켰다가 놓으면서 물체가 앞으로 튀어나가게 하는 장치이다. 용수철과 물체는 절벽 끝 부분에서 분리되며 물체는 절벽 위에서 수평으로 던진 운동을 하게 된다. 절벽의 높이를 h 로 하고 지구와 달에서 동일한 조건으로 실험을 하였다. 달의 중력가속도는 지구의 $\frac{1}{6}$ 이며, 지구에서의 공기의 저항은 무시한다. 달에서와 지구에서 비교할 때, 물체가 용수철에서 분리된 직후 어디서 더 멀리 떨어질지 비교하시오.

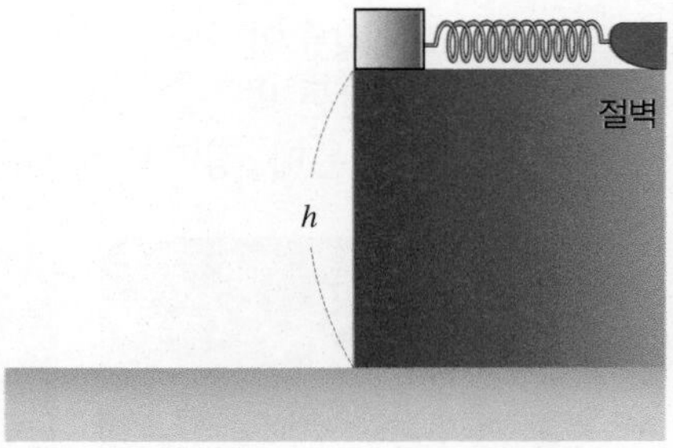

32 다음 그림은 높이 5 m 의 매끄러운 곡면 위에서 질량이 1 kg 인 물체가 곡면 구간 A ~ C 를 내려오다가 일정한 마찰력이 작용하는 수평 구간 B ~ C 를 지나면서 속도가 줄어 C 점에서 정지한 것을 나타낸다. B ~ C 구간에서 일정하게 감속되어 5초 만에 정지했다면, 마찰력에 의한 일률을 구하시오. (단, 중력 가속도 $g = 10\ m/s^2$ 이다.)

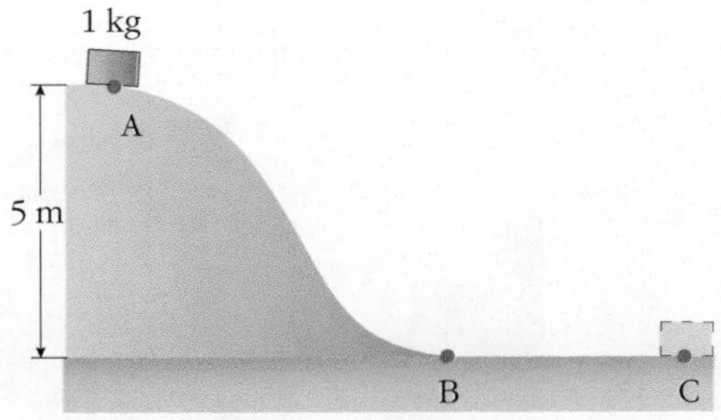

세계 문화 유산
-화성과 거중기

화성(華城)은 조선시대 정조 임금 때에 만들어진 길이 5.4 km 의 성곽으로 경기도 수원시에 위치한다. 1963 년 사적 3 호로 지정되었으며, 1997 년 유네스코 세계 문화 유산으로 등록되었다. 수원 화성은 한국 성의 구성 요소인 옹성, 성문, 암문, 산대, 체성, 치성, 적대, 포대, 봉수대 등을 모두 갖추어 한국 성곽 건축 기술을 집대성했다고 평가된다. 아랫부분은 돌로 윗부분은 흙을 구워 만든 벽돌을 쌓아 안정성을 더했다. 정조 임금은 10 년 동안 건설할 계획으로 화성을 쌓기 시작했는데, 정약용이 만든 여러 도구의 도움으로 2 년 10 개월만에 모두 완공되었다.

거중기

1627 년 선교사인 테렌츠(Terrenz, J.)의 '기기도설'과 명나라의 왕징이 저술한 '제기도설'에 영향을 받아 제작된 것으로 생각된다. 아래 움직도르래 4 개, 위에 고정도르래 4개를 연결한 복합 도르래를 이용하여 만든 것으로 한사람이 400 근(240 kg)의 물체를 쉽게 들어올릴 수 있었다고 한다. '화성성역의궤'에는 거중기가 완전한 모습의 전체 그림과 각 부분을 분해한 그림이 실려 있다. 수원 화성 공사를 위해 거중기는 1 대가 사용되었으며 왕실에서 직접 제작하여 공사 현장에 내려 보냈다고 한다.

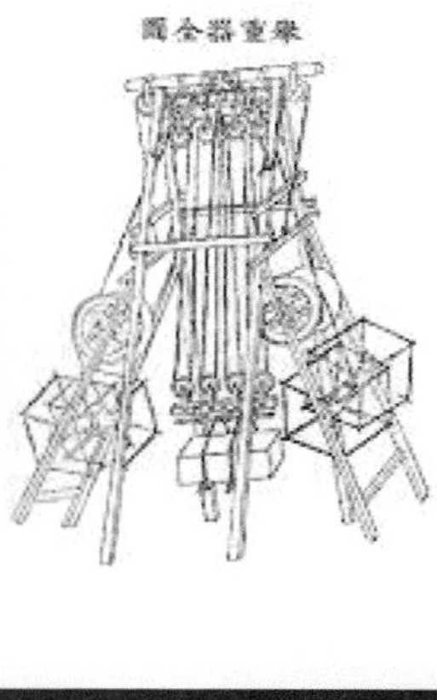

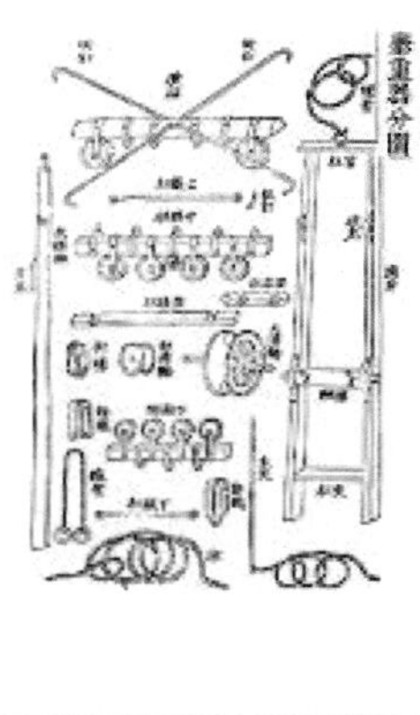

정답 및 해설 33쪽

Q1

거중기로 한사람이 400 근(240 kg)의 물체를 들어올릴 수 있었다면 이 사람이 준 최소한의 힘은 얼마일지 kg중 으로 나타내시오.

녹로

긴 장대 끝에 도르래를 달고 끈을 얼레에 연결하여 돌을 높이 들어올리는데 사용하는 도구로 높이는 11 m 이다. 화성 축성 때 2 개를 만들어 높은 성벽을 쌓는데 사용하였다. 현대의 크레인과 비슷한 역할을 하였다.

동차

네모틀 각 구석에 네개의 바퀴를 달고 앞뒤의 가로대에 끈을 묶어 네 사람이 잡아당기게 되어 있다. 평지에서만 사용할 수 있으며, 돌이나 작은 석재, 기와 등을 운반하는 데 주로 쓰였다. 화성 건축 시에 192 량을 만들어 사용했다는 것으로 보아 자주 사용된 것으로 보인다.

유형거

수레바퀴가 너무 크고 잘 부러지는 약점과 썰매가 힘이 많이 드는 단점을 보완해서 만든 새로운 수레이다. 반원 모양의 부품인 복토는 수레의 무게 중심을 평형으로 유지시켜 수레가 비탈길에서도 바르고 가볍게 움직이게 하는 역할을 한다. 일반 수레 100대가 324일 할 일을 유형거 70대로 154일 동안 마무리했다는 기록이 있다.

Q2

화성을 건축할 때 사용한 4개의 도구를 힘에 이득이 있는 것과 없는 것으로 구분하시오.

Project 2 - 탐구

[탐구-1] 용수철의 탄성계수 구하기

준비물 굵기가 다른 용수철 2 종류 각 2 개씩, 추(10 g, 20 g, 30 g, 40 g, 50 g) 5 개, 자(30 cm), 스탠드

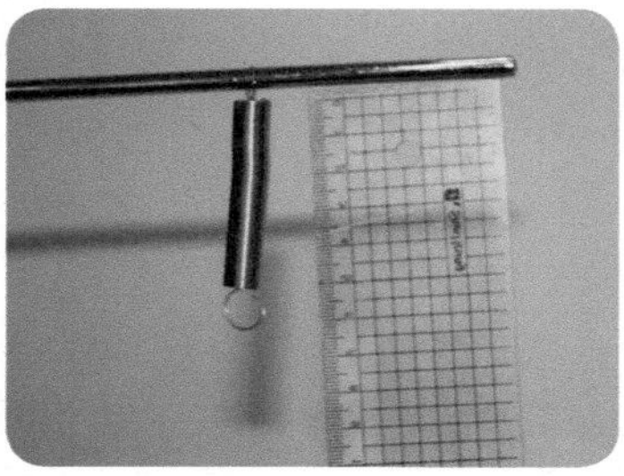

① 그림과 같이 스탠드에 용수철을 장치하고, 용수철의 길이를 측정한다.

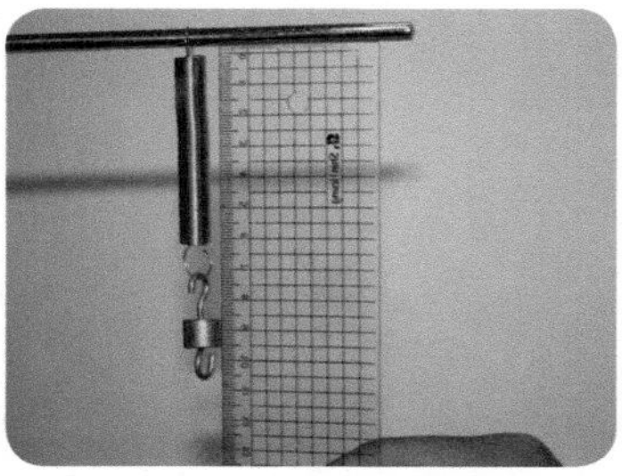

② 용수철애 10 g, 20 g, 30 g, 40 g, 50 g의 추를 달고, 용수철의 늘어난 길이를 각각 잰다.

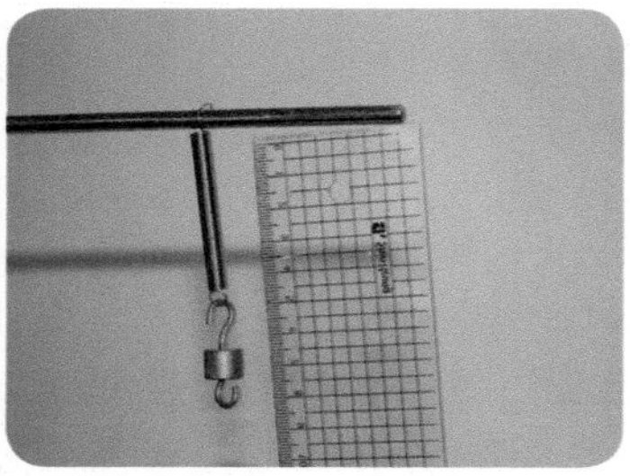

③ 굵기가 다른 용수철을 이용하여 위의 실험을 반복한다.

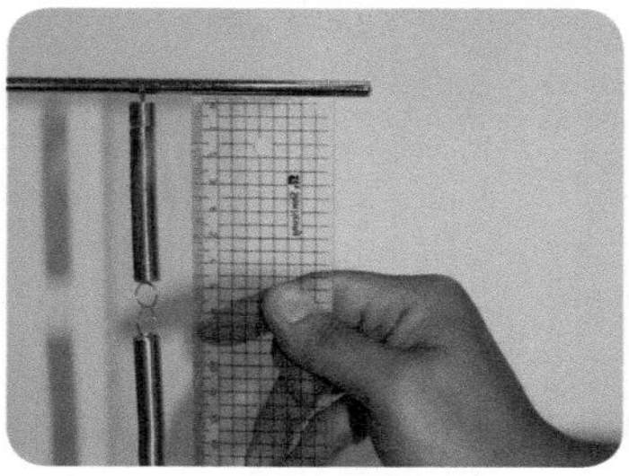

④ 용수철을 직렬로 연결한 후 위의 실험을 반복한다.

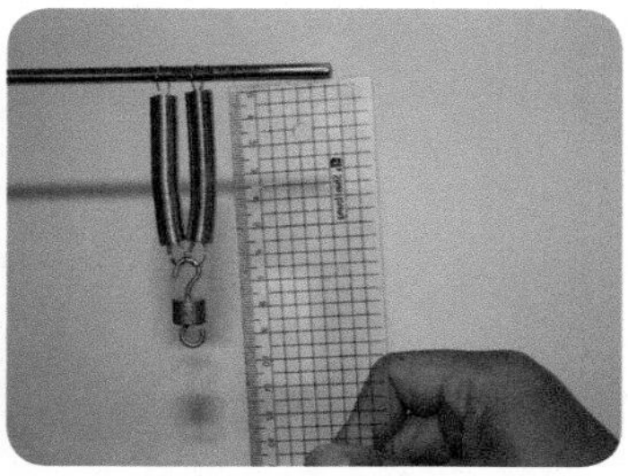

⑤ 용수철을 병렬로 연결한 후 위의 실험을 반복한다.

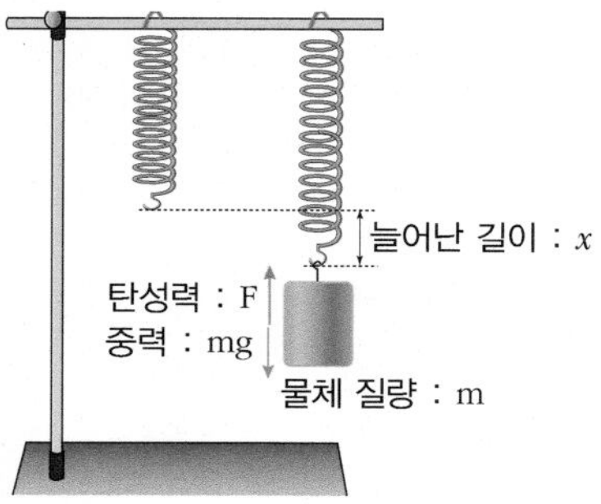

용수철의 탄성력의 크기(F)는 용수철의 늘어난 길이(x)와 용수철 상수(k)의 곱과 같다.

$$F = kx$$

용수철에 매달린 추는 탄성력(F)과 중력(mg)의 힘의 평형 상태에 있다.

$$kx = mg$$

정답 및 해설 33쪽

탐구 결과

(1) 같은 용수철에 가하는 힘을 달리했을 때의 탄성계수 비교

추의 질량(kg)	탄성력(N)	늘어난 길이(cm)	탄성계수(N/m)
0.01			
0.02			
0.03			
0.04			
0.05			

(2) 굵기가 다른 용수철의 탄성계수 비교

	추의 질량(kg)	탄성력(N)	늘어난 길이(cm)	탄성계수(N/m)
가는 용수철				
굵은 용수철				

(3) 연결방법이 다른 용수철의 탄성계수 비교

	추의 질량(kg)	탄성력(N)	늘어난 길이(cm)	탄성계수(N/m)
직렬 연결				
병렬 연결				

탐구 문제

1. 용수철 상수에 대한 다음 글의 괄호 안에 알맞은 말을 고르시오.

> 같은 용수철이라면 탄성력의 크기는 변해도 탄성계수의 크기는 (변한다, 변하지 않는다). 가는 용수철은 굵은 용수철보다 용수철 상수값이 (작, 크)다.

2. 다음 연결 방법을 달리했을 때의 용수철의 탄성계수의 변화에 대한 설명 글 중 빈칸에 알맞은 말을 써 넣으시오.

> 용수철 2 개를 직렬로 연결한 경우 병렬로 연결한 경우보다 용수철상수는 (   )진다.

[탐구-2] 탄성력에 의한 위치에너지

준비물 용수철, 추(50 g, 100 g, 200 g) 3 개, 자(50 cm), 스탠드, 초시계

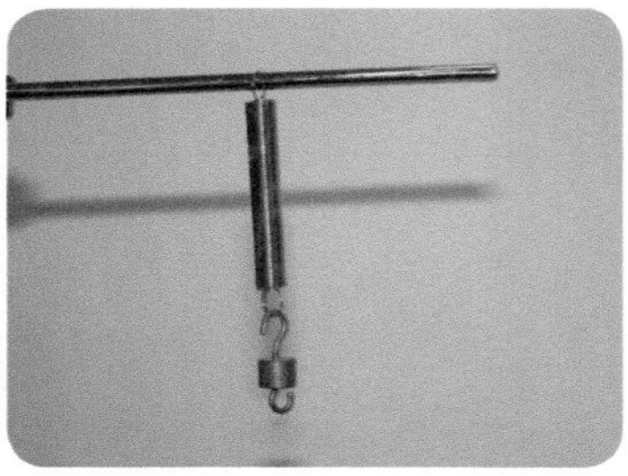

① 그림과 같이 스탠드에 용수철을 장치하고 100 g 추를 매단다.

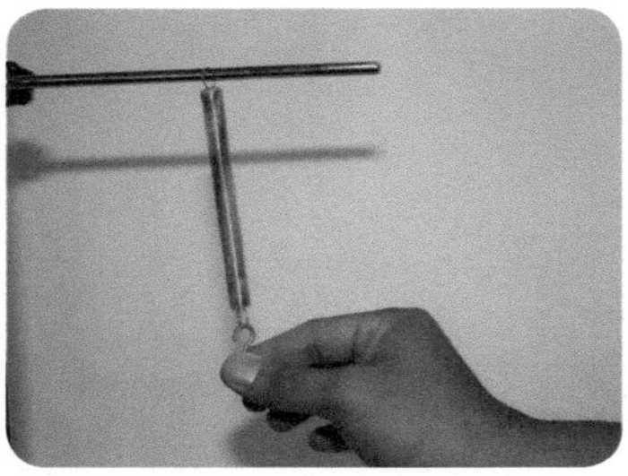

② 추를 잡고 있다가 놓아서 추가 위, 아래로 진동하게 한다.

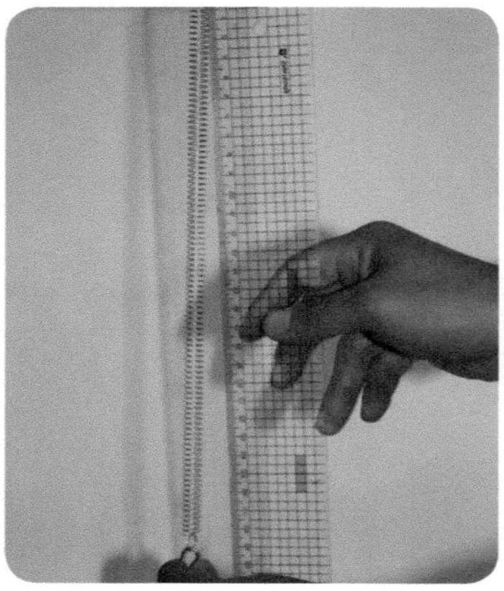

③ 용수철이 최대로 늘어난 길이를 측정한다.
④ 추가 10 회 진동하는 시간을 초시계로 측정한 후, 주기를 계산한다.
⑤ 추의 무게를 달리하여 ① ~ ③ 의 과정을 반복한다.

중력에 의한 위치 에너지(E_p) $$E_p = mgh$$
(m : 물체의 질량, g : 중력 가속도, h : 높이)

탄성력에 의한 위치 에너지(E_p) $$E_p = \frac{1}{2}kx^2$$
(k : 용수철 상수, x : 용수철의 변형된 길이)

정답 및 해설 33쪽

탐구 결과

추의 질량 (kg)	용수철의 탄성계수 (N/m)	용수철이 최대로 늘어난 길이 (cm)	중력에 의한 위치에너지의 감소량 (J) (최하점)	탄성력에 의한 위치에너지의 증가량 (J) (최하점)	추의 진동주기 (s)
0.01					
0.02					
0.03					
0.04					

탐구 문제

1. 용수철 진자의 진동 주기는 추의 질량과 어떤 관계가 있는지 설명하시오.

2. 용수철 진자의 진동 주기는 용수철 탄성계수와 어떤 관계가 있는지 설명하시오.

3. 추가 최하점에 있을 때 평형점을 기준으로 추의 중력에 의한 위치에너지의 감소량과 탄성력에 의한 위치 에너지의 증가량은 같다. 그 이유가 무엇인지 설명해 보시오.

III 전기

전기회로를 어떻게 꾸밀까?

10강. 전기 I

1. 마찰전기와 대전열

(1) 물체가 전기를 띠게 되는 과정 : 물체가 전자를 잃거나 얻은 경우 '대전'되었다고 하고, 대전된 물체를 '대전체'라고 한다.

① 마찰에 의한 대전(마찰전기) : 두 물체를 마찰시키면 한 물체에서 다른 물체로 전자가 이동한다.

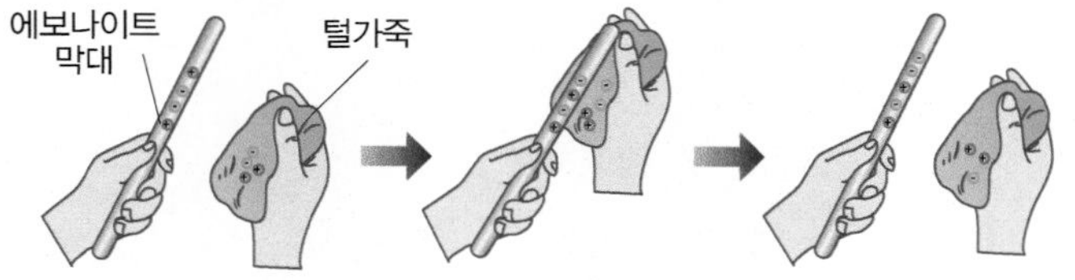

▲ 에보나이트 막대와 털가죽의 마찰

전자의 이동 : 털가죽 → 에보나이트 막대

② 마찰전기가 생기는 모습 : 두 물체의 마찰 시 전자가 A에서 B로 이동할 때 물체 A 는 (+) 로 물체 B 는 (−) 로 대전된다.

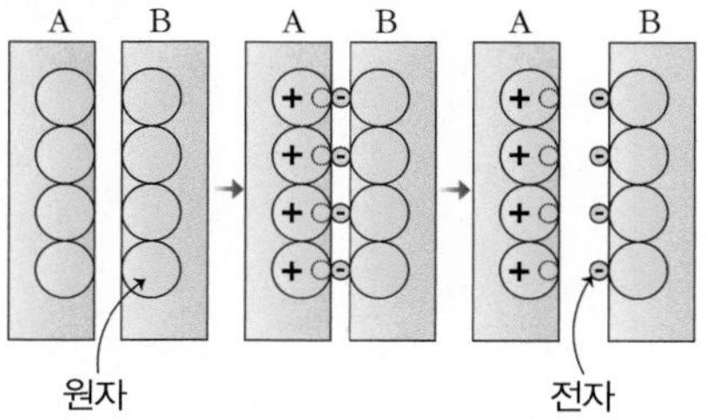

(2) 대전열 : 물체를 마찰시킬 때 전자를 잃기 쉬운 순서대로 나열한 것이다.

(전자를 잃기 쉬움: 전자와의 결합력이 약함) (전자를 얻기 쉬움: 전자와의 결합력이 강함)

(+ 로 대전됨)	(− 로 대전됨)
털가죽 - 유리 - 명주 - 나무 - 고무 - 플라스틱 - 에보나이트	

▲ 대전열 (털가죽과 에보나이트를 마찰시킬 때 마찰 전기가 가장 잘 발생한다.)

간단실험
마찰전기 실험
① 클리어 화일을 준비한 후에 면 옷에 잠시 문지른다.
② 문지른 클리어 화일을 머리카락에 접근시켜 서로 붙는지 확인한다.

두 대전체의 접촉
두 대전체의 전하량이 다르면 접촉 과정에서 전하가 고르게 분포된다.

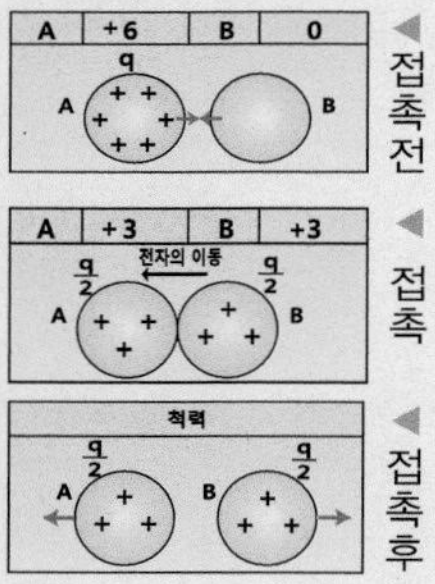

생각해보기★
마찰전기는 도체와 부도체 중 도체에서만 나타날까?

개념확인 1 **서로 다른 두 물체를 마찰시킬 때 일어나는 일에 대해서 옳은 것은 O 표 옳지 않은 것은 X 표 하시오.**

(1) 전자가 이동한다. ( )
(2) 두 물체 사이에는 척력이 작용한다. ( )

확인 +1 **물체의 대전열이 다음과 같을 때 두 물체를 마찰시킬 경우 (−) 전기로 대전되는 물체를 쓰시오.**

(+) 털가죽 − 유리 − 명주 − 나무 − 고무 − 플라스틱 − 에보나이트 (−)

(1) 털가죽과 고무풍선 ( )
(2) 플라스틱 컵과 나무 판자 ( )

미니사전
전하 [電 전기 荷 짊어지다] 대전체가 띠고 있는 전기
대전열 [대− 電 전기 列 순서] 물체를 마찰시킬 때 전기가 발생하는 정도를 순서대로 나열한 것

2. 정전기 유도

(1) 정전기 유도 : 전기적으로 중성인 도체에 대전체를 가까이함으로써 전기를 띠도록 하는 것을 말한다.

(2) 정전기 유도를 이용한 금속 구 대전

① 두 금속 구를 서로 다른 종류의 전하로 대전시키는 과정

전자들이 A 에서 B 로 이동하기 때문에 A는 (+) 전기로 대전이 되고, B 는 (−) 전기로 대전이 된다. 이때 A 와 B 사이에는 서로 인력이 작용한다.

② 두 금속 구를 같은 종류의 전하로 대전시키는 과정

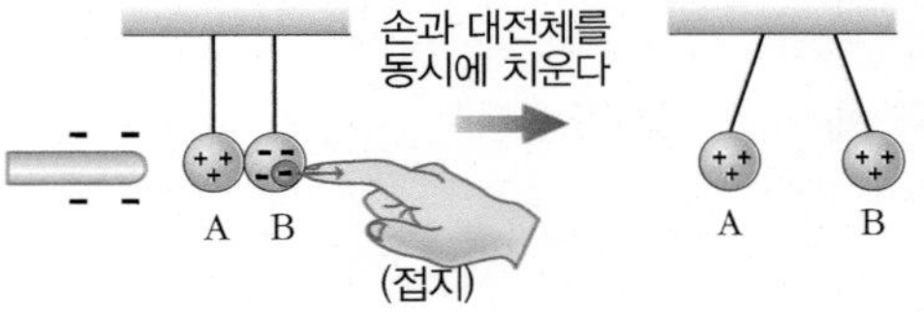

전자들이 A 에서 B 로 이동하지만 전자가 손가락으로 빠져나가므로 두 금속 구는 (+) 전기로 대전된다. 이때 A 와 B 사이에는 척력이 작용한다.

(3) 금속박 검전기

① 금속박 검전기

금속판에 대전체를 가까이 가져가면 금속판은 대전체와 반대 종류의 전기가, 금속박에는 대전체와 같은 종류의 전기가 대전되어 금속박이 벌어진다. 이 전기들은 금속판이나 금속박의 표면에만 있게 된다. 이때 대전체의 전기량이 많을수록 금속박이 더 많이 벌어진다.

② 금속박 검전기를 대전시키기

대전체가 가까이 있는 상태에서 금속판에 손가락을 접촉시키면 금속박의 전기가 반발력에 의해서 빠져나간다. 대전체와 손가락을 동시에 치우면 금속박 검전기가 한 종류의 전기로 대전된다.

정답 및 해설 33쪽

개념확인 2 **검전기를 통해 알 수 있는 것을 O 표, 알 수 없는 것을 X 표 하시오.**

(1) 물체의 대전 여부 ( )

(2) 대전된 전하의 양 ( )

(3) 도체와 부도체의 구분 ( )

확인 +2 **다음 〈보기〉 에서 답을 찾아 빈칸을 쓰시오.**

〈 보기 〉

같은 다른

금속과 같은 도체에 대전체를 가까이 가져가면 대전체에 가까운 쪽은 대전체와 ( ) 종류의 전하가 유도되고 대전체와 먼 쪽은 ( ) 종류의 전하가 유도된다.

손가락을 접촉시키는 경우

손가락을 통해서 전자가 지면으로 들어가기도 하고, 지면의 전자가 도체로 들어가기도 한다. 손가락을 접촉시키면 땅으로 연결된다고 하여 '접지'하는 것과 효과가 같다.

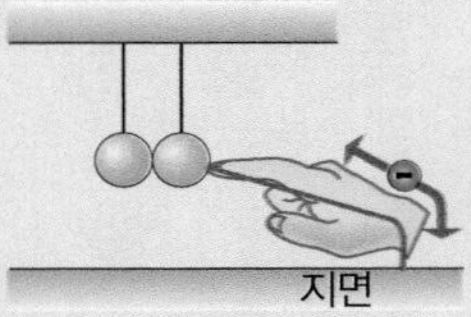

금속박이 벌어져 있는 대전된 검전기로부터 전기를 없애는 방법

금속판에 손가락을 살짝 대면 전자가 나가거나 들어와서 금속박 검전기가 중성이 된다.

전하 사이에 작용하는 힘

전하 사이의 거리의 제곱에 반비례하여 작아지고, 두 전하의 전하량이 클수록 커진다.

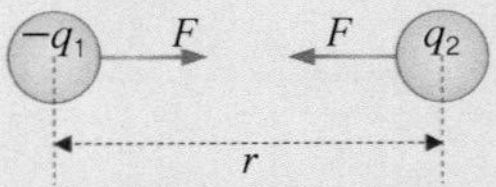

F : 전기력(쿨롱의 힘) [N]
k : 비례상수
r : 두 전하 사이의 거리[m]
q_1, q_2 : 전하량[C:쿨롱]

$$F = k\frac{q_1 q_2}{r^2} \text{ (쿨롱의 법칙)}$$

유전분극

부도체를 구성하는 원자들이 극을 지니게 되어 표면에 정전기가 유도된 것 같은 효과를 가져오는 것을 말한다.

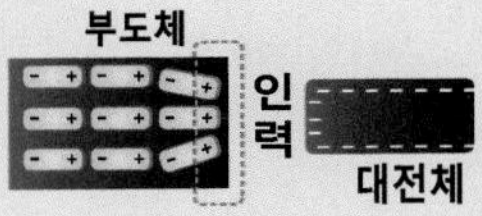

미니사전

도선 [導 인도하다 線 줄] 도체로 이루어진 선. 전선이라고도 한다.

접지 [接 잇다 地 땅] 감전 등의 전기사고 예방 목적으로 전기기기와 지면을 도선으로 연결하여 기기의 전위를 0으로 유지하는 것

3. 전류

(1) 전자의 이동과 전하의 흐름

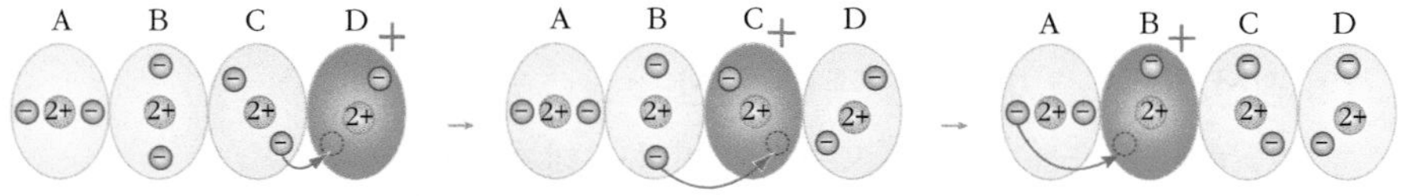

A, B, C 는 중성 원자 D 는 + 전기를 띤 원자이다. C 의 전자가 D 로 이동한다.	→	A, B, D 는 중성 원자 C 는 + 전기를 띤 원자이다. B 의 전자가 C 로 이동한다.	→	A, C, D 는 중성 원자 B 는 + 전기를 띤 원자이다. A 의 전자가 B 로 이동한다.

→ 전자의 이동 방향과 반대 방향으로 (+) 전하가 이동하는 효과가 있다.

(2) 전류

① 전류 : (−) 전하를 띤 전자들의 이동으로 발생하는 전하의 흐름을 말한다.

●전자 ⊕(+)전하를 띤 원자핵

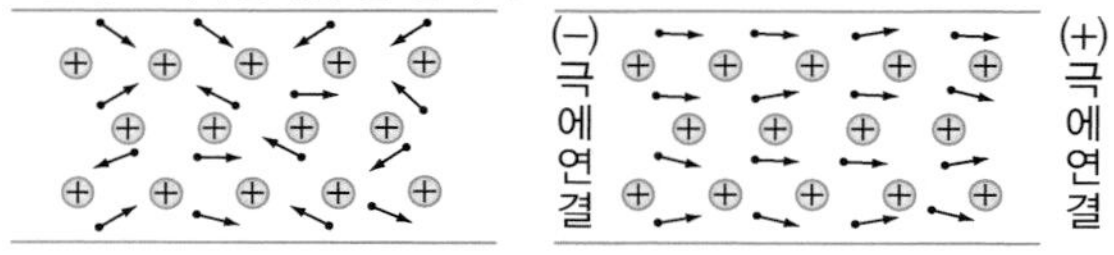

(가) 전류가 흐르지 않을 때 (나) 전류가 흐를 때

▲ 전선 속의 자유 전자 모형

$$I = \frac{Q}{t}$$

(I : 전류[A], Q : 전하량[C], t :시간[s]) 단위 : A, mA

② 전류의 측정 - 전류계

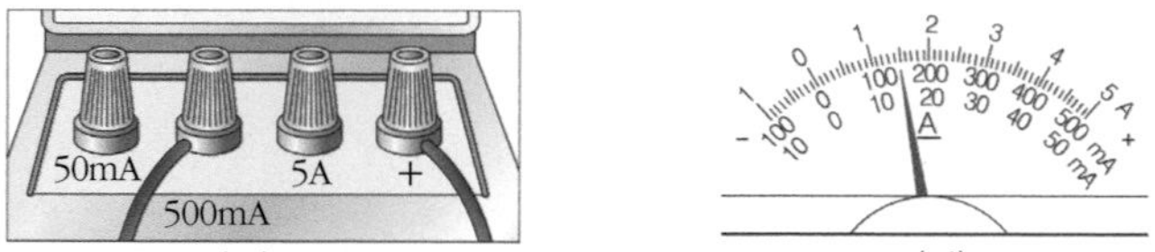

(가) (나)

· (−) 단자는 최대 눈금이 다른 단자 여러 개로 구성된다.

· 그림 (가) 와 같이 전류계의 (−) 단자를 500 mA 에 연결하면 그림 (나) 에서 최대 눈금 500 mA 인 곳을 읽어야 한다.

개념확인 3 도선의 한 지점을 5 초 동안 20 C 의 전하가 통과하였을 때 이 도선에 흐르는 전류의 세기는 몇 A 인가?

( ) A

확인 +3 전류계의 (−) 단자를 500 mA에 연결할 때 전류계의 눈금이 그림과 같았다. 이 전기 회로에 흐르는 전류는 몇 mA 인지 구하시오.

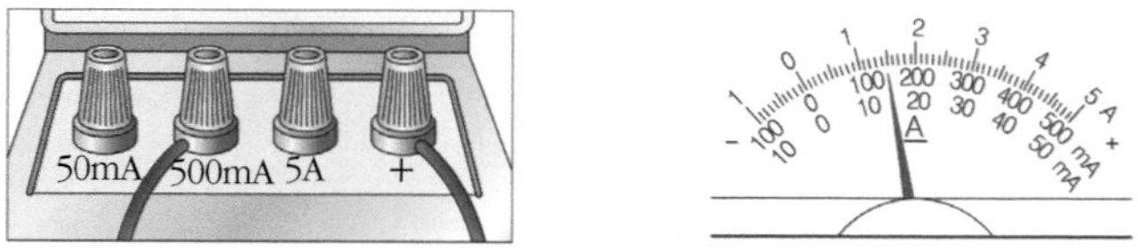

( ) mA

직류와 교류

건전지를 연결하면 나오는 전류는 직류 전류로 전류의 흐르는 방향이 일정하다. ((+), (−) 극이 있다.) 반면 우리가 사용하는 가정용 전류는 교류 전류로 전류의 흐르는 방향이 초당 60 번 정도 변한다. (극의 구별이 없다.)

전류의 크기와 단위(A)

전류의 크기를 나타내는 단위는 A(암페어)이다. 1 A는 도선의 한 단면을 1초 동안 1 C(쿨롱)의 전하가 통과할 때의 크기를 말한다.

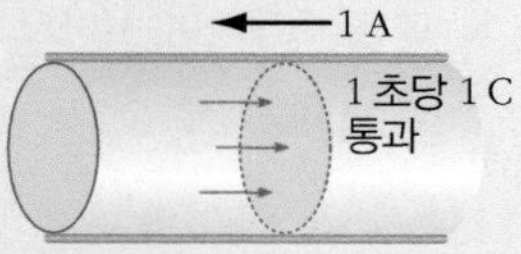

전자와 전류의 방향

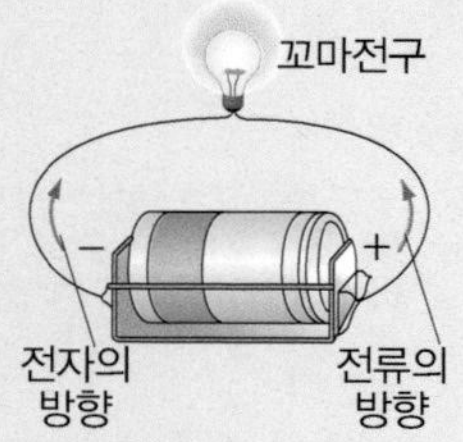

전류의 방향은 전자의 이동 방향과 반대방향이다.

미니사전

전류 [電 전기 流 흐르다] 전하가 연속적으로 흐르는 현상

4. 전하량 보존

(1) 전하량

① 전하량은 전류의 세기와 전류가 흐른 시간에 비례한다.

$$Q = It, \ (Q \text{ (전하량(C)}, \ I \text{ (전류(A)}, \ t \text{ (시간(s))}$$

② 전하량의 단위 : C(쿨롱)

③ 1 C : 1 A 의 전류가 1 초 동안 흘렀을 때 도선의 단면을 통과한 전하량

(2) 전하량 보존 법칙 : 도선을 따라 흐르는 전하는 새로 생기거나 사라지지 않으며 항상 일정한 양이 유지된다는 법칙이다.

① 같은 시간 동안 도선에 연결되어 있는 전구에 흘러 들어가는 전류(Ia)와 흘러나오는 전류(I_b)의 세기가 같다. → 전구를 통과하더라도 전하량은 일정하게 보존된다.

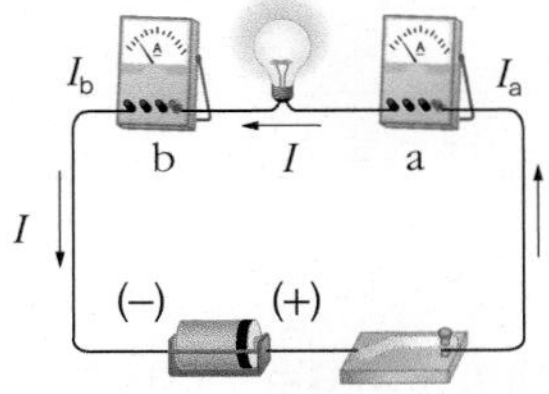

$$I = I_a = I_b$$

② 회로에서 나누어지기 전의 전류의 세기(I_a)는 나누어진 후의 전류의 세기의 합($I_b + I_c$)과 같다. → 도선이 나누어지더라도 전하량은 일정하게 보존된다.

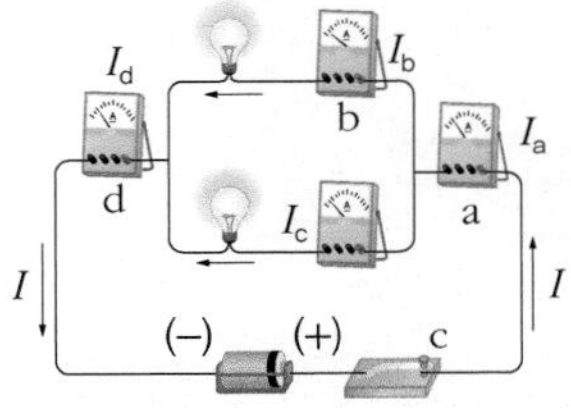

$$I = I_a = I_b + I_c = I_d$$

간단실험

전하량 보존 법칙 실험하기

① 다음 그림과 같이 회로를 구성해 본다.

② a 와 b 전류계를 보고 전류의 세기가 같은지 확인해 본다.

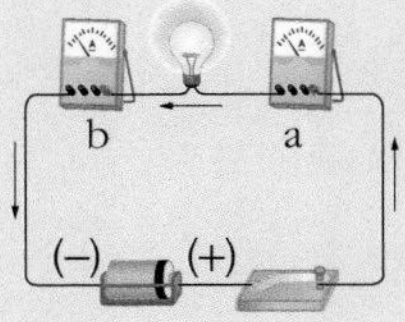

닫힌 회로와 열린 회로

· 닫힌 회로 : 전기 회로가 끊어진 곳이 없이 연결되어 전류가 흐르는 회로

· 열린 회로 : 전기 회로가 스위치가 열려서 전류가 흐르지 않는 회로

정답 및 해설 33쪽

개념확인 4 도선을 따라 전하가 이동하는 동안 전하가 없어지거나 새로 생기지 않고 전하량은 항상 일정하게 보존되는 법칙을 무엇이라고 하는가?

(　　　　　　　　　　)

확인 + 4 다음 그림과 같이 전기 회로도에서 전류계 A 에 5 A 의 전류가 흐른다면 전류계 B 에 흐르는 전류는 몇 A 인가?

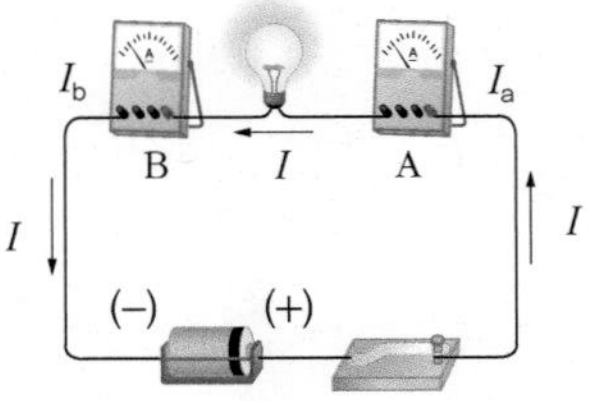

(　　　　　　) A

미니사전

보존법칙 [保 보전하다 存 있다 法 법 則 법칙] 일정하게 유지된다는 법칙

개념 다지기

01 다음 그림은 서로 다른 두 물체 A와 B를 마찰시킬 때 전자의 이동을 간단히 나타낸 것이다.

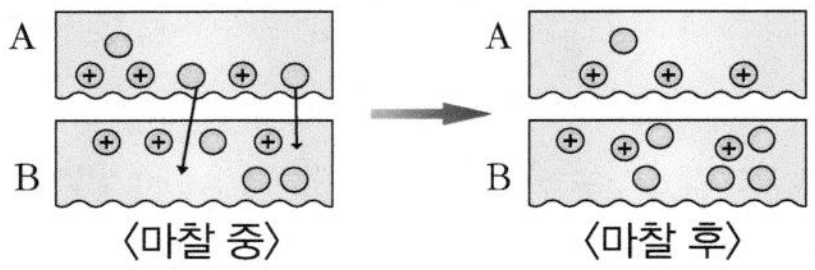

이에 대한 설명으로 옳은 것만을 〈보기〉에서 있는 대로 고른 것은?

〈 보기 〉
ㄱ. A는 전자를 잃어 (+) 전기를 띤다.
ㄴ. B는 전자를 얻어 (−) 전기를 띤다.
ㄷ. 두 물체 사이에서 작용하는 전기력은 척력이다.

① ㄱ ② ㄷ ③ ㄱ, ㄴ
④ ㄴ, ㄷ ⑤ ㄱ, ㄴ, ㄷ

02 다음 그림과 같이 대전되지 않은 가벼운 금속 막대에 (−) 전하로 대전된 유리 막대를 가까이 하는 모습을 나타낸 것이다.

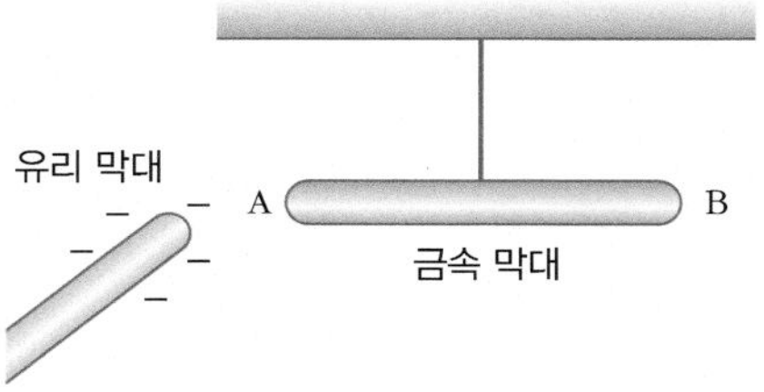

A와 B에 각각 유도되는 전하의 종류와 금속 막대의 움직임을 바르게 짝지은 것은?

	A	B	금속 막대의 움직임
①	(+)	(−)	움직이지 않는다.
②	(+)	(+)	유리 막대 쪽으로 끌려온다.
③	(+)	(−)	유리 막대 쪽으로 끌려온다.
④	(−)	(+)	유리 막대 반대쪽으로 밀린다.
⑤	(−)	(−)	유리 막대 반대쪽으로 밀린다.

03 검전기에 (+) 전기로 대전된 대전체를 금속판에 가까이 했을 때 검전기에 유도된 전하를 바르게 나타낸 것은?

①
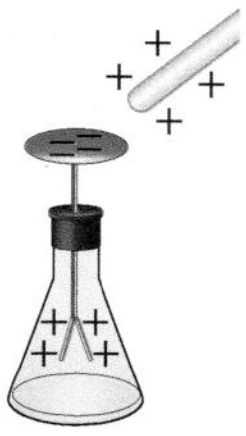
②
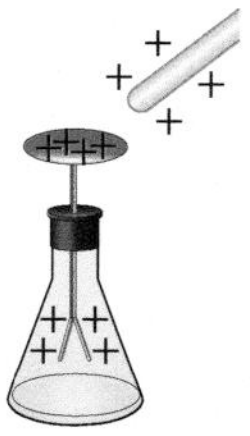
③

④

⑤
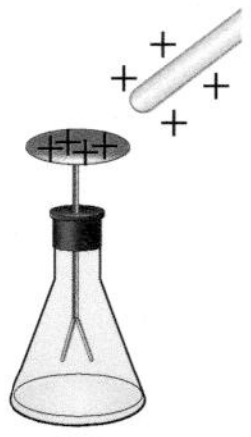

정답 및 해설 34쪽

04 **오른쪽 그림은 도선 속의 원자와 전자를 간단히 나타낸 것이다. 이에 대한 설명으로 옳지 않은 것은? (단, 화살표는 전자의 이동 방향이다.)**

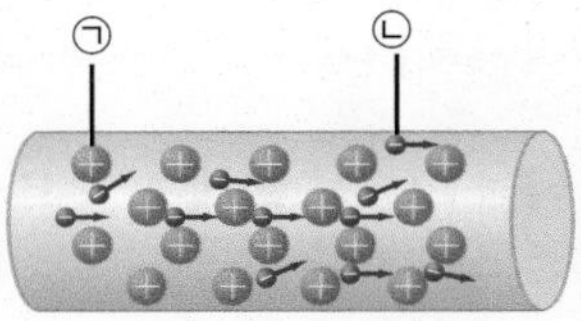

① ㉠ 은 이동하지 않는다.
② 도선에는 전류가 흐르고 있다.
③ 전류가 흐르는 방향은 A → B 이다.
④ 전자의 이동 방향과 전류의 이동 방향은 서로 반대이다.
⑤ A 는 전지의 (-) 극과 연결되어 있고, B 는 전지의 (+) 극과 연결되어 있다.

05 **전하량 보존 법칙에 대한 설명으로 옳은 것만을 〈보기〉 에서 있는 대로 고른 것은?**

〈 보기 〉

ㄱ. 전하량은 전구를 병렬로 연결할 때는 보존되지 않는다.
ㄴ. 전하는 소멸되거나 새로 생기지 않으며 언제나 처음의 양이 그대로 유지된다.
ㄷ. 직렬로 연결된 전기 기구에 흘러들어 가는 전류와 흘러나오는 전류의 세기가 같다.

① ㄱ　　② ㄷ　　③ ㄱ, ㄴ
④ ㄴ, ㄷ　　⑤ ㄱ, ㄴ, ㄷ

06 **다음 그림과 같은 전기 회로도에서 전류계 A 에는 8 A 의 전류가 흐르고, 전류계 B 에는 3 A 의 전류가 흐른다면 전류계 C 와 전류계 D 에 흐르는 전류는 몇 A 인가?**

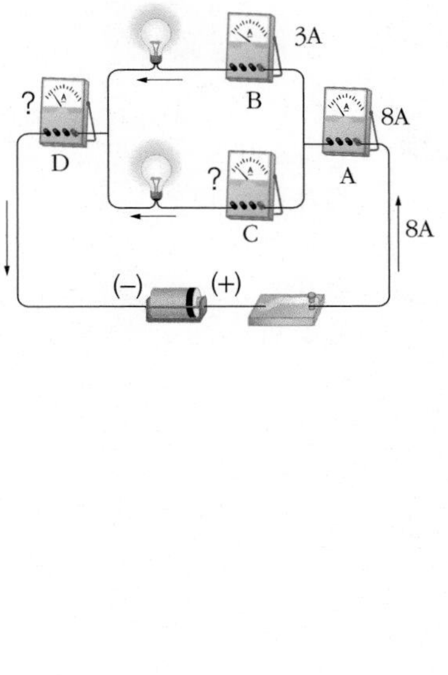

전류계 C :(　　　　) A

전류계 D :(　　　　) A

유형 익히기 & 하브루타

[유형10-1] 마찰전기와 대전열

다음 그림은 물체 A 와 B 를 서로 마찰시킬 때, A 와 B 의 전하 분포 상태를 나타낸 것이다. 이에 대한 설명으로 옳은 것은?

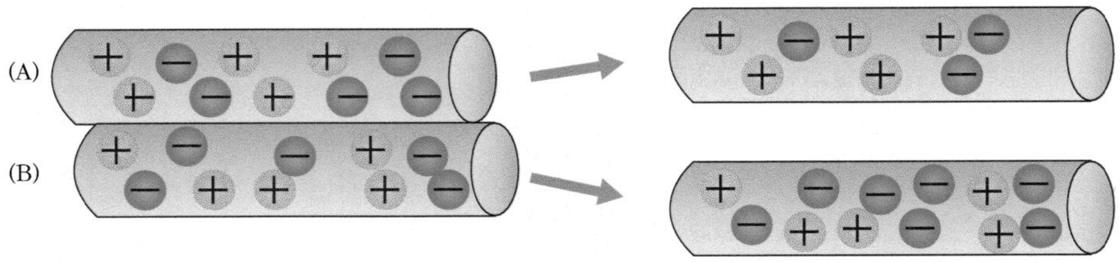

① A 는 (−) 전기로 대전되었다.
② B 는 (+) 전기로 대전되었다.
③ 마찰에 의해서 전자는 A 에서 B 로 이동하였다.
④ 마찰시킬 때 원자핵이 A 에서 B 로 이동하였다.
⑤ 마찰시킨 후 B 는 대전체로 되지만 A 는 대전체로 되지 못한다.

01 다음 그림은 마찰 전기가 생기는 과정을 설명하는 모형이다. 다음 대전열 중에서 A, B 에 해당하는 물체를 바르게 짝지은 것은?

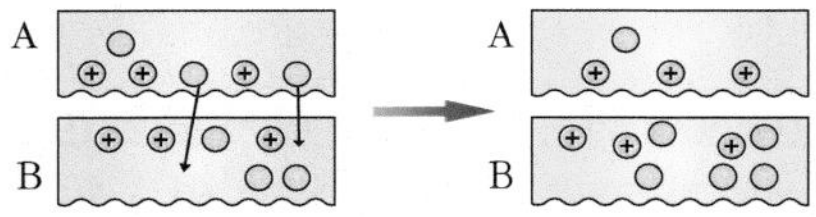

(+) 털가죽 - 유리 - 명주 - 고무 - 플라스틱 (−)

	A	B
①	명주 헝겊	플라스틱
②	플라스틱	털가죽
③	고무	명주 헝겊
④	유리 막대	털가죽
⑤	고무	유리 막대

02 다음 그림은 대전열을 나타낸 것이다. 다음 두 고무풍선 사이에서 인력이 작용하는 경우는?

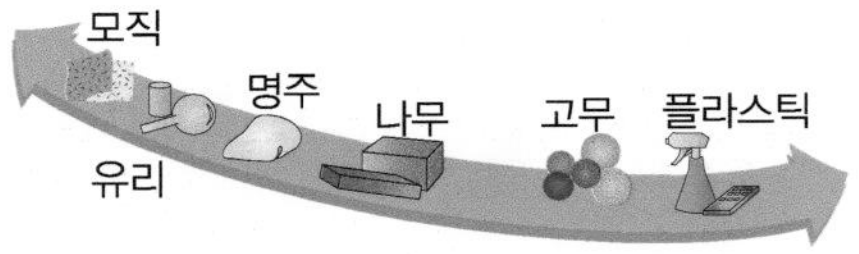

① 두 고무풍선을 모두 명주으로 각각 문지른 경우
② 두 고무풍선을 모두 모직으로 각각 문지른 경우
③ 두 고무풍선을 모직과 명주로 각각 문지른 경우
④ 두 고무풍선을 모직과 유리 막대로 각각 문지른 경우
⑤ 두 고무풍선을 명주과 플라스틱 막대로 각각 문지른 경우

정답 및 해설 34쪽

[유형10-2] 정전기 유도

오른쪽 그림과 같이 명주실에 매달린 전기적으로 중성인 가벼운 도체 구에 대전체를 가까이 한 상태에서 도체 구에 손가락을 살짝 접촉시켰다. 그 상태에서 손가락을 떼면서 동시에 대전체도 치웠을 때 도체 구의 전하는 어떻게 분포하는가?

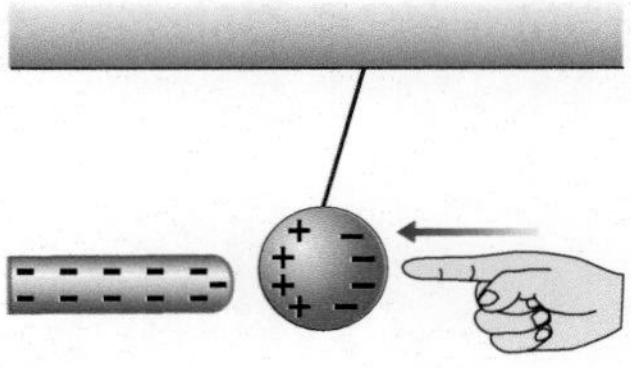

①
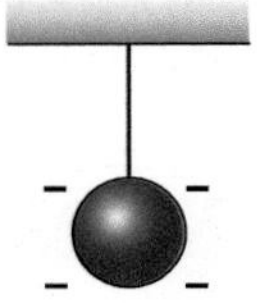

②
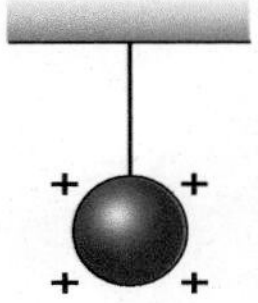

③
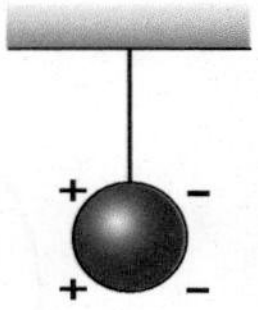

④
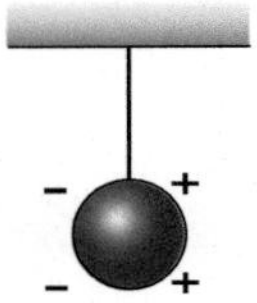

⑤
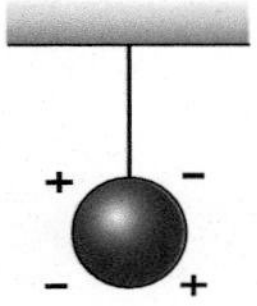

03 다음 그림과 같이 구름 아랫부분이 (−) 전기로 대전된 구름 밑을 날고 있는 비행기가 있다. 처음에 비행기는 대전되지 않았다고 할 때 다음 물음에 답하시오.

(1) 비행기의 윗부분과 아랫부분이 띠는 전하의 종류를 쓰시오.

윗부분 :(　　　　)
아랫부분 :(　　　　)

(2) 위와 같이 대전체와 가까이 있는 대전되지 않은 금속이 전기를 띠게 되는 현상을 무엇이라고 하는지 쓰시오.

(　　　　　　　　)현상

04 다음 그림과 같이 (−) 로 대전된 플라스틱 막대를 금속 막대에 가까이 가져갔더니, 검전기의 금속박이 벌어졌다. A, B, C, D 중 (+) 전기로 대전된 부분을 모두 고른 것은?

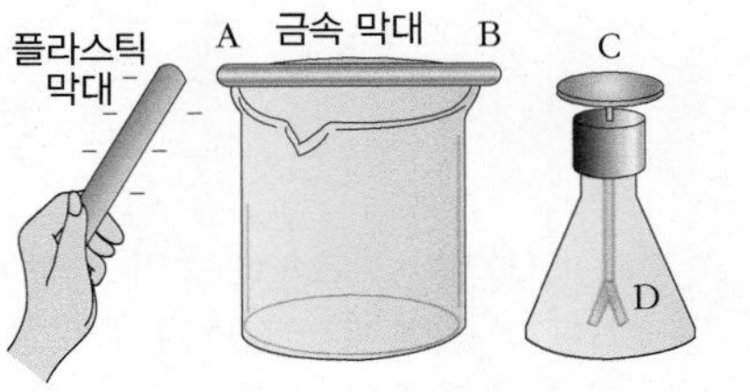

① A, D　② A, C　③ B, C
④ B, D　⑤ A, B, C, D

[유형10-3] 전류

다음은 도선으로 전지, 전구, 스위치를 연결한 전기회로를 나타낸 것이다. 이에 대한 설명으로 옳은 것은?

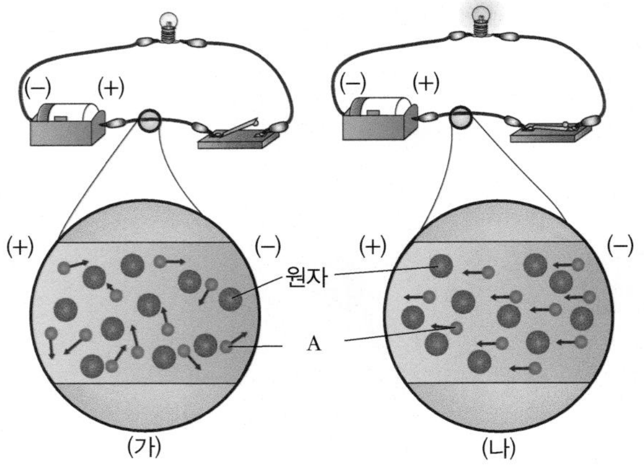

① A 는 이온이다.
② (가) 에서 A 는 이동하지 않는다.
③ 전류의 방향은 (–) 극에서 (+) 극 방향으로 정하였다.
④ (나) 에서 A 와 원자의 충돌로 인하여 열이 발생한다.
⑤ (나) 에서 A 는 전지의 (+) 극에서 (–) 극 방향으로 전기력을 받는다.

05 다음 그림은 어떤 전선 속에서 움직이는 전자의 모습을 나타낸 것이다. 이에 대한 설명으로 옳은 것은?

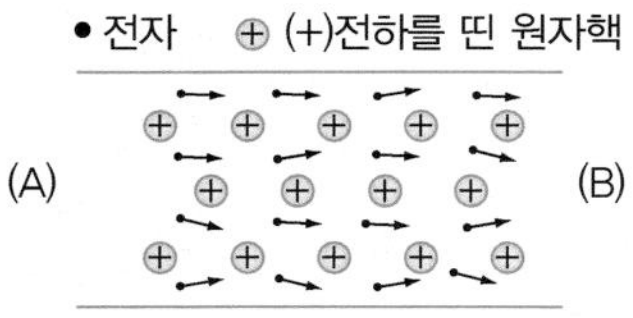

① (A) 에는 (+) 극이 연결되어 있다.
② 전선에는 전류가 흐르고 있지 않다.
③ 전류의 방향과 전자의 방향은 반대이다.
④ 전류가 흐르면 (+) 전하를 띤 원자핵이 이동한다.
⑤ 주어진 그림만으로는 전류가 흐르는지 알 수 없다.

06 전류계의 (–) 단자를 그림 (가) 와 같이 연결하였을 때 그림 (나) 와 같이 전류계의 눈금이 나타났다. 이 전기 회로에 흐르는 전류는?

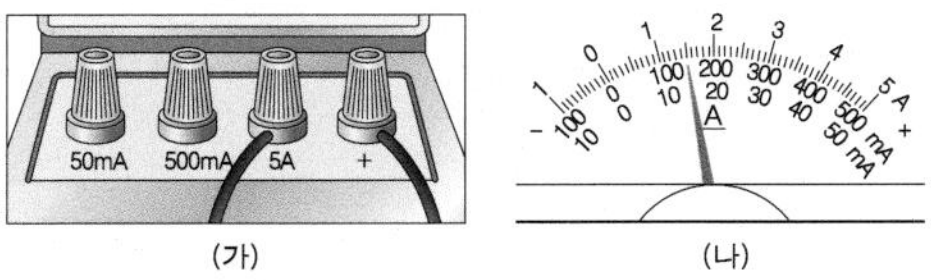

① 1.5 A
② 15 A
③ 150 A
④ 15 mA
⑤ 150 mA

정답 및 해설 34쪽

[유형10-4] 전하량 보존

그림은 (가), (나) 는 전기 회로도를 나타낸 것이다. 이에 대한 설명으로 옳지 않은 것은?

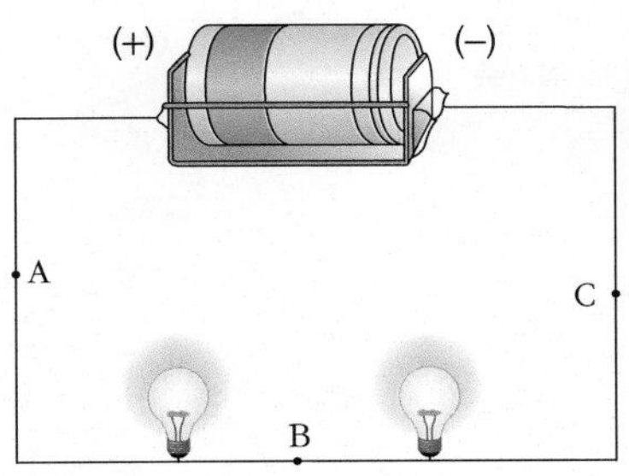

(가)

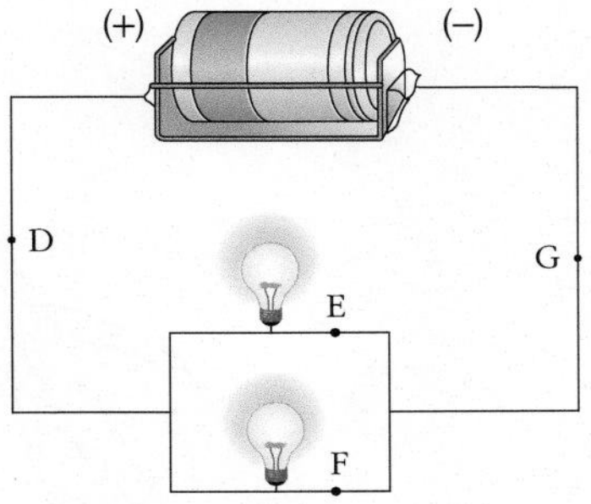

(나)

① A, B, C을 통과하는 전류의 세기는 같다.
② (가), (나) 모두 전하량 보존법칙이 성립된다.
③ E와 F를 각각 통과하는 전류의 합은 G를 통과하는 전류와 같다.
④ 전구의 저항이 같다면, D, E, F에 흐르는 전류의 비는 1 : 1 : 1이다.
⑤ 도선을 따라 전류가 흐를 때 전하량은 도중에 늘어나거나 줄지 않는다.

07

다음 그림과 같이 세 개의 꼬마전구 (가), (나), (다) 에 흘러 들어가는 전류를 측정하려고 전류계를 연결하였다. 전류계 (나)에 200 mA, 전류계 (다) 에 1 A 의 전류가 흘렀다면, 5 분 동안에 꼬마전구 (가) 를 지나간 전하량은 몇 C 인가?

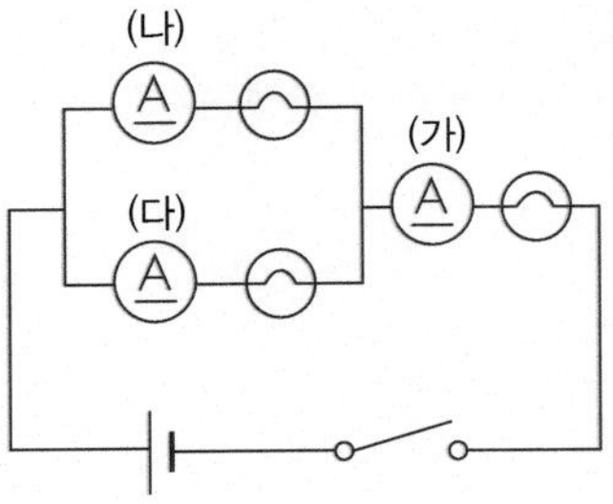

① 3.6 C ② 6 C ③ 300 C
④ 360 C ⑤ 60 C

08

다음 그림과 같이 저항의 크기가 같은 전구 두 개를 병렬로 연결하고 6 V 의 전압을 걸었다. A ~ D 에 흐르는 전류의 세기를 바르게 비교한 것은?

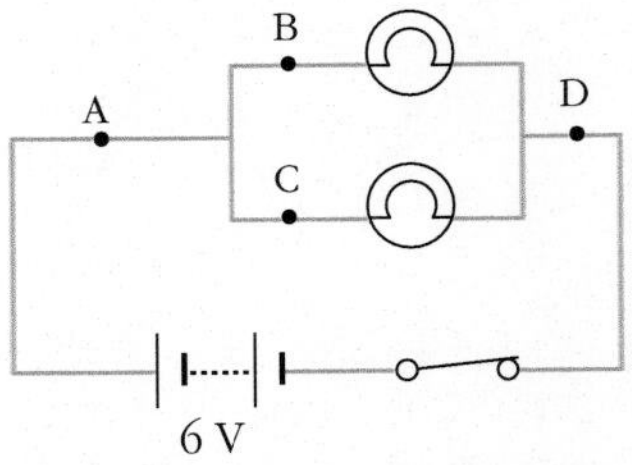

① A〈B〈C〈D ② A〉B〉C〉D
③ A=B=C=D ④ A=D〉B=C
⑤ A=B〉C=D

01 그림 (가) 는 털가죽에 마찰시킨 에보나이트 막대를 나타낸 것이고, 그림 (나) 는 털가죽에 마찰시킨 에보나이트 막대를 그림과 같이 금속박 검전기 위에 설치된 금속판에 가까이 가져간 것을 나타낸 것이다. 다음 물음에 답하시오.

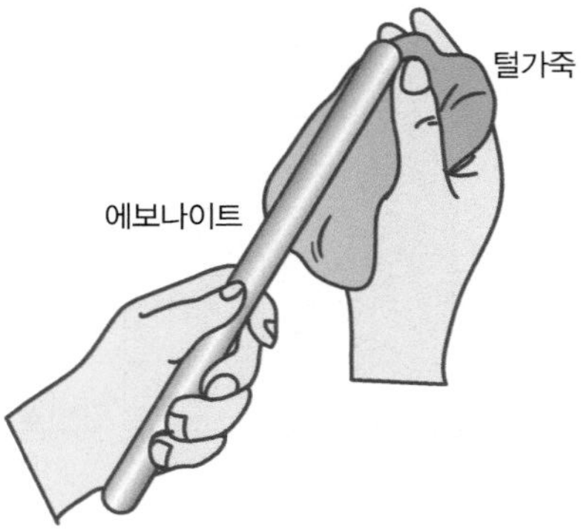

(가)

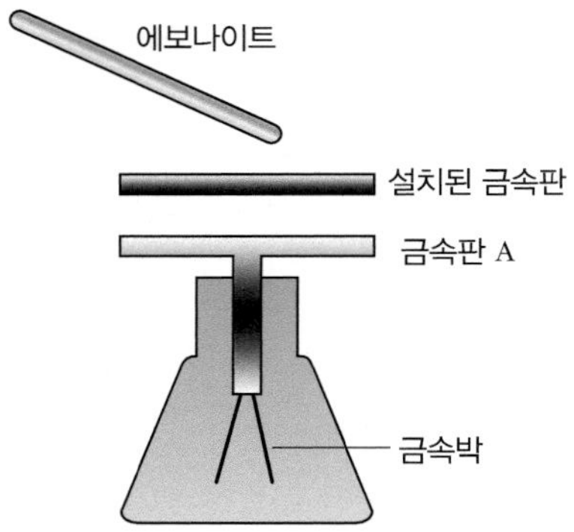

(나)

(1) (나) 에서 설치된 금속판의 끝을 손으로 대었을 때 금속박에는 어떤 변화가 생기겠는가?

(2) (1) 의 실험에 이어서 마찰시켰던 에보나이트 막대와 손을 동시에 금속판으로부터 멀리하였다. 이때 금속박과 금속판 A 에는 어떤 변화가 있겠는가?

정답 및 해설 35쪽

02 반데그라프 발전기는 정전기 유도 현상을 이용한 대표적인 사례로써 대전된 띠를 이용해서 연속적으로 전하를 큰 구 도체의 안쪽 표면에 공급하여 수백만 볼트의 전압을 외 외부에서의 공급없이 간단하게 만들 수 있는 장치이다. 아래 그림 (가) 는 반데그라프 발전기의 내부 모습과 사진 (나) 는 도체구에 손을 얹고 반데그라프 발전기를 연결하였을 때의 모습이다.

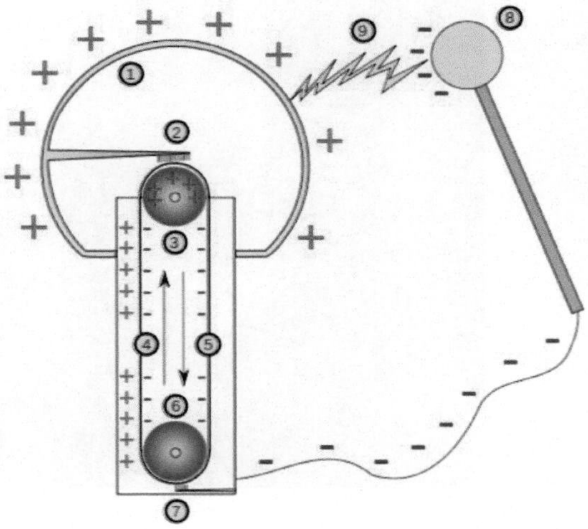

(가)

(나)

그림 (가) 에서 벨트가 이동하면 벨트의 음전하가 8 번의 금속 구체로 이동한다. 이때 음전하를 잃은 벨트는 양전하를 상단 롤러로 이동시키고 1 번의 금속 구체쪽의 음전하를 다시 가져온다. 이러한 과정이 반복되어 1 번의 금속구에서는 음전하가 남아 있지 않아 양극으로 유도되고, 8 번의 금속구에는 음전하가 충전되어 음극으로 유도된다. 이 때 전위가 발생하게 되어 양 금속 구체 사이에 스파크가 일어나게 된다.

(1) 도체구에 손을 얹고 반데그라프 발전기를 연결하였을 때 아이의 머리카락이 뻗치는 이유를 설명하시오.

(2) 위 실험은 여름철과 겨울철 중 어느 계절에서 잘 되는지 쓰고 그 이유를 서술하시오.

03 번개는 오래전부터 인간들에게 죽음과 파괴를 가져오는 위협적인 존재로 인식되어 왔다. 전 세계적으로 시간당 100 만 번의 번개가 치는데 이는 인명 피해는 물론이고 현대의 첨단 산업 시설에 치명적인 위협이 되고 있어 적절한 대응책이 필요하다. 다음 물음에 답하시오.

(1) 번개가 "번쩍!" 하고 친 다음에 몇 초 뒤에 천둥 소리가 울린다. 그 이유를 빛의 속력과 공기 중에서의 소리 속력을 연관지어서 설명하시오.

(2) 비가 오고 천둥과 벼락이 치는 날 가족과 함께 자동차를 타고 산 고개를 넘어가고 있다. 벼락의 피해를 입지 않기 위해서는 산 고개 위에서 어떻게 하는 것이 최선일가?

정답 및 해설 35쪽

04 다음 사진은 물을 적신 헝겊으로 먼지가 낀 컴퓨터 모니터를 닦는 모습이다.

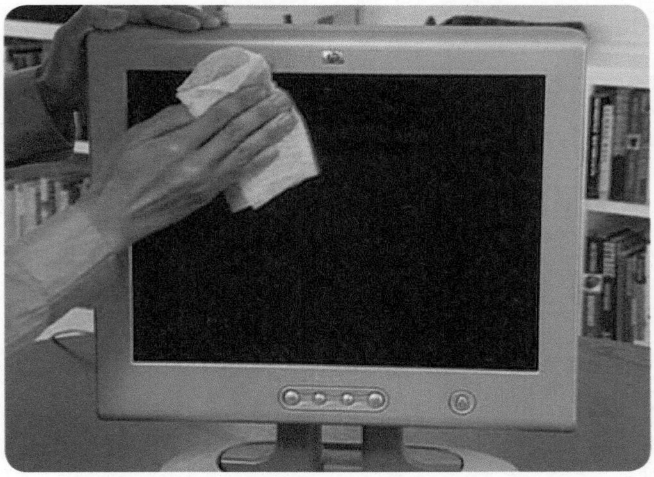

아래의 자료를 참고로 하여 먼지가 낀 컴퓨터의 모니터 화면을 마른 수건과 젖은 수건으로 닦을 때 어느 것이 더 잘 닦이는지 쓰고, 수건 이외에 다른 기구로 어느 것을 사용할 수 있는지 서술해 보시오.

(1) 대부분의 모니터는 자체적으로 정전기를 가지고 있다.
(2) 정전기 유도는 도체뿐만 아니라 부도체에서도 일어난다.
(3) 공기 중에 떠다니는 먼지나 작은 실밥, 피부 세포 같은 것들은 부도체라고 할 수 있다.
(4) 같은 종류의 전하 사이에는 미는 힘(척력), 다른 종류의 전하 사이에는 당기는 힘(인력)이 작용한다.

A

01 다음 표는 A, B, C, D 네 물체를 서로 마찰시켰을 때, 각 물체가 띠는 전기의 종류를 나타낸 것이다. A, B, C, D 를 가장 전자를 잃기 쉬운 순서부터 나열하시오.

마찰시킨 물체	(-) 대전체	(+) 대전체
A 와 B	B	A
B 와 C	B	C
A 와 D	A	D
C 와 D	D	C

( )

02 다음 그림은 원자의 구조이다. 원자핵이 +4 의 전기를 띠고 있다면 다음 설명 중 옳지 않은 것은?

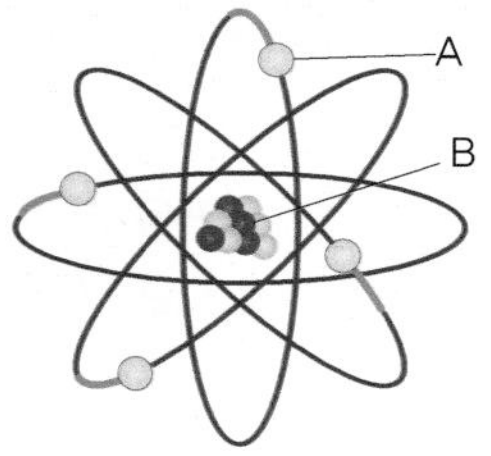

① A 는 (-) 전기를 띤다.
② B 는 (+) 전기를 띤다.
③ 그림의 원자는 전기적으로 중성이다.
④ A 는 전자이며 원자핵 주위를 돌고 있다.
⑤ B 는 원자핵이며 마찰 시 다른 물질로 이동한다.

03 다음 그림은 흐르는 수돗물 가까이에 (-) 로 대전된 에보나이트 막대를 가까이 가져간 것이다. 물줄기가 휘어서 흐르게 되는 것과 직접 관계가 있는 것은 무엇인가?

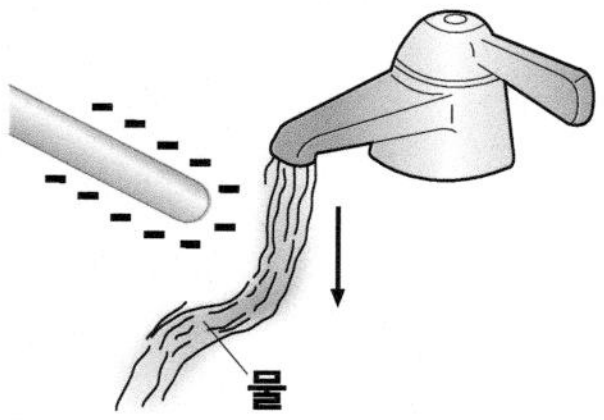

① 공기의 흐름
② 물 분자 사이의 인력
③ 지구의 중력
④ 정전기 유도
⑤ 물방울이 떨어지는 속도

04 다음 그림과 같이 금속 막대와 검전기를 장치하고, (-) 전기로 대전된 유리 막대를 금속 막대의 A 부분에 가까이 하였더니 검전기의 금속박이 벌어졌다. 이때 A, B, C, D 에 유도된 전기의 종류를 바르게 짝지은 것은?

	A	B	C	D
①	(+) 전기	(+) 전기	(-) 전기	(-) 전기
②	(+) 전기	(-) 전기	(-) 전기	(+)전기
③	(+) 전기	(-) 전기	(+) 전기	(-) 전기
④	(-) 전기	(+) 전기	(+) 전기	(-) 전기
⑤	(-) 전기	(+) 전기	(-) 전기	(+) 전기

05 다음 그림과 같은 전기 회로도에서 A 점을 흐르는 전류가 5 A 이고, B 점을 흐르는 전류는 1 A 였다. 다음 물음에 답하시오.

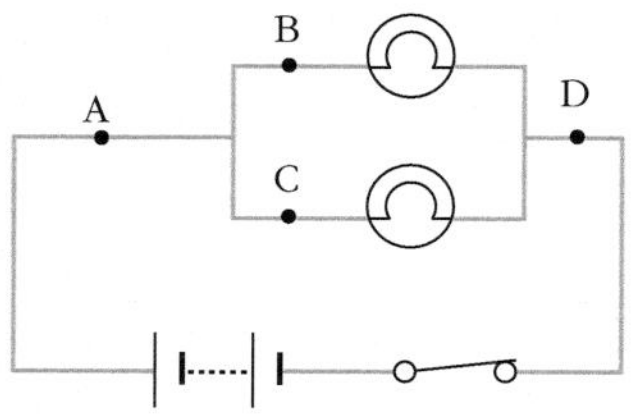

(1) C 점과 D 점에 흐르는 전류의 세기는 각각 몇 A 인가?

C점 : ( ) A
D점 : ( ) A

(2) C 점과 D 점을 2 분 동안 통과한 전하량은 몇 C 인가?

C점 : ( ) C
D점 : ( ) C

정답 및 해설 36쪽

06 다음 그림은 (−) 단자를 5 A 단자에 연결했을 때 전류계의 모습이다. 바늘이 가리키는 전류의 세기는 몇 A 인가?

① 0.045 A ② 0.45 A ③ 4.5 A
④ 45 A ⑤ 450 A

07 두 도체 구 A, B 가 있다. A 는 (+) 전하로 대전되어 있고, B 는 대전되어 있지 않다. A 와 B 를 접촉시킨 후 A, B 의 대전 상태로 바르게 나타낸 것은?

① A, B 모두 양(+)전하를 띤다.
② A, B 모두 음(−)전하를 띤다.
③ A, B 모두 전하를 띠지 않는다.
④ A 는 음(−)전하, B 는 양(+)전하를 띤다.
⑤ A 는 양(+)전하, B 는 음(−)전하를 띤다.

08 다음 그림은 전지와 같은 종류의 전구 3 개가 직렬 연결된 전기 회로를 보면서 세 명의 학생이 나누는 대화이다. 옳은 생각을 하고 있는 학생을 모두 고른 것은?

① 알탐 ② 지은
③ 상상 ④ 알탐, 지은
⑤ 지은, 상상

09 전류계를 사용하여 어떤 회로의 전구에 흐르는 전류의 세기를 측정하였더니 전류계의 바늘이 그림과 같이 조금밖에 움직이지 않았다.

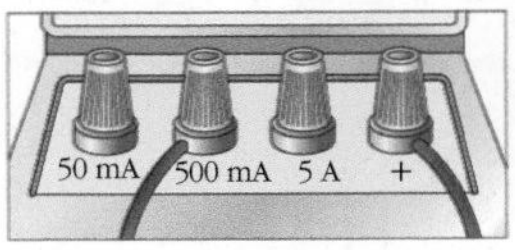

전류계를 바르게 사용하기 위한 방법으로 옳은 것은?

① (-) 단자를 5 A 로 바꾸어 연결한다.
② (-) 단자를 50 mA 로 바꾸어 연결한다.
③ 전류계가 고장이므로 다른 것으로 바꾼다.
④ 전류계를 회로에 병렬로 연결하여 측정한다.
⑤ 전류계의 (+) 단자와 (-) 단자를 바꾸어 연결한다.

10 그림은 같은 저항의 전구를 이용하여 만든 전기 회로도이다. B 점을 2 분 동안 통과한 전하량이 36 C 이라면 A 점에서의 전류의 세기는?

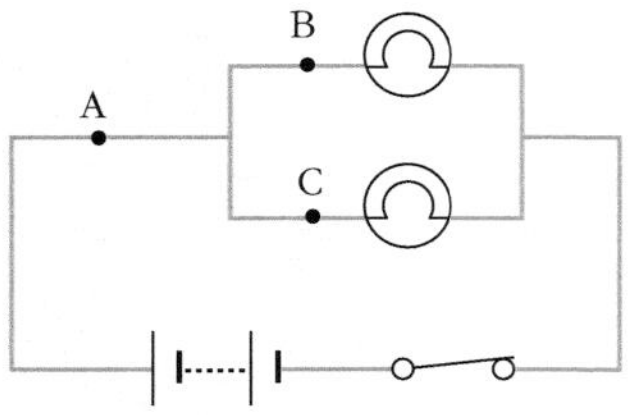

① 3 A ② 30 mA ③ 0.3 A
④ 6 A ⑤ 600 mA

B

11 다음 그림과 같은 전기 회로에 전류가 흐를 때 5 초 동안 ㉠ 을 통해 흘러나가는 전하량은 몇 C 인가?

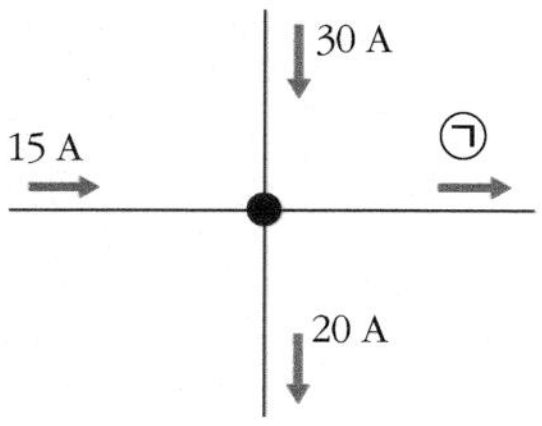

① 5 C ② 12.5 C ③ 30 C
④ 100 C ⑤ 125 C

12 다음 그림과 같이 대전된 금속박 검전기(A)와 대전되지 않은 금속박 검전기(B)를 도선으로 연결한 순간 나타나는 현상이 아닌 것은?

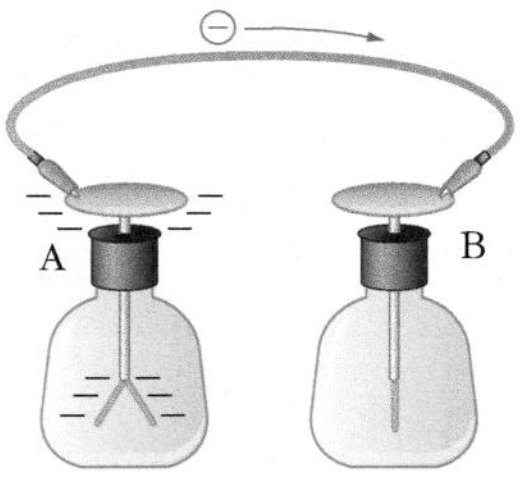

① 전류는 B 에서 A 로 흐른다.
② A 의 전하는 모두 없어진다.
③ (−) 전기를 띤 전자가 A 에서 B 로 흐른다.
④ 검전기 A 와 B 는 같은 양의 전하로 대전된다.
⑤ A 의 금속박은 오므라들고 B 의 금속박은 벌어진다.

13 다음 그림에서 각 전구에 흐르는 전류의 합이 가장 큰 것을 고르면?

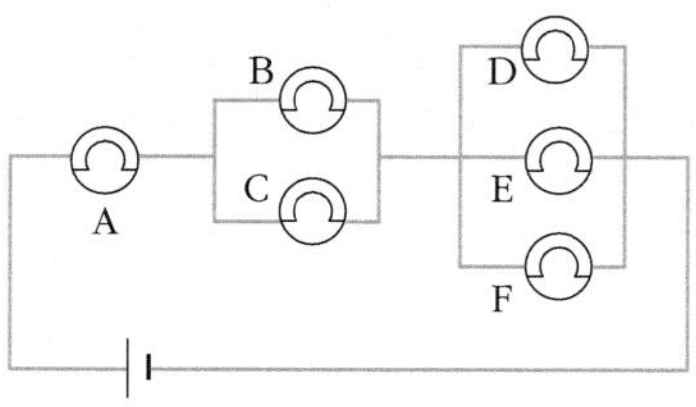

① B+D ② D+E ③ B+C
④ E+F ⑤ C+F

정답 및 해설 36쪽

14 아래 그림과 같이 (−) 전하로 대전된 검전기의 금속판에 손가락을 대면 금속박은 어떻게 될까?

① 오므라든다.
② 더 벌어진다.
③ 움직이지 않는다.
④ 더 벌어졌다 다시 오므라든다.
⑤ 오므라들었다가 다시 벌어진다.

15 대전체가 띠고 있는 전기의 종류를 알아보기 위하여 (−) 전기로 대전된 금속박 검전기의 금속판에 대전체를 가까이 가져갔다. 이때 검전기의 금속박 모양을 관찰한 결과를 바르게 해석한 것은?

① 금속박이 닫히면 대전체는 (-) 전기를 갖고 있다.
② 대전체의 전기의 종류에 관계없이 금속박은 닫힌다.
③ 대전체가 갖고 있는 전기의 종류가 무엇이든지 금속박은 더 벌어진다.
④ 금속박이 더 벌어지면 대전체는 (+) 전기를 띠고 있다.
⑤ 금속박이 더 벌어지면 대전체는 (-) 전기를 띠고 있다.

16 다음 그림은 전구와 전지, 스위치, 전류계를 각각 연결한 회로에서 각 전구에 흐르는 전류를 나타낸 것이다.

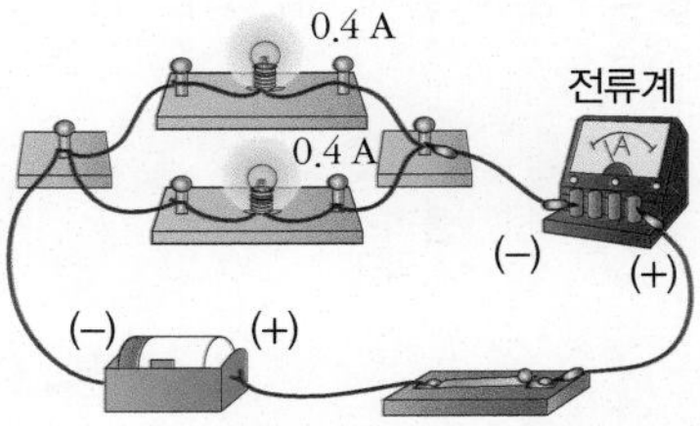

이에 대한 설명으로 옳은 것을 〈보기〉에서 모두 고른 것은?

〈 보기 〉
ㄱ. 두 전구의 저항의 크기는 같다.
ㄴ. 전류계의 눈금은 800 mA 를 나타낼 것이다.
ㄷ. 전자의 이동 방향은 (−) 극에서 (+) 극 방향이다.
ㄹ. 스위치를 닫으면 도선의 모든 전자가 일제히 이동하므로, 연결된 전구에 불이 바로 켜진다.

① ㄱ, ㄴ　　② ㄷ, ㄹ　　③ ㄱ, ㄴ, ㄹ
④ ㄴ, ㄷ, ㄹ　　⑤ ㄱ, ㄴ, ㄷ, ㄹ

17 오른쪽 그림과 같은 전기회로에서 (가) 와 (나)에 전류계를 연결하였더니 전류계의 바늘이 각각 그림과 같이 나타났다.

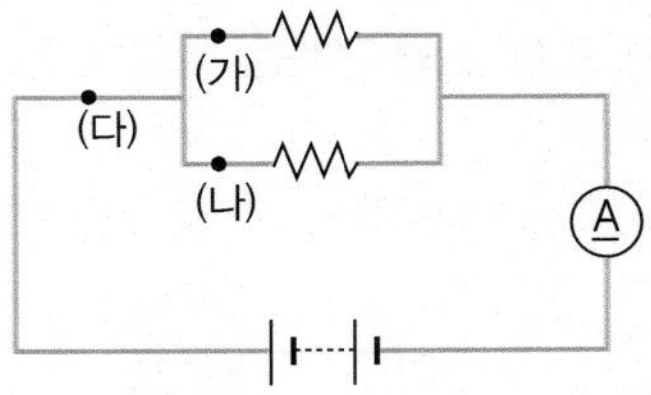

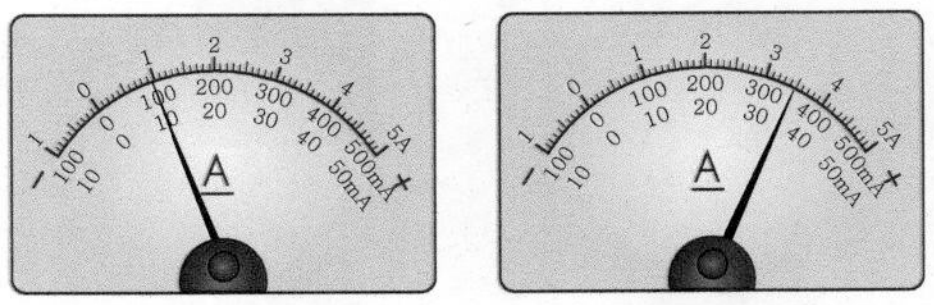

(가)　　(나)

(다) 에 전류계를 연결할 때 나타나는 전류의 세기는?(단, (가), (나) 모두 (−) 단자 중 5 A 단자에 연결되어 있다.)

① 4.5 A　　② 5 A　　③ 45 A
④ 50 A　　⑤ 450 A

18 다음 그림과 같이 접촉시킨 두 개의 금속구에 명주 헝겊으로 문지른 플라스틱 막대를 가까이 한 다음, 두 금속구를 떼어 놓고 대전체를 치우면 금속구는 어떻게 대전되는가?

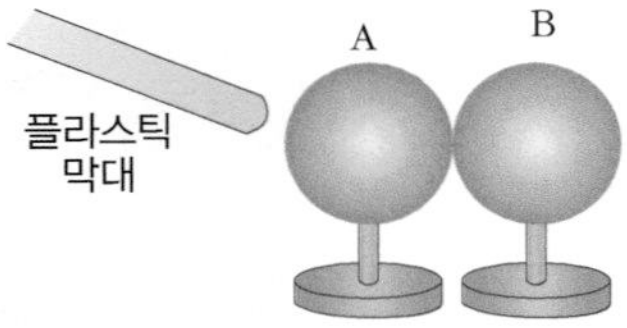

①
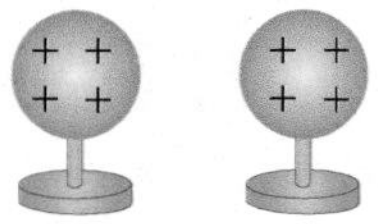

②
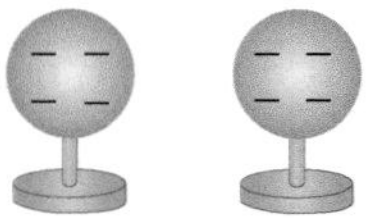

③
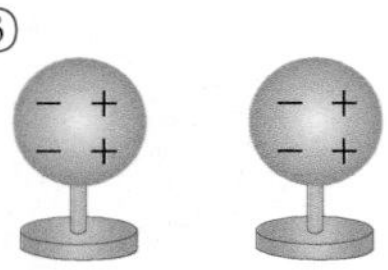

④
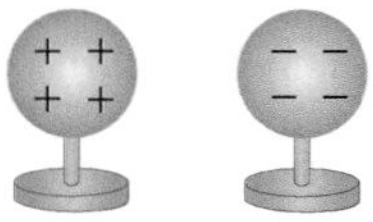

⑤
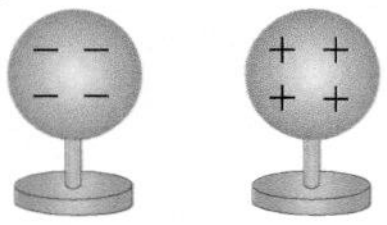

19 다음 그림과 같이 부도체 위에 놓여 있는 대전되지 않은 도체 구에 음전하를 띤 대전체를 가까이 가져갔다. 이 상태에서 스위치를 닫아서 접지시켰다가 다시 스위치를 연 다음 대전체를 멀리 치우면 도체 구의 전하는 어떻게 분포되겠는가?

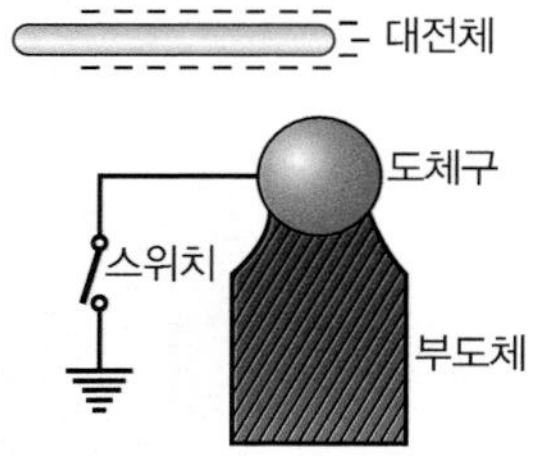

①

②

③

④

⑤

20 다음 그림과 같이 대전된 세 쌍의 동일한 금속구를 각각 접촉시킨 후 분리하려고 한다.

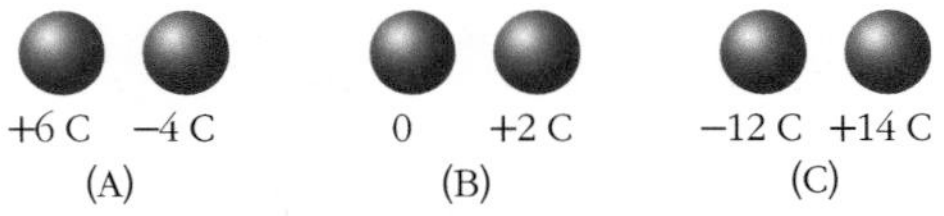

(1) 접촉하는 과정에서 옮겨 간 전하량을 각각 구하시오.

(A) : (　　　　)C
(B) : (　　　　)C
(C) : (　　　　)C

(2) 접촉 후 양전하(+전하)로 대전된 금속 공에 남아 있는 전하량이 큰 순서대로 나열하시오.

(　　　　　　　　)

C

21 다음 그림의 대전체 A, B, C 가 띠는 전기는 모두 (+) 이며 전하량은 서로 같다. 이때 A 가 B 에 작용하는 전기력이 4 N 이면 B 가 A 와 C 로부터 받는 전기력의 합력은 몇 N 인가?

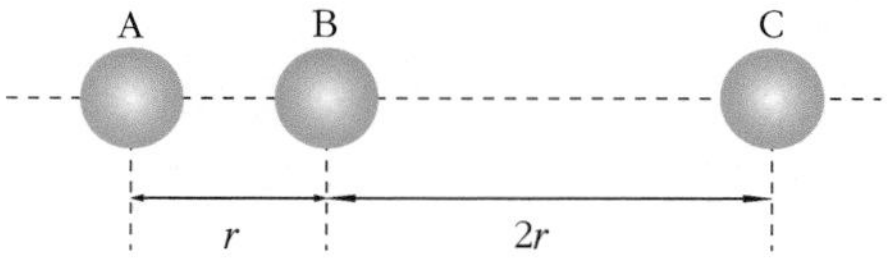

(　　　　) N

정답 및 해설 36쪽

22 대전열이 각각 다른 6 개의 물체 A, B, C, D, E, F 가 있다. A 와 B 를 마찰시키고, C 와 D 도 마찰시키고 E 와 F 도 마찰시킨 후 A 와 C 를 가까이 하였더니 인력이 작용하였고, A 와 E 를 가까이 하였더니 척력이 작용하였다. 이들 중에서 같은 종류의 전기를 띤 물체로만 짝을 지운다면 다음 중 맞는 것은 어느 것인가?

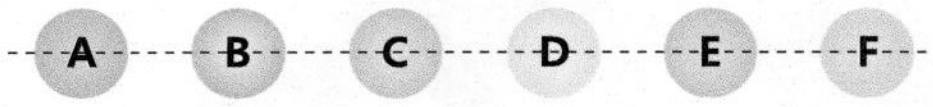

① A, D, F ② A, D, E ③ B, D, E
④ B, C, D ⑤ A, C, E

23 다음 그림과 같이 두 개의 은박지로 만든 금속 구를 실에 매달아 접촉시켜 놓은 상태에서 (−) 전하로 대전된 에보나이트 막대를 A 의 왼쪽에 가까이 한 후에 두 금속 구를 떼어 놓고 에보나이트 막대를 치웠다. 두 금속 구에 대전된 전하에 대한 설명으로 옳은 것은?

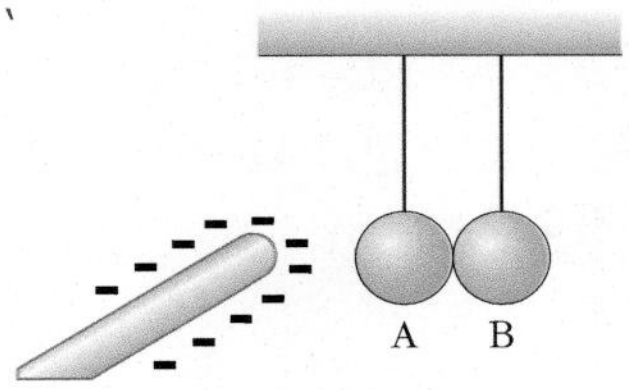

① 두 금속 구 모두 전하를 띠지 않는다.
② 금속 구 A, B 모두 (+) 전하로 대전되었다.
③ 금속 구 A, B 모두 (−) 전하로 대전되었다.
④ 금속 구 A 는 (−) 전하로 대전이 되었고, 금속 구 B는 (+) 전하로 대전이 되었다.
⑤ 금속 구 A 는 (+) 전하로 대전이 되었고, 금속 구 B는 (−) 전하로 대전이 되었다.

24 표면에 2 C 의 전하가 분포되어 있는 도체 구를 끈에 매달아 주기 0.1 초로 원운동시킨다면 도체 구에 의한 전류는 몇 A 인가?

① 10 A ② 20 A ③ 30 A
④ 40 A ⑤ 50 A

25 명주실에 은박지로 만든 가벼운 금속 구를 매달았다. 금속 구를 대전시키지 않은 상태에서 (−)로 대전된 에보나이트 막대를 가까이 가져갔더니 매달려 있던 금속 구가 끌려가서 에보나이트 막대에 닿았다. 그 이후의 에보나이트 막대와 금속 구에 대전된 전하를 바르게 나타낸 것은?

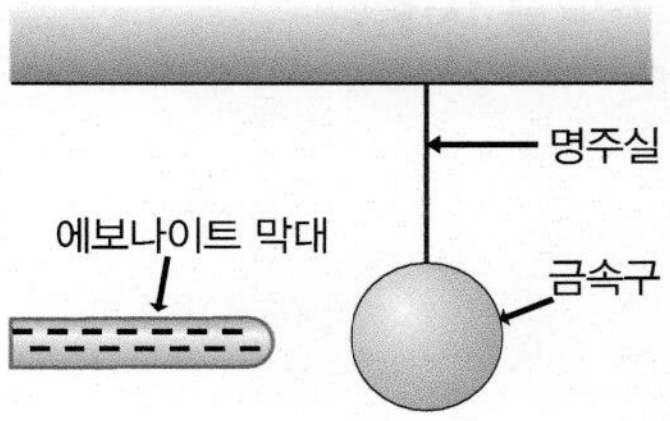

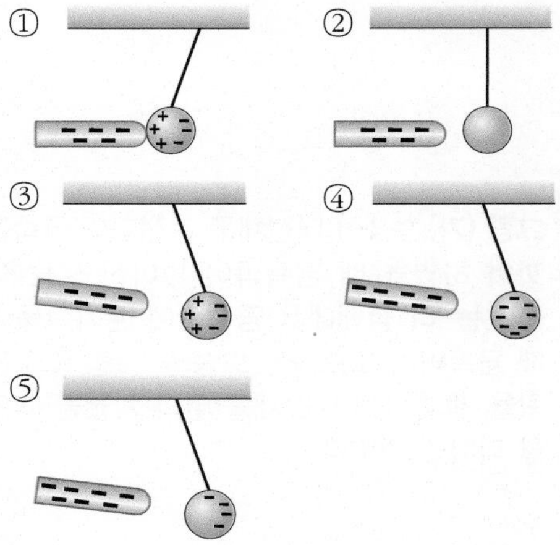

26 일상생활 속에서 건조한 겨울철보다 습한 여름철에 정전기를 덜 경험하게 되는 이유를 서술하시오.

27 다음 그림과 같이 2 개의 고무풍선을 매달고 각각 털가죽으로 문지른 후 두 고무풍선을 가까이 하였다. 이때 나타나는 현상과 그 이유를 서술하시오.

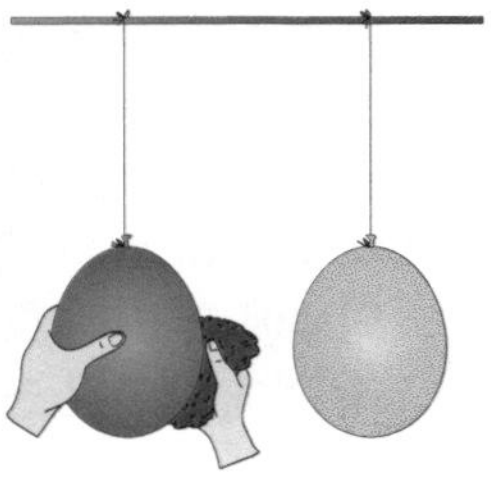

28 그림 (가) 는 (−) 대전체를 검전기의 금속판에 가까이 하였을 때 금속박이 벌어진 모습을, 그림 (나) 는 이 상태에서 금속판에 손가락을 대었을 때 금속박이 오므라든 모습을, 그림 (다) 는 손가락을 뗀 후 (−) 대전체를 멀리 치웠을 때의 모습을 나타낸 것이다.

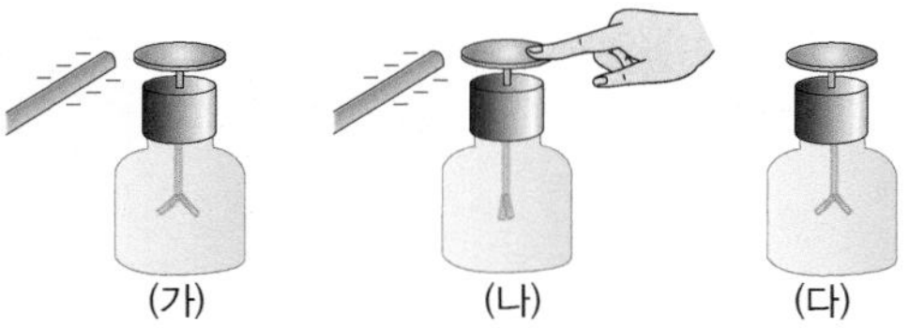

(1) 그림 (다) 에서 금속박이 어떻게 변하는지 쓰고, 그 이유를 간단히 설명하시오.

(2) 그림 (나) 에서 대전체를 먼저 치우고 손가락을 나중에 떼었다면 금속박이 어떻게 변하는지 쓰고, 그 이유를 설명하시오.

29 다음 그림과 같이 평평한 바닥에 알루미늄 깡통을 놓고 털가죽에 마찰시킨 플라스틱 막대를 가까이 하였을 때 알루미늄 깡통의 움직임을 쓰고, 그 이유를 정전기 유도를 이용하여 설명하시오.

30 다음 그림은 전기 회로의 한 지점의 모습을 나타낸 것이다.

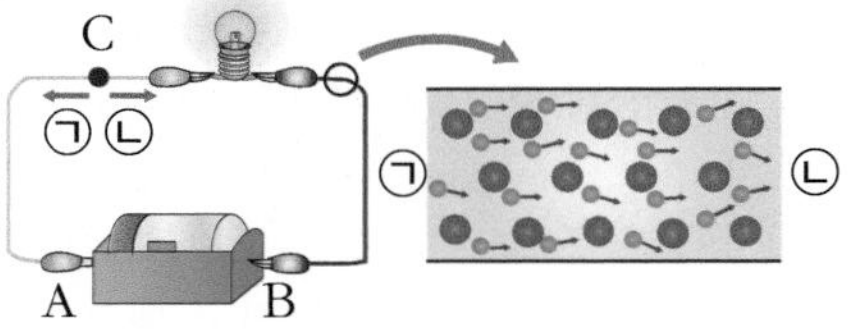

(1) A, B 가 각각 전지의 어떤 극을 나타내는지 그 이유와 함께 서술하시오.

(2) C 에서 전류의 방향을 고르고, 그 이유를 서술하시오.

정답 및 해설 36쪽

창의력 서술

31 플라스틱 막대나 털가죽을 문지르면 마찰전기가 발생하여 주변의 작은 종잇조각을 끌어당기게 된다. 하지만 전기가 잘 통하는 구리나 철 등의 금속을 털가죽으로 문지른 후 작은 종잇조각에 가져가도 종잇조각이 끌려오지 않는다. 그 이유에 대하여 자신의 생각을 서술하시오.

32 두 물체를 마찰시키면 대전열에 의해 한 물체는 (+) 전하로 대전이 되고, 다른 물체는 (−) 전하로 대전이 된다. 물체 A ~ D 를 서로 마찰시켰을 때 (+) 전하를 띠는 것과 (−) 전하를 띠는 것을 다음 표와 같이 분류하였다.

마찰시킨 물체	(+) 전하로 대전된 물체	(−) 전하로 대전된 물체
A와 B	B	A
A와 C	A	C
B와 D	D	B

대전체를 흐르는 물줄기에 가까이 하면 물줄기가 대전체 쪽으로 끌려서 휘어지게 된다. 표의 물체 중 두 물체를 동일한 조건에서 마찰시켜서 그 중 한 물체를 흐르는 물줄기에 접근시켰을 때 물줄기가 가장 많이 휘어지는 경우는 어떤 물체끼리 마찰시켰을 경우일까? 그 이유와 함께 서술하시오.

11강. 전기 II

1. 전압과 전류와의 관계

(1) 전압(V) : 닫힌 전기 회로에서 전류를 흐르게 하는 능력. 기전력, 전위차와 같은 의미이다. 단위는 V(볼트)이다.

① 기전력 : 전기를 일으키는 능력

② 전위차 : 두 지점에서의 전위의 차. 물의 흐름에서는 수위 차에 비유된다.

(2) 전압과 전류 사이의 관계 : 전압이 클수록 전류의 세기는 커진다.

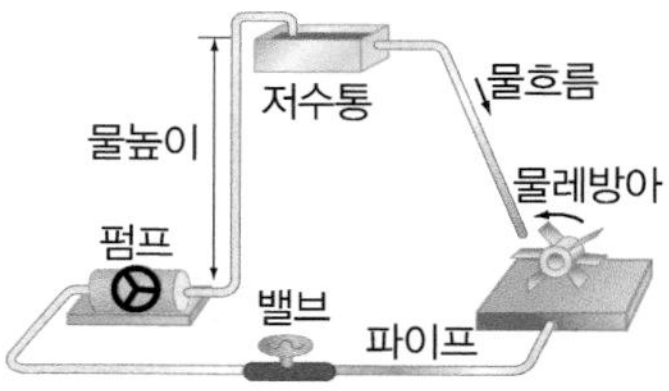

▲ 물의 흐름

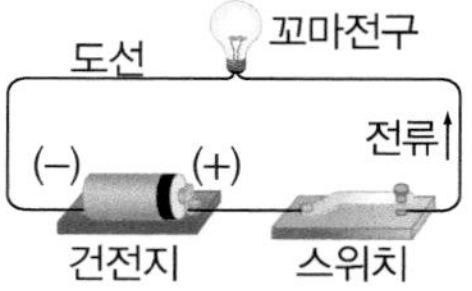

▲ 전기 회로

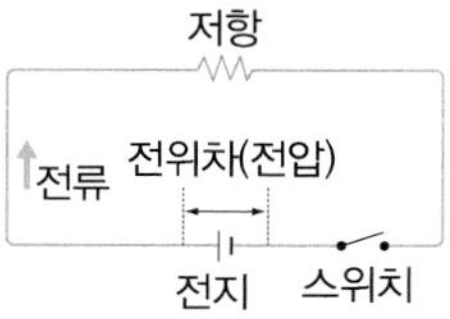

▲ 전기 회로도

물의 흐름	물의 흐름	물높이(수위차)	물레방아	밸브	펌프	파이프
전기 회로	전류	전압(전위차)	꼬마전구(저항)	스위치	전지	도선

(3) 전지의 연결과 전압 : V 는 건전지의 전압으로써 전구에 전류를 흐르게 한다.

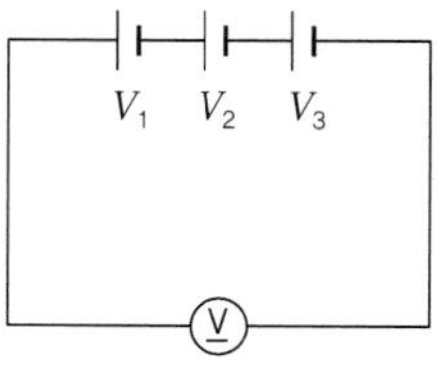

V(전체 전압) $= V_1 + V_2 + V_3$
- 전압이 세지고 전구의 밝기가 밝다.
- 전지를 오래 쓸 수 없다.

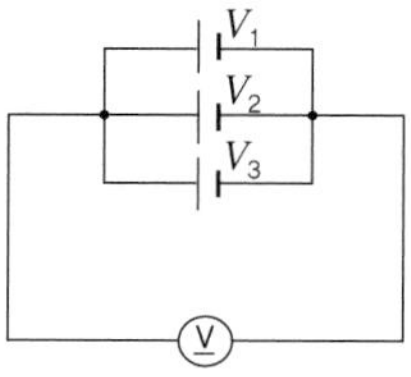

V(전체 전압) $= V_1 = V_2 = V_3$
- 전압이 세지지 않고 전구의 밝기도 일정하다.
- 전지를 오래 쓸 수 있다.

간단실험

전지의 직병렬 연결 실험

① 꼬마 전구에 전지 2 개를 직렬로 연결한다.

② 꼬마 전구에 전지 2 개를 병렬로 연결한다.

③ 어느 것이 더 많은 전압이 걸리는지 관찰한다.

전지의 연결과 전압

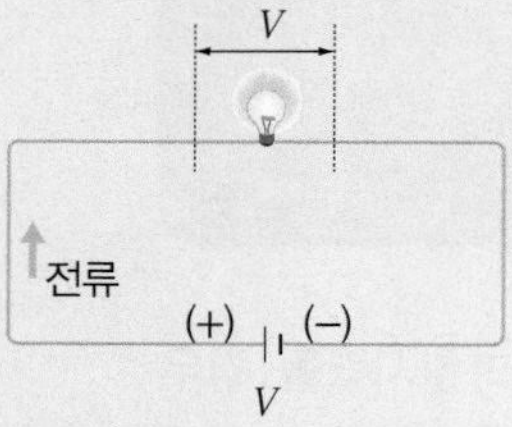

V 는 건전지의 전압으로써 전구에 전류를 흐르게 한다.

개념확인 1 전기 회로를 다음 그림과 같이 물의 흐름에 비교할 때 물을 계속 흐르게 하는 펌프의 역할을 하는 것을 전기 회로에서 골라 쓰시오.

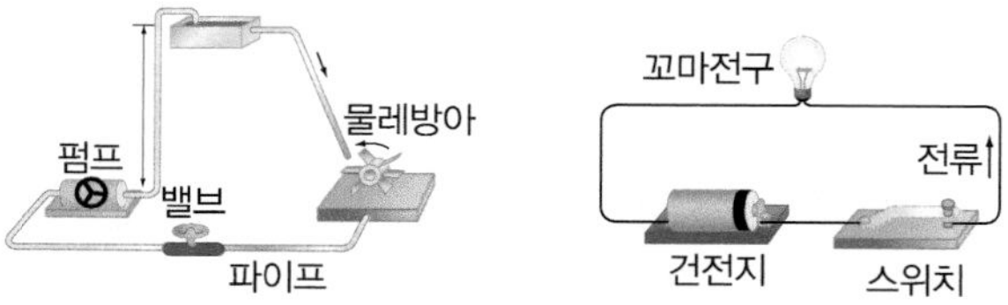

(　　　　　　)

확인 +1 오른쪽 그림과 같이 1.5 V 전지 2 개를 직렬로 연결할 때 전체 전압은 몇 V 인지 구하시오.

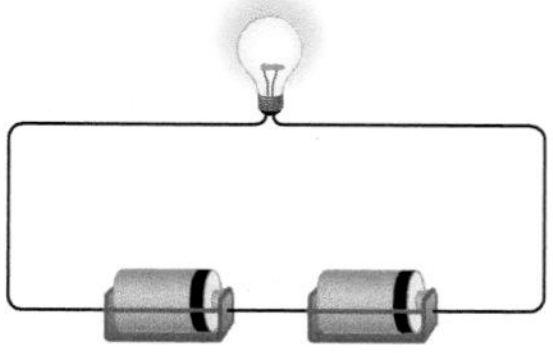

(　　　　　) V

생각해보기★

전압은 압력일까?

미니사전

전압 [電 전기 壓 누르다] 전류를 흐르게 하는 능력 (전지, 전원 장치 등이 있을 때 발생함)

2. 전기 저항(R)

(1) 전기 저항의 원인 : 자유 전자가 이동하면서 고정되어 있는 도체의 원자와 충돌하기 때문(단위: Ω(옴))

(2) 저항 물체(저항체) : 전구의 필라멘트, 텅스텐선, 니크롬선, 전기 발열 장치, 전기 제품 내부의 전기 소모 장치 등 에너지(열)가 발생하는 곳 등

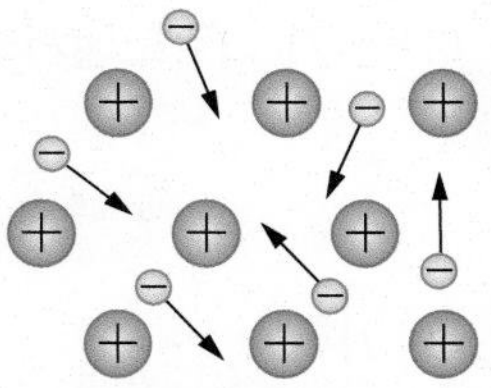
▲ 고정된 원자의 자유 전자

(3) 물질의 저항값에 영향을 주는 것

① 물질의 종류 : 물질에 따라 비저항 값이 결정되어 있다.

② 저항체의 길이 : 같은 물질이라면 저항값은 저항체의 길이에 비례한다.

③ 저항체의 두께 : 같은 물질이라면 저항값은 저항체가 두꺼울수록(단면적이 클수록) 작아진다.

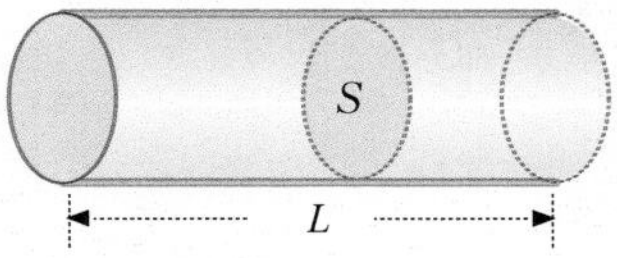

▲ 저항체의 단면과 길이

$R = \rho \frac{l}{S}$ (R : 저항값, ρ : 저항체의 비저항, l : 길이(m), S : 단면적(m^2))

④ 온도에 따른 물질의 저항

· 도체 : 온도가 높을수록 저항이 커진다.
(물질의 비저항 증가)

· 부도체 : 온도가 높아질수록 저항이 작아진다.
(물질의 비저항 감소)

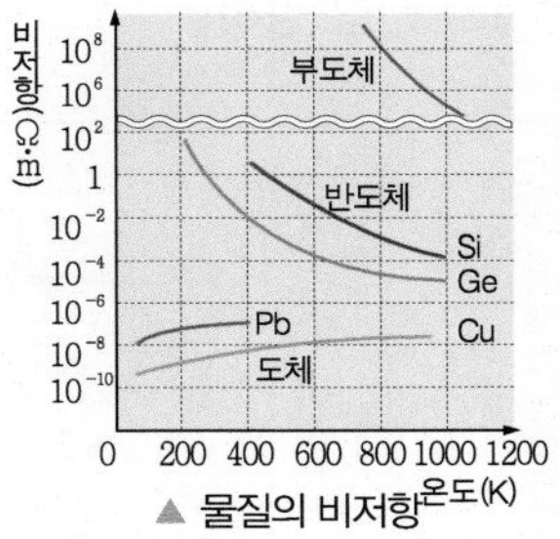

▲ 물질의 비저항

정답 및 해설 38쪽

개념확인 2 **전기 저항에 대한 설명으로 옳은 것은 O 표, 옳지 않은 것은 X 표 하시오.**

(1) 도선이 굵을수록 저항값이 커진다. ( )

(2) 도선의 길이와 단면적이 같아도 물질의 종류가 다르면 저항값이 다르다. ( )

확인 + 2 **도선의 전기 저항에 영향을 주지 않는 것은?**

① 도선의 종류 ② 도선의 두께 ③ 도선의 단면적
④ 도선의 길이 ⑤ 도선의 색깔

간단실험
도선에 따른 저항 비교하기
① 같은 길이의 두꺼운 도선과 얇은 도선을 준비해서 각 도선에 흐르는 저항값을 비교해 본다.
② 같은 두께의 긴 도선과 짧은 도선을 준비해서 각 도선에 흐르는 저항값을 비교해 본다.
③ 어느 도선의 저항값이 작을지 알아본다.

비저항
단위 면적당, 단위 길이당 저항이며 물질에 따라 다른 값을 나타낸다.

온도와 전기 저항
도선에 전류가 흐르면 열이 발생하여 도선의 온도가 높아지고 전자의 운동이 활발해져서 도체 내부에서 전자와 원자와의 충돌횟수가 많아지기 때문에 비저항이 증가하므로 저항이 커진다.

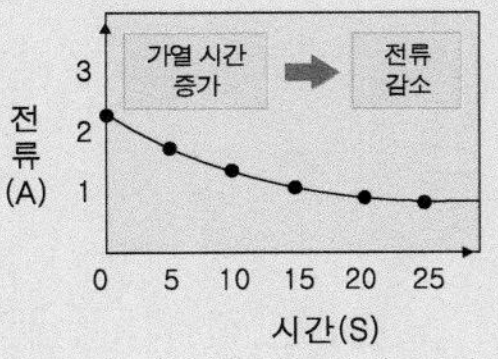

저항과 온도
$R = R_0 (1 + a \cdot t)$
[R_0 : 0℃의 저항 ,
a : 저항의 온도 계수,
t : 온도(℃)]

생각해보기★★
부도체의 저항은 온도에 따라 어떻게 변할까?

미니사전
반도체 [半 반 導 인도하다 體 몸] Ge(게르마늄), Si(실리콘) 등으로 보통 때는 부도체이나 특정 온도 이상에서는 도체의 성질을 띰

3. 옴의 법칙

(1) 전기 회로도에서의 전압, 저항, 전류

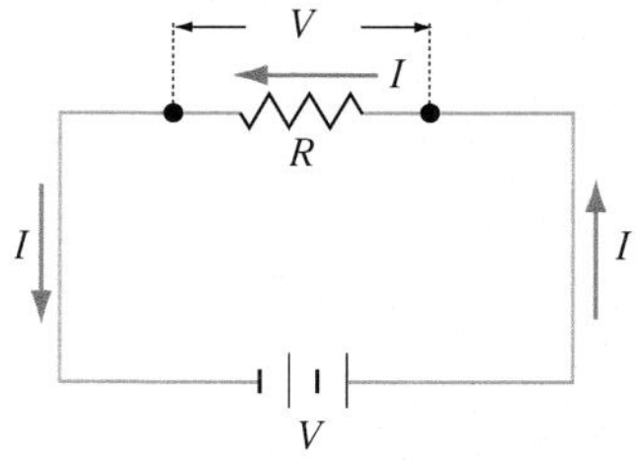

· 전지의 전체 전압이 V 이면 저항 R 양끝 사이의 전압(걸리는 전압)이 V 이다.

· 전류는 전지의 (+) 극에서 (-) 극으로 회로 전체에 일제히 흐른다.

(2) 옴의 법칙 : 전기 회로에서의 전류와 전압과 저항의 관계에 관한 법칙

$$I = \frac{V}{R}, \qquad V = IR \qquad R = \frac{V}{I}$$

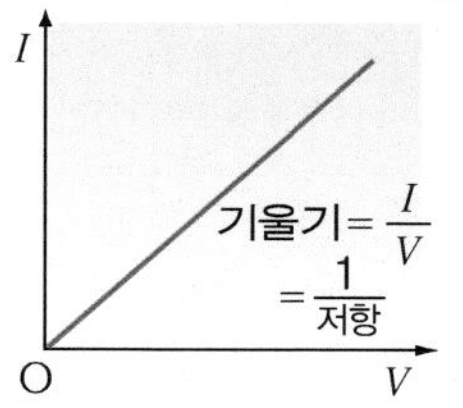

저항(R) 일정

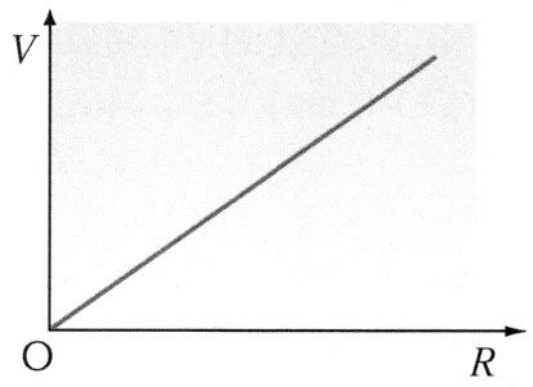

전류(I) 일정

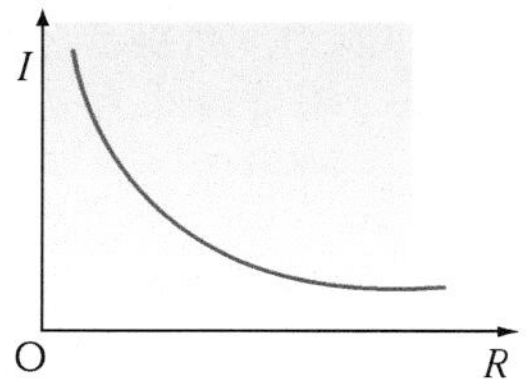

전압(V) 일정

(3) 전압 강하

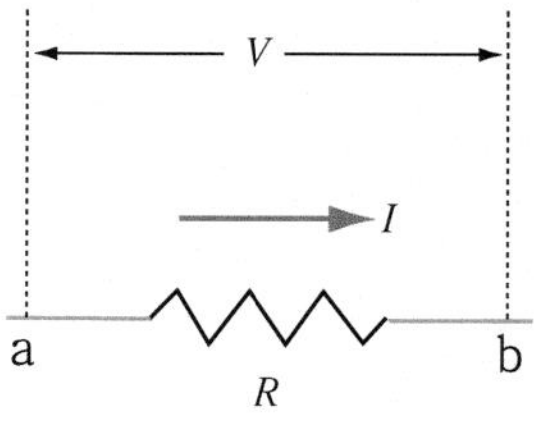

· 전류는 전위가 높은 a 점에서 전위가 낮은 b 점으로 흐른다. 두 지점의 전위차는 $V(=IR)$이다.

· 전류가 흐르면서 b 점은 a 점보다 $V(=IR)$만큼 전압 강하가 되었다.(전압이 떨어졌다.)

간단실험

옴의 법칙 실험하기

① 전구 1 개와 전지 1 개를 연결해서 간단한 회로를 만든다.

② 전지를 직렬로 1 개를 더 연결하면 전류의 세기는 어떻게 될까?

③ 전구 1 개를 연결한 상태에서 전구를 더 늘리면 흐르는 전류의 세기는 어떻게 될지 설명해 본다.

전류가 흐르는 방향과 전압(전위차)

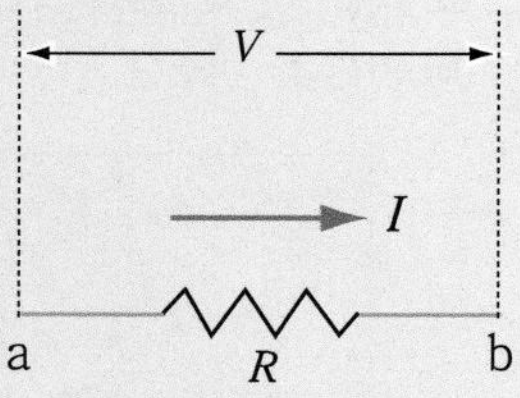

· 전류는 전위가 높은 곳에서 낮은 곳으로 흐른다.(전위 : 물이 흐를 때 수위와 비유됨)

· a 점의 전위는 b 점의 전위보다 높음(a 점과 b 점의 전위차 : V → 전압)

· a 와 b 사이의 전압 – '저항 R 에 걸리는 전압'이라고도 함

개념확인 3 저항 3 Ω 에 흐르는 전류가 2 A 일 때 저항 양단에 걸리는 전압은 몇 V 인가?

( ) V

확인 +3 오른쪽 그래프는 어떤 저항선의 양 끝에 걸리는 전압을 변화시키면서 저항선에 흐르는 전류를 측정한 것이다. 이 저항선의 저항값은 몇 Ω 인가?

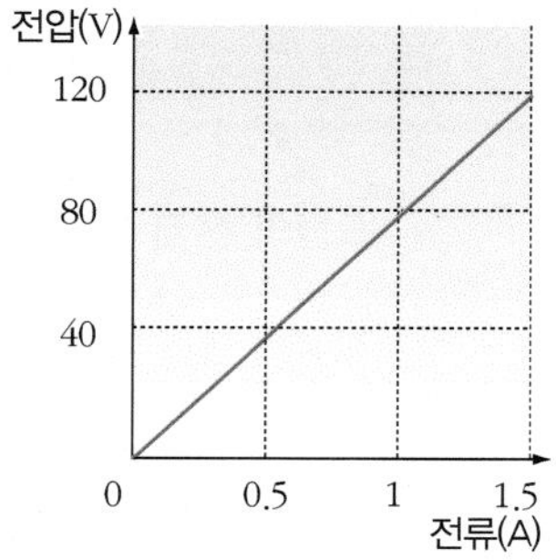

( ) Ω

미니사전

저항 [抵 막다 抗 겨루다] 전류가 흐르는 것을 막는 작용

4. 저항의 연결

(1) 직렬 연결 : 전체 저항이 증가한다.

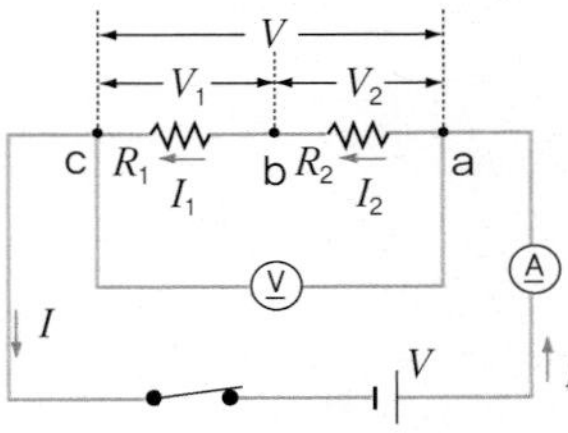

· $V = V_1 + V_2 = IR$(R은 합성 저항)
· $I_1 = I_2 = I$ (전하량 보존 법칙)
· $V_1 = I_1 R_1 = IR_1$, $V_2 = I_2 R_2 = IR_2$
· $IR(V) = IR_1(V_1) + IR_2(V_2)$
∴ R(합성 저항) $= R_1 + R_2$, $V_1 : V_2 = R_1 : R_2$ (비례)

(2) 병렬 연결 : 전체 저항이 감소한다.

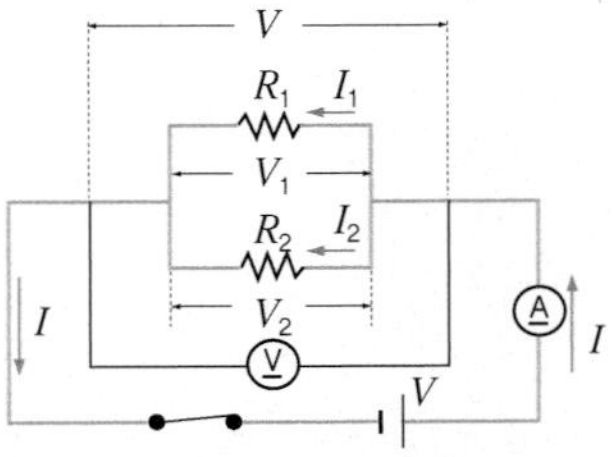

· $V = V_1 = V_2 = IR$(R은 합성 저항)
· $I_1 + I_2 = I$ (전하량 보존 법칙)
· $I = \frac{V}{R}$, $I_1 = \frac{V_1}{R_1} = \frac{V}{R_1}$, $I_2 = \frac{V_2}{R_2} = \frac{V}{R_2}$, $\frac{V}{R} = \frac{V}{R_1} + \frac{V}{R_2}$
∴ $\frac{1}{R(\text{합성저항})} = \frac{1}{R_1} + \frac{1}{R_2}$, $R = \frac{R_1 \times R_2}{R_1 + R_2}$
→ $I_1 : I_2 = R_2 : R_1$ (반비례)

(3) 직 · 병렬 혼합 연결

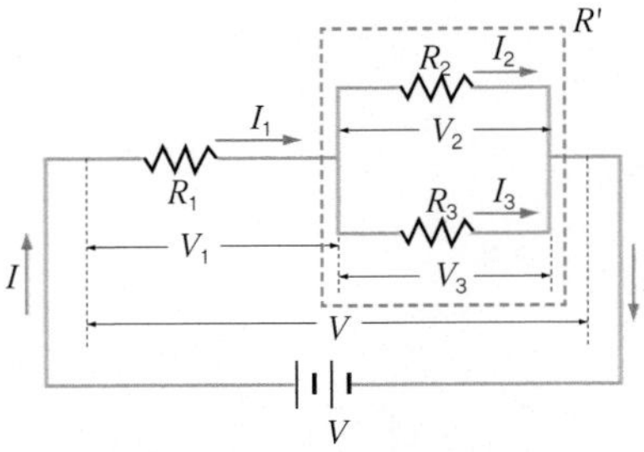

· 전체 합성 저항(R) 구하기
R_2와 R_3가 병렬 연결되어 있으므로
∴ $\frac{1}{R'} = \frac{1}{R_2} + \frac{1}{R_3}$ $R' = \frac{R_2 \times R_3}{R_2 + R_3}$
R_1과 R'은 직렬연결되어 있으므로
R(전체) $= R_1 + R' = R_1 + \frac{R_2 \times R_3}{R_2 + R_3}$

직렬 연결 시 저항에 걸리는 전압과 수압의 비교

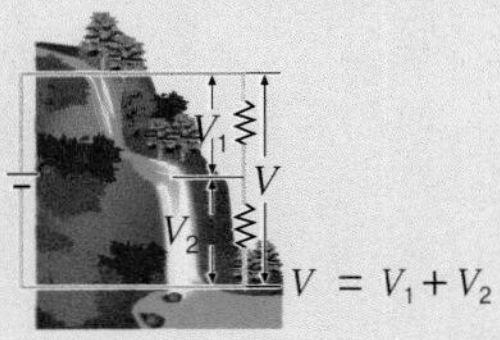

저항을 직렬로 연결하는 것은 저항계의 길이가 길어지는 것과 같다.

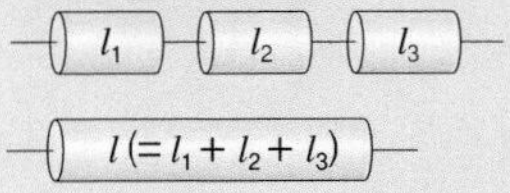

$R = \rho\frac{l}{S} = \rho\frac{l_1 + l_2 + l_3}{S}$
$= \rho\frac{l_1}{S} + \rho\frac{l_2}{S} + \rho\frac{l_3}{S}$
$= R_1 + R_2 + R_3$

병렬 연결 시 저항에 걸리는 전압과 수압의 비교

저항을 병렬 연결하는 것은 단면적이 늘어나는 것과 같아서 전체 저항은 감소한다.

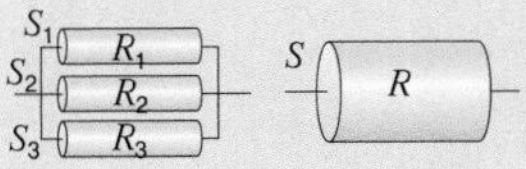

$R = \rho\frac{l}{S}$ $S = S_1 + S_2 + S_3$
$\frac{1}{R} = \frac{1}{R_1} + \frac{1}{R_2} + \frac{1}{R_3}$

정답 및 해설 38쪽

개념확인 4 **다음 중 저항이 직렬로 연결된 경우는 '직', 병렬로 연결된 경우는 '병'이라고 쓰시오.**

(1) 각 저항에 걸리는 전압의 합은 전체 전압과 같다. (　　　)
(2) 각 저항에 흐르는 전류의 합은 전체 회로에 흐르는 전류의 세기와 같다. (　　　)

확인 + 4 **오른쪽 그림의 회로에서 합성 저항과 전류계의 흐르는 전류를 구하시오.**

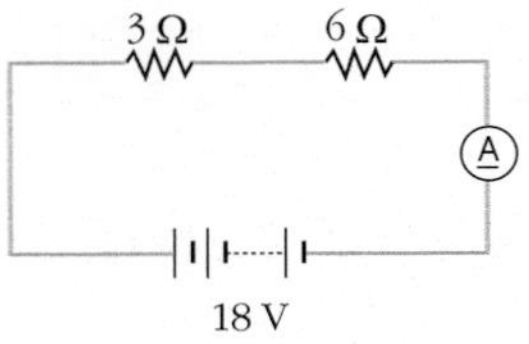

합성 저항 : (　　　　) Ω 전류 : (　　　　) A

생각해보기★★★
저항을 병렬로 연결했을 때 합성 저항은 각각의 저항보다 작아질까?

미니사전
합성 저항 [合 합하다 成 이루다 抵 막다 抗 겨루다] 연결된 저항들을 같은 효과를 내는 하나의 저항으로 봤을 때의 저항

개념 다지기

01 세 개의 동일한 전구에 한 개의 전압이 1.5 V 인 건전지를 그림과 같이 연결하였다. A, B, C 회로 중 전구가 가장 어두운 것은?

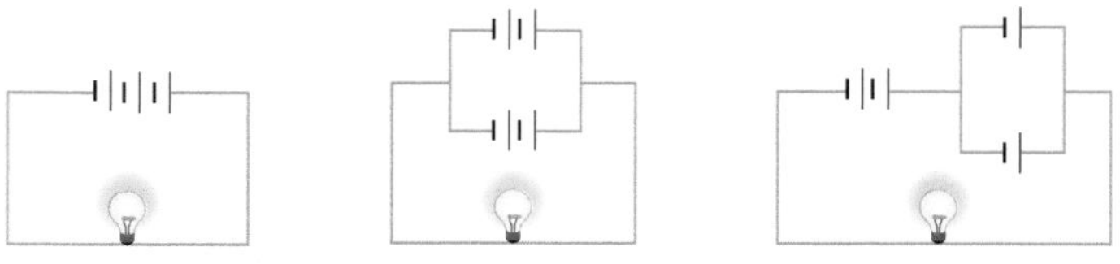

(A) (B) (C)

( )

02 전기 회로를 설명하기 위해 다음 그림과 같이 못이 촘촘히 박힌 나무판을 경사지게 하여 쇠구슬이 굴러 내려가게 했다. 이 모형과 전기 회로를 비교 설명한 것 중에서 옳지 <u>않은</u> 것은?

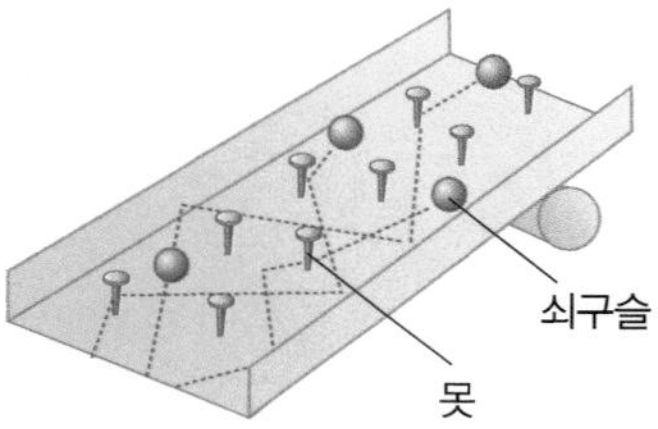

① 쇠구슬 – 전류
② 경사판의 기울기 – 전압
③ 못 – 원자
④ 못과 쇠구슬의 충돌 – 저항
⑤ 나무판의 폭 – 도선의 굵기

03 다음 그림과 같은 전기 회로에서 니크롬선 A 에 걸리는 전압은 몇 V 인가?

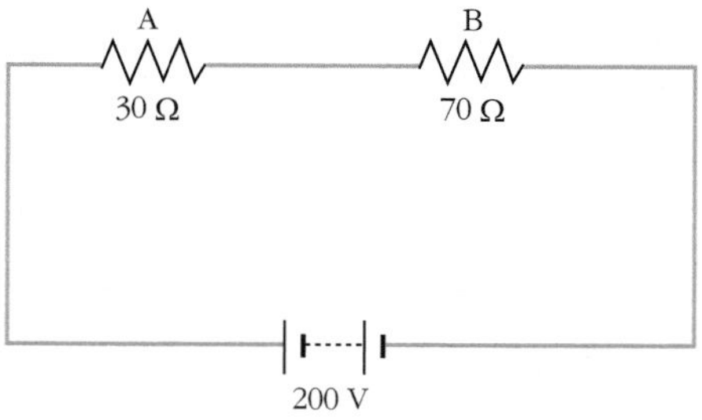

① 30 V ② 60 V ③ 70 V ④ 120 V ⑤ 140 V

정답 및 해설 38쪽

04

다음 그림과 같은 전기 회로에서 합성 저항과 각 저항에 걸리는 전압을 옳게 나타낸 것은?

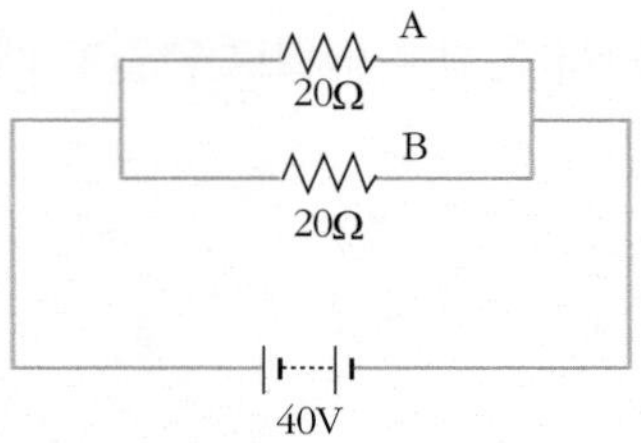

	합성 저항	걸리는 전압		합성 저항	걸리는 전압
①	10 Ω	10 V	②	10 Ω	20 V
③	10 Ω	40 V	④	20 Ω	20 V
⑤	20 Ω	40 V			

05

다음 중 옴의 법칙을 바르게 나타낸 그래프를 모두 고르시오. (V는 전압, R은 저항, I는 전류, Q는 전하량이다)(3 개)

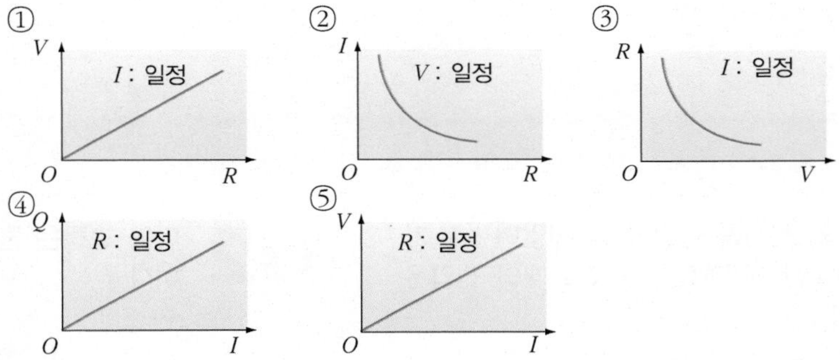

06

다음 그림처럼 세 개의 저항을 연결하고 12 V의 전압을 걸어주었다. 이 회로의 전체 합성 저항값은 몇 Ω 인가?

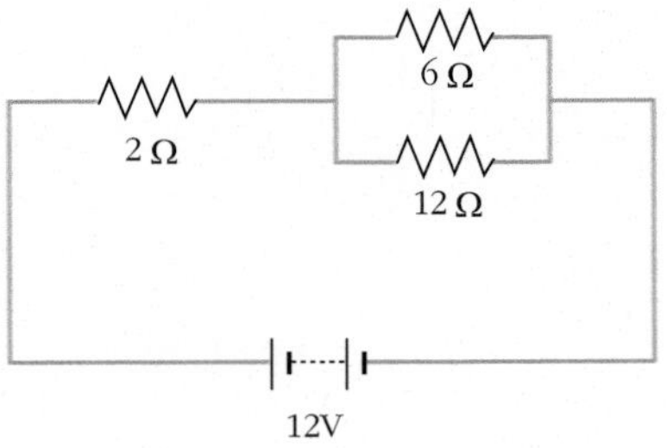

① 1 Ω　　② 2 Ω　　③ 4 Ω　　④ 6 Ω　　⑤ 10 Ω

[유형11-1] 전압과 전류와의 관계

전지의 개수를 증가시키면서 전지를 병렬로 연결할 때 전지의 개수와 전압의 관계 그래프로 옳은 것은?

①
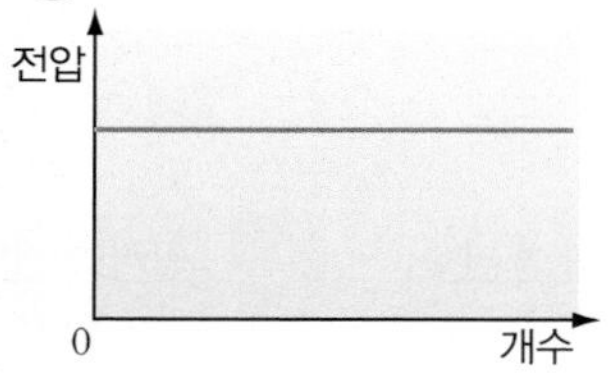

②
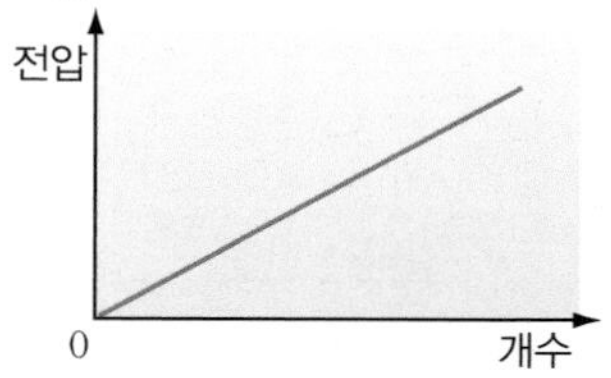

③
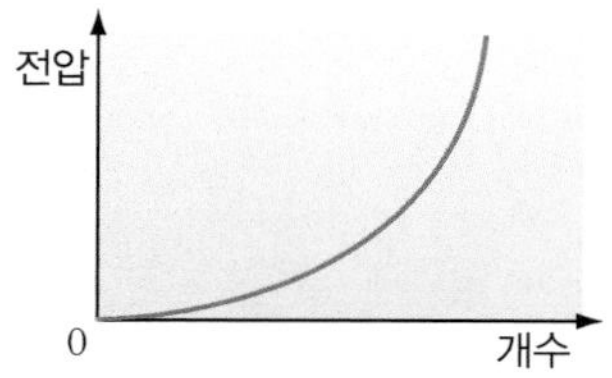

④
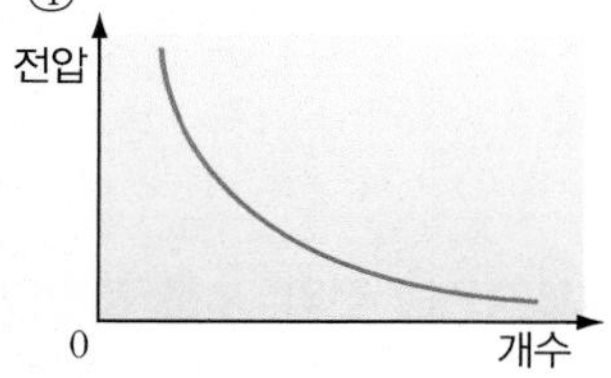

⑤
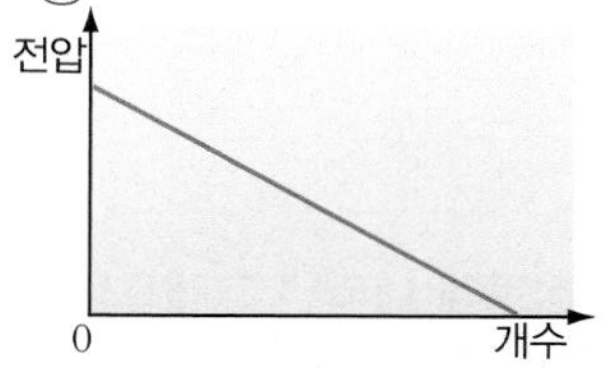

01 여러 개의 전지를 연결할 때 전압이 3 V 가 되게 연결한 것은?(단, 전지 1 개의 전압은 1.5 V 이다.)

①
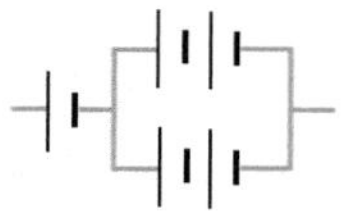

②
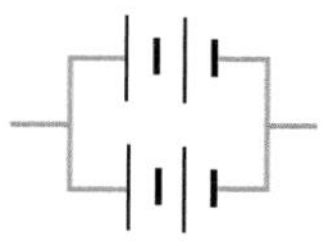

③
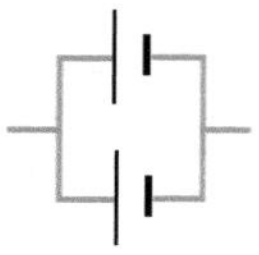

④

⑤
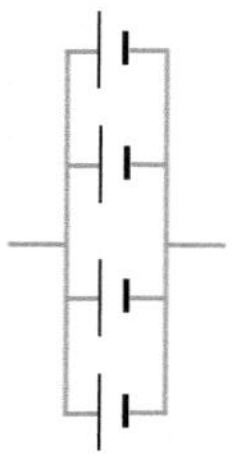

02 다음 그림은 물의 흐름을 회로에 비유한 것이다.

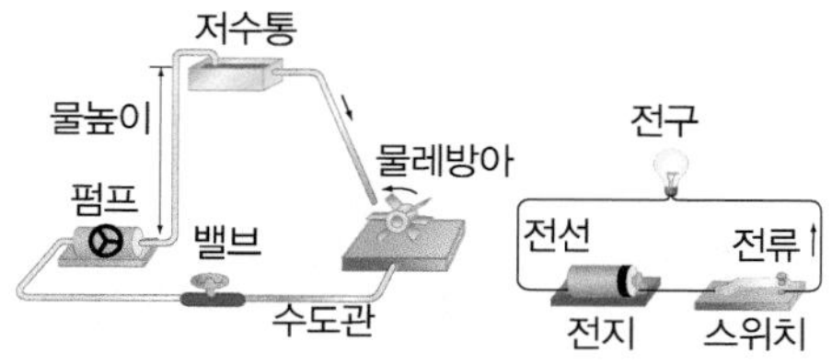

역할이 비슷한 것끼리 짝지은 것으로 옳지 않은 것은?

① 펌프 - 전지
② 밸브 - 스위치
③ 수도관 - 전선
④ 물레방아 - 전구
⑤ 물높이 - 전하량

정답 및 해설 38쪽

[유형11-2] 전기 저항

다음 그림은 여러 개의 못이 박혀 있는 빗면에 구슬을 굴리는 실험을 나타낸 것이다. 박혀 있는 못의 수에 따라서 구슬이 내려오는 속도는 달라진다. 이 현상을 도선에 적용할 때 가장 적절한 것은?

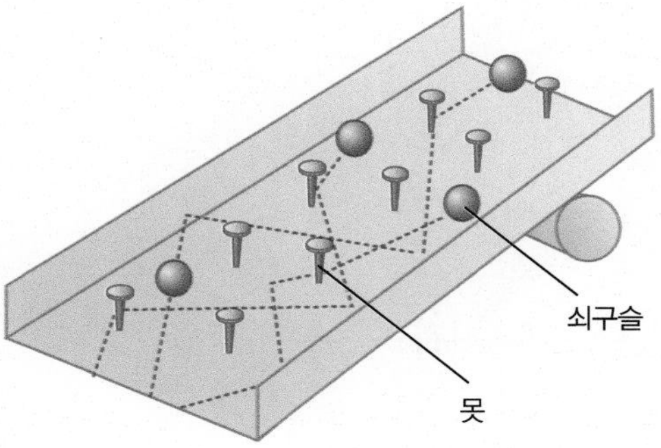

① 도선이 길수록 저항이 커진다.
② 도선이 굵을수록 저항이 줄어든다.
③ 전자가 도선을 따라 이동할 때 원자들과 충돌한다.
④ 회로에 걸리는 전압이 높을수록 전류는 세게 흐른다.
⑤ 물질마다 원자의 배열이 다르기 때문에 나타나는 전기 저항도 다르다.

03

다음 그림과 같이 단면적과 길이가 다른 2개의 도선을 병렬로 연결하였다. 전류계 Ⓐ에 흐르는 전류가 400 mA 라면, 도선 B에 흐르는 전류의 세기는 몇 A 인가?(단, 두 도선은 같은 물질로 만들어졌다.)

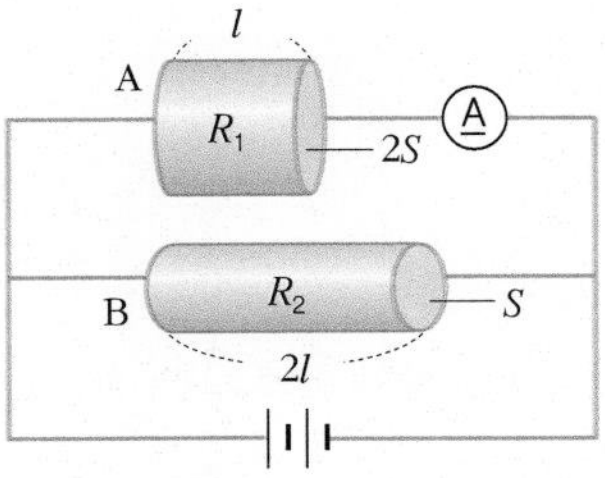

① 0.1 A ② 0.4 A ③ 0.8 A
④ 1.2 A ⑤ 1.6 A

04

다음 그림은 길이의 비가 1 : 3 이고 단면적의 비가 3 : 1 인 도선 A, B 를 나타낸 것이다. A와 B의 저항의 비(A : B)는?(단, A 와 B 의 재질은 같다.)

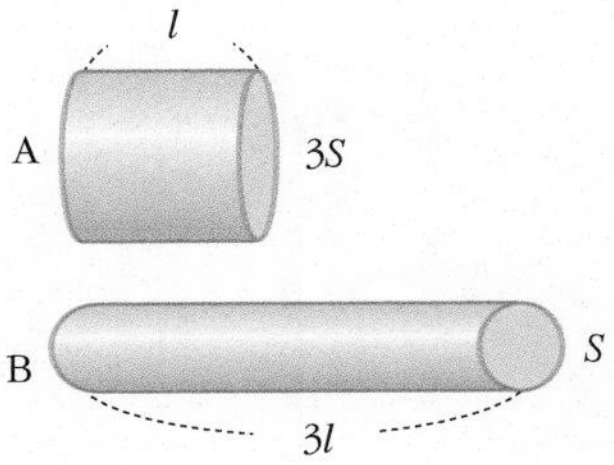

① 1 : 3 ② 1 : 9 ③ 2 : 3
④ 3 : 1 ⑤ 9 : 1

유형 익히기 & 하브루타

[유형11-3] 옴의 법칙

다음 그림과 같이 10 Ω 의 저항과 전지가 연결된 전기 회로에서 전류계의 눈금이 400 mA 를 가리켰다면 전압계의 눈금은 몇 V 를 나타내겠는가?

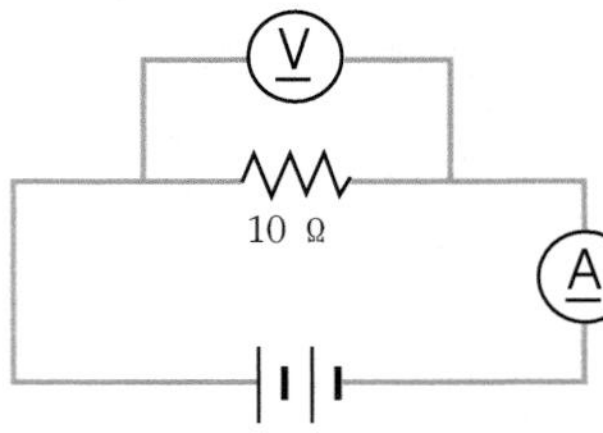

① 4 V ② 10 V ③ 25 V ④ 400 V ⑤ 4000 V

05 도선 A와 B에 걸린 전압과 흐르는 전류의 세기를 측정한 결과를 정리하여 다음 그림과 같은 그래프를 그렸다. A의 저항값과 B의 저항값은 각각 얼마인가?

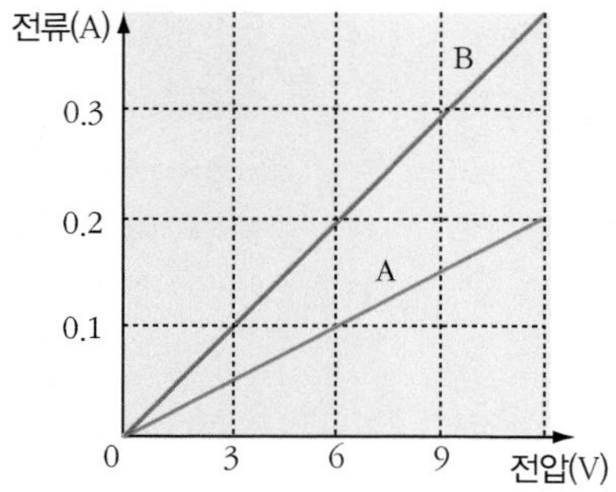

A 의 저항값 : (   ) Ω
B 의 저항값 : (   ) Ω

06 다음 그림과 같은 전기 회로도 상에 a 점과 b 점이 있다.

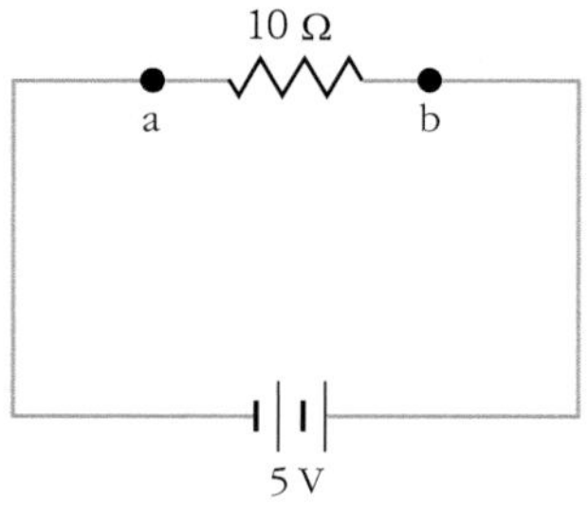

(1) 저항을 흐르는 전류는 몇 A 인가?

(   ) A

(2) 전류는 (시계 방향, 반시계 방향)으로 흐르므로 전위는 (a 점, b 점)이 높다.

(3) (a 점, b 점)에서 (a 점, b 점)으로 전압 강하가 (   ) V 일어났다.

정답 및 해설 38쪽

[유형11-4] 저항의 연결

다음과 같이 2 Ω 의 저항 4 개를 여러 가지 방법으로 연결하였을 때 전체 저항이 가장 작은 값을 갖는 것은 무엇인가?

①

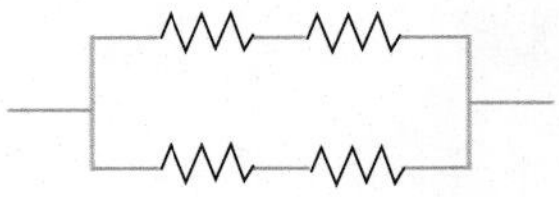

②

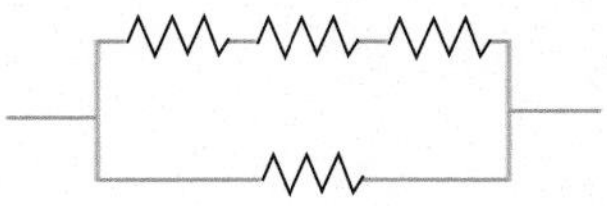

③

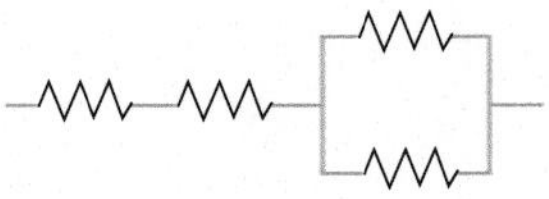

④

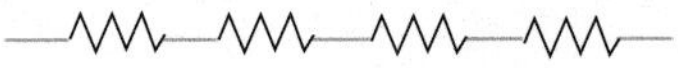

⑤

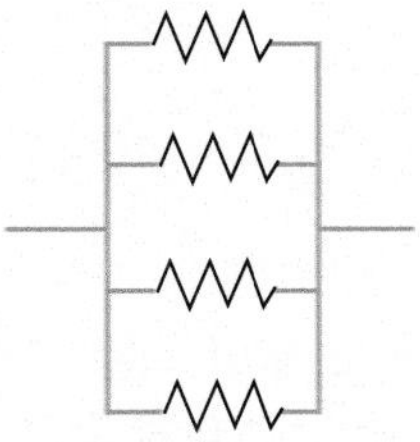

07 다음 그림과 같은 전기 회로에서 R_1, R_2, R_3 의 저항에 흐르는 전류의 세기 I_1, I_2, I_3가 각각 1 A, 2 A, 4 A 라면 R_1, R_2, R_3 의 비는 얼마인가?

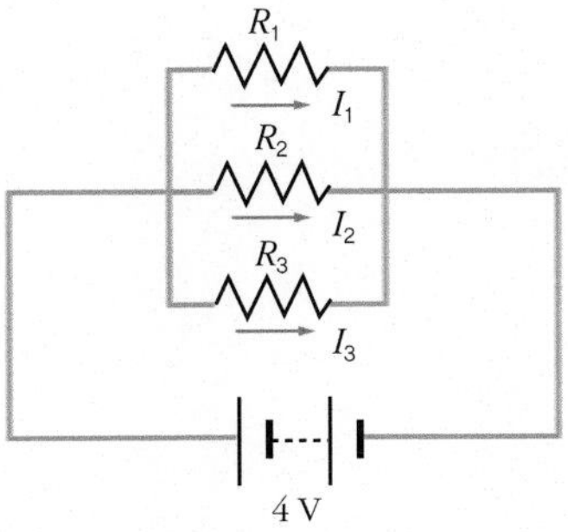

① 1 : 2 : 4　② 4 : 2 : 1　③ 3 : 4 : 6
④ 6 : 4 : 1　⑤ 6 : 5 : 4

08 다음 그림과 같이 세 개의 저항을 연결하고 24 V 의 전압을 걸어 주었다. 6 Ω 과 12 Ω 저항을 흐르는 전류의 비는 얼마인가?

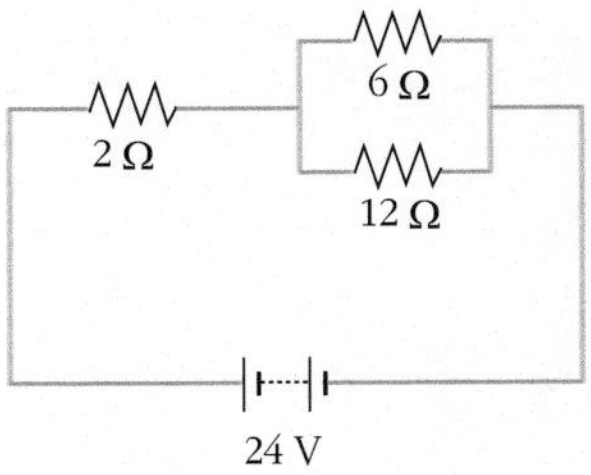

① 1 : 2　② 2 : 1　③ 1 : 3
④ 3 : 1　⑤ 4 : 1

01

(가) 의 사진은 서미스터(Thermistor)를 나타낸 것이고, 그림 (나) 는 서미스터 온도계로 온도를 재는 모습이다.

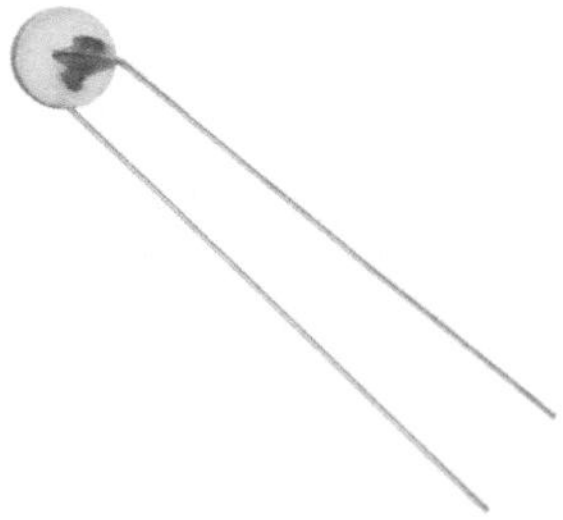

(가)

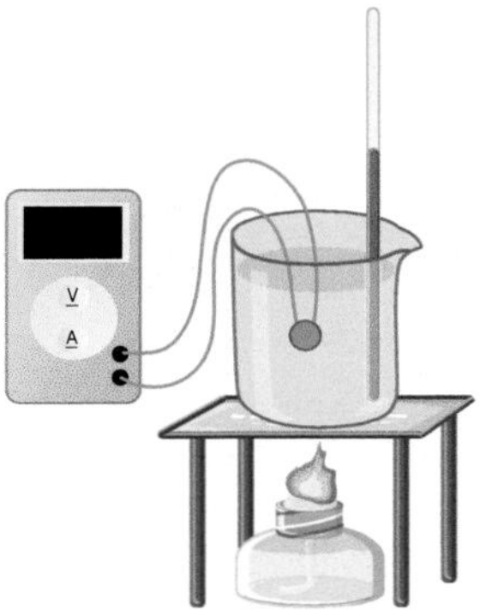

(나)

서미스터를 끓는 물속에 넣고 물이 식는 동안 서미스터를 흐르는 전류와 서미스터 양 끝에 걸리는 전압을 측정하였더니 다음 표와 같았다.

물의 온도(℃)	95	85	74	66	54	47
전압(V)	5	5	5	5	5	5
전류(mA)	75	70	65	50	40	25
저항(Ω)						

(1) 위의 표 내용을 채우시오.(단, 저항값은 소수 첫째 자리까지 구한다.)

(2) 물의 온도와 서미스터 저항값과의 관계를 서술하시오.

정답 및 해설 39쪽

02 다음의 그림 (가) 는 전구 양단의 전압을 변화시키면서 전압과 전류의 관계를 그래프로 나타낸 것이다. 그림 (나) 는 전구를 연결하여 20 V 의 전압을 걸어준 전기 회로도이다. 전지의 내부 저항과 연결 도선의 저항은 0 이라고 할 때 다음 물음에 답하시오.

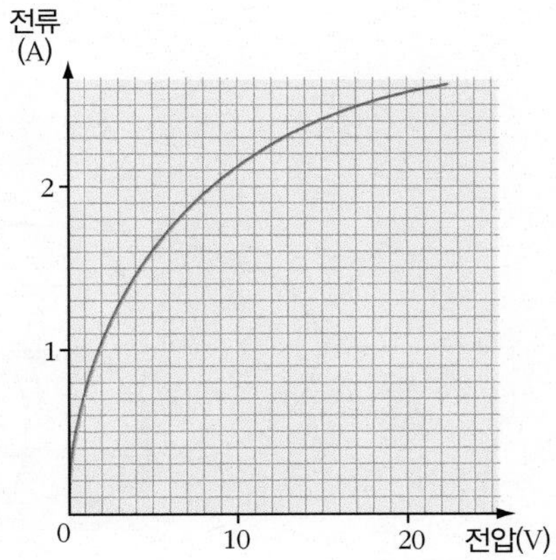

(가)

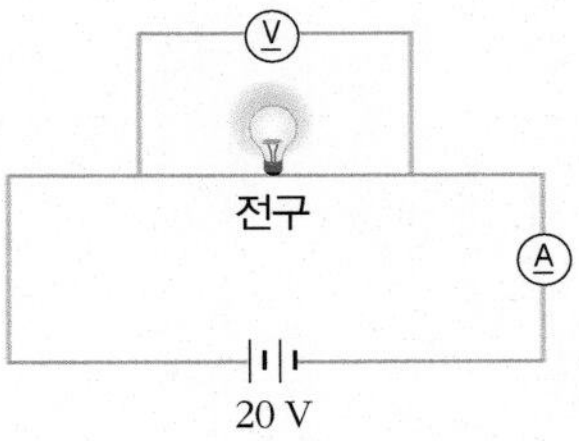

(나)

(1) 그림 (가) 에서 전구의 저항값이 어떻게 변하고 있는가?

(2) 전구의 저항값을 구했을 때 저항값이 문제 (1) 처럼 변하는 이유는 무엇인지 설명해 보시오.

03 다음 그림과 같은 회로에서 전구에 20 V 의 건전지를 연결하였더니 불이 켜졌다. 그렇다면 그림의 스위치를 닫으면 어떻게 될까? 계속 켜진다면 그 이유를 스위치를 닫기 전 상태와 비교하여 설명하시오.

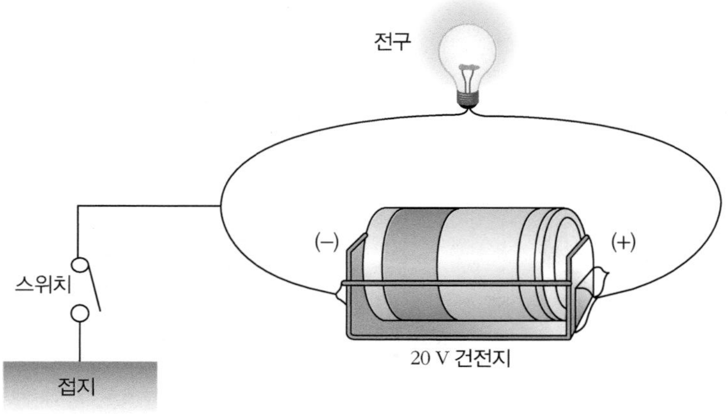

정답 및 해설 39쪽

04 (가) 는 가정에서 사용하는 토스트기이고, (나) 는 토스트기의 내부 회로도이다. 가정에서 사용하는 토스트기는 (나) 의 그림과 같이 전류가 플러그의 한 전선에서 나와서 가열 부분을 지나서 플러그의 다른 전선으로 나간다.

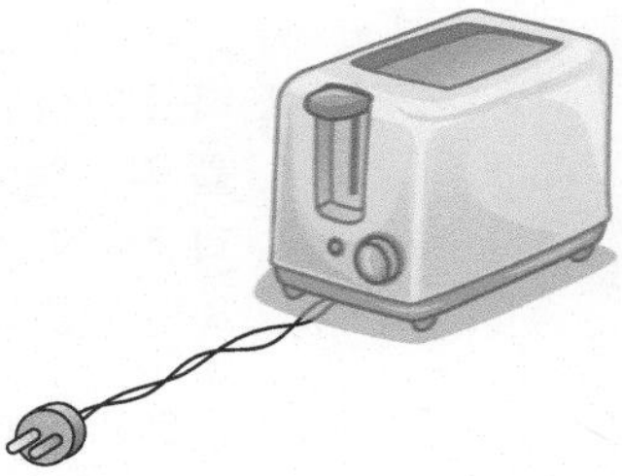

(가)

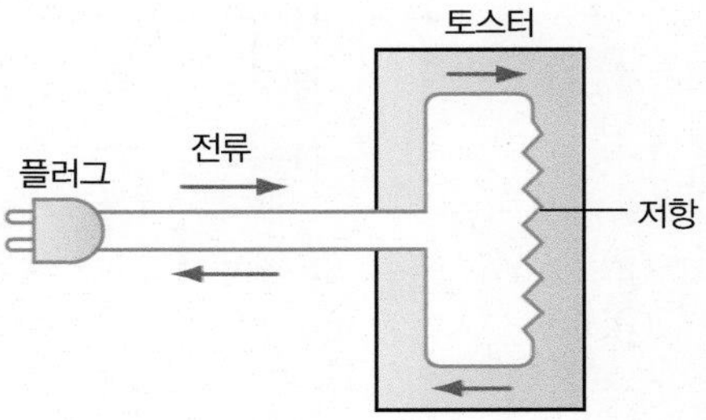

(나)

만약 이 토스트기가 고장이 나서 플러그에서 나온 두 전선이 접촉하게 되면 아래 그림과 같이 회로가 합선된다. 이것을 단락(short)라고 한다. 단락이 발생하게 되면 급격히 큰 전류가 흐르게 되고 이로 인해 차단기가 내려가서 집 전체가 어둠에 휩싸일 것이다.

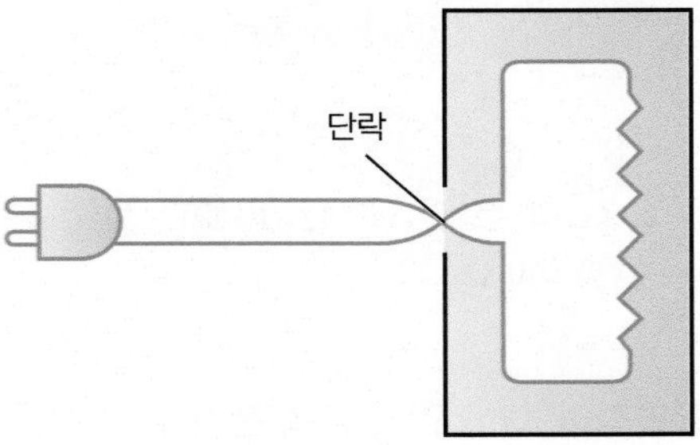

(1) 단락이 되었을 경우 차단기가 내려가는 이유를 설명해 보시오.

(2) 불량 토스트기가 단락되더라도 집 전체의 차단기가 내려가지 않도록 전자 레인지의 연결 도선에 장치를 한다면 어떻게 하면 되겠는가?(주변에 가정용 백열 전구가 있다.)

A

01 다음 그림과 같이 전지 1 개의 전압이 3 V 인 전지 5 개를 연결하였다. a 와 b 점 사이에 걸리는 전압은 얼마인가?

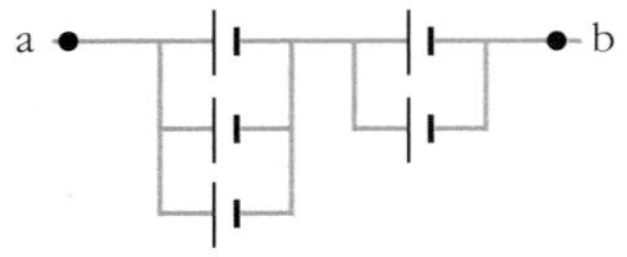

① 1.5 V ② 3 V ③ 4.5 V
④ 6 V ⑤ 9 V

02 다음 그림과 같이 길이가 각각 10 cm, 30 cm, 20 cm 이고 단면적이 2 cm², 3 cm², 4 cm²인 같은 물질로 만들어진 원통 형의 도선 A, B, C 가 있다. 도선 A 의 저항이 20 Ω 일 때 도선 B 와 C 의 저항은 각각 얼마인가?

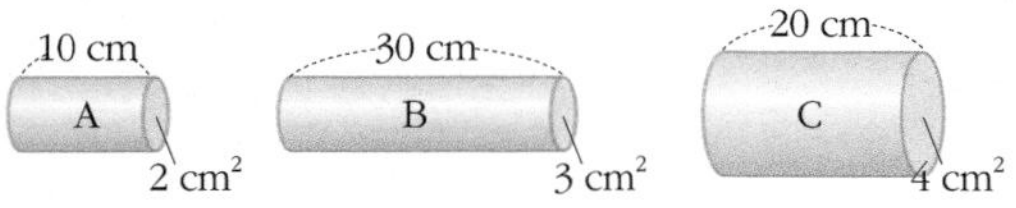

	B	C		B	C		B	C
①	40 Ω	20 Ω	②	20 Ω	20 Ω	③	40 Ω	10 Ω
④	20 Ω	10 Ω	⑤	40 Ω	40 Ω			

03 길이가 3 m 이고 단면적이 3 m² 인 도선의 전기 저항은 몇 Ω 인가? (단, 이 도선의 비저항(ρ)은 1 Ω · m 이다.)

( ) Ω

04 다음 그림처럼 1.5 V 전지 4 개를 6 Ω 의 저항에 연결하였을 때 저항에 흐르는 전류의 세기는 얼마인가?

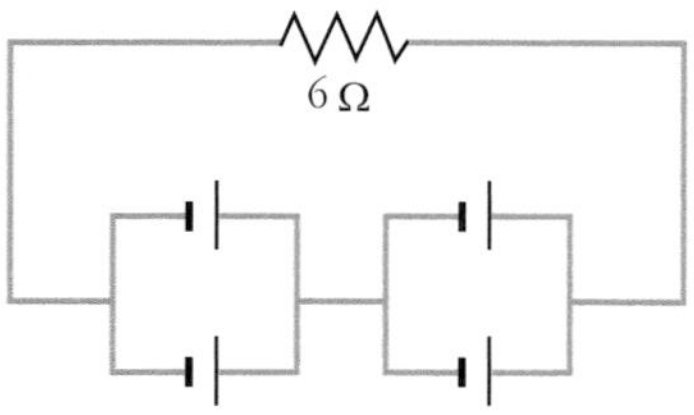

① 0.5 A ② 1 A ③ 2 A
④ 5 A ⑤ 18 A

05 다음 그림과 같이 저항 4 개를 직렬 연결하였다. 합성 저항은 얼마인가?

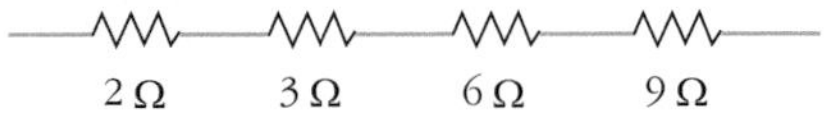

( ) Ω

06 다음 그림은 2 개의 같은 길이의 니크롬선 A, B 를 각각 동일한 전기 회로에 연결하여 얻은 전압과 전류의 관계를 그래프로 나타낸 것이다. A 와 B 의 단면적(A : B)의 비로 옳은 것은?

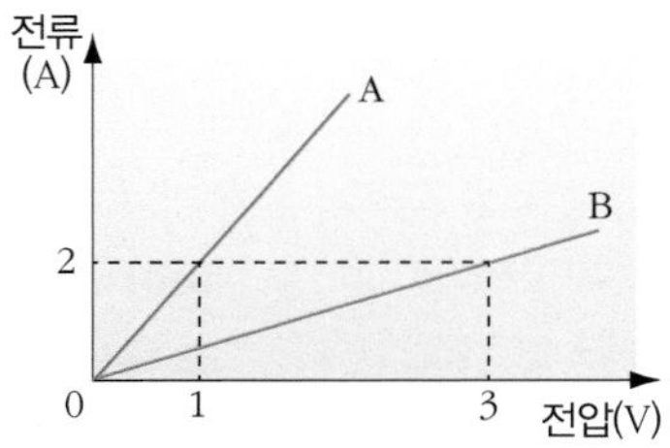

① 1 : 1 ② 1 : 3 ③ 2 : 3
④ 3 : 1 ⑤ 3 : 2

07 다음 그림과 같이 1 Ω 의 저항과 2 Ω 의 저항을 직렬 연결하여 6 V 의 전원에 연결하였다. A ~ B 사이의 전압은 몇 V 인가?

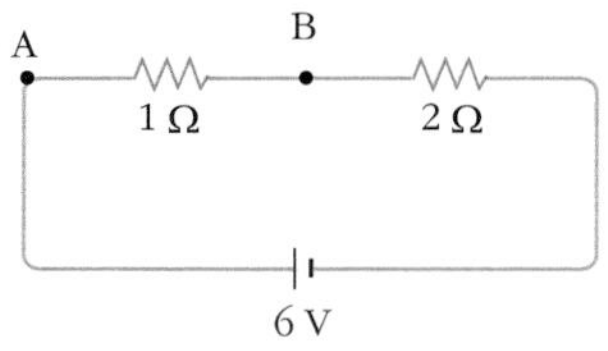

① 1 V ② 2 V ③ 3 V
④ 4 V ⑤ 5 V

08 다음 그림과 같은 회로에서 전류계에 0.2 A 의 전류가 측정되었다. 저항 R 은 얼마인가?

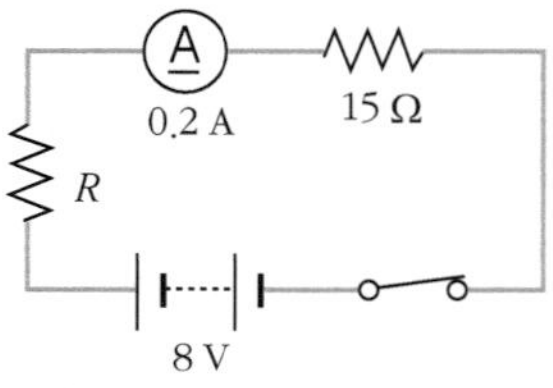

① 5 Ω ② 10 Ω ③ 15 Ω
④ 20 Ω ⑤ 25 Ω

정답 및 해설 40쪽

09 다음 그림과 같이 3 Ω 의 저항과 6 Ω의 저항을 병렬 연결하여 12 V 의 전원에 연결하였다. 3 Ω 의 저항에는 몇 A 의 전류가 흐르는가?

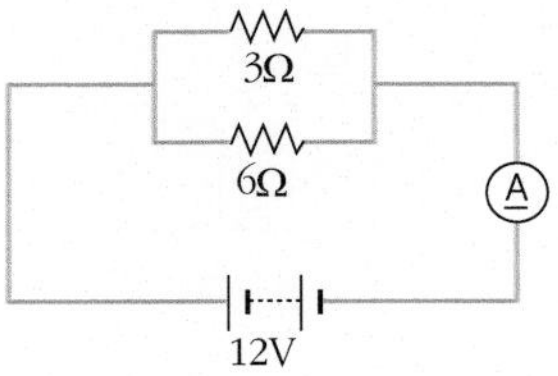

① 0.5 A ② 1 A ③ 2 A
④ 4 A ⑤ 6 A

10 다음 그림과 같이 20 Ω 인 저항과 미지의 저항 R 이 병렬로 연결된 회로에 3 A 의 전류가 흘러 들어 와서 20 Ω 의 저항으로 1 A 의 전류가 흐를 때 저항 R 은 몇 Ω인가?

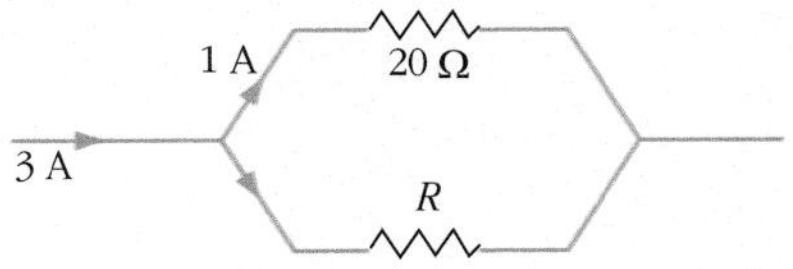

① 2.5 Ω ② 5 Ω ③ 10 Ω
④ 20 Ω ⑤ 25 Ω

B

11 일상생활에서 사용하는 손전등의 구조는 보통 아래와 같다.

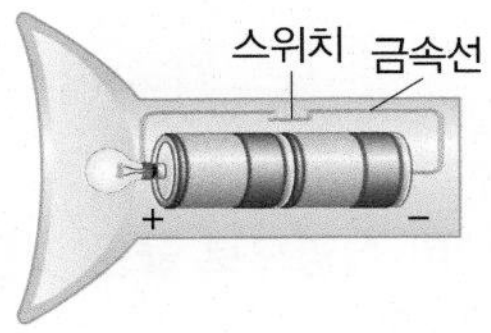

이것을 전기 회로도로 나타낸 것 중 옳은 것을 고르시오.

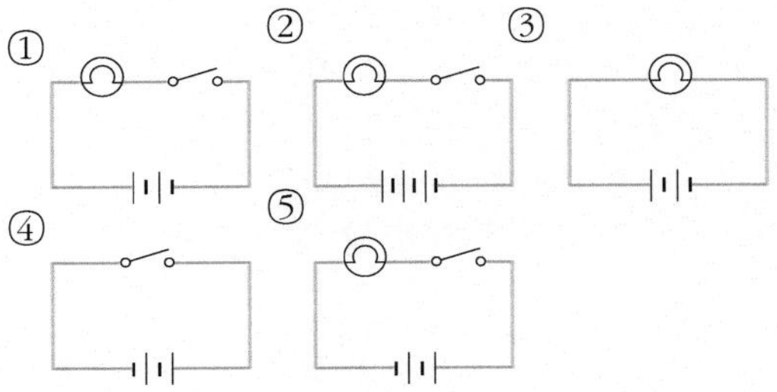

12 다음 그림과 같이 저항 3 개를 병렬 연결하였다. 합성 저항은 얼마인가?

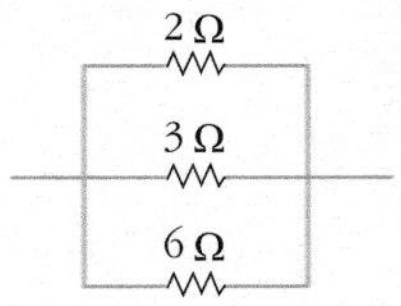

① 1 Ω ② 2 Ω ③ 3 Ω
④ 4 Ω ⑤ 5 Ω

13 다음 그림과 같이 미지의 저항 R 을 포함한 4 개의 저항을 연결하여 12 V 의 전압을 걸어 주었다.

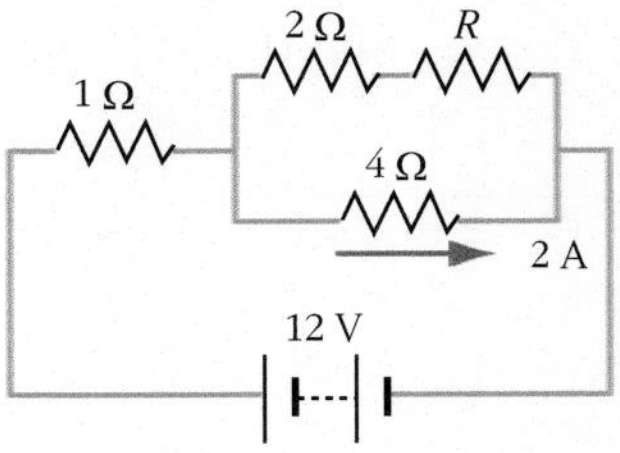

전류계를 사용하여 4 Ω 의 저항에 흐르는 전류를 측정하였더니 2 A 로 나타났다. 미지의 저항 R 의 저항값은 얼마인가?

① 1 Ω ② 2 Ω ③ 3 Ω
④ 4 Ω ⑤ 5 Ω

14 (가) 회로에서 전압 V 를 변화시키면서 전류와 전압의 그래프를 그렸더니 그림 (나) 처럼 되었다. (가) 회로의 저항 R 의 값은 얼마인가?

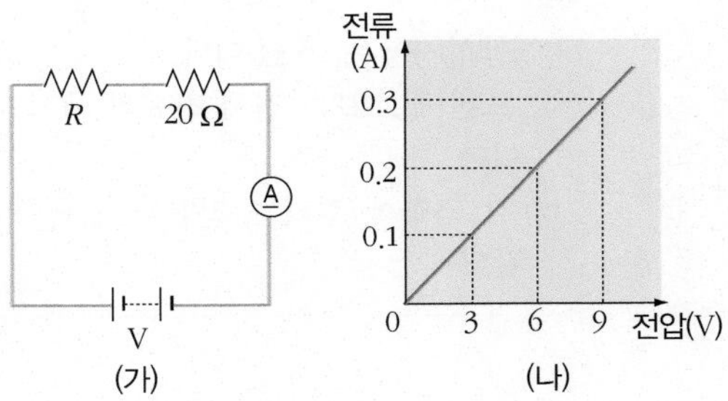

① 5 Ω ② 10 Ω ③ 20 Ω
④ 30 Ω ⑤ 40 Ω

15 다음 그래프는 전선의 종류에 따른 전압과 전류와의 관계를 나타낸 것이다. 이 그래프를 통해 알 수 있는 사실로 옳은 것을 〈보기〉 에서 모두 고른 것은?

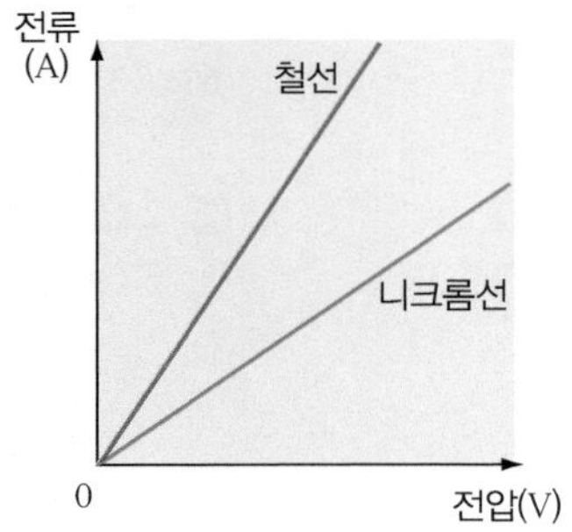

〈 보기 〉
ㄱ. 전류와 전압은 비례한다.
ㄴ. 기울기는 각 전선의 저항을 나타낸다.
ㄷ. 같은 전압일 때 니크롬선보다 철선에 전류가 많이 흐른다.

① ㄱ ② ㄷ ③ ㄱ, ㄷ
④ ㄴ, ㄷ ⑤ ㄱ, ㄴ, ㄷ

16 그림 (가) 는 자동차의 열선을 나타낸 것이고, (나) 는 열선의 전기회로를 나타낸 것이다.

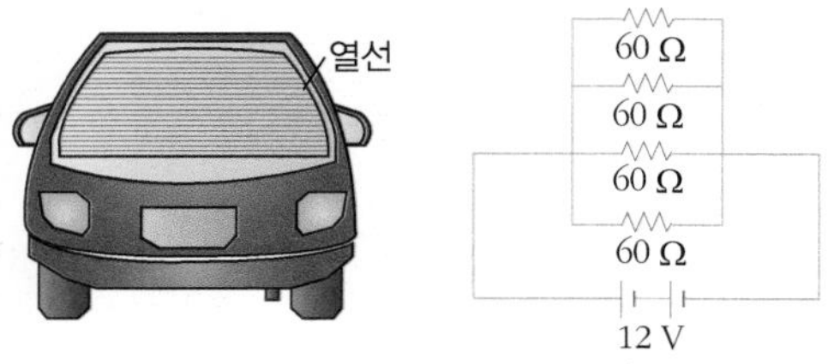

(가) (나)

이에 대한 설명으로 옳은 것만을 〈보기〉 에서 있는 대로 고른 것은?

〈 보기 〉
ㄱ. 합성저항은 15 Ω 이다.
ㄴ. 도선에 흐르는 전체 전류의 세기는 0.8 A 이다.
ㄷ. 각 저항에 걸리는 전압과 전류의 세기는 같다.

① ㄱ ② ㄴ ③ ㄱ, ㄴ
④ ㄱ, ㄷ ⑤ ㄱ, ㄴ, ㄷ

17 저항 A, B, C 를 연결하여 다음 그림과 같은 전기 회로를 구성하였다. A, B, C 에 흐르는 전류의 비와 각 저항에 걸리는 전압의 비를 옳게 짝지은 것은?

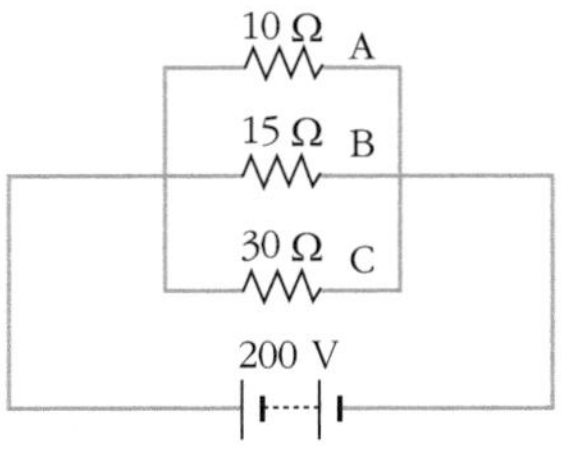

	전류의 비(A : B : C)	전압의 비(A : B : C)
①	1 : 2 : 3	3 : 2 : 1
②	2 : 3 : 6	1 : 1 : 1
③	3 : 2 : 1	1 : 1 : 1
④	3 : 2 : 1	1 : 2 : 3
⑤	6 : 3 : 2	1 : 2 : 3

18 다음 그림은 4 Ω 인 저항 A, B 와 2 Ω 인 저항 C, 스위치, 전류계를 연결한 회로에 16 V 의 전압을 걸어 준 것이다.

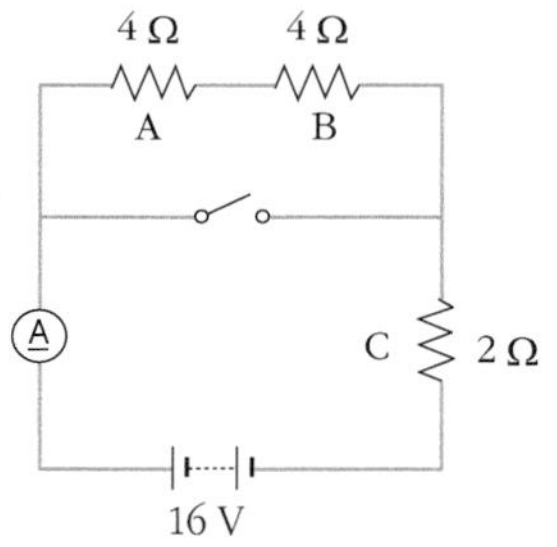

이에 대한 설명으로 옳은 것을 〈보기〉 에서 모두 고른 것은?

〈 보기 〉
ㄱ. 스위치를 닫은 후 전류계에 흐르는 전류는 8 A 이다.
ㄴ. 스위치를 닫기 전 전류계에 흐르는 전류는 2 A 이다.
ㄷ. 스위치를 닫으면, C 에는 전류가 흐르고, A, B 에는 전류가 흐르지 않는다.

① ㄱ ② ㄷ ③ ㄱ, ㄷ
④ ㄴ, ㄷ ⑤ ㄱ, ㄴ, ㄷ

정답 및 해설 40쪽

19 다음 그림과 같이 저항 5 개를 연결하였다. 합성 저항은 얼마인가?

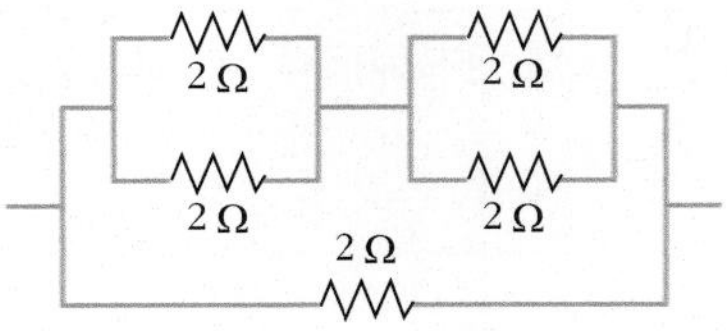

( ) Ω

20 다음 그림과 같이 전기 회로에서 2 Ω 의 저항에 흐르는 전류는 몇 A 인가?

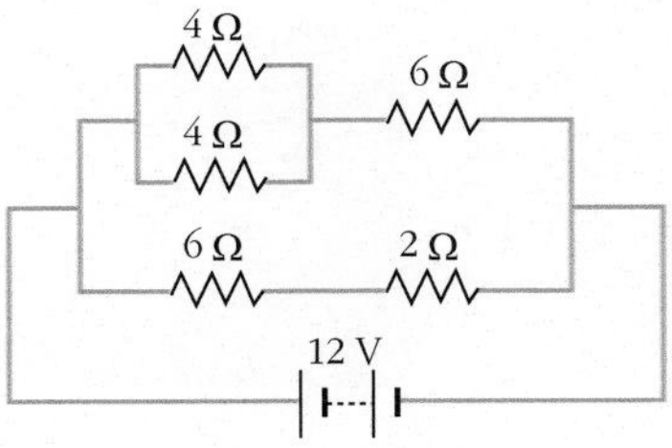

① 0.5 A ② 1 A ③ 1.5 A
④ 2 A ⑤ 2.5 A

C

21 그림처럼 1 Ω, 2 Ω, 3 Ω, 4 Ω, 5 Ω의 저항을 연결하여 24V의 전압을 걸어 주었다. 회로 상의 a ~ b, b ~ c, c ~ d, d ~ e 사이의 전압을 구하시오.

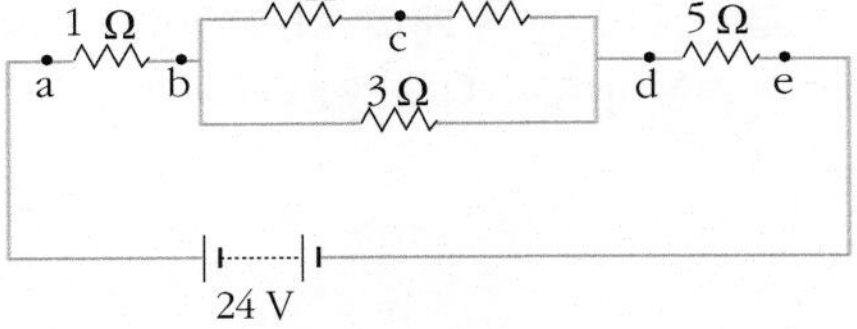

a~b : ( ) V
b~c : ( ) V
c~d : ( ) V
d~e : ( ) V

22 전기 회로의 A, B 부분에 원통형 저항체를 연결하여 전류를 측정하였더니 3 A 가 측정되었다. 이 저항체를 반으로 잘라 병렬로 또 다시 A, B 부분에 연결한다면 전류계에 나타나는 전류의 값은 얼마이겠는가?

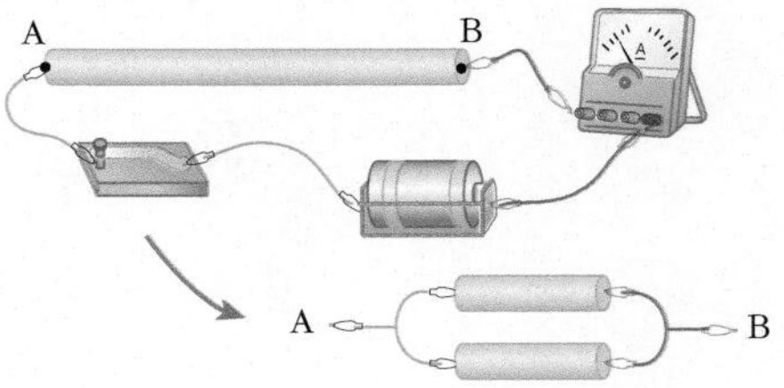

① 6 A ② 12 A ③ 18 A
④ 24 A ⑤ 30 A

23 다음 그림과 같은 전기 회로도가 있다. R_1, R_2, R_3 는 저항 장치의 저항값이고, I_1, I_2, I_3 는 각각의 저항 장치를 흐르는 전류이다.

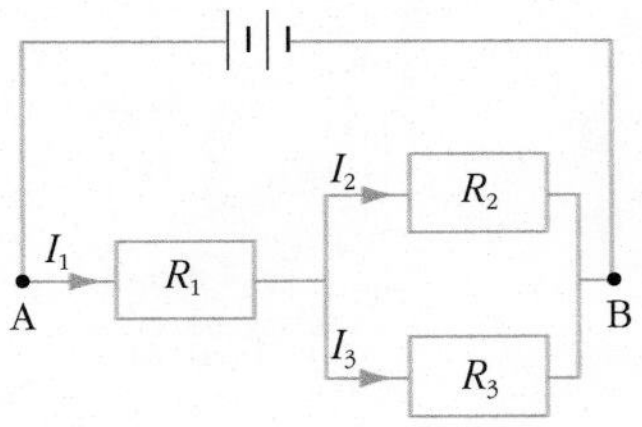

(1) 저항값 R_2 가 증가하면 I_1, I_2, I_3 는 각각 어떻게 되겠는가?

① I_1, I_2, I_3 모두 감소한다.
② I_1과 I_3 는 변화 없고 I_2만 감소한다.
③ I_1은 변화 없고 I_2는 감소하고 I_3는 증가한다.
④ I_3만 증가하고 I_1과 I_2는 감소한다.
⑤ I_1, I_2, I_3 모두 증가한다.

(2) R_2 를 끊어 버리면 A, B 사이의 전류는 어떻게 되겠는가?

① 전압은 감소하고 전류는 그대로이다.
② 전압은 증가하고 전류는 그대로이다.
③ 전압은 그대로이고 전류는 감소한다.
④ 전압은 그대로이고 전류는 증가한다.
⑤ 전압과 전류 모두 증가한다.

24 오른쪽 그림과 같은 회로에서 스위치 S 를 열면 전류계의 눈금이 1.2 A 를 가리키고, 스위치 S 를 닫으면 전류계의 눈금이 2 A 를 가리켰다. 전지의 전압과 저항 R 의 저항값을 구하시오.

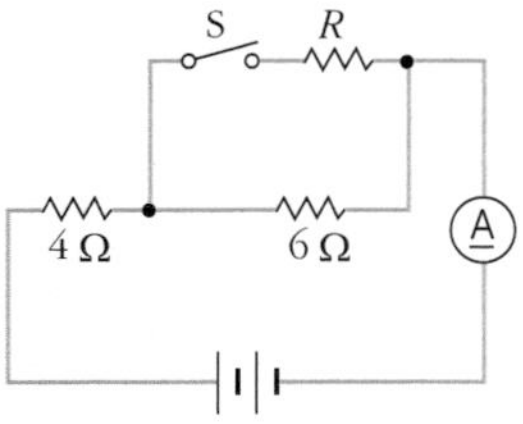

전지의 전압 : (   ) V
저항값 : (   ) Ω

25 다음 그래프는 각 물질의 온도에 따른 비저항의을 나타낸 것이다.

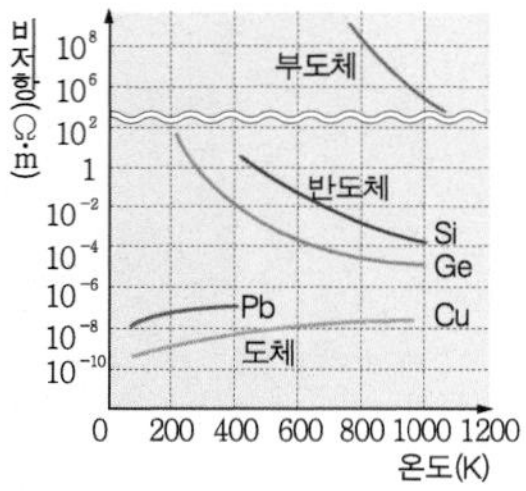

그래프를 분석한 다음의 내용 중 옳은 것은 무엇인가?

① Si, Pb 는 대표적인 반도체 물질이다.
② 온도가 올라감에 따라 도체 물질 자체의 굵기가 변한다.
③ 부도체는 온도가 올라감에 따라 원자핵 사이의 거리가 멀어진다.
④ 도체 내부의 전자들은 온도가 올라감에 따라 더욱 활발하게 운동하게 된다.
⑤ 온도가 올라감에 따라 부도체의 원자핵과 전자의 결합력이 점점 강해진다.

26 다음 표는 연결한 전지의 개수에 따른 전압을 측정한 결과이다.

전지의 개수(개)	1	2	4
전압(V)	3	3	3

전지를 이와 같이 연결할 때의 장점을 서술하시오.

27 다음 그림은 도선에서 전자가 이동해 가는 모습을 나타낸 것이다.

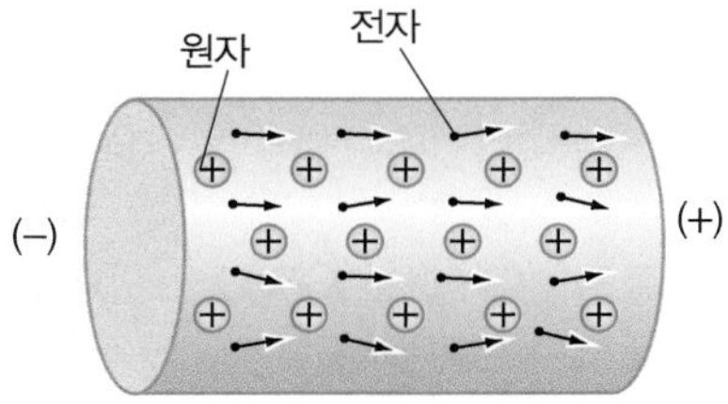

전기 저항이 생기는 원인을 서술하시오.

28 저항 2 Ω 인 니크롬선 3 개를 사용하여 그림과 같은 전기 회로를 완성하려 한다. 전지의 전압이 6 V 일 때 이 회로의 전류계에 2 A 의 전류를 흐르게 하려면 3 개의 니크롬선을 회로에 어떻게 연결해야 하는지 서술하시오.

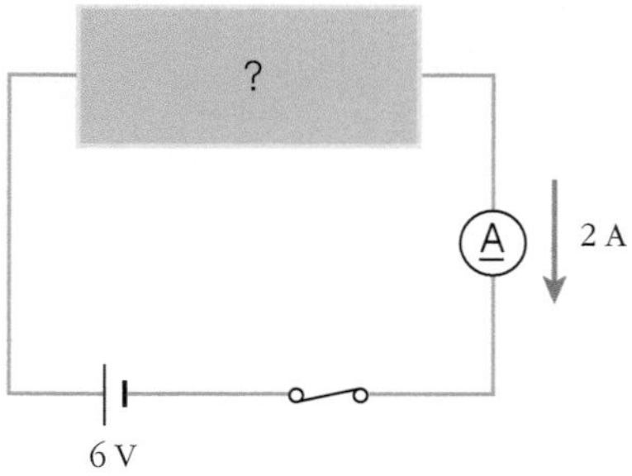

정답 및 해설 40쪽

29 다음 그림과 같이 1 Ω 과 2 Ω 의 저항을 병렬로 연결한 후 9 V 의 전압을 걸어 주었다. 1 Ω 과 2 Ω 의 저항에 흐르는 전류의 비(1Ω : 2Ω)를 쓰고, 풀이 과정을 서술하시오.

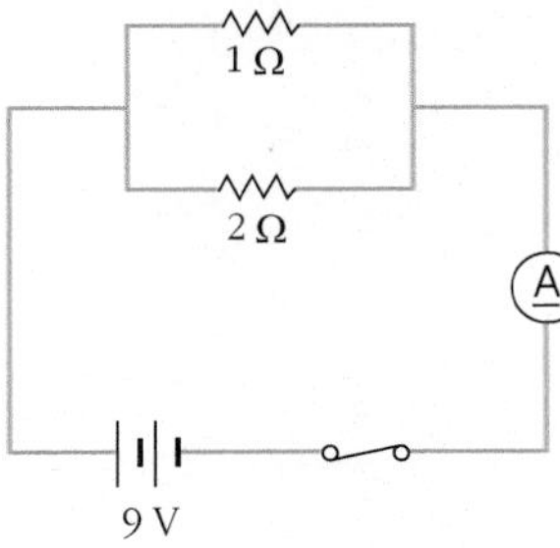

30 다음 그림과 같이 같은 물질로 되어 있으나 굵기와 길이가 다른 필라멘트가 들어 있는 전구 A, B, C 가 있다.

3 개의 전구를 모두 병렬로 연결하고 불을 켰을 때 밝은 것부터 순서대로 쓰고, 그렇게 생각한 이유를 간단히 설명하시오.(단, 전구는 소비 전력이 클수록 밝고 소비 전력은 I^2R 이다.)

창의력 서술

31 우리 몸속 체지방을 측정하는 체지방 측정기의 원리는 지방의 비저항이 뼈를 제외한 다른 성분에 비해 10 배 이상 크다는 물리적 성질을 이용한다. 체지방 측정기는 몸에 약 0.8 mA 의 미세한 전류를 흘려보내고 몸에 걸린 전압을 측정하는 방법을 사용한다. 옴의 법칙을 적용하여 체지방이 적은 곳과 체지방이 많은 곳에서 측정되는 전압을 비교하여 설명하시오.

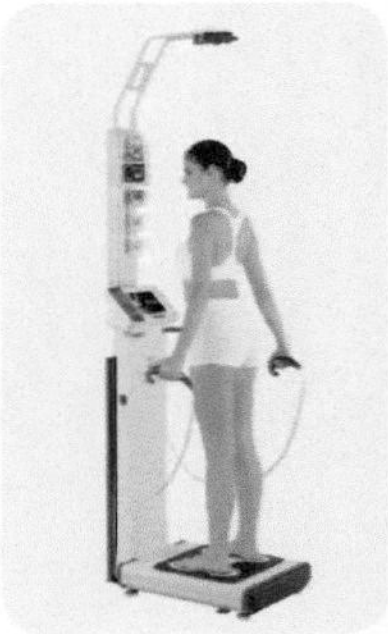

32 다음 그림은 전자 저울에 사용되는 스트레인 게이지(strain gauge)이다.

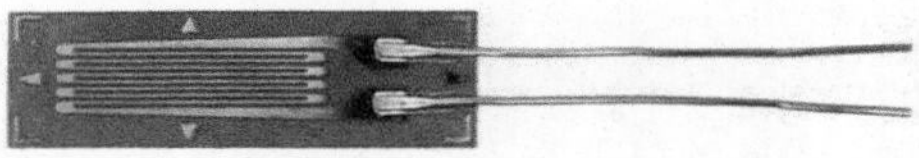

저울 속 스트레인 게이지가 압력을 받아 모양이 바뀌면 저항이 변하면서 흐르는 전류의 세기가 달라진다. 이러한 전류의 변화를 계산하여 무게를 측정하는 것이다. 스트레인 게이지가 압축을 많이 받을수록 굵어지고, 압축을 적게 받는 경우 늘어나며 가늘어진다. 스트레인 게이지에 무거운 물체를 올려 놓을 경우 측정되는 전류의 변화와 스트레인 게이지를 여러 번 휘어 놓은 모양으로 만든 이유가 무엇일지 예상하여 서술하시오.

12강. 저항의 열작용

1. 전기 에너지와 전력

(1) 전기 에너지(E) : 전자가 저항을 통해 이동할 때 발생하는 열이나 빛에너지 등을 말하며 단위는 J(줄)이다.

① 저항에서 발생하는 전기 에너지

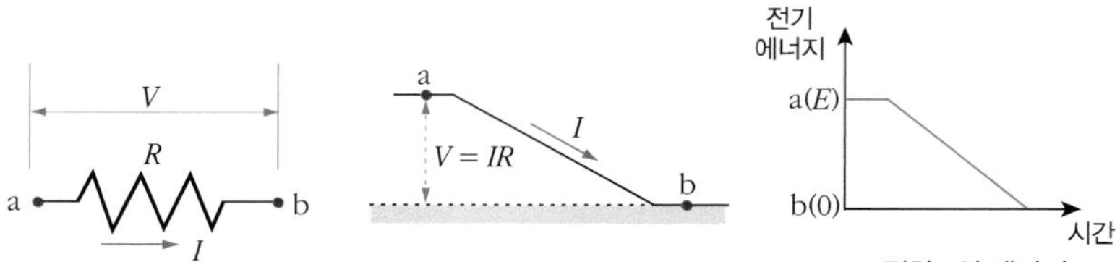

▲ 전하 q의 에너지

→ 전하 q 가 저항 R 을 통과하면서 가지고 있던 전기 에너지(E)가 감소한다. 감소한 만큼의 전기 에너지가 저항에서 외부로 방출된다. 전위차(V)가 클수록, 통과하는 전하량(q)가 많을수록 저항에서 많은 에너지가 발생한다.

$$E = Vq = VIt = I^2Rt = \frac{V^2}{R}t$$

(2) 전력(P) : 1 초 동안 전기 기구에서 소모되는 전기 에너지이며, 단위는 W(와트)이다.

$$P = \frac{E}{t} = VI = I^2R = \frac{V^2}{R}\ \text{(W)}$$

(3) 전력량 : 전기 기구에서 사용되는 에너지의 양을 말하며 단위는 Wh(와트시)이다.

· 1 Wh(와트시) = 1 W × 1 h (1 W의 전력을 1 시간 동안 사용한 에너지의 양)

$$1\ \text{Wh} = 1\ \text{W} \times 3600\ \text{s} = 3600\ \text{J},\ 1\ \text{kWh} = 1000\ \text{Wh}$$

100 V-100 W 전구의 의미

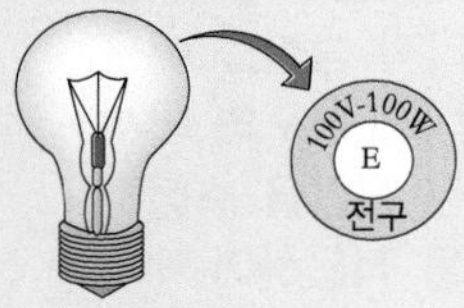

정격 전압 : 100 V
정격 소비 전력 : 100 W
전구의 저항 R 은 $P = \frac{V^2}{R}$
$R = \frac{V^2}{P} = \frac{100^2}{100} = 100$
만약 50 V 의 전원에 연결하면
$P' = \frac{V'^2}{R} = \frac{50^2}{100} = 25$ W
→ 전력이 $\frac{1}{4}$ 배가 된다.

생각해보기★

220 V-100 W 인 전구가 있다. 외국에 나가서 이 전구를 꽂으려고 했더니 110 V 인 코드밖에 없다. 110 V 코드에 억지로 이 전구를 꽂았을 때 어떠한 일이 벌어질까?

미니사전

정격 전압 [定 정하다 格 자격 -전압] 전기 기구는 정격 전압 이상의 전압을 걸면 파손될 수 있다.

개념확인 1 **다음에서 설명하는 것은 무엇인지 쓰시오.**

(1) 사용한 전기 에너지를 사용 시간으로 나눈 값 (　　　　)

(2) 1 W의 전력을 1 시간 동안 사용한 에너지의 양 (　　　　)

확인 +1 **220 V 의 전압에서 10 A 의 전류가 흐르는 전기 기구가 있다. 이 전기 기구에서의 소비 전력은 몇 W 인가?**

(　　　　) W

2. 저항의 발열량

(1) 저항의 발열량(Q) : 전류가 흐르는 저항에서 발생하는 열량으로 단위는 cal(칼로리), J(줄)이다.

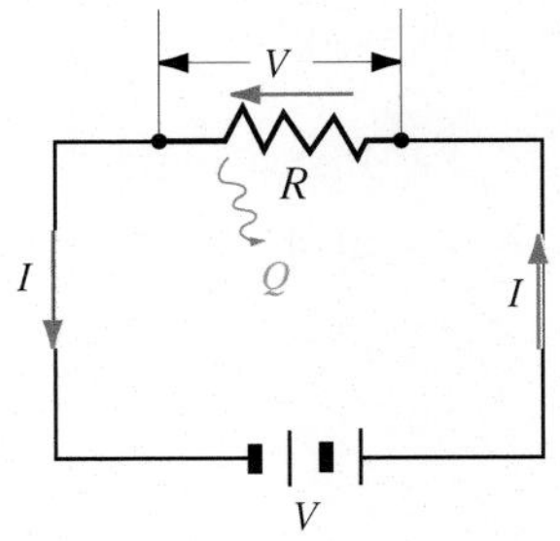

① 발열량의 공식

$$Q \propto VIt = I^2Rt = \frac{V^2}{R}t$$

(Q : 발열량(J), V : 전압(V), I : 전류(A), t : 시간(초), R : 저항(Ω))

② 1 cal : 1 g의 물을 1 ℃ 높이는 데 필요한 열량

1 cal = 4.2 J, 1 J = 0.24 cal

(2) 발열량과 전류, 전압, 저항과의 관계

발열량과 전류의 관계	발열량과 전압의 관계	발열량과 저항의 관계
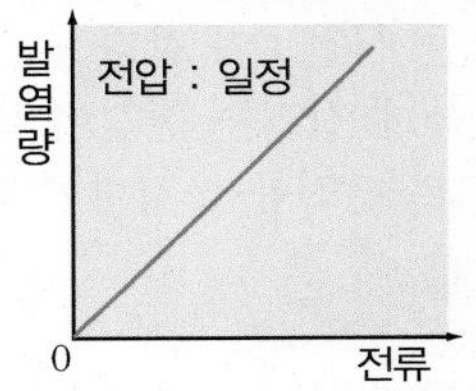	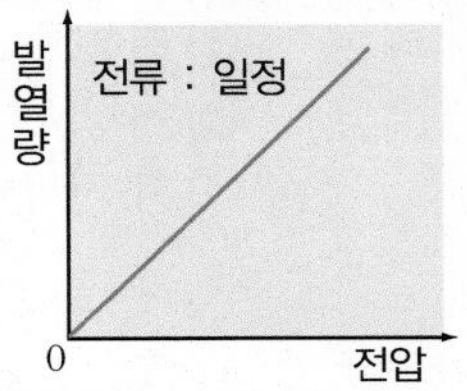	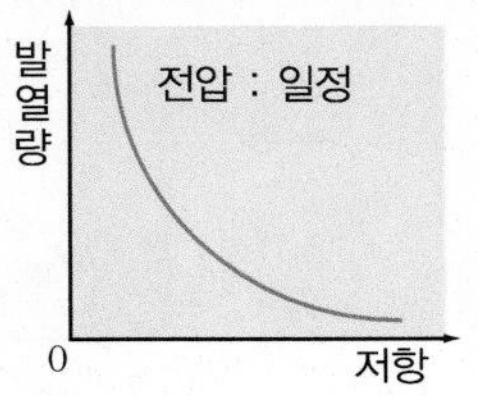
발열량은 전류에 비례 → 발열량(Q) ∝ 전류(I) (전압, 시간 일정)	발열량은 전압에 비례 → 발열량(Q) ∝ 전압(V) (전류, 시간 일정)	발열량은 저항에 반비례 → 발열량(Q) $\propto \frac{1}{저항}(\frac{1}{R})$ (전압, 시간 일정)

발열량(Q) ∝ 전압(V) × 전류(I) × 시간(t)

정답 및 해설 42쪽

개념확인 2 **빈칸에 들어갈 알맞은 말을 순서대로 쓰시오.**

저항이 일정한 도선에 전압을 2 배 증가시키면 이에 비례하여 도선을 통과하는 전류도 ㉠ (   )배 증가한다. 이 때문에 도선의 발열량은 처음보다 ㉡ (   )배 증가한다.

확인 + 2 **전류의 열작용을 이용한 전기 기구를 모두 고르시오.**(2 개)

① 다리미   ② 분쇄기   ③ 전기밥솥
④ 전기믹서기   ⑤ 엘리베이터

간단실험
발열량의 측정
① 전원 장치에 열량계를 연결한다.
② 전원 장치의 전압을 조절해 가면서 열량계의 온도 변화를 측정한다.

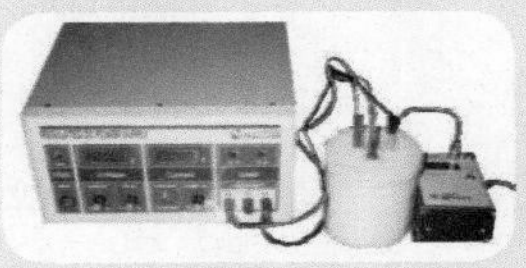

열량계의 구조
물속의 니크롬선(저항)에서 방출되는 열에 의해 물의 온도가 올라가므로 물이 받는 열량을 측정하면 니크롬선의 발열량을 측정할 수 있다.

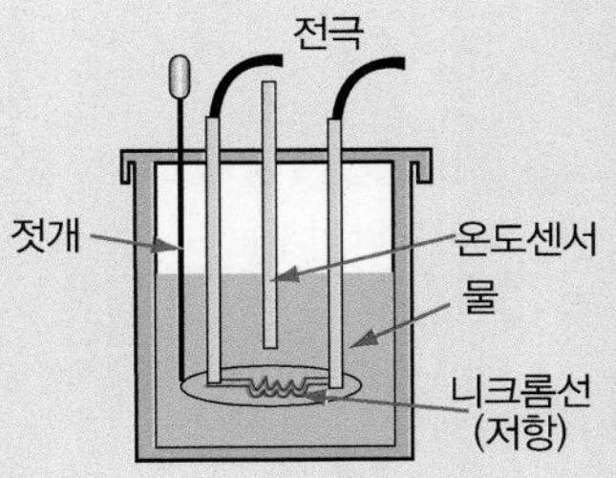

전류의 열작용을 이용한 전기기구
전기 밥솥, 전기 오븐, 전기 난로, 다리미 등

미니사전
소모 [消 없애다 耗 사용하다] 사용해서 없앰.

◉ 간단실험

전구의 밝기를 이용한 발열량 실험

① 전원 장치에 전구 (A) 와 (B) 를 직렬로 연결한다. (A) 와 (B) 의 필라멘트의 길이는 같고 굵기는 (B) 가 (A) 보다 굵다.

② (A) 와 (B) 의 불의 밝기를 비교하여 저항값에 따라 발열량이 어떻게 변하는지 확인해 보자.

◉ 생각해보기★★

헤어드라이기는 1 단, 2 단, 3 단으로 변환할 때마다 바람의 온도가 올라간다. 이럴때 저항은 어떻게 변할까?

미니사전

직렬 연결 직접 연결하는 것

병렬 연결 나란한 형태로 연결하는 것

3. 저항의 연결과 발열량

(1) 저항(열량계)의 직렬 연결

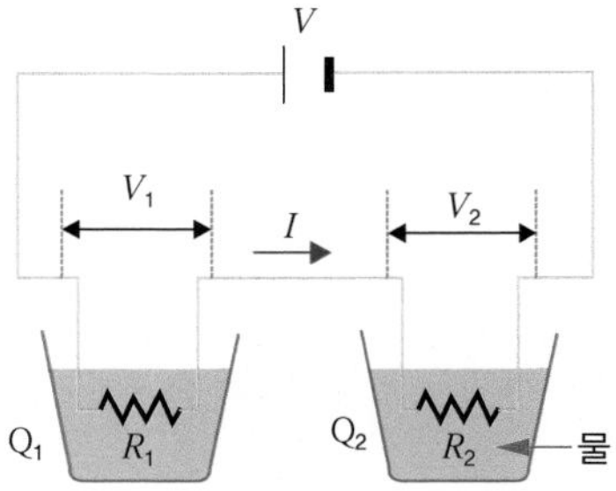

① 전류가 흐르는 시간 t 가 같다.
② 저항 R_1 과 R_2 에 흐르는 전류의 세기가 같다.
③ 각 저항에 걸리는 전압은 저항에 비례한다.

$$V_1 : V_2 = R_1 : R_2$$

④ 발열량은 저항에 비례($Q = VIt$)한다.

$$Q_1 : Q_2 = V_1 : V_2 = R_1 : R_2$$

$\rightarrow Q_1 : Q_2 = I^2R_1t : I^2R_2t = R_1 : R_2$

(2) 저항(열량계)의 병렬 연결

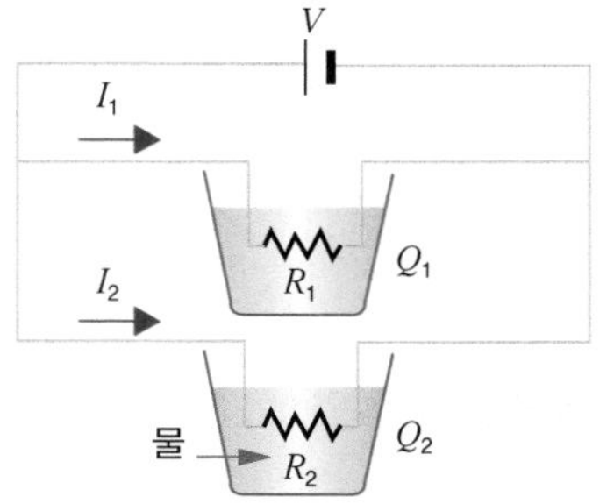

① 전류가 흐르는 시간 t 가 같다.
② 저항 R_1 과 R_2 에 걸리는 전압이 같다.
③ 각 저항에 흐르는 전류는 저항에 반비례한다.

$$I_1 : I_2 = \frac{1}{R_1} : \frac{1}{R_2}$$

④ 발열량은 저항에 반비례($Q = VIt$)한다.

$$Q_1 : Q_2 = I_1 : I_2 = \frac{1}{R_1} : \frac{1}{R_2}$$

$$\rightarrow Q_1 : Q_2 = \frac{V^2}{R_1}t : \frac{V^2}{R_2}t = \frac{1}{R_1} : \frac{1}{R_2}$$

개념확인 3 **다음 중 저항의 직 · 병렬 연결에 대한 설명으로 옳은 것은 O 표, 옳지 않은 것은 X 표 하시오.**

(1) 저항이 직렬로 연결되어 있을 때 발열량의 비는 저항값의 비와 같다. ( )

(2) 저항이 병렬로 연결되어 있을 때 저항이 클수록 발열량의 값도 커진다. ( )

확인 + 3 **오른쪽 그림과 같이 같은 양의 물속에 5 Ω, 10 Ω 의 니크롬선이 각각 들어 있는 열량계 A, B를 직렬 연결하였다. 열량계 A 와 B 의 발열량 비 Q_A : Q_B 는 얼마인가?**

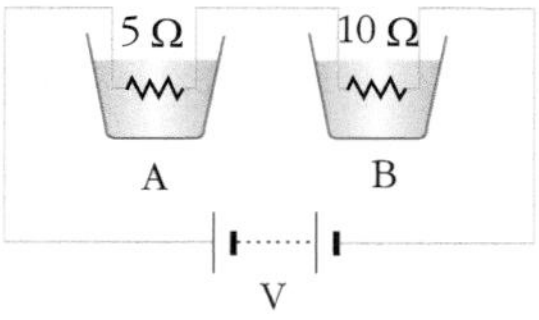

① 1 : 1 ② 1 : 2 ③ 2 : 1 ④ 1 : 3 ⑤ 3 : 1

4. 전구의 밝기와 전기 안전

(1) 전구의 혼합 연결 분석하기 (단, 전구의 저항값은 모두 같다.)

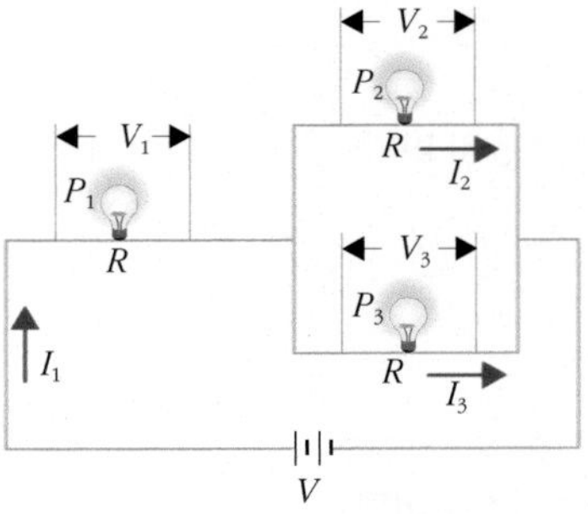

① 전류 I_2 와 I_3 : 각각의 저항값은 같기 때문에 I_2 와 I_3 에는 I_1 의 절반값의 전류가 각각 흐르게 된다. $I_1 = I_2 + I_3$ 이므로 전류 비 $I_1 : I_2 : I_3 = 2 : 1 : 1$ 이다.

② 전압 : $V_2 = V_3$, $V_1 : V_2 = 2 : 1$ 이므로 전압 비 $V_1 : V_2 : V_3 = 2 : 1 : 1$이다.

③ 전력 : $P_1 = I_1^2R$, $P_2 = I_2^2R$, $P_3 = I_3^2R$, 전구의 저항값은 모두 같고 $I_2 = I_3 = \frac{I_1}{2}$ 이므로 $P_1 : P_2 : P_3 = 4 : 1 : 1$ 이다.

④ 전기 에너지 : 전력에 시간을 곱한 값이며, 각 저항에 흐르는 시간은 같으므로 전기 에너지비는 전력비와 같다.

(2) 전기 안전

① 감전 : 사람이나 동물의 몸에 전류가 흘러 충격을 받는 현상이다.

② 누전 : 도선이 다른 도체와 접촉하여 전류가 비정상적으로 흐르는 현상. 접지하면 누전된 전류가 땅속으로 흐르므로 감전 등을 예방할 수 있다.

③ 합선 : 전원에 연결된 도선이 저항을 통하지 않고 직접 연결되는 경우로, 합선이 되면 저항이 0 에 가까워져서 매우 큰 전류가 순식간에 흐르므로 불꽃이 튀며 화재가 발생한다. 도선의 보호막이 벗겨진 경우나 회로에 습기가 차거나 물이 흘러들었을 경우에 발생한다.

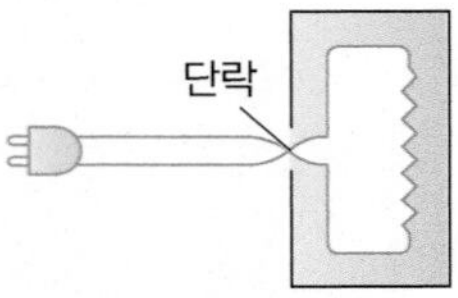

▲ 합선

◉ 혼합 연결의 또 다른 예 : 열량계의 혼합 연결

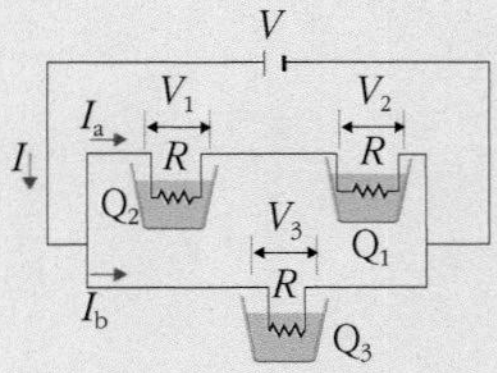

① $V = V_1 + V_2 = V_3$
② $I = I_a + I_b$
· I_a 쪽의 합성 저항은 $2R$ 이고, I_b 쪽의 저항은 R 이므로 $I_a : I_b = 1 : 2$ 이다. $Q = I^2Rt$ 이고, 저항은 모두 같으므로 발열량의 비 $Q_1 : Q_2 : Q_3 = 1 : 1 : 4$ 이다.

◉ 생각해보기★★★
알루미늄 호일로 건전지 양 끝을 연결하면 어떻게 될까?

정답 및 해설 42쪽

개념확인 4 **다음 빈칸에 알맞은 말을 순서대로 쓰시오.**

> 전봇대 위 까치집에 의한 화재처럼 두 도선이 접촉되면서 저항이 작아져 큰 전류가 흐르는 것을 ㉠ (　　　　)이라하고, 전류가 정상적인 회로에서 벗어나 주변의 금속이나 물 등으로 흘러 나가는 것을 ㉡ (　　　　)이라 한다.

확인+4 **오른쪽 그림과 같이 같은 양의 물속에 각각 2 Ω 의 니크롬선이 들어 있는 열량계 A, B, C 를 혼합 연결하였다. 열량계 A, B, C 에 걸리는 전압 비 $V_A : V_B : V_C$ 는 얼마인가?**

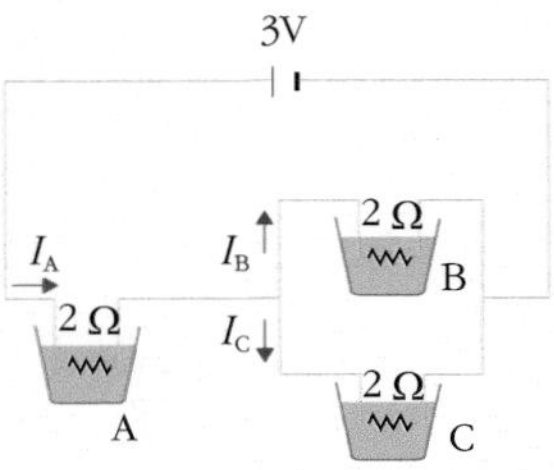

① 1 : 1 : 1　② 2 : 1 : 1　③ 4 : 1 : 1　④ 8 : 1 : 1　⑤ 16 : 1 : 1

미니사전
혼합 연결 [混 섞이다 合 합하다 연결] 직렬과 병렬 연결을 섞어서 연결된 것

개념 다지기

01 220 V 의 전원에 연결하면 1 A 의 전류가 흐르는 전기 기구를 하루 5 시간씩 30 일 동안 사용할 때 소비한 전력량은 몇 kWh 인가?

① 3.3 kWh ② 33 kWh ③ 330 kWh ④ 3,300 kWh ⑤ 33,000 kWh

02 오른쪽 그림은 열량계를 전원 장치에 연결하여 전류가 흐르는 시간과 발열량의 관계를 알아보는 실험 장치를 나타낸 것이다. 실험 결과를 나타낸 그래프로 옳은 것은?

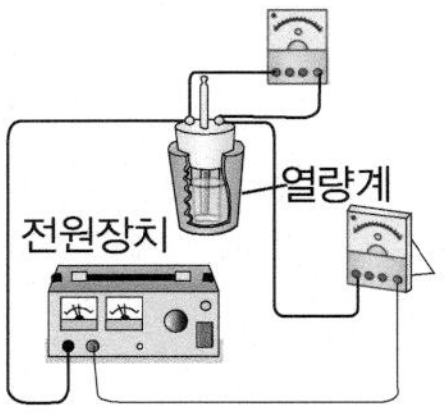

①

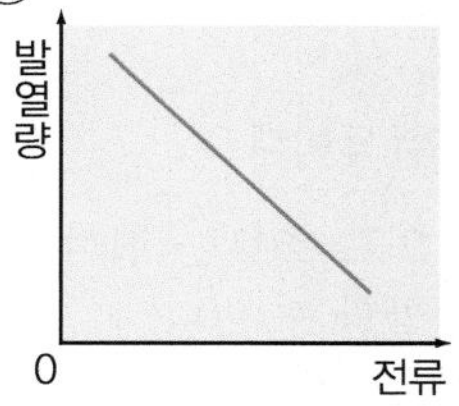

②

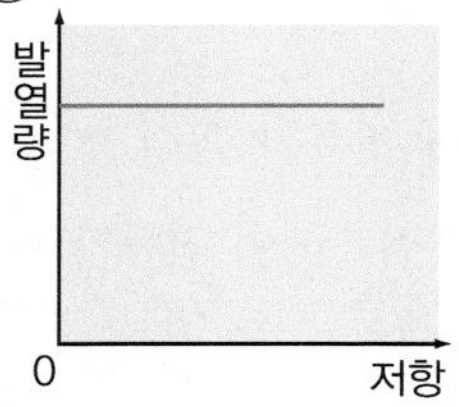

③

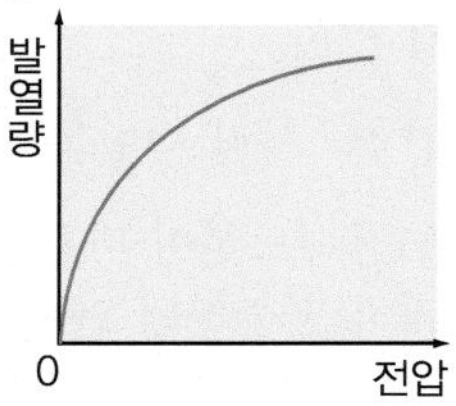

④

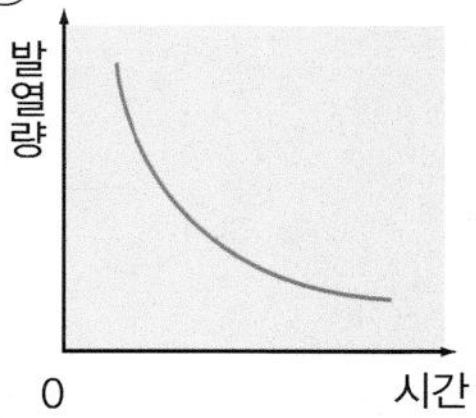

⑤

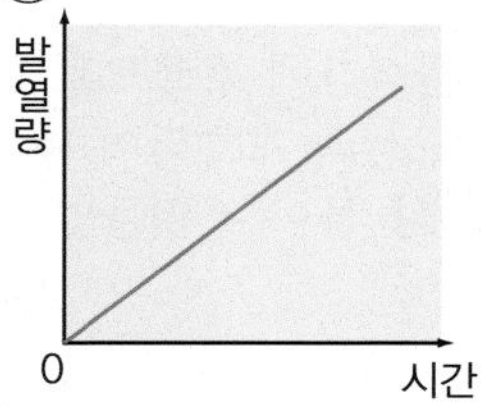

03 다음 그림과 같이 같은 양의 물속에 5 Ω, 10 Ω 의 니크롬선이 각각 들어 있는 열량계 A, B 를 직렬 연결하였다. 열량계 A 와 B 에 들어 있는 물의 온도 변화의 비는?

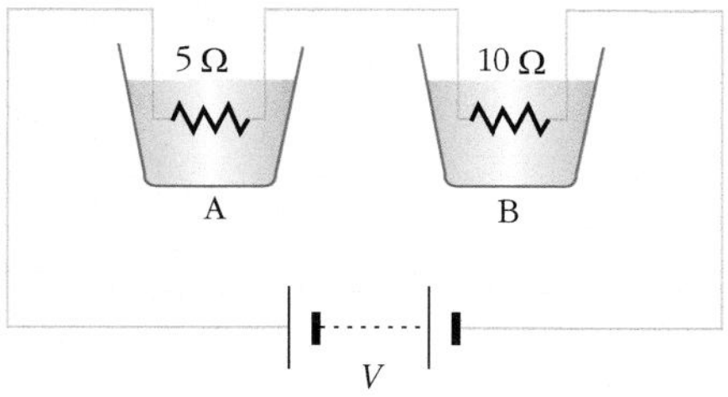

① 1 : 1 ② 1 : 2 ③ 2 : 1 ④ 1 : 3 ⑤ 3 : 1

정답 및 해설 43쪽

04

다음 그림과 같이 같은 양의 물속에 5 Ω, 10 Ω 의 니크롬선이 각각 들어 있는 열량계 A, B 를 병렬 연결하였다. 열량계 A 와 B 의 발열량의 비는?

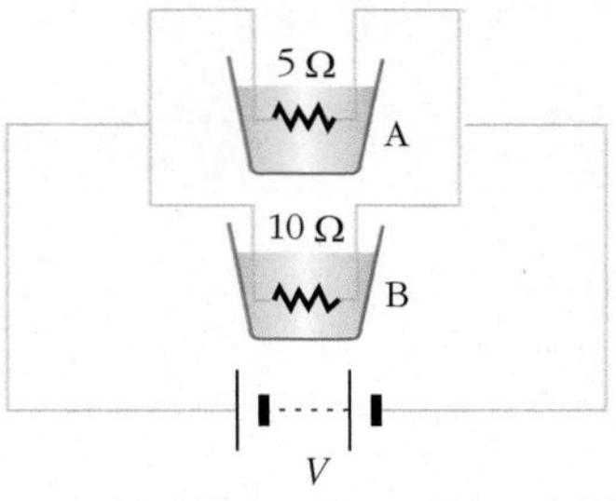

① 1 : 1　② 1 : 2　③ 2 : 1　④ 1 : 3　⑤ 3 : 1

05

다음 그림과 같이 A, B, C, D 전구가 직렬 연결 혹은 병렬 연결되어 있다. 전구 A, B, C, D 중 가장 밝은 것의 기호를 쓰시오.

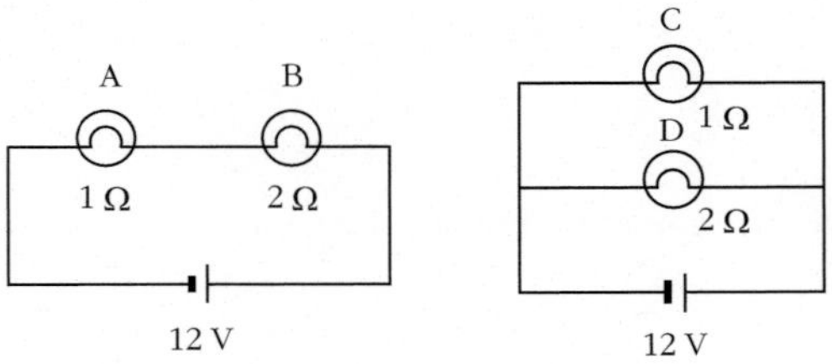

(　　　　)

06

다음 그림과 같이 같은 양의 물속에 각각 2 Ω 의 니크롬선이 들어 있는 열량계 A, B, C 를 혼합 연결하였다. 열량계 A, B, C 의 발열량 비 $Q_A : Q_B : Q_C$ 는 얼마인가?

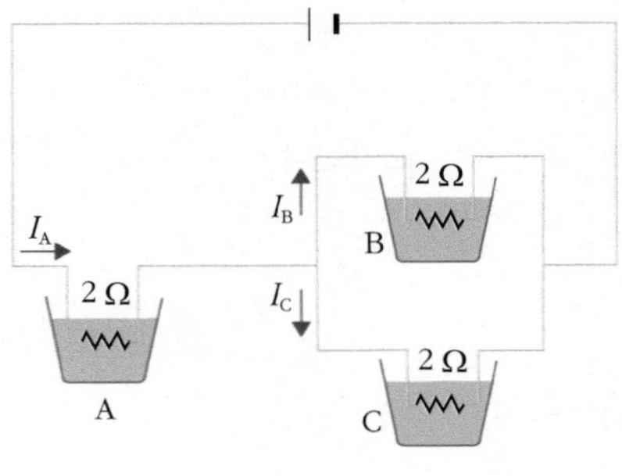

① 1 : 1 : 1　② 2 : 1 : 1　③ 4 : 1 : 1　④ 8 : 1 : 1　⑤ 16 : 1 : 1

유형 익히기 & 하브루타

[유형12-1] 전기 에너지와 전력

다음 표는 몇 가지 전등을 전원에 연결할 때의 소비 전력과 밝기를 조사한 것이다.

전등	소비 전력(W)	밝기(lm)
형광등	50	3,000
백열전구	100	2,300
수은등	100	5,600

이에 대한 설명으로 옳은 것만을 〈보기〉에서 있는 대로 고른 것은?

〈 보기 〉

ㄱ. 수은등 1 개를 5 시간 동안 켜두면 사용된 전력량은 0.5 kWh 이다.
ㄴ. 같은 밝기를 얻는데 수은등이 백열전구보다 작은 전력을 소비한다.
ㄷ. 동일한 시간 동안 켜두면 형광등 1 개가 소비한 전력량은 백열전구 1 개의 경우보다 크다.

① ㄱ ② ㄴ ③ ㄱ, ㄴ ④ ㄴ, ㄷ ⑤ ㄱ, ㄴ, ㄷ

01 정격 전압과 소비 전력이 200 V−1,000 W 인 전기 기구가 있다. 이 전기 기구에 대한 설명으로 옳은 것을 〈보기〉에서 모두 고른 것은?

〈 보기 〉

ㄱ. 전기 기구의 저항은 50 Ω 이다.
ㄴ. 전기 기구를 200 V 의 전원에 연결하여 사용하면 5 A 의 전류가 흐른다.
ㄷ. 전기 기구를 100V 의 전원에 연결하여 사용하면 250 W 의 전력이 소비된다.

① ㄱ ② ㄴ ③ ㄷ
④ ㄱ, ㄴ ⑤ ㄴ, ㄷ

02 다음 그림과 같이 소비전력이 다른 가정용 전기 기구들을 연결해서 사용할 때에 대한 설명으로 옳지 <u>않은</u> 것은?

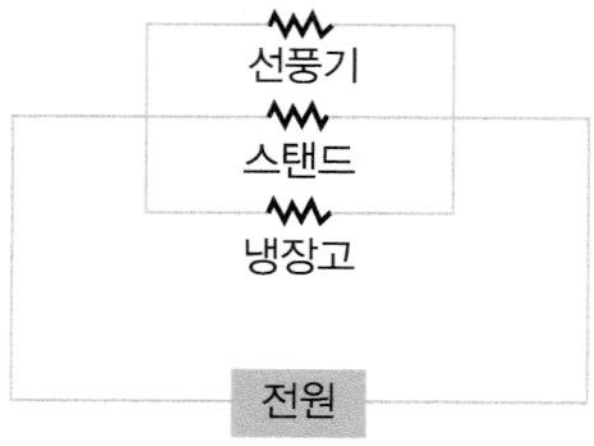

① 각 전기 기구에는 같은 크기의 전압이 걸린다.
② 각 전기 기구에는 같은 세기의 전류가 흐른다.
③ 한 전기 기구의 선이 끊어졌더라도 다른 전기 기구를 사용할 수 있다.
④ 전원에 병렬로 연결하는 전기 기구가 많을수록 전체 합성 저항은 작아진다.
⑤ 한 콘센트에 연결된 전기 기구가 많을수록 회로에 흐르는 전류의 세기가 세진다.

정답 및 해설 43쪽

[유형12-2] 저항의 발열량

오른쪽 그림과 같이 같은 양의 물이 들어 있는 열량계 A, B, C 에 저항이 각각 3 Ω, 6 Ω, 9 Ω 인 니크롬선을 물속에 잠기게 하여 전원 장치에 연결하였다. 열량계 A, B, C 를 비교했을 때 알 수 있는 전압, 전류, 발열량간의 관계에 대한 아래의 그래프 중 옳은 것은?

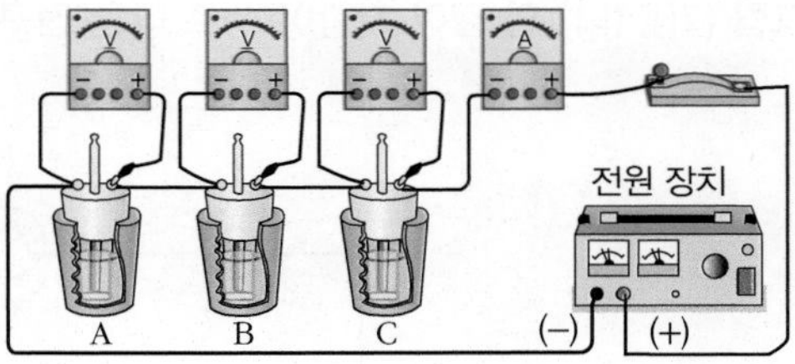

①
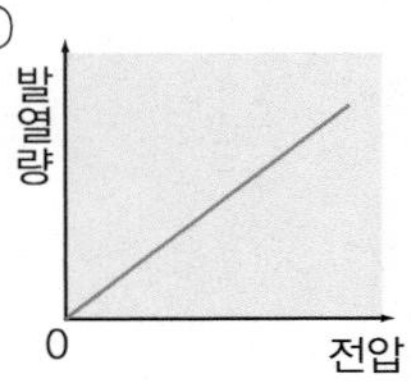

②
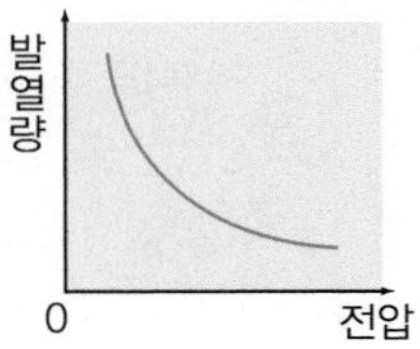

③
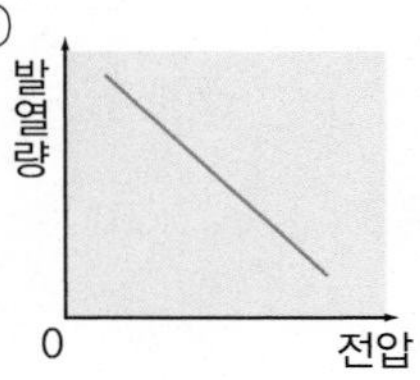

④
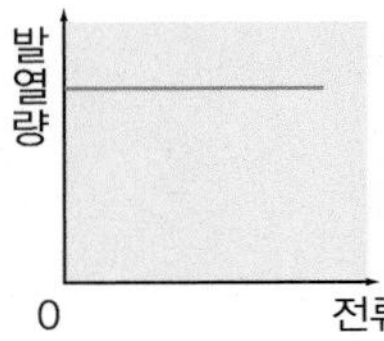

⑤
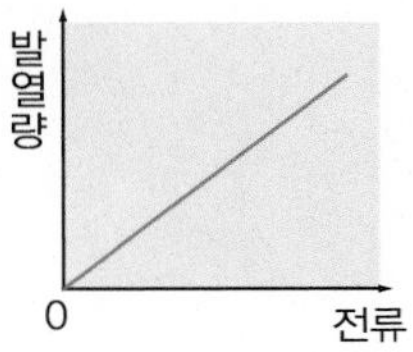

03 다음 그림은 가정에서 니크롬선에 전원을 연결하여 전류를 흐르게 할 때 열이 발생하는 모습이다.

니크롬선에서 발생하는 열량을 증가시킬 수 있는 것만을 〈보기〉 에서 모두 고르면?

〈 보기 〉

A. 니크롬선의 길이가 긴 것을 사용한다.
B. 니크롬선에 흐르는 전류를 증가시킨다.
C. 니크롬선에 전류가 흐르는 시간을 길게 한다.

(　　　　)

04 어떤 니크롬선에 2 분 동안 3 V 의 전압을 걸어 주었더니 60 J 의 전기 에너지가 발생하였다. 이 니크롬선에서 발생하는 전기 에너지에 대한 설명으로 옳은 것을 〈보기〉 에서 모두 고른 것은?

〈 보기 〉

ㄱ. 전류가 흐르면 전기 에너지가 발생한다.
ㄴ. 2 분 동안 6 V 의 전압을 걸어 주면 120 J 의 전기 에너지가 발생한다.
ㄷ. 5 분 동안 3 V 의 전압을 걸어 주면, 150 J 의 전기 에너지가 발생한다.

① ㄱ　　② ㄴ　　③ ㄱ, ㄷ
④ ㄴ, ㄷ　　⑤ ㄱ, ㄴ, ㄷ

유형 익히기 & 하브루타

[유형12-3] 저항의 연결과 발열량

그림 (가), (나) 와 같이 저항이 서로 다른 전구 A, B 를 동일한 전압에 각각 직렬과 병렬로 연결하였다.

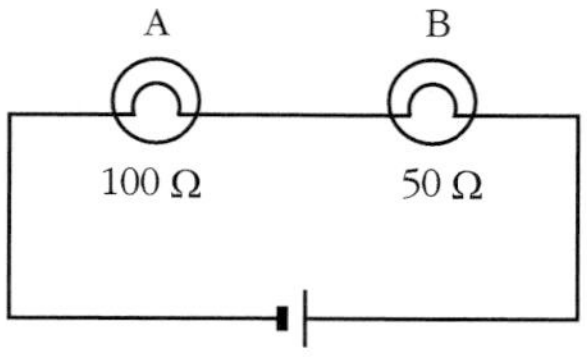

(가)

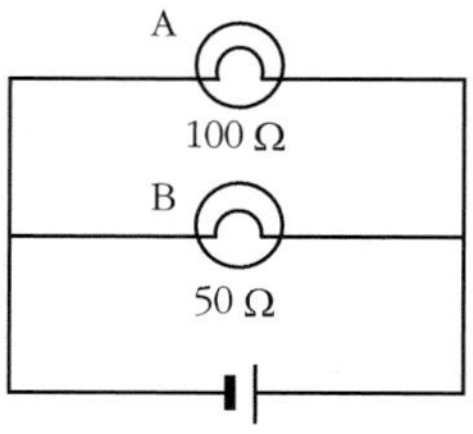

(나)

이에 대한 설명으로 옳은 것은?

① (가) 에서는 전구 B 가 더 밝다.
② (나) 에서는 전구 A 가 더 밝다.
③ (가) 와 (나) 에서 두 전구의 밝기는 모두 같다.
④ (나) 에서는 전구 B 에서 소비되는 전력이 더 크다.
⑤ (가) 에서는 전구 A 에 더 센 전류가 흐른다.

05 다음 그림은 크기가 각각 R, $2R$ 인 두 저항을 병렬로 연결한 전기 회로이다.

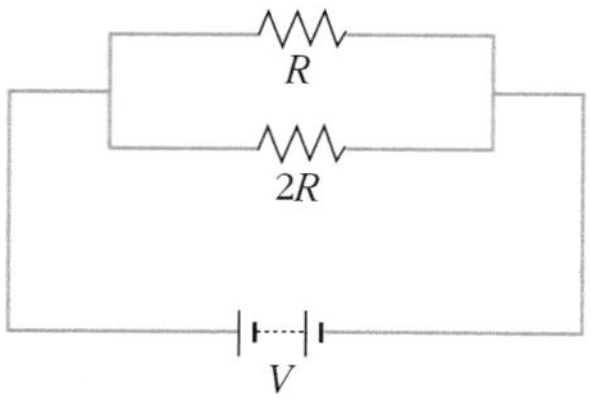

저항 R 과 $2R$ 에 대한 설명으로 옳은 것을 〈보기〉 에서 모두 고른 것은?

〈 보기 〉
ㄱ. 흐르는 전류의 비는 2 : 1 이다.
ㄴ. 걸리는 전압의 비는 1 : 2 이다.
ㄷ. 발생하는 열량의 비는 2 : 1 이다.

① ㄱ ② ㄴ ③ ㄱ, ㄷ
④ ㄴ, ㄷ ⑤ ㄱ, ㄴ, ㄷ

06 다음 그림과 같이 2 개의 저항을 직렬연결하고, 10 V 의 전압을 걸어 주었다. 2 Ω 인 저항에서 10 초 동안 소비되는 전기 에너지는?

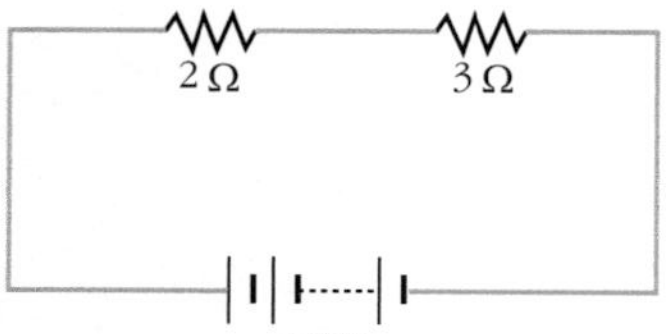

① 40 J ② 60 J ③ 80 J
④ 100 J ⑤ 120 J

정답 및 해설 43쪽

[유형12-4] 전구의 밝기와 전기 안전

다음 그림과 같이 세 개의 저항을 연결하고 6 V 의 전압을 걸어 주었다. 스위치를 닫았을 때 전류계에 측정된 전류값과 저항 A, B, C 에서 소모되는 전력비가 바르게 짝지어진 것은?

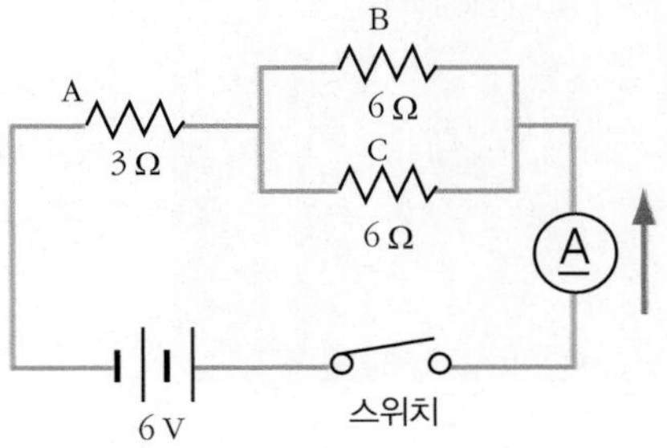

	전류	전력비 A : B : C
①	0.5 A	1 : 1 : 1
②	0.5 A	2 : 1 : 1
③	1 A	1 : 1 : 1
④	1 A	2 : 1 : 1
⑤	1 A	4 : 1 : 1

07

다음 그림과 같이 저항이 같은 전구를 A, B, C를 연결한 회로에 대한 설명으로 옳지 않은 것은? (단, 전압은 일정하다.)

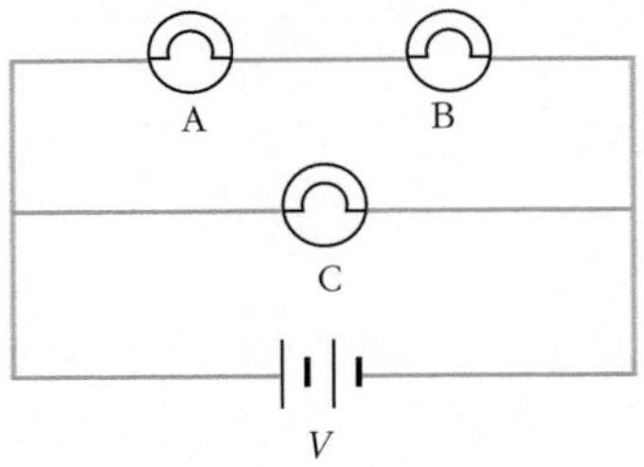

① 전구 A, B 의 밝기는 같다.
② 전구 B는 전구 C 보다 어둡다.
③ 전구의 밝기는 (전압 × 전류)에 비례한다.
④ 전구 A 와 전구 C 에 걸리는 전압은 서로 같다.
⑤ 전구 C 가 끊어져도 전구 B 의 밝기는 변함없다.

08

다음 그림과 같은 전기 회로에서 세 저항 A, B, C 의 저항값이 같다면 전구 C 의 소비 전력은 전구 B 의 몇 배인가?

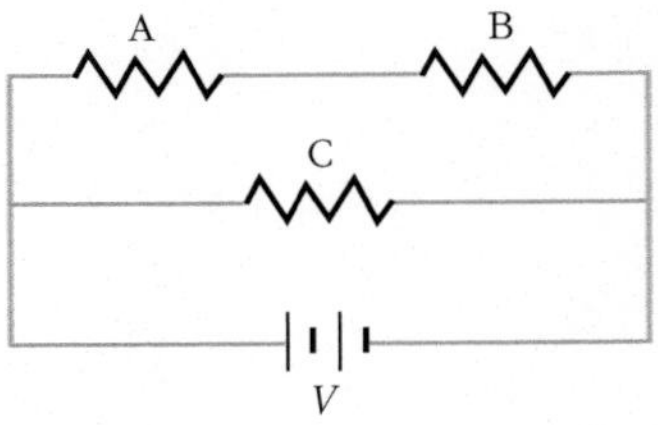

① $\frac{1}{4}$ 배 ② $\frac{1}{2}$ 배 ③ 2 배
④ 4 배 ⑤ 6 배

창의력 & 토론마당

01 연말이 되어 집 밖에 있는 나무에 장식 전구를 설치하여 밤에 반짝이게 하고 싶다. 그러기 위해 일단 꼬마전구를 여러 개 길게 매달아야 하고 일정 시간 간격으로 색깔별로 점멸하게 해야 한다. Tree lamp 를 만들기 위해서 여러 가지 준비물을 마련했고, 우선 전기 회로도를 그려 보기로 하였다.

〈Tree lamp 만들기〉
준비물 : 꼬마전구 색깔별로 다수, 전선(얇은 것), 플러그, 와이어 스트립퍼 wire stripper], 전원 플러그, 스위치 여러 개

(1) 여러 개의 전구가 연결되어 있을 때 한 전구가 끊어지더라도 다른 전구의 불이 꺼지지 않게 꼬마전구를 연결하는 전기 회로도를 그려 보시오. (아래 표를 참고해서 그리시오.)

명칭	전기 기구	기호
전원장치	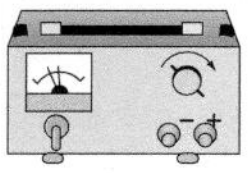	전원장치
스위치	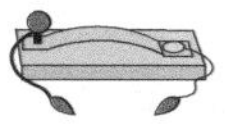	
꼬마 전구	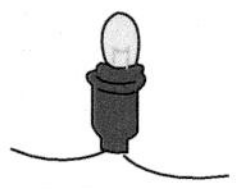	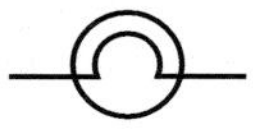

(2) 스스로 꾸민 Tree lamp 의 전기 회로도에서 꼬마전구 100 개를 사용한다고 할 때 전체 소비 전력을 구해 보시오. 단, 꼬마전구의 규격은 20 V-5 W 이고, 가정용 220 V 전원을 전압 변환기를 이용하여 20 V 로 낮춰서 Tree lamp 전원으로 쓴다.

정답 및 해설 44쪽

02 **전지 4 개와 동일한 저항(r) 5 개를 사용하여 다음과 같은 전기 회로를 꾸미고 특정 저항을 물속에 담갔다. (가) 의 물은 200 g, (나) 의 물은 100 g이다.**

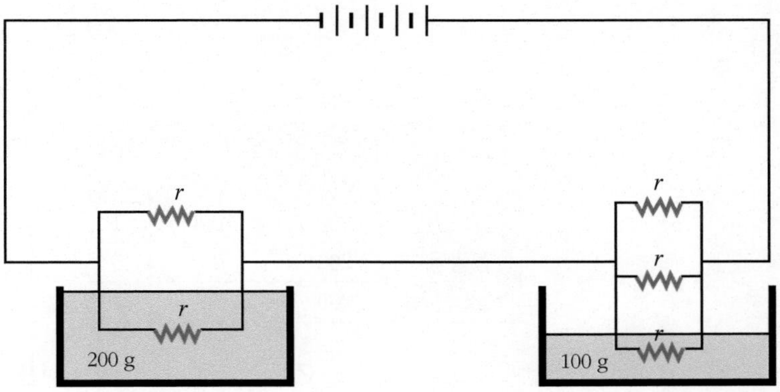

(가) (나)

(1) (가) 와 (나) 의 잠겨 있는 저항에 걸리는 전압의 비를 구하시오.

(2) 회로에 전류를 흐르게 하고 5 분 동안 놓아두었더니 (나) 의 물의 온도가 20 ℃ 에서 28 ℃ 로 되었다. (가) 의 물의 온도는 20 ℃ 에서 5 분 후 몇 ℃가 되겠는가? (단, 열량은 비열, 질량 그리고 온도 변화량의 곱이고, 물의 비열은 1 로 둔다.)

03

다음은 어느 가정이 사용하는 전기 기구의 정격 전압, 소비 전력, 사용 대수를 나타낸 표 (가) 와, 이 가정의 전기 배선도 (나) 이다. 다음 물음에 답하시오.

전기 기구	정격 전압 (*V*)	소비 전력 (*W*)	사용 대수
전기 밥솥	200	1000	1
형광등	200	20	5
백열 전등	200	50	2

(가)

(나)

(1) 이 가정은 200 V 의 전압을 사용한다고 할 때 최소 몇 A 까지 견딜 수 있는 퓨즈를 사용해야 하는가? (퓨즈는 허용하는 이상의 전류가 흐르면 끊어진다.)

(2) 그림 (나) 에서 열려 있는 스위치를 닫았을 때와 스위치가 열려 있을 때를 비교하여 전체 저항, 전체 전압, 전체 전류, 전체 소비 전력이 각각 어떻게 변하는지 서술하시오.

정답 및 해설 44쪽

04 화석 연료인 석유를 이용한 자동차의 운행은 공해를 유발할 뿐만 아니라 사용되는 연료 자체도 고갈되어 가고 있다. 오늘날 이러한 문제점을 해결하기 위해 개발되고 있는 것이 바로 전기 자동차이다. 그러나 전기 자동차에 들어가는 축전기를 제작하는 비용이 비싸고 전기 에너지를 저장할 수 있는 축전기의 용량이 상당히 작다. 축전기란 전기 에너지를 화학 에너지로 전환해서 저장한 뒤에 사용할 때는 저장되어 있는 화학 에너지를 전기 에너지로 전환해서 사용하는 저장 장치인데 용량이 클수록 더 많은 전기 에너지를 저장할 수 있다. 이러한 이유 때문에 전기 자동차로 오랫동안 달리는 것은 무리이다. 하지만 축전기에 대한 연구를 통하여 축전기의 성능이 좋아진다면 현재보다 더 많은 에너지를 저장할 수 있고 가격이 낮아진다면 생활 속에서 이용될 날이 멀지 않았다.

▲ 전기 자동차

(1) 전기 자동차는 일반 자동차가 사용하는 화석 연료를 사용하지 않는다. 전기 에너지를 사용하면 일반 자동차에 비해 더 유리한 점을 전기의 성질과 관련지어 서술하시오.

(2) 전기 자동차의 단가를 낮추기 위한 방법을 축전기와 관련지어 서술해 보자.

스스로 실력 높이기

A

01 다음 그림과 같이 2 개의 저항을 병렬 연결했을 때 저항 A, B 의 전력의 비는?

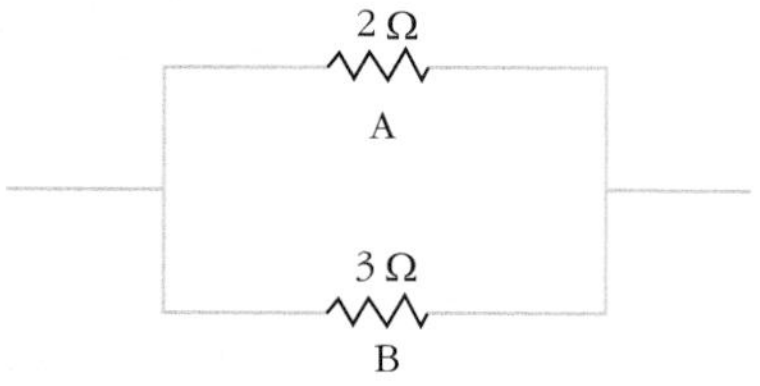

① 1 : 1　② 2 : 3　③ 3 : 2
④ 1 : 2　⑤ 3 : 1

02 다음 그림과 같은 전기 회로에서 5 Ω 의 저항에서 5초 동안 소모되는 전기 에너지는 몇 J 인가?

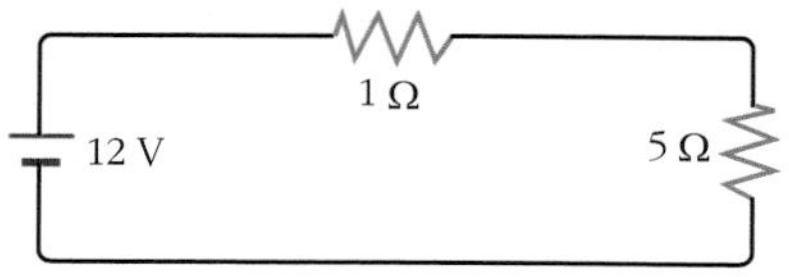

① 20 J　② 40 J　③ 60 J　④ 80 J　⑤ 100 J

03 다음 그림과 같이 전원에 연결한 니크롬선 R_1, R_2 을 같은 양의 물에 담그고 물의 온도를 측정하였다. 같은 시간 동안 니크롬선 R_1, R_2 에서 발생하는 열량비 Q_A : Q_B 는?

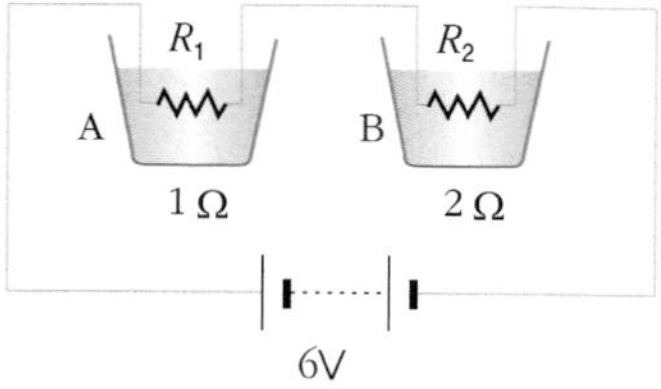

① 2 : 1　② 1 : 1　③ 2 : 3
④ 1 : 2　⑤ 3 : 2

04 전기 회로에 합선이 일어났을 때 나타나는 현상은?

① 회로의 저항이 갑자기 증가한다.
② 회로에 갑자기 과다한 전류가 흐른다.
③ 회로에 흐르는 전류가 갑자기 감소한다.
④ 전류가 회로를 벗어나 주변 물질로 흐른다.
⑤ 회로에서 새어 나간 전류가 지면으로 흐른다.

05 다음 표는 가정에서 사용하는 전기 기구의 소비 전력과 하루 동안 사용 시간을 나타낸 것이다. 하루 동안 사용한 전력량이 가장 많은 전기 기구는?

전기 기구	소비 전력	사용 시간
에어컨	6000 W	1 시간 30 분
냉장고	50 W	24 시간
LED 전구	10 W	12 시간
전기 다리미	1000 W	1 시간
헤어드라이어	1300 W	30 분

① 에어컨　② 냉장고　③ LED 전구
④ 전기 다리미　⑤ 헤어드라이어

06 다음 그림은 전기 기구를 사용하는 어느 가정의 전기 배선도이다. 이에 대한 설명으로 옳지 <u>않은</u> 것을 고르시오.

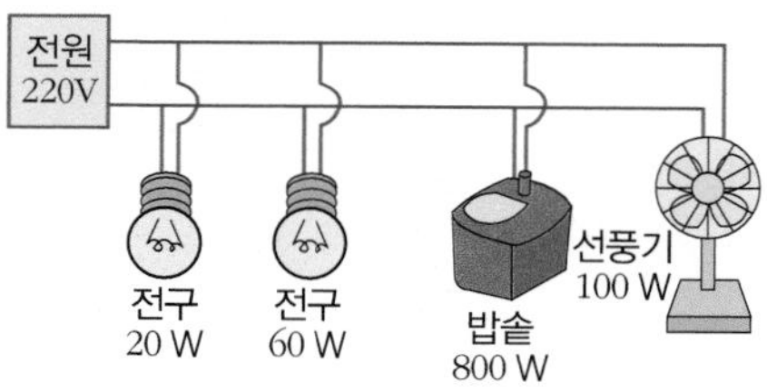

① 밥솥의 저항이 가장 크다.
② 모든 전기 기구는 병렬 연결되어 있다.
③ 가장 센 전류가 흐르는 것은 밥솥이다.
④ 전기 기구를 동시에 1 시간 사용하면 전력량은 980 Wh이다.
⑤ 전구의 필라멘트가 끊어져도 다른 전기 기구는 사용 가능하다.

정답 및 해설 45쪽

07 다음 그림과 같이 동일한 전구 A ~ E 를 연결한 후 같은 전압을 걸어주었다. A ~ E 의 밝기를 바르게 비교한 것은?

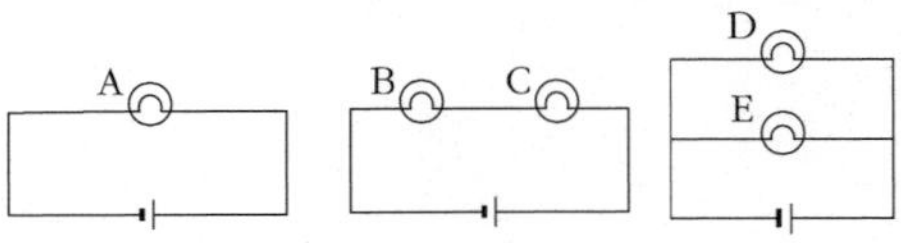

① A〈B=C〈D=E ② A〉B=C〉D=E
③ A=B=C〈D=E ④ A=D=E〈B=C
⑤ A=D=E〉B=C

08 다음 포스터에서 지적한 위험 상황은 무엇인가?

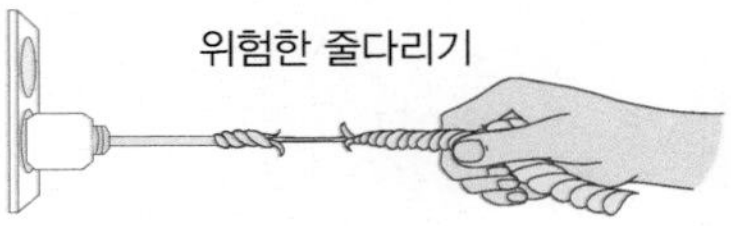

① 합선 ② 감전 ③ 누전
④ 접지 ⑤ 과열

09 그림 (가) 는 물이 담긴 열량계에 전압을 걸어 주는 모습이고, (나) 는 (가) 의 온도계의 눈금을 시간에 따라 나타낸 것이다.

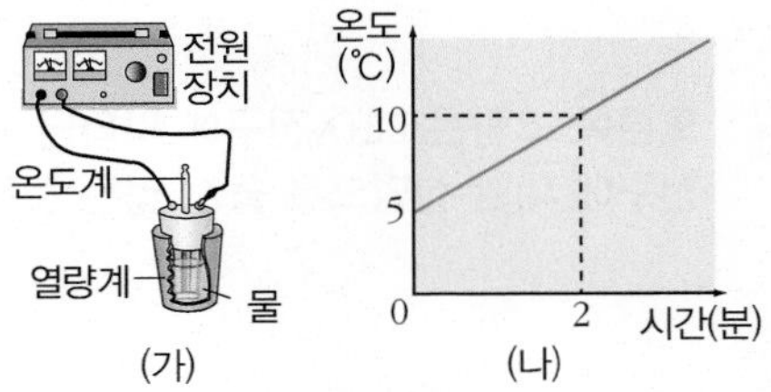

(가) (나)

이에 대한 설명으로 옳은 것을 〈보기〉 에서 모두 고른 것은?

〈 보기 〉
ㄱ. 열량계에서 열에너지가 전기 에너지로 전환된다.
ㄴ. 열량계 내부에서 발생하는 전기 에너지가 증가할수록 물의 온도가 증가한다.
ㄷ. 전원 장치의 전압을 2 배로 올리면 물의 온도가 10 ℃ 가 되는데 걸리는 시간은 1 분이다.

① ㄴ ② ㄷ ③ ㄱ, ㄴ
④ ㄴ, ㄷ ⑤ ㄱ, ㄴ, ㄷ

10 다음 그림 (가) 는 나무판에 망치로 못을 박을 때, (나) 는 샤프심에 전류가 흐를 때를 나타낸 것이다.

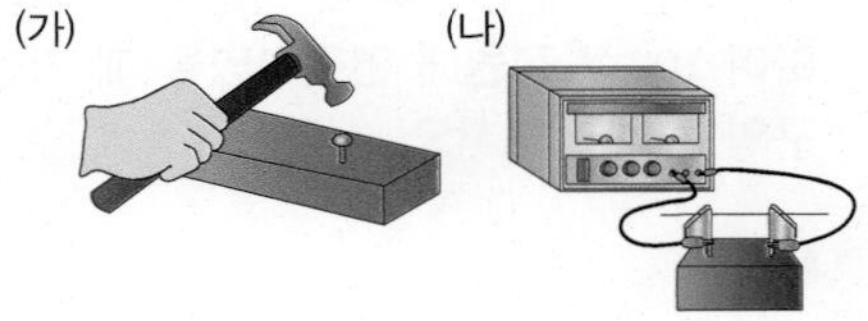

이에 대한 설명으로 옳은 것을 〈보기〉 에서 모두 고른 것은?

〈 보기 〉
ㄱ. (가) 는 망치의 운동에너지가 나무판과 못의 마찰에 의한 열에너지로 전환된다.
ㄴ. (나) 는 빛에너지가 열에너지로 전환되는 과정에서 전자들이 원자와 충돌한다.
ㄷ. (가), (나) 를 통해 열은 접촉한 물체들 사이에서 마찰이나 충돌할 때 발생한다는 것을 알 수 있다.

① ㄱ ② ㄴ ③ ㄷ
④ ㄱ, ㄴ ⑤ ㄱ, ㄷ

B

11 다음 그림과 같이 장치하고 은박지에 A 에서 B 방향으로 전류를 흘려 주었다. 은박지의 모양이 어떤 모양일 때 열이 가장 많이 발생하겠는가? (은박지의 두께는 모두 같다고 가정한다.)

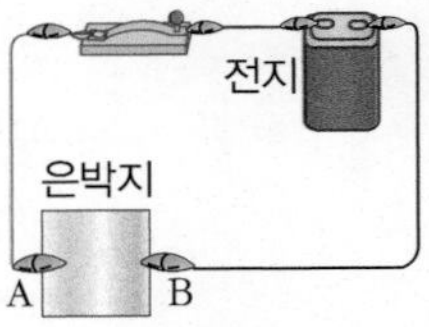

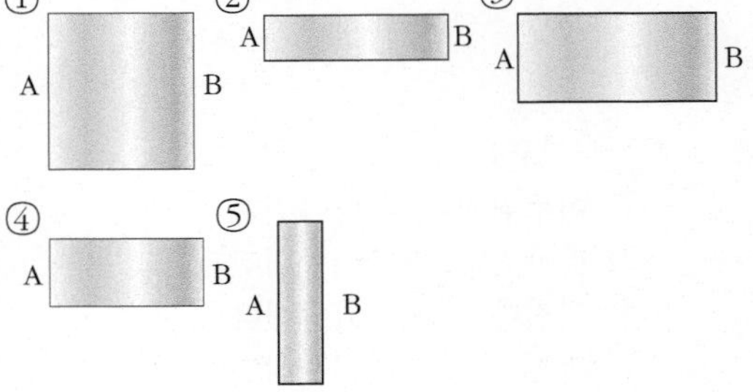

12 다음 그림에서 A 와 C 는 각각 100 V−100 W 의 전구이며, B 와 D 는 각각 100V−200W의 전구이다. 그림과 같이 전구 A, B 를 직렬 연결하여 100 V 전원에 연결하고, 전구 C, D 를 병렬 연결하여 100 V 전원에 연결하였을 때 가장 밝은 전구의 기호를 쓰시오.

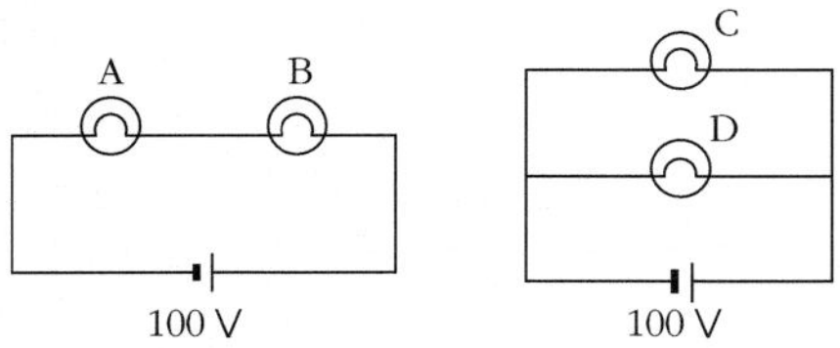

( )

13 다음 그림과 같이 동일한 전구 3 개가 전지에 연결되어 있다. 전지를 연결한 후 전구 A 의 필라멘트가 끊어져서 불이 들어오지 않는다면 전구 B 와 C 의 밝기는 어떻게 되겠는가?

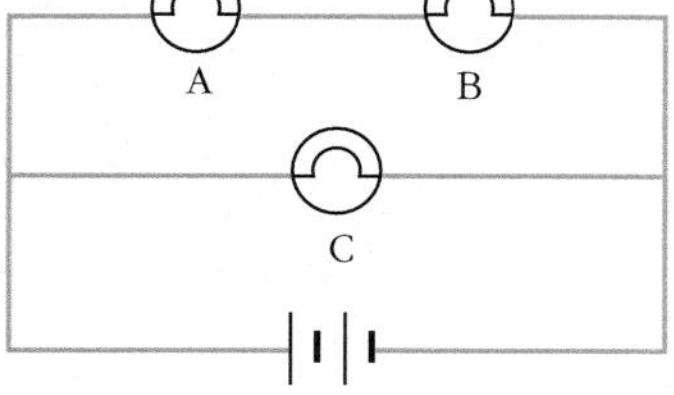

	전구 B	전구 C
①	어두워진다	밝아진다
②	밝아진다	어두워진다
③	꺼진다	밝아진다
④	꺼진다	어두워진다
⑤	꺼진다	변하지 않는다

14 다음 그림과 같이 저항값이 각각 2 Ω, 3 Ω, 6 Ω 인 니크롬선을 넣은 열량계를 연결하였다. 이때 A, B, C 열량계에서 발생하는 열량의 크기가 큰 순서대로 나열하시오.

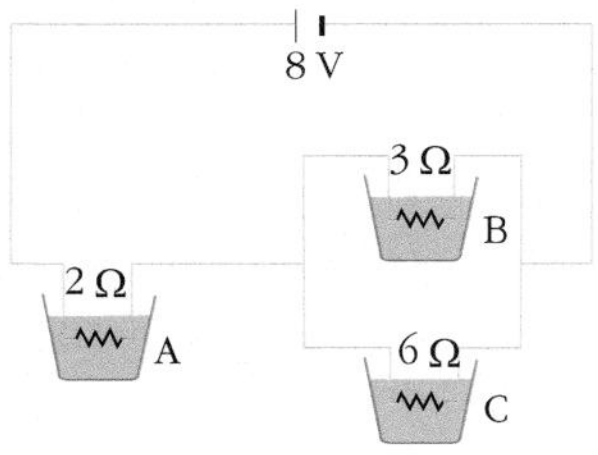

( ) > ( ) > ( )

15 오른쪽 그림은 LED 전구에 나타난 표시이다. 이 전구에 대한 설명으로 옳지 <u>않은</u> 것은?

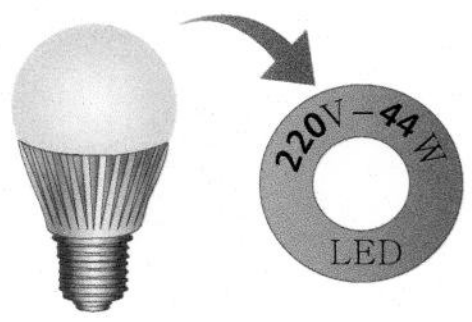

① 전기 저항은 100 Ω 이다.
② 정격 소비 전력은 44 W 이다.
③ 220 V 에서 올바르게 작동한다.
④ 정격 전압을 걸었을 때, 0.2 A 의 전류가 흐른다.
⑤ 정격 전압을 걸었을 때, 1 초에 44 J 의 전기 에너지를 소비한다.

정답 및 해설 45쪽

16 지은이는 어머니와 함께 TV 를 구입하기 위해 인터넷으로 제품을 알아보고 있다. 그림은 인터넷에 소개된 주요 제품들을 나타낸 것이다.

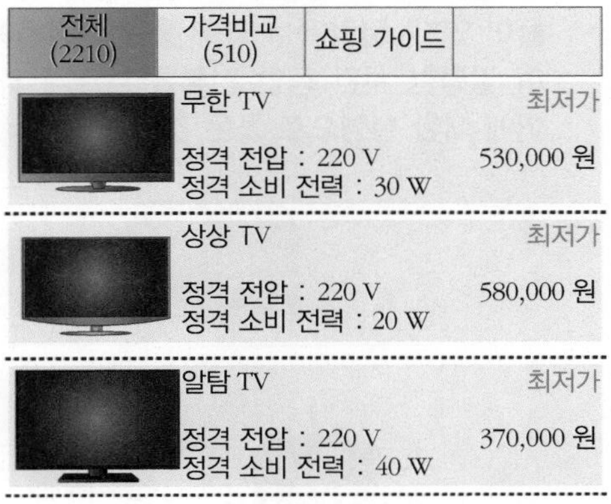

지은이의 집에서는 하루에 2 시간씩 TV 를 사용하고, 그 외의 시간에는 플러그를 뽑아둔다. 구입한 TV 를 10 년동안 사용한다면, 경제적인 TV 부터 차례대로 나열한 것은? (단, 1 년은 365 일이고, 1 kWh의 전력량을 사용하는 데 1000 원의 전기 요금을 낸다고 가정한다.)

① 무한 - 상상 - 알탐　② 무한 - 알탐 - 상상
③ 상상 - 무한 - 알탐　④ 상상 - 알탐 - 무한
⑤ 알탐 - 상상 - 무한

17 110 V 의 전원에 연결하면 100 W 를 소비하는 전구를 220 V 의 전원에 연결하였다. 이에 대한 설명으로 옳지 않은 것은?

① 전구에 흐르는 전류는 2 배가 된다.
② 전구에서 소비하는 전력은 2 배가 된다.
③ 전구의 저항은 110 V 에 연결할 때와 같다.
④ 발열량이 4 배가 되어 필라멘트가 끊어질 수 있다.
⑤ 전구의 밝기는 110 V 에 연결할 때보다 밝아진다.

18 다음 그림과 같은 전기 회로에서 세 저항 A, B, C 의 크기가 같다면 저항 C 의 소비 전력은 저항 A 의 몇 배인가?

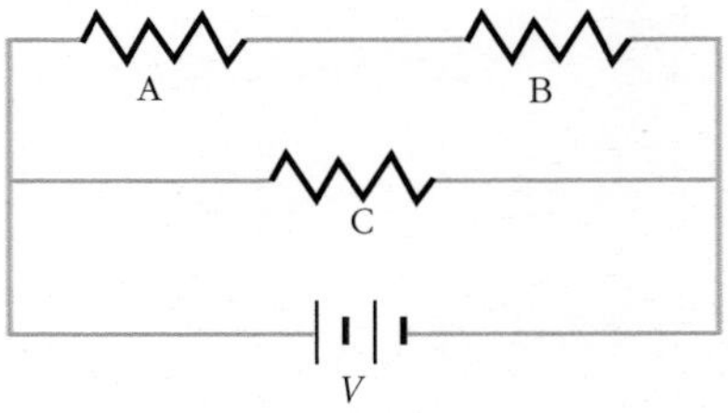

① $\frac{1}{4}$ 배　② $\frac{1}{2}$ 배　③ 2 배　④ 4 배　⑤ 6 배

19 다음 그림과 같이 두 개의 저항을 직렬로 연결한 전열기 A 의 소비 전력을 P_A 라 하고, 병렬로 연결한 전열기 B 의 소비 전력을 P_B 라 할 때 P_A : P_B 는 얼마인가?

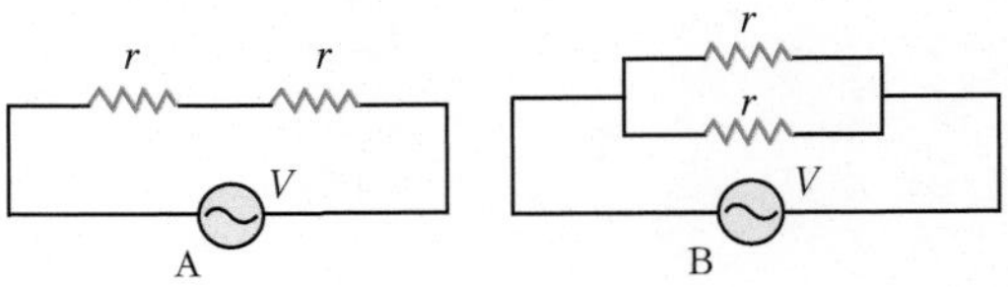

① 1 : 2　② 1 : 4　③ 1 : 1
④ 2 : 1　⑤ 4 : 1

20 다음 그림은 전류계 1, 2 와 저항이 15 Ω 으로 서로 동일한 전구 A, B 가 한 개의 전압이 1.5 V 인 전지와 스위치 S 에 연결된 전기 회로를 나타낸 것이다. 이에 대한 설명으로 옳은 것은?

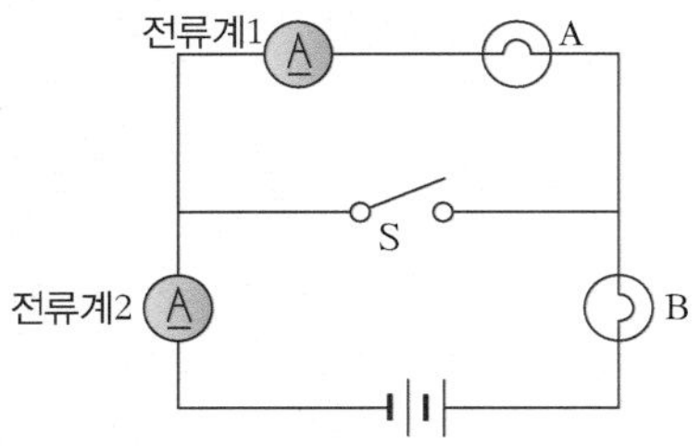

〈 보기 〉

ㄱ. 스위치 S 를 닫으면, 전구 A 는 더 밝아지고, 전구 B 는 꺼진다.
ㄴ. 스위치가 열린 상태에서 전류계1, 2 에 흐르는 전류는 0.1 A 이다.
ㄷ. 이 실험을 통해 합선될 때 화재가 발생할 수 있는 이유를 설명할 수 있다.

① ㄱ ② ㄴ ③ ㄷ
④ ㄱ, ㄴ ⑤ ㄴ, ㄷ

C

21 다음 그림과 같이 동일한 두 전구 A, B 가 전원에 병렬 연결되어 있다. 만약 동일한 전구 C 를 그림과 같이 병렬 연결시킨다면 전구 A 와 B 의 밝기는 어떻게 변하겠는가?

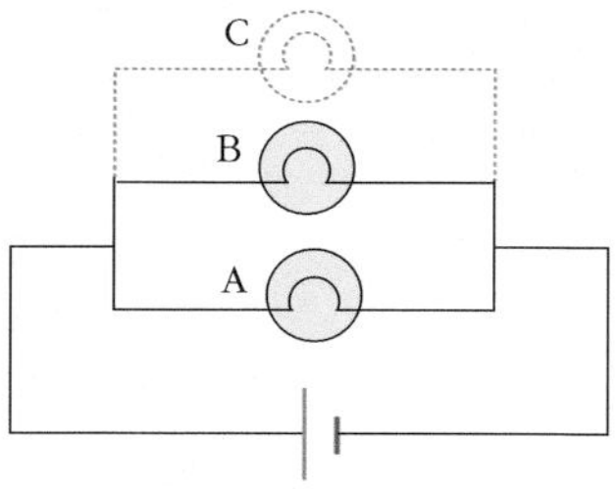

① 둘 다 밝아진다.
② 둘 다 어두워진다.
③ A 는 밝아지고 B 는 어두워진다.
④ A 는 어두워지고 B 는 밝아진다.
⑤ 둘 다 변함없다.

22 다음 그림과 같이 같은 양의 물이 들어 있는 열량계 A 와 B 가 직렬로 연결되어 있다. 열량계 A 에는 크기가 같은 2 개의 저항이 병렬로 연결되어 들어 있고, 열량계 B 에는 같은 저항 1 개가 들어 있다. 열량계 A 와 B 를 전원장치에 연결하여 일정한 시간 동안 전류를 흐르게 하였을 때, 이에 대한 설명으로 옳은 것은?

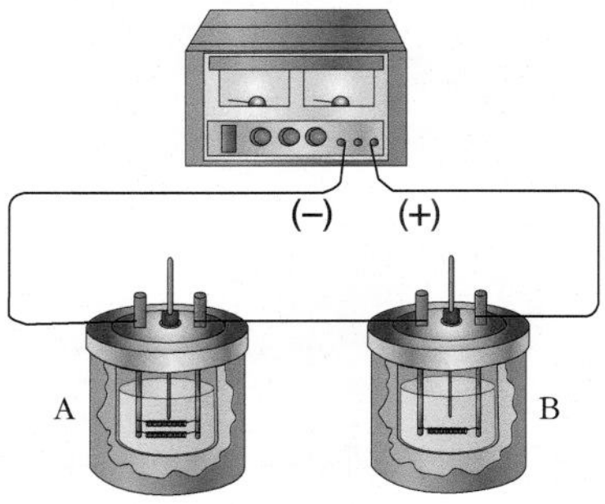

① A 와 B 의 소비 전력은 같다.
② A 의 온도 변화가 B 보다 작다.
③ A 의 합성 저항이 B 보다 크다.
④ A 와 B 에 걸린 전압의 크기가 같다.
⑤ A 와 B 의 각 저항에는 같은 세기의 전류가 흐른다.

23 다음 그림과 같이 저항값이 6 Ω, 12 Ω, R_1, R_2 인 저항을 열량계 A, B, C, D 에 각각 넣고, 전압이 일정한 전원 장치에 연결하였다. 일정한 시간 동안 전기 회로에 전류를 흐르게 하였더니 열량계 내에서 발생한 열량이 표와 같았다.

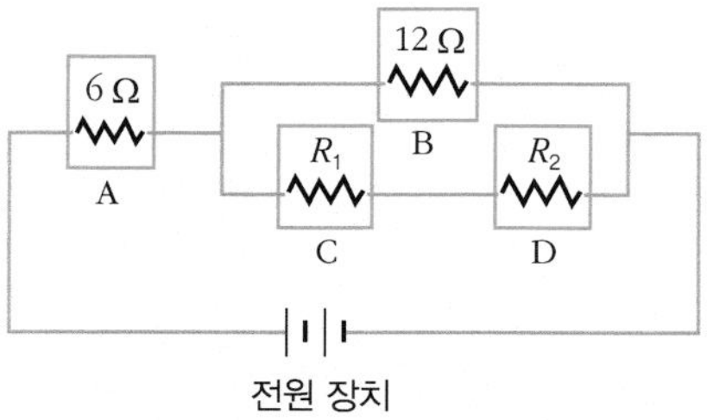

열량계	A	B	C	D
발열량(J)	(　　)	200	300	300

열량계 A 에서 발생한 열량은? (단, 온도에 따른 저항 변화는 무시한다.)

① 500 J ② 600 J ③ 1200 J
④ 1600 J ⑤ 3000 J

정답 및 해설 45쪽

24 다음 그림과 같이 가변 저항(저항값을 변화시킬 수 있게 한 저항) 2 개와 전구를 연결하여 전압 V 를 걸어주었다.

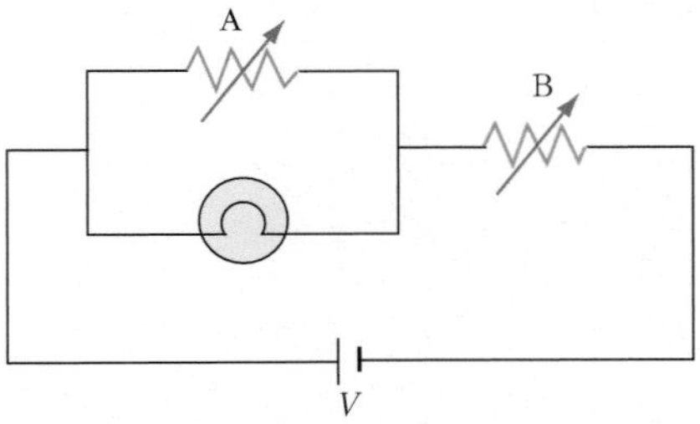

이때 전구의 밝기를 점점 밝게 하려고 한다. 가변 저항의 저항값을 어떻게 하면 되겠는가?

	가변 저항 A	가변 저항 B
①	증가시킨다	증가시킨다
②	감소시킨다	감소시킨다
③	감소시킨다	증가시킨다
④	증가시킨다	감소시킨다
⑤	감소시킨다	변화시키지 않는다

25 동일한 전구 6 개를 다음 그림과 같이 연결하고 스위치를 닫았다. 이에 대한 설명으로 옳지 않은 것은?

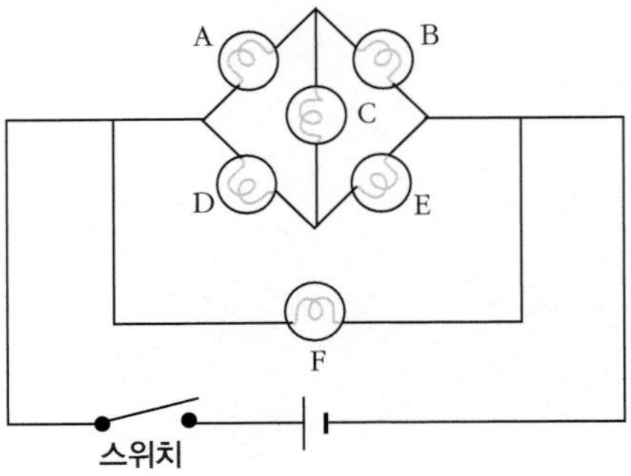

① 전구 D 보다 E 가 더 밝다.
② 전구 C 의 소비 전력은 0 이다.
③ 전구 A, B, D, E 는 모두 밝기가 같다.
④ 전구 A 는 전구 E 와 소비 전력이 같다.
⑤ 전구 F 는 전구 E 보다 전력 소비가 더 많다.

26 다음 그림과 같이 같은 양의 물이 들어 있는 열량계에 크기가 5 Ω, 10 Ω, 15 Ω 인 저항을 넣고 전지와 직렬로 연결하였다. 일정한 시간 동안 전류를 흘려주었을 때 각 열량계의 온도 변화의 비를 구하고, 그 과정을 간단히 설명하시오.

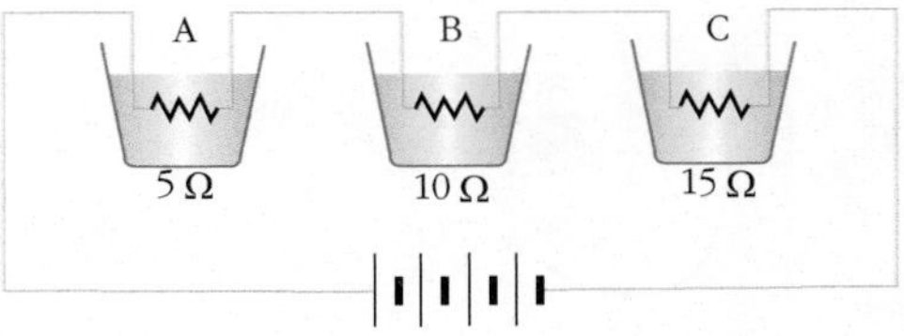

27 1.5 V 의 건전지 2 개와 1 Ω 의 저항을 갖는 꼬마전구 3 개가 있다. 주어진 전기 기구를 사용하여 전체 전력 6 W 를 얻을 수 있는 전기 회로도 하나를그려 보시오.

전기 기호 → 전지 : 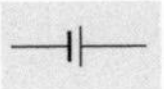 전구 : 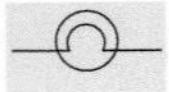

28 다음 그림과 같이 장치하고 전류를 흐르게 할 때 저항이 큰 니크롬선에서 더 많은 열이 발생한다. 그 이유를 서술하시오.

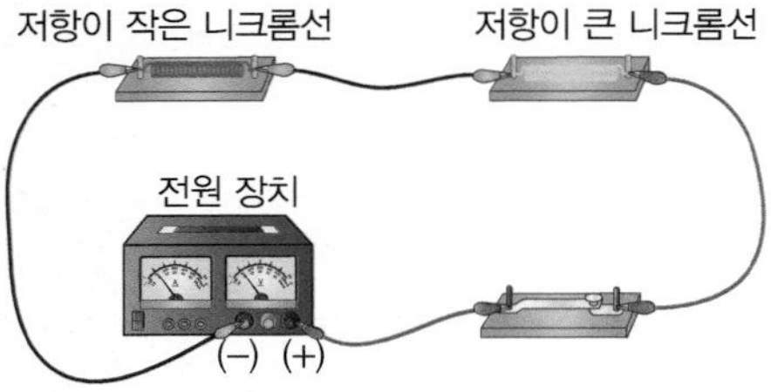

29 다음 그림과 같이 저항값이 R 인 저항 n 개를 모두 직렬과 병렬로 연결하였다. 직렬 연결했을 때 총 소비 전력을 P 라고 할 때 병렬 연결된 회로의 총 소비 전력은 얼마인지 계산 과정과 함께 서술하시오.

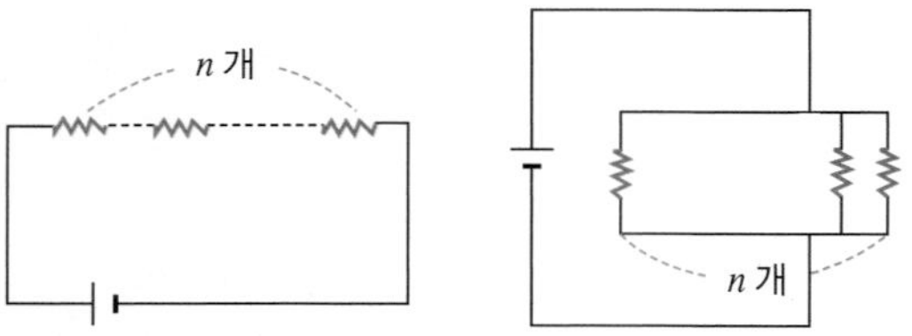

30 다음 그림과 같이 동일한 전구 3 개를 연결하여 전기 회로를 구성하였다. 이때 전구 C 의 필라멘트가 끊어졌을 때 전구 A의 밝기 변화를 설명하시오.

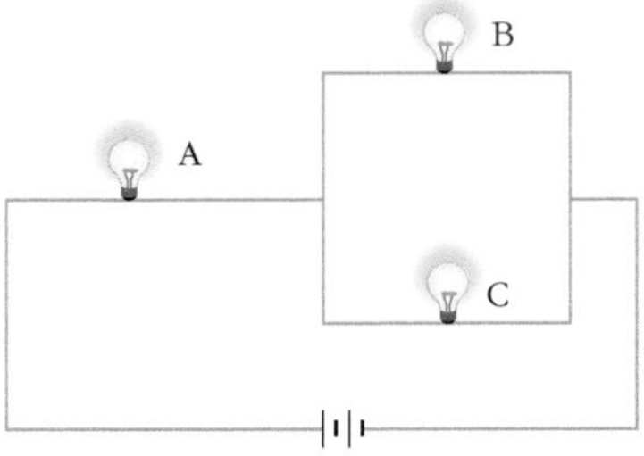

정답 및 해설 45쪽

창의력 서술

31 정격 전압과 정격 전력이 같은 전구 5 개를 그림과 같이 연결하였다. 스위치 S_1 ~ S_4 를 열고 닫으면서 전구의 전력을 측정하였다. 스위치 3 개를 닫고, 1 개를 열었을 때 가장 많은 전력을 소비하는 경우에 대하여 설명하시오.

[특목고 기출 유형]

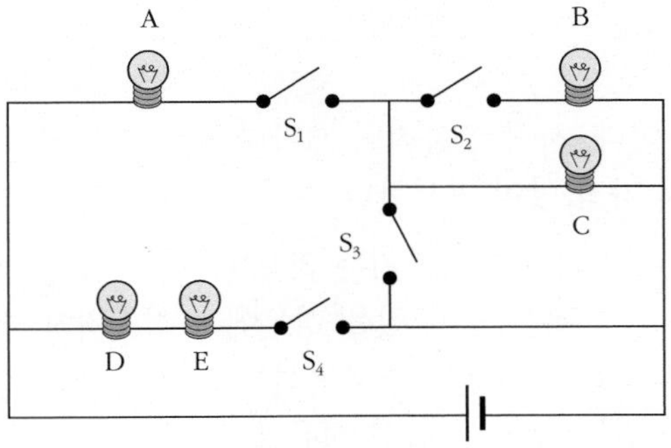

32 다음 그림은 전열기 내부 니크롬선에서 열이 발생하고 있는 것을 나타낸 것이다.

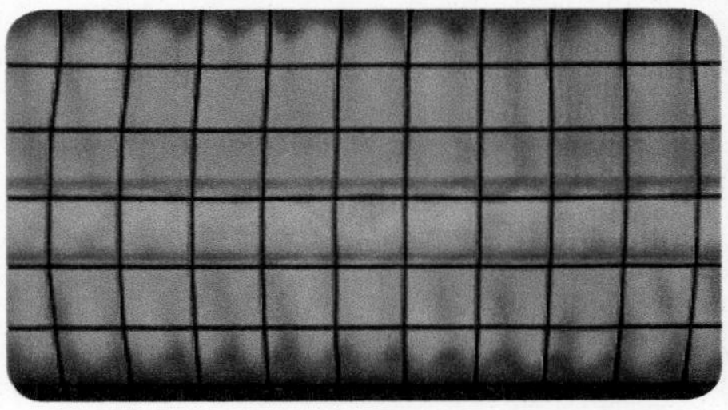

전열기 내부 니크롬선의 경우 오래 사용할 경우 가늘어져 끊어지기도 한다. 무한이는 오래 사용한 전열기 속 니크롬선의 끊겨 잘라진 부분을 버리고, 나머지 부분을 늘여서 전열기를 사용하였으나 얼마 지나지 않아 니크롬선이 또 끊어지게 되었다. 그 이유를 서술하시오.

정전기를 없애려면?

정전기는 물체가 서로 마찰할 때 생기는 마찰 전기이다. 사람이 움직일 때마다 입고 있는 겉옷과 속옷이 서로 부딪쳐 생기며, 털로 된 스웨터에서 가장 많이 발생한다.

인체가 스스로 정전기를 일으키지는 않으며, 내의 등과 같이 면직물로만 된 의복을 입고 있을 경우에는 정전기가 거의 발생되지 않는다. 즉 정전기를 예방하는 가장 좋은 방법은 면직물 옷을 입는 것이고, 합성 섬유로 된 옷을 입는 정도까지는 그나마 괜찮은 편이다. 그러나 속에 스웨터까지 갖춰 입었을 경우에는 정전기 충격을 각오해야 한다. 특히 합성 섬유가 아닌 모직물로 된 것을 입었을 때는 매 순간 정전기가 뒤따라다닐 것이다. 최악의 옷차림은 모직물 스웨터 바깥에 잔털 많은 합성 섬유 안감이 있는 외투까지 겹쳐 있는 경우이고, 카페트 위를 한참 걸어다녔을 경우에는 어떤 옷을 입더라도 반드시 정전기 피해를 입게 된다.

옷의 종류와 상관없이 정전기 쇼크가 없도록 하는 가장 좋은 방법은 아예 신발을 신지 않고 맨발로 다니는 것이다. 맨발로 다닐 때에는 전기가 아래로 수시로 흘러가 버리기 때문에 정전기 쇼크 피해를 전혀 받지 않을 수 있다. 그러나 문명 사회에 살면서 신을 신지 않고 다닐 수는 없다. 따라서 다른 방법을 모색하지 않으면 안된다.

가장 먼저 생각해 볼 수 있는 방법은 발에 전기가 잘 통하도록 하는 것이다. 예를 들어 신발 안과 바깥쪽 바닥에 작은 동전같은 쇠를 댄 뒤 양쪽을 철사로 연결하면 인체의 정전기가 땅바닥으로 잘 흘러갈 수 있을 것이다. 이같은 생각을 실현하는 가장 좋은 방법은 전기가 통하는 신소재(전도성 플라스틱이나 고무)로 구두 뒷굽을 만드는 것이다. 실제로 이러한 원리를 이용한 '정전기 방지 구두'가 국내외에서 이미 시판되고 있다. 국내 모 제화점의 경우 구두 깔창 앞쪽 바닥 일부를 전기가 잘 통하는 탄소가 많이 함유된 소재로 만들었다.

▲ 해군 블루면 캔버스 정전기 방지 신발

정답 및 해설 48쪽

▲ 유조차의 정전기 방지

일상 생활에서는 일시적인 쇼크로 끝나는 정전기지만 산업체에서는 아주 커다란 문제를 일으키기도 한다. 발화점이 낮은 유류를 운반하는 유조차의 경우 간단한 스파크로도 불이 붙을 수 있으므로 세심한 주의가 필요하다. 따라서 유조차 뒤에는 금속 체인을 달아 정전기가 아스팔트로 흘러나가도록 하고 있다.

첨단 기술 분야에서 일하는 전자 기술자들은 전기 회로를 설계, 검사, 수리할 때 정전기를 없애기 위해 더욱 세심한 주의를 기울여야 한다. 반도체 회로의 부품은 아주 민감하여 정전기적인 방전에 의해 파손될 수 있다. 실제로 자기 기억 장치의 데이터 손실은 상당 부분 정전기에 의한 것으로 알려져 있다. 그렇기 때문에 전자 기술자들은 정전기가 쌓일 만한 저항이 큰 물체들을 주변에 놓지 않는다. 그리고 회로 부품들을 다룰 땐 소매와 양말에 접지선이 달린 특수한 옷을 입거나 손목의 밴드를 접지된 표면에 연결시켜서 전하가 쌓이면 바로 방전되도록 한다. 즉 정전기가 없는 환경을 만들기 위해 또 하나의 과학이 필요한 것이다. 정전기를 없앨 수 있는 또 다른 방법은 전자 제품 조립업체에서 널리 사용하고 있는 정전기 방지 링을 사용하는 것이다. 반도체 등 정밀 전자 제품을 다룰 때 일어나는 정전기는 그 제품에 치명적인 고장을 일으킨다. 따라서 이를 방지하기 위해 종업원들은 실리콘으로 만들어진 정전기 방지 링을 끼고 조립 작업을 한다.

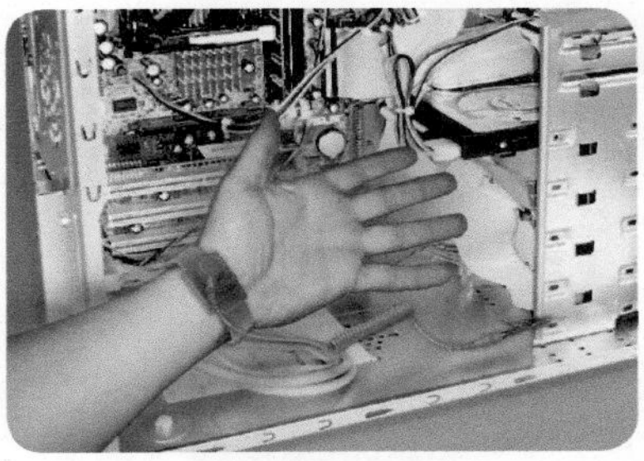
▲ 정전기 방지 패드

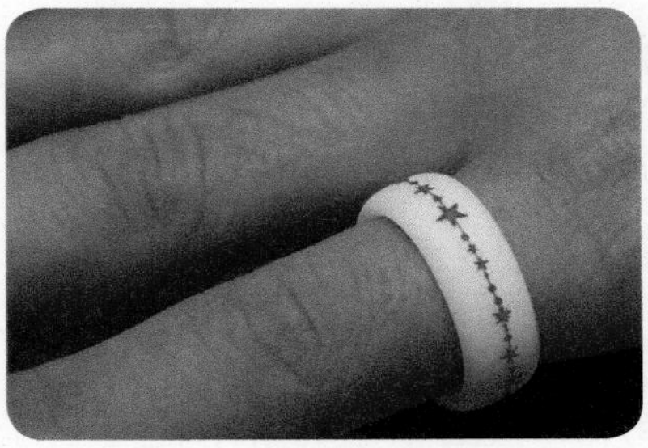
▲ 정전기 방지 링

정전기는 우리 생활에 있어 따끔따끔한 정도로 끝나지만 첨단 기술 분야에서는 악영향을 끼칠 수 있다. 첨단 기술 분야가 더 발전할수록 정전기 방지 제품 산업도 활성화 되어서 새로운 이익을 창출할 수 있을 것이다.

Q1 전자 기술자들은 전기 회로를 검사하기 전에 정전기 방지 패드를 먼저 팔에 끼운다. 만약 정전기 방지 패드를 착용하지 않고 전기 회로를 검사한다면 어떤 일이 벌어질 지 예상해서 서술하시오.

Project 3 - 탐구

[탐구-1] 전하량 측정하기

준비물 전기 진자, 전자 저울, 털가죽, 에보나이트 막대, 디지털 카메라

실험과정 I

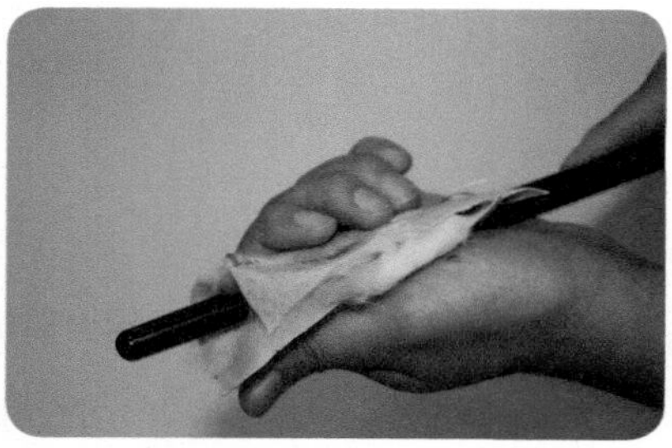

① 에보나이트 막대를 털가죽으로 문지른다.

② 대전된 에보나이트 막대를 대전되지 않은 전기 진자에 각각 접촉시킨다.

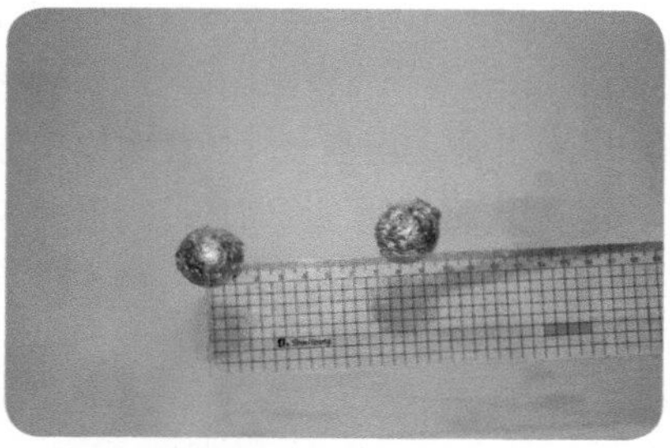

③ 두 개의 전기 진자가 서로 멀리 떨어져 있는 모습을 확인하고 두 진자 사이의 거리를 측정한다.

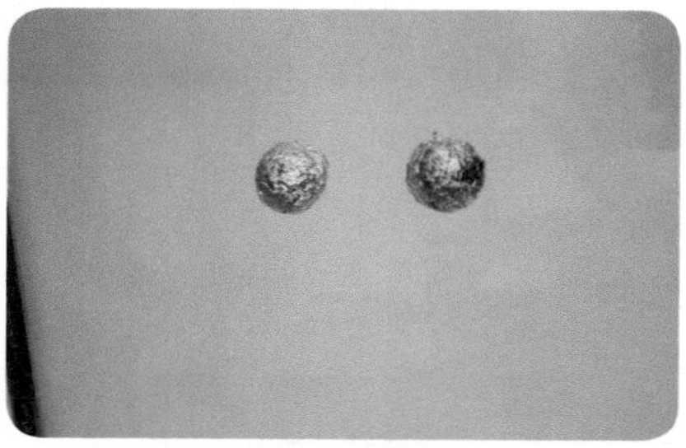

④ 관찰한 장면을 사진을 찍어서 붙여 본다.(그리는 방법도 사용할 수 있다.)

참고 자료

쿨롱의 법칙 : 대전된 두 전하 사이에는 '쿨롱의 힘'이 작용한다. 서로 같은 전하라면 척력(밀어내는 힘)이, 서로 다른 전하라면 인력(잡아당기는 힘)이 작용한다. 힘의 크기는 두 물체의 전하량의 곱에 비례하고 거리의 제곱에 반비례한다.

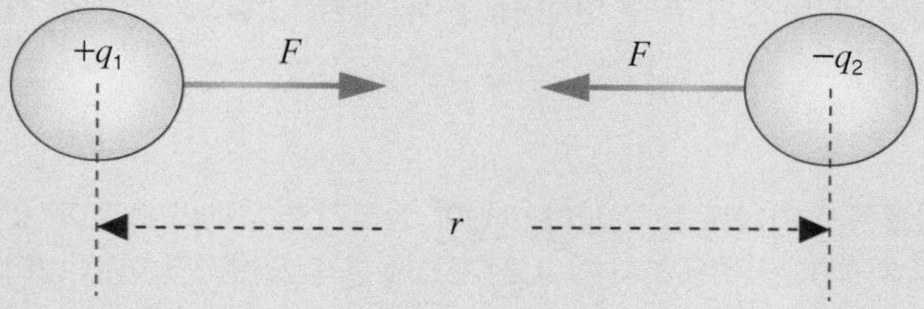

F : 전기력(쿨롱의 힘) [N] $k = 9 \times 10^9\ \mathrm{N \cdot m^2/C^2}$ (비례상수)
r : 두 전하 사이의 거리[m] q_1, q_2 : 전하량[C:쿨롱]

$$F = k\frac{q_1 q_2}{r^2} \text{ (쿨롱의 법칙)}$$

정답 및 해설 48쪽

탐구 결과

1. 찍은 사진을 아래에 붙이거나 그려 보고, 두 진자에 작용하는 힘을 화살표로 표시해 보자.

2. 전자 저울로 두 진자의 질량을 재고, 두 줄 사이의 각이 90° 라고 가정할 때 두 진자 사이에 작용하는 전기력을 구하시오.(단, 삼각형의 길이의 비를 이용하고, 중력가속도는 $9.8\ m/s^2$ 이다.)

3. 두 진자가 같은 음의 전하로 대전되어 있다고 가정하였을 때 전하량을 각각 구하시오.

결론 도출

1. 이 실험에서 알 수 있는 사실을 정리하여 서술하시오.

[탐구-2] 전구의 밝기와 전압, 전류와의 관계

준비물 같은 전구 2 개, 전류계 2 개, 전압계 2 개, 전원 장치, 스위치

실험 과정 < 직렬 >

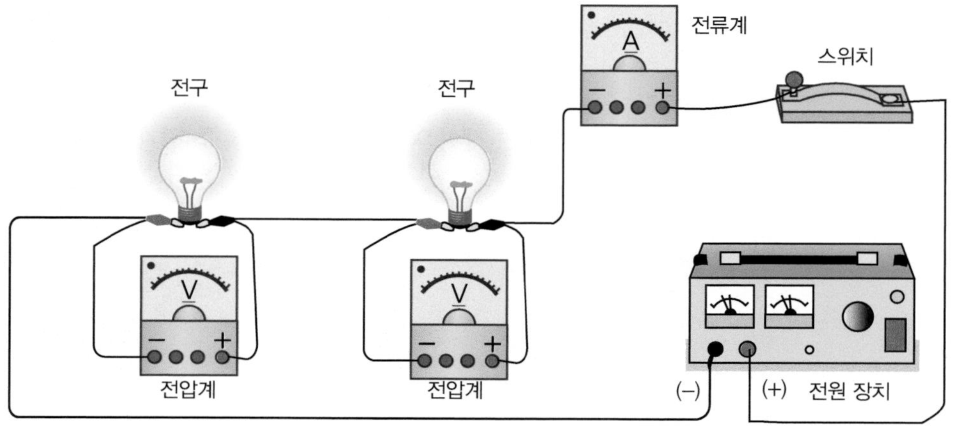

① 저항이 같은 전구를 그림과 같이 직렬로 연결한다.
② 스위치를 닫은 후 불의 밝기를 확인한다.

실험 과정 < 병렬 >

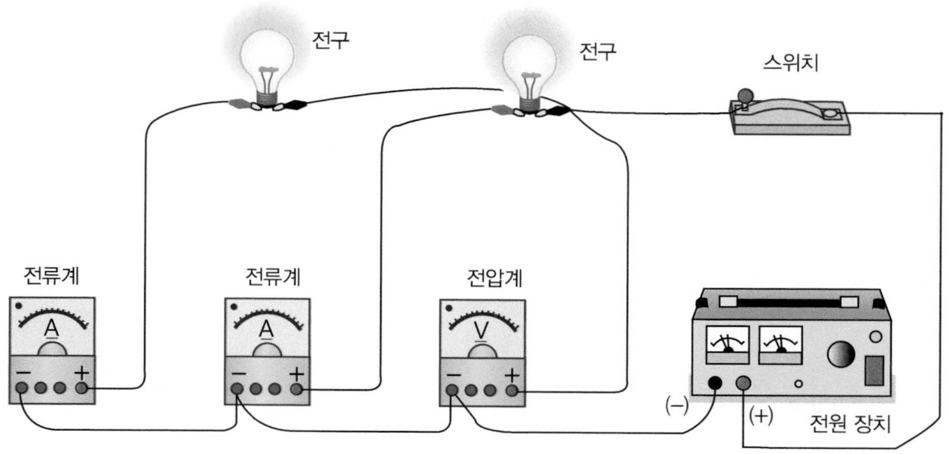

① 저항이 같은 전구를 그림과 같이 병렬로 연결한다.
② 스위치를 닫은 후 불의 밝기를 확인한다.

정답 및 해설 48쪽

탐구 결과

1. 직렬 회로에서 전구의 저항값이 다음 표와 같을 때 표를 채우시오.

저항(Ω)	전구 (2 Ω)	전구 (2 Ω)
전류(A)		
전구에 걸리는 전압(V)	6 V	6 V

2. 병렬 회로에서 전구의 저항값이 다음 표와 같을 때 표를 채우시오.

저항(Ω)	전구 (2 Ω)	전구 (2 Ω)
전류(A)		
전구에 걸리는 전압(V)	12 V	12 V

3. 직렬 연결한 전구의 밝기가 같은가? 다른가? 다르다면 그 이유를 적어 보자.

4. 병렬 연결한 전구의 밝기가 같은가? 다른가? 다르다면 그 이유를 적어 보자.

5. 병렬 연결된 각 전구의 밝기와 직렬 연결된 각 전구의 밝기를 비교하면 어느 전구가 더 밝을까?

탐구 문제

1. 직렬 연결 회로와 병렬 연결 회로에서 각 전구의 전력을 계산해 보자.

2. 전력의 양과 전구의 밝기는 어떤 관계가 있는가?

3. 다음 그림과 같이 전구 A, B 를 회로에 연결하였다. 스위치 S를 닫고 전구 A, B 에 불이 들어오는 것을 확인한 후 스위치 S 를 열면 전구 A, B 의 밝기는 어떻게 되겠는가?

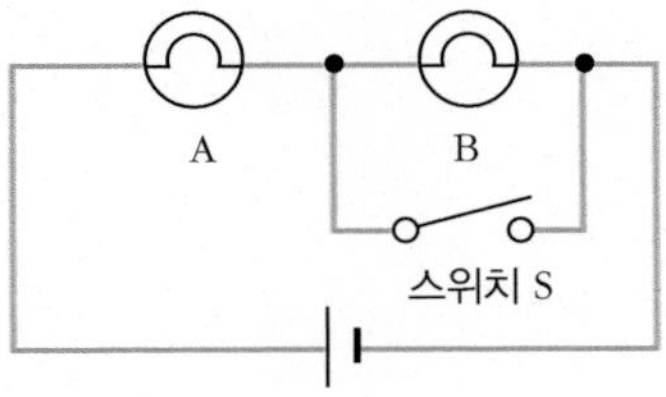

MEMO

창의력과학

세페이드

시리즈

무한상상 교재 활용법

무한상상은 상상이 현실이 되는 차별화된 창의교육을 만들어갑니다.

아이앤아이 시리즈

특목고, 영재교육원 대비서

	아이앤아이 영재들의 수학여행		아이앤아이 꾸러미	아이앤아이 꾸러미 120제	아이앤아이 꾸러미 48제	아이앤아이 꾸러미 과학대회	창의력과학 아이앤아이 I&I
	수학 (단계별 영재교육)		수학, 과학	수학, 과학	수학, 과학	과학	과학
6세~초1	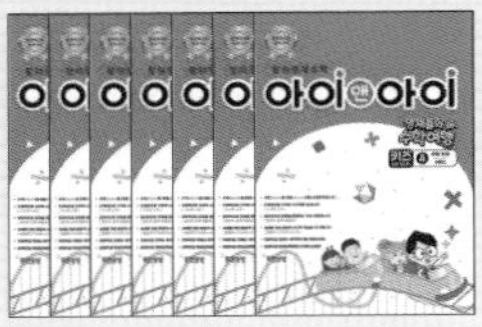	수, 연산, 도형, 측정, 규칙, 문제해결력, 워크북 (7권)					
초 1~3		수와 연산, 도형, 측정, 규칙, 자료와 가능성, 문제해결력, 워크북 (7권)					
초 3~5		수와 연산, 도형, 측정, 규칙, 자료와 가능성, 문제해결력 (6권)		수학, 과학 (2권)	수학, 과학 (2권)		
초 4~6		수와 연산, 도형, 측정, 규칙, 자료와 가능성, 문제해결력 (6권)				과학토론 대회, 과학산출물 대회, 발명품 대회 등 대회 출전 노하우	
초 6		수와 연산, 도형, 측정, 규칙, 자료와 가능성, 문제해결력 (6권)					
중등				수학, 과학 (2권)	수학, 과학 (2권)		 물리(상,하), 화학(상,하), 생명과학(상,하), 지구과학(상,하) (8권)
고등						과학토론 대회, 과학산출물 대회, 발명품 대회 등 대회 출전 노하우	

세페이드

세페이드

세페이드

창의력과학

세페이드

2F. 물리학(상) 개정2판

정답과 해설

윤찬섭
무한상상 영재교육 연구소

〈온라인 문제풀이〉
[스스로 실력 높이기] 는 동영상 문제풀이를 합니다.
http://cafe.naver.com/creativeini

무한상상

세페이드 I 변광성은 지구에서 은하까지의 거리를 재는 기준별이며 우주의 등대라고 불린다.

사람은 누구나 창의적이랍니다.
창의력 과학의 세계로 오심을 환영합니다!

창의력과학

세페이드

2F. 물리학(상) 개정2판

정답과 해설

I 힘

1강. 여러 가지 힘

개념 확인 10~13쪽

1. (1) O (2) O	**2.** ㉠ 중력(무게) ㉡ 6
3. 12	**4.** ③

확인+ 10~13쪽

1. ⑤	**2.** ②
3. ①	**4.** (1) 크 (2) 작 (3) 작

1. 답 ⑤
해설 물체에 힘이 작용하면 물체의 운동상태가 변하거나 모양이 변한다. ⑤은 물체의 운동상태나 모양이 변하지 않았다.

2. 답 ②
해설 같은 전기를 띤 두 물체 사이에는 서로 밀어내는 힘이 작용한다.

3. 답 ①
해설 물체끼리 접촉되어 있을 때 탄성력이 작용한다.

4. 답 (1) 크 (2) 작 (3) 작
해설 (1) 빙판길에 모래를 뿌리면 마찰력이 커져 자동차가 미끄러지지 않는다.
(2), (3) 자전거 체인에 기름을 칠하거나 기계의 회전 부분에 윤활유를 바르면 마찰력이 작아져 덜 마모된다.

생각해보기 10~13쪽

★ 마찰이 없는 빗면을 내려가는 물체에는 중력 외에 작용하는 힘이 없다. 빗면 방향이 아닌 연직 아래 방향으로 중력이 작용하고 있다.

★★ 작용과 반작용의 같은 크기의 힘이 쌍으로 작용한다. 큰 자석과 작은 자석이 있을 때 큰 자석이 작은 자석이 잡아 당기는 힘과 작은 자석이 큰 자석을 잡아 당기는 힘의 크기는 같다.

★★ 뛰어내리면 우리 몸의 중력으로 인해 긴 줄은 늘어나고, 다시 탄성력을 우리 몸에 작용하여 원래의 상태로 되돌아 가려고 하여 출렁이게 된다. 긴 줄에 탄성이 없다면 출렁일 수 없게 되고, 우리 몸이 큰 충격을 받게 된다.

개념 다지기 14~15쪽

01. ④	**02.** ④	**03.** ③
04. ②	**05.** ①	**06.** ③

01. 답 ④
해설 책상 위에 놓인 물체를 지구가 잡아 당기는 힘(중력)과 책상이 물체를 떠받치는 힘(수직항력)은 두 힘의 방향이 서로 반대이고 합력(알짜힘)이 0 인 평형되는 두 힘이다.

02. 답 ④
해설 질량은 항상 일정한 값을 가지므로 지구와 달에서 질량은 각각 60 kg으로 같다. 하지만 지구에서의 무게는 달에서의 무게의 6배이므로 지구에서의 무게는 $60 \times 9.8 = 588$ N, 달에서의 무게는 98 N이다.

03. 답 ③
해설 자석 A와 자석 B 사이에는 척력이 작용했으므로 ㉡ 과 ㉢ 은 같은 극을 갖는다.

04. 답 ②
해설 공 B 와 공 C 는 인력이 작용하여 접근해 있으므로 B 와 C 는 서로 다른 종류의 전기를 띤다. A 와 B, C 와 D, D 와 E 는 척력이 작용하고 있으므로 각각 서로 같은 종류의 전기를 띤다.

05. 답 ①
해설 손이 용수철을 잡아당기는 힘과 용수철이 손을 잡아당기는 힘(탄성력)은 작용 반작용 관계이다.

06 답 ③
해설 ㄱ, ㄴ, ㅂ 은 마찰력이 커야 편리한 경우이고 ㄷ, ㄹ, ㅁ 은 마찰력이 작아야 편리한 경우이다.

유형 익히기 & 하브루타 16~19쪽

[유형 1-1] (가) 물체가 사람을 미는 힘
(나) 땅이 발을 미는 힘
(다) 사과가 책상을 누르는 힘
01. ① **02.** ②

[유형 1-2] ① **03.** ④ **04.** ③

[유형 1-3] (가) ② (나) ④ (다) ①
05. ② **06.** B

[유형 1-4] ③ **07.** ③ **08.** ①

[유형1-1] 답 (가) 물체가 사람을 미는 힘
(나) 땅이 발을 미는 힘 (다) 사과가 책상을 누르는 힘
해설 작용 반작용은 서로 밀거나 잡아당기는 두 물체 사이에서 작용하는 두 힘으로, 크기는 같고 방향은 반대이지만 서로에게 각각 작용하는 두 힘의 관계이다.

01. 답 ①
해설 1 cm 당 5 N 의 힘을 나타낸다. 동서남북 표시 기호에서 오

른쪽은 동쪽이다. 3 cm 는 15 N 의 힘에 해당한다.

02. 답 ②
해설 ② 작용선은 힘의 3 요소가 아니다.

[유형1-2] 답 ①
해설 중력은 지구 중심 방향으로 지구가 물체를 당기는 인력이며, 지구와 거리가 멀수록 크기가 약해진다.

03. 답 ④
해설 중력은 항상 연직 아래 방향으로 작용한다.

04. 답 ③
해설 자석 B 를 자석 A 에 가까이 가져갔을 때 자석 A 가 끌려왔으므로 인력이 작용하였고, 따라서 ㉡ 과 ㉢ 은 서로 다른 극이다. 한 자석은 서로 다른 극을 가지므로 ㉠ 과 ㉡ 도 서로 다른 극이다.

[유형1-3] 답 (가) ② (나) ④ (다) ①
해설 용수철에 작용하는 힘과 탄성력은 작용반작용 관계의 힘으로 서로 크기가 같고 방향이 반대이다.

05. 답 ②
해설 탄성력은 손으로 용수철을 끄는 힘과 작용반작용 관계의 힘으로 용수철이 손을 끄는 힘이다.

06. 답 B
해설 똑같은 용수철에 질량이 다른 물체를 매달았을 때 늘어난 길이가 더 길다면 후크의 법칙 $F = kx$ 에서 x 가 더 큰 것이므로 탄성력 F 가 더 크다.

[유형1-4] 답 ③
해설 ①, ②, ④ 빗면에서 물체의 무게 B 를 빗면에 평행인 방향의 힘 A 와 빗면에 수직인 방향의 힘 C 로 나눌 수 있다. 이때 힘 B 는 무게이므로 지구가 물체에 작용하는 힘이다. 힘 E는 빗면이 물체에 수직으로 작용하는 수직항력이다. 힘 D 는 빗면이 물체에 작용하는 마찰력이고, 힘 A 와 평형을 이룬다.

07. 답 ③
해설 무게 B 가 증가했으므로 힘 A 와 C 가 증가하며, 물체에 작용하는 힘이 평형을 이루려면 D, E 도 증가해야 한다.

08. 답 ①
해설 마찰력은 면이 거칠수록, 물체가 무거울수록 크다.
④ 마찰이 있는 면에서 운동 방향과 반대 방향으로 힘을 가해 물체를 빨리 정지시키는 경우는 마찰력과 가하는 힘의 방향이 같다.

창의력 & 토론마당 20~23쪽

01 나일론 스타킹에 마찰 전기가 발생하여 전기력에 의해 스타킹의 각 부분이 서로 밀어내기 때문이다.

해설 서로 다른 두 물체를 문지르면 마찰 전기가 발생한다. 털가죽으로 나일론 스타킹을 문지르면 털가죽은 (+) 로 대전되고 나일론 스타킹은 (–) 로 대전된다. 이때 (–) 극끼리는 척력이 발생하여 서로 밀어내려고 하기 때문에 스타킹이 발 모양으로 부풀게 되는 것이다.

02 (나) 저울을 사용해야 한다. 그 이유는 (나)저울은 무게를 재기 때문이다.

해설 (가) 는 윗접시 저울로 질량을 잴 때 사용하는 것이다. (나) 는 용수철 저울로 무게를 잴 때 사용한다. 질량은 장소에 따라 변하지 않는다. 그러므로 (가) 저울을 이용하여 물건의 질량을 측정한 값은 변하지 않는다. 반면에 무게는 장소에 따라 변하는 값이다. 중력은 지구 중심과의 거리가 멀수록 작아진다. 지구 중심까지의 거리는 산보다는 바닷가에서 더 작다고 할 수 있다. 그러므로 (나) 로 같은 질량의 물체를 재더라도 그 무게가 산 위에서는 작게 나오고 바닷가에서는 크게 나온다. 예를 들어 산 위에서 200 N 의 무게를 가진 물체를 바닷가에서 재면 200 N 보다 크게 나온다. 그러므로 같은 질량의 물체를 (나) 저울을 가지고 산에서 재어 사서 바닷가에서 재서 팔면 더 큰 값이 측정되므로 더 많은 값을 받을 수 있다.

03 (1) b 부분 : S 극, c 부분 : N 극
(2) 자석 A 의 무게 : 4 N, 자석 B 의 무게 : 2 N

해설 (1) 자석 A 의 a 부분이 N 극이면 자석 A 의 아랫 부분은 S 극이고 A 와 B 는 척력이 작용하므로 B 의 윗 부분은 S 극이 된다. 따라서 B 의 아랫부분은 N 극이 되며 B 와 C 도 척력이 작용하므로 C 의 윗 부분은 N 극이 된다. 따라서 A 와 C 는 서로 잡아당기게 된다.
(2) 각 물체에 작용하는 힘을 표시하면 다음과 같다.
F_1 : B 가 A 를 미는 힘
F_4 : A 가 B 를 미는 힘
F_2 : C 가 A 를 당기는 힘
F_5 : A 가 C 를 당기는 힘
F_3 : C 가 B 를 미는 힘
F_6 : B 가 C 를 미는 힘

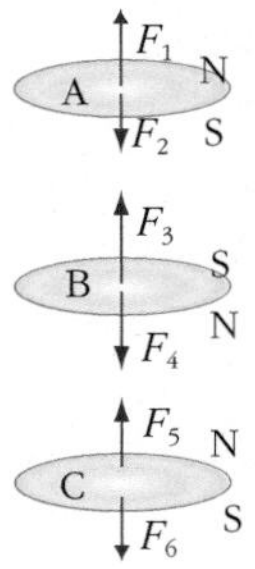

그림에서 구한 힘들의 크기는 각각 $F_1 = F_4$, $F_2 = F_5$, $F_3 = F_6$ 으로 작용반작용의 관계에 있다. 문제에서 $F_1 = F_4 = 5$ N, $F_2 = F_5 = 1$ N, $F_3 = F_6 = 7$ N 이다. 오른쪽 그림은 중력을 포함한 모든 힘들을 그린 것이다. A, B 모두 정지 상태이므로 합력은 0이 되어야 한다. 따라서

A : $5 = 1 + m_A g$,
$m_A g$(A 의 무게) = 4(N)
B : $7 = 5 + m_B g$,
$m_B g$(B 의 무게) = 2(N) 이다.

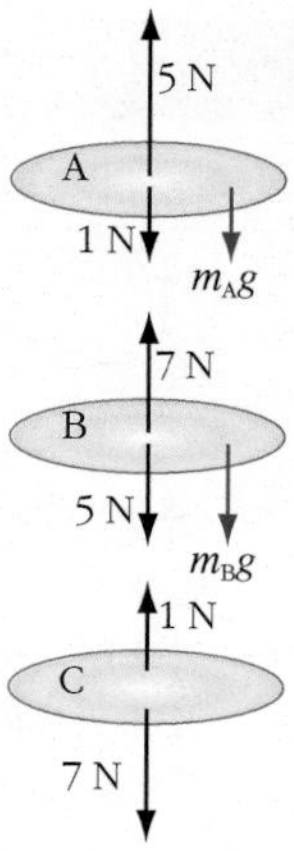

04 (1) 61.6 N (2) 약 2 cm (3) 달

해설 (1) 무게는 중력 가속도 × 질량이다. 금성에서의중력 가속도는 8.8 m/s² 이고 질량은 7 kg 이므로 금성에서의 무게는 8.8 m/s² × 7 kg = 61.6 N 이다.

(2) 지구에서의 중력 가속도는 달에서의 중력 가속도의 약 6 배이다. 고무줄이 늘어난 길이와 무게는 비례하므로 지구에서 12 cm 늘어났다면 달에서는 $12 \times \frac{1.6}{9.8} = 1.95$ cm 이므로 약 2 cm 가 늘어난다.

(3) 중력가속도가 g 이고 h 만큼 떨어질 때 걸린 시간이 t 라면 $h = \frac{1}{2}gt^2$ 의 관계식이 성립된다. h 가 같다면 중력 가속도가 가장 작은 달에서 t 가 가장 길다.

05 용수철 A 와 용수철 B 늘어난 길이 : 2 cm, 용수철 C 늘어난 길이 : 4 cm

해설 그림처럼 연결된 경우 용수철 C 의 탄성력과 용수철 A, B 의 탄성력의 합이 평형을 이룬다. 용수철 C 가 10 N 의 탄성력을 작용할 때 용수철 A 와 B 는 5 N 의 탄성력을 작용하므로 2 cm 가 늘어나고, 용수철 C 는 4 cm 가 늘어난다.

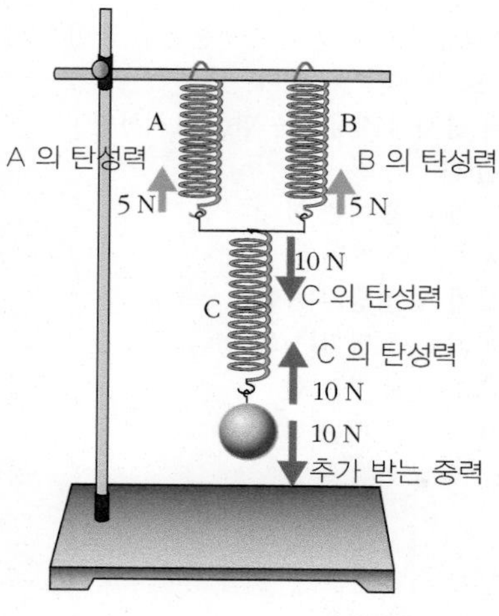

스스로 실력 높이기 24~29쪽

01. ⑤	02. ③	03. ③	
04. ①, ③, ⑤		05. ③	06. ④
07. ④	08. ⑤	09. ①, ②	10. ④
11. ④	12. ⑤	13. ③	14. ②
15. ④	16. ②	17. ①	18. 8
19. 3	20. ②	21. ②	22. ③
23. ④	24. ③	25. ①, ②, ③	
26. ~ 32. 〈해설 참조〉			

01. 답 ⑤
해설 ①은 중력, ②은 탄성력, ③은 자기력, ④은 전기력이다. ⑤은 마찰력을 크게 하는 방법이다.

02. 답 ③
해설 달에서의 중력은 지구에서의 중력의 $\frac{1}{6}$ 배이므로 지구에서 18 cm 늘어난 용수철 저울은 달에서는 3 cm 가 늘어난다. 이때 같은 종류의 추 2 개를 매달면 무게가 2 배가 되므로 6 cm 가 늘어난다.

03. 답 ③
해설 질량은 장소에 상관없이 값이 변하지 않는다. 무게는 지구에서 멀어질수록 감소한다.

04. 답 ①, ③, ⑤
해설 ②, ④은 접촉했을 때 작용하는 힘이다.

05. 답 ③
해설 중력은 항상 지구 중심을 향하는 방향으로 작용한다.

06. 답 ④
해설 풍선은 중력을 아래 방향으로 받고, 풍선끼리는 서로 척력을 작용한다. ④ 전기력은 거리가 가까울수록 세다.

07. 답 ④
해설 윗접시 저울로 질량을 측정할 수 있다. 질량은 지구에서나 달에서나 같은 값을 나타낸다.

08. 답 ⑤
해설 중력은 지구 중심과 멀어질수록 약해지기 때문에 적도 지방과 극 지방에서 다르게 나타난다.

09. 답 ①, ②
해설 ① 달은 지구보다 중력이 작기 때문에 달에서 질량이 같은 추를 매달면 지구에서보다 용수철이 덜 늘어난다.
② 추에는 아래 방향의 중력과 윗 방향의 탄성력이 작용하여 서로 평형을 이룬다.
③ 용수철을 위쪽으로 밀어 올리면 아래쪽으로 탄성력이 작용한다.
④ 추가 정지해 있어도 중력의 크기는 0 이 아니다. 그 대신 추에

작용하는 알짜힘의 크기가 0 이다.
⑤ 용수철에 작용하는 탄성력의 방향은 위쪽이며, 중력과 평형을 이루므로 탄성력의 크기는 2 kg × 9.8 = 약 19.6 N 이다.

10. 답 ④
해설 마찰력은 물체의 무게가 무거울수록 커지고, 면의 거칠기가 더 거칠수록 커진다. 같은 물체이면 바닥면과 닿는 면적이 달라도 마찰력은 같게 나타난다.

11. 답 ④
해설 추는 중력과 자석이 잡아당기는 자기력을 받고 중력과 자기력의 합력은 탄성력과 평형을 이루고 있다.

12. 답 ⑤
해설 쇠구슬과 자석 사이에 상호 작용하는 두 힘은 쇠구슬이 자석을 잡아당기는 자기력(작용)과 자석이 쇠구슬을 잡아 당기는 자기력(반작용)이다.

13. 답 ③
해설 중력, 전기력, 자기력은 접촉하지 않아도 작용하는 힘으로 거리가 멀어질수록 약해진다. ㄴ은 전기력, 자기력에만 해당하고 ㄷ은 중력에만 해당된다.

14. 답 ②
해설 마찰력은 무게와 접촉면의 거칠기에 따라서 결정된다. (나)는 무게가 제일 크고 나무판이 유리판보다 더 거칠기 때문에 마찰력의 크기가 제일 세서 용수철의 눈금이 가장 크게 나온다.

15. 답 ④
해설 ㄷ 면을 누르는 힘은 중력의 크기와 같다고 볼 수 있으며 무게가 커지면 그만큼 마찰력도 커진다.

16. 답 ②
해설 (라) 는 마찰력이 작아지는 현상이다. 성냥불과 스노우 체인은 마찰력을 크게 해서 나타나는 현상이다.

17. 답 ①
해설 추의 개수가 늘어날수록 무게는 비례해서 늘어난다. 그때 탄성력도 비례해서 늘어나므로 $F = kx$ 에서 추의 개수와 늘어난 길이는 비례한다.

18. 답 8
해설 나무도막을 매달았을 때 용수철의 총 길이가 18 cm 라면 8 cm 가 늘어난 것이고 추의 무게가 2 N 늘어날 때마다 용수철의 길이가 2 cm 더 늘어났으므로 용수철이 8 cm가 늘어났다면 나무도막의 무게는 8N임을 알 수 있다.

19. 답 3
해설 자석 A 는 멈춰있으므로 힘의 평형 상태이고 자석 A 에 작용한 알짜힘은 0 이 된다. 자석 A 의 무게가 아래 방향으로 3 N 이고, 알짜힘이 0 이므로 자기력의 방향은 위쪽 방향, 크기는 3 N 이다.

20. 답 ②
해설 자석 A 의 윗면이 N 극이면 아랫면은 S 극이다. 자석 A 와 자석 B 는 척력이 작용하고 있으므로 자석 B 의 윗면은 S 극 아랫면은 N 극이 된다. 자석 A 에는 위로 자기력이 작용했다면 자석 B 에는 아래로 자기력이 작용하므로 자석 B 에 작용하는 중력과 자기력의 방향은 서로 같다.

21. 답 ②
해설 추에 작용하는 탄성력은 무게와 크기가 같고 방향은 반대이다. 추의 무게가 가장 크면 추에 작용하는 용수철의 탄성력도 가장 크다.

22. 답 ③
해설 쇠구슬의 질량이 커지면 운동 상태를 유지하려는 성질이 커지기 때문에 운동 방향과 수직으로 자기력이 작용하여도 운동 방향의 변화가 작다.

23. 답 ④
해설 빗면에서도 중력 방향은 연직 아래 방향이므로 C 이다. 물체를 D 방향으로 당길 때 마찰력은 반대 방향인 A 이고 탄성력의 방향은 용수철이 줄어들려는 방향으로 A 가 된다.

24. 답 ③
해설 물체에 힘을 가하였을 때 움직이지 않을 경우 마찰력은 가한 힘과 평형을 이룬다.

25. 답 ①, ②, ③
해설 우주 정거장에서는 중력이 작용하지 않는다.
① 촛불은 공기를 태우면서 불을 밝히기 때문에 우주 정거장에서는 대류가 일어나지 않아서 불이 금방 꺼진다.
② 작용 반작용에 의하여 나사를 돌리는 사람은 반대로 돌아간다.
③ 중력이 작용하지 않기 때문에 무게를 측정하는 것은 불가능하다.
④ 작용 반작용에 의해서 농구공을 던진 사람은 공과 반대 방향으로 밀려나지만 농구공과 사람은 질량이 다르기 때문에 사람은 천천히 밀려난다.
⑤ 공중에 볼펜을 두고 한쪽 끝을 수직으로 살짝치면 볼펜은 회전하고, 치는 힘이 무게 중심도 이동시키므로 회전하면서 이동한다.

26. 답 (처음 연직 아래로 낙하할 때) 이 사람에게 작용하는 중력의 크기는 일정하고 연직 아래 방향을 향한다. 줄의 탄성력은 처음엔 줄이 늘어나지 않았으므로 탄성력은 0 이나, 점점 아래로 낙하함에 따라 줄이 늘어나 윗방향으로 향하는 탄성력의 크기가 점점 증가하여 중력의 크기보다 더 커져서 최하점에서는 위로 힘을 받게 된다. (최하점까지 내려갔다가 다시 올라올 때) 중력은 일정한 크기로 아래 방향을 향한다. 줄이 줄어듦에 따라 위로 향하는 탄성력의 크기는 점점 작아져서 중력의 크기보다 더 작아진다. 최고점에서는 중력이 탄성력보다 더 커져서 다시 아래로 힘을 받게 된다. → 이 사람은 아래 위 방향으로 왕복 운동을 한다. 그 과정에서 중력의 방향은 항상 연직 아래 방향을 향하며 탄성력의 크기는 늘어난 길이에 따라 변한다.

27. 답 중력(무게)은 지구 중심과 멀어질수록 약해진다. 반면에 질량은 위치에 상관없이 고유의 값을 갖는다. 그러므로 질량은 그대로이고 몸무게는 줄어든다.

28. 답 자동차를 도색할 때 페인트는 (-) 전기, 자동차 차체는 (+) 전기를 띠게 하면 같은 종류의 전기를 띤 페인트끼리는 밀어내는 힘이 작용하므로 고르게 분사되고, 페인트와 차체는 다른 종류의 전기를 띠므로 서로 끌어당겨 페인트가 잘 달라 붙는다.

29. 답 (가) 의 경우 병의 아래쪽을 밀고, (나) 의 경우 병의 위쪽을 밀었다. 이와 같이 (가) 와 (나) 에서 힘의 3 요소 중 힘의 작용점이 다르기 때문에 힘의 효과가 다르게 나타난 것이다.

30. 답 탄성력의 크기는 물체가 변형된 정도가 클수록 크다. 따라서 활시위를 많이 당길수록 탄성력이 커지므로 화살에 가하는 힘도 커져서 화살이 더 멀리 날아가는 것이다.

31. 답 〈해설 참조〉

해설 ㄱ. 진공 상태와 무중력 상태는 같지 않다. 진공 상태는 공기가 없는 상태이고, 무중력 상태는 중력을 느끼지 못하는 상태를 말한다. 무중력이지만 공기가 존재하는 무중력 체험실도 존재할 수 있다. 예를 들어 지구 밖 우주에서 지구를 돌고 있는 인공 위성 내부에는 공기는 있지만 무중력 상태이다.

ㄴ. 중력의 방향은 항상 아래 방향으로 작용하는 것이 아니라, 지구 어느 곳에서나 지구 중심 방향으로 작용한다. 서울에서 아래 방향은 다른 나라에서는 윗 방향일 수도 있다. 일상 생활 속에서 지구 중심 방향이 아래 방향이기 때문에 어디서나 아래 방향이라고 생각할 수 있으나 나의 아래 방향과 멀리 떨어진 다른 사람의 아래 방향은 서로 방향이 다른 것이다.

ㄷ. 중력은 지구 중심과의 거리가 멀어질수록 작아진다. 지구는 완벽한 구형이 아니라 적도 반지름이 약간 긴 타원이기 때문에 같은 물체에 작용하는 중력은 적도 지방이 극지방보다 작다.

32. 답 〈해설 참조〉

해설 〈예시 답안〉 마찰력은 운동을 방해하는 힘이다. 따라서 빠른 속도를 내는 것으로 승부를 가르는 종목의 경우 마찰력이 작을수록 좋을 것이다. 하지만 컬링과 같이 점수가 높은 지점에 스톤을 놓기 위해서는 마찰력을 조절할 필요가 있을 것이다. 컬링 선수들이 스톤 앞에서 얼음을 문지르는 동작을 스위핑이라고 한다. 이는 스톤을 더 빨리, 더 멀리 보내기 위한 동작으로 얼음을 문지르면 마찰열에 의해 순간적으로 얼음이 녹고, 표면에 수막이 생기면서 스톤이 잘 미끄러지는 것이다. 따라서 원하는 지점에 스톤을 멈추기 위해서는 문지르는 정도를 조절해서 마찰력을 강하게 또는 약하게 한다.

2강. 힘의 합성과 평형

개념 확인 30~33쪽

1. (1) O (2) O	**2.** 대각선
3. 2, 6	**4.** (1) O (2) X (3) O

확인+ 30~33쪽

1. 50	**2.** 6
3. ⑤	**4.** 6

1. 답 50 N

해설 두 힘은 방향이 같으므로 합력은 50N이다.

3. 답 ⑤

해설 사이각이 커질수록 더 큰 힘으로 잡아당겨야 한다.

4. 답 6 N

해설 평행사변형법으로 그려보면 합력의 크기는 연직 위 방향으로 6 N 이다. 이때 상자에 작용하는 힘은 평형을 이루므로 상자의 무게는 연직 아래 방향으로 6 N이다.

생각해보기 30~33쪽

★ 큰 배를 예인선이 각을 이루어 끌고 가거나, 무거운 물건을 옮길 때 두 사람이 힘을 함께 작용하는 경우가 있다.

★★ 서로 멀리 떨어져서 들면 두 힘의 이루는 각이 커지므로 합력의 크기는 작아지므로 물체를 들어올리기 위해 각각 더 큰 힘을 작용해야 한다. 따라서 두 명이 같이 한 물체를 들 때 최대한 가까이서 드는 것이 유리하다.

★ 해설 큰 배를 끌어당길 때 예인선 두 척을 이용하여 배를 끈다. 이때 이용하는 것이 나란하지 않은 두 힘의 합성이다.

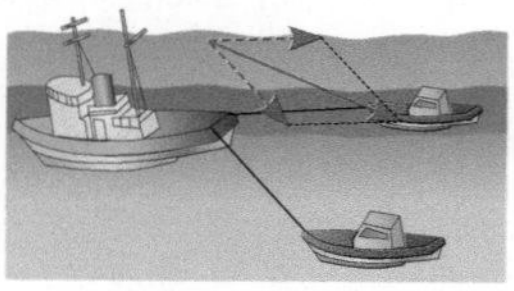

개념 다지기

01. ①	**02.** ②	**03.** C
04. ②	**05.** ①	
06. (1) B, C (2) A, C		

01. 답 ①
해설 왼쪽으로 10 N 이고 오른쪽으로 15 N 인 두 힘의 합력은 오른쪽으로 5 N 이다.

02. 답 ②
해설 F_1 은 오른쪽 방향으로 15 N 이다. F_2 와 F_3 의 합력을 평행사면형법으로 구하면 왼쪽으로 25 N 이다. 따라서 세 힘의 합력은 왼쪽으로 10 N 이다.

03. 답 C
해설 같은 크기의 두 힘이 작용할 때 두 힘이 이루는 각이 작을수록 합력의 크기가 커진다. C 가 A 나 B 보다 두 힘이 이루는 각이 크기 때문에 합력의 세기가 가장 작다.

04. 답 ②
해설 막대자석 A 에 작용하는 마찰력과 자기력의 크기가 같고 반대 방향일 때 두 힘은 평형을 이룬다.

05. 답 ①
해설 용수철에 매달린 추가 정지해 있으므로 중력과 탄성력은 평형을 이루며 방향은 서로 반대이다.

06. 답 (1) 작용 · 반작용 관계의 두 힘 : B, C
(2) 평형 관계의 두 힘 : A, C
해설 (1) 물체가 지면을 누르는 힘은 지면이 물체를 떠받치는 힘과 작용 반작용 관계의 힘이다. 두 힘은 힘의 크기가 같고 방향이 서로 반대이다.
(2) A 와 C 는 물체에 작용하는 두 힘으로, 물체는 평형 상태가 되어 정지해 있으므로 물체에 작용하는 알짜힘(합력)은 0 이다.

유형 익히기 & 하브루타 36~39쪽

[유형2-1] ②		**01.** ③	**02.** ①
[유형2-2] ①, ⑥		**03.** ⑤	**04.** ①
[유형2-3] ①		**05.** B	**06.** ②
[유형2-4] ④		**07.** ④	**08.** ④

[유형2-1] 답 ②
해설 물체의 무게는 같지만 그림 (나) 는 각각의 용수철에 무게의 절반만큼의 힘이 작용한다. 따라서 F_1 의 크기는 F_2 와 F_3 의 합력과 같다.

01. 답 ③
해설 왼쪽으로 작용하는 합력은 7 N + 5 N = 12 N 이고, 오른쪽으로 작용하는 힘은 6 N 이다. 두 힘은 방향이 반대이므로 물체에 작용하는 알짜힘은 12 N − 6 N = 6 N 이다.

02. 답 ①
해설 같은 방향으로 작용할 때는 두 힘을 합하면 된다. 따라서 두 힘의 합력은 50 N + 100 N = 150 N 이다. 반대 방향으로 작용할 때는 큰 힘에서 작은 힘을 뺀 값이 두 힘의 합력이 된다. 따라서 100 N − 50 N = 50 N 이다.

[유형2-2] 답 ①, ⑥
해설 ①번은 평행사변형법을 이용한 합력을 구하는 방식, ⑥번은 삼각형법을 이용한 합력을 구하는 방식이다.

03. 답 ⑤
해설 평행사변형법을 이용하면 합력은 북쪽으로 4 칸에 해당하는 화살표이다. 1 칸당 2 N 이므로 합력의 크기는 8 N 이다.

04. 답 ①
해설 F_1 과 F_2 의 합력은 F_3 와 반대 방향이고 힘의 크기는 같다. 따라서 세 힘의 합력은 0 이다.

[유형2-3] 답 ①
해설 두 힘이 이루는 각이 작을수록 합력의 크기가 커진다.

05. 답 B
해설 두 힘의 크기가 같을 때 두 힘이 이루는 각이 작을수록 합력의 크기가 커진다. 무게가 같은 책을 두 사람이 들 때 줄이 이루는 각도가 커질수록 그 힘의 합력은 점차 작아진다. 하지만 책의 무게는 변함이 없기 때문에 책을 들어올리기 위해서는 점점 더 큰 힘을 가해야 한다. 그러므로 A와 B의 무게는 같은데 B 의 합력이 A 보다 크므로 한 사람이 부담해야 될 힘이 적은 경우는 B 이다.

06. 답 ②
해설 두 힘의 크기가 같을 때 두 힘이 이루는 각이 작을수록 합력의 크기가 커진다. 따라서 (가) 인 경우 합력이 가장 크다.

[유형2-4] 답 ④
해설 나무 도막이 움직이지 않았으므로 힘의 평형 상태이며 마찰력과 당기는 힘의 크기는 10 N 으로 같고, 서로 반대 방향이다. 나무 도막에 작용하는 중력은 아래 방향이고 바닥이 나무를 떠받치는 힘은 윗방향으로 중력과 떠받치는 힘도 물체에 작용하는 힘으로 힘의 평형을 이루고 있다.

07. 답 ④
해설 공은 아래방향으로 중력과 자기력을 받고 윗방향으로 탄성력을 받아서 세 힘이 힘의 평형을 이루고 있다.

08. 답 ④
해설 지은이와 은지는 모두 같은 물체에 힘을 작용하고 물체는 움직이지 않으므로 평형 상태에 있다.

창의력 & 토론마당 40~43쪽

01

(1) 줄이 당기는 힘은 점점 커진다. 줄을 당겨 책을 들어 올릴수록 두 줄이 이루는 각이 커지므로 합력이 작아져 같은 크기의 합력(책의 무게)을 얻기 위해서는 더 큰 힘으로 줄을 당겨야 한다.
(2) 수평이 되게 만들 수 없다. 두 줄이 작용하는 힘의 합력의 크기가 책의 무게와 같아야 물체를 들어 올릴 수 있는데, 두 줄이 수평이면 두 힘의 합력은 0이 된다. 따라서 두 줄은 수평이 될 수 없다.

해설 (1) 줄을 당겨 책을 들어 올릴수록 두 힘 사이에 이루는 각은 커지고 합력은 점점 작아진다. 따라서 들어 올릴수록 같은 크기의 합력을 얻기 위해서는 더 큰 힘으로 줄을 잡아 당겨야 한다.
(2) 두 힘이 수평이고 크기가 같다면 합력은 0 이다. 수평일 경우에는 두 힘의 합력이 윗 방향으로 작용해서 중력을 상쇄시킬 수 없으므로 줄을 아무리 잡아당겨도 수평이 되게 만들 수 없다.

02

(1) 13 cm (2) 1.5 cm, 20 N

해설 (1) 고무줄은 추의 무게와 동일하게 20 N의 탄성력을 추에 윗방향으로 작용한다. 그래서 전체 길이는 13 cm가 된다.
(2) A 는 중력 10 N 을 받고 B 는 아래로 중력 30 N 을 받고 A 에 의해 연직 위 방향으로 탄성력 10 N 을 받는다. 따라서 저울이 B 에게 작용하는 힘은 떠받치는 힘(수직항력)으로 20 N 이다. 물체는 저울에 20 N 의 힘을 작용하므로 저울의 눈금은 20 N 이 표시된다. 그리고 물체A를 매단 고무줄은 10 N 의 탄성력으로 1.5 cm 가 늘어나게 된다.

03

B, 두 팔을 좁게 하면 합력이 커져 상대적으로 몸무게를 지탱하기 위해 작은 힘을 가해도 되므로 오랫동안 매달릴 수 있다.

해설 철봉에 매달릴 때에는 몸무게만큼의 힘이 필요하다. 이때 두 팔이 이루는 각을 작게 하면 작은 힘으로도 몸무게와 같은 합력을 얻을 수 있으므로 더 오랫동안 매달릴 수 있다.

04

(1) 말이 마차를 끄는 힘과 마차가 말을 끄는 힘은 작용 반작용의 관계이므로 힘의 평형이 될 수 없다.
(2) 마차에 작용하는 힘은 말이 마차를 끄는 힘과 마찰력이 있는데 말이 마차를 끄는 힘이 마차에 작용하는 마찰력보다 크면 마차는 앞으로 나아간다.

해설 (2) 마차의 운동 여부는 마차에 작용점을 둔 힘(마차가 받는 힘)만을 따져야 한다. 마차를 끄는 힘은 말에 의한 오른쪽 방향의 힘 하나이기 때문에 이 힘이 마찰력보다 크면 마차는 앞으로 나아간다. 작용 반작용의 두 힘은 두 물체 사이에 서로 작용하는 힘이므로 한 물체가 받는 힘이 아니다.

스스로 실력 높이기 44~49쪽

01. 0	**02.** ⑤	**03.** ①	**04.** ②
05. ①	**06.** ④	**07.** ③	**08.** ⑤
09. ①	**10.** ③	**11.** ③	**12.** ③
13. ③	**14.** ②	**15.** B	**16.** ①
17. ②	**18.** ②	**19.** ④	**20.** ③
21. ⑤	**22.** ④, ⑤	**23.** 50	**24.** ④
25. ①, ④	**26.** ~ **32.** 〈해설 참조〉		

03. 답 ①
해설 마찰력 때문에 힘의 합력은 0 이고 등속 운동한다.

04. 답 ②
해설 F_1 과 F_2 를 합성하면 합력이 오른쪽으로 6 N 이 된다. 힘의 평형이 일어나게 하려면 물체에 왼쪽으로 6 N(F_3)의 힘을 작용하면 된다.

05. 답 ①
해설 금속판은 자석에 의해서 오른쪽으로 20N의 자기력을 받는다. 하지만 금속판이 움직이지 않고 있기 때문에 금속판에 작용한 알짜힘은 0 이 된다. 따라서 금속판의 알짜힘이 0 인 이유는 왼쪽으로 20 N 의 마찰력을 받기 때문이다.

06. 답 ④
해설 용수철은 2 N 의 힘을 받으면 1 cm 가 늘어나므로 14 cm 가 늘어났을 때 용수철이 추에 작용하는 탄성력은 위 방향으로 28 N 이다. 힘의 평형이 일어나고 있으므로 추에 작용하는 힘의 합력은 0 이고, 물체의 무게는 28 N 이다.

07. 답 ③
해설 F_1 과 F_2 를 합성하면 위로 25 N 의 힘이 작용한다. 물체가 정지해 있으므로 알짜힘이 0 이고 아래로 작용하는 물체의 무게는 25 N 이다.

08. 답 ⑤ 해설 ⑤ 작용 반작용의 예이다.

09. 답 ①
해설 물체는 왼쪽으로 3 N 의 힘이 작용하고 있지만 움직이지 않는 이유는 마찰력 3 N 이 오른쪽으로 작용하고 있기 때문이다. 따라서 물체에 작용하는 알짜힘은 0 N 이다.

10. 답 ③
해설 지구본은 아래로 중력을 받고 있고 위로 자기력을 받고 있다. 이때 지구본에 작용하는 중력과 자기력은 힘의 평형을 이루고 있다.

11. 답 ③
해설 ③ 작용점 2 개를 이은 선과 힘의 방향이 나란하지 않기 때문에 회전한다.

12. 답 ③
해설 두 용수철 모두 4 cm 가 늘어났으므로 탄성력은 두 용수철 모두 14 N 이다. 추는 멈춰 있으므로 추에 작용하는 힘의 평형이 일어나려면 추의 무게는 28 N 이 되어야 한다.

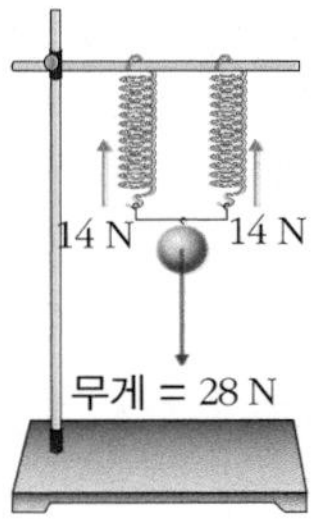

13. 답 ③
해설 ③ C + F = D 이며, 힘 D 와 평형을 이루는 힘은 H 이다.

14. 답 ②
해설 물체가 위로 올라올수록 힘의 합력이 작아지므로 두 사람이 줄에 작용하는 힘의 크기는 점점 커진다.

15. 답 B
해설 두 힘 사이의 각이 작을수록 합력이 크다. 그러므로 A 팀보다 두 사람 거리가 가까운 B 팀이 물체를 더 빨리 목표지점까지 잡아당길 수 있다.

16. 답 ①
해설 두 물체 사이의 각이 120° 일 때 힘을 합성하게 되면 두 힘의 합력과 작용한 각각의 힘은 같은 크기이며 7 N 이 된다.

17. 답 ②
해설 물이 호스로부터 힘을 받아 앞으로 뿜어져 나가면서 반작용으로 호스를 뒤로 밀기 때문에 호스를 똑바로 잡기 위해서는 소방관은 호스에 앞으로 미는 힘을 작용해야 한다.

18. 답 ②
해설 쇠구슬은 자기력에 의해 아래로 힘을 받는다. 무게가 5 N 이고 자석을 접근시켰을 때 용수철의 저울의 눈금(탄성력의 크기와 같음)이 15 N이 라면 쇠구슬과 자석 사이에 작용하는 자기력은 10 N 이 되어야 쇠구슬에 작용하는 자기력과 중력 그리고 탄성력이 평형을 이룬다.

19. 답 ④
해설 용수철에 작용하는 힘은 다음과 같고 크기가 모두 5 N 으로 같다. 따라서 용수철 A 와 B 는 모두 2 cm 씩 늘어난다.

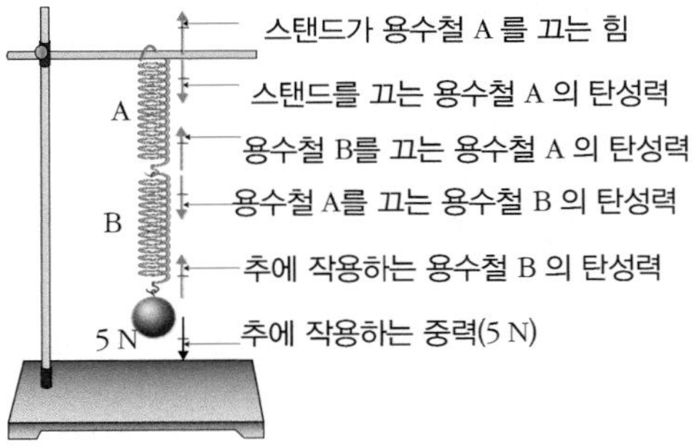

20. 답 ③
해설 합력(검은색 화살표)의 크기가 가장 큰 것은 ③ 이다.

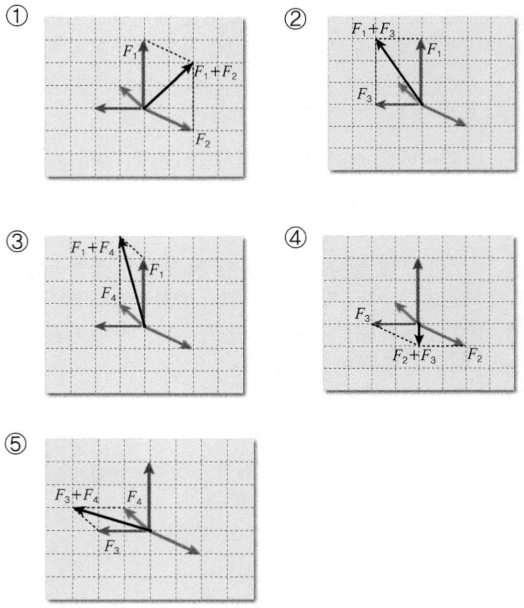

21. 답 ⑤
해설 사람이 발로 땅을 뒤로 밀면, 동시에 땅도 사람의 발을 앞으로 민다. 이 두 힘은 작용과 반작용이다. 만약 땅과 사람의 발 사이에 마찰이 있어서 미끄러지지 않는다면 땅으로부터 힘을 받아 사람은 앞으로 나갈 수 있는 것이다. 사람은 땅으로 부터 힘을 받으므로 사람이 받는 힘의 합력은 0 이 아니다.

22. 답 ④, ⑤
해설 힘 A : 손이 쇠구슬을 누르는 힘, 힘 B : 힘 A 의 반작용. 쇠구슬이 손에 작용하는 힘, 힘 C : 쇠구슬이 책상을 누르는 힘, 힘 D : 힘 C 의 반작용. 책상이 쇠구슬을 떠받치는 힘, 힘 E : 쇠구슬에 작용하는 중력
쇠구슬에 작용하는 힘 : 힘 A, D, E(힘 A + 힘 E = 힘 D)

23. 답 50 N
해설 용수철 길이가 16 cm 이면 늘어난 길이는 6 cm 이다. 늘어난 길이가 6 cm 이면 그래프에서 탄성력은 30 N 이다. 물체에 작용하는 알짜힘(합력)은 0 N 이고 탄성력은 위로 30 N 중력은 아래로 80 N 의 힘이 작용하고 있으므로 책상이 물체를 떠받치는 힘은 위로 50 N 이다.

24. 답 ④
해설 B 와 F 는 힘의 평형이고 C 와 E 의 합력은 D 방향이며, A 쪽으로 작용하는 힘 크기의 2 배이다. 따라서 D 방향으로 운동한다.

25. 답 ①, ④
해설 ① 사과의 무게만큼 사과가 책상을 누르게 되고, 또 그 힘의 크기만큼 책상면이 사과를 떠받치게 되므로 힘의 크기는 모두 같다.
④ 사과가 책상면을 누르는 힘(F_3)과 책상면이 사과를 떠받치는 힘(F_4)은 상호 작용하는 두 힘이다.
②, ③ 사과에 작용하는 힘은 F_1과 F_4이고, 사과는 정지 상태이므로 두 힘은 평형 관계에 있다($F_1 + F_4 = 0$). F_3는 책상면이 받는 힘이다.

26. 답 용수철에 매단 물체가 정지해 있을 때 중력 = 탄성력이 성립한다. 지구에서 물체의 무게는 달에서 물체 무게의 6 배이다. 질량은 2 배 늘어났지만 달에서의 중력은 지구에서의 중력의 $\frac{1}{6}$ 이기 때문에 달에서 용수철의 탄성력은 지구의 $\frac{1}{3}$ 로 줄어든다. 따라서 지구에서 12 cm 가 늘어난 용수철이 달에서는 4 cm 가 늘어난다.

27. 답 두 힘이 반대 방향으로 작용할 때 합력의 방향은 큰 힘의 방향이기 때문이다. 개가 땅을 미는 힘의 반작용으로 땅이 개를 미는 힘과, 사람이 개를 뒤로 잡아당기는 두 힘 중 땅이 개를 미는 힘이 더 크기 때문에 개는 앞으로 간다.

28. 답 10 N

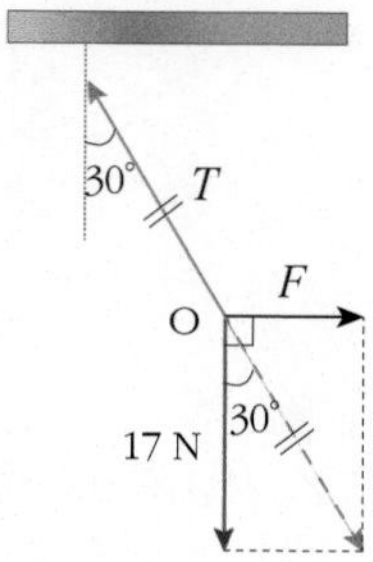

해설 천장에 매달린 끝이 물체를 잡아당기는 힘(장력, T)은 힘 F 와 물체에 작용하는 중력(무게)의 합력이 된다. 이때 세 힘은 O 점을 중심으로 평형 상태이다. 따라서 직각 삼각형의 길이의 관계에 따라

$T : F : 17 = 2 : 1 : \sqrt{3} = 2 : 1 : 1.7$

$\rightarrow F : 17 = 1 : 1.7, \quad \therefore F = 10(\text{N})$

29. 답 (1) ㉠ F_1 ㉡ F_2 ㉢ F_3 ㉣ F_4 (2) F_1과 F_4
(3) F_1과 F_2, F_3과 F_4

해설 (2) 고무줄에 대해 평형 관계인 두 힘은 고무줄에 작용하는 두 힘이 된다. 따라서 F_1 과 F_4 두 힘이 평형 관계이다.
(3) 작용 · 반작용 관계인 힘은 주어와 목적어가 서로 반대가 되는 두 힘이 된다. 따라서 F_1 과 F_2, F_3 과 F_4 가 작용 반작용의 관계가 된다.

30. 답 (1) 책상면이 사과를 떠받치는 힘(수직항력)이다. (2) F_2 는 지구가 사과를 당기는 힘(중력)이므로 반작용은 사과가 지구를 당기는 힘, 즉 F_4 이다.

31. 답 예인선 두 척이 큰 배에 작용하는 힘은 나란하지 않다. 따라서 큰 배는 두 힘을 이웃한 두 변으로 하는 평행사변형의 대각선 방향, 즉 합력의 방향으로 움직인다.

32. 답 추에 작용하는 힘으로는 용수철에 의해 연직 윗방향으로 탄성력이, 연직 아랫방향으로 중력이 작용하며, 두 힘은 평형을 이룬다. 따라서 힘의 합력은 0 이다.

3강. 힘이 작용하지 않을 때의 운동

개념 확인 50~53쪽

1. 거리, 방향, 기준점 **2.** 0.7
3. (1) O (2) X (3) O (4) O **4.** (1) X (2) X (3) O

2. 답 0.7 m/s
해설 $\frac{0.07 \text{ m}}{0.1 \text{ s}} = 0.7$ m/s 이다.

4. 답 (1) X (2) X (3) O
해설 (1) 질량이 크면 관성이 크다.
(2) 관성이 클수록 운동 상태를 변화시키기 어렵다.
(3) 외부에서 힘이 작용하지 않을 때 처음의 운동 상태를 유지하려는 성질이 관성이다.

확인+ 50~53쪽

1. (1) 5 (2) 20 (3) 50 **2.** 1 m/s
3. 이동 거리 **4.** 질량

1. 답 (1) 5 m/s (2) 20 m (3) 50 초
해설 (1) $\frac{100 \text{ m}}{20 \text{ s}} = 5$ m/s (2) 2 m/s × 10 s = 20 m
(3) $\frac{500 \text{ m}}{10 \text{ m/s}} = 50$ s

2. 답 1 m/s 해설 $\frac{10 \text{ cm}}{0.1 \text{ s}}$ =100 cm/s = 1 m/s 다중 섬광 장치의 간격이 일정하므로 공은 등속 운동한다.

3. 답 이동 거리 해설 속력 - 시간 그래프에서 넓이 부분에 해당하는 것은 이동 거리이다.

4. 답 질량 해설 질량이 큰 물체일수록 관성이 크다.

생각해보기 50~53쪽

★ 구간을 정해서 측정한다.
★★ 스피드건, 자동차의 속력계
★★★ 등속 직선 운동이다.

★ 해설 속력계로 측정하면 그 지점만 측정되기 때문에 순간 속력을 구할 수 있다. 구간을 지정하여 측정을 하면 그 구간 만큼은 속력이 변하더라도 평균 속력은 전체 거리/총 걸린 시간으로 측정된다.

★★ 해설 자동차의 속력계와 스피드건은 한 지점에서의 속력을 측정할 수 있다.

★★★ 해설 엔진을 끄면 우주선에 작용하는 알짜힘은 0이다. 우주선은 따라서 등속 직선 운동을 한다.

개념 다지기 54~55쪽

01. ④	02. ④	03. ③
04. ④	05. ⑤	06. ③

01. 답 ④
해설 ④ 자동차는 나무(기준점)로 부터 동쪽(방향)으로 20m(거리)되는 지점에 있다. 기준점, 방향, 거리를 모두 나타내었다.
① 나무는 사람의 동쪽에 있다. (거리가 빠짐)
② 나무는 자동차로부터 20 m 떨어져 있다. (방향이 빠짐)
③ 사람은 자동차로부터 동쪽으로 100 m 되는 지점에 있다. (동쪽이 아니라 서쪽임)
⑤ 나무로부터 80 m 떨어진 지점에 사람이 있다. (동쪽으로)

02. 답 ④
해설 ① $\frac{5\ \text{m}}{1\ \text{s}} = 5\ \text{m/s}$ ② $\frac{120\ \text{m}}{60\ \text{s}} = 2\ \text{m/s}$
③ $\frac{60\ \text{m}}{60\ \text{s}} = 1\ \text{m/s}$ ④ $\frac{36000\ \text{m}}{3600\ \text{s}} = 10\ \text{m/s}$
⑤ $\frac{1\ \text{m}}{1\ \text{s}} = 1\ \text{m/s}$

03. 답 ③
해설 105 km를 1 시간 30 분만에 달렸으므로
$\frac{105\ \text{km}}{1.5\ \text{h}} = 70\ \text{km/h}$ 이다.

04. 답 ④
해설 다중 섬광 사진 속 물체의 간격이 일정하게 찍힌 사진이므로 물체는 등속 직선 운동을 하고 있음을 알 수 있다. ④ 이동 거리는 시간에 비례하여 증가한다.

05. 답 ⑤
해설 등속 직선 운동의 이동거리는 시간에 비례하고, 속력은 시간에 관계없이 일정하다.

06. 답 ③
해설 갈릴레이의 사고 실험을 통한 관성의 법칙에 대해서 묻는 문제이다. ㄴ 에서 D 쪽으로 구슬이 운동하면 속력이 빨라지지 않고 일정한 속력으로 운동한다.

유형 익히기 & 하브루타 56~59쪽

[유형3-1] ④	01. ①	02. ②
[유형3-2] ①, ②	03. ②	04. ①
[유형3-3] ①, ⑤	05. ③	06. ⑤
[유형3-4] ④, ⑤	07. ④	08. ②, ⑤

[유형3-1] 답 ④
해설 기준점, 방향, 거리 모두 알아야 한다.

01. 답 ①
해설 총 이동 거리는 360 km 이고 총 걸린 시간은 4시간이므로 자동차의 평균 속력은 $\frac{360\ \text{km}}{4\ \text{h}} = 90\ \text{km/h}$ 이다.

02. 답 ②
해설 총 이동 거리는 20 m, 총 걸린 시간은 2 초이므로 1 초와 3 초 사이의 평균 속력은 10 m/s 이다.

[유형3-2] 답 ①, ②
해설 (가) 와 (나) 는 타점 간격이 일정한 것으로 보아 모두 시간 기록계로 등속 직선 운동을 나타낸 것을 알 수 있다. 시간 기록계에서는 타점 간격이 짧을 수록 속력이 더 작다. 그러므로 (가) 는 (나) 보다 속력이 빠르다.

03. 답 ②
해설 1 초에 60 타점을 찍는 시간기록계를 이용하여 기록한 종이테이프이므로 6 타점찍는 동안에 걸린 시간은 0.1 초이다.
0.1초 동안 4cm를 이동하였으므로 $\frac{4\ \text{cm}}{0.1\ \text{s}} = 0.4\ \text{m/s}$이다.

04. 답 ①
해설 이동 거리 - 시간 그래프에서 기울기는 속력이다. 기울기의 경사가 급할수록 속력이 제일 빠르다. 그러므로 A의 속력이 가장 빠르다.

[유형3-3] 답 ①, ⑤
해설 다중 섬광 사진의 물체 사이의 간격이 일정한 것으로 보아 등속 직선 운동을 나타낸 것을 알 수 있다. 그러므로 속력-시간 그래프와 이동 거리-시간 그래프로 각각 나타낸것은 ①, ⑤이다.

05. 답 ③
해설 속력 - 시간 그래프에서 시간축과 평행한 직선 모양의 경우 등속 직선 운동을 나타낸 것이다. 이때 그래프의 넓이는 이동한 거리가 된다. ③ 등가속도 운동에 대한 설명이다.

06. 답 ⑤
해설 ⑤ 이동 거리 - 시간 그래프에서 두 물체의 운동을 속력-시간 그래프로 나타낼 때 시간축과 평행한 직선 모양이면 등속 직선 운동이다.
① 진공 속에서는 중력을 받으므로 등가속도 운동을 한다.
② 이동 거리 - 시간 그래프에서 기울기는 물체의 속력이다. 따라서 A 의 기울기가 더 가파르기 때문에 물체 A 의 속력이 더 빠르다.
③ 출발 후 t 까지 이동한 거리는 A 가 더 길다.
④ A 와 B 는 속력이 일정한 운동이다.

[유형3-4] 답 ④, ⑤
해설 왼쪽 수면이 높아진 경우는 물이 왼쪽(A 방향)으로 쏠리는 힘을 받았기 때문이다. 이는 B 방향으로 수레의 속력이 증가하거나 A 방향으로 수레의 속력이 감소하는 경우에 일어나게 된다.

07. 답 ④
해설 버스가 출발하면 정지해 있던 손잡이는 C 처럼 뒤로 쏠리게 된다.(정지 관성) 버스가 일정한 속력으로 움직일 때는 A 와 같은 상황이 된다. 이때 버스가 갑자기 정지하면 운동하고 있던 물체는 B 처럼 앞으로 쏠린다.(운동 관성) 그러므로 C-A-B 순서가 된다.

08. 답 ②, ⑤
해설 ⑤ 이 운동은 정지해 있던 버스가 진행 방향으로 출발하는 모습이다. 손잡이는 정지 상태를 유지하여 하므로 ② 손잡이는 정지 관성을 보인다.

창의력 & 토론 마당 60~63쪽

01 (1) 한 손으로 휴지를 빠르게 잡아 당기면 감겨진 부분은 힘을 받지 않고 관성에 의하여 정지 상태를 유지하려 하므로 잡아당긴 휴지만 끊어지게 된다.
(2) 질량이 클수록 관성이 크므로 두루마리에 휴지가 많이 남아 있을수록 한 손으로 휴지를 끊기가 더 쉽다.

해설 (1) 힘을 받은 물체는 운동하지만 힘을 받지 않으면 운동을 하지 않는다. 휴지를 빠르게 당기면 감겨진 부분은 힘을 받지 않기 때문에 움직이려 하지 않고 당겨진 부분만 끊어진다.
(2) 질량이 크면 관성이 크다. 두루마리에 휴지가 더 많이 남아 있으면 질량이 크므로 이때 더 큰 관성이 작용하여 한 손으로 휴지를 끊기가 더 쉬어 진다.

02 3 km

해설 두 사람은 같은 속력으로 접근하므로 중간점에서 만나게 되며, 각자 4 km/h 의 속력으로 1 km 를 진행하여 15 분 후에 만나게 된다. 그 시간 동안 잠자리는 12 km/h 의 속력으로 계속 날아가므로 잠자리의 날아간 거리 = 12 km/h × $\frac{1}{4}$ h = 3 km이다.

03 오른쪽으로 기울어져 떠 있게 된다.

해설 자동차가 오른쪽으로 출발하면 오른쪽으로 속력이 증가하게 된다. 그러면 자동차 안의 물체들은 관성 때문에 왼쪽으로 쏠리게 된다. 그런데 공기보다 가벼운 물체인 고무풍선은 공기의 관성에 밀려 그림처럼 자동차의 운동 방향인 오른쪽으로 기울어져 떠 있게 된다.

04 10 초

해설 지면(정지한 곳)에서 볼 때, 내려갈 때의 배의 속력은 5 + 3 = 8 m/s, 올라올 때는 5 m/s - 3 m/s = 2 m/s 이다. 그 시간 동안 각각 16 m 를 진행하게 되므로 왕복 운동하는데 걸린 시간은 $\frac{16}{8} + \frac{16}{2} = 10$ 초가 된다.

05 (1) 12 분 이하일 경우 과속 차량으로 설정한다.
(2) 해설참조

해설 (1) 평균 속력 진행 시간인 12분보다 짧은 시간에 지점 A와 B 사이를 지나가면 과속으로 단속된다.

$$\text{걸린 시간} = \frac{\text{이동 거리}}{\text{속력}} = \frac{12\text{ km}}{60\text{ km/h}} = \frac{1}{5}\text{ h} = 12\text{ 분}$$

(2) 지점 단속의 경우는 과속 카메라가 있는 곳에서의 순간 속력을 측정하므로 그 지점만 통과하면 다시 과속을 하더라도 단속할 수 없다. 하지만 구간 단속일 경우는 일정 속력 이하를 계속 유지해야 하므로, 지점 단속보다 구간 단속이 과속 방지에 더 효과적이다.

스스로 실력 높이기 64~69쪽

01. ⑤	02. ②	03. ③	04. ⑤
05. ③	06. ④	07. ④	08. ④
09. ④	10. ④	11. (1) ② (2) ①	
12. ②	13. ④	14. ③	15. ④
16. ⑤	17. C, B	18. ④	19. ①
20. ④	21. ③	22. ③	23. ③
24. ③	25. ④	26.~ 32. 〈해설 참조〉	

01. 답 ⑤
해설 위치를 정확하게 표현하려면 기준점, 거리, 방향을 모두 말해야 한다. ⑤ 마트는 학교(기준점)에서 북쪽(방향)으로 100 m 지점에 있다.
② 마트는 교회에서 동쪽으로 150 m 지점에 있다.
④ 마트는 육교에서 서쪽으로 300 m 지점에 있다.

02. 답 ②
해설 총 거리는 450 km 이고 걸린 시간은 50 분이므로 평균 속력은 $\frac{450\text{ km}}{50/60\text{(h)}}$ = 540 km/h이다.

03. 답 ③
해설 2 m/s 의 속력으로 1000 m 를 가는 데 걸린 시간은 500 초, 1200 m 를 6 m/s 의 속력으로 가는 데 걸린 시간은 200 초, 300 m 를 1 m/s 의 속력으로 가는 데 걸린 시간은 300 초 이다. 그러므로 2500 m 를 가는 데 걸린 시간은 총 1000 초이므로 철수가 학교까지 가는 평균 속력은 2.5 m/s 이다.

04. 답 ⑤
해설 관성의 법칙은 물체가 외부로 부터 힘을 받지 않을 때 처음 운동 상태를 계속 유지하려는 현상이다.
ㄱ. 먼지는 힘을 받지 않을 때 가만히 있으려는 현상을 계속 유지하므로 이불을 두드리면 떨어진다.
ㄴ. 안쪽으로 커브를 돌 때 우리 몸은 힘을 받지 않으므로 가만히 있으려는 현상을 유지한다. 그러므로 몸이 밖으로 쏠린다.
ㄷ. 승강기는 위로 올라갈 때 몸은 가만히 있으려는 현상을 유지하므로 몸이 아래로 쏠리고, 몸무게가 무거워진다.

05. 답 ③

해설 쇠구슬이 오른쪽으로 기울어지는 경우는 왼쪽 방향으로 속력이 점점 빨라지거나 오른쪽 방향으로 속력이 점점 느려지는 경우이다.

06. 답 ④

해설 A, B, C, D 각 구간마다 걸리는 시간은 0.1 초이므로 A ~ D 까지 걸린 시간은 총 0.4 초이고 총 길이는 14 cm 이다.
그러므로 평균 속력은 $\frac{14\text{ cm}}{0.4\text{ 초}} = 0.35\text{ m/s}$ 이다.

07. 답 ④

해설 ㄱ속력 : $3\text{ km/h} = \frac{3000}{3600}\text{ m/s} = \frac{5}{6}\text{ m/s}$이다.
ㄴ속력 : $\frac{10\text{ m}}{5\text{ s}} = 2\text{ m/s}$이다.
ㄷ속력 : $4\text{ km/h} = \frac{4000}{3600}\text{ m/s} = \frac{10}{9}\text{ m/s}$이다.
속력은 ㄴ 이 가장 빠르고 그 다음에 ㄷ, 가장 느린 것은 ㄱ 이다.

08. 답 ④

해설 기차의 앞부분이 터널에 들어가고 앞부분이 통과할 때의 길이가 450 m 이다. 기차가 완전히 통과하기 위해서는 기차의 길이 만큼인 50 m 를 더 이동해야 한다. 따라서 걸린
시간은 길이/속력이므로 $\frac{500\text{ m}}{100\text{ m/s}} = 5.0$ 초이다.

09. 답 ④

해설 2 ~ 6 초 동안 총 걸린 시간은 4 초이며 속력은 5 m/s이므로 이동한 거리는 $4\text{ s} \times 5\text{ m/s} = 20\text{ m}$ 이다.

10. 답 ④

해설 질량이 큰 물체(추)는 관성이 크므로 계속 정지해 있으려는 성질이 크다. 아래로 실을 갑자기 당기면 질량이 큰 물체는 관성에 의해 그대로 있으려고 하므로 실만 끊어지게 된다.

11. 답 (1) ② (2) ①

해설 (1) 20 m/s 로 달리는 자동차가 10 분(600 초)걸렸으므로 이동한 거리는 12000 m 이다. (2) 자전거는 40 분(2400 초) 걸렸으므로 자전거의 속력은 $\frac{12000\text{ m}}{2400\text{ s}} = 5\text{ m/s}$이다.

12. 답 ②

해설 희성이는 200 m 를 10 m/s 로 달렸으므로 걸린 시간은 20 초이다. 철우는 200 m 를 8 m/s 으로 달렸으므로 걸린 시간은 25 초이다. 그러므로 400 m 를 20 초 + 25 초 = 45 초에 달린 것이다.

13. 답 ④

해설 0 ~ 1 시간 동안 평균 속력은 80 km/h 이다. 1 ~ 2 시간 동안 평균 속력은 110 km/h 이다. 2 ~ 3 시간 동안 평균 속력은 90 km/h 이다. 3 ~ 4 시간 동안 평균 속력은 120 km 이다. 1 ~ 3 시간 동안 평균 속력은 $\frac{200\text{ km}}{2\text{ h}} = 100\text{ km/h}$ 이다.

14. 답 ③

해설 이동 거리-시간 그래프에서 기울기는 속력이고, A 와 B 는 등속 직선 운동을 하고 있다. ③ 물체 C 도 등속 직선 운동을 하므로 이동 거리는 시간에 비례하여 증가한다.

15. 답 ④

해설 ①, ③ A 에서 출발한 물체는 면의 마찰이 없으므로 같은 높이가 되어야 정지할 수 있다.
②, ⑤ 같은 높이가 되지않을 경우, D 처럼 계속 운동을 하는 현상을 설명하고자 한 것이므로 '운동하는 물체가 계속 운동 상태를 유지하려고 한다.'는 관성 현상을 설명한 것이다.
④ 물체가 힘을 받으면 속력이 변한다. 갈릴레이 사고 실험은 물체가 힘을 받지 않는 경우의 운동에 대한 것이다.

16. 답 ⑤

해설 그림에서의 물체의 운동은 운동하는 물체가 힘을 받지 않아도 속력이 일정하게 유지되는 운동 관성을 설명하고 있다. ①, ②, ③, ④ 은 모두 운동 관성의 예이고 ⑤ 은 정지 관성의 예이다.

17. 답 열차가 출발할 때 : (C), 열차가 정지할 때 : (B)

해설 열차가 출발하면 C 와 같이 정지해 있던 물체는 뒤로 쏠리고 (정지 관성) 열차가 갑자기 정지하면 B 와 같이 운동하고 있던 물체는 앞으로 쏠린다.(운동 관성)

18. 답 ④

해설 이동 거리-시간 그래프에서 기울기는 속력이고 일차함수의 형태 그래프이므로 등속 직선 운동이다. A 가 B 보다 더 가파르므로 속력은 A 가 B 보다 더 빠르다.

19. 답 ①

해설 구간마다 간격이 일정하므로 등속 직선 운동이다. 이 그래프에서 가로축은 시간, 세로축은 속력이다. 6 cm 이동하는 데 걸린 시간은 0.1 초이므로 속력은 $\frac{6\text{ cm}}{0.1\text{ s}} = 60\text{ cm/s}$ 이다.

20. 답 ④

해설 운동 방향은 왼쪽이고 속력이 점점 빨라지는 타점 기록계는 각 점마다 거리 간격이 늘어나야 한다. 따라서 처음에는 거리 간격이 작다가 시간이 지날수록 늘어나는 ④ 그래프가 정답이다.

21. 답 ③

해설 갑자기 오른쪽으로 출발하면 오른쪽으로 속력이 증가한다. 물컵의 물은 그대로 유지하려는 성질이 강하므로 ③ 번과 같은 결과가 나온다.

22. 답 ③

해설 ①, ②, ④ 위치-시간 그래프에서 A 와 B 위치가 같다.
⑤ 시간을 보면 B는 0초에 출발 A 는 0 초보다는 늦게 출발하였다.
③ 자동차 B의 운동 그래프에서 일직선인 구간이 보이는 데 이때가 운행 도중 정지한 것이다.

23. 답 ③

해설 서울에서 춘천까지의 거리를 $2L$이라고 하면 전체 평균 속력 = $60\text{ km/h} = \frac{2L}{\text{전체 걸린 시간}}$

서울~중간점 시간 $= \frac{L}{40}$, 중간점~춘천 시간 $= \frac{L}{x}$

$\therefore$ 전체 걸린 시간 $= \frac{L}{40} + \frac{L}{x} = \frac{L(x+40)}{40x}$

$\therefore$ 전체 평균 속력의 식에서

$$60 = \frac{2L}{\text{전체 걸린 시간}} = \frac{2L}{\frac{L(x+40)}{40x}} = \frac{80x}{(x+40)}$$

$\therefore 6(x+40) = 8x \rightarrow 2x = 240,\ x = 120$ km/h

24. 답 ③
해설 위치-시간 그래프에서 기울기는 속력이다. 0 ~ 5 초, 5 ~ 10 초 구간에서는 모두 등속 직선 운동을 하며 속력은 각각 1 m/s, 5 m/s 이다. 0 ~ 10 초 동안 평균 속력은 $\frac{30\ \text{m}}{10\ \text{s}} = 3$ m/s 이다.

25. 답 ④
해설 A 는 20 m/s = 72 km/h 이다. B 는 36 km/h = 10 m/s이다.
③ 자동차 A 가 자동차 B 보다 빠르다.
④ 1 시간 동안 자동차 A 는 자동차 B 보다 36 km 더 간다.
⑤ 속력이 10 m/s 차이나므로 매초 10 m 씩 A 가 앞서 나간다.

26. 답 384 km
해설 서울에서 경주까지의 거리를 s 라고 할 때 경주까지 갈 때의 속력이 80 km/h 라면 걸린 시간은 $\frac{s}{80}$ 이다. 또 서울로 돌아올 때의 속력이 120 km/h 라면 걸린 시간은 $\frac{s}{120}$ 이다. 총 걸린 시간은 8 시간이므로 $\frac{s}{80} + \frac{s}{120} = 8$, s = 384 km 이다.

27. 해설 같은 힘으로 밀었을 때 관성이 커서 덜 움직이는 공이 질량이 크다.

28. 해설 이동 거리가 일정하게 증가하므로 물체는 속력이 일정한 운동을 한다.

29. 답 리프트의 속력과 산 아래에서 산 위까지 이동하는 데 걸린 시간을 알면 속력과 시간의 곱으로 전체 이동 거리를 알 수 있다.

30. 답 2400 m, 400 m/s
해설 이동 거리는 $2\pi \times 400 = 2400$ m 이며 걸린 시간은 6 초이므로 평균 속력은 $\frac{2400\ \text{m}}{6\ \text{초}} = 400$ m/s 이다.

31. 해설 물체의 질량이 클수록 관성은 커진다. 기차나 지하철의 경우 자동차에 비해 질량이 매우 크다. 따라서 관성이 크기 때문에 갑자기 출발하거나 갑자기 정지하기가 매우 어렵다. 따라서 기차나 지하철의 승객들은 앞으로 쏠리거나 뒤로 넘어지는 경우가 나타나지 않으므로 기차나 지하철에는 안전띠가 없는 것이다.

32. 해설 기울기가 일정하므로, 각 구간별로 물체는 등속 운동하는 것을 알 수 있다. 이때 각 구간별 물체의 속력은 다음과 같다.
0 ~ 2 초 : $\frac{6}{2} = 3$(m/s), 2 ~ 6 초 : $\frac{8-6}{6-2} = 0.5$(m/s)
6 ~ 8 초 : $\frac{10-8}{8-6} = 1$(m/s)
따라서 속력-시간 그래프 (나)는 다음과 같다.

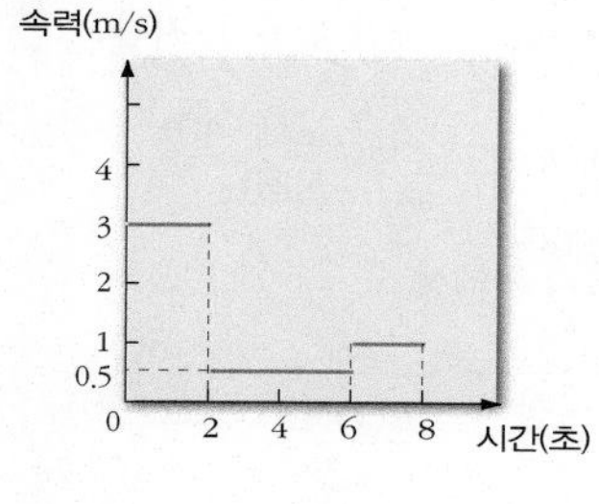

4강. 힘이 작용할 때의 운동

개념 확인 70~73쪽

1. 2 **2.** ㉠ : 구심력, ㉡ : 중심
3. (1) X (2) O (3) X **4.** (1) 방 (2) 동 (3) 방

1. 답 2
해설 각 구간에서 걸린 시간은 $\frac{1}{50} \times 5 = 0.1$ 초 이다.
A 구간의 평균 속력 : $\frac{2}{0.1}$ cm/s = 20 cm/s = 0.2 m/s 이다.
같은 방법으로 구하면 B, C, D, E 구간의 평균 속력은 각각 0.4, 0.6, 0.8, 1.0 m/s 이다. 일정하게 속력이 증가하는 운동이고, 평균 속력이 0.2 m/s(A 구간)에서 0.4 m/s(B 구간)으로 변하는 시간은 0.1 초라고 할 수 있으므로
가속도 $a = \frac{0.4-0.2}{0.1} = 2$ m/s² 이다.

3. 답 (1) X (2) O (3) X
해설 (1) 비스듬히 던졌으므로 최고점에서 수평 방향의 속력이 있다.
(2) 물체에 작용하는 힘은 중력 뿐이다.
(3) 중력이 아래로 작용하므로 올라가는 동안에는 속력이 느려진다.

확인+ 70~73쪽

1. ④ **2.** B **3.** O **4.** 2

1. 답 ④
해설 ① 물체를 연직 위로 던지는 경우 중력의 방향과 운동 방향이 반대가 되어 속력이 일정하게 감소한다.
②,③ 물체가 중력을 받아 아래로 운동하는 경우 힘의 방향과 운동 방향이 같아 속력이 일정하게 증가한다.
④ 일정한 속력으로 올라가고 있는 엘리베이터는 등속 직선 운동의 예이다.
⑤ 운동 방향과 반대 방향으로 힘을 받아 지하철의 속력이 일정하게 감소하는 경우이다.

2. 답 B
해설 반시계 방향으로 등속 원운동 하는 공의 O 점에서의 구심력의 방향은 B 이고, 공의 운동 방향은 A 이다.

4. 답 2 m/s²
해설 20 N 의 힘이 10 kg 인 물체에 작용한다면 가속도의 크기는 $\frac{20}{10} = 2$ m/s² 이다.

생각해보기 70~73쪽

★ $T = \frac{2\pi r}{v}$ (원주(원둘레) / 속력)

★★ 진자의 주기는 진폭이나 추의 질량에 영향받지 않으므로 주기는 변하지 않는다.

개념 다지기 74~75쪽

01. ②	**02.** ②	**03.** ②
04. B, C	**05.** ③	**06.** C, D, A, B

01. 답 ②
해설 등가속도 운동 그래프에서 평균 속력은 $\frac{\text{처음속력} + \text{나중속력}}{2}$ 이고, 이동 거리는 그래프 사이 넓이이다. 따라서 평균 속력은 10 m/s이고, 이동 거리는 평균 속력 × 시간이므로 $10 \times 6 = 60$ m이다.

02. 답 ②
해설 5초 동안 속력 변화는 54 km/h이다.
$\text{가속도} = \frac{\text{속력 변화}}{\text{시간}} = \frac{54000\text{ m}}{3600 \times 5(\text{s})} = 3\text{ m/s}^2$ 이다.

03. 답 ②
해설 물체에 일정한 힘이 가해졌으므로 물체는 등가속도 운동을 한다. 이때 물체의 가속도(a)와 이동거리(a)는 각각

$$a = \frac{v - v_0}{t} = \frac{10 - 0}{5} = 2\text{ m/s}^2$$

$$s = v_0 t + \frac{1}{2}at^2 = 0 + \frac{1}{2} \times 2 \times 5^2 = 25\text{ m 이다.}$$

04. 답 운동 방향 : B, 힘의 방향 : C
해설 비스듬히 던진 물체에 작용하는 힘은 중력 밖에 없다. 물체가 받는 중력의 방향은 C 이고, 운동 방향은 접선과 수직인 B 방향이다.

05. 답 ③
해설 회전목마를 타면, A 와 B 의 회전 주기 T가 같다. 하지만 A, B 가 도는 원반경과 운동하는 원둘레의 길이도 다르기 때문에 속력이 다르다.
① 같은 시간 동안 지나가는 이동거리 다르므로 속력이 다르다.
②, ③, ④ A 가 더 바깥쪽이므로 B 보다 속력이 더 빠르나, 회전수는 같다.

06 답 C < D < A < B
해설 $F = ma$ 에서 가속도를 구한다.
A : $10 = 4a$, $a = \frac{10}{4} = 2.5\text{ m/s}^2$　B : $6 = 2a$, $a = \frac{6}{2} = 3\text{ m/s}^2$
C : $3 = 3a$, $a = \frac{3}{3} = 1\text{ m/s}^2$　D : $2 = 1a$, $a = \frac{2}{1} = 2\text{ m/s}^2$

유형 익히기 & 하브루타 76~79쪽

[유형 4-1] ②	**01.** ①	**02.** ⑤
[유형 4-2] ④	**03.** ④	**04.** 0.5
[유형 4-3] ⑤	**05.** ③	**06.** ④, ⑤
[유형 4-4] ②	**07.** ②	**08.** 1 : 2

[유형 4-1] 답 ②
해설 추는 자유 낙하 운동을 한다. 자유 낙하할 때는 처음 속력이 0 이고, $g = 9.8\text{ m/s}^2$ 의 등가속도 운동을 한다.

01. 답 ①
해설 등가속도 운동 그래프에서 이동한 거리는
$\frac{\text{처음속력} + \text{나중속력}}{2} = \frac{20 + 0}{2} = 10\text{ m/s}$ 이다. 걸린 시간은 2초이므로 미끄러져 이동한 거리는 $10 \times 2 = 20$ m 이다.
또는 2초까지 그래프 아래 부분의 넓이를 구하면 되는데,
그래프 아래쪽 넓이 $= \frac{20 \times 2}{2} = 20$ m(이동 거리)이다.

02. 답 ⑤
해설 물체의 속력-시간 그래프에서 기울기는 가속도가 되고, 그래프가 그리는 아래 면적은 이동 거리가 된다. 물체 A와 B는 시간-속력 그래프에서 기울기가 각각 일정하므로 두 물체 모두 속력이 일정하게 증가하는 운동을 하고 있다.
① 물체 A 의 그래프이 기울기가 물체 B의 그래프의 기울기보다 크므로 가속도도 물체 A가 더 크다.
② 시각 t 에서 물체 A 의 속력이 B 보다 빠르다.
③ 같은 시간동안 그래프 A 가 그리는 면적이 B 보다 크므로, A 가 B 보다 더 먼거리를 이동하였다.
④ 두 물체 모두 속력 변화가 일정하므로 A, B 에 각각 작용하는 알짜힘의 크기는 일정하다.
⑤ $F = ma$ 에서 질량 이 각각 같은 경우 기울기(a)가 큰 물체 A 가 더 큰 힘을 받았다.

[유형 4-2] 답 ④
해설 ④ 실이 끊어지면 물체를 중심 방향으로 잡아당기는 구심력 = 0 이 된다. 따라서 실이 끊어지면 물체는 원의 접선 방향(물체의 운동 방향)인 A 방향으로 날아간다.

03. 답 ④
해설 물체에 운동 방향과 수직 방향으로 힘을 가하면 물체는 원운동을 한다. 이때 수직 방향의 힘을 구심력이라고 한다.

04. 답 0.5 초
해설 원 운동에서의 주기는 1 회전하는데 걸린 시간이다. 물체는 5 초 동안 10 회전하였으므로 $5 : 10 = 1 : x$, $x = 0.5$이다. 주기는 0.5 초이다.

[유형 4-3] 답 ⑤
해설 (가) 는 등속 원운동이고 (나) 는 진자의 운동이다. (가) 는 속력이 일정하고 방향이 변하는 운동, (나) 는 속력과 방향이 모두 변하는 운동이다.

05. 답 ③
해설 포물선 운동하는 물체가 받는 힘은 중력이며 방향은 항상 연직 아래 방향이다.

06. 답 ④, ⑤
해설 비스듬히 위로 던진 물체에 작용하는 힘은 중력이며, 항상 같은 크기로 연직 아래 방향으로 작용한다.

[유형4-4] 답 ②
해설 자유낙하하는 물체는 등가속도 운동을 한다. 등가속도 운

동을 하는 물체의 속력-시간 그래프에서 그래프의 기울기는 가속도가 된다. 질량 m 인 물체가 자유 낙하할 때 물체에 작용하는 힘은 mg 로 일정하며 $F = ma = mg$ 이므로 $a = g$ 이다. 물체가 중력을 받으며 운동하는 경우, 질량에 관계없이 가속도가 g 로 일정한 등가속도 운동을 한다.

07. 답 ②

해설 $F = ma$에서 가속도 a를 구한다.

① $2 = a,\ a = 2\ m/s^2$ ② $4 = a,\ a = 4\ m/s^2$

③ $2 = 2a,\ a = 1\ m/s^2$ ④ $4 = 2a,\ a = \frac{4}{2} = 2 m/s^2$

⑤ $8 = 4a,\ a = \frac{8}{4} = 2\ m/s^2$

08. 답 1 : 2

해설 그래프의 기울기는 물체의 가속도이다. 물체 A는 8초 동안의 속력 변화가 20 m/s 이고 물체 B 는 8 초 동안의 속력 변화가 10 m/s 이므로 가속도의 비는 2 : 1 이다. 작용하는 힘 F 는 같으므로 $F = ma$ 에서 질량비는 1 : 2 임을 알 수 있다.

창의력 & 토론 마당 80~83쪽

01 상자는 무인도 앞 수평으로 180 m 지점에서 힘을 가하지 않고 낙하시키면 6 초만에 X 지점에 도달한다.

해설 잡고 있던 상자를 그냥 놓으면 낙하하는 상자의 처음 속도는 비행기의 속력과 같은 30 m/s 의 속력을 가지게 된다. 상자가 t 초 동안 낙하는 거리(m) = $5t^2$ 이라고 주어졌고, 상자는 경비행기의 비행 높이인 180 m 만큼 낙하하므로 $180 = 5t^2$, t는 6 초이다. 떨어지는 시간 동안 수평 방향으로는 등속 운동하므로 수평 거리는 30 m/s × 6 s = 180 m 이다. 상자는 현재 경비행기 위치에서 6 초 후에 180 m 앞 지점인 × 지점에 떨어진다.

02 (1) ② 의 방향으로 쏴야 한다. 그 이유는 화살은 중력의 영향으로 포물선 운동을 하기 때문이다.
(2) ① 과 ② 사이로 쏘면 된다.

해설 (1) 화살은 질량이 있기 때문에 중력의 영향을 받는다. 중력을 받는 물체를 수평으로 던지면 과녁에 도달하는 동안 물체는 아래로 떨어지고, 물체는 포물선 운동을 하게 된다. 따라서 화살은 과녁의 정중앙을 향해서 쏘지 않고 비스듬히 위로 쏘아야 과녁의 정중앙을 맞출 수 있다. ① 의 방향으로 쏘게 된다면 화살이 진행하는 동안 아래로 떨어져 화살은 과녁의 아랫 부분을 맞출 것이다. 그래서 ② 의 방향으로 쏘아야 과녁의 정중앙을 맞출 수 있다.

(2) BB 탄 권총의 총알은 화살보다 훨씬 가볍지만 훨씬 빠르다. 과녁에 도달하는 시간이 짧으므로 날아가는 도중 화살보다 아래쪽으로 덜 떨어진다. 따라서 과녁의 정중앙을 맞추려면 ① 과 ② 사이를 향해 쏘아야 한다.

03 해설참조

해설 그림처럼 연직 아래 방향으로 중력, 위로 잡아당기는 장력이 작용하므로 장력과 중력의 합이 구심력으로 작용한다.

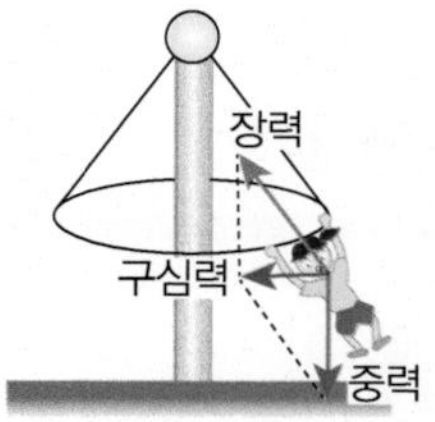

04 (1) $220.5\ m/s^2$ (2) 88.2 N

해설 (1) 공이 등가속도 직선 운동을 한다고 가정하면, 4 m 를 이동하며 처음 속력(v_0) 0 에서 나중 속력(v) 42 m/s 로 가속했으므로, $v = v_0 + at \rightarrow 42 = at$ --①

$s = v_0t + \frac{1}{2}at^2 \rightarrow 4 = \frac{1}{2}at^2$ --②

①에서 $a = \frac{42}{t} \rightarrow$ ②에 대입하면

$4 = \frac{1}{2} \times \frac{42}{t} \times t^2,\ t = \frac{4}{21} \rightarrow a = \frac{882}{4} = 220.5\ m/s^2$

(2) $F = ma$ 이므로 $F = 0.4\ kg \times 220.5\ m/s^2 = 88.2\ N$

스스로 실력 높이기 84~89쪽

01. ⑤	02. ②	03. ③	04. ③
05. 1 : 4	06. C	07. ⑤	08. ④
09. ①	10. ⑤	11. 15 m	12. ①, ②
13. ③	14. ③	15.(나)	16. (라)
17. ②	18. ⑤	19. ②	20. ④
21. ㄴ, ㄷ, ㄹ		22. ㄱ	23. ①, ②
24. ③	25. ㄱ, ㄹ	26. ~ 32. 〈해설 참조〉	

01. 답 ⑤

해설 속력이 일정하게 감소하는 운동이다. ⑤번은 속력이 일정하게 증가하는 등가속도 운동이다.

02. 답 ②

해설 20 초 일 때 자동차 A와 B의 속력이 같아진다. 속력-시간 그래프에서 그래프의 넓이는 이동 거리를 의미하므로 B가 20 초 동안 이동한 거리는 10 m/s × 20 초 = 200 m, A가 20 초 동안 이동한 거리는 = $\frac{1}{2}$ ×10 × 20 = 100 m 이다. 따라서 B 는 A 보다 100 m 앞에 있다.

03. 답 ③

해설 자동차 A 가 30 초 동안 달릴 때 평균 속력은

$\frac{나중속력 + 처음속력}{2} = \frac{15 + 0}{2} = 7.5\ m/s$ 이다.

또는 이동 거리가 그래프 아래쪽 넓이 = $\frac{30 \times 15}{2}$ = 225 m 이므로

평균 속력 = $\frac{\text{이동 거리}}{\text{걸린 시간}} = \frac{225\text{ m}}{30\text{ 초}}$ = 7.5 m/s 이다.

04. 답 ③
해설 속력이 일정하게 줄어드는 운동이다. ③ 연직 위로 올라는 공은 속력이 일정하게 줄어드는 등가속도 운동이다.

05. 답 $a_A : a_B = 1 : 4$
해설 $F = ma$ 를 이용하면 $a = \frac{F}{m}$ 가 된다.
$a_A = \frac{1}{2} = 0.5\text{ m/s}^2$ 이고, $a_B = \frac{2}{1} = 2\text{ m/s}^2$ 이므로
가속도 비는 0.5 : 2 = 1 : 4 이다.

06. 답 C
해설 실을 놓으면 구심력이 없어진다. 이때 운동 방향은 구심력과 수직이므로 실을 놓으면 물체는 C 의 방향으로 날아간다.

07. 답 ⑤
해설 연직 위로 던져 올린 공은 연직 위로 올라가는 동안 속력이 일정하게 감소한다. 이는 운동 방향은 위쪽인데 연직 아래 방향으로 중력이 작용하기 때문이다.

08. 답 ④
해설 빗면을 굴러 내려가는 운동은 속력이 일정하게 증가하는 등가속도 운동이다. 그러므로 이 운동을 종이 테이프로 나타내면 시간 기록계가 빗면 꼭대기에 있고 종이 테이프와 연결된 추가 빗면 아래 방향으로 가속도 운동하므로 운동 방향과 반대 방향으로 타점 간격이 늘어나는 ④ 과 같은 모양이 나타난다.

09. 답 ①
해설 빗면의 높이를 낮추면 책상면 위에서 쇠구슬의 속력이 줄어든다. 이때 자석을 접근시키면 쇠구슬이 자기력을 받는 시간이 길어지므로 쇠구슬의 운동 방향이 크게 변하게 된다.

10. 답 ⑤
해설 진자의 운동에서 A 와 B 지점에서는 속력이 최소이고 O 점에서 최대이기 때문에 추와 같은 높이의 수평 방향에 설치된 시간 기록계로 추에 연결된 종이 테이프에 기록해 보면 ⑤ 번과 같은 모양이 나온다.

11. 답 15 m
해설 수평으로 던진 물체의 포물선 운동은 연직 방향으로는 자유낙하 운동을, 수평 방향으로는 등속 직선 운동을 한다. 수평 방향으로는 처음 속력이 5 m/s 이고 이 속력이 3초 동안 일정하게 유지되므로 물체의 수평 방향 이동 거리 d는 5 m/s × 3 s = 15 m 이다.

12. 답 ①, ②
해설 운동 방향과 같은 방향으로 힘이 작용한다면 속력이 증가한다. 속력 - 시간 그래프에서 기울기가 가속도이며
$F = ma$ 이므로 기울기(가속도)가 (+) 인 구간이 운동 방향과 같은 방향으로 힘이 작용하는 구간이다. A ~ B 구간, B ~ C 구간이 이에 해당한다.

13. 답 ③
해설 알짜힘 = 가한 힘 − 마찰력 = 20 − 5 = 15 N 이다. 운동 마찰력(5 N)은 물체의 속력에 관계없이 일정하다. 알짜힘이 30 N 이라면 물체의 가속도가 현재의 2 배가 된다. 그러므로 15 N 의 힘이 더 필요하다.

14. 답 ③
해설 $F = ma,\ a = \frac{F}{m}$ 를 이용한다.
$a_A = \frac{10}{2} = 5\text{ m/s}^2,\ a_B = \frac{20}{4} = 5\text{ m/s}^2$ 으로 가속도가 같다.
동일한 시간이 지난 후 A, B 두 물체의 나중 속력은 같다.

15. 답 (나)
해설 운동 방향으로 일정하게 힘이 작용하면 물체는 일정하게 속력이 증가하는 등가속도 운동을 한다. 그러므로 운동 방향과 반대 방향으로 타점 간격이 점점 늘어나는 (나)와 같은 종이 테이프의 모양이 된다.

16. 답 (라)
해설 진자의 운동에서 A 와 B 지점에서 속력이 가장 느리고 O 점에서 속력이 가장 빠르다. 그러므로 (라) 와 같은 종이 테이프의 모양이 된다.

17. 답 ②
해설 속력-시간 그래프에서 시간축과 평행한 직선 구간이 속력이 일정한 지점이다.
③ 속력이 0 인 지점도 있으므로 놀이 기구는 중간에 멈추었다.
⑤ 속력-시간 그래프에서 놀이기구가 움직이는 방향은 알 수 없다. 크기만 같지 방향까지 언급이 되지 않았기 때문이다.

18. 답 ⑤
해설 ④, ⑤ 운동 중이거나 아니거나 지표상의 모든 물체는 항상 연직 아래 방향으로 중력을 받는다. 공기의 저항을 무시하면 포물선 운동하는 물체가 받는 힘은 중력밖에 없다.
① 같은 높이에서는 속력이 같다.
② 포물선 운동하는 물체는 수평 방향으로는 힘을 받지 않으므로 등속 운동한다.
③ 공의 속력과 운동 방향이 모두 변하는 운동이다.

19. 답 ②
해설 비스듬히 던져 올린 물체는 수평 방향으로는 등속도 운동을 한다. 총 거리가 200 m이고 걸리는 시간이 5 초이므로 수평 방향의 평균 속력은 $\frac{200}{5}$ = 40 m/s이다. C 점에서는 수평 방향의 속력만 가지므로 C 점에서의 속력은 40 m/s이다.

20. 답 ④
해설 B 지점에서는 공의 속력이 0인 상태로 실이 끊어지면 작용하는 힘은 중력밖에 없으므로 자유낙하한다. 따라서 ④번과 같은 형태로 사진이 찍힌다.

21. 답 ㄴ, ㄷ, ㄹ
해설 ㄱ. 같은 시간 동안 자동차 A 의 속력이 가장 많이 줄었으므로 A 의 브레이크 성능이 가장 좋다.
ㄴ. 속력-시간 그래프에서 A 의 밑넓이가 가장 넓으므로 자동차 A 의 미끄러진 거리가 가장 길다.
ㄷ. 자동차 A 의 기울기(절대값)가 가장 크므로 가속도가 가장 크고, 질량은 모두 같으므로 자동차 A 가 받는 힘이 가장 크다. 자동

차가 받는 힘은 마찰력 밖에 없으므로 자동차 A 가 받는 마찰력이 가장 크다.

ㄹ. 자동차 A 의 평균 속력은 $\frac{6+0}{2} = 3$ m/s 이고,

자동차 B 의 평균 속력은 $\frac{3+0}{2} = 1.5$ m/s 이다.

자동차 A, B 는 각각 3 초 동안 이동하였고 이동 거리는 평균 속력 ×시간이므로 이동거리 비는 2 : 1 이다.

22. 답 ㄱ

해설 ㄱ.공기 중에서는 공기 저항력을 받기 때문에 쇠구슬과 깃털의 속력이 차이가 난다.

ㄴ. 진공 중에도 중력이 작용하며, ㄷ. 공기 중에서 쇠구슬이 먼저 떨어지는 이유는 공기 저항력을 덜 받아 가속도가 크기 때문이다. 만약 깃털과 쇠구슬의 질량이 같다면 깃털과 쇠구슬이 받는 중력이 같다.

23. 답 ①, ②

해설 같은 속도로 출발하지만 A 는 B 보다 속력이 천천히 줄어들기 때문에 B 보다 앞서 나간다.

① 같은 시간 동안 A 는 B 보다 많이 이동하므로 두 물체 사이의 거리는 점점 멀어진다.

② 두 물체 모두 운동 방향과 반대로 일정한 힘을 받아서 속력이 일정하게 감소한다.

③, ④ B 는 속력이 0 인점을 기점으로 해서 출발점을 향해 되돌아가는 운동을 하므로 두 물체는 만나지 않는다.

⑤ 출발점에서 가장 멀리 떨어진 거리는 속도가 0 이 될 때까지의 그래프 아래 면적이 되는데 면적은 A 가 더 크다.

24. 답 ③

해설 가속도(a)는 $\frac{v-v_0}{t}$이므로

걸린 시간을 t 라고 했을 때 $a = \frac{10}{t}$ 이다. 처음 속력이 10 m/s 이고 5 m 이동했으므로

$5 = 10t + \frac{1}{2}at^2$ 이다. $a = \frac{10}{t}$ 을 대입하면 $t = \frac{1}{3}$ 이고,

가속도(a) = 30 m/s²가 된다. 질량이 1 kg 이므로

(작용한 힘)$F = ma = 1 \times 30 = 30$ N 이다.

25. 답 ㄱ, ㄹ

해설 ㄱ. ㄹ. 무게는 물체 B 가 더 크나 질량에 관계없이 중력 가속도는 같기 때문에 두 공의 속력은 같은 비율로 증가하여 같은 시간이 지났을 때 같은 속력이 되며, 동시에 바닥에 도달한다.

ㄴ. 두 공에 작용하는 힘은 중력과 수직항력이고, 각각 일정하게 유지된다.

ㄷ. 가속도가 같으므로 두 공의 속력은 같다.

26. 답 깃털이 받는 힘은 연직 방향으로 중력 운동 반대 방향으로 공기 저항력을 받는다. 이때 공기 저항력은 깃털의 속력이 클수록 커진다. 따라서 깃털의 속력이 처음엔 증가하지만 속력이 증가하면서 공기저항력이 증가하고, 결국 공기 저항력과 중력이 평형 상태를 이루게 되어 나중엔 등속 운동을 하며 떨어지게 된다.

27. 답 달리던 자전거의 브레이크를 잡으면 운동 방향과 반대 방향으로 마찰력이 작용하므로 자전거의 속력이 느려지다가 정지하게 된다.

28. 답 A구간에서는 물체에 작용하는 힘과 운동 방향이 같으므로 속력이 일정하게 증가한다. B구간에서는 힘이 작용하지 않기 때문에 등속 직선 운동을 한다. C구간에서는 물체의 운동 방향과 힘의 방향이 반대이기 때문에 속력이 일정하게 감소한다.

29. 답 바이킹에는 바이킹의 운동 방향과 나란하지 않은 힘이 작용한다. 따라서 속력과 방향이 동시에 변하는 운동을 한다. 바이킹이 양끝으로 이동할 때에는 속력이 점점 느려지고, 양끝에서 가운데로 진행할 때의 속력은 점점 빨라진다. 따라서 바이킹의 운동에서 속력이 가장 빠른 곳은 가운데 부분이며, 가장 느린 곳은 양 끝이다.

30. 답 수평 방향으로 A 는 B 를 향해 등속 운동하며 다가간다. 연직 방향으로는 두 물체 모두 자유 낙하 운동을 하여 같은 시간에 같은 높이에 있게 된다. 시간이 지나도 같은 높이이고, A 가 B 를 향해 다가가므로 부딪치게 된다.

31. 해설 진자 운동의 주기는 진폭이나 매달린 추의 질량과는 관계가 없으며, 진자의 길이가 길수록 주기가 길어진다.

(1) 진자의 질량이 다른 경우이나 진자 운동의 주기는 질량과 상관이 없으므로 진자의 주기는 변하지 않는다.

(2) 물이 조금씩 흘러나온다면 물의 질량 중심이 물통의 바닥 쪽으로 가까워지기 때문에 진자의 길이가 길어지는 것과 같은 효과를 가져온다. 따라서 주기는 늘어난다.

32. 해설 기름 방울을 타점과 같이 해석하면, O 점에서 S 점까지 180 m 에 일정한 간격으로 9 타점이 찍혔으므로, 등속 운동이고, 걸린 시간은 18초임을 알 수 있다. 이 구간에서의 속력은 $\frac{180}{18} = 10$(m/s) 이다. 이후 자동차는 S ~ T 점까지 4 타점(8 초) 동안 속도가 일정하게 증가하는 등가속도 운동을 하며 300 m 를 이동하였다. 이를 시간-속력 그래프로 나타내면 다음과 같다.

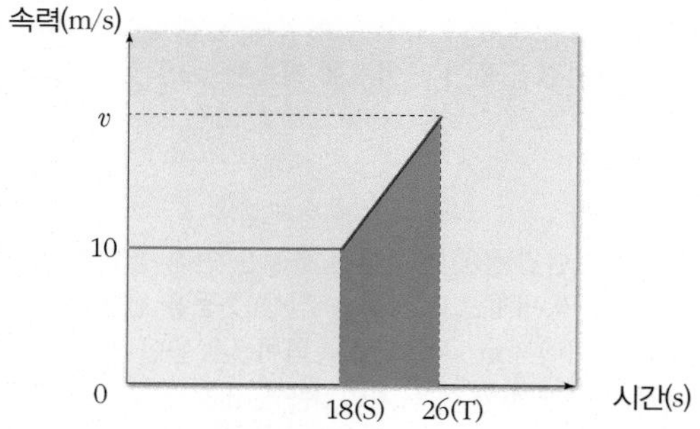

시간-속력 그래프에서 아래 넓이는 이동 거리이므로 하늘색 부분 면적이 S ~ T 의 이동 거리이며 300 m 이다.

T 점에서의 속력을 v 라고 하면

$[\frac{1}{2} \times (26-18) \times (v-10)] + (26-18) \times 10 = 300$ 이며,

$\therefore v = 65$(m/s)가 된다.

또는 S-T 구간에서 거리-시간 공식 $300 = 10 \times 8 + \frac{1}{2} \times a \times 8^2$

$\rightarrow a = \frac{55}{8}$ m/s² 이고, $v = 10 + \frac{55}{8} \times 8 = 65$(m/s)

5강. Project 1

논/구술 90~91쪽

Q1 1. 탄성이 강한 줄의 한쪽 끝을 우주선에 부착하고 반대쪽 끝을 사람에 연결한 후 우주선을 출발시키면 사람은 끌려가며 가속도 운동하여 아래로 쏠리는 중력과 같은 힘을 느낀다.
2. 우주선을 빠르게 회전시키면 우주선 내부에 원심력에 의해 바깥쪽으로 쏠리는 힘이 생겨 중력과 같은 역할을 한다. 등

탐구 1. 진자의 주기에 영향을 주는 요인 92~93쪽

〈탐구 문제〉

1. 답 질량, 진폭 **2.** 답 실의 길이, 중력가속도의 크기

3. 답 10 Hz

〈푸코의 진자〉

답 10.3°/시간

해설 한바퀴(360°)를 도는데 32 시간 걸리므로 푸코 진자의 회전 속력은

$$\frac{360°}{\text{걸린 시간}} = \frac{360°}{32} = 10.3°/\text{시간}$$

탐구 2. 관성력 측정하기 94~95쪽

〈탐구 결과〉

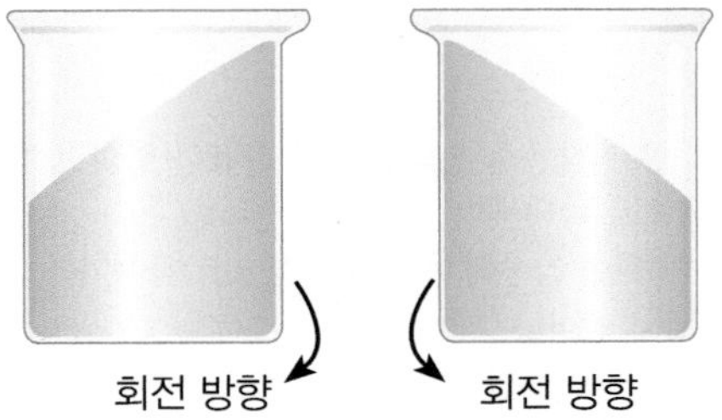

〈탐구 문제〉

1. 답

구분	①	②	③	④
힘의 종류	중력	관성력	중력	물방울이 받는 알짜힘
힘의 크기	mg	$ma = \frac{mv^2}{r}$	mg	②와 ③의 합력

2. 회전 속도가 빨라지는 경우 : 기울어지는 각도가 커진다. 회전 속도가 느려지는 경우 : 기울어지는 각도가 작아진다.

3. 회전 속도가 변하지 않기 때문에 물의 양이 변해도 기울어지는 각도는 변함없다.

II 일과 에너지

6강. 일의 양

개념 확인 98~101쪽

1. 한 일의 양 **2.** ㄱ, ㄱ
3. 마찰력, 무게 **4.** ㉠ 반비례 ㉡ 비례

1. 답 한 일의 양
해설 힘 - 이동 거리 그래프에서 한 일의 양은 그래프 아래의 면적과 같다.

4. 답 ㉠ 반비례 ㉡ 비례
해설 일률은 일의 양이 많을수록, 시간이 적게 걸릴수록 크다. 즉, 일의 양에 비례하고, 걸린 시간에 반비례한다.

확인+ 98~101쪽

1. ① **2.** ②
3. ⑤ **4.** (1) O (2) O (3) X (4) X

1. 답 ①
해설 ② 바닥에서 물체를 끌어당길 때 한 일은 물체에 작용하는 마찰력의 크기 × 물체가 이동한 거리로 나타낼 수 있다. 미끄러운 바닥의 경우 마찰력이 0이며, 일정한 속력으로 움직이므로 가한 힘이 0이 되고, 한 일도 0이 된다.
③, ④, ⑤ 작용한 힘과 이동한 방향이 수직이거나, 이동거리가 0이면 과학적인 일을 한 것이 아니다.

2. 답 ②
해설 힘 - 이동 거리 그래프에서 한 일의 양은 그래프 아래의 넓이와 같다. 그래프 아래 어두운 부분의 면적은 $\frac{1}{2}\times(4+2)\times 5 =$ 15 J 이다.

3. 답 ⑤
해설 물체를 들어올릴 때 한 일의 양은 중력에 대해 한 일과 같다. 중력에 대해 한 일 = 물체의 무게 × 들어올린 높이가 된다.
물체의 무게 = 10kg × 9.8 = 98 N 이므로, 한 일은 98 N × 2 m = 196 J 이 된다.

4. 답 (1) O (2) O (3) X (4) X
해설 (3) 일률의 단위는 W(와트), HP(마력)이며, J 은 일의 단위이다.
(4) 일의 양이 같을 때 걸린 시간이 짧을수록 일률은 크다.

생각해보기 98~101쪽

★ 마찰력과 같은 크기의 힘을 반대 방향으로 물체에 가하면 알짜힘이 0 인 상태가 되고 물체는 일정한 속력으로 운동하게 된다. 동일한 거칠기이므로 마찰계수는 달이나 지구에서나 같다. 단, 달에서의 무게가 지구에서보다 작으므로 마찰력도 달에서 더 작게 나타나고 일정한 속력을 유지하기 위한 힘도 달에서 더 작다. 따라서 달에서 같은 거리만큼 잡아당길 때의 일도 더 작다.

★★ 같은 힘으로 같은 거리만큼 끌어당기므로 일의 양은 같다.

★★★ 물체를 들어올릴 때 한 일의 양은 중력에 대해 한 일의 양이 된다. 달에서의 중력은 지구에서의 중력보다 작기 때문에 일의 양도 더 작다.

★★★★ 전동기의 일률은 전력으로 나타난다. 전력은 전류 × 전압이다. 전지를 직렬 연결했을 때 병렬 연결보다 전압이 더 크게 걸리므로 직렬 연결 시 전동기의 일률이 더 크다.

개념 다지기 102~103 쪽

01. ①	**02.** ④	**03.** ④
04. ④	**05.** ③	**06.** ②

01. 답 ①

해설 과학에서 말하는 일이란 물체에 힘이 작용하여 물체가 힘의 방향으로 이동하였을 때를 말한다. ㉠, ㉣ 이동 거리가 0 이므로 과학에서 말하는 일을 하지 않았다.
㉢ 힘과 이동 방향이 수직이므로 일의 양이 0이 되어 과학에서 말하는 일을 하지 않았다.
㉤ 등속 직선 운동을 하고 있는 물체에는 작용한 힘이 0이므로 일의 양이 0 이 되어 과학에서 말하는 일을 하지 않았다.

02. 답 ④

해설 힘 - 이동 거리 그래프에서 한 일의 양은 그래프 아래의 넓이와 같다. 이동 거리가 0 ~2 m 구간의 넓이는 $2 \times 3 = 6$, 이동 거리가 2 ~ 5 m 구간의 넓이는 $(5-2) \times 5 = 15$ 이므로 이 물체가 한 일의 양은 (0 ~2 m 구간의 넓이) + (2 ~ 5 m 구간의 넓이) = 6 + 15 = 21 J 이 된다.

03. 답 ④

해설 물체를 들어올릴 때 한 일의 양은 중력에 대해 한 일의 양과 같다. 그러므로 한 일의 양은 물체의 무게 × 들어올린 높이이다.
∴ 한 일의 양 = (10 kg × 9.8) × 1 m = 98 J

04. 답 ④

해설 물체를 밀거나 끌어당길 때 한 일의 양은 마찰력에 대해 한 일이 된다. 그러므로 마찰력에 대해 한 일 = 물체와 바닥면 사이의 마찰력(= 등속으로 물체를 당기는 힘의 크기) × 끌어당긴 거리이다.
∴ 한 일의 양 = 6 N × 2 m = 12 J

05. 답 ③

해설 일률은 한 일의 양 ÷ 걸린 시간이다. 지원이가 한 일의 양은 70 N × 10 m = 700 J ∴ 지원이의 일률 = 700 J ÷ 5 초 = 140 W

06. 답 ②

해설 엘리베이터의 일률은 한 일의 양 ÷ 걸린 시간이다. 그러므로 엘리베이터의 한 일은 중력에 대해 한 일이 되므로 물체의 무게 × 들어올린 높이가 된다. 들어올린 높이는 걸린 시간 × 엘리베이터의 속력 = 4 초 × 2 m/s = 8 m 이다.
∴ 엘리베이터가 한 일 = 500 N × 8 m = 4000 J
엘리베이터의 일률 = 4000 J ÷ 4 초 = 1000 W

유형 익히기 & 하브루타 104~107쪽

[유형 6-1] ④	**01.** 이동 거리	**02.** ①, ⑤
[유형 6-2] ②	**03.** ⑤	**04.** ③
[유형 6-3] 36	**05.** ③	**06.** ②
[유형 6-4] ④	**07.** ①	**08.** ④

[유형6-1] 답 ④

해설 ㄱ. 물체를 8 m 이동시키는 동안 한 일의 양은 힘의 크기가 변하는 구간(0 ~ 4 초) 동안 한 일의 양 + 힘이 일정한 구간(4 초 ~ 8 초) 동안 한 일의 양이 된다.
∴ $(\frac{1}{2} \times 4 \times 10) + \{(8-4) \times 10\} = 60$ J

02. 답 ①, ⑤

해설 ② 일의 양은 작용한 힘의 크기와 작용한 힘의 방향으로 이동한 거리의 곱으로 나타낸다.
③ 1 J 은 1 N 의 힘이 작용하여 힘의 방향으로 물체가 1 m 이동하였을 때 한 일의 양이다.
④ 물체를 천천히 들어올릴 때 한 일의 양은 물체의 무게와 들어올린 높이의 곱으로 나타낸다.

[유형6-2] 답 ②

해설 힘 - 이동 거리 그래프에서 그래프의 넓이가 한 일의 양이다.
① 힘이 2 N ~ 4 N 인 구간의 넓이+ 힘이 0 ~ 2 N 구간의 넓이
= $(\frac{1}{2} \times 4 \times 2) + (2 \times 4) = 12$ J

② $3 \times 5 = 15$ J ③ $\frac{1}{2} \times 4 \times 4 = 8$ J

④ $(\frac{1}{2} \times 2 \times 5) + (\frac{1}{2} \times 2 \times 5) = 10$ J ⑤ $(\frac{1}{2} \times 4 \times 4) = 8$ J

그러므로 ② 의 경우가 가장 많은 일을 했다.

03. 답 ⑤

해설 ① 들고 가만히 서 있는 경우는 물체를 힘의 방향으로 이동한 거리가 0 이므로 한 일은 0 이다.
② 한 일 = 물체의 무게 × 들어올린 높이 = (5×9.8)×0.5 m = 24.5 J

③ 한 일 = 물체의 무게 × 들어올린 높이 = 10 N × 2 m = 20 J
④ 한 일 = 물체에 작용한 힘 × 이동한 거리 = 3N × 2 m = 6 J
⑤ 한 일 = 물체에 작용한 힘 × 이동한 거리 = 20 N × 40 m = 800 J

04. 답 ③
해설 이 물체를 4 m 이동시키는 동안 그래프는 가로축과 나란하기 때문에 힘이 일정하게 작용한 것을 알 수 있다. 6 m 이동하는 동안 해준 일의 양은 그래프 아래 넓이인 24 J 이다.

[유형6-3] 답 36
해설 물체에 한 일 = (물체를 수평면에서 끌어당길 때 한 일) + (물체를 들어올릴 때 한 일)이다.
수평면에서 한 일(A) = 마찰력의 크기 × 물체가 이동한 거리,
물체를 들어올릴 때 한 일(B) = 물체의 무게 × 들어올린 높이이다.
A + B = A + (10 N × 2 m) = 200 J 이므로 A 는 180 J 이다.
180 J = 수평면과 물체 사이의 마찰력 × 5 m
∴ 수평면과 물체 사이의 마찰력 = 36 N

05. 답 ③
해설 물체를 들어올릴 때 한 일의 양은 중력에 대해 한 일이 되므로 물체의 무게 × 들어올린 높이가 된다.
∴ W = (5 kg × 9.8) × 2 m = 98 J

06. 답 ②
해설 마찰력은 물체의 무게가 무거워지거나, 접촉면이 거칠수록 커진다. 이동 거리와는 상관이 없다.

[유형6-4] 답 ④
해설 〈해주〉
한 일 = 계단의 높이 × 몸무게 = (0.2m × 30개) × 500 N = 3000 J
일률 = 해주가 한 일 ÷ 걸린 시간 = 3000 J ÷ 20 초 = 150 W
〈영주〉
한 일 = 계단의 높이 × 몸무게 = (0.2 m × 30 개) × 500 N = 3000 J
일률 = 영주가 한 일 ÷ 걸린 시간 = 3000 J ÷ 30 초 = 100 W
ㄴ. 해주가 한 일의 양과 영주가 한 일의 양은 두 사람의 몸무게와 올라간 높이가 같으므로 동일하다.

07. 답 ①
해설 등속으로 운동하는 물체의 일률은 힘 × 속력으로 구할 수 있다. 무게가 100 N 인 물체를 3 m/s 의 일정한 속력으로 들어올릴 때의 일률 = 100 N × 3 m/s = 300 W = 0.3 kW이다.

08. 답 ④
해설 ①, ③, ⑤ 학생 B 가 더 많은 일을 하였으나 시간이 학생 A 보다 더 많은 시간이 걸렸기 때문에 일률은 학생 A 가 크다.
② 학생 B 가 학생 A 보다 같은 높이까지 더 큰 많은 무게의 벽돌을 들어올렸기 때문에 학생 B가 학생 A보다 더 많은 일을 하였다.

창의력 & 토론마당 108~111쪽

01 (1) $200\sqrt{3}$ J (2) 10 N (3) 4 N (4) −80 J

해설 (1) 수평 방향과 일정한 각도를 이룬 채 물체를 끄는 경우 한 일은 물체에 작용한 힘 × 이동한 거리 × cos(수평 방향과 이룬 각도) 가 된다.
$W = Fs\cos\theta = 20 \times 20 \times \frac{\sqrt{3}}{2} = 200\sqrt{3}$ J

(2) 물체의 무게에서 가한 힘의 연직 성분을 빼면 수직항력의 크기가 된다.
$N = mg - F\sin\theta = (2 \times 10) - (20 \times 0.5) = 10$ N
(3) $f = \mu N = 0.4 \times 10 = 4$ N
(4) $W_f = fs\cos180^\circ = 4 \times 20 \times (-1) = -80$ J
마찰력은 항상 물체의 운동 방향과 반대 방향으로 작용하므로 물체에 대하여 (−) 의 일을 하게 되는데, 이는 물체가 지면의 마찰력에 대하여 일을 한 것이고, 마찰에 의해 열이 발생하여 물체의 에너지는 감소한다.

02 (1) 〈해설 참조〉 (2) 25.5 J

해설 (1)

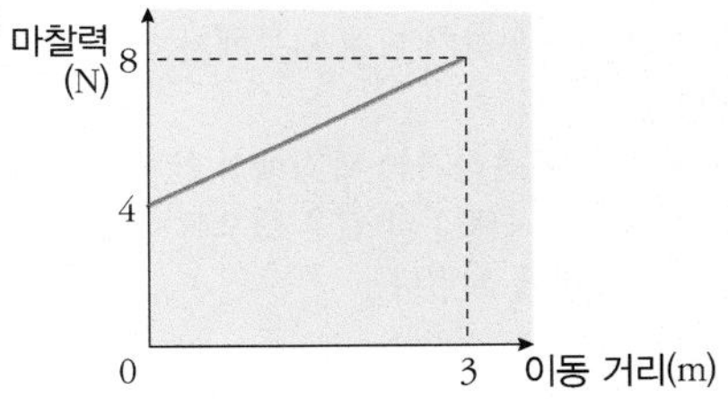

책상면 위의 밧줄의 절반이 마찰력 4 N 을 받다가 밧줄이 끌어 올려짐에 따라 책상면 위의 밧줄의 무게가 증가하고 마찰력도 일정하게 증가하여 밧줄이 3 m 가 책상면 위에 모두 올라오는 순간 마찰력이 8 N이 된다(그림). 이때 마찰력에 대해서 한 일은 그래프 아래 넓이가 된다.
∴ 마찰력에 대해서 한 일 = 18(J) --- ㉠
(2) 밧줄을 책상 위로 끌어올리는 데 필요한 일은 (마찰력에 대해서 한 일) + (중력에 대해서 한 일)이다.
중력에 대해서 한 일은 책상면 위에 있지 않은 밧줄의 절반 부분(3 m)을 중력만큼 힘을 가해 주어서 책상면 위로 끌어올릴 때 하는 일이다. 책상 위로 밧줄이 올라옴에 따라 책상면 위에 있지 않은 부분이 점점 짧아지므로 끌어올리는 힘도 점점 작아진다. 물체를 끌어올리기 위하여 처음엔 무게의 절반인 5 N 의 힘이 필요하였으나, 일정하게 작아져 모두 끌어올린 후에는 0 이 된다. 따라서 중력-이동 거리 그래프는 다음과 같다.

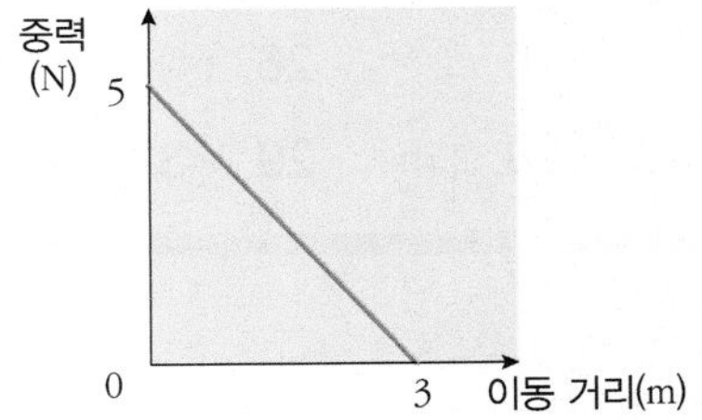

중력에 대해 한 일은 그래프 아래 넓이이다.
$= \frac{1}{2} \times 3 \times 5 = 7.5$(J) --- ㉡
∴ 밧줄을 책상 위로 모두 끌어올리는 데 필요한 일 :
㉠ + ㉡ = 18 + 7.5 = 25.5(J)

03 $F = 50$ N, 일률 $W = 25$ W

해설 1 분 당 6 톤(6,000 kg)이므로, 1 초당 100 kg의 석탄이 떨어지고 있다. 이때 석탄의 수평방향 속도는 0 에서 컨베이어 벨트의 속력인 0.5 m/s로 증가하였다. 따라서 석탄이 받는 힘(충격력)을 F 라고 하였을 때, 1초 당 석탄의 충격량은

$F \times 1$ 초 $= (100 \text{ kg} \times 0.5 \text{ m/s}) - 0, \quad F = 50(\text{N})$

∴ 컨베이어 벨트의 일률 $W = F \times v = 50 \times 0.5 = 25(\text{W})$

04 ②, ③

해설 ① 중력 반대 방향으로 5 kg의 물체를 2 m 이동시켰으므로 중력이 한 일은 $-9.8 \times 5 \times 2 = -98$ J 이다. ② $2as = v^2$ 으로부터 $2 \times a \times 2 = 4^2$, 이 운동은 가속도($a$)가 4 m/s²인 운동이다.

F(외부에서 작용하는 힘)$-mg = ma$ 이므로

F(외부에서 작용하는 힘) $= mg + ma = 49$ N + 20 N = 69 N(연직 위 방향)이다.

③ 물체를 끌어올리기 위해 외부에서 해준 일은 69 N × 2 m =138 J 이다.

④ 물체가 위로 올라가는 과정에서 물체에 138 J 의 일을 해주었고, 중력이 −98 J 의 일을 했으므로 물체의 운동 에너지가 40 J 증가하게 되었다.

스스로 실력 높이기 112~117쪽

01. (1) O (2) O (3) X **02.** (1) X (2) O (3) O
03. (1) O (2) X (3) X **04.** B
05. A = B 〈 C **06.** 마찰력
07. (1) O (2) O (3) X **08.** (1) O (2) X (3) O
09. 25 **10.** 196 **11.** (1) X (2) O (3) O
12. 6 : 3 : 2 **13.** 3920
14. ①, ⑤ **15.** ③ **16.** ① **17.** ③
18. ② **19.** ③ **20.** ④
21. (1) O (2) X (3) X **22.** ② **23.** ②
24. ⑤ **25.** ③ **26.** 〈해설 참조〉
27. 20 J **28.** 2 m **29.** ~ **32.** 〈해설 참조〉

01. 답 (1) O (2) O (3) X
해설 일이 0 일 때에는 작용한 힘이 0 이거나, 이동 거리가 0 이거나, 힘과 이동 방향이 수직인 경우이다.
(3) 물체에 가한 힘과 이동 방향이 수직이면 일이 0 이다.

02. 답 (1) X (2) O (3) O
해설 (1) 마찰이 없는 얼음판에서 일정한 속력으로 썰매를 미는 경우 알짜힘이 0 이며, 따라서 한 일도 0 이다.

03. 답 (1) O (2) X (3) X
해설 (2) 같은 방향으로 같은 거리 만큼 간 경우, 물체에 작용하는 힘의 크기가 클수록 일의 양도 많다.
(3) 같은 물체를 같은 높이까지 들어 올리면 일의 양은 같다.

04. 답 B
해설 A가 한 일의 양 = 1 kg × 9.8 ×1 m = 9.8 J,
B가 한 일의 양 = 3 N × 4 m = 12 J

05. 답 A = B < C
해설 A는 이동 거리가 0 이므로 한 일이 0이다.
B 는 힘을 작용한 방향과 물체가 이동한 방향이 수직이므로 한 일은 0 이다. C 가 한 일은 1 × 9.8 × 0.01 m = 0.098 J 이다.

07. 답 (1) O (2) O (3) X
해설 (3) 힘이 일정하게 작용하지 않는 경우에도 각 구간 별 일의 양을 구한 후 모두 더해주면 한 일의 양을 알 수 있다.

08. 답 (1) O (2) X (3) O
해설 (2) 물체를 등속으로 끄는 일을 할 때의 힘은 마찰력의 크기와 같고, 방향은 반대이다.
(3) 물체를 들어올릴 때 한 일은 들어올린 높이와 물체의 무게를 곱한 것이므로 높이 들어올릴수록 한 일의 양은 많다.

09. 답 25 J
해설 물체를 끌어당길 때 한 일 = 물체에 작용한 힘 × 물체가 이동한 거리 ∴ $W = 5$ N × 5 m = 25 J

10. 답 196 J
해설 물체를 들어올릴 때 한 일 = 물체의 무게 × 들어올린 높이
∴ $W = 10$ kg × 9.8 × 2 m = 196 J

11. 답 (1) X (2) O (3) O
해설 사람이 한 일 = (20 N ×100 개) × 5 m = 10,000 J
사람의 일률 = 10,000 J ÷ 600 초 ≒ 16.6 W
지게차가 한 일 = (20 N ×100 개) × 5 m = 10,000 J
지게차의 일률 = 10,000 J ÷ 10 초 = 1,000 W
(1) 사람과 지게차가 한 일은 같다.

12. 답 6 : 3 : 2
해설 $P_A : P_B : P_C = \frac{W}{10} : \frac{W}{20} : \frac{W}{30} = 6 : 3 : 2$

13. 답 3920
해설 등속으로 운동하는 물체의 일률은 힘과 속력의 곱이다.
∴ 기중기의 일률 = 100 kg × 9.8 × 4 m/s = 3920 W

15. 답 ③
해설 과학에서 말하는 일을 한 경우는 물체에 힘을 작용하였을 때 물체가 힘의 방향으로 이동한 경우를 말한다.

16. 답 ①
해설 ① 1 W 는 1 초 동안 1 J 의 일을 할 때의 일률이다.
④ 일률 = $\frac{30 \times 10}{5 \times 60} = 1$ W

17. 답 ③

해설 ㄱ. 한 일의 양 = 10 N × 8 m = 80 J
ㄴ. 한 일의 양 = 10 kg × 9.8 × 2 m = 196 J
ㄷ. 물체를 들고 걸어가는 경우에는 힘이 작용하는 방향과 물체가 이동하는 방향이 수직이므로 한 일은 0 이 된다.

18. 답 ②
해설 수평면에서 한 방향으로 힘을 가해 물체를 이동시키는 경우, 마찰력은 작용한 힘의 방향과 반대 방향이다. 이때 알짜힘은 (물체에 작용한 힘 − 마찰력) = 10-5 = 5N이다.
∴ 알짜힘이 물체에 해준 일의 양 = 5 N × 2 m = 10 J

19. 답 ③
해설 4 N의 일정한 힘으로 6 m 를 이동시킬 동안 한 일은 4 N × 6 m = 24 J 이다.

20. 답 ④
해설 질량 3 kg인 물체를 2 m 들어올리는데 한 일
= 3 kg × 9.8 × 2 m = 58.8 J 이고, 시간이 10초 걸렸으므로,

$$일률 = \frac{58.8\,J}{10\,초} = 5.88\,W$$

21. 답 (1) O (2) X (3) X
해설 (가) 한 일의 양 = 50 N × 2 m = 100 J

$$일률 = \frac{한\ 일의\ 양}{걸린\ 시간} = \frac{100}{4} = 25\,W$$

(나) 한 일의 양 = 4000 N × 12 m = 48,000 J

$$일률 = \frac{48{,}000\,J}{10\,초} = 4{,}800\,W$$

(다) 한 일의 양 = 2000 N × 10 m = 20,000 J

$$일률 = \frac{20{,}000\,J}{5\,초} = 4{,}000\,W$$

(1) 일률의 비 (가) : (다) = 25 W : 4,000 W = 1 : 160
(2) (나) 는 (가) 보다 일률이 크다.
(3) 일을 가장 많이 한 것은 (나) 이다.

22. 답 ②
해설 계단을 이용하여 물체를 들어올린 경우 한 일은 물체의 무게 × 계단의 높이가 된다.
∴ 일 = 10 N × 5 m = 50 J
이때 계단에 올라간 후 수평으로 물체를 든 채 이동한 경우에는 물체에 작용한 힘의 방향과 물체가 이동한 방향이 수직이기 때문에 한 일은 0 이 된다.

23. 답 ②
해설 아래 그림처럼 힘 F가 수평 방향과 일정한 각도를 이룬 채 물체를 끄는 경우 한 일은 F_1 × (이동한 거리) 가 된다.

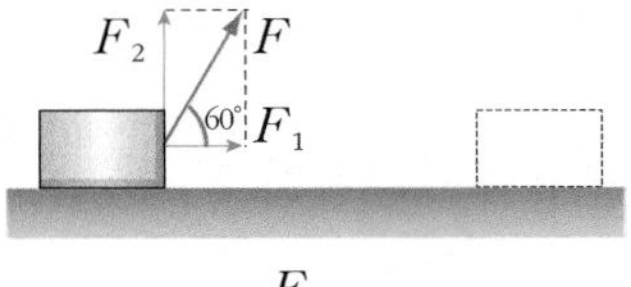

$F : F_1 = 2 : 1$ 이므로 $F_1 = \frac{F}{2}$ 이다.

$W = F_1 \times s = \frac{F}{2} \times 10 = 50\,J \quad \therefore F = 10\,N$

24. 답 ⑤
해설 사다리차를 이용하여 2000 N의 힘의 크기로 물체를 빗면을 따라 10 m 이동시킬 때 한 일의 양은 2000 N × 10 m = 20,000 J이며, 이때 5 초 동안 일을 했으므로 사다리차의 일률은

$\frac{20{,}000\,J}{5\,초} = 4{,}000$ W이다.
ㄷ. 같은 높이까지 이삿짐을 올릴 때 시간이 적게 들수록 일률이 커진다.

25. 답 ③
해설 양수기 A 가 한 일 = 웅덩이 깊이 × 물의 무게 = 5 × 700 = 3500 J, 일률 : 3500/10 = 350 W
양수기 B 가 한 일 = 10 × 800 = 8000 J, 일률 : 8000/20 = 400 W
양수기 C 가 한 일 = 12 × 400 = 4800 J, 일률 : 4800/20 = 240 W
∴ 양수기의 일률은 B 〉A 〉C 이다.

26. 답 일정한 속력으로 물체를 들어올릴 때 물체에 작용하는 합력(알짜힘)은 0 이다. 이때, 물체를 들어올리는 힘과 반대 방향의 중력의 크기가 같게 된다.

27. 답 20 J
해설 서로 반대 방향으로 작용하는 두 힘의 합력의 크기는 큰 힘에서 작은 크기의 힘을 뺀 값이다. 그러므로 교탁에 작용한 알짜힘의 크기는 100 N - 80 N = 20 N이 되며, 이때 교탁에 한 일은 20 N × 교탁이 이동한 거리(1 m) = 20 J 이 된다.

28. 답 2 m
해설 한 일의 양 392 = 물체의 무게 × 높이(h)
392 = 20 × 9.8 × h ∴ h = 2 m

29. 답 일의 양이 많을수록, 시간이 적게 걸릴수록 일률은 크다. 즉, 일률은 일의 양에 비례하고, 걸린 시간에 반비례한다.

30. 답 학생 A와 학생 B는 같은 여러 개의 벽돌을 동일한 높이까지 들어올렸지만, 학생 B가 들어올린 벽돌의 총 무게가 학생 A가 들어올린 벽돌의 총 무게의 2 배가 되므로, 학생 B가 한 일의 양이 학생 A가 한 일의 2 배가 된다. 같은 속도로 일하면, 학생 A 는 1 시간에 벽돌 60 장을 들어올리게 되기 때문에 두 사람의 일률은 같다.

31. 해설 물체에 힘을 작용하여 물체가 힘의 방향으로 이동했을 때 과학에서 일을 했다고 한다. 이때 일의 양은 힘 × 이동 거리가 된다. 일이 0 인 경우는 작용한 힘이 0 이거나, 이동 거리가 0 이거나, 힘과 이동 방향이 수직인 경우이다. 물체가 회전 운동을 하는 경우 물체에 작용하는 구심력과 이동 방향이 서로 수직이 되므로, 구심력이 한 일은 0 이다.

32. 해설 자동차가 언덕을 올라갈 때는 큰 힘이 필요하고, 평지를 달릴 때는 언덕을 올라갈 때보다 큰 힘이 필요하지 않다. $P = Fv$ 이므로 같은 출력(최대 출력 P)의 자동차로 달릴 경우 언덕을 올라갈 때는 F 가 크므로 속력(v)을 줄여야 하고, 평지를 달릴 때는 F 를 작게 유지할 수 있으므로 빠른 속력으로 달릴 수 있다. 이와 같이 상황에 따라 힘과 속력의 비율을 바꿔 주는 장치가 변속기이다.

7강. 일의 원리

개념 확인 118~121쪽

1. 50	**2.** ㉠ $\frac{1}{2}$ ㉡ 2
3. 100	**4.** ㉠ 힘 ㉡ 일

1. 답 50
해설 F가 한 일의 양은 지레가 물체를 들어 올린 일과 같다.
지레가 한 일 = 100(N) × 0.5(m) = 50 J

3. 답 100
해설 같은 물체를 수직으로 들어올리는 일과 빗면을 통해 끌어당기는 일은 크기가 같다.
$60 \times 5 = w \times 3$ w (무게) = 100(N)

확인+ 118~121쪽

1. ㄱ, ㄴ, ㄷ, ㅁ, ㅅ	**2.** ㉠ 같 ㉡ 방향
3. ④	**4.** (1) × (2) ○ (3) ×

1. 답 ㄱ, ㄴ, ㄷ, ㅁ, ㅅ
해설 ㄹ은 빗면의 원리, ㅂ은 도르래의 원리를이용한다.

3. 답 ④
해설 같은 물체를 빗면을 이용하여 같은 높이까지 이동시키는 경우, 빗면의 기울기가 작을수록 힘이 적게 든다.

4. 답 (1) × (2) ○ (3) ×
해설 (1) 1 종 지레와 2 종 지레를 사용하면 힘의 이득을 얻을 수 있지만 3 종 지레의 경우 힘의 이득은 없지만 이동 거리의 이득으로 세밀한 작업을 할 수 있다.
(3) 빗면을 이용하여 일을 하면 이동거리가 길어지고 힘은 이득이 있다.

생각해보기 118~121쪽

★ 같은 높이의 산을 오를 때 암벽의 기울기는 완만한 길의 기울기보다 크기 때문에 이동 거리는 짧아지지만 힘이 더 많이 든다. 그렇지만 같은 높이에 도달하므로 한 일이 같고 에너지도 같다.

★★ 도르래를 사용하면 힘은 적게 들지만 이동 거리가 길어지기 때문에 한 일의 양은 같다. 거중기를 이용하여 한 일의 양과 돌이 받은 일의 양은 같다. (일의 원리)

개념 다지기 122~123쪽

01. ①	**02.** ④	**03.** ③
04. ③	**05.** ⑤	**06.** ②

01. 답 ①
해설 물체에서 받침점까지의 거리와 힘을 주는 점에서 받침점까지의 거리의 비가 1 : 3 이므로 힘은 $\frac{1}{3}$ 이 든다.
$15 \times \frac{1}{3} = 5(\text{N})$

02. 답 ④
해설 A 는 받침점, B 는 작용점, C 는 힘점이다. B 가 C 보다 받침점까지의 거리가 짧기 때문에 B 에서 작용하는 힘은 C 에서 작용하는 힘보다 더 크다.

03. 답 ③
해설 필요한 힘의 크기는 (가) 100 N (나) 50 N (다) 25 N 이다. 잡아당긴 줄의 길이는 필요한 힘에 반비례 하여 (가) 2 m (나) 4 m (다) 8 m이다.

04. 답 ③
해설 $F \times s = w \times h$이므로
$50\ \text{N} \times s = 100\ \text{N} \times 2\ \text{m}$ $\therefore s = 4\ \text{m}$

05. 답 ⑤
해설 전동기가 한 일의 양은 물체를 수직으로 4 m 들어올리는 일과 같다. 200 N × 4 m = 800 J

06. 답 ②
해설 ㄷ. 도구를 사용하면 힘이나 거리에 이득을 얻을 수 있지만 한 일의 양은 변함없다.
ㄱ. 움직 도르래와 지레, 빗면은 작은 힘으로 일을 할 수 있지만, 고정도르래는 힘의 이득은 없이 힘의 방향을 바꾸어준다.
ㄴ. 힘의 이득이 있는 도구의 경우 물체의 이동거리가 길어진다.

유형 익히기 & 하브루타 124~127쪽

[유형 7-1] ⑤	**01.** ③	**02.** ②
[유형 7-2] ③	**03.** ③	
	04. (가) > (나) = (다) > (라)	
[유형 7-3] ②	**05.** ④	**06.** ①
[유형 7-4] ⑤	**07.** ②	**08.** ④

[유형7-1] 답 ⑤
해설 물체와 받침대, 받침대와 힘점 사이의 거리가 1 : 3 이므로 바위가 10 cm 들어올려지면 힘이 작용하는 곳에서 지레는 30 cm 내려오게 된다.
ㄱ. 바위를 들어 올리는 일과 사람이 지레에 한 일이 같으므로
$w \times 0.1\ \text{m} = 300\ \text{N} \times 0.3\ \text{m} = 90\ \text{J}$ $\therefore w = 900\ \text{N}$

ㄴ. 30 cm 내리는데 300 N 의 힘이 들었으므로
$300 N \times 0.3 m = 90 J$
ㄷ. 사람이 지레에 한 일의 양과 지레가 물체에 한 일의 양은 같다.

01. 답 ③
해설 ① 200 N 인 물체를 0.5 m 들어 올렸으므로 지레가 물체에 한 일은 $200 \times 0.5 = 100(J)$이다.
② 지레가 물체에 한 일과 사람이 지레에 한 일의 양은 같으므로 사람이 지레에 한 일의 양은 100 J 이다.
④ 받침점까지의 거리의 비가 1 : 10 이므로 무게의 힘의 비는 10 : 1 이 된다. 200 N 인 물체를 들어올리기 위해 필요한 힘은 20N이다.
⑤ 한 일의 양은 같은데 힘의 비가 10 : 1 이므로 물체가 올라가는 거리와 힘을 작용하며 내려야 하는 거리의 비는 1 : 10이 된다. 물체를 50 cm 들어올리기 위해서는 500 cm를 눌러야 한다.
③ 지레를 사용하면 힘에는 이득이 있지만 일의 양은 같으므로 일의 이득은 없다.

02. 답 ②
해설 힘의 비가 300 : 200 = 3 : 2 이므로 받침점까지의 거리의 비는 2 : 3 이다.

[유형7-2] 답 ③
해설 ㄴ. (나) 는 움직도르래를 하나로 힘이 반으로 줄어 100 N 이 들고, (다) 는 움직도르래를 2 개 사용하였으므로 50 N 의 힘이 든다.
ㄹ. 도구를 사용해도 한 일의 양은 같다.
ㄱ. (가) 는 고정도르래로 힘의 방향만 바꾸어 준다.
ㄷ. (나) 에서는 힘이 반으로 줄어들면서 당기는 길이는 2 배가 된다.

03. 답 ③
해설 움직도르래 2 개를 한줄로 연결한 경우 도르래에 위로 연결된 줄 4 개로 힘이 분산되므로 필요한 힘은
$200 \times \frac{1}{4} = 50(N)$이다.
당겨야 할 줄의 길이는 $4m \times 4 = 16 m$ 이다.

04. 답 (가) > (나) = (다) > (라)
해설 (가)는 움직도르래 하나를 사용하여 물체 무게의 $\frac{1}{2}$ 의 힘이 든다.
(나) 는 움직도르래 2 개를 하나의 줄로 연결, 물체 무게의 $\frac{1}{4}$ 의 힘이 든다.
(다) 는 움직 도르래 2 개를 사용한 것이므로 물체 무게의 $\frac{1}{4}$ 의 힘이 든다.
(라) 는 움직도르래 3 개를 사용하여 물체 무게의 $\frac{1}{8}$ 의 힘이 든다.

[유형7-3] 답 ②
해설 ㄱ. 빗면을 사용하면 물체 무게보다 적은 힘으로 물체를 이동시킬 수 있다.
ㄹ. 60 N 의 물체를 1 m 들어올리는 데 60 J 의 일이 필요하므로
$60 N \times 1 = F \times 3, F = 20 N$
ㄴ. 빗면을 사용하여도 일의 양은 같다.
ㄷ. 빗면을 사용하여 일을 하면 이동거리가 늘어난다.

05. 답 ④
해설 ㄱ. 빗면의 기울기가 작을수록 힘이 적게 든다.
ㄴ. 한 일의 양은 같다.
ㄷ. (가)~(다)에서 물체의 이동거리가 (가) : (나) : (다) = 2 : 1.5 : 1 이므로 물체를 들어올리는데 드는 힘 크기 비는
(가) : (나) : (다) = $\frac{1}{2} : \frac{1}{1.5} : 1 = 3 : 4 : 6$ 이다.

06. 답 ①
해설 빗면을 사용하여도 한 일의 양은 같다.

[유형7-4] 답 ⑤
해설 물체의 무게와 물체가 올라간 높이가 모두 같으므로 도구를 사용하여 한 일의 양은 모두 같다.

07. 답 ②
해설 ② 축바퀴를 사용하면 힘에는 이득이 있지만 일의 양은 변함없다.
① 지레를 사용해도 한 일의 양은 변함없다.
③ 빗면의 기울기가 커질수록 힘은 많이 들지만 일의 양은 변함없다.
④ 고정도르래를 사용하면 힘의 방향을 바꾸어주지만 일의 양은 변하지 않는다.
⑤ 지레는 받침점과 힘점 사이의 거리가 받침점과 작용점 사이의 거리보다 멀 때 힘이 적게 든다.

08. 답 ④
해설 ④ 물체를 드는 힘이 가장 큰 것은 방향만 바꿔주는 ㄱ 이다.
① 힘이 줄어드는 만큼 이동거리가 늘어나는데, 주어진 조건으로는 이동거리를 서로 비교하기 어렵다.
② 한 일의 양은 모두 같다.
③ 힘의 방향을 바꿔주는 것은 ㄱ 이다.
⑤ ㄱ 은 이동거리가 물체의 이동거리와 같고, ㄴ~ㄹ 은 이동거리가 더 길어지므로 이동거리의 이득을 보는 도구는 없다.

창의력 & 토론마당 128~131쪽

01 ①

해설 ① 지레의 원리에 따르면 지레가 평형을 이룰 때 각 점에 걸리는 무게는 받침점으로부터의 거리에 비례 하므로, 왼쪽에 달아야 한다.
② ③점에 걸리는 무게는 받침점으로부터의 거리에 비례하므로 받침점으로부터 거리가 멀수록 무게가 작은 물체를 달아야 한다.
④ 받침점 역할을 하는 회전축으로부터 물체 사이의 거리는 그 물체의 무게와 반비례하므로 같은 물체를 매달면 회전축으로부터 멀리 있는 오른쪽이 아래로 내려온다.
⑤ (가) 의 받침점은 막대를 지탱하는 줄이며, (나) 의 받침점은 회전축이다. 나머지 두 물체는 각각 작용점, 힘점이 된다.

02 (1) 12.25 N (2) 98 W, 98 W

해설 (1) 움직 도르래 1 개에 의해 힘이 $\frac{1}{2}$ 씩 감소하므로 $F = 10 \times 9.8 \times (\frac{1}{2})^3 = 12.25 N$
(2) 도르래가 한 일의 양 = 물체가 받은 일의 양이다.
도르래가 한 일의 양 $= mgh = 10 \times 9.8 \times 5 = 490 (J)$ = 물체가 받

은 일의 양이다. 따라서 도르래의 일률 490 ÷ 5 = 98W 이고, 물체에 한 일률도 98W이다.

03

〈예시 답안〉

1. 지상의 무덤방을 흙으로 덮은 후 둥그런 통나무들을 깐다. 통나무 위에 덮개돌을 올린 후 밀면 통나무가 돌아가면서 덮개돌이 올라간다. 그 후 흙을 파내면 된다.
2. 고정도르래와 움직도르래 여러 개를 지상의 무덤방 위에 설치한 후 덮개돌을 끌어올린다. 등

04

40 N

해설 장력은 그림처럼 걸리게 된다.

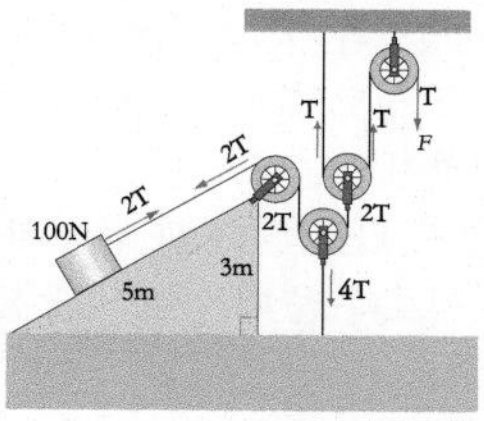

무게 100 N의 물체가 빗면에 있으므로 마찰이 없는 경우 물체를 빗면 방향으로 당기기 위해서는 $100 \times 3 = F \times 5$, $F = 60(N)$으로 당겨야 한다.

이때 물체에 20 N의 마찰력이 빗면 아래 방향으로 작용하므로 물체를 빗면 윗방향으로 끌려 올리기 위해서 빗면 위 방향으로 80 N의 힘을 작용해야 한다. 그림처럼 F를 T로 당기면 100 N의 물체에 $2T$가 작용한다. 물체는 80 N 이상 작용하면 움직이므로 물체를 끌어올리기 위해서 F는 40 N 이상이면 된다.

스스로 실력 높이기 132~137쪽

01. (1) ○ (2) × (3) ○ **02.** 작용점
03. ㉡ **04.** (1) × (2) ○ (3) ○
05. (1) ○ (2) × (3) × **06.** 5
07. (1) 고 (2) 움
08. (1) ○ (2) × (3) × (4) ○
09. ㉠ 힘 ㉡ 이동거리 **10.** ㄴ, ㄷ, ㄹ
11. ⑤ **12.** ② **13.** ①, ③, ④
14. ⑤ **15.** ② **16.** ④ **17.** ②
18. ③ **19.** ①, ②, ⑤ **20.** ②, ③
21. ⑤ **22.** ④ **23.** ① **24.** ③
25. ⑤ **26.~ 32.** 〈해설 참조〉

01. 답 (1) ○ (2) × (3) ○
해설 병따개와 젓가락은 지레의 원리를 이용한 도구이고, 나사는 빗면의 원리를 이용한 도구이다.

04. 답 (1) × (2) ○ (3) ○
해설 (1) 빗면은 거리가 길어지지만 힘에 이득이 있다.

05. 답 (1) ○ (2) × (3) ×
해설 (2) 움직도르래는 힘에는 이득이 있지만 일의 이득은 없다.
(3) 움직 도르래를 많이 연결하여 일을 할수록 힘이 적게 든다. 고정도르래는 힘의 방향만 바꾼다.

06. 답 5
해설 움직도르래를 이용하면 물체 무게의 $\frac{1}{2}$의 힘으로 물체를 들어올릴 수 있다.

07. 답 (1) 고 (2) 움
해설 (1) 고정도르래는 힘의 방향만 바꾸고 필요한 힘의 크기는 같다.
(2) 움직도르래를 사용하면 힘에 이득이 있는만큼 잡아당기는 줄의 길이가 늘어난다.

08. 답 (1) ○ (2) × (3) × (4) ○
해설 두레박과 국기게양대는 도르래를 이용하고, 자동차의 핸들은 축바퀴, 가위는 지레의 원리를 이용한 것이다.

10. 답 ㄴ, ㄷ, ㄹ
해설 움직도르래, 지레, 빗면은 모두 힘의 이득을 얻을 수 있으나, 고정도르래는 힘의 방향만 바꾸어준다.

11. 답 ⑤
해설 ㄱ. 빗면의 기울기가 같아도 물체의 무게와 무게가 올라간 높이가 같으면 한 일의 양은 같다.
ㄷ. D는 수직으로 올라가고 있으므로 물체의 무게 만큼 힘이 든다.
ㄴ. A의 기울기가 가장 작으므로 가장 적은 힘이 든다.

12. 답 ②

해설 ② 사람이 한 일이 100 J 이므로 지레가 내려간 높이(s)는 100(J) = 20(N) × s(m) $\therefore s = 5$ m

물체가 올라간 높이(x)는 a : b = 2 : 5 = x : 5 $\therefore x = 2$(m)

① 50 N 의 물체를 20 N 의 힘으로 들어올리고 있으므로 a : b = 2 : 5 이다.

③ b 의 길이가 길수록 적은 힘이 든다.

④ 지레가 물체가 해준 일은 사람이 지레에 해준 일과 같다. ⑤ 지레를 이용하면 힘은 적게 들지만 일에는 이득이 없다.

13. 답 ①, ③, ④

해설 ① 물체의 무게와 지레를 누르는 힘(F)의 비는 받침점과 힘점 사이의 거리와 받침점과 작용점 사이의 거리비에 반비례하므로 30 : F = 3 : 2 ∴F = 20(N)

③ 지레를 눌러야 하는 길이(s)는 2 : 3 = 20cm : s ∴ s = 30(cm)

④ 그림의 지레는 받침점이 작용점과 힘점 사이에 있는 1 종 지레이다.

② 지레가 물체에 한 일의 양은 30 N × 0.2 cm = 6 J

⑤ 받침점과 힘점 사이의 거리가 받침점과 작용점 사이의 거리보다 길어야 힘이 적게 든다. 받침점을 작용점 방향으로 옮기면 힘이 더 적게 든다.

14. 답 ⑤

해설 80 × 1.5 = 60 × 1.2 + 30 × x $\therefore x = 1.6$(m)

15. 답 ②

해설 물체가 올라간 높이와 힘점의 이동거리는 지레의 거리비와 같으므로 2 : 3 = h : 30 $\therefore h = 20$(cm)

16. 답 ④

해설 ④ A와 B를 사용할 때 물체가 받은 일의 양은 10 N × 1 m = 10 J 로 같다.

① 힘의 방향을 전환하는 것은 고정도르래 B이다. ② B도르래로 물체를 들 때는 물체의 무게 10 N 만큼의 힘이 필요하다.

③ A 도르래로 물체를 들 때는 물체 무게의 $\frac{1}{2}$인 5 N 의 힘이 필요하다.

⑤ B 도르래로 물체를 1 m 들어올릴 때는 반대 방향으로 1 m 잡아당기면 된다.

17. 답 ②

해설 ② 고정도르래로 물체를 들어올릴 때는 물체 무게 (50 N)만큼의 힘이 필요하다.

18. 답 ③

해설 ③ A 보다 B 의 이동거리가 길어 힘은 적게 들지만 일의 양은 같다.

19. 답 ①, ②, ⑤

해설 ③ 빗면 C 로 물체를 끌어올릴 때는 물체의 무게보다 적은 힘이 든다.

④ A 와 C 를 통해 물체가 끌어올려질 때 이동거리가 A : B = 4 : 2 = 2 : 1이므로 끌어올리는데 필요한 힘은 A : B = 1 : 2이다.

20. 답 ②, ③

해설 ① 움직도르래를 사용하면 이동거리는 길어진다.

④ 가위와 같은 지레를 사용하면 힘은 적게 들지만 한 일의 양은 같다.

⑤ 지레로 물건을 들어 올릴 때 받침점에서 작용점까지의 길이가 짧을수록 지레를 누르는 힘의 크기는 작아진다.

21. 답 ⑤

해설 무게가 같은 물체를 같은 높이만큼 끌어 올릴 때 필요한 힘은 F_1 = 100 N, F_2 = 50 N, F_3= 25 N 이다.

$F_1 : F_2 : F_3$ = 100 : 50 : 25 = 4 : 2 : 1이다.

22. 답 ④

해설 움직도르래 4 개를 한 줄로 연결하여 물체를 8 개의 줄로 나누어 드는 것과 같으므로 힘은 물체 무게의 $\frac{1}{8}$만큼 필요하다.

따라서 물체의 무게는 10 N × 8 = 80 N이다.

23. 답 ①

해설 빗면을 따라 물체를 5 m 끌어올리는 일의 양은 물체를 수직으로 2 m 들어올릴 때 한 일의 양과 같다. 10 × 10 × 2 = 200(J) = F× 5 $\therefore F = 40$(N)

일률은 시간 당 한 일의 양이므로 $\frac{200}{10}$ = 20(W)

24. 답 ③

해설 움직도르래 위로 연결된 줄이 3 개이므로 3 개의 힘으로 동시에 물체를 들어올리는 것과 같다.

$(450 + 30) \times \frac{1}{3} = 160$(N)

25. 답 ⑤

해설 움직도르래에 연결된 줄이 4 개이므로 4 개의 힘이 나누어서 물체를 드는 것과 같다. (100 + 2 × 2) × 10 = 1040(N) 물체를 들어올리는 데 필요한 힘 F는

$1040 \times \frac{1}{4} = 260$(N)

26. 답 20 N

해설 작용점과 받침점 사이의 거리와 힘점과 받침점 사이의 거리비가 1 : 6 이므로 사람이 병따개에 주어야 하는 힘은 병뚜껑에 작용하는 힘의 $\frac{1}{6}$ 만큼 필요하다.

따라서 $120 \times \frac{1}{6}$ = 20(N)의 힘이 필요하다.

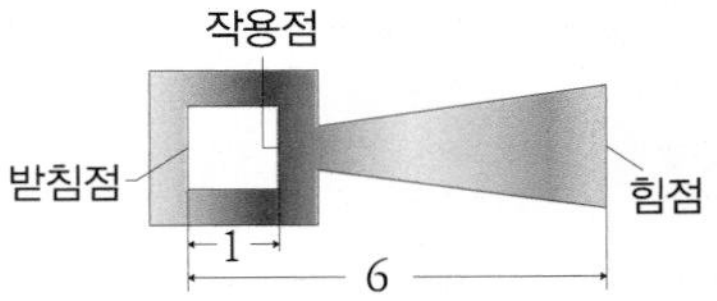

병따개에서 받침점에서 작용점까지의 거리와 받침점에서 힘점까지의 거리의 비는 1 : 6 이다.

27. 답 1 종 지레는 작용점-받침점-힘점, 2 종 지레는 받침점-작용점-힘점, 3 종 지레는 작용점-힘점-받침점으로 각각 차례대로 구성된다. 1 종과 2 종 지레는 힘의 이득이 있고, 3 종 지레는 힘의 이득은 없지만 거리의 이득이 있다.

해설 1 종 지레는 가위, 시소, 펜치 등으로 받침점이 작용점과 힘점 사이에 있어 힘에 이득이 있다. 2 종 지레는 절단기, 병따개 등으로 작용점이 받침점과 힘점 사이에 있어 힘의 이득이 있다. 3 종

지레는 젓가락, 핀셋 등으로 힘점이 가운데에 있어 힘에 이득은 없으나 거리의 이득이 있다.

28. 답 고정도르래를 사용하면 물체 무게 만큼의 힘이 필요하지만, 움직 도르래를 사용하면 물체 무게의 $\frac{1}{2}$ 만큼의 힘이 필요하다. 고정도르래를 사용하거나 움직도르래를 사용하거나 한 일의 양은 같다.
해설 고정도르래는 힘의 방향만 바꾸어줄 뿐 힘의 이득이 없으나 움직도르래는 필요한 힘이 반으로 줄어든다. 도구를 사용하더라도 한 일의 양은 같다.

29. 답 반지름 비가 2 : 1인 축바퀴로 물체를 끌어올릴 때 필요한 힘은 물체 무게의 $\frac{1}{2}$이므로 물체의 무게는 $100 \times 2 = 200$(N)이다.

30. 답 일의 원리는 도구를 사용할 때나 사용하지 않을 때 한 일의 양은 같다는 것이다. 그런데도 도르래나 빗면을 이용하는 이유는 작은 힘을 사용하여 일을 할 수 있는 힘의 이득을 얻기 위해서이다.

31. 해설 음식을 먹을 때 적용되는 지레는 받침점과 작용점 사이에 힘점이 있는 3 종 지레이다. 지레에서 작용점과 받침점 사이의 거리가 짧고, 받침점과 힘점 사이의 길이가 길수록 드는 힘은 작아진다. 따라서 받침점과 가까운 어금니가 깨무는 힘이 받침점과 멀리 있는 앞니가 깨무는 힘보다 크다.

32. 답 무거운 물체는 회전축에 가까운 곳에 매달아야 한다. 받침점(회전축)으로부터 거리와 물체의 무게를 곱한 값이 같아야 평형을 이루므로 무거운 물체는 회전축에 가까운 곳에 매단다.

8강. 역학적 에너지

개념 확인 138~141쪽

1. 60 **2.** 질량(m), 높이(h)
3. 0, 98 **4.** 보존

1. 답 60
해설 운동 에너지 100 J 을 가진 볼링공이 핀을 쓰러뜨리는데 40 J 의 에너지를 사용하였으므로 남은 운동 에너지는 60 J 이다.

3. 답 운동 에너지 : 0 J, 위치 에너지 : 98 J
해설 10 m 높이에서 물체는 정지해 있으므로 운동에너지는 0 J 이고, 위치에너지는 $9.8mh = 9.8 \times 1 \times 10 = 98$(J)이다.

확인+ 138~141쪽

1. 4 **2.** 196
3. 49 **4.** (1) ○ (2) × (3) ○

1. 답 4
해설 운동에너지는 $E_k = \frac{1}{2}mv^2 = \frac{1}{2} \times 2 \times 2^2 = 4$(J)

2. 답 196
해설 위치에너지 $E_p = 9.8mh = 9.8 \times 10 \times 2 = 196$(J)

3. 답 49
해설 위치에너지가 줄어든 만큼 운동 에너지가 증가한다. 지면으로부터의 높이가 반으로 줄어들었으므로 위치 에너지가 반으로 줄어들고 운동 에너지는 줄어든 위치 에너지만큼 증가한다.

4. 답 (1) ○ (2) × (3) ○
해설 (2) 신 · 재생에너지는 지속 가능하고 고갈되지 않는 에너지이다.

생각해보기 138~141쪽

★ 빠른 물체의 운동 에너지가 느린 물체의 운동 에너지보다 크기 때문에 더 많은 일을 할 수 있다. 따라서 빠른 물체가 벽에 부딪힐 때 벽이 더 많이 부서진다.

★★ 고무줄을 길게 잡아당길수록 탄성에 의한 위치 에너지가 커지므로 고무줄을 길게 잡아당겼다가 놓을 때 맞으면 더 아프다.

★★★ 공기의 저항으로 에너지가 손실되므로 역학적 에너지는 보존되지 않는다.

개념 다지기 142~143쪽

01. ②	02. ②	03. ③
04. ③	05. ③	06. ④

01. 답 ②
해설 물체에 해준 일이 위치에너지로 전환되므로
$392 = 9.8 \times 20 \times h \quad \therefore h = 2(m)$

02. 답 ②
해설 물체의 위치에너지는 말뚝을 박는 일의 양과 같다.
10 kg인 물체가 4 m 높이에 있을때의 위치 에너지는
$9.8 \times 10 \times 4 = 392(J)$이고,
20 kg인 물체가 2 m 높이에 있을때의 위치 에너지는
$9.8 \times 20 \times 2 = 392(J)$이다.
20 kg인 물체의 위치에너지가 10 kg인 물체의 위치에너지와 같으므로 같은 양의 일을 하게 되어 말뚝은 똑같이 10 cm 박힌다.

03. 답 ③
해설 운동 에너지는 위치 에너지의 감소량과 같으므로
$1 \times (20 - 5) = 15(J)$이고,
역학적 에너지는 보존되므로 처음의 위치 에너지와 같아
$1 \times 20 = 20(J)$이다.

04. 답 ③
해설 운동에너지는 위치에너지의 감소량과 같으므로
$9.8 \times 10 \times (10 - 4) = 588(J)$이다.

05. 답 ③
해설 물체의 운동에너지는 $\frac{1}{2}mv^2 = \frac{1}{2} \times 2 \times 8^2 = 64(J)$이다.
물체에 해준 일이 100 J 이므로 100 - 64 = 36(J)만큼의 에너지가 수평면과의 마찰에 의해 열에너지로 발생되었다.

06. 답 ④
해설 전열기에서는 전기 에너지가 열에너지로 전환된다.

유형 익히기 & 하브루타 144~147쪽

[유형 8-1] ①	01. ④	02. ②
[유형 8-2] ②	03. ④	04. ④
[유형 8-3] ③	05. ②	06. ③
[유형 8-4] ③	07. ④	08. ⑤

[유형 8-1] 답 ①
해설 운동에너지를 구해보면
ㄱ. $\frac{1}{2}mv^2 = \frac{1}{2} \times 100 \times 5^2 = 1250(J)$
ㄴ. $\frac{1}{2} \times 1000 \times 20^2 = 200000(J)$
ㄷ. $\frac{1}{2} \times 0.01 \times 700^2 = 2450(J)$

01. 답 ④
해설 승용차의 질량을 m, 속력을 v 라 할 때, 승용차의 운동 에너지 = $\frac{1}{2}mv^2$ 이고, 버스의 질량은 $5m$, 속력은 $\frac{1}{2}v$이므로
버스의 운동 에너지 = $\frac{1}{2} \times 5m \times (\frac{1}{2}v)^2 = \frac{1}{2} \times \frac{5}{4}mv^2$
(운동 에너지 비) 승용차 : 버스 = $1 : \frac{5}{4} = 4 : 5$

02. 답 ②
해설 수레의 운동에너지는 $\frac{1}{2} \times 4 \times 10^2 = 200(J)$
일을 해준 후의 수레의 운동 에너지는 $\frac{1}{2} \times 4 \times 12^2 = 288(J)$
수레에 증가한 운동 에너지 288 - 200 = 88(J)만큼 수레에 일을 해준 것이다.

[유형 8-2] 답 ②
해설 ㄴ. 교실 바닥에 대한 물체의 위치 에너지는
$9.8 \times 5 \times 2 = 98(J)$이다.
ㄱ. 지면에 대한 물체의 위치 에너지는 $9.8 \times 5 \times 5 = 245(J)$이다.
ㄷ. 지면에 대한 위치 에너지와 교실 바닥에 대한 위치 에너지의 비는 245 : 98 = 5 : 2 이다.

03. 답 ④
해설 수영 선수가 수면에 대해 갖는 위치 에너지는
$9.8 \times 80 \times 5 = 3920(J)$이다.

04. 답 ④
해설 물체 A~E의 위치 에너지를 각각 구해 보면
A : $9.8 \times 1 \times 10 = 98(J)$ B : $9.8 \times 2 \times 12 = 235.2(J)$
C : $9.8 \times 3 \times 11 = 323.4(J)$ D : $9.8 \times 5 \times 8 = 392(J)$
E : $9.8 \times 6 \times 6 = 352.8(J)$
로 위치 에너지가 가장 큰 물체는 D이다.

[유형 8-3] 답 ③
해설 ㄴ.ㄷ. C지점은 A지점의 위치에너지가 모두 운동에너지로 전환된 곳이다. B와 D지점은 A와 C의 중간 높이에 있으므로 위치 에너지의 반이 운동에너지로 바뀐 지점이다. 위치에너지가 모두 운동에너지로 바뀐 C지점의 운동에너지의 절반이다.
ㄱ. 공기의 저항과 구슬과 접촉면의 마찰은 없으므로 구슬의 역학적에너지는 보존된다.
ㄹ. 구슬이 A에서 B로 내려올 때 감소한 위치 에너지는 증가한 운동 에너지와 같다.

05. 답 ②
해설 처음 던져 올릴 때 물체의 운동 에너지는 $\frac{1}{2} \times 4 \times 10^2 = 200(J)$
B 지점에서의 물체의 위치 에너지는 $9.8 \times 4 \times 5 = 196(J)$이므로
운동 에너지는 $200 - 196 = 4(J)$이다.

06. 답 ③
해설 ③ 최고점에서 정지해 있던 물체의 역학적 에너지는 최고점에서의 위치에너지와 같다.

[유형 8-4] 답 ③
해설 ㄴ, ㄷ 공의 역학적 에너지는 열과 소리 에너지 등으로 전환

되면서 점점 감소한다.
ㄱ, ㄹ 공의 높이가 점점 낮아지므로 공이 공기의 저항과 바닥과의 마찰력에 의한 열에너지로 역학적 에너지는 손실되고 있다.

07. 답 ④

해설 나무 도막의 이동거리가 커지려면 낙하 전 추의 위치에너지가 커야 한다. 추의 질량이 증가하거나 낙하거리가 증가하면 추의 위치에너지가 커지고 추가 나무도막에 해주는 일의 양이 증가한다.
④ 나무 도막과 집게 사이의 마찰력이 증가하면 낙하하는 추에 의한 나무 도막의 에너지가 열에너지로 손실되기 때문에 나무 도막의 이동거리가 줄어든다.

08. 답 ⑤

해설 ㄱ. ㄷ. 낙하하는 물체는 위치 에너지가 운동 에너지로 전환되면서 위치 에너지는 점점 감소한다.
ㄹ. 물체가 낙하하면서 공기와 마찰에 의해 열에너지가 발생한다.
ㄴ. 역학적 에너지의 일부가 열에너지로 전환되므로 역학적에너지는 보존되지 않는다.
ㅁ. 낙하하는 도중에 가지고 있던 위치 에너지의 일부가 열에너지로 전환되므로 바닥에 닿을 때의 역학적 에너지는 낙하하는 순간의 위치 에너지보다 작은 값을 가진다.

창의력 & 토론마당 148~151쪽

01 ①, ④

해설 ① 공기의 마찰로 인한 에너지 손실이 없다면 역학적 에너지 보존 법칙은 항상 성립한다.
② 포물선 운동하는 물체는 연직 아래 방향의 중력만 받으므로 낙하 시간 t 는 최고 높이에 따라 결정된다.

$h = \frac{1}{2}gt^2 \rightarrow t = \sqrt{\frac{2h}{g}}$

③ 두 공 모두 지면에 대해 수평 방향의 속력이 존재한다.
④ 공기에 의한 마찰을 무시하므로 중력만 존재한다.
⑤ 땅에 떨어질 때는 타격 직후와 속력이 같다. 연직 방향의 속도는 같지만 수평 방향의 속도는 서로 다르다. 두 속도를 합한 속도의 크기(속력)도 두 경우 다르다.

02 미끄럼틀을 내려오기 전 어린이는 위치 에너지만 가지고 그 양은 30 × 9.8 × 5 = 1470(J)이다. 미끄럼틀을 내려온 후 어린이는 운동 에너지만 가지고 그 양은 $\frac{1}{2} \times 30 \times 7^2 = 735$(J)이다.
손실된 에너지는 1470 -735 = 735 J 이다.
4.2 J = 1 cal 이므로 735 J = 175 cal 에 해당한다.

03
(1) $v_1 = 2\sqrt{gr}$
(2) 최고점에서 정지하여 자유낙하한다.
(3) 구심력의 크기가 중력보다 커야 한다.
(4) $v_2 = \sqrt{5gr}$

해설 (1) A 점에서의 운동에너지가 P 점(높이 $2r$)에서의 위치에너지 이상의 값을 가져야 P 점까지 도달할 수 있다.
$\frac{1}{2}mv^2 \geq mg(2r)$. 그러므로 최소 속력 $v_1 = 2\sqrt{gr}$ 이다.

(2) P 점까지 가면 운동에너지가 모두 위치에너지로 전환되어 속력이 0 이 되므로 추락한다.

(3)

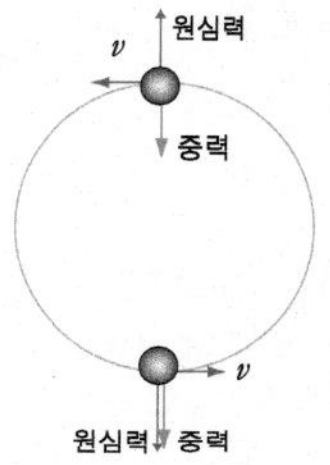

최고점에서 물체가 받는 원심력이 중력보다 작으면 물체는 중력의 영향을 받아서 낙하 운동을 하게 된다. 원심력은 원운동하는 물체가 중심 방향과 반대로 느끼는 쏠리는 힘으로 관성력에 속한다. 원심력의 크기는 구심력과 같고 방향은 반대이다. 따라서 물체가 원둘레를 계속 따라 돌기 위해서는 구심력의 크기(=원심력의 크기)가 중력보다 커야 한다.
(4) 물체가 받는 중력의 크기 mg, 계속 돌기 위한 최하점에서의 속력 v_2, 그 속도로 출발했을 때 최고점에서의 속력을 v_2' 라 하면, 역학적 에너지 보존에 의해 최하점에서의 운동 에너지 = 최고점의 (위치 + 운동) 에너지이다.

$\frac{1}{2}mv_2^2 = mg(2r) + \frac{1}{2}mv_2'^2 \rightarrow mv_2'^2 = mv_2^2 - mg(4r)$

최고점(P점)에서의 구심력과 mg와의 관계는 다음과 같다.

$F_{구} = \frac{mv_2'^2}{r} = \frac{mv_2^2 - 4mgr}{r} \geq mg \rightarrow v_2 \geq \sqrt{5gr}$ 이다.

04 (1) 4.5 m/s (2) 5 m

해설 (1) m_2의 감소한 위치 에너지의 양과 m_1의 증가한 위치 에너지의 양의 차는 $(m_1 + m_2)$의 운동에너지 증가량이 된다.(끈으로 묶여 있으므로 m_1, m_2 의 속력은 같다.)
$5 \times 10 \times 4 - 3 \times 10 \times 4 = 80$(J) = 운동 에너지
$= \frac{1}{2} \times (3 + 5) \times v^2$ 이다.
$v = 2\sqrt{5} \fallingdotseq 4.5$ (m/s) 이다.

(2) 위치 에너지의 전환으로 m_1(3 kg)은 4 m를 올라간다. 그 이후에도 m_1은 멈추지 않고 위치 에너지가 운동 에너지로 모두 전환되는 최고점까지 운동을 한다.
m_2가 땅에 닿고, m_1이 4 m 높이까지 올라갔을 때 m_1의 속력 $v = 2\sqrt{5}$ m/s 이다.
이때의 운동 에너지는 $\frac{1}{2} \times 3 \times (2\sqrt{5})^2 = 30$(J)이다.
이것이 모두 위치 에너지로 전환된다면 mgh = 30J, h = 1 m 이다. 높이 4 m인 곳에서 1 m를 더 올라가는 것이므로 지면으로부터의 높이는 4 + 1 = 5(m)이다.

스스로 실력 높이기 152~157쪽

01. 에너지 **02.** 질량(m), 속력(v) **03.** 4
04. 위치 에너지 **05.** (1) 탄 (2) 중 (3) 중
06. ① **07.** ㉠ 운동 ㉡ 위치 **08.** ②
09. ② **10.** (1) 열 (2) 운동 (3) 빛
11. ④ **12.** (1) ③ (2) ②　**13.** ④
14. ⑤ **15.** ⑤ **16.** ③ **17.** ②
18. (1) ④ (2) ④ (3) ② (4) ② **19.** 9800
20. ② **21.** ⑤ **22.** ② **23.** ③
24. ① **25.** ④ **26.~32.** 〈해설 참조〉

03. 답 4
해설 수레가 처음 가지고 있던 운동 에너지는
$\frac{1}{2}mv^2 = \frac{1}{2} \times 6 \times 2^2 = 12$ (J) 이므로 나중 운동 에너지는
12 + 36 = 48(J)이다. 따라서 이 수레의 나중 속력 v는
$48 = \frac{1}{2} \times 6 \times v^2$, $v^2 = 16$, $v = 4$(m/s)

05. 답 (1) 탄 (2) 중 (3) 중
해설 (1) 활은 탄성력을 이용한 도구로 활이 늘어난 길이에 비례하여 위치에너지를 갖는다.
(2)(3) 물레방아와 댐은 중력에 의해 물이 아래로 떨어지는 것을 이용한 것으로 지면으로부터 높이 있을수록 물의 위치에너지가 증가해서 많은 에너지를 얻을 수 있다.

06. 답 ①
해설 물체는 해준 일만큼 위치 에너지를 가지므로
$490 = 9.8 \times 10 \times h$, $h = 5$(m)

07. 답 ㉠ 운동 ㉡ 위치
해설 운동하는 물체는 높이 올라갈수록 운동 에너지는 감소하고, 감소한 운동 에너지만큼 위치 에너지는 증가한다.

08. 답 ②
해설 공이 처음 가지고 있던 위치 에너지는
$9.8 \times 1 \times 10 = 98$(J)이고, 8 m 높이에서의 위치 에너지는
$9.8 \times 1 \times 8 = 78.4$(J)이므로 잃은 에너지는 98 - 78.4 = 19.6 (J)이다.

09. 답 ②
해설 롤러코스터는 위치에너지 감소량만큼 운동 에너지를 가지므로 C 점에 도달했을 때의 운동 에너지는
$9.8 \times 1 \times (19.6 - 14.7) = 48.02(=9.8 \times 4.9)$(J)이다. 따라서 C 점에서의 속력을 v 라고 하면
$48.02 = \frac{1}{2} \times 1 \times v^2$　$v^2 = 9.8 \times 9.8$, $v = 9.8$(m/s)

11. 답 ④
해설 $E_k = \frac{1}{2}mv^2$, 물체의 운동 에너지는 질량(m)과 속력의 제곱(v^2)에 각각 비례한다.

12. 답 (1) ③ (2) ②
해설 (1) 운동 에너지 증가량은 해준 일의 양과 같으므로
$20 \times 7.5 = 150$(J)이다.
(2) 물체의 처음 운동에너지는
$\frac{1}{2} \times 4 \times 5^2 = 50$(J) 이므로 나중 운동에너지는
50 + 150 = 200(J)이다. 따라서 이 수레의 나중 속력 v는
$200 = \frac{1}{2} \times 4 \times v^2$, $v^2 = 100$, $v = 10$(m/s)

13. 답 ④
해설 수레가 충돌 후 정지했으므로 수레가 나무 도막에 해준 일은 처음 가지고 있던 운동 에너지의 양과 같다.
$\frac{1}{2} \times 2 \times 3^2 = 9$(J)

14. 답 ⑤
해설 쇠구슬을 들어올리면서 한 일은 쇠구슬이 가지는 위치 에너지의 양과 같다.

15. 답 ⑤
해설 추가 가지는 위치 에너지만큼 나무도막이 밀려 내려가는데 위치 에너지는 질량과 높이의 곱에 비례한다.
① 실험 B 는 실험 A 와 비교해 추의 낙하거리가 2 배가 되므로 위치 에너지가 2 배가 되어 나무도막은 2 배(10 cm) 밀려 내려간다.
② 실험 D 는 실험 A 와 비교해 추의 질량이 2 배가 되므로 위치 에너지가 2 배가 되어 나무도막은 2 배(10 cm)밀려 내려간다.
③ 실험 F 는 실험 A 와 비교해 추의 질량이 2 배, 추의 낙하거리가 3 배가 되므로 위치 에너지가 6 배가 되어 나무도막은 6 배(30 cm) 밀려 내려간다.
④ 실험 H 는 실험 A 와 비교해 추의 질량이 3 배, 추의 낙하거리가 2 배가 되므로 위치에너지가 6 배가 되어 나무도막은 6 배(30 cm) 밀려 내려간다.
⑤ 실험 I 는 실험 A 와 비교해 추의 질량이 3 배, 추의 낙하거리가 3 배가 되므로 위치 에너지가 9 배가 되어 나무도막은 9 배(45 cm) 밀려 내려간다.

16. 답 ③
해설 ③ 접촉면과의 마찰이 없으므로 손실되는 역학적 에너지가 없기 때문에 모든 점에서 역학적 에너지는 같다.

17. 답 ②
해설 ㄱ. 진자의 높이가 가장 높은 A와 C에서 위치 에너지는 최대가 된다.
ㄷ. A, B, C에서 역학적 에너지는 같다.
ㄴ. B 점에서 C 점으로 올라갈 때 운동 에너지가 위치 에너지로 전환된다.
ㄹ. C 점에서 B 점으로 내려올 때는 위치 에너지가 운동 에너지로 전환된다.

18. 답 (1) ④ (2) ④ (3) ② (4) ②
해설 (1) 10 N 의 수평 방향의 힘이 한 일은 $10 \times 2 = 20$(J)
(2) 마찰력이 하는 일은 물체의 운동 방향과 반대이므로 마찰력이 한 일은 $-5 \times 2 = -10$(J)
(3) 물체에 작용하는 알짜힘은 10 - 5 = 5N이다. 2 m 이동하였으므

로 알짜힘이 한 일 = 5 × 2 = 10(J)
(4) 알짜힘이 한 일 만큼 물체는 운동 에너지를 가진다.
2 m 이동 후 물체의 속력을 v라고 하면,

$$10 = \frac{1}{2} \times 5 \times v^2, \quad v^2 = 4, \quad v = 2(\text{m/s})$$

19. 답 9800
해설 물의 밀도가 1 g/cm^{3}이므로 물 5 m^{3}의 질량은 5,000,000 g = 5000 kg이다. 5000 kg의 물이 2 m 높이에 있을 때의 위치 에너지는 9.8 × 5000 × 2 = 98,000(J)이다. 이 위치 에너지 중 10 %가 매초 전기 에너지로 전환되므로 발전기에서 얻어지는 전력은 98000 × 0.1 = 9800(W)이다.

20. 답 ②
해설 ㄴ. 가스레인지로 물을 끓일 때는 화학 에너지가 열에너지로 전환된다.
ㄹ. 태양광 가로등은 태양 에너지가 열에너지로 전환된다.

21. 답 ⑤
해설 전등은 지면으로부터 3 m, 식탁 윗면으로부터 2 m 높이에 있으므로 지면을 기준으로 한 위치에너지와 식탁 윗면을 기준으로 한 전등의 위치에너지의 크기의 비는 3 : 2 이다.

22. 답 ②
해설 속력이 1 m/s 일 때 운동에너지가 1 J 이므로 질량은

$$1 = \frac{1}{2} \times m \times 1, \quad m = 2(\text{kg})$$

23. 답 ③
해설 공기의 저항이 없으므로 운동 에너지가 모두 위치 에너지로 전환된다.

$$\frac{1}{2} \times 2 \times 14^2 = 9.8 \times 2 \times h, \quad h = 10(\text{m})$$

24. 답 ①
해설 출발 시 쇠구슬이 가지는 위치 에너지는 9.8 × 0.1 × 0.1 = 0.098(J)이다. 따라서 마찰면에 도달했을 때 쇠구슬의 운동 에너지가 0.098(J)이므로 정지시키기 위해 마찰력이 해주는 일은 −0.098 J 이다. 마찰면에서 쇠구슬이 정지할 때까지 쇠구슬이 이동한 거리는

$$0.098 = 2 \times s \qquad \therefore s = 0.049(\text{m}) = 4.9(\text{cm})$$

25. 답 ④
해설 P점에서 운동에너지가 0 이므로 P 점의 위치에너지량이 물체가 가지는 역학적에너지의 총량이 된다. P 점에서의 역학적 에너지 = 9.8 × m × 0.8 = 7.84m(J)이다.
Q 점은 최저점에서 0.4 m 높이에 있으므로 Q 점에서의 운동 에너지는 위치에너지의 감소량인 3.92m 이 된다. Q 점에서 공의 속력을 v라고 하면

$$3.92m = \frac{1}{2} \times m \times v^2, \quad v^2 = 7.84, \quad v = 2.8(\text{m/s})$$

26. 답 역학적 에너지의 일부가 소리, 열에너지 등으로 전환되기 때문에 역학적 에너지가 감소하여 다시 튕겨 오른 높이는 처음 정지해 있던 순간의 높이보다 낮다.
해설 처음 정지해 있던 순간의 위치 에너지가 바닥으로 떨어지면서 운동 에너지로 전환되는데, 그 중 일부의 에너지가 바닥에 닿는 순간 소리와 열에너지로 전환된다. 역학적 에너지가 처음 정지해 있던 순간보다 작아지기 때문에 튕겨 오른 공은 처음 높이만큼 올라가지 못한다.

27. 답 16 J
해설 수레는 20 cm 를 이동하는데 $\frac{4}{40}$ 초가 걸리므로 수레의 속력은 $\frac{0.2}{\frac{1}{10}}$ = 2 m/s 이다.
이 수레의 운동 에너지는 $\frac{1}{2} \times 8 \times 2^2 = 16$(J)이다.

28. 답 114 J
해설 던져지는 순간 이 물체의 위치에너지는
9.8 × 2 × 5 = 98(J)이고, 운동에너지는 $\frac{1}{2} \times 2 \times 4^2 = 16$(J)
따라서 던지는 순간의 역학적에너지는 98 + 16 = 114 J 이고 이것은 지면에 닿는 순간 모두 운동 에너지로 바뀐다.

29. 답 0.1 m
해설 B 점의 운동에너지가 모두 위치에너지로 변환되어 최고점에 도달하므로 B 점으로부터 최고점까지의 높이는

$$\frac{1}{2} \times 2 \times (1.4)^2 = 9.8 \times 2 \times h, \quad h = 0.1(\text{m})$$

30. 답 ① 무한한 자원으로서 지속 가능하고 고갈되지 않는다.
② 다른 자원에 비해 환경 오염(CO_2에 의함)이 적다.
해설 신에너지는 새로운 에너지 전환 기술을 이용한 에너지로 연료 전지, 수소 에너지 등이다. 재생 에너지는 재생이 가능하고, 에너지원이 고갈되지 않아 지속 가능한 에너지로 태양광, 풍력, 지열, 해양 에너지, 바이오매스 등이 있다. 신에너지와 재생 에너지는 모두 지속이 가능하고 환경 오염이 적다는 장점이 있다.

31. 해설 용수철에서 분리된 직후 수평 속도 성분은 용수철의 영향만 받으므로 같은 탄성 위치 에너지에 의한 운동 에너지가 생성되었을 것이다. 때문에 용수철에서 분리된 직후의 물체의 운동 에너지는 같다. 하지만 물체의 체공 시간이 지구에서보다 달에서 더 길기 때문에 수평 도달 거리는 달이 지구보다 더 길다.

$h = \frac{1}{2}gt^2$, $t = \sqrt{\frac{2h}{g}}$ (달에서의 체공 시간은 지구의 $\sqrt{6}$ 배이다.)
(수평 도달 거리 = 수평 속도 × 체공 시간)

32. 답 10 W
해설 곡면은 마찰이 없으므로 A 점에서 위치 에너지는 B점에서 운동 에너지가 된다.
E_k(B 점)= 10 × 1 × 5 = 50(J)
이때 마찰력이 작용하여 일정하게 감속된 후 5 초 만에 정지하였으므로, 운동 에너지는 50 J 감소하였고, 이는 마찰력이 물체에 5 초 동안 50 J 의 일을 해준 것이 된다. 따라서 마찰력의 일률(P)은 다음과 같다.

$$P = \frac{W}{t} = \frac{50}{5} = 10(\text{W})$$

9강. Project 2

논/구술 158~159쪽

Q1

거중기는 4 개의 움직도르래가 한 끈으로 연결되어 있으므로 물체를 들어 올리는데 $\frac{1}{8}$ 의 힘이 필요하다. 따라서 240 kg 의 물체를 들어올리는 데에는 최소한 $\frac{240}{8}$ kg중 = 30 kg중 의 힘이 필요하다.

Q2

힘에 이득이 있는 것 : 거중기
힘에 이득이 없는 것 : 녹로, 동차, 유형거

탐구 1. 용수철의 탄성계수 구하기 160~161쪽

〈탐구 문제〉

1. 변하지 않는다, 작

2. 작아

탐구 2. 탄성력에 의한 위치에너지 162~163쪽

〈탐구 문제〉

1. 용수철 진자의 진동 주기는 추의 질량이 클수록 커진다.

2. 용수철 진자의 진동 주기는 용수철의 탄성계수가 작을수록 커진다.

3. 추가 최하점에 있을 때 속력이 0 이므로 운동 에너지는 발생하지 않으며, 용수철 진자의 경우 평형점에서 추가 아래로 내려올수록 추의 (중력에 의한)위치 에너지는 감소하는데, 추가 아래로 내려올수록 용수철의 길이가 늘어나므로 탄성력에 의한 위치 에너지는 증가하게 된다.
평형점을 기준으로 할 때 최하점까지의 중력에 의한 위치 에너지 감소량과 탄성력에 의한 위치 에너지 증가량은 서로 같다.

Ⅲ 전기

10강. 전기 Ⅰ

개념 확인 166~169쪽

1. (1) O (2) X　**2.** (1) O (2) X (3) X
3. 4　**4.** 전하량 보존 법칙

1. 답 (1) O (2) X
해설 (1), (2) 두 물체를 마찰시키면 한 물체에서 다른 물체로 전자가 이동하고, 한 물체는 (+), 다른 물체는 (−)로 대전되어서 인력이 작용한다.

2. 답 (1) O (2) X (3) X
해설 (1) 검전기에 대전체를 가까이 가져가면 검전기 내에 있는 금속박이 벌어지는 것을 통하여 물체의 대전 여부를 알 수 있다.
(2) 검전기의 금속박이 적게 벌어지고 많이 벌어짐을 통해서 대전된 전하의 양이 많고 적음은 알 수 있지만 정확한 양은 알 수 없다.
(3) 검전기로는 대전체가 도체인지 부도체인지 알 수 없다.

3. 답 4 A
해설 5 초 동안 20 C 의 전하가 통과하면 1 초 동안에는 4 C 의 전하가 흐르므로 전류의 세기는 4 A 이다.

확인+ 166~169쪽

1. (1) 고무 풍선 (2) 플라스틱 컵
2. 다른, 같은　**3.** 150　**4.** 5

1. 답 (1) 고무 풍선 (2) 플라스틱 컵
해설 두 물체를 마찰시킬 경우 (−) 전기로 대전되는 물체는 전자를 얻기 쉬운 물체이다
(1) 털가죽은 전자를 잃는 성질이 강하고 고무풍선은 전자를 얻으려는 성질이 강하다.
(2) 나무 판자와 플라스틱 컵이 마찰되면 플라스틱 컵은 전자를 얻는다.

3. 답 150 mA
해설 500 mA 단자에 전류계가 연결되어 있으면 최대 500 mA까지 읽을 수 있다는 의미이다.

4. 답 5 A
해설 전하량 보존 법칙에 의해서 전류는 없어지거나 새롭게 생기지 않는다.

생각해보기 166~169쪽

★ 도체에서는 마찰 전기가 발생하지 않고 부도체에서 마찰 전기가 발생한다.

해설 도체 표면에는 자유 전자들이 매우 많이 분포하여 항상 전기적인 균형을 이루기 때문에 도체에서는 마찰전기가 발생하지 않는다. 부도체에서는 마찰시키면 전자가 불균형하게 분포하여 이동하기 때문에 마찰 전기가 발생한다.

개념 다지기 170~171쪽

01. ③	**02.** ③	**03.** ①
04. ③	**05.** ④	**06.** 5A, 8A

01. 답 ③
해설 마찰시켰을 때 A는 전자들이 빠져 나가고 B 는 전자들이 들어와서 A는 (+) 극으로 대전 B 는 (–) 극으로 대전되었다. 그러므로 다른 극끼리는 인력을 띤다.

02. 답 ③
해설 금속 막대는 정전기 유도가 일어나기 때문에 유리 막대와 가까운 A 는 (+) 극으로 B 는 (–) 극으로 대전된다. 따라서 A 와 유리 막대는 다른 극을 띠고 있으므로 인력이 작용하여 금속 막대는 유리 막대쪽으로 끌려온다.

03. 답 ①
해설 (+) 전기로 대전된 대전체를 검전기의 금속판에 가까이 다가가면 금속판은 (–) 극으로 대전되고 금속박은 (+) 극으로 대전된다.

04. 답 ③
해설 ㉡ 은 전자이며, 전자가 일정 방향으로 움직이고 있기 때문에 도선에는 전류가 흐르고 있는 것을 알 수 있다. 또한 전류 방향과 전자의 이동 방향은 반대이므로 전류는 B 에서 A 로 흐른다.

05. 답 ④
해설 전하량 보존 법칙은 직 병렬 도선을 따라 흘러들어가는 전하는 새로 생기거나 사라지지 않으며 항상 일정한 양이 유지된다는 법칙이다.

06. 답 전류계 C : 5 A, 전류계 D : 8 A
해설 전하량 보존 법칙에 의해 A 와 D 에서의 전류의 세기는 같고 A 의 전류가 B 와 C 로 나누어서 들어간다.

유형 익히기 & 하브루타 172~175쪽

[유형 10-1] ③ **01.** ① **02.** ⑤
[유형 10-2] ② **03.** (1) +, – (2) 정전기 유도 **04.** ②
[유형 10-3] ④ **05.** ③ **06.** ①
[유형 10-4] ④ **07.** ④ **08.** ④

[유형 10-1] 답 ③
해설 ①, ②, ③ 마찰에 의해서 A에 있던 전자들이 B로 이동하였다. 그러므로 A 는 (+) 전기, B 는 (-) 전기로 대전되었다.
④ 원자핵은 이동하지 않는다.
⑤ A 와 B 모두 대전체가 된다.

01. 답 ①
해설 A 는 전자를 잘 잃은 물체, B 는 전자를 잘 얻는 물체임을 알 수 있다. 그러므로 A 가 대전열의 왼쪽, B 가 대전열의 오른쪽에 있는 물체여야 한다.

02. 답 ⑤
해설 ⑤ 고무 풍선을 명주와 플라스틱 막대로 문지르면 명주를 문지른 고무 풍선은 전자를 얻고 플라스틱 막대로 문지른 고무 풍선은 전자를 잃는다. 그러므로 각각의 고무 풍선은 다른 극을 띠기 때문에 고무 풍선끼리 인력이 작용한다.

[유형 10-2] 답 ②
해설 손가락을 도체구에 접촉시키기 전 도체구 왼쪽에는 (+) 극, 오른쪽에는 (–) 극이 대전되어 있다. 이때 손을 가져다대면 전자들은 손으로 빠져나간다. 그러므로 손가락을 떼면서 대전체를 치우면 도체구 양쪽은 모두 (+) 극으로 된다.

03. 답 (1) 윗부분 : (+) 극, 아랫부분 : (–) 극 (2) 정전기 유도
해설 비행기는 도체로 이루어져 있으므로 (–) 전기로 대전된 구름밑을 지나면 정전기 유도 현상에 의해 윗부분은 (+) 극 아랫부분은 (–) 극으로 된다.

04. 답 ②
해설 (–) 로 대전된 플라스틱 막대를 금속 막대에 접근 시키면 A 는 (+) 극, B 는 (–) 극, C 는 (+) 극, D 는 (–) 극으로 된다.

[유형 10-3] 답 ④
해설 ④ 전류가 흐를 때 전자는 (–) 극에서 (+) 극으로 흐르는데 이때 전자는 원자와 충돌하면서 열이 발생한다.
①은 A 는 전자이다.
② (가) 에서 전자는 자유롭게 이동한다.
③ 전류의 방향은 (+) 에서 (–) 이다.
⑤ 전자는 (–) 전기를 띠므로 (–) 극에서 (+)극 으로 전기력을 받는다.

05. 답 ③
해설 ①, ② 전자의 이동 방향이 A 에서 B 로 향하는 것으로 보

아 전류는 그 반대 방향은 B 에서 A 로 흐르는 것을 알 수 있다. 전류는 (+) 극에서 (−) 극으로 흐르므로 A 에는 (+) 극, B 에는 (−) 극이 연결되어 있다.

06. 답 ①

해설 전류계의 (−) 단자가 5 A 에 연결이 되어 있으므로 최대로 읽을 수 있는 전류 값이 5 A 이다.

[유형 10-4] 답 ④

해설 병렬 연결에서는 전류가 나누어져서 들어간다. 그러므로 D, E, F 의 전류비는 2 : 1 : 1 이다.

07. 답 ④

해설 (나) 에서 0.2 A 의 전류가 흐르고 (다) 에서 1 A 의 전류가 흘렀다면 전하량 보존 법칙에 의해서 (가) 에 1.2 A 가 흐른다. 5 분 동안에 흐른 전하량(Q)은 $Q = It$ 이므로 1.2 A × 300 초 = 360 C 이다.

08. 답 ④

해설 전하량 보존 법칙에 의하여 A의 전류가 B와 C로 흘러들어가고 B와 C에 있던 전류가 다시 D로 합쳐져서 흐르게 된다.

창의력을 키우는 문제 176~179쪽

01 (1) 금속박이 오므라든다.
(2) 설치된 금속판은 (+) 전기를 띠고 있게 되므로 금속판 A 는 (−) 전기를 띠고, 금속박은 (+) 전기를 띠게 되어서 벌어지게 된다.

해설 (1) (가) 에서 에보나이트 막대와 털가죽을 마찰시키면 에보나이트 막대는 (−) 극으로 대전된다. (−) 극으로 대전된 에보나이트 막대를 설치된 금속판에 접근시키면 설치된 금속판 위쪽에는 (+) 극 아래쪽에는 (−) 극으로 된다. 금속판 A 는 (+) 극이 되고 금속박은 (−) 극으로 되면서 서로 척력이 발생하여 금속박은 벌어지게 된다. 이때 설치된 금속판에 손가락을 갖다 대면 접지가 되는 것이므로 전자가 손가락을 통해 빠져나간다. 그래서 설치된 금속판 아래 면은 중성상태가 되고 금속판에는 정전기 유도 현상이 일어나지 않게 되어서 금속박은 오므라들게 된다.

02 (1) 손을 도체구에 얹고 반데그라프 발전기를 연결하면 사람의 표면에 전하들이 쌓이게 되고, 머리카락에 쌓인 전하들끼리 서로 척력이 작용하여 하늘로 치솟게 된다.
(2) 겨울철이다.

해설 (1) 도체구가 중성일 때 손을 대고 있다가 반데그라프를 작동시키면, 도체구 뿐만 아니라 인체에도 함께 전하들이 쌓이기 시작한다. 인체도 도체이기 때문에 전하가 도체구에서 쉽게 이동할 수 있다. 그래서 사람의 표면에 전하들이 쌓이게 되고, 머리카락에 쌓인 전하들이 서로 척력이 작용하여 하늘로 치솟는다.
(2) 여름철에는 공기 중에 수증기가 많기 때문에 전하들이 도체 표면에 잘 쌓이지 못한다. 그러나 겨울철에는 건조하기 때문에 대전된 전하들이 잘 쌓인다. 그러므로 겨울철이 여름철보다 실험이 더욱 잘된다.

03 (1) 빛의 속도는 초당 30만 km이고, 소리의 속도는 초당 340 m 정도로 빛이 소리보다 훨씬 빠르기 때문에 번개가 친 후 몇 초 뒤에 천둥 소리가 울린다.
(2) 차 안에 가만히 있는다.

해설 (1) 번개가 칠 때 같이 발생하는 천둥은 번개에서 나온 엄청난 열이 급격하게 공기를 가열하여 팽창시키기 때문에 나는 소리이다. 빛의 속도는 초당 30만 km이고, 소리의 속도는 초당 340 m 정도로 빛이 소리보다 훨씬 빠르기 때문에 우리는 번갯불을 본 다음 천둥소리를 듣게 되는 것이다. 따라서 번갯불과 천둥소리 사이의 시간 간격이 짧을수록 번개는 가까운 곳에서 치는 것이므로 조심해야 한다.
(2) 차는 도체로 이루어져 있고, 차 안은 거의 밀폐된 상태이므로 차 표면의 전하는 차 내부의 전기력이 0이 되도록 분포한다. 이것이 정전기 차폐의 원리이다. 때문에 천둥과 벼락이 칠 때 차 안에 가만히 있는 것이 가장 안전하다. 차가 벼락을 맞아서 많은 전하가 차 표면으로 옮겨오더라도 전기는 차 안의 공간에 영향을 미치지 않기 때문이다.

04 컴퓨터의 모니터 화면은 젖은 수건으로 닦을 때 더 잘 닦인다. 수건을 이용하는 방법 외에는 대전체를 이용한 먼지 제거 방식이 있다.

해설 마른 수건으로 컴퓨터의 모니터 화면을 닦으면 마찰전기가 발생한다. 공기 중에 떠다니는 먼지나 작은 실밥, 피부 세포 같은 것들은 정전기 유도에 의해 화면에 붙게 된다. 이때 모니터 화면을 닦으면 닦을수록 마찰 전기가 더욱 많이 발생하기 때문에 먼지가 더 붙는 것이다. 수건 말고 모니터 화면을 닦는 다른 방법으로는 대전체를 가까이 하여 전기력으로 먼지를 흡착시키는 방법 등이 있다.

스스로 실력 높이기 180~187쪽

01. C, D, A, B		**02.** ⑤	**03.** ④
04. ③	**05.** (1) 4, 5 (2) 480, 600		
06. ③	**07.** ①	**08.** ④	**09.** ②
10. ⑤	**11.** ⑤	**12.** ②	**13.** ③
14. ①	**15.** ⑤	**16.** ⑤	**17.** ①
18. ④	**19.** ②		
20. (1) 5 C, 1 C, 13 C (2) 모두 같다.			
21. 3	**22.** ②	**23.** ⑤	**24.** ②
25. ⑤	**26.~32.** 〈해설 참조〉		

01. 답 C, D, A, B
해설 두 물체를 마찰시켰을 때 전자를 잘 얻는 물체가 (−) 대전체가 된다. 그러므로 전자를 잘 얻는 쪽을 부등호로 표시하면 B〉A, B〉C, A〉D, D〉C이다. 전자를 가장 잘 얻는 물체를 차례대로 표시하면 B〉A〉D〉C 가 된다.

02. 답 ⑤
해설 ⑤ 원자핵은 이동하지 않는다.

03. 답 ④
해설 대전체를 물줄기에 가까이 대었을 때 물줄기가 끌려오는 현상은 정전기 유도와 관련이 있다.

04. 답 ③
해설 (−) 로 대전된 유리 막대를 금속 막대에 접근시키면 A 는 (+) 극, B 는 (−) 극, C 는 (+) 극, D 는 (−) 극으로 대전된다.

05. 답 (1) C점 : 4 A, D점 : 5 A (2) C점 : 480 C, D점 : 600 C
해설 (1) 전하량 보존 법칙에 의해서 A에 흐르는 전류가 B와 C로 나누어져서 흐르게 된다. 그리고 다시 D에서 합쳐지게 되므로 A에 5 A가 흘렀다면 B는 1 A, C는 4 A, D 는 5 A가 흐르게 된다.
(2) 전하량은 전류와 시간의 곱으로 구할 수 있다. 2 분 = 120 초 동안 C 에서 흐르는 전하량은 120 초 × 4 A = 480 C, D 에서 흐르는 전하량은 120 초 × 5 A = 600 C 이다.

06. 답 ③
해설 5 A 단자에 연결하면 최대로 읽을 수 있는 전류는 5 A 이다.

07. 답 ①
해설 접촉을 하게 되면 도체구 B 에 있던 전자들이 도체구 A 로 흘러들어가게 된다. 그래서 둘 다 (+) 전하를 띠게 된다.

08. 답 ④
해설 직렬 회로이기 때문에 3 개의 전구에 같은 시간 동안 전자의 수와 전류의 세기는 모두 같다. 전하량 보존 법칙에 의해서 전하량의 수는 변하지 않는다.

09. 답 ②
해설 500 mA 단자로 연결하면 최대로 읽을 수 있는 전류는 500 mA이다. 조금밖에 움직이지 않았다는 것은 측정할 수 있는 전류 폭이 넓은 것이므로 최대로 읽을 수 있는 전류량을 낮추면 전류계의 바늘이 많이 움직일 것이다.

10. 답 ⑤
해설 B 와 C 의 저항값이 같기 때문에 B 와 C 에 흐르는 전류의 세기도 같다. 전하량 보존 법칙에 의해 A 에는 2 분동안 72 C 가 흐른다. 전류는 1 초당 흐르는 전하량이므로 전류의세기는 $\frac{72\ C}{120\ s}$ = 0.6 A 가 된다.

11. 답 ⑤
해설 전하량 보존 법칙에 의하여 중심에 들어온 전류의 세기가 15 A + 30 A = 45 A이므로 나가는 전류의 세기도 45 A가 되어야 한다. 그러므로 ㉠ + 20 A = 45 A 가 되어 ㉠ 은 25 A 가 된다.
이때 5 초 동안 ㉠ 을 통해 흘러나가는 전하량은
5 초 × 25 A = 125 C 이다.

12. 답 ②
해설 A 에 전자가 많기 때문에 (−) 전기를 띤 전자가 B로 흐르게 된다. 이때 A 의 전하는 모두 없어지지 않고 B 와 같아질 때까지 흐르게 된다.

13. 답 ③
해설 예를 들어 A 에 3 A 의 전류가 흘렀다면 B 와 C 는 각각 1.5 A 씩 흐르게 되고 D, E, F 는 각각 1 A 씩 흐르게 된다. 그러므로 B+C 의 전류량이 가장 크다.

14. 답 ①
해설 전자가 손가락으로 빠져 나가기 때문에 금속박에 있는 전자들이 금속판으로 올라간다. 따라서 금속박에 있는 전자들이 없어지므로 금속박은 오므라들게 된다.

15. 답 ⑤
해설 ⑤ (−) 극으로 대전된 막대를 가까이 가져가면 금속판은 더 (+) 극을 띠게 되고 금속판에 있던 전자들이 금속박으로 내려가므로 척력이 더 세져서 더 벌어지게 된다.

16. 답 ⑤
해설 두 전구에 똑같은 전류가 흐르므로 두 전구의 저항의 크기는 같다. 따라서 전하량 보존 법칙에 의하여 전류계는 0.8 A 를 나타낸다. 도선에 전자는 일제히 이동한다.

17. 답 ①
해설 (가) 의 전류는 1 A (나) 의 전류는 3.5 A임을 알 수 있다. 따라서 전하량 보존 법칙에 의해서 (다) 에 흐르는 전류는 4.5 A 이다.

18. 답 ④
해설 명주 헝겊에 문지른 플라스틱 막대는 (−) 극을 띠게 된다. 따라서 대전된 유리 막대를 금속구에 접근시키면 금속구 A 쪽은 (+) 극 금속구 B 쪽은 (−) 극을 띠게 된다. 그러고 난 뒤에 금속구 A 와 금속구 B 를 떼어 놓으면 금속구 A 는 (+) 극 금속구 B 는 (−) 극을 띠게 된다.

19. 답 ②

해설 (–) 극으로 대전된 대전체를 가까이 가져가면 도체구 위에는 (+) 극 아래는 (–) 극으로 된다. 이때 접지를 시키면 아래 쪽에 있던 전자들이 빠져나가므로 스위치를 열고 대전체를 치우게 되면 모두 (+) 극으로 대전된다.

20. 답 (1) A : +5 C, B : +1 C, C : +13 C (2) 모두 같다.
해설 (1) A, B, C 에서 접촉하게 되면 전하량이 같아질때가지 전자가 이동한다. 그러므로 A 는 +5 C 가 이동하게 되어서 둘 다 +1 C 이 되고, B 는 +1 C 이 이동하게 되어서 둘 다 +1 C 이 되고, C 는 +13 C 이 이동하게 되어서 둘 다 +1 C 이 된다. (2) A, B, C 셋 다 +1 C씩 남게 되어서 남아 있는 전하량은 모두 같다.

21. 답 3 N
해설 AB 사이, BC 사이, AC 사이에 힘을 주고 받는다. 서로 척력이 작용하고 AB 사이에는 4 N 의 힘이, 거리가 2 배 되면 전기력은 $\frac{1}{4}$ 배가 되므로 BC 사이에는 1 N 의 힘이 작용한다(그림). 따라서 B 가 받는 알짜힘의 크기는 3 N 이다.

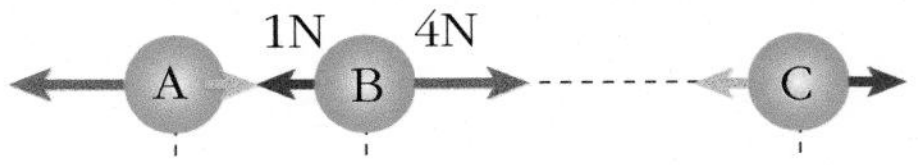

22. 답 ②
해설 마찰시킨 A 가 B, C 와 D, E 와 F 는 대전열에 따라 서로 다른 종류의 전기를 띠게 된다. A 가 (+) 전기를 띠면 A 와 C 는 인력이 작용하므로 C 는 (-) 전기를 띤다. 따라서 D 는 (+) 전기를 띤다. A 와 E 는 척력이 작용했으므로 A 가 (+) 전기일 때 E 도 (+) 전기가 되고, F 는 (-) 전기를 띠게 된다. 그러므로 A, D, E 가 서로 같은 종류의 전기를 띠게 되고 또한 B, C, F 가 서로 같은 종류의 전기를 띠게 된다.

23. 답 ⑤
해설 대전체와 가까운 A 쪽의 전자가 척력을 받아 B 쪽으로 밀려가고 두 금속 구를 떼어냈으므로 전자는 돌아오지 못하여 A 는 (+) 전기를, B 는 (–) 전기를 띤 상태가 유지된다.

24. 답 ②
해설 전하량은 전류와 시간의 곱($Q=It$)으로 나타낸다. 0.1 초 동안 2 C 의 전하가 원 주위의 한 곳을 통과하는 것이므로 전류를 구하면 $\frac{2}{0.1}$ = 20 A 이다.

25. 답 ⑤
해설 중성인 금속 구에 (–) 전기를 띤 금속막대가 닿는다면 전자가 많은 금속막대에서 중성의 금속구로 전자가 이동하게 된다. 때문에 막대와 구는 전기적으로 모두 (–) 전기를 띠게 되어 척력이 작용하게 된다. 그리고 금속 구의 전자는 에보나이트 막대로부터 척력을 받아 막대로부터 먼 쪽으로 쏠리게 된다.

26. 답 여름철에는 공기 중의 수증기가 전하가 한 곳으로 모이는 것을 방해하고, 전하가 모여 있을 때 공기 중으로 쉽게 방전시키기 때문이다.

27. 답 고무풍선은 더 벌어진다. 털가죽으로 고무풍선을 문지르면 전자가 털가죽에서 고무풍선으로 이동하면서 두 고무풍선은 각각 (–) 전기로 대전된다. 따라서 두 고무풍선 사이에서는 척력이 발생한다.

28. 답 (1) 벌어진다. (2) 아무런 변화가 없다.
(1)(–) 대전체가 검전기에 가까이 있는 상태에서 금속판에 손가락을 대면 금속박의 전자가 손가락을 통해 빠져 나간다. 이 상태에서 손가락과 대전체를 치우면 검전기 전체가 (+) 전하로 대전되어 금속박이 벌어진다.
(2) (나) 과정에서 대전체를 먼저 치우면 손가락으로 이동했던 전자들이 다시 (+) 전하를 띠는 검전기로 끌려오기 때문에 검전기는 중성 상태를 유지하게 되고, 금속박은 오므라든 상태를 유지한다.

29. 답 끌려간다. 정전기 유도에 의해 플라스틱 막대와 가까운 쪽에 다른 종류의 전기가 유도되어 두 물체 사이에 전기적 인력이 작용하기 때문이다.

30. 답 (1) A: (–) 극 B: (+) 극 (2) ㉠
(1)전자는 A 에서 회로를 통해 B로 향하고 있다. 전자는 (–) 극에서 (+) 극으로 흐르기 때문에 A 는 (–) 극 B 는 (+) 극임을 알 수 있다.
(2)전자의 이동 방향과 전류의 방향은 반대이다.

31. 해설 플라스틱이나 고무풍선과 같은 부도체에서 발생한 마찰 전기는 다른 부분으로 이동하지 않고, 마찰한 부분에만 몰려 있게 된다. 하지만 표면에 자유 전자가 매우 많이 존재하는 금속 등의 도체를 문지르면 자유전자가 빠져나가거나 들어오더라도 다른 자유 전자가 이동하여 채우므로 전자가 빠져나가거나 들어온 영향을 거의 받지 않게 된다. 따라서 도체가 전체적으로 전기를 띠지는 않게 된다.

32. 해설 주어진 자료를 이용하여 대전열을 정리하면 다음과 같다.
A 와 B 를 마찰시켰을 때의 대전열 : (+) – B – A – (–)
A 와 C 를 마찰시켰을 때의 대전열 : (+) – A – C – (–)
B 와 D 를 마찰시켰을 때의 대전열 : (+) – D – B – (–)
∴ 대전열은 (+) – D – B – A – C (–)
대전열의 차이가 큰 두 물체를 마찰시킬 때 가장 센 마찰 전기가 만들어지므로, D 와 C 를 마찰시켰을 경우 물줄기가 가장 많이 휘어질 것이다.

11강. 전기 II

개념 확인 (188~191쪽)

1. 건전지	**2.** (1) X (2) O
3. 6	**4.** (1) 직 (2) 병

확인+ (188~191쪽)

1. 3	**2.** ⑤
3. 80	**4.** 합성 저항 : 9, 전류 : 2

1. 답 3
해설 1.5 V 를 가진 건전지 2 개를 직렬로 연결하면 3 V 이다.

2. 답 ⑤
해설 전기 저항에 영향을 받는 것은 도선의 재질, 도선의 두께, 도선의 단면적, 도선의 길이이다. 도선에 흐르는 전류가 크다고 해서 저항값이 변하는 것이 아니다.

3. 답 80 Ω
해설 전압-전류 그래프에서 기울기는 저항값이다.

4. 답 합성 저항 : 9 Ω, 전류 : 2 A
해설 저항을 직렬로 연결했을 때는 합성 저항은 두 저항값을 더하면 된다. 합성 저항은 9 Ω 이 되고, 총 전압은 18V이므로 도선에 흐르는 전류는 2 A 이다.

생각해보기 (188~191쪽)

★ 전압은 압력이 아니다.

★★ 온도가 낮으면 저항값은 증가하고 온도가 높으면 저항값은 감소한다.

★★★ 작아진다.

★ 해설 전압은 전기적인 압력이 아니고, 단위 전하당 전기적인 위치 에너지 이다.

★★ 해설 부도체는 온도가 높아지면 전자가 활성화되어 흐를 수 있는 전자들이 조금씩 나타나기 때문에 저항값이 감소한다.

★★★ 해설 예를 들어 병렬 연결된 R_1, R_2 ($R_1 < R_2$)를 가정해 보자.
이때 합성 저항값은 $\frac{R_1 \times R_2}{R_1 + R_2}$ 이다.
$R_1 < \frac{R_1 \times R_2}{R_1 + R_2}$ 라고 가정하면 $R_1^2 < 0$이 되므로 이 식은 성립하지 않게 된다. 그러므로 $R_1 \geq \frac{R_1 \times R_2}{R_1 + R_2}$ 이며, 합성저항값은 병렬 연결된 저항의 저항값 중 작은 저항값보다 더 작아지게 된다.

개념 다지기 (192~193쪽)

01. B	**02.** ①	**03.** ②
04. ③	**05.** ①, ②, ⑤	**06.** ④

01. 답 B
해설 A 와 C 는 4.5 V 이고 B 는 3 V 이다. 저항값은 셋 다 같으나 B 의 전압값이 가장 작으므로 전류값도 가장 작기 때문에 B의 전구가 가장 어둡다.

03. 답 ②
해설 A 와 B 의 저항비는 3 : 7 이므로 걸리는 전압비도 3 : 7 이다. 따라서 A 에 걸리는 전압은 60 V 이다.

04. 답 ③
해설 저항 A 와 저항 B 는 병렬 연결이므로 걸리는 전압은 서로 같다. 합성 저항은 $\frac{20 \times 20}{20 + 20} = 10\,\Omega$ 이다.

06. 답 ④
해설 6 Ω과 12 Ω의 병렬연결이므로 합성 저항값은 4 Ω이다. 그리고 2 Ω과 합성 저항인 4 Ω은 직렬 연결되어 있으므로 총 합성 저항값은 6 Ω이다.

유형 익히기 & 하브루타 (194~197쪽)

[유형 11-1] ① **01.** ② **02.** ⑤
[유형 11-2] ⑤ **03.** ① **04.** ②
[유형 11-3] ①
05. A의 저항값 : 60, B의 저항값 : 30
06. (1) 0.5 (2) 반시계 방향, b 점
(3) b점, a 점, 5
[유형 11-4] ⑤ **07.** ② **08.** ②

[유형 11-1] 답 ①
해설 전지를 병렬로 연결시키면 전지의 갯수가 늘어나도 전압은 일정하다.

01. 답 ②
해설 ①의 전압은 4.5 V 이다.
②의 전압은 3 V 이다.
③의 전압은 1.5 V 이다.
④의 전압은 6 V 이다.
⑤의 전압은 1.5 V 이다.

02. 답 ⑤
해설 물높이는 전압에 해당한다.

[유형 11-2] 답 ⑤

해설 원자의 개수에 따라 물질의 종류가 다르다. 못이 원자로 비유되기 때문에 박혀 있는 못의 개수에 따라 물질의 종류가 결정되며 나타나는 전기 저항도 다르다.

03. 답 ①

해설 B는 A보다 길이는 2배 이고 단면적은 $\frac{1}{2}$ 이다.
그러므로 $R_A : R_B = 1 : 4$ 이다. A 와 B 에 걸리는 전압은 같으므로 $I_A : I_B = 4 : 1$ 이다. $I_A = 0.4$ A 이므로 $I_B = 0.1$ A 이다.

04. 답 ②

해설 B 는 A 보다 길이는 3 배 길고 단면적은 $\frac{1}{3}$ 배이다.
따라서 $R_A : R_B = 1 : 9$ 이다.

[유형 11-3] 답 ①

해설 도선에 흐르는 전류는 0.4 A이므로 저항을 통과하는 전류도 0.4 A 이다. 저항값은 10 Ω 이므로
$V = Ir = 0.4 \times 10 = 4$ V

05. 답 A 의 저항값 : 60 Ω, B 의 저항값 : 30 Ω

해설 전압을 전류로 나누면 저항값이 된다.
A 의 저항 : $\frac{6}{0.1} = 60$ Ω, B 의 저항 : $\frac{6}{0.2} = 30$ Ω이다.

06. 답 (1) 0.5 A (2) 반시계 방향, b 점 (3) b 점, a 점, 5 V

해설 전류는 반시계 방향으로 흐르므로 전위는 b 점이 높다. 따라서 b 점에서 a 점으로 전류가 흐르며 전압 강하가 5 V 일어났고, 이때 흐르는 전류는 0.5 A 이다.

[유형 11-4] 답 ⑤

해설 ① 은 4 Ω 두 개가 병렬 연결된 것이다. 합성 저항은 2 Ω 이다. ② 는 6 Ω 과 2 Ω이 병렬 연결된 것이다. 합성 저항은 1.5 Ω 이다. ③ 의 합성 저항은 5 Ω 이다.
④ 의 합성 저항은 8 Ω 이다. ⑤ 에서 합성 저항을 R 이라고 하면,
$\frac{1}{R} = \frac{1}{2} + \frac{1}{2} + \frac{1}{2} + \frac{1}{2}$ 로 계산하여 R 은 0.5 Ω 이다.

07. 답 ②

해설 세 저항에 걸리는 전압은 각각 4 V 로 같고 전류 I_1, I_2, I_3 는 각각 1 A, 2 A, 4 A 이다. 그러므로 $R_1 = \frac{4}{1} = 4$ Ω
$R_2 = \frac{4}{2} = 2$ Ω, $R_3 = \frac{4}{4} = 1$ Ω 이므로 $R_1 : R_2 : R_3 = 4 : 2 : 1$ 이다.
또는 세저항에 걸리는 전압이 V 로 각각 같다고 할 때
$R_1 : R_2 : R_3 = \frac{V}{1} : \frac{V}{2} : \frac{V}{4} = 4 : 2 : 1$

08. 답 ②

해설 6 Ω 과 12 Ω 에 걸리는 전압은 서로 같고 저항 비는 1 : 2이다. 그러므로 6 Ω 과 12 Ω 에 흐르는 전류비는 2 : 1이다.
$I_1 : I_2 = \frac{V}{6} : \frac{V}{12} = 2 : 1$

창의력을 키우는 문제 198~201쪽

01 (1) 해설 참조
(2) 물의 온도가 낮을수록 서미스터의 저항값이 높게 나타난다. 서미스터는 반도체이기 때문에 온도가 높을수록 비저항값이 작아져서 온도가 높을 때 더 많은 전류가 흐른다.

해설

물의 온도(℃)	95	85	74	66	54	47
전압(V)	5	5	5	5	5	5
전류(mA)	75	70	65	50	40	25
저항(Ω)	66.7	71.4	76.9	100	125	200

02 (1) 전구의 저항값이 증가하고 있다.
(2) 전자의 운동이 활발해져서 원자와 자주 충돌하게 되기 때문이다.

해설 (1) 그래프에서 접선의 기울기의 역수는 저항이다. 접선의 기울기가 전압에 따라 감소하고 있으므로 전구의 저항은 계속 증가하고 있다.
(2) 전구의 필라멘트는 도체이다. 전류가 증가하면 전류의 열작용으로 인해 온도가 높아진다. 따라서 도체 내에 있는 전자들의 운동이 활발해지므로 원자와 자주 충돌하게 되고 이동을 방해받게 되므로 저항이 증가하게 된다.

03 전구의 불이 켜진다. 스위치를 닫아 접지가 되어라도 전구 양쪽의 전위차는 그대로 20 V 이기 때문에 불의 밝기도 변함없이 켜진다.

해설 전구에 계속 불이 들어온다. 전구에는 20 V 의 전압이 걸리게 된다.전하량 보존법칙에 의해 건전지의 (+) 극에서 나간 전류만큼 (-) 극으로 들어와야 하므로 전구에 흐르는 전류가 변동이 없고, 스위치를 열었을 때와 같이 전구에서 전압 강하가 20 V 가 일어나게 된다. 스위치를 닫게 되면 접지가 된다. 접지를 시키면 그 지점의 전위가 0 이 된다. 그러나 전위차는 변동이 없으므로 불은 계속 켜지게 된다.

04 (1) 단락이 발생하면 저항이 매우 작아지므로 큰 전류가 흐르게 된다. 이로 인해 허용 이상의 전류가 흐르게 되어서 차단기가 내려간다.
(2) 백열 전구를 달아주면 단락이 되더라도 백열 전구의 저항으로 인해 정상적인 전류가 흐르므로 차단기가 내려가는 것을 막을 수 있다.

해설 (1) 단락이 발생하면 아래 그림과 같이 전류는 저항을 지나지 않고 바로 플러그로 들어온다. 따라서 도선의 작은 저항만 존재하므로 저항이 매우 작은 전기 회로가 된다. 전류는 저항에 반비례하므로 저항이 매우 작으면 그것에 반비례해서

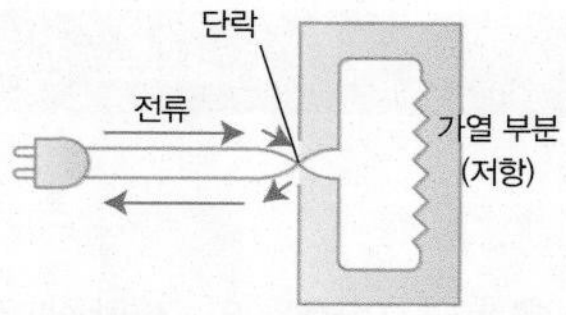

전류는 매우 크게 흐른다. 이와 같이 매우 큰 전류(과전류)에 의한 사고를 막기위해 차단기가 내려가는 것이다.

(2) 전구를 연결해 준다면 단락이 되어서 전류가 토스트기의 저항을 통과하지 못하더라도 전구를 통과하여 전류가 정상적으로 흐른다. 토스트기는 작동하지 않아서 요리는 할 수 없겠지만 차단기가 내려가지는 않는 것이다. 전기 제품을 고치는 사람들은 일부러 회로에 전구를 연결해 놓기도 하며 이로 인해 합선되어 전체 가정의 차단기가 내려가는 것을 방지한다.

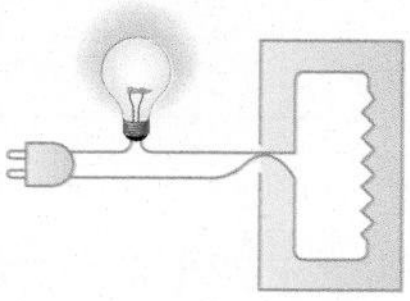

스스로 실력 높이기 202~207쪽

01. ④	**02.** ①	**03.** 1	**04.** ①
05. 20	**06.** ④	**07.** ②	**08.** ⑤
09. ④	**10.** ③	**11.** ①	**12.** ①
13. ②	**14.** ②	**15.** ③	**16.** ⑤
17. ③	**18.** ③	**19.** 1	**20.** ③
21. 3 V, 2 V, 4 V, 15 V			**22.** ②
23. (1) ④ (2) ③		**24.** 12 V, 3 Ω	
25. ④	**26.**~ **32.** 〈해설 참조〉		

01. 답 ④

해설 전지 3 개를 병렬 연결해도 3 V, 2 개를 병렬 연결해도 3 V 이다. a 와 b 사이에는 3 V 전지가 2 개 직렬 연결 되어 있는 것과 같으므로 a 와 b 사이의 전압은 6 V 이다.

02. 답 ①

해설 $R = \rho \frac{l}{S}$ 이다. A의 저항이 20 Ω 이므로 C 는 A 에 비해 길이(l)가 2 배이고, 단면적(S)이 2 배이기 때문에 저항은 A 와 같이 20 Ω 이다. B 는 A 보다 길이가 3 배이고 단면적은 $\frac{3}{2}$ 배이기때문에 저항은 $20 \times 3 \times \frac{2}{3} = 40\,\Omega$ 이다.

03. 답 1 Ω

해설 $R = \rho \frac{l}{S}$ 이므로 $R = 1 \times \frac{3}{3} = 1\,\Omega$

04. 답 ①

해설 전체 전압 3 V 이고 저항은 6 Ω 이므로 전류의 세기는 0.5 A 이다.

05. 답 20 Ω

해설 저항의 직렬 연결에서는 합성 저항은 각 저항을 직접 합한 것과 같으로 합성저항 $R = 2 + 3 + 6 + 9 = 20\,\Omega$ 이다.

06. 답 ④

해설 $R = \rho \frac{l}{S}$ 에서 저항(R)과 단면적(S)는 반비례한다. A 와 B 의 저항비는 1 : 3 이므로 단면적의 비는 3 : 1 이다.

07. 답 ②

해설 전체 저항은 3 Ω 이므로 전체 전류(I)는 $\frac{6}{3} = 2\,A$ 이다. 이 전류는 1 Ω 저항을 통과하므로 $V_{AB} = IR = 2 \times 1 = 2\,V$.

08. 답 ⑤

해설 아래 그림처럼 15 Ω 에 걸리는 전압은 3 V 이다. R 에 흐르는 0.2 A 이고 걸리는 전압은 5 V 이므로 저항 R 은 25 Ω 이다.

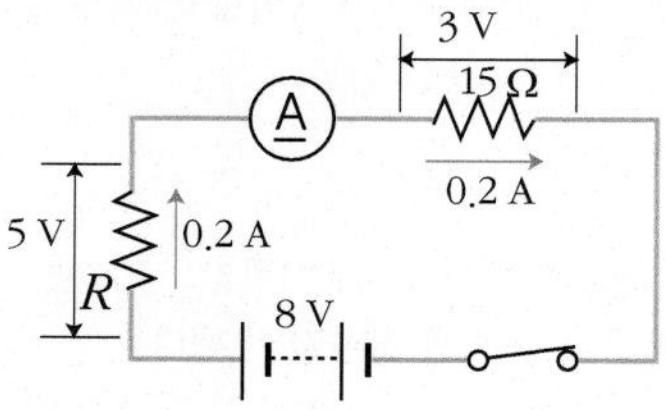

09. 답 ④

해설 두 저항에 걸리는 전압은 각각 12 V 로 같다. 따라서 3 Ω 에 흐르는 전류은 4 A 이다.

10. 답 ③

해설 저항 R 에 흐르는 전류는 2 A 이다. 20 Ω 에 걸리는 전압은 20 Ω × 1 A = 20 V 이고 병렬 연결된 저항 R 에 걸리는 전압도 20 V 이므로 저항 R 은 $\frac{20}{2} = 10\,\Omega$ 이다.

12. 답 ①

해설 합성 저항 R : $\frac{1}{R} = \frac{1}{2} + \frac{1}{3} + \frac{1}{6} = 1$, $R = 1\,\Omega$

13. 답 ②

해설 4 Ω에 2 A의 전류 → 4 Ω 양끝의 전압 8 V, 전체 전압이 12 V이므로 1 Ω 양끝의 전압은 4 V

→ $I_1 = 4\,A$ → $I_2 = 2\,A$ → 2 Ω 양끝의전압 4 V

→ 저항 R 양끝의전압 4 V → $R = \frac{4}{2} = 2\,\Omega$

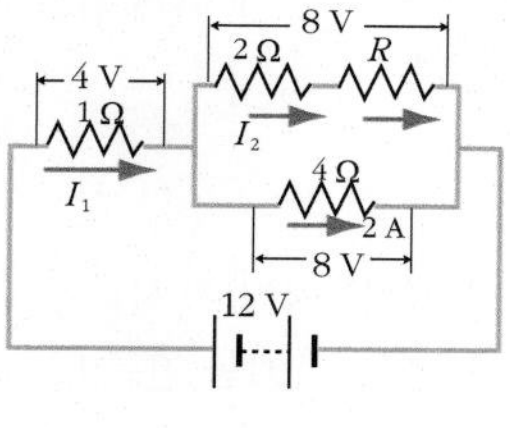

14. 답 ②

해설 $R = \frac{V}{I}$ 이므로 (나) 의 그래프에서 저항(합성 저항)은 30 Ω 이다. 따라서 그림 (가) 의 저항 R 은 10 Ω 이 된다.

15. 답 ③

해설 그래프에서 전압이 증가할수록 흐르는 전류의 세기도 커짐을 알 수 있다. 그래프의 기울기 = $\frac{1}{R}$ 이다.

같은 전압일 때 전류는 철선이 니크롬선보다 크다.

16. 답 ⑤

해설 합성 저항 R : $\frac{1}{R} = \frac{1}{60} + \frac{1}{60} + \frac{1}{60} + \frac{1}{60}$, $R = 15\,\Omega$

회로 전류 $I = \frac{V}{R} = \frac{12}{15} = 0.8$ A, 각 저항의 저항값은 같고 병렬 연결이므로 전압은 모두 12 V 가 걸린다. 따라서 각각 같은 양의 전류가 흐른다.

17. 답 ③

해설 병렬로 연결된 저항 A, B, C 의 양끝에는 동일한 전압200 V 가 걸린다. 전압비는 1 : 1 : 1 이다.

$I = \frac{V}{R}$이므로 전류비 $I_A : I_B : I_C = \frac{V}{10} : \frac{V}{15} : \frac{V}{30}$ = 3 : 2 : 1 이다.

18. 답 ③

해설

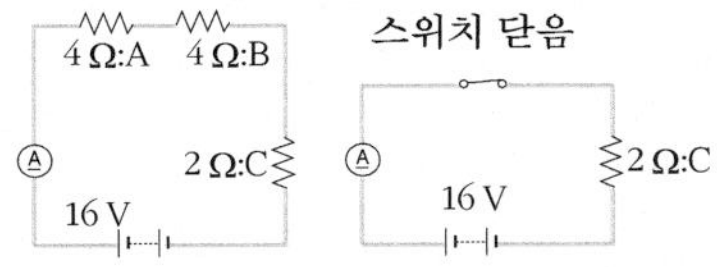

ㄱ, ㄷ. 그림처럼 스위치를 닫으면 저항 A, B로는 전류가 흐르지 않는다.

ㄴ. 저항 2 Ω 에 16 V가 모두 걸리기 때문에 흐르는 전류는 8 A이다. 스위치를 열면 총 저항이 10 Ω이므로 흐르는 전류는 1.6 A이다.

19 답 1 Ω

해설 윗쪽 도선의 병렬로 연결된 두 저항의 합성 저항은 각각 1 Ω 이다. 위쪽과 아래쪽 도선의 병렬로 연결된 저항이 모두 2 Ω 이고 다시 합성 저항을 구하면 1 Ω이다.

20. 답 ③

해설 그림의 (6 Ω + 2 Ω)에 걸리는 전압은 12 V 이다.

$I = \frac{V}{R} = \frac{12}{8}$ =1.5 A 이다. 6 Ω 과 2 Ω 에 흐르는 전류는 같다.

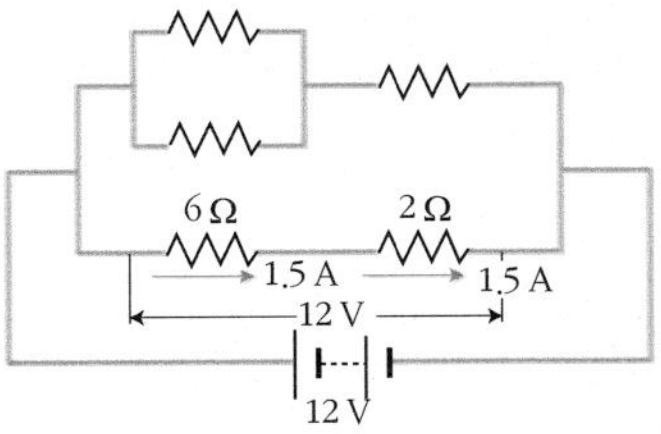

21 답 a ~ b : 3 V, b ~ c : 2 V, c ~ d : 4 V, d ~ e : 15 V

해설

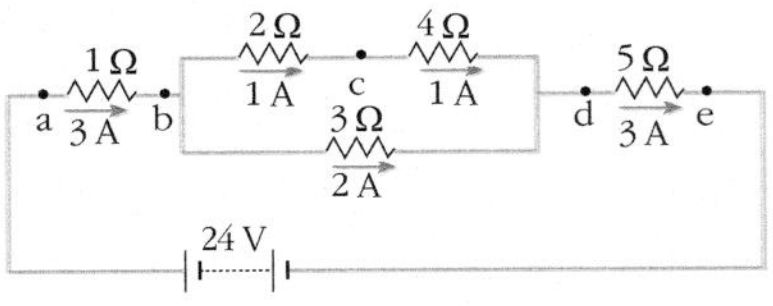

b ~ d 사이의 저항을 합하면 2 Ω 이다. 따라서 전체 저항은 8 Ω 이고 회로 전류는 3 A 이다. 따라서 그림처럼 전류가 흐르게 된다. $V = IR$ 이므로 V_{ab} = 3 V, V_{bc} = 2 V, V_{cd} = 4 V, V_{de} = 15 V 가 된다.

22. 답 ②

해설 저항체를 반으로 잘라 병렬로 연결하면 길이는 절반으로 줄고 단면적은 2배로 늘어나는 효과가 된다. 그래서 저항은 $\frac{1}{4}$ 배가 된다. 이때 전류는 4 배로 늘어나므로 전류계에 흐르는 전류의 세기는 12 A 이다.

23. 답 (1) ④, (2) ③

해설 (1) 저항 R_2 가 증가하면 R_2 와 R_3 의 합성 저항이 증가한다. 그러면 A 와 B 사이의 전체 저항이 증가하므로 I_1 은 감소하고 R_1 에 걸리는 전압도 감소한다. 전지의 전압은 일정하므로 R_1 에 걸리는 전압이 감소하면 R_2 와 R_3 의 합성 저항에 걸리는 전압은 증가하므로 I_3 는 증가하게 된다.

$I_1 = I_2 + I_3$ 이므로, I_1 이 감소하고 I_3 가 증가하면 I_2 는 감소한다.

(2) R_2 를 끊어버리면 R_3 만 남게 되므로 병렬 연결 되어 있던 R_2 와 R_3 의 합성 저항보다 커지게 된다. A 와 B 사이 전압은 전지의 전압 그대로이지만 A 와 B 사이 저항이 증가하므로 전류의 세기는 감소한다.

24. 답 전지의 전압 : 12 V, 저항값 : 3 Ω

해설 스위치를 열면 저항 R 에는 전류가 흐르지 않는다. 이때 회로 전류가 1.2 A 이고 전체 저항은 10 Ω 이므로 전지의 전압은 12 V 이다. 스위치를 닫으면 전체 전류가 2 A 라고 했으므로 4 Ω 에 걸리는 전압은 8 V 이고, 6 Ω 과 저항 R 에 걸리는 전압은 병렬 연결이므로 각각 12 V - 8 V = 4 V 로 같다. 따라서 6 Ω 에 흐르는 전류는 $\frac{2}{3}$ A이고, 나머지 $\frac{4}{3}$ A 의 전류는 저항 R 에 흐르게 된다.

그러므로 저항 $R = \frac{V}{I} = \frac{4}{4/3}$ = 3 Ω 이다.

25. 답 ④

해설 ① Pb 는 도체이다.

② 도선의 굵기에 대한 언급이 없었으므로 모르는 사실이다.

③ 원자핵 사이의 거리가 변하는지는 알 수 없다.

④ 도체 내부의 전자들은 온도가 올라감에 따라 더욱 활발하게 운동하게 된다. 하지만 원자핵과 잦은 충돌로 인하여 비저항이 커진다.

⑤ 원자핵과 전자의 결합력이 강해졌다는 것은 도선 속의 부도체 내의 움직일 수 있는 전자가 적어졌다는 것으로 이렇게 되면 전기 에너지 전달이 어려워지므로 비저항이 커진다. 온도가 올라감에 따라 부도체는 비저항이 감소하므로 결합력은 작아진다.

26. 답 전지를 병렬로 연결하면 전압이 일정하게 유지되어 전력이 변하지 않고, 전기 에너지가 많이 공급될 수 있는 상태이므로 전기 기구의 사용 시간을 늘릴 수 있다.

27. 답 전자들이 도선을 따라 이동할 때 도선 속 원자들과 충돌하여 전자의 이동을 방해하기 때문에 전기 저항이 나타난다.

28. 답 2 개의 니크롬선을 병렬로 연결한 후 여기에 1개의 니크롬선을 직렬로 연결한다.

〈예시 회로〉

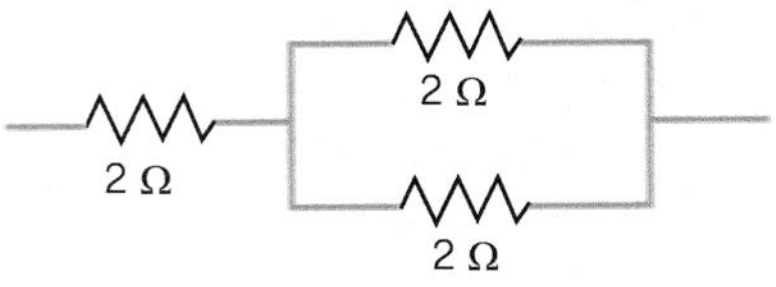

29. 답 2 : 1, 풀이 과정 : 해설 참조

해설 2 : 1, 저항이 병렬로 연결되어 있는 경우 각각의 저항에 걸

리는 전압(V)은 같다. $V=IR$ 이므로 각 저항을 흐르는 전류는 저항값에 반비례하게 된다.

30. 답 전구의 밝기 순서는 A > B > C, 이유 : 해설 참조
해설 저항은 길이가 짧을수록, 단면적이 굵을수록 작으므로 저항은 A < B < C 순서로 커진다.
전구를 병렬 연결하면 전구에 걸리는 전압이 같기 때문에 저항이 작을수록 소비 전력이 커서($P=\frac{V^2}{R}$) 전구가 밝다.
따라서 가장 저항이 작은 A가 가장 밝고, 다음으로 B, C 가 가장 어둡다.

31. 답 〈해설 참조〉
해설 체지방의 비저항은 다른 성분에 비해 10 배 이상 크다. 저항은 저항체의 비저항이 클수록 크다. 따라서 체지방이 많은 곳의 저항값은 크고, 체지방이 적은 곳은 저항이 작고 수분이 많이 있는 곳이다.
체지방 측정기에서 보내는 전류는 일정하므로 저항과 전압은 비례한다. 따라서 체지방이 적은 곳에서는 전압이 작게 측정될 것이고, 체지방이 많은 곳에서의 전압은 크게 측정될 것이다.

32. 답 〈해설 참조〉
해설 같은 물질이라면 저항체의 두께가 두꺼울수록 저항은 작아진다. 따라서 저울에 무거운 물체를 올려 놓게 되면, 압축이 커서 스트레인 게이지가 굵어지게 되고, 저항값은 작아지게 된다. 이때 전압은 일정하게 유지되므로 전류의 세기가 증가하게 된다.
스트레인 게이지가 여러 번 휘어 놓은 모양으로 되어 있는 이유는 전체 길이를 길게 하여 작은 압력에도 변형이 커지게 하여 저항값의 변화를 크게 하여 측정 범위를 크게 하여 측정의 정밀도를 높이기 위해서이다.

12강. 저항의 열작용

개념 확인 208~211쪽

1. (1) 전력 (2) 1 Wh **2.** ㉠ 2 ㉡ 4
3. (1) O (2) X **4.** ㉠ 합선 ㉡ 누전

3. 답 (1) O (2) X
해설 (1) $Q_1 : Q_2 = V_1 : V_2 = R_1 : R_2$
(2) 저항이 병렬로 연결되어 있을 때 발열량은 저항값에 반비례한다.

확인+ 208~211쪽

1. 2200 **2.** ①, ③
3. ② **4.** ②

1. 답 2200 W
해설 전력은 전압 × 전류이다. 220 V × 10 A = 2200 W

2. 답 ①, ③
해설 ②, ④ 은 전기 에너지에서 운동 에너지로의 전환이고, ⑤ 은 전기 에너지가 위치 에너지로 전환하는 예이다.

3. 답 ②
해설 저항이 직렬 연결일 때 발열량은 저항값에 비례한다. 그러므로 A 와 B 의 저항값의 비 = 발열량의 비 = 1 : 2 이다.

4. 답 ②
해설 저항 B 와 저항 C 의 합성 저항은 $\frac{2\times2}{2+2}=1\,\Omega$ 이다.
저항 A 는 2 Ω 이므로 저항 A 에 걸리는 전압은 2 V 가 되고 병렬 연결된 저항 B와 저항 C 에 걸리는 전압은 각각 1 V 가 되므로 $V_A : V_B : V_C = 2 : 1 : 1$ 이다.

생각해보기 208~211쪽

★ 220 V - 100 W 의 전구의 저항값은 $\frac{V^2}{P}=\frac{220^2}{100}=484\,\Omega$ 이다. 그러나 110 V 인 코드에 연결하면 전구의 전력값은 220 V 에 연결할 때보다 $\frac{1}{4}$ 배로 줄어든다. 전력값과 불의 밝기는 비례하므로 전력값이 감소해서 불의 밝기가 어두워진다.

★★ 헤어드라이기는 저항을 병렬로 연결하여 전력을 조절한다. 단이 높아질 때마다 병렬 연결한 저항의 수가 많아져 저항값이 작아진다. 전압은 220 V 로 일정하므로 $P=\frac{V^2}{R}$ 에 의해 단수가 높아질 때마다 저항값이 작아져서 전력이 증가하여 뜨거운 바람이 나온다.

★★★ 알루미늄의 호일 자체에도 아주 작은 저항

은 있다. 그러나 큰 저항을 연결하지 않고 알루미늄 호일로 건전지 양 끝을 연결하면 옴의 법칙에 의해 큰 전류가 흐르게 되어 알루미늄 호일에 불이 붙을 수 있다. 그러므로 모든 전기 회로는 도선에 저항을 같이 연결하여 과전류가 흐르는 것을 막는다.

개념 다지기 212~213쪽

01. ②	02. ⑤	03. ②
04. ③	05. C	06. ③

1. 답 ②

해설 전력량은 전력 × 사용한 시간(h)이다. 전기 기구의 전력은 220 V × 1 A이므로 220 W이고 총 사용한 시간은 150 시간이므로 소비한 전력량은 220 W × 150 h = 33,000 Wh = 33 kWh이다.

2. 답 ⑤

해설 장치에서는 열량계의 저항을 변화시키는 것은 아니므로 $Q \propto I^2Rt = \frac{V^2}{R}t$ 공식(R:일정)을 이용한다. 시간이 많이 흐를수록 발열량도 비례해서 증가한다.

3. 답 ②

해설 직렬 회로에서는 저항을 통과하는 전류가 각각 같다. 발열량 $Q \propto I^2Rt$ 에서 니크롬선 A 와 B 의 저항비는 1 : 2 이므로 발열량(온도 변화)의 비도 1 : 2 이다.

4. 답 ③

해설 병렬 회로에서는 저항비는 온도 변화의 비에 반비례한다. 니크롬선 A 와 B 의 저항비는 1 : 2 이므로 온도 변화의 비는 $\frac{1}{5}$: $\frac{1}{10}$ = 2 : 1 이다.

5. 답 C

해설 전구 A 와 전구 B 의 저항 비 = 1 : 2 이므로 전구 A 와 전구 B 에 걸리는 전압 비도 1 : 2 이다. 그러므로 전구 A 에 걸리는 전압은 4 V, 전구 B 에 걸리는 전압은 8 V 이다. 전구 C 와 전구 D 는 병렬연결이므로 각각 12 V 의 전압이 걸린다. 전구에서 소비되는 전력이 클수록 전구 밝기가 증가한다. 전력 = $\frac{V^2}{R}$ 이므로 각 전구에서 소비되는 전력을 구하면

전구 A : $\frac{(4\text{ V})^2}{1\,\Omega} = 16$ W, 전구 B : $\frac{(8\text{ V})^2}{2\,\Omega} = 32$ W

전구 C : $\frac{(12\text{ V})^2}{1\,\Omega} = 144$W, 전구 D : $\frac{(12\text{ V})^2}{2\,\Omega} = 72$ W

이다. 전구 C 가 제일 밝다.

06. 답 ③

해설 저항 B 와 저항 C 의 합성저항을 구하면 $\frac{2\times2}{2+2} = 1\,\Omega$ 이다. 저항 A 는 2 Ω 이므로 저항 A에 걸리는 전압은 2 V 가 되고 저항 B 와 저항 C 에 걸리는 전압은 각각 1 V 가 된다.

발열량의 비 = 각 저항에서 소모되는 전력 비이므로

A에서 소모되는 전력 $\frac{2^2}{2} = 2$ W,

B에서 소모되는 전력 $\frac{1^2}{2} = 0.5$ W,

C에서 소모되는 전력 $\frac{1^2}{2} = 0.5$ W

∴ 발열량의 비 = 2 : 0.5 : 0.5 = 4 : 1 : 1 이다.

유형 익히기 & 하브루타 214~217쪽

[유형 12-1] ③	01. ⑤	02. ②
[유형 12-2] ①	03. B, C	04. ③
[유형 12-3] ④	05. ③	06. ③
[유형 12-4] ④	07. ④	08. ④

[유형12-1] 답 ③

해설 ㄱ.수은등 1개를 5시간 켜두면 전력량은 100 W × 5 h = 500 Wh = 0.5 kWh이다.

ㄴ.수은등과 백열전구는 소비 전력은 같지만 수은등이 더 밝기 때문에 수은등이 백열전구보다 작은 전력을 소비한다.

ㄷ. 같은 시간 동안 켜두면 소비전력이 작은 형광등의 전력량이 백열전등보다 더 작게 나타난다.

01. 답 ⑤

해설 정격 전압과 소비 전력이 220 V - 1000 W 인 전기 기구는 200 V 에 연결하면 1000 W 의 전력이 소비된다는 의미이다.

ㄱ. 전기 기구의 저항은 $R = \frac{V^2}{P} = \frac{200^2}{1000} = 40\,\Omega$ 이다.

ㄴ. $P = VI$ 이므로 200 V 의 전원에 연결하면 5 A 의 전류가 흐른다.

ㄷ. 전기 기구를 100 V 전원에 연결하면 흐르는 전류도 반으로 줄기 때문에 소비되는 전력은 200 V 전원에 연결할 때의 $\frac{1}{4}$ 인 250 W 가 된다.

02. 답 ②

해설 ② 각 전기 기구들은 같은 전압에서 저항이 다르기 때문에 흐르는 전류도 각각 다르다.

①, ③ 병렬 연결에서는 각 저항에 걸리는 전압이 각각 같으며, 전기 기구 하나가 끊어지더라도 전기가 흐르는 길이 모두 끊어지지 않으므로 다른 전기기구의 사용이 가능하다.

④, ⑤ 병렬로 많이 연결할수록 합성 저항은 점점 작아지므로 전체 전류는 증가한다.

[유형12-2] 답 ①

해설 회로는 열량계 3 개가 직렬로 연결되어 있다. 따라서 각 열량계에 흐르는 전류의 세기는 같고, 전압비는 1 : 2 : 3 이다. 전류와 시간이 일정하기 때문에 발열량은 전압에 비례하는 그래프가 정답이다.

03. 답 B, C

해설 니크롬선의 저항은 길이에 비례하고 굵기에 반비례한다. 가정에서의 전압은 일정하므로 니크롬선의 저항이 작아 흐르는 전류가 클수록, 전류가 흐르는 시간이 길수록 발열량이 증가한다.

04. 답 ③

해설 ㄱ, ㄷ. 5 분 동안 3 V 의 전압을 걸어 주면 150 J 의 전기에너지가 발생한다.
ㄴ. 시간은 일정하고, 전압이 두 배가 된다면 니크롬선에 흐르는 전류도 2 배가 되므로 $P = VI$ 에서 전력이 4 배가 되어 2 분 동안 6 V 의 전압을 걸어주면 240 J 의 전기 에너지가 발생한다.

[유형12-3] 답 ④

해설 전력이 클수록 전구의 밝기가 밝다.
①, ③, ⑤ (가) 회로에서 전구 A 와 B 에 흐르는 전류는 같고, 저항은 B 가 더 작으므로 $P = I^2R$ 에서 전구 A 가 더 밝다.
②, ④ (나) 회로에서는 전구 A 와 B 에 걸리는 전압이 같으므로 $P = \frac{V^2}{R}$ 에서 저항이 작은 전구 B 가 더 밝고, 소비되는 전력이 더 크다.

05. 답 ③

해설 저항이 병렬로 연결된 회로이므로 R, $2R$ 에 걸리는 전압은 같다. 옴의 법칙($V = IR$)에 의해서 저항비는 1 : 2 이므로 전류비는 2 : 1 이다. 전력비 = 열량비= $\frac{V^2}{R} : \frac{V^2}{2R} = 2 : 1$ 이다.

06. 답 ③

해설 2 Ω 에 걸리는 전압은 4 V 이므로 흐르는 전류는 2 A 이고, 전기 에너지 $E = VIt = 4V \times 2A \times 10$ 초 = 80 J 이다.

[유형12-4] 답 ④

해설 저항 B 와 C 의 합성 저항을 구하면 $\frac{6\times6}{6+6} = 3\,\Omega$ 가 된다. 전체 합성 저항을 구하면 6 Ω 이 되므로 전류계에 나타나는 회로 전류는 1 A 가 된다.
그러므로 저항 A 에는 1 A 의 전류가 저항 B 와 C 에는 각각 0.5 A 의 전류가 흐른다.
각 저항의 전력(P)은, 저항 A : $1^2 \times 3 = 3$ W, 저항 B : $(0.5)^2 \times 6 = 1.5$ W, 저항 C : $(0.5)^2 \times 6 = 1.5$ W 이므로 $P_A : P_B : P_C = 2 : 1 : 1$ 이다.

07. 답 ④

해설 ④ 전구 A 와 전구 B 의 저항값은 같고 직렬로 연결되어 있으므로 각각에 걸리는 전압은 $\frac{V}{2}$이다.
병렬 연결된 전구 C 에 걸리는 전압은 V 이다.
⑤ 전구 C 가 끊어져도 전구 B 에 걸리는 전압은 변함이 없으므로 전구 B 의 밝기는 변함없다.

08. 답 ④

해설 저항 A 와 B 양끝에 걸리는 전압과 저항 C 양끝에 걸리는 전압은 V 로 같다. 따라서 저항 C 에 걸리는 전압은 저항값이 같은 저항 B 에 걸리는 전압의 두 배이다.
P(전력) = $\frac{V^2}{R}$ 이므로 전구 C 의 소비 전력은 전구 B 의 소비 전력의 4 배가 된다.

창의력 & 토론마당 218~221쪽

01 (1) 해설참고 (2) 500 W

해설 (1)

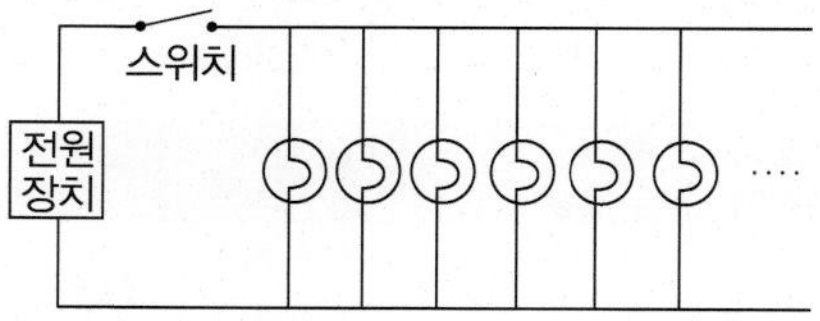

(2) 꼬마 전구의 정격 전압이 20 V 이고, 병렬 연결한 전구에는 각각 20 V 의 전압이 걸리므로 각 전구의 소비 전력은 5 W 이다. 1 개 당 5 W 의 전력을 소모하는 전구를 100 개 사용하였으므로 100(개) × 5(W) = 500(W)이다.

02 (1) 3 : 2 (2) 29 ℃

해설 (1) 물에 잠긴 저항에 걸린 전압의 비는 아래와 같이 저항비와 같다. $V_1 : V_2 = \frac{r}{2} : \frac{r}{3} = 3 : 2$ 이다.

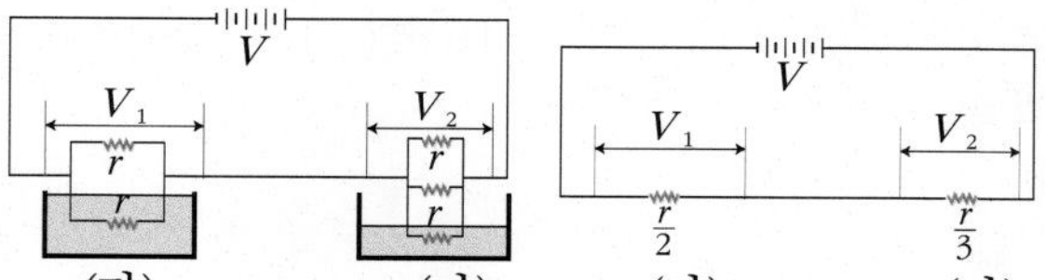

(2) 전체 전압을 V 라고 할 때 (가) 와 (나)의 잠겨 있는 저항에 걸린 전압비는 3 : 2이다. 따라서 (가) 와 (나) 의 잠겨있는 저항의 발열량($\frac{V^2}{r}$) 비는 $3^2 : 2^2 = 9 : 4$ 가 된다.
(나) 의 물의 양이 절반이므로 온도 변화의 비는 9 : 8 이 되며 (나) 의 온도가 8 ℃ 상승했으므로 (가) 의 온도는 9 ℃ 상승하여 29 ℃가 된다.

03 (1) 6 A (2) 해설 참조

해설 (1) 전기기구를 동시에 모두 사용할 경우 전체 소비 전력 = 전기 밥솥의 소비전력 + 형광등의 소비전력 + 백열 전등의 소비전력 = 1000 × 1 + 20 × 5 + 50 × 2 = 1200(W)이다.
200 V 전원이므로,
$P = VI \rightarrow I$ (최대 전류) = $\frac{P}{V} = \frac{1200}{200} = 6$(A)이다.
그러므로 최소 6 A 까지 견딜 수 있는 퓨즈를 사용해야 한다.
(2) 스위치를 닫으면 병렬 연결된 저항이 추가되므로 전체 저항은 감소하지만 전체 전압은 변화가 없다. 전체 저항이 감소하였으므로 전체 전류는 증가하고 전체 소비 전력도 증가한다.

04 (1) 일반 자동차의 엔진 내부에서 화석 연료가 연소하므로 소음과 가스가 발생한다. 그러나 전기 자동차의 전동 모터는 연료가 연소되지 않으므로 내연 기관에 비해 소음이 적고, 배출되는 가스가 거의 없다.
(2) 축전기의 부피와 무게를 줄이고 저장되는 전기 에너지 양을 늘리는 기술이 축적되어 축전기를 만드는 비용이 감소되면 전기 자동차의 단가를 낮출 수 있다.

해설 (1) 일반 자동차의 연료는 가솔린이다. 내연 기관은 가솔린을 연소시켜서 운동 에너지를 얻는다. 이때 폭발이 일어나므로 소음이 크고 배기 가스가 배출이 되어서 소음 공해와 대기 오염을 유발한다. 전기 자동차는 축전기에서 화학 에너지가 전기 에너지로 전환이 되고 그 에너지로 전동 모터를 작동시킨다. 그러므로 일반 자동차의 내연 기관에 비해 소음이 작고 배출되는 가스가 거의 없다.

(2) 전기 자동차의 단가를 낮추기 위해서는 축전기를 개선시키는 것이 가장 중요한 과제이다. 축전기의 부피를 감소시키면 전기 자동차의 크기가 줄어든다. 축전기의 무게를 감소시키면 자동차를 구동하기 위한 에너지가 적게 든다. 특히 축전기에 저장되는 에너지가 많으면 한번 충전하고 나서 오랫동안 쓸 수 있게 되고, 자동축전기 제작 비용이 감소되면 전기 자동차의 단가를 낮추어 상용화가 가능하게 될 것이다.

스스로 실력 높이기 222~229쪽

01. ③	**02.** ⑤	**03.** ④	**04.** ②
05. ①	**06.** ①	**07.** ⑤	**08.** ①
09. ①	**10.** ⑤	**11.** ⑤	**12.** D
13. ⑤	**14.** A, B, C		**15.** ①
16. ⑤	**17.** ②	**18.** ④	**19.** ②
20. ⑤	**21.** ⑤	**22.** ②	**23.** ④
24. ④	**25.** ①	**26.~30.** 〈해설 참조〉	
31. S_2 만 열었을 때		**32.** 〈해설 참조〉	

01. 답 ③
해설 병렬 연결된 저항 A 와 B 에 걸리는 전압(V)은 같으므로 저항 A 에서 소비되는 전력은 $\frac{V^2}{R} = \frac{V^2}{2}$, 저항 B 에서 소비되는 전력은 $\frac{V^2}{3}$ 이다. 따라서 전력 비는 $\frac{V^2}{2} : \frac{V^2}{3} = 3:2$ 이다.

02. 답 ⑤
해설 전체 회로 전류 = $\frac{전압}{전체저항} = \frac{12}{1+5} = 2$ A 이다.
따라서 5 Ω 에 흐르는 전류는 2 A 이다. 5 초 동안 소모되는 전기 에너지 $E = I^2Rt = (2A)^2 \times 5\Omega \times 5s = 100$ J 이다.

03. 답 ④
해설 저항이 직렬로 연결된 회로에서 저항비 = 전력비 = 열량비이다. 따라서 $Q_A : Q_B = 1\ \Omega : 2\ \Omega = 1:2$ 이다.

04. 답 ②
해설 ② 합선이 일어나면 저항값이 매우 작아져서 회로에 갑자기 과다한 전류가 흐른다. ⑤ 은 누전이다.

05. 답 ①
해설 소비 전력(W) × 사용 시간(h) = 전력량(wh)이다.
각 기구의 하룻동안 전력량은
에어컨 6000 W × 1.5 h = 9000 Wh,
냉장고 50 W × 24 h = 1200 Wh,
LED 전구 10 W × 12 h = 120 Wh,
전기 다리미 1000 W × 1 h = 1000 Wh,
헤어드라이어 1300 W × 0.5 h = 650 Wh.
따라서 에어컨의 전력량이 가장 크다.

06. 답 ①
해설 ②,⑤ 정격 전압 220 V 에서 병렬 연결 상태에서 작동되는 전기 기구들이다. 전구의 필라멘트가 끊어져도 다른 전기 기구에는 끊어지기 전과 똑같이 220 V 의 전압이 걸린다.
①,③ 저항 $R = \frac{V^2}{P}$ 이고, 전력(P)이 클수록 저항이 작다.
그러므로 밥솥의 저항이 가장 작다.
④ 전체 전기 기구의 전력은 980 W 이고 동시에 1 시간 동안 사용하면 전력량은 980 W × 1 h = 980 Wh 이다.

07. 답 ⑤
해설 전체 전압 V 를 걸어주었을 때 전구 A, D, E 에 걸리는 전압은 각각 V, 전구 B, C 전체에 전압 V 가 걸리므로 전구 B, C 각각에 걸리는 전압은 각각 $\frac{V}{2}$ 이다.
전구의 밝기는 전력에 비례($P = \frac{V^2}{R}$)하므로 저항이 모두 같은 전구의 밝기는 A = D = E > B = C 순이다.

08. 답 ①
해설 전선을 잡아당기면 전선이 끊어지거나 피복이 벗겨져 합선의 위험이 있다.

09. 답 ①
해설 ㉡전기 에너지가 증가하면 열량계에서 발생하는 열에너지도 증가하므로 물의 온도가 증가한다.
㉢열량계의 저항은 일정하므로 전원 장치의 전압을 2 배로 올리면 전력은 4 배가 된다. 따라서 물 5 ℃ 올리는데 걸리는 시간은 전압을 올리기전 2 분에서 전압을 올린 후 0.5 분으로 $\frac{1}{4}$ 배로 된다.

10. 답 ⑤
해설 (나) 는 전자들이 원자와 충돌하여 열이 발생하는 것이므로 전기 에너지가 열에너지로 전환되는 과정이다.

11. 답 ⑤
해설 전지의 전압은 일정하게 유지되므로 은박지의 저항이 작을수록 열이 많이 발생한다.($P = \frac{V^2}{R}$).
⑤ 의 경우, 너비가 가장 크고 A ~ B 사이의 길이가 가장 짧아 저항

이 가장 작으므로 가장 큰 전류가 흘러 열이 가장 많이 발생한다.

12. 답 D

해설 전구 A 와 C 의 저항은 $\frac{100^2}{100}$ = 100 Ω 이고, 전구 B 와 D의 저항은 $\frac{100^2}{200}$ = 50 Ω 이다.

$P = \frac{V^2}{R}$이고, (A와 B) 전체에 걸리는 전압은 100 V 인데, C 와 D 에는 각각 100V의 전압이 걸리고, C 와 D 중에서는 저항이 작은 D 의 전력(밝기)이 더 크다.

13. 답 ⑤

해설 전구 A 의 필라멘트가 끊어지면 전구 B로는 전류가 흐르지 않는다. 전구 C 의 걸리는 전압이 바뀌지 않으므로 전구 C 의 밝기는 변하지 않는다.

14. 답 A > B > C

해설 열량계 B 와 C 의 합성 저항을 구하면 $\frac{3\times6}{3+6} = 2\,\Omega$ 이다.
따라서 열량계 A 의 저항과 (열량계 B, C)의 합성 저항의 비가 1 : 1 이고 전압 비도 1 : 1이 므로 열량계 A 에 4 V의 전압이 걸리고, 열량계 B 와 C 도 각각 4 V 의 전압이 걸린다.

이런 경우 $P = \frac{V^2}{R}$ 이므로 저항이 가장 작은 열량계 A에서 가장 많은 열이 발생하고 그 다음 B, C 순으로 발생하는 열량이 감소한다.

15. 답 ①

해설 ① 전기 저항 $R = \frac{V^2}{P} = \frac{220^2}{44}$ = 1100 Ω 이다.
②, ③ 정격 전압 220 V 에서 소비 전력이 44 W 라는 의미이다.
④ 전력 $P = VI$, $44 = 220I$, $I = 0.2$ A
⑤ 220 V−44 W 는 정격 전압 220 V에서 1 초에 44 J 의 전기 에너지를 소비한다는 것을 표시한 것이다.

16. 답 ⑤

해설 경제적인 TV 란 10 년 동안 사용했을 때 최저가 + 10 년간 누적 전력량의 비용이 가장 작은 것이다. 1 kWh 당 전기 요금이 1000 원이므로, 1 Wh 당 1 원이다.
무한 TV : 최저가 530,000 원 + 365(일) × 2(시간) × 10(년) × 30 W × 1(원) = 749,000원
상상 TV : 최저가 580,000 원 + 365 × 2 × 10 × 20 × 1 = 726,000원
알탐 TV 는 370,000 원 + 365 × 2 ×10 × 40 × 1 = 662,000원
따라서 경제성은 알탐 TV - 상상 TV - 무한 TV 순이다.

17. 답 ②

해설 정격 전압 110 V - 소비 전력 100 W 인 전구이다. 이 전구의 저항은 일정하므로
① 220 V(2 배)에 연결하면 전류는 2 배가 된다.
② 전압과 전류가 모두 2 배씩 증가해서 전력과 발열량은 110 V 에 연결했을 때보다 4 배 증가하게 된다.
④,⑤ 전구의 밝기는 훨씬 밝아지지만 필라멘트에 너무 많은 열이 발생해서 끊어질 수가 있다.

18. 답 ④

해설 저항 A 와 B 에 각각 걸리는 전압은 저항 C 에 걸리는 전압의 절반이다. 병렬 연결이고 저항 C 의 저항은 저항(A+B)의 절반이므로 저항 C 를 흐르는 전류는 저항 A 와 B 에 흐르는 전류의 2 배이다. 그러므로 저항 C 의 소비 전력은 저항 A 나 저항 B 의 4 배이다.

19. 답 ②

해설 전열기 A :

전체 저항 $2r$, 전압 V 이므로 소비 전력 $P_A = \frac{V^2}{2r}$

전열기 B :

전체 저항 $\frac{r}{2}$, 전압 V 이므로 소비 전력 $P_B = \frac{V^2}{r/2} = 2\frac{V^2}{r}$

따라서 $P_A : P_B = 1 : 4$ 이다.

20. 답 ⑤

해설 ㄱ. 스위치가 닫히면 전구 A 에는 전류가 흐르지 않으므로 꺼지게 되고, 전구 B 는 더 밝아진다.
ㄴ. 전압이 3 V 이고, 스위치가 열렸을 때 전구 A 와 전구 B 는 직렬로 연결되어 있으므로 합성 저항은 30 Ω 이다.
따라서 전류계 1, 2 에 흐르는 전류는 $\frac{3}{30}$ = 0.1 A 이다.
ㄷ. 저항이 작아질수록 전류가 많이 흐르므로 합선될 때 전류가 많이 흘러 화재가 발생하는 이유를 설명할 수 있다.

21. 답 ⑤

해설 전구는 모두 전지에 병렬 연결 되어 있으므로 전구 C 가 연결되더라도 전구 A 와 B 에 걸리는 전압은 변함이 없고 저항도 같기 때문에 전구 A 와 B 의 밝기는 변함이 없다.

22. 답 ②

해설 저항 1 개의 저항값을 R 이라 하면,
열량계 A 의 저항은 $\frac{R \times R}{R+R} = \frac{R}{2}$ 이며 열량계 B 의 저항은 R 이다.
직렬 연결 시에는 통과 전류가 같으므로 저항비 = 열량비이다.
따라서 열량계 B 에서 발생하는 열량이 열량계 A 에서 발생하는 열량의 2 배이므로 온도 변화도 2 배이다.

23. 답 ④

해설 열량계 C 와 D 의 발열량이 같고 동일한 전류가 흐르므로 C 와 D 의 저항은 같다.
열량계 C 와 D 의 합성 발열량은 600 J 이고, 열량계 B 의 발열량은 200 J 이므로 발열량의 비는 3 : 1 이고, 저항비는 1 : 3 이 되므로 ((C+D)와 B 는 병렬 연결이므로 걸리는 전압이 같다.), $R_1 + R_2 = 4\,\Omega$ 임을 알 수 있으며 R_1, R_2 는 각각 2 Ω 이다.
따라서 열량계 B, C, D 의 합성 저항은 3 Ω 이 되고 열량계 A 의 저항과 열량계 B, C, D 의 합성 저항 비는 2 : 1 이므로 (직렬 연결이므로)발열량 비도 2 : 1 이 된다.
열량계 B, C, D 의 합성 발열량은 200 + 300 + 300 = 800 J 이므로 열량계 A 에서 발생한 열량은 800 × 2 = 1600 J 이다.

24. 답 ④

해설 전구를 밝게 하기 위해서는 병렬 연결된 (전구와 가변저항 A)에 걸린 전압이 커져야 한다.(이때 전구와 가변저항 A는 같은 전압이 걸린다.)
전체 전압은 변하지 않으므로 가변저항 A 를 증가시켜 (전구+가변 저항 A)의 합성 저항을 증가시켜 걸리는 전압을 증가시키거나,

가변저항 B 를 감소시켜 (전구+가변 저항 A)의 합성 저항을 상대적으로 증가시키면 된다.
직렬연결에서는 저항이 클수록 전압이 많이 걸린다.

25. 답 ①

해설 ①, ③, ④ 전구 A, B, D, E 는 모두 동일한 전구로 A, B 와 D, E 가 서로 병렬로 대칭으로 연결되어 있어 전구의 밝기도 같고, 소비 전력 또한 같다.
② C 의 양 쪽 끝에서 전위가 같아 C 를 통해서는 전기가 흐르지 않기 때문에 불이 들어오지 않으며, 회로에서 C 를 생략하고 떨어져 있는 점으로 봐도 된다. 그렇다면 D, E 는 동일한 전구로 직렬로 연결되어 있기 때문에 같은 밝기이다.
⑤ 이 회로는 (전구 A, B), (전구 D, E), 전구 F 가 각각 병렬로 연결되어 있는 것과 같다. F 에 걸린 전압이 V 라면 전구 D, E 는 전압이 각각 $\frac{V}{2}$ 씩 걸리므로 소비 전력은 더 큰 전압이 걸린 전구 F 가 더 크다.

26. 해설 열량계 A, B, C 의 저항비는 1 : 2 : 3 이다.
발열량 ∝ I^2Rt 이고, A, B, C 모두 같은 양의 전류가 같은 시간 동안 흐르기 때문에 저항비 = 온도 변화의 비로 볼 수 있다.
따라서 온도 변화의 비는 1 : 2 : 3 이다.

27. 해설 그림처럼 전구 2 개는 병렬로 그리고 나머지 하나와 직렬로 연결하면 전체 전력이 6 W 인 전기 회로도를 만들 수 있다. A 에는 전압이 2 V, B 와 C 에는 각각 1 V 의 전압이 걸린다.

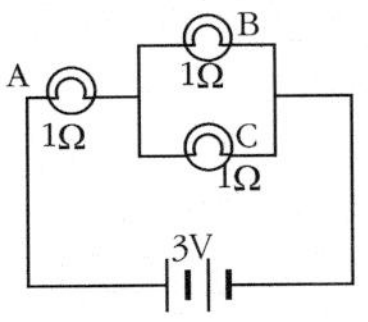

28. 해설 직렬 연결된 회로에서는 두 저항에 흐르는 전류가 같기 때문에 $E = I^2Rt$ 에서 발열량(전력)과 저항은 비례한다.
따라서 저항이 큰 니크롬선에서 더 많은 열이 발생한다.

29. 해설 직렬 연결하는 경우 저항의 개수가 늘어날수록 합성 저항은 커지고, 병렬 연결하는 경우 저항의 개수가 늘어날수록 합성 저항이 작아진다.
직렬 연결인 경우, 합성 저항 nR, 전력은 $\frac{V^2}{nR}$ 이다.
병렬 연결인 경우, 합성 저항 $\frac{R}{n}$, 전력은 $\frac{nV^2}{R}$ 이다.
직렬 연결에서의 전력 $\frac{V^2}{nR} = P$ 라고 했으므로
병렬 연결에서의 전력 $\frac{nV^2}{R} = n^2P$ 이다.

30. 해설 전구 A 는 어두워진다. 전구 C 의 필라멘트가 끊어지기 전에는 전구 B 와 전구 C 에 있는 필라멘트의 합성 저항이 전구 A 의 필라멘트의 저항값보다 작아서 전구 A 에 걸리는 전압이 크다. 따라서 전구 A 가 가장 밝고, 전구 B 와 C 는 흐리다. 그러나 전구 C 의 필라멘트가 끊어지면 전구 A 와 전구 B 가 직렬 연결되어 같은 밝기가 되므로 전구 A 에 걸리는 전압이 감소하여 어두워지고, 전구 B 에 걸리는 전압이 증가하여 밝아진다.

31. 해설 주어진 상황에서 나올 수 있는 4 가지 경우는 다음과 같다. 도선의 저항은 0 에 가까우므로 도선과 전구가 병렬 연결되면 전구를 통하여 흐르는 전류는 0 이다.

1) S_1만 열었을 경우

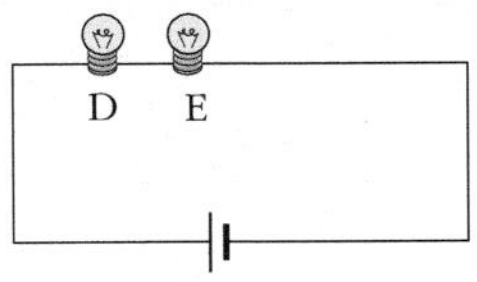

2) S_2만 열었을 경우

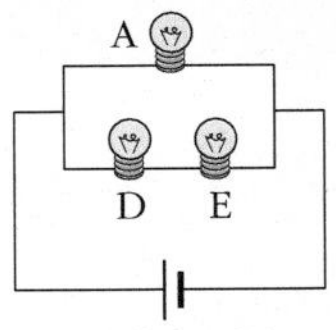

3) S_3만 열었을 경우

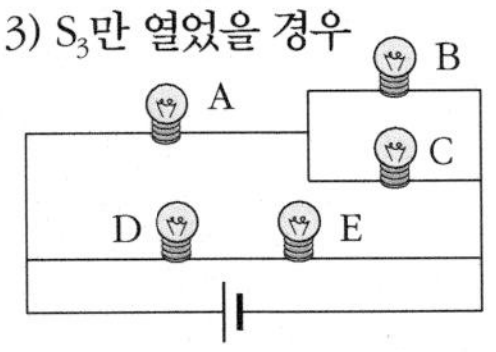

4) S_4만 열었을 경우

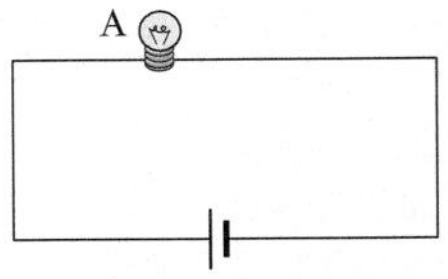

각 경우의 합성 저항은 다음과 같다. (전구 1 개의 저항: R)
1) S_1 만: $R + R = 2R$
2) S_2 만 : $\frac{1}{R} + \frac{1}{2R} = \frac{3}{2R}$ 이므로, 합성 저항 = $\frac{2}{3}R$
3) S_3 만 : $\frac{2}{3R} + \frac{1}{2R} = \frac{7}{6R}$ 이므로, 합성 저항 = $\frac{6}{7}R$
4) S_4 만 : R
전체 회로에 걸리는 전압은 4 가지 경우 모두 같으므로, 저항이 작을수록 전류가 많이 흐르고, 소비하는 전력도 크다. 따라서 가장 많은 전력을 소비하는 경우는 합성 저항 값이 가장 작은 경우인 S_2 만 열었을 때가 된다.

32. 답 〈해설 참조〉

해설 니크롬선의 길이가 짧아질 경우 니크롬선의 전기 저항은 감소하게 된다. 전력 = $\frac{\text{전압}^2}{\text{저항}}$ 이며, 이때 전열기에 걸리는 전압은 일정하므로, 전열기의 전력은 커지게 된다.
전력이 커지면 전열기가 소모하는 전기 에너지가 증가하게 되고, 그에 따라 니크롬선의 발열량도 증가하여 온도가 더 많이 올라가게 되어 니크롬선이 점점 얇아지게 된다. 얇아진 니크롬선의 전기 저항은 커지고, 그 부분에 걸리는 전압이 더 커지게 되어 더 많은 열이 발생하여 점점 가늘어지다 결국엔 끊어지게 되는 것이다.

13강. Project 3

논/구술 230~231쪽

01 전기 회로가 정전기적 방전에 의해 파손될 수 있다.

해설 검사하려는 전기 회로와 전기 회로를 검사하는 장비는 정전기에 민감하다. 그래서 정전기 방지 패드를 팔에 끼우지 않고 전기 회로를 검사하면 정전기적 방전에 의한 전기적인 충격을 견디지 못하고 파손될 수 있다. 그리고 전기 회로를 검사하는 장비도 민감해야 전기 회로의 이상 유무를 제대로 검사할 수 있는데 정전기적 방전에 의해 장비가 파손된다면 장비가 제대로 작동하지 못할 수도 있다.

탐구1 - 결과 문제 232~233쪽

1. 〈예시 답안〉

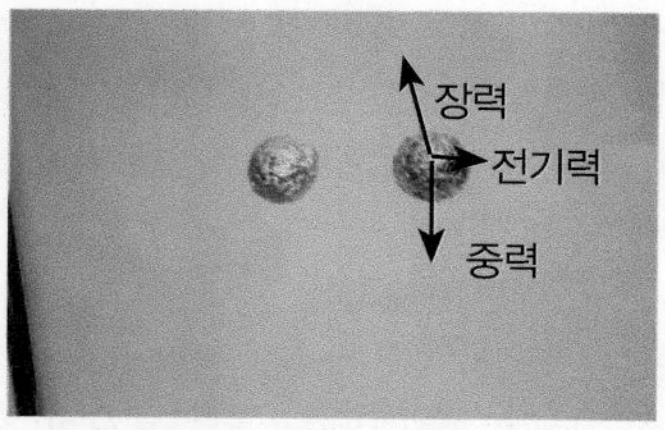

2. 질량이 각각 2 kg 인 진자라고 가정한다. 두 진자 사이의 척력 = 진자의 무게와 실의 장력의 합력 = 진자의 무게 × tan45°이다. tan45° = 1 이고, 진자의 무게는 2 × 9.8 = 19.6 N 이므로 두 진자 사이의 척력은 19.6 N 이다.

3. 질량이 각각 2 kg 인 진자라고 가정한다.
전기력(쿨롱의 법칙) = $k\frac{q_1 q_2}{r^2}$ 이므로(k : 비례 상수이며 $9\times10^9\,N \cdot m^2/c^2$이다) 두 진자 사이의 거리만 알면 전하량을 구할 수 있다.

결론 도출 232~233쪽

1. 두 진자 사이에서 전기력(척력)이 작용할 때 같은 양의 전하로 대전되어 있다면 진자의 무게와 장력의 합력은 전기력이 되며, 전기력의 공식에서 두 진자의 전하량을 구할 수 있다.

탐구 결과 234~235쪽

1.

저항(Ω)	전구 (2Ω)	전구 (2Ω)
전류(A)	3A	3A
전구에 걸리는 전압(V)	6V	6V

2.

저항(Ω)	전구 (2Ω)	전구 (2Ω)
전류(A)	6A	6A
전구에 걸리는 전압(V)	12V	12V

3. 같다. 전구의 저항값이 같고 걸리는 전압이 같으므로 두 전구의 밝기는 같다.

4. 같다. 전구의 저항값이 같고 걸리는 전압이 같으므로 두 전구의 밝기는 같다.

5. 전체 전압이 같을 때 전구에 걸리는 전압이 직렬로 연결된 전구보다 병렬로 연결된 전구에서 더 많은 전압이 걸리므로 병렬로 연결된 전구가 더 밝다.

탐구 문제 234~235쪽

1. 〈예시 답안〉

모든 전구의 저항값이 2 Ω 이고, 전체 전압이 12 V 일 때 직렬회로에서의 각 전구의 전력은 $\frac{6^2}{2}$ = 18 W이다.

병렬 회로에서의 각 전구의 전력은 $\frac{12^2}{2}$ = 72 W 이다.

2. 전구에서 소비되는 전력값이 클수록 전구가 밝아진다

3.

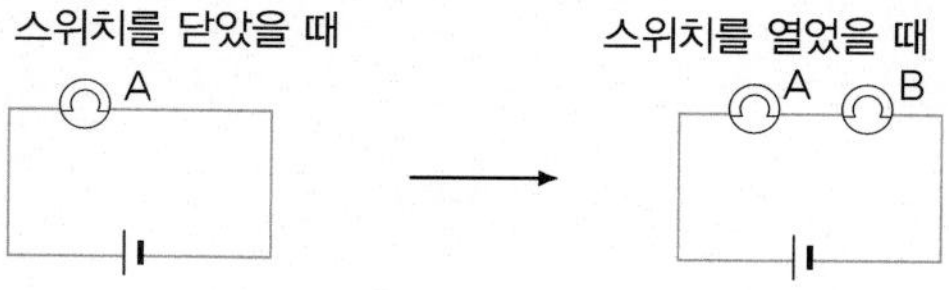

스위치를 닫았다가 열게 되면 합성저항은 증가하게 되고 전체 전류는 감소하게 된다. 전구 A 에 걸리는 전압은 스위치를 열게 되면 B와 나눠가지게 되어 전압이 감소한다. 때문에 전구 A는 어두워지며, 전구 B 는 켜진다.(=밝아진다.)

특목고, 영재교육원 대비서 **아이앤아이**

창의력과학의 결정판, 단계별 과학 영재 대비서 **세페이드**

세페이드 시리즈

창의력과학의 결정판, 단계별 과학 영재 대비서

1F	중등 기초	물리(상,하) 화학(상,하)	 중학교 과학을 처음 접하는 사람 / 과학을 차근차근 배우고 싶은 사람 / 창의력을 키우고 싶은 사람
2F	중등 완성	물리(상,하) 화학(상,하) 생명과학(상,하) 지구과학(상,하)	 중학교 과학을 완성하고 싶은 사람 / 중등 수준 창의력을 숙달하고 싶은 사람
3F	고등 I	물리(상,하) 물리 영재편(상, 하) 화학(상,하) 생명과학(상,하) 지구과학(상,하)	 고등학교 과학 I을 완성하고 싶은 사람 / 고등 수준 창의력을 키우고 싶은 사람
4F	고등 II	물리(상,하) 화학(상,하) 생명과학(영재학교편,심화편) 지구과학 (영재학교편,심화편)	 고등학교 과학 II을 완성하고 싶은 사람 / 고등 수준 창의력을 숙달하고 싶은 사람
5F	영재과학고 대비 파이널	물리 · 화학 생명 · 지구과학	 고급 문제, 심화 문제, 융합 문제를 통한 각 시험과 대회를 대비하고자 하는 사람

세페이드 모의고사	 내신 + 심화 + 기출, 시험대비 최종점검 / 창의적 문제 해결력 강화	세페이드 고등 통합과학	 고1 내신 기본서	세페이드 고등학교 물리학 I (상,하)	 고등학교 물리 I (2권) 내신 + 심화

* 무한상상의 〈세페이드 과학 시리즈〉는 국내 최초로 중고등과정의 과학의 전부와 과학 창의력 문제의 전부를 1F [중등기초] – 2F [중등완성] – 3F [영재학교 I] – 4F [영재학교 II] – 실전 문제 풀이 의 5단계로 구성하였습니다. 창의력과학 세페이드시리즈와 함께 이제 편안하게 과학 공부를 즐길 수 있습니다. cafe.naver.com/creativeini

무한상상